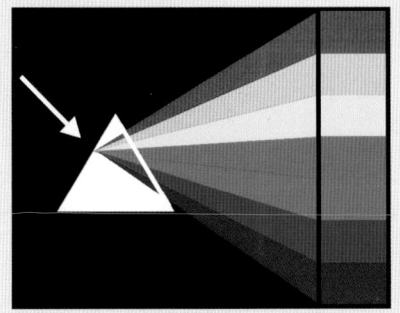

图 3-1 阳光被分解后的 7 种主要颜色

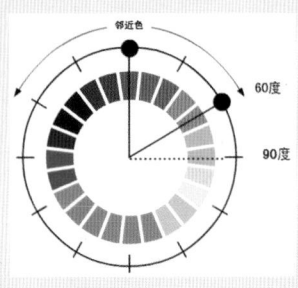

图 3-2 相近色

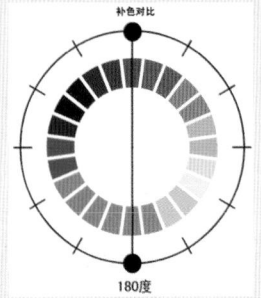

图 3-3 互补色

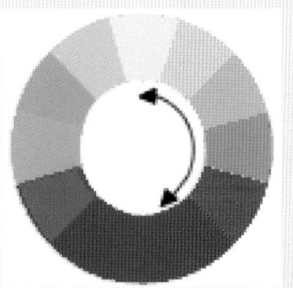

图 3-4 暖色

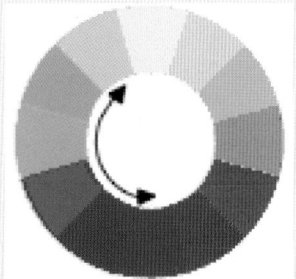

图 3-5 冷色

图 3-8 色彩的明度变化

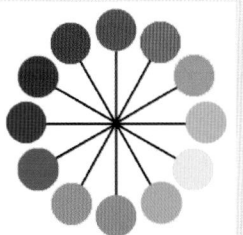

图 3-7 十二基本色相

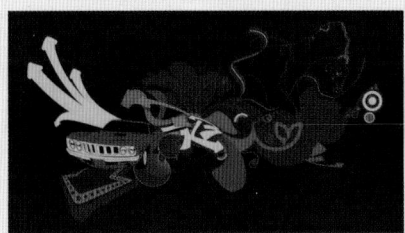

图 3-9 同一色彩的明暗变化

图 3-10 色彩的纯度变化

图 3-11 以红色为主的网页

图 3-12 以黄色为主的网页

图 3-13 以蓝色为主的网页

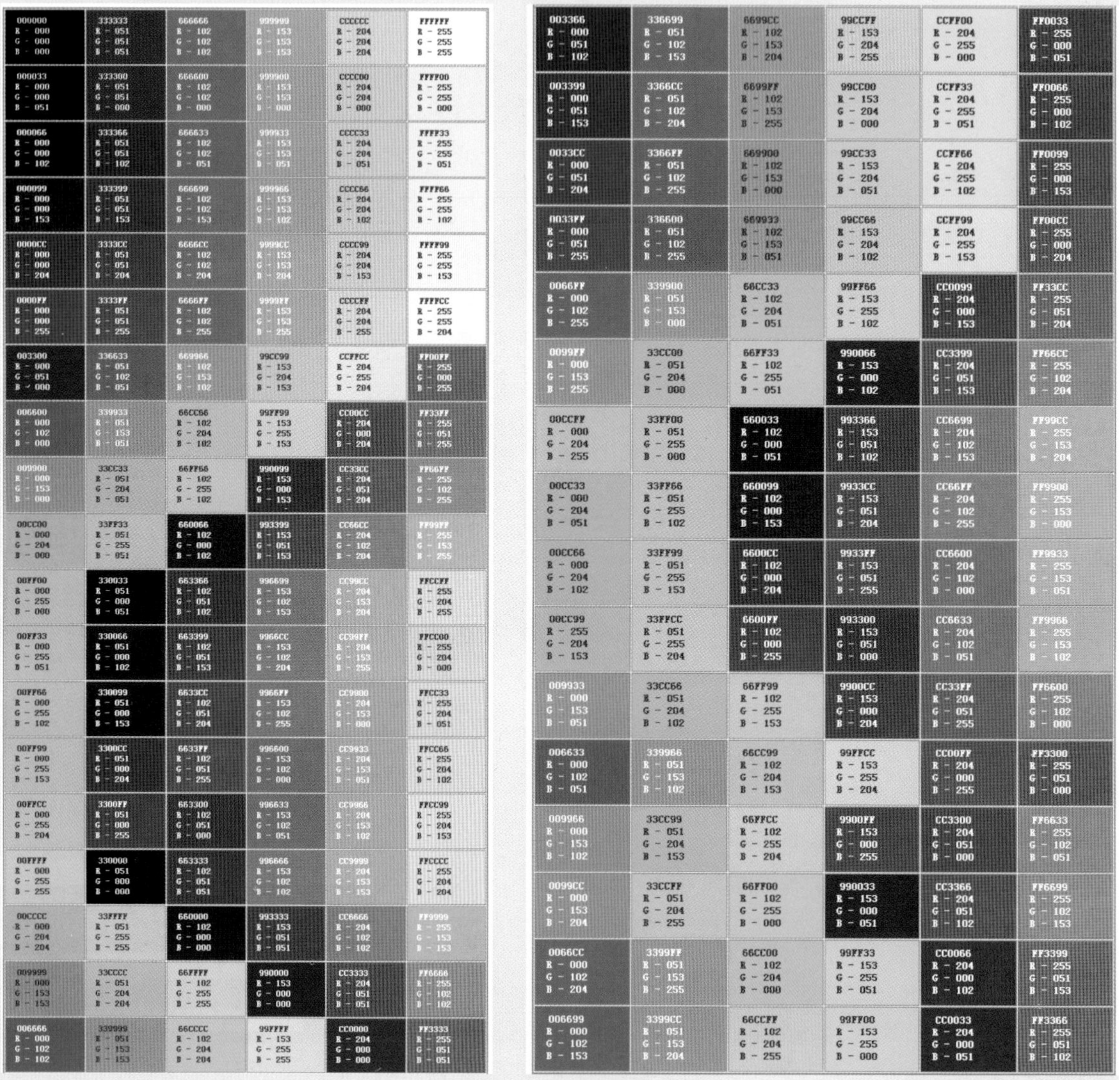

COLORS

图 3-6　网页安全色

图 3-14　以绿色为主的网页

图 3-15　以紫色为主的网页

图 3-16　以橙色为主的网页

3.3 色彩与心理 3.4 页面色彩搭配

图 3-17 以黑色与灰色为主的网页

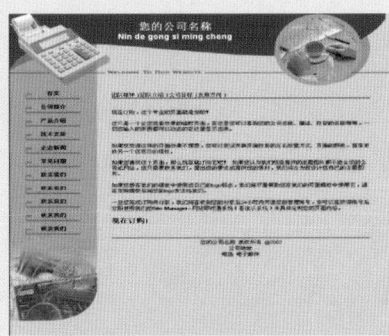

图 3-18 以灰色为主的网页

图 3-19 色彩的鲜明性

图 3-20 色彩的独特性

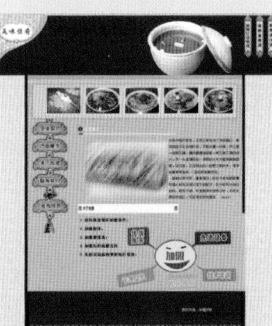

图 3-21 色彩的适合性

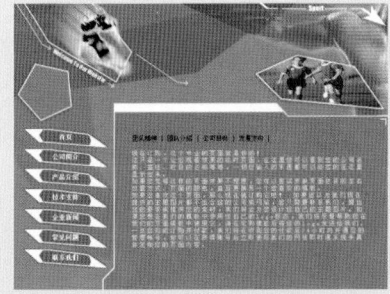

图 3-22 使用同一种色彩搭配的网页示例

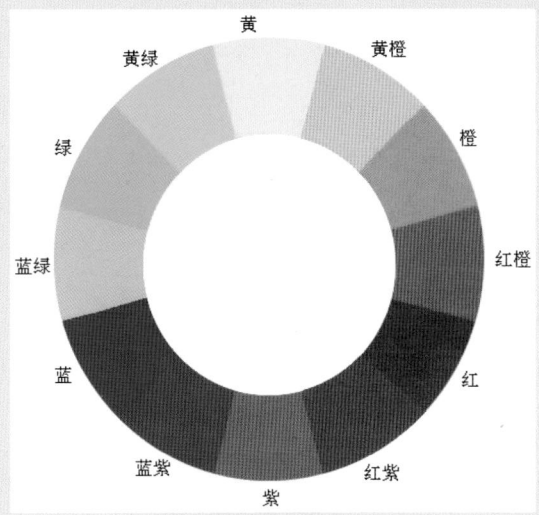

图 3-23 色环

图 3-24 原色对比搭配

3.4　页面色彩搭配

图 3-25　互补色

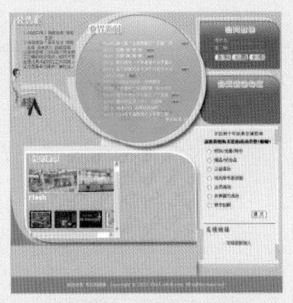

图 3-26　补色对比应用

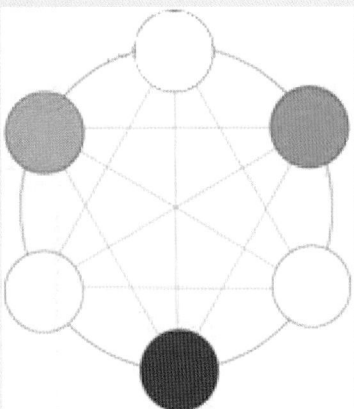

图 3-27　间色对比

图 3-28　绿与橙间色对比

图 3-29　色彩的面积对比

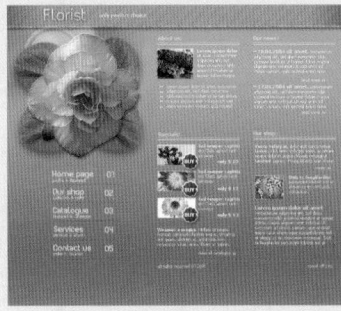

图 3-30　色彩的数量不超过 3 种

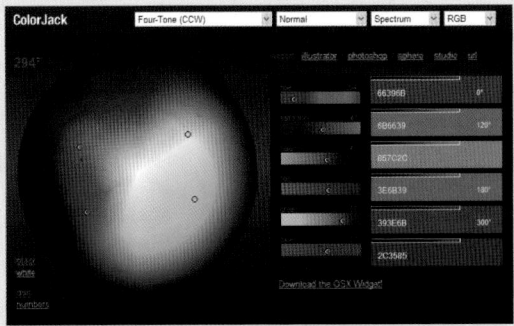

图 3-31　ColorJack 配色工具

图 3-32　辅助色

刘贵国 郝倩 / 主编

网页设计网站建设
与
完全实战手册

清华大学出版社

北　京

内 容 简 介

网页设计与网站建设工作是目前最受欢迎的技术职位之一，本书由浅入深、循序渐进地向读者介绍了网页设计与网站建设的各种相关技术，最终目的是使读者能够胜任网页设计与网站建设这项工作，同时达到能够独立开发网站的水平。

本书共33章，以"网页设计与网站建设入门"→"网页的排版与制作"→"设计精彩的网页图像"→"设计网页动画"→"HTML网站开发"→"JavaScript网页特效"→"动态网站开发"→"网站发布维护与推广"→"网站综合案例"为线索具体展开，循序渐进地讲述了网页设计与网站建设方方面面的知识。内容全面涵盖网站的策划、网页的布局与色彩、Dreamweaver、Photoshop、Flash、HTML、CSS、DIV+CSS布局、HTML 5、JavaScript、ASP、VBScript、网站的维护、网站的推广与SEO等技术。

本书知识全面实用、易懂，让读者轻松实现自己拥有网站的梦想。本书可作为大专院校、高职高专、中等职业学校计算机专业的教材，各种计算机培训班的培训教材，也可以作为想学习网页制作与网站建设自学者的参考用书。

图书在版编目（CIP）数据

网页设计与网站建设完全实战手册 / 刘贵国，郝倩主编 . — 北京：清华大学出版社，2016
ISBN 978-7-302-39965-0

Ⅰ．①网… Ⅱ．①刘… ②郝… Ⅲ．①网页制作工具—手册 Ⅳ．① TP393.092-62

中国版本图书馆 CIP 数据核字（2015）第 087779 号

责任编辑：陈绿春
封面设计：潘国文
责任校对：胡伟民
责任印制：李红英

出版发行：清华大学出版社
   网 址：http://www.tup.com.cn，http://www.wqbook.com
   地 址：北京清华大学学研大厦 A 座   邮 编：100084
   社 总 机：010-62770175   邮 购：010-62786544
   投稿与读者服务：010-62776969，c-service@tup.tsinghua.edu.cn
   质量反馈：010-62772015，zhiliang@tup.tsinghua.edu.cn
   课件下载：http://www.tup.com.cn，010-62795954
印 刷 者：北京鑫丰华彩印有限公司
装 订 者：三河市溧源装订厂
经 销：全国新华书店
开 本：188mm×260mm   印 张：32.25 彩 插：2 字 数：935 千字
     （附 DVD 1 张）
版 次：2016 年 2 月第 1 版   印 次：2016 年 2 月第 1 次印刷
印 数：1～3500
定 价：79.00 元

产品编号：062080-01

　　随着网站技术的发展，网站已经成为公司、企业宣传推广产品及商品交易的一种重要手段。设计精美、架构合理的网站对于提高企业的知名度、树立企业形象具有重要的作用。所以，制作网站及维护网站已经成为企业运营的一部分，这项工作具有非常好的发展前景。但是网站建设是一门综合性的技能，网站开发涉及的知识非常多，要在短时间内完全掌握几乎是不可能的。作为一个合格的网页设计与网站建设人员，必须了解市场需求研究、网站策划、网页图像设计、网页页面排版、网页动画设计、网站程序开发、数据库设计、网络的安全、网站维护、网站的推广优化等各方面的知识。当前，能够系统地掌握这些知识的网页设计师相对较少。市场上虽然有不少网页制作设计的图书，但是很多都是纯粹地讲解网页设计软件 Dreamweaver、Flash、Photoshop 等软件的使用方法，对于网页设计和网站建设的全部过程没有讲述，因此基于网页设计与网站建设人才的需求，我们编写了这一本书。

本书主要内容：

　　本书由资深网页设计与网站建设专家编写，从实用角度出发，全面、详细地介绍了网页设计与网站建设的基本理论、制作流程、应用工具等内容。

　　本书共 33 章，以"网页设计与网站建设入门"→"网页的排版与制作"→"设计精彩的网页图像"→"设计网页动画"→"HTML 网站开发"→"JavaScript 网页特效"→"动态网站开发"→"网站发布维护与推广"→"网站综合案例"为线索具体展开，循序渐进地讲述了网页设计与网站建设方方面面的知识。

- 网页设计与网站建设入门：包括网站建设基础、网站页面的策划与布局、网页的色彩搭配。
- 网页的排版与制作：包括 Dreamweaver CC 的操作界面、在 Dreamweaver 中使用文本、利用图像和媒体美化网页、创建网页链接、使用行为添加网页特效、利用表单对象创建表单文件、用表格排版网页、使用模板和库、使用 CSS 样式美化网页、使用 CSS+DIV 灵活布局页面。
- 精彩的网页图像：包括网页图像设计软件 Photoshop CC、页面图像的切割与优化、设计网站的图片元素。
- 设计网页动画：包括动画设计软件 Flash CC 快速入门、Flash 绘图基础、制作简单的 Flash 动画、制作声音和视频动画、ActionScript 脚本动画。
- HTML 网站开发：包括使用 HTML 语言编写网页、HTML 5 的新特性、HTML 5 的结构。
- JavaScript 网页特效：包括 JavaScript 语法基础、JavaScript 中的事件、JavaScript 中的函数和对象。
- 动态网站开发：包括动态网站基础、动态网页开发语言 ASP 基础与应用、动态网页脚本语言 VBScript。

- 网站的发布、维护及推广：包括网站的发布与维护、网站的宣传推广。
- 网站综合案例：从综合运用的方面讲述了企业网站的完整建设过程。

本书主要特点：

- 网页类畅销书，作者倾心打造：作者编写过多本网页设计与网站类畅销图书，数十万读者已经购买，口碑极佳。本书涵盖了众多优秀网页设计师的宝贵实战经验，以及丰富的创作灵感和设计理念。
- 内容全面：全面涵盖网页设计与网站建设实际工作中方方面面的技术，包括网站的策划、网页的布局与色彩、Dreamweaver、Photoshop、Flash、HTML、CSS、DIV+CSS 布局、HTML 5、JavaScript、ASP、VBScript、网站的维护、网站的推广与 SEO 等技术。
- 实战性强：本书除技术讲解非常基础外，案例实践也非常贴近实际的网站开发。掌握好本书中介绍的知识，基本上可以胜任一般的网站开发任务。
- 循序渐进，由浅入深：为了方便读者学习，本书首先从基本的网站建设常识及最基础的网页布局和色彩搭配等知识开始讲解。在读者不断学习的过程中，逐步介绍所需要的各种软件工具的使用方法及程序设计语言。每一章的学习，都会使读者学有所获，有信心进入下一步的学习。
- 结构完整：本书以实用功能讲解为核心，每小节分为基本知识学习和综合实战两部分，基本知识学习部分以基本知识为主，讲解每个知识点的操作和用法，操作步骤详细、目标明确；综合实战部分则相当于一个学习任务或案例制作。
- 书盘结合，交互学习：本书配套光盘中含有本书的相关实例文件，内容丰富多彩，简洁实用。光盘中还赠送超值网页设计视频教学。

本书读者对象：

可以适用于以下读者对象：

1. 网页设计与制作人员。
2. 网站建设与开发人员。
3. 大中专院校相关专业师生。
4. 网页制作培训班学员。
5. 个人网站爱好者与自学读者。

本书由刘贵国、郝倩主编，参加编著的还包括冯雷雷、晁辉、何洁、陈石送、何琛、吴秀红、王冬霞、何本军、乔海丽、孙良军、邓仰伟、孙雷杰、孙文记、何立、倪庆军、胡秀娥、赵良涛、徐曦、刘桂香、葛俊科、葛俊彬、何海霞、孙素华、孙良营、王彩梅、晁代远、谭海波、何海霞、孙素华、孙良营、王彩梅、晁代远、谭海波等。由于作者水平有限，加之创作时间仓促，本书不足之处在所难免，欢迎广大读者批评指正。

作者

目录
CONTENTS

第九篇　网站综合案例

第 33 章　设计企业网站 ……… 436

第 *1* 章 网站建设基础

本章导读

上网已成为当今人们的一种新的生活方式，通过互联网，用户足不出户就可以浏览全世界的信息，网站也成为了每个公司必不可少的宣传媒介。互联网的迅速发展使得网页设计越来越重要，要制作出更出色的网站来就需要熟悉网站建设的基础知识。这对以后的网站建设工作有很大的帮助。

技术要点

◆ 预备知识   ◆ 网站建设的一般流程
◆ 常用的网页设计软件

1.1 预备知识

在具体学习网页设计与制作前，先来认识一下什么是网站，什么是静态网页和动态网页，了解什么是网站的域名和空间的申请，为以后的学习打好基础。

1.1.1 什么是网站

网站是在 Internet 上通过超级链接的形式构成的相关网页的集合。简单地说，网站是一种通信工具，就像布告栏一样，人们可以通过网站来发布自己想要公开的信息，或者利用网站来提供相关的网上服务。通过网站，人们可以浏览、获取信息。现在，许多公司都拥有自己的网站，他们利用网站来进行宣传、产品资讯发布、招聘人才等。在因特网的早期，网站大多只是单纯的文本。经过几年的发展，当万维网出现之后，图像、声音、动画、视频，甚至 3D 技术开始在因特网上流行起来，网站也慢慢地发展成我们现在看到的图文并茂的样子。通过动态网页技术，用户也可以与其他用户或者网站管理者进行交流。

网站由域名、服务器空间、网页 3 部分组成。网站的域名就是在访问网站时在浏览器地址栏中输入的网址。网页是通过 Dreamweaver 等软件编辑出来的，多个网页由超级链接联系起来。然后网页需要上传到服务器空间中，供浏览器访问网站中的内容。

1.1.2 静态网页和动态网页

网页又称 HTML 文件，是一种可以在 WWW 上传输，能被浏览器认识和翻译成页面并显示出来的文件。网页分为静态网页和动态网页。

静态网页是网站建设初期经常采用的一种形式。网站建设者把内容设计成静态网页，访问者只能被动地浏览网站建设者提供的网页内容。如图 1-1 所示为静态的内容展示网页。

图 1-1 静态的内容展示网页

静态网页特点如下。

- 网页内容不会发生变化，除非网页设计者修改了网页的内容。
- 不能实现和浏览网页的用户之间的交互。信息流向是单向的，即从服务器到浏览器。服务器不能根据用户的选择调整返回给用户的内容。

所谓动态网页是指网页文件里包含了程序代码，通过后台数据库与 Web 服务器的信息交互，由后台数据库提供实时数据更新和数据查询服务。这种网页的后缀名称一般根据不同的程序设计语言而不同，如常见的有 .asp、.jsp、.php、.perl、.cgi 等形式为后缀。动态网页能够根据不同时间和不同访问者而显示不同内容。如常见的新闻发布系统、聊天系统和购物系统通常用动态网页实现。如图 1-2 所示为动态购物网页。

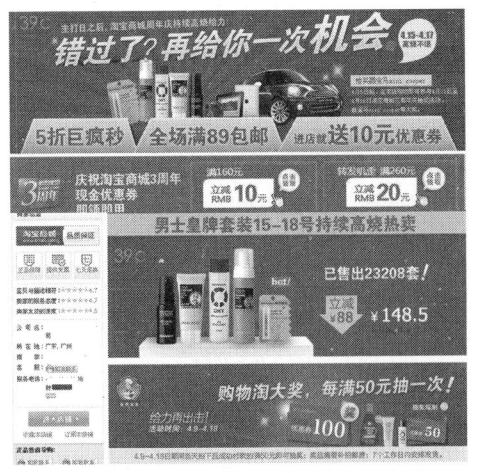

图 1-2 动态购物网页

动态网页制作比较复杂，需要用到 ASP、PHP、JSP 和 ASP.NET 等专门的动态网页设计语言。

动态网页的一般特点如下。

- 动态网页以数据库技术为基础，可以大大降低网站维护的工作量。
- 采用动态网页技术的网站可以实现更多的功能，如用户注册、用户登录、搜索查询、用户管理、订单管理等。
- 动态网页并不是独立存在于服务器上的网页文件，只有当用户请求服务器时才返回一个完整的网页。
- 动态网页中的"？"不利于搜索引擎的检索，采用动态网页的网站在进行搜索引擎推广时需要做一定的技术处理才能适应搜索引擎的要求。

1.1.3　申请域名

网站的域名就是在访问网站时在浏览器地址栏中输入的网址。

一个网站必须有一个世界范围内唯一可访问的名称，这个名称还可方便地书写和记忆，这就是网站的域名。域名对于开展电子商务具有重要的作用，它被誉为网络时代的"环球商标"，一个好的域名会大大增加企业在互联网上的知名度。因此，企业如何选取好的域名就显得十分重要。

从网络体系结构上来讲，域名是域名管理系统（Domain Name System，DNS）进行全球统一管理的，用来映射主机 IP 地址的一种主机命名方式。例如，百度的域名是 www.baidu.com，在浏览器地址栏中输入 www.baidu.com 时，计算机会把这个域名指向相对应的 IP 地址。同样，网站的服务器空间会有一个 IP 地址，还需要申请一个便于记忆的域名指向这个 IP 地址以便访问。

1.　域名选取原则

在选取域名的时候，首先要遵循两个基本原则。

- 域名应该简明易记，便于输入。这是判断域名好坏最重要的因素。一个好的域名应该短而顺口，便于记忆，最好让人看一眼就能记住，而且读起来发音清晰，不会导致拼写错误。此外，域名选取还要避免同音异义词。
- 域名要有一定的内涵和意义。用有一定意义和内涵的词或词组作域名，不但可记忆性好，而且有助于实现企业的营销目标。如企业的名称、产品名称、商标名、品牌名等都是不错的选择，这样能够使企业的网络营销目标和非网络营销目标达成一致。

提示

选取域名时有以下常用的技巧：

- 用企业名称的汉语拼音作为域名；
- 用企业名称相应的英文名作为域名；
- 用企业名称的缩写作为域名；
- 用汉语拼音的谐音形式给企业注册域名；
- 以中英文结合的形式给企业注册域名；
- 在企业名称前后加上与网络相关的前缀和后缀；
- 用与企业名不同但有相关性的词或词组作域名；
- 不要注册其他公司拥有的独特商标名和国际知名企业的商标名。

2．网站域名类型

一个域名是分为多个字段的，如 www.sina.com.cn，这个域名分为 4 个字段。cn 是一个国家字段，表示域名是中国的；com 表示域名的类型，表示这个域名是公共服务类的域名；www 表示域名提供 www 网站服务；sina 表示这个域名的名称。域名中的最后一个字段，一般是国家字段。表 1-1 为一些常见的域名后缀类型。对于 .gov 政府域名、.edu 教育域名等类型的域名，需要这些有相关资质

的机构提供有效的证明材料才可以申请和注册。

表 1-1 常用的域名字段

字　段	类　　　型
.com	商业机构域名
.net	网络服务机构域名
.org	非营利性组织
.gov	政府机构
.edu	教育机构
.info	信息和信息服务机构
.name	个人专用域名
.tv	电视媒体域名
.travel	旅游机构域名
.ac	学术机构域名
.cc	商业公司
.biz	商业机构域名
.mobi	手机和移动网站域名

3．申请域名

域名是由国际域名管理组织或国内的相关机构统一管理的。有很多网络公司可以代理域名的注册业务，可以直接在这些网络公司注册一个域名。注册域名时，需要找到服务较好的域名代理商进行注册。

可以在搜索引擎上查找到域名代理商，如图 1-3 所示，可以在百度中查找域名代理商。

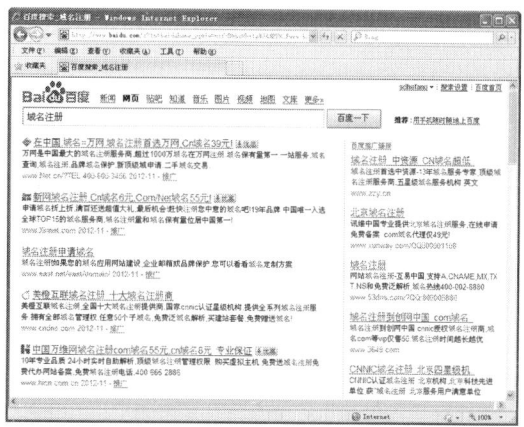

图 1-3 查找到域名代理商

在百度中打开中国万网的网站（http://www.net.cn），在这里可以申请注册域名，如图 1-4 所示。

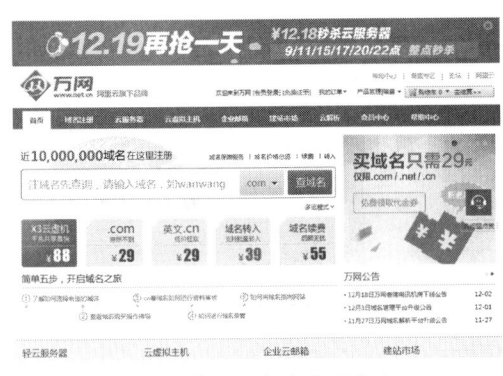

图 1-4 在万网申请注册域名

1.1.4 申请服务器空间

访问网站的过程实际上就是用户计算机和服务器进行数据连接和数据传递的过程，这就要求网站必须存放在服务器上才能被访问。一般的网站，不是使用一个独立的服务器，而是在网络公司租用一定大小的储存空间来支持网站的运行。这个租用的网站存储空间就是服务器空间。如图 1-5 所示在万网申请服务器空间。

图 1-5 在万网申请服务器空间

1. 为什么要申请服务器空间

一个小的网站直接放在独立的服务器上是不实际的，实现方法是在商用服务器上租用一块服务器空间，每年定期支付很少的服

务器租用费即可把自己的网站放在服务器上运行。租用的服务器空间，用户只需要管理和更新自己的网站，服务器的维护和管理则由网络公司完成。

在租用服务器空间时需要选择服务较好的网络公司。好的服务器空间运行稳定，很少出现服务器停机现象，有很好的访问速度和售后服务。某些测试软件可以方便地测出服务器的运行速度。新网、万网、中资源等公司的服务器空间都有很好的性能和售后服务。

在网络公司主页注册一个用户名并登录后，即可购买服务器空间。在购买时需要选择空间的大小和支持的程序类型。

2. 服务器空间的类型

不同服务器空间的主要区别是支持网站程序和支持数据库的不同。常用的服务器空间可能分别支持下面这些不同的网站程序。

- ASP：使用 Windows 系统和 IIS 服务器。
- PHP：使用 Linux 系统或 Windows 系统，使用 Apache 网站服务器。
- .NET：使用 Windows 系统和 IIS 服务器。
- JSP：使用 Windows 系统和 Java 的网站服务器。

不同的服务器空间可能支持不同的数据库，常用的服务器空间支持的数据库有以下几种。

- Access：常用于 ASP 网站。
- SQL Server 2000：常用于 ASP 网站或 .NET 网站。
- MySQL 数据库：常用于 PHP 或 JSP 网站。
- Oracle 数据库：常用于 JSP 网站。

在注册服务器空间时，需要选择支持自己网站程序与数据库的服务器空间。例如，本书中开发的程序是 ASP 程序，需要选择 ASP 空间。同时，需要注意服务器空间的大小，100MB 的空间即可存放一般的网站。

网站的域名与服务器空间是需要每年按时续费的。用户需要按网络公司规定的方式进行续费。域名和空间不可以欠费，如果欠费，管理部门会收回这个域名和空间，如被其他用户再次注册以后就很难再注册到这个域名，也可能导致自己网站的数据丢失。

1.2　常用的网页设计软件

设计网页时首先要选择网页设计工具软件。虽然用记事本手工编写源代码也能做出网页，但这需要对编程语言相当了解，并不适合广大的网页设计爱好者。由于目前可视化的网页设计工具越来越多，使用也越来越方便，所以设计网页已经变成了一件轻松的工作。Flash、Dreamweaver、Photoshop、Fireworks 这 4 个软件相辅相成，是设计网页的首选工具，其中 Dreamweaver 用来排版布局网页，Flash 用来设计精美的网页动画，Photoshop 和 Fireworks 用来处理网页中的图形图像。

1.2.1　网页设计软件 Dreamweaver

使用 Photoshop 制作的网页图像并不是真正的网页，要想真正成为能够正常浏览的网页，还需要用到 Dreamweaver 进行网页排版布局、添加各种网页特效，还可以轻松开发新闻发布系统、网上购物系统、论坛系统等动态网页。

Dreamweaver CS6 是创建网站和应用程序的专业之选。它组合了功能强大的布局工具、应用程序开发工具和代码编辑支持工具等。Dreamweaver 的功能强大而且稳定，可帮助设计人员和开发人员轻松创建和管理任何站点，如图 1-6 所示为 Dreamweaver CC 中文版工作界面。

图 1-6　Dreamweaver CC 中文版工作界面

1.2.2　图像设计软件 Photoshop

网页中如果只是文字，则缺少生动性和活泼性，也会影响视觉效果和整个页面的美

观。因此在网页的制作过程中需要插入图像。图像是网页中重要的组成元素之一。使用 Photoshop CC 可以设计出精美的网页图像。

Photoshop 是 Adobe 公司推出的图像处理软件。目前已被广泛应用于平面设计、网页设计和照片处理等领域。随着计算机技术的发展，Photoshop 已历经数次版本更新，功能越来越强大。如图 1-7 所示是 Photoshop CC 设计网页整体图像。

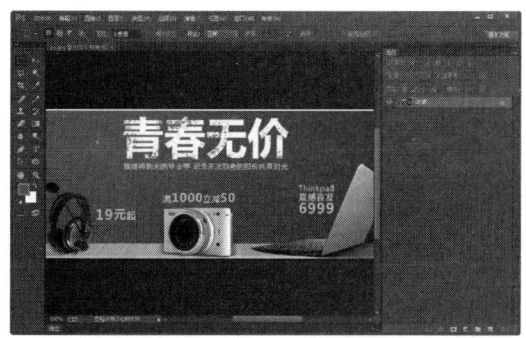

图 1-7　Photoshop CC 设计网页整体图像

1.2.3　动画设计软件 Flash

Flash 是一款多媒体动画制作软件。它是一种交互式动画设计工具，用它可以将音乐、动画以及富有新意的界面融合在一起，以制作出高品质的动态视听效果。

由于良好的视觉效果，Flash 技术在网页设计和网络广告中的应用非常广泛，有些网站为了追求美观，甚至将整个首页全部用

Flash 方式设计。从浏览者的角度来看，Flash 动画内容比一般的文本和图片网页，大大增加了艺术效果，对于展示产品和企业形象具有明显的优越性。如图 1-8 所示使用 Flash 制作的网页动画。

图 1-8 Flash CC 制作的动画

1.2.4 HTML 标记

网页文档主要是由 HTML 构成。HTML 全名是 Hyper Text Markup Language，即超文本标记语言，是用来描述 WWW 上超文本文件的语言。用它编写的文件扩展名是 .html 或 .htm。

HTML 不是一种编程语言，而是一种页面描述性标记语言。它通过各种标记描述不同的内容，说明段落、标题、图像、字体等在浏览器中的显示效果。浏览器打开 HTML 文件时，将依据 HTML 标记去显示内容。

HTML 能够将 Internet 上不同服务器上的文件连接起来；可以将文字、声音、图像、动画、视频等媒体有机组织起来，展现给用户五彩缤纷的画面；此外它还可以接受用户信息，与数据库相连，实现用户的查询请求等交互功能。

HTML 的任何标记都由"<"和">"围起来，如 <HTML><I>。在起始标记的标记名前加上符号"/"便是其终止标记，如 </I>，夹在起始标记和终止标记之间的内容受标记的控制，例如 <I> 幸福永远 </I>，夹在标记 I 之间的"幸福永远"将受标记 I 的控制。HTML 文件的整体结构也是如此，下面就是最基本的网页结构，如图 1-9 所示。

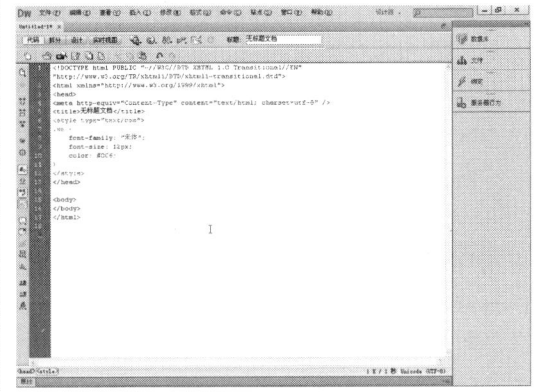

图 1-9 基本的网页结构

```
<html>
<head>
<title>
</title>
<style type="text/css">
<!--
body { background-image: url(images/45.gif); }
.STYLE1
{   color: #EF0039;          font-size: 36px; font-family: "华文新魏";}
-->
</style>
</head>
<body>
<span class="STYLE1"> 幸福永远 </span>
</body>
</html>
```

下面讲述 HTML 的基本结构。

HTML 标记

<Html> 标记用于 HTML 文档的最前边，用来标识 HTML 文档的开始。而 </Html> 标记恰恰相反，它放在 HTML 文档的最后边，用来标识 HTML 文档的结束，两个标记必须一块使用。

Head 标记

<head> 和 </head> 构成 HTML 文档的开头部分，在此标记对之间可以使用 <title></title>、<script></script> 等标记对，这些标记对都是描述 HTML 文档相关信息的标记对，<head></head> 标记对之间的内容不会在浏览器的框内显示出来，两个标记必须一块使用。

Body 标记

<body></body> 是 HTML 文档的主体部分，在此标记对之间可包含 <p></p>、<h1></h1>、
</br> 等众多的标记，它们所定义的文本、图像等将会在浏览器内显示出来，两个标记必须一块使用。

Title 标记

使用过浏览器的人可能都会注意到浏览器窗口最上边蓝色部分显示的文本信息，那些信息一般是网页的"标题"，要将网页的标题显示到浏览器的顶部其实很简单，只要

在 <title></title> 标记对之间加入要显示的文本即可。

1.2.5 FTP 软件

网站制作完毕，需要发布到 Web 服务器上，才能够让别人浏览，现在，上传网站的工具有很多，有些网页制作工具本身就带有 FTP 功能，利用这些 FTP 工具，可以很方便地把网站发布到服务器上。

CuteFtp 是一款非常受欢迎的 FTP 工具，界面简洁，并具有的支持上下载断点续传、操作简单方便等特征使其在众多的 FTP 软件中脱颖而出，无论是下载软件还是更新主页，CuteFtp 是一款不可多得的好工具。如图 1-10 所示为 CuteFtp 软件。

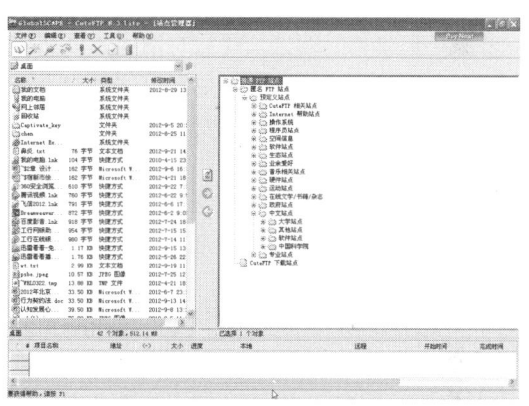

图 1-10 CuteFtp 软件

1.3 网站建设的基本步骤

创建网站是一个系统工程，有一定的工作流程，按部就班地来才能设计出满意的网站。因此在制作网站前，先要了解网站建设的基本流程，这样才能制作出更好、更合理的网站。

1.3.1 网站的定位

在创建网站时，确定站点的目标是第一步。设计者应清楚建立站点的目标，即确定它将提供什么样的服务，网页中应该提供哪些内容等。要确定站点目标，应该从以下 3 个方面考虑。

- 网站的整体定位。网站可以是大型商用网站、小型电子商务网站、门户网站、个人主页、科研网站、交流平台、公司和企业介绍性网站、服务性网站等。首先应该对网站的整体进行一个客观的评估，同时要以发展的眼光看待问题，否则将带来许多升级和更新方面的不便。
- 网站的主要内容。如果是综合性网站，那么对于新闻、邮件、电子商务、论坛等都要有所涉及，这样就要求网页要结构紧凑、美观大方；对于侧重某一方面的网站，如书

籍网站、游戏网站、音乐网站等，则往往对网页美工要求较高，使用模板较多，更新网页和数据库较快；如果是个人主页或介绍性的网站，那么一般来讲，网站的更新速度较慢，浏览率较低，并且由于链接较少，内容不如其他网站丰富，但对美工的要求更高一些，可以使用较鲜艳明亮的颜色，同时可以添加 Flash 动画等，使网页更具动感和充满活力，否则网站没有吸引力。

- 网站浏览者的教育程度。对于不同的浏览者群，网站的吸引力是截然不同的，如针对少年儿童的网站，卡通和科普性的内容更符合浏览者的品味，也能够达到网站寓教于乐的目的；针对学生的网站，往往对网站的动感程度和特效技术要求更高一些；对于商务浏览者，网站的安全性和易用性更为重要。

1.3.2　确定网站主题

在目标明确的基础上，完成网站的构思创意即总体设计方案。对网站的整体风格和特色做出定位，规划网站的组织结构。Web 站点应针对所服务对象的不同而具有不同的形式。有些站点只提供简洁的文本信息；有些则采用多媒体表现手法，提供华丽的图像、闪烁的灯光、复杂的页面布置，甚至可以下载声音和录像片段。好的 Web 站点还把图形表现手法和有效的组织与通信结合起来。要做到主题鲜明突出、要点明确，应以简单明确的语言和画面体现站点的主题。还要调动一切手段充分表达站点的个性和情趣，办出网站的特点。Web 站点主页应具备的基本成分包括：页眉，准确无误地标识站点和企业标志；E-mail 地址，用来接收用户垂询；联系信息，如普通邮件地址或电话；版权信息，声明版权所有者等。注意重复利用已有信息，如客户手册、公共关系文档、技术

手册和数据库等可以轻而易举地用到企业的 Web 站点中。

1.3.3　网站整体规划

在设计网站以前需要对网站进行整体规划和设计，写好网站项目设计书，在以后的制作中按照这些规划和设计进行。需要从网站内容、网页美术效果和网站程序的构思 3 个方面进行网站的整体规划。

网站内容：在网站进行开发以前，需要构思网站的内容，需要突出哪些主要内容。例如个人网站，可以有个人文章、个人活动、生活照片、才艺展示、个人作品、联系方式等内容。还需要明确哪些是主要内容，需要在网站中突出制作的重点。

网页美术效果：页面的美术效果往往决定一个网站的档次，网站需要有美观大方的版面。可以根据个人的喜好、页面内容等设计出自己喜欢的页面效果。如果是个人网站，可以根据个人的特长和才艺等内容制作出夸张的美术作品式的网站。

网站程序的构思：还需要构思网站的功能，网站的这些功能需要由什么样的程序来实现。如果是很简单的个人主页，则不需要经常更新，更不必编程做动态网站。

1.3.4　收集资料与素材

网站的设计需要相关的资料和素材，丰富的内容才可以丰富网站的版面。个人网站可以整理个人的作品、照片、展示等资料。企业网站需要整理企业的文件、广告、产品、活动等相关资料。整理好资料后需要对资料进行筛选和编辑。

可以使用以下方法来收集网站资料与素材。

- 图片：可以使用相机拍摄相关图片，对已有的照片可以使用扫描仪输入到电脑。一些常见图片可以在网站上搜索或下载。
- 文档：收集和整理现有的文件、广告、电子表格等内容。对纸制文件需要输

入到电脑形成电子文档。文字类的资料需要进行整理和分析。

- 媒体内容：收集和整理现有的录音、视频等资料。

1.3.5 设计网页图像

在确定好网站的风格和搜集完资料后就需要设计网页图像了，网页图像设计包括 LOGO、标准色彩、标准字、导航条和首页布局等。可以使用 Photoshop 或 Fireworks 软件来具体设计网站的图像。有经验的网页设计者，通常会在使用网页制作工具制作网页之前，设计好网页的整体布局，这样在具体设计过程将会胸有成竹，大大节省工作时间。如图 1-11 所示是设计的网页图像。

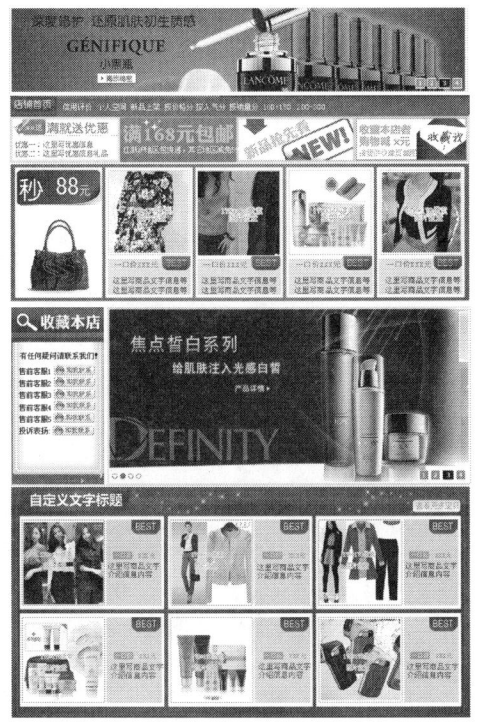

图 1-11 网页图像

1.3.6 切图并制作成页面

完成网页效果图的设计后，需要使用 Fireworks 或 Photoshop 对效果图进行切割和优化。完成切片后的效果图，需要使用 Dreamweaver 进行网站页面的设计，在这一过程中实现网站内容的输入和排版。不同的页面使用超链接联系起来，用户单击这个超链接时即可跳转到这个页面。

网页制作是一个复杂而细致的过程，一定要按照先大后小、先简单后复杂的顺序制作。所谓先大后小，就是说在制作网页时，先把大的结构设计好，然后再逐步完善小的结构设计。所谓先简单后复杂，就是先设计出简单的内容，然后再设计复杂的内容，以便出现问题时好修改。在制作网页时要灵活运用模板和库，这样可以大大提高制作效率。如果很多网页都使用相同的版面设计，就应为这个版面设计一个模板，然后就可以以此模板为基础创建网页。以后如果想要改变所有网页的版面设计，只需简单的改变模板即可。如图 1-12 所示是制作的网页。

图 1-12 制作的网页

1.3.7 开发动态网站模块

页面设计制作完成后，如果还需要动态功能的话，就需要开发动态功能模块，网站中常用的功能模块有搜索功能、留言板、新闻信息发布、在线购物、技术统计、论坛及聊天室等。

1．搜索功能

搜索功能是使浏览者在短时间内，快速地从大量的资料中找到符合要求的资料。这对于资料非常丰富的网站来说非常有用。要建立一个搜索功能，就要有相应的程序以及完善的数据库支持，可以快速的从数据库中搜索到所需要的职位。如图1-13所示为搜索功能。

图 1-13 搜索功能

2．留言板

留言板、论坛及聊天室是为浏览者提供信息交流的地方。浏览者可以围绕个别的产品、服务或其他话题进行讨论。顾客也可以提出问题、提出咨询，或者得到售后服务。但是聊天室和论坛是比较占用资源的，一般不是大中型的网站没有必要建设论坛和聊天室，如果访问量不是很大的话，做好了也没有人来访问，如图1-14所示为留言板页面。

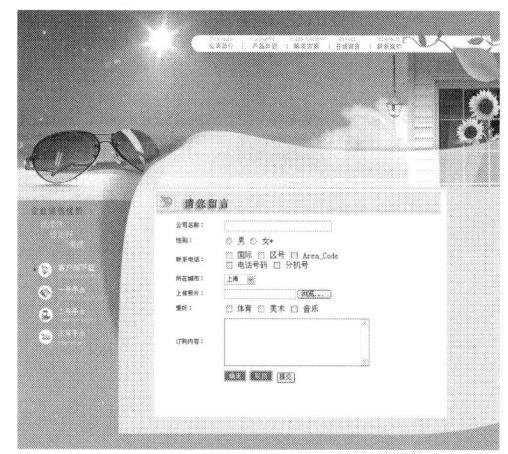

图 1-14 留言板页面

3．新闻发布管理系统

新闻发布管理系统可以提供方便直观的页面文字信息的更新维护界面，提高工作效率、降低技术要求，非常适合用于经常更新的栏目或页面，如图1-15所示是新闻发布管理系统。

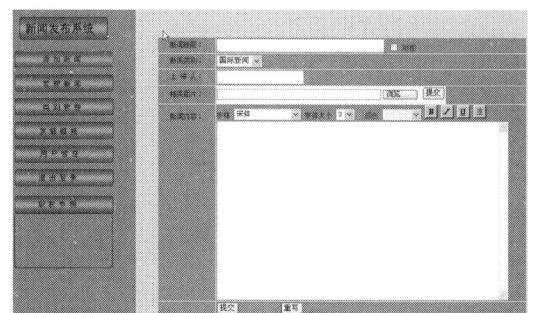

图 1-15 新闻发布管理系统

4．购物网站

实现电子交易的基础，用户将感兴趣的产品放入自己的购物车，以备最后统一结账。当然用户也可以修改购物的数量，甚至将产品从购物车中取出。用户选择结算后系统自动生成本系统的订单。如图1-16所示为购物系统。

图 1-16 购物网站

1.3.8　发布与上传

网站的域名和空间申请完毕后，就可以上传网站了，可以采用 Dreamweaver 自带的站点管理上传文件。

01 执行"站点"|"管理站点"命令，弹出如图 1-17 所示的"管理站点"对话框。

图 1-17　"管理站点"对话框

02 在对话框中单击"新建站点"按钮，弹出"站点设置对象"对话框，在对话框中选择"服务器"选项卡，如图 1-18 所示。

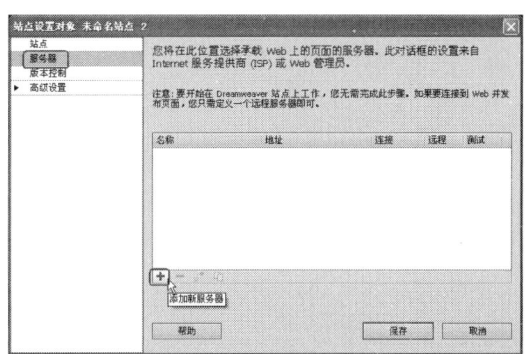

图 1-18　"服务器"选项

03 单击（+）按钮，弹出如图 1-19 所示的对话框。在"连接方法"下拉列表中选择 FTP，用来设置远程站点服务器的信息。

- 服务器名称：指定新服务器的名称。
- 连接方法：从"连接方法"弹出菜单中，选择"FTP"。
- FTP 地址：输入远程站点的 FTP 主机的 IP 地址。
- 用户名：输入用于连接到 FTP 服务器的登录名。

- 密码：输入用于连接到 FTP 服务器的密码。
- 测试：单击"测试"，测试 FTP 地址、用户名和密码。
- 根目录：在"根目录"文本框中，输入远程服务器上用于存储公开显示的文档目录。
- Web URL：在"Web URL"文本框中，输入 Web 站点的 URL。

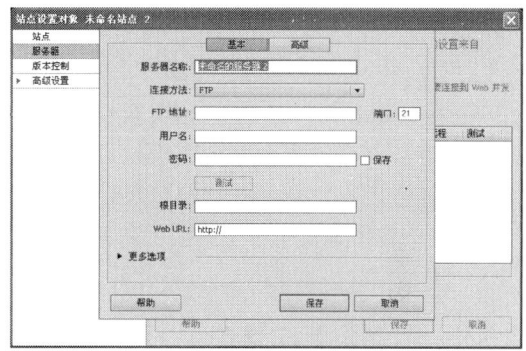

图 1-19　设置"远程信息"

04 设置完相关的参数后，单击"保存"按钮完成远程信息设置。在文件面板中单击"展开 / 折叠" 按钮，展开"站点"管理器，如图 1-20 所示。

图 1-20　"文件"面板

05 在站点管理器中单击"连接到远端主机" 按钮，建立与远程服务器的连接，如图 1-21 所示。

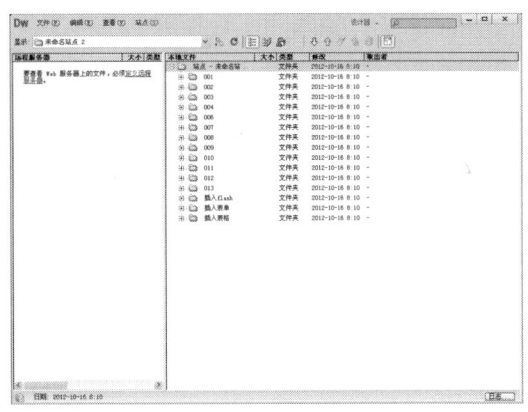

图 1-21 与远程服务器连通后的网站管理窗口

连接到服务器后，![按钮]按钮会自动变为闭合![状态]状态，并在一旁亮起一个小绿灯，列出远端网站的接收目录，右侧窗口显示为"本地信息"，在本地目录中选择要上传的文件，单击"上传文件"![按钮]按钮，上传文件。

1.3.9　后期更新与维护

一个好的网站，仅仅一次是不可能制作完美的，由于市场环境在不断地变化，网站的内容也需要随之调整，给人常新的感觉，网站才会更加吸引访问者，而且给访问者很好的印象。这就要求对网站进行长期的不间断的维护和更新。

网站维护一般包含以下内容。

- 内容的更新：包括产品信息的更新，企业新闻动态更新和其他动态内容的更新。采用动态数据库可以随时更新发布新内容，不必做网页和上传服务器等麻烦工作。静态页面不便于维护，必须手动重复制作网页文档，制作完成后还需要上传到远程服务器。一般对于数量比较多的静态页面建议采用

模板制作。

- 网站风格的更新：包括版面、配色等各种方面。改版后的网站让客户感觉改头换面，焕然一新。一般改版的周期要长些。客户对网站也满意的话，改版可以延长到几个月甚至半年。一般一个网站建设完成以后，代表了公司的形象，公司的风格。随着时间的推移，很多客户对这种形象已经形成了定势。如果经常改版，会让客户感觉不适应，特别是那种风格彻底改变的"改版"。当然如果对公司网站有更好的设计方案，可以考虑改版。毕竟长期沿用一种版面会让人感觉陈旧、厌烦。
- 网站重要页面设计制作：如重大事件页面、突发事件及相关周年庆祝等活动页面设计制作。
- 网站系统维护服务：如 E-mail 账号维护服务、域名维护续费服务、网站空间维护、与 IDC 进行联系、DNS 设置、域名解析服务等。

1.3.10　网站的推广

互联网的应用和繁荣提供了广阔的电子商务市场和商机，但是互联网上大大小小的各种网站数以百万计，如何让更多的人都能迅速地访问到您的网站是一个十分重要的问题。企业网站建好以后，如果不进行推广，那么企业的产品与服务在网上就仍然不为人所知，起不到建立站点的作用，所以企业在建立网站后即应着手利用各种手段推广自己的网站。网站的推广有很多种方式，在后面的章节中将详细讲述，这里就不再叙述了。

1.4　本章小结

本章主要学习了网页和网站的基本概念、域名和空间的身躯、网页制作常用软件，最后介绍了网站建设的流程等。通过本章的学习，读者应掌握网页设计的一些基础知识，为后面设计制作更复杂的网页打下良好的基础。

第 2 章   网站页面的策划与布局

本章导读

设计网页的第一步是设计版面布局。好的网页布局会令访问者耳目一新，同样也可以使访问者比较容易在站点上找到他们所需要的信息，所以网页制作初学者应该对网页布局的相关知识有所了解。

技术要点

- ◆ 熟悉网页版面布局设计
- ◆ 了解网页布局方法
- ◆ 了解常见的网页结构类型
- ◆ 熟悉文字与版式设计
- ◆ 熟悉图像与版式设计

2.1   网站栏目和页面设计策划

网站策划是整个网站构建的灵魂，网站策划在某种意义上就是一个导演，它引领了网站的方向，赋予网站生命，并决定着它能否走向成功。

2.1.1   为什么要进行策划

网站策划是指在网站建设前对市场进行分析，确定网站的功能及要面对的用户，并根据需要对网站建设中的技术、内容、费用、测试、推广、维护等做出策划。网站策划对网站建设起到计划和指导的作用。

一个网站的成功与否和建站前的网站策划有着极为重要的关系。在建立网站前应明确建设网站的目的；确定网站的功能；确定网站规模、投入费用；明确要做成什么样的网站；网站建成后面对的是广大网民，还是其他有针对性的客户。这些问题只有详细规划并进行必要的市场分析，才能避免在网站建设中出现很多问题，使网站建设顺利进行。

为什么目前大部分的网站会成为摆设？为什么数以百万计的网站无声无息？为什么同样的网站模式却有着截然不同的价值？其实原因很简单，因为这些网站根本没有事先进行全面的策划，很多网站还没有意识到网站策划的重要意义。网站策划是网站建设过程中最重要的一部分，从网站如何架设，到确定网站的浏览人群、受众目标，再到网站的栏目设置、宣传推广策略、更新维护等都需要慎重而缜密的策划。

一个成功的网站，不在于投资多少钱，不在于有多少高深的技术，也不在于市场有多大，而在于这个网站是否符合市场需求，是否符合体验习惯，是否符合运营基础。专业的网站策划可以带来以下几个好处：

- 避免日后返工，提高运营效率。很多网站投资人不是 IT 行业人士，以为有了网站开发人员、编辑人员和市场人员就可以将一个网站运营成功。但是当网站建设好以后，市场工作却无法展开。为什么？因为技术人员总是在不断地修改网站，而技术人员也总是叫苦连天，因为老板今天要求这样明天要求那样。所以，为了避免以后不停地返工修改网站，事先对网站的各个环节进行细致的策划是非常必要的。

- 避免重复烧钱，节约运营成本。当网站建设好后，为什么总是没有用户呢？然后花很多钱去推广，到最后也没有留住用户。那是因为网站的各环节，尤其是用户的体验环节定位出了问题。因此，如果想节省网站推广的钱，那就仔细反省一下网站自身的定位，做好网站的策划。

- 避免投资浪费，提高成功几率。在投资网站之前，一定要做一次细致的策划，如市场的考察、赢利模式的研究、网站的定位。只有具备了专业的思考和策划，才能使投资人的钱不白花，避免投资浪费。

- 避免教训，成功运营。当建设网站时，不要以为有了技术、内容、市场人员就万事大吉了，其实不是这样。策划网站时，不但是要策划网站的具体东西，更多的时候是要策划网站的市场定位、赢利模式、运营模式、运营成本等重要的运营环节。如果投资人连投资网站要花多少钱、什么时候有回报都不了解的话，那么投资这个网站最终也会失败。

2.1.2 网站的栏目策划

相对于网站页面及功能规划，网站栏目策划的重要性常被忽略。其实，网站栏目策划对于网站的成败有着非常直接的关系，网站栏目兼具以下两个功能，二者缺一不可。

1. 提纲挈领，点题明义

网速越来越快，网络的信息越来越丰富，浏览者却越来越缺乏浏览耐心。打开网站不超过 10 秒钟，一旦找不到自己所需的信息，网站就会被浏览者毫不客气地关掉。要让浏览者停下匆匆的脚步，就要清晰地给出网站内容的"提纲"，也就是网站的栏目。

网站栏目的规划，其实也是对网站内容的高度提炼。即使是文字再优美的书籍，如果缺乏清晰的纲要和结构，恐怕也会被淹没在书本的海洋中。网站也是如此，不管网站的内容有多精彩，缺乏准确的栏目提炼，就难以引起浏览者的关注。

因此，网站的栏目规划首先要做到"提纲挈领、点题明义"，用最简练的语言提炼出网站中每个部分的内容，清晰地告诉浏览者网站在说什么、有哪些信息和功能。图 2-1 所示的网站的栏目即具有提纲挈领的作用。

图 2-1 网站栏目示例

2. 指引迷途，清晰导航

网站的内容越多，浏览者就越容易迷失。除了"提纲"的作用之外，网站栏目还应该为浏览者提供清晰直观的指引，帮助浏览者方便地到达网站的所有页面。网站栏目的导航作用通常包括以下 4 种情况。

- 全局导航：全局导航可以帮助用户随时跳转到网站的任何一个栏目。通常来说，全局导航的位置是固定的，以减少浏览者查找的时间。

- 路径导航：路径导航显示了用户浏览页面的所属栏目及路径，帮助用户访问该页面的上下级栏目，从而更完整地了解网站信息。
- 快捷导航：对于网站的老用户而言，需要快捷地到达所需栏目，快捷导航为这些用户提供了直观的栏目链接，减少用户的点击次数和时间，提升浏览效率。
- 相关导航：为了增加用户的停留时间，网站策划者需要充分考虑浏览者的需求，为页面设置相关导航，让浏览者可以方便地到所关注的相关页面，从而增进对企业的了解，提升合作几率。

在图 2-2 所示的网页中，可以看到多级导航栏目，顶部有一级导航，左侧又有精品酒店和酒店报价的二级导航。

图 2-2　多级导航栏目，方便用户浏览

归根结底，成功的栏目规划还是基于对用户需求的理解。对用户和需求理解得越准确、越深入，网站的栏目就越具有吸引力，也就越能够留住更多的潜在客户。

2.1.3　网站的页面策划

网站页面是网站营销策略的最终表现层，也是用户访问网站的直接接触层。同时，网站页面的规划也最容易让项目团队产生分歧。

对于网页设计的评估，最有发言权的是网站的用户，然而用户却无法明确地告诉网站设计者，他们想要的是怎样的网页，停留或者离开网站是他们表达意见的最直接方法。好的网站策划者除了要听取团队中各个角色的意见之外，还要善于从用户的浏览行为中捕捉用户的意见。

网站策划者在做网页策划时，应遵循以下原则。

- 符合客户的行业属性及网站特点：在客户打开网页的一瞬间，让客户直观地感受到网站所要传递的理念及特征，如网页色彩、图片、布局等。
- 符合用户的浏览习惯：根据网页内容的重要性进行排序，让用户用最少的光标移动，找到所需的信息。
- 符合用户的使用习惯：根据网页用户的使用习惯，将用户最常使用的功能置于醒目的位置，以便于用户的查找及使用。
- 图文搭配，重点突出：用户对于图片的认知程度远高于对文字的认知程度，适当地使用图片可以提高用户的关注度。此外，确立页面的视觉焦点也很重要，过多的干扰元素会让用户不知所措。图 2-3 所示的网页页面中使用了图片，大大提高了用户的关注程度。

图 2-3　使用图片的网页页面示例

- 利于搜索引擎优化：减少 Flash 和大图片的使用，多用文字及描述，使搜索引擎更容易收录网站，让用户更容易找到所需内容。

2.2 网站布局的基本元素

不同性质的网站，构成网页的基本元素是不同的。网页中除了使用文本和图像外，还可以使用丰富多彩的多媒体和 Flash 动画等。

2.2.1 网站 LOGO

网站 LOGO 也称为网站标志，网站标志是一个站点的象征，也是一个站点是否正规的标志之一。网站的标志应体现该网站的特色、内容以及其内在的文化内涵和理念。成功的网站标志有着独特的形象标识，在网站的推广和宣传中将起到事半功倍的效果。网站标志一般放在网站的左上角，访问者一眼就能看到它。网站标志通常有 3 种尺寸：88×31 像素、120×60 像素和 120×9 像素。如图 2-4 所示网站 LOGO。

图 2-4 网站 LOGO

标志的设计创意来自网站的名称和内容，大致分以下 3 个方面：

- 网站有代表性的人物、动物、花草，可以用它们作为设计的蓝本，加以卡通化和艺术化。
- 网站有专业性的，可以用本专业有代表性的物品作为标志，如中国银行的铜板标志、奔驰汽车的方向盘标志。
- 最常用和最简单的方式是用自己网站的英文名称作标志。采用不同的字体、字符的变形、字符的组合可以很容易制作好自己的标志。

2.2.2 网站 banner

网站 banner 是横幅广告，是互联网广告中最基本的广告形式。banner 可以位于网页顶部、中部或底部任意一处。一般横向贯穿整个或者大半个页面的广告条。常见的尺寸是 480×60 像素，或 233×30 像素，使用 GIF 格式的图像文件，可以使用静态图形，也可以使用动画图像。除普通 GIF 格式外，采用 Flash 能赋予 banner 更强的表现力和交互内容。

网站 banner 首先要美观，这个小的区域设计得非常漂亮，让人看上去很舒服，即使不是他们所要看的东西，或者是一些他们可看不可看的东西，他们就会很有兴趣的去看看，点击就是顺理成章的事情了。还要与整个网页协调，同时又要突出、醒目，用色要同页面的主色相搭配，如图 2-5 所示为设计的网站 banner。

图 2-5 网站 banner

2.2.3 导航栏

导航栏是网页的重要组成元素，它的任务是帮助浏览者在站点内快速查找信息。好的导航系统应该能引导浏览者浏览网页而不迷失方向。导航栏的形式多样，可以是简单的文字链接，也可以是设计精美的图片或是丰富多彩的按钮，还可以是下拉菜单导航。

一般来说，网站中的导航位置在各个页面中出现的位置是比较固定的，而且风格也较为一致。导航的位置一般有 4 种：在页面的左侧、右侧、顶部和底部。有时候在同一个页面中运用了多种导航。当然并不是导航在页面中出现的次数越多越好，而是要合理地运用，达到页面总体的协调一致。如图 2-6 所示的网站导航栏中既有顶部导航也有左侧导航。

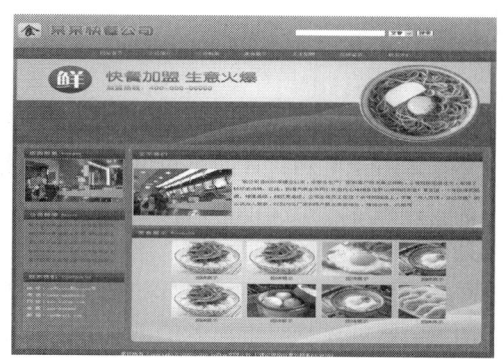

图 2-7　网页的主体内容

2.2.5　文本

网页内容是网站的灵魂，网页中的信息也以文本为主。无论制作网页的目的是什么，文本都是网页中最基本的、必不可少的元素。与图像相比，文字虽然不如图像那样易于吸引浏览者的注意，但却能准确地表达信息的内容和含义。

一个内容充实的网站必然会使用大量的文本。良好的文本格式可以创建出别具特色的网页，激发浏览者的兴趣。为了克服文字固有的缺点，人们赋予了文本更多的属性，如字体、字号、颜色等，通过不同格式的区别，突出显示重要的内容。此外，还可以在网页中设置各种各样的文字列表，来明确表达一系列的项目。这些功能给网页中的文本增加了新的生命力，如图 2-8 所示的网页运用了大量文本。

图 2-6　网站的左侧导航栏

2.2.4　主体内容

主体内容是网页中最重要的元素。主体内容借助超链接，可以利用一个页面，高度概括几个页面所表达的内容，而首页的主体内容甚至能在一个页面中高度概括整个网站的内容。

主体内容一般均有图片和文档构成，现在的一些网站的主体内容中还加入了视频、音频等多媒体文件。由于人们的阅读习惯是由上至下、由左至右，所以主体内容的内容分布也是按照这个规律，依照重要到不重要的顺序安排内容，所以在主体内容中，左上方的内容是最重要的。如图 2-7 所示为网页的主体内容。

图 2-8　运用大量文本的网页示例

2.2.6 图像

图像在网页中具有提供信息、展示形象、装饰网页、表达个人情趣和风格的作用。图像是文本的说明和解释，在网页的适当位置放置一些图像，不仅可以使文本清晰易读，而且使得网页更加有吸引力。现在几乎所有的网站都使用图像来增加网页的吸引力，有了图像，网站才能吸引更多的浏览者。可以在网页中使用 GIF、JPEG 和 PNG 等多种图像格式，其中使用最广泛的是 GIF 和 JPEG 两种格式。如图 2-9 所示，在网页中插入图片生动形象的展示了酒店形象。

图 2-9 在网页中使用图片

2.2.7 Flash 动画

Flash 动画具有简单易学、灵活多变的特点，所以受到很多网页制作人员的喜爱，它可以生成亮丽夺目的图形界面，而文件的体积一般只有 5KB ～ 50KB。随着 ActionScript 动态脚本编程语言的逐渐发展，Flash 已经不再仅局限于制作简单的交互动画程序，通过复杂的动态脚本编程可以制作出各种各样有趣、精彩的 Flash 动画。由于 Flash 动画具有很强的视觉冲击力和听觉冲击力，因此一些公司网站往往会采用 Flash 制作相关的页面，借助 Flash 的精彩效果吸引客户的注意力，从而达到比以往静态页面更好的宣传效果，如图 2-10 所示为 Flash 动画制作的页面。

图 2-10 Flash 动画制作的页面

2.2.8 页脚

网页的最底端部分被称为页脚，页脚部分通常被用来介绍网站所有者的具体信息和联络方式，如名称、地址、联系方式、版权信息等。其中一些内容被做成标题式的超链接，引导浏览者进一步了解详细的内容。如图 2-11 所示的页脚。

图 2-11 页脚

2.2.9 广告区

广告区是网站实现赢利或自我展示的区域。一般位于网页的顶部、右侧。广告区内容以文字、图像、Flash 动画为主。通过吸引浏览者点击链接的方式达成广告效果。广告区设置要达到明显、合理、引人注目，这对整个网站的布局很重要。如图 2-12 所示为网页广告区。

图 2-12 网页广告区

2.3　网页版面布局设计

网站中有很多不同的网页,如主页、栏目首页、内容网页等,不同的网页需要不同的版面布局。与报纸、杂志不同的是,网站的所有网页组成的是一个层次型结构,每一层网页里都需要建立访问下一层网页的超链接索引,所以网页所处的层次越高,网页中的内容就越丰富,网页的布局就越复杂。

2.3.1　网页版面布局原则

网页在设计上有许多共同之处,如报纸等,也要遵循一些设计的基本原则。熟悉一些设计原则,再对网页的特殊性作一些考虑,便不难设计出美观大方的页面来。网页页面设计有以下几条基本原则,熟悉这些原则将对页面的设计有所帮助。

1．主次分明,中心突出

在一个页面上,必须考虑视觉的中心,这个中心一般在屏幕的中央,或者在中间偏上的部位。因此,一些重要的文章和图像一般可以安排在这个部位,在视觉中心以外的地方就可以安排那些稍微次要的内容,这样在页面上就突出了重点,做到了主次有别。如图 2-13 所示网页上的内容主次分明,重点突出了酒店的会议设施、餐饮设施、康体娱乐设施和客房设施的图片。

图 2-13　网页上的内容主次分明

2．简洁一致性

保持简洁的常用做法是使用醒目的标题,这个标题常常采用图形表示,但图形同样要求简洁。另一种保持简洁的做法是限制所用的字体和颜色的数目。一般每页使用的字体不超过 3 种,一个页面中使用的颜色少于 256 种。

要保持一致性,可以从页面的排版下手,各个页面使用相同的页边距,文本、图形之间保持相同的间距。主要图形、标题或符号旁边留下相同的空白。

3．大小搭配,相互呼应

较长的文章或标题,不要编辑在一起,要有一定的距离;同样,较短的文章,也不能编排在一起。对待图像的安排也是这样,要互相错开,使大小图像之间有一定的间隔,这样可以使页面错落有致,避免重心的偏离。如图 2-14 所示为图文搭配大小呼应的网页示例。

图 2-14　图文搭配排版示例

4．图文并茂,相得益彰

文字和图像具有一种相互补充的视觉关系,页面上文字太多,就显得沉闷,缺乏生气。页面上图像太多,缺少文字,必然会减少页面的信息容量。因此,最理想的效果是文字与图像的密切配合，互为衬托，既能活跃页面，又使主页有丰富的内容。

5．网页颜色选用

考虑到大多数人使用 256 色显示模式，因此一个页面显示的颜色不宜过多，应当控制在 256 色以内。主题颜色通常只需要 2 ～ 3 种，并采用一种标准色。如图 2-15 所示为主题颜色采用两种的网页示例。

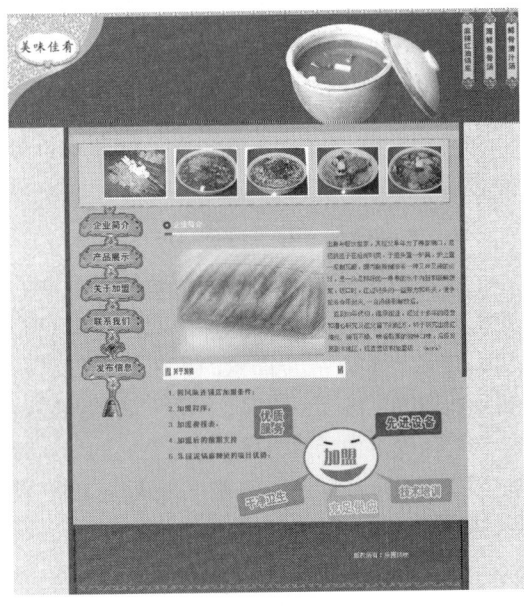

图 2-15 网页主题颜色采用两种

6．网页布局时的一些元素

网页布局时的一些元素包括格式美观的正文、和谐的色彩搭配、较好的对比度、可读性较强的文字、生动的背景图案、页面元素大小适中、布局匀称、不同元素之间有足够空白、各元素之间保持平衡、文字准确无误、无错别字、无拼写错误。

2.3.2 点、线、面的构成

点、线、面是构成视觉空间的基本元素，是表现视觉形象的基本设计语言。网页设计实际上就是如何经营好三者的关系，因为不管是任何视觉形象或者版式构成，归结到底，都可以归纳为点、线和面。一个按钮、一个文字是一个点。几个按钮或者几个文字的排列形成线。而线的移动或者数行文字或者一块空白可以理解为面。点、线、面相互依存，相互作用；可以组合成各种各样的视觉形象，千变万化的视觉空间。

1．点的视觉构成

在网页中，一个单独而细小的形象可以称之为点。点是相比较而言的，比如一个汉字是由很多笔划组成的，但是在整个页面中，可以称为一个点。点也可以是网页中相对微小单纯的视觉形象，如按钮、LOGO 等。如图 2-16 所示是网页中的按钮组成的点。

图 2-16 网页中的按钮组成的点

需要说明的是，并不是只有圆的才叫点，方形、三角形、自由形都可以作为视觉上的点，点是相对线和面而存在的视觉元素。

点是构成网页的最基本单位，在网页设计中，经常需要我们主观地加些点，如在新闻的标题后加个 NEW，在每一小行文字的前面加个方或者圆的点。

点在页面中起到活泼生动的作用，使用得当，甚至可以是画龙点睛的效果。

一个网页往往需要有数量不等、形状各异的点来构成。点的形状、方向、大小、位置、聚集、发散，能够给人带来不同的心理感受。

2．线的视觉构成

点的延伸形成线，线在页面中的作用在于表示方向、位置、长短、宽度、形状、质量和情绪。如图 2-17 所示为网页中的线条。

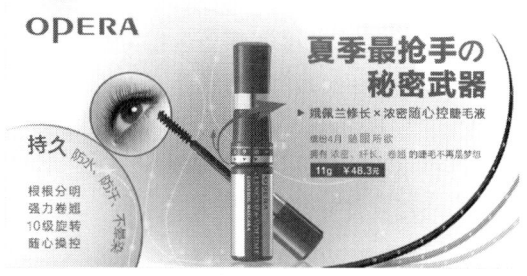

图 2-17　网页中的线条

线是分割页面的主要元素之一，是决定页面现象的基本要素。

线分为直线和曲线两种，这是线的总体形状。

线的总体形状有垂直、水平、倾斜、几何曲线自由线这几种可能。

线是具有情感的。如水平线给人开阔、安宁、平静的感觉；斜线具有动力、不安、速度和现代意识；垂直线具有庄严、挺拔、力量、向上的感觉；曲线具有柔软流畅的女性特征；自由曲线是最好的情感抒发手段。

将不同的线运用到页面设计中，会获得不同的效果。知道什么时候应该运用什么样的线条，可以充分的表达所要体现的东西。

3．面的视觉构成

面是无数点和线的组合，面具有一定的面积和质量，占据空间的位置更多，因而相比点和线来说，面的视觉冲击力更大更强烈。如图 2-18 所示为网页中不同背景颜色将页面分成不同的板块。

只有合理的安排好面的关系，才能设计出充满美感，艺术加实用的网页作品。在网页的视觉构成中，点、线、面既是最基本的造型元素，又是最重要的表现手段。在确定网页主体形象的位置、动态时，点、线、面将是需要最先考虑的因素。只有合理的安排好点、线、面的互相关系，才能设计出具有最佳视觉效果的页面。

图 2-18　网页中的面

2.4　网页布局方法

为了使网页能达到最佳的视觉表现效果，应讲究网页整体布局的合理性，使浏览者有一个流畅的视觉体验。在制作网页前，可以先布局出网页的草图。网页布局的方法有两种，一种为纸上布局，另一种为软件布局，下面分别介绍。

2.4.1　纸上布局法

熟悉网页制作的人在拿到网页的相关内容后，也许很快就可以在脑子里形成大概的布局，并且可以直接用网页制作工具开始制作。但是对不熟悉网页布局的人来说，这么做有相当大的困难，所以这时就需要借助于其他的方法来进行网页布局。

设计版面布局前先画出版面的布局草图，接着对版面布局进行细划和调整，反复细划和调整后确定最终的布局方案。

新建的页面就像一张白纸，没有任何表格、框架和约定俗成的东西，尽可能地发挥想象力，将所想到的内容画上去。这属于创造阶段，不必讲究细腻工整，不必考虑细节功能，只用粗陋的线条勾画出创意的轮廓即可。尽可能地多画几张草图，最后选定一个满意的来创作，如图 2-19 所示。

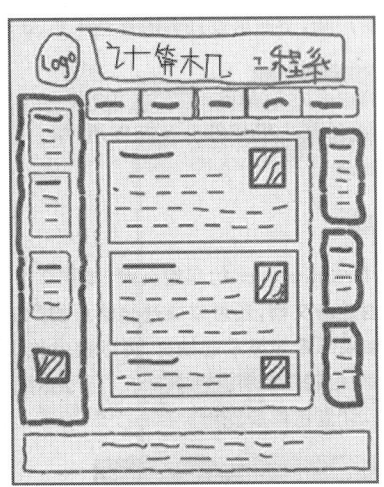

图 2-19 纸上布局草图

2.4.2 软件布局法

如果不喜欢用纸来画出布局示意图，还可以用专业制图软件来进行布局（如 Fireworks 和 Photoshop 等），用它们可以像设计一幅图片、一幅招贴画、一幅广告一样去设计一个网页的界面，然后再考虑如何用网页制作工具去实现这个网页。利用软件可以方便的使用颜色，使用图形，并且可以利用层的功能设计出用纸张无法实现的布局意念。如图 2-20 所示是使用软件布局的网页草图。

图 2-20 使用软件布局的网页草图

2.5 常见的网页结构类型

常见的网页布局形式大致有"国"字型、"厂"字型、"框架"型、"封面"型和 Flash 型布局。

2.5.1 "厂"字型布局

厂字型结构布局是指页面顶部为标志＋广告条，下方左面为主菜单，右面显示正文信息，如图 2-21 所示。这是网页设计中使用广泛的一种布局方式，一般应用于企业网站中的二级页面。这种布局的优点是页面结构清晰、主次分明，是初学者最容易上手的布局方法。在这种类型中，一种很常见的类型是最上面为标题及广告，左侧为导航链接。

图 2-21 "厂"字型布局

2.5.2 "国"字型布局

"国"字型布局如图 2-22 所示。最上面是网站的标志、广告以及导航栏，接下来是网站的主要内容，左右分别列出一些栏目，中间是主要部分，最下部是网站的一些基本信息，这种结构是国内一些大中型网站常见的布局方式。优点是充分利用版面、信息量大，缺点是页面显得拥挤，不够灵活。

2.5.3 "框架"型布局

框架型布局一般分成上下或左右布局，一栏是导航栏目，一栏是正文信息。复杂的框架结构可以将页面分成许多部分，常见的是三栏布局，如图 2-23 所示。上边一栏放置图像广告，左边一栏显示导航栏，右边显示正文信息。

图 2-22 "国"字型布局

图 2-23 框架型布局

2.5.4 "封面"型布局

封面型布局一般应用在网站的主页或广告宣传页上，为精美的图像加上简单的文字链接，指向网页中的主要栏目，或通过"进入"链接到下一个页面，如图 2-24 所示是"封面"型布局的网页。

2.5.5 Flash 型布局

这种布局跟封面型的布局结构类似，不同的是页面采用了 Flash 技术，动感十足，可以大大增强页面的视觉效果，如图 2-25 所示的是 Flash 型网页布局。

图 2-24 封面型布局的网页   图 2-25 Flash 型网页布局

2.6　文字与版式设计

　　文本是人类重要的信息载体和交流工具，网页中的信息也是以文本为主的。虽然文字不如图像直观形象，但是却能准确地表达信息的内容和含义。在确定网页的版面布局后，还需要确定文本的样式，如字体、字号和颜色等，还可以将文字图形化。

2.6.1　文字的字体、字号、行距

　　网页中中文默认的标准字体是"宋体"，英文是"The New Roman"。如果在网页中没有设置任何字体，在浏览器中将以这两种字体显示。

　　字号大小可以使用磅（point）或像素（pixel）来确定。一般网页常用的字号大小为 12 磅左右。较大的字体可用于标题或其他需要强调的地方，小一些的字体可以用于页脚和辅助信息。需要注意的是，小字号容易产生整体感和精致感，但可读性较差。

　　无论选择什么字体，都要依据网页的总体设想和浏览者的需要。在同一页面中，字体种类少，版面雅致，有稳重感；字体种类多，则版面活跃，丰富多彩。关键是如何根据页面内容来掌握这个比例关系。

　　行距的变化也会对文本的可读性产生很大影响，一般情况下，接近字体尺寸的行距设置比较适合正文。行距的常规比例为10:12，即用字为 10 点，则行距为 12 点，如图 2-26 所示，将行距适当放大后字体感觉比较合适。

图 2-26 适当的行距

　　行距可以用行高（line-height）属性来设置，建议以磅或默认行高的百分数为单位。如"line-height：20pt"、"line-height：150％"。

2.6.2　文字的颜色

　　在网页设计中可以为文字、文字超链接、已访问超链接和当前活动超链接选用各种颜色。如正常字体颜色为黑色，默认的超链接颜色为蓝色，用鼠标单击之后又变为紫红色。

使用不同颜色的文字可以使想要强调的部分更加引人注目，但应该注意的是，对于文字的颜色，只可少量运用，如果什么都想强调，其实是什么都没有强调。况且，在一个页面上运用过多的颜色，会影响浏览者阅读页面内容，除非有特殊的设计目的。

颜色的运用除了能够起到强调整体文字中特殊部分的作用之外，对于整个文案的情感表达也会产生影响。如图 2-27 所示的是多彩的网页文字。

图 2-27　多彩的网页文字

另外，需要注意的是文字颜色的对比度，包括明度上的对比、纯度上的对比及冷暖的对比。这些不仅对文字的可读性有影响，更

重要的是，可以通过对颜色的运用实现想要的设计效果、设计情感和设计思想。

2.6.3　文字的图形化

所谓文字的图形化，即把文字作为图形元素来表现，同时又强化了原有的功能。作为网页设计者，既可以按照常规的方式来设置字体，也可以对字体进行艺术化的设计。无论怎样，一切都应该围绕如何更出色地实现自己的设计目标这个主题。

将文字图形化，以更富创意的形式表达出深层的设计思想，能够克服网页的单调与平淡，从而打动人心，如图 2-28 所示为图形化的文字。

图 2-28　图形化的文字

2.7　图像设计排版

图像是网页构成中最重要的元素之一，美观的图像会给网页增色不少。另一方面，图像本身也是传达信息的重要手段之一，与文字相比，它可以更直观地、更容易地把那些文字无法表达的信息表达出来，易于浏览者理解和接受，所以图像在网页中的作用非常重要。

2.7.1　网页中应用图像的注意要点

网页设计与一般的平面设计不同，网页图像不需要很高的分辨率，但是这并不代表任何图像都可以添加到网页上。在网页中使用图像还需要注意以下几点：

- 图像不仅仅是修饰性的点缀，还可以传递相关信息。所以在选择图像前，应选择与文本内容及整个网站相关的图像。如图 2-29 所示的图像就与网站的内容相关。

图 2-29　图像与网站的内容相关

- 除了图像的内容以外，还要考虑图像的大小，如果图像文件太大，浏览者在下载时会花费很长的时间去等待，这将会大大影响浏览者的下载意愿。所以一定要尽量压缩图像文件的大小。
- 图像的主体最好清晰可见，图像的含义最好简单明了，如图2-30所示。图像文字的颜色和图像背景颜色最好有鲜明的对比。

图2-30 图像的主体清晰可见

- 在使用图像作为网页背景时，最好能使用淡色系列的背景图。背景图像像素越小越好，这样将能大大降低文件的质量，又可以制作出美观的背景图。如图2-31所示为淡色的背景图。

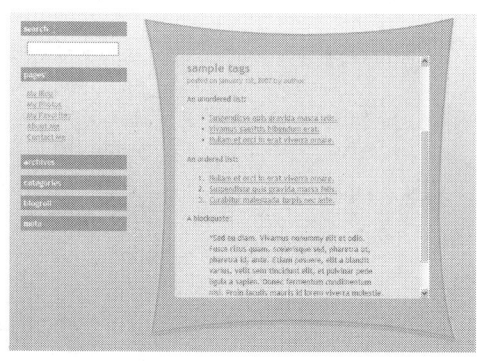

图2-31 淡色的背景图

- 对于网页中的重要图像，最好添加提示文本。这样做的好处是，即使浏览者关闭了图像显示或由于网速而使图像没有下载完，浏览者也能看到图像说明，从而决定是否下载图像。

2.7.2 让图片更合理

网页上的图片也是版式的重要组成部分，正确地运用图片，可以帮助用户加深对信息的印象。与网站整体风格协调的图片，能帮助网站营造独特的品牌氛围，加深浏览者对网站的印象。

网站中的图片大致有以下3种：banner广告图片、产品展示图片、修饰性图片，如图2-32所示的网页中使用了各种图片。

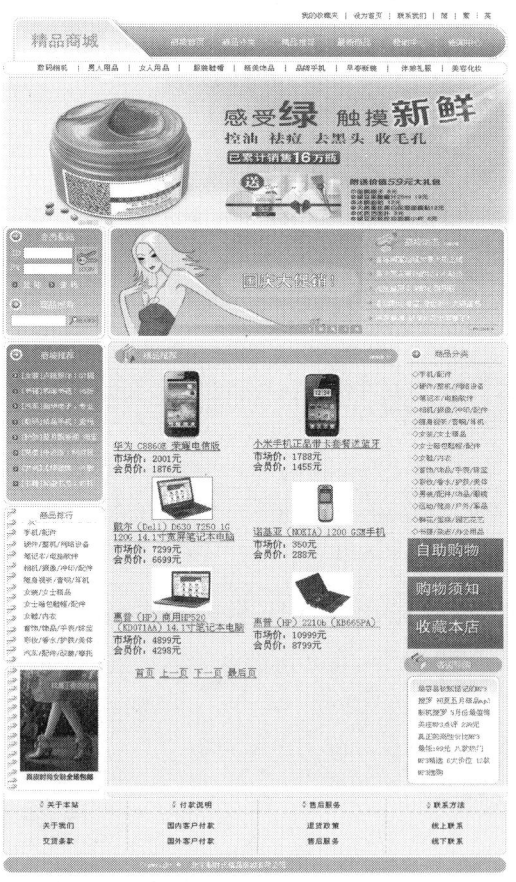

图2-32 网页中使用了各种图片

★ 指点迷津 ★

在设计处理网页图片时注意以下事项：

- 图片出现的位置和尺寸合理，不对信息获取产生干扰，以致喧宾夺主。
- 考虑浏览者的网速，图片文件不宜过大。
- 有节制地使用 Flash 和动画图片。
- 在产品图片的 alt 标签中添加产品名称。
- 形象图片注重原创性。

2.8　本章小结

网站页面的布局与策划对于网站要表达的理念具有关键的作用。网站页面布局设计是为了服务于目标用户，这是网站设计最优先考虑的因素。网站布局的设计是网站竞争力的一个重要方面，在同质化非常严重的互联网网站中，有良好布局的网站更容易让用户喜欢并成为网站的忠实用户。

第3章 网页的色彩搭配

　　打开一个网站，给用户留下第一印象的既不是网站丰富的内容，也不是网站合理的版面布局，而是网站的色彩。在网页设计中，色彩搭配是树立网站形象的关键，色彩处理得好，可以使网页锦上添花，达到事半功倍的效果。色彩搭配一定要合理，给人一种和谐、愉快的感觉，避免采用容易造成视觉疲劳的纯度很高的单一色彩。在设计网页色彩时，应该了解一些搭配技巧，以便更好地使用色彩，本章彩色效果请参照彩插页。

- ◆ 熟悉色彩基础知识
- ◆ 熟悉色彩的三要素
- ◆ 掌握色彩与心理
- ◆ 掌握页面色彩搭配

3.1 色彩基础知识

　　自然界中有许多种色彩，如香蕉是黄色的，天是蓝色的，橘子是橙色的……色彩多种多样，千变万化。

3.1.1 色彩的基本概念

　　为了能更好地应用色彩来设计网页，先来了解一下色彩的基本概念。自然界中的色彩千变万化，但是最基本的有 3 种（红、黄、蓝），其他的色彩都可以由这 3 种色彩调和而成，这 3 种色彩称为"三原色"。平时所看到的白色光，经过分析可以在色带上看到，它包括红、橙、黄、绿、青、蓝、紫等 7 种颜色，如图 3-1 所示。

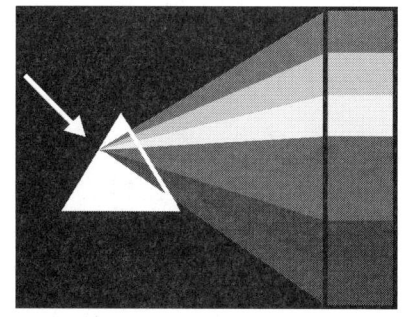

图 3-1 阳光被分解后的 7 种主要颜色

- 相近色：色环中相邻的 3 种颜色，相近色的搭配给人的视觉效果很舒适，很自然，所以相近色在网站设计中极为常用。如图 3-2 所示的深蓝色、浅蓝色和紫色。
- 互补色：色环中相对的两种色彩，如图 3-3 所示的亮绿色和紫色、红色和绿色、蓝色和橙色等。对于互补色，调整一下补色的亮度，有时候是一种很好的搭配。

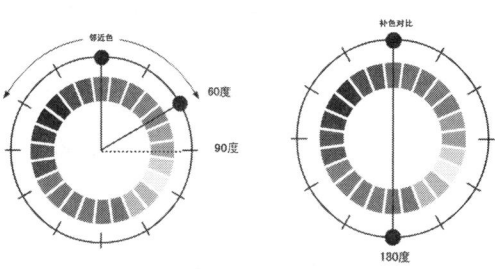

图 3-2 相近色　　　　图 3-3 互补色

- 暖色：如图 3-4 所示的黄色、橙色、红色、紫色等都属于暖色系列。暖色与黑色调和可以达到很好的效果。暖色一般应用于购物类网站、儿童类网站等，用以体现商品的琳琅满目，儿童类网站的活泼、温馨等效果。

- 冷色：如图 3-5 所示的绿色、蓝色、蓝紫色等都属于冷色系列。冷色与白色调和可以达到一种很好的效果。冷色一般应用于一些高科技网站，主要表达严肃、稳重等效果。

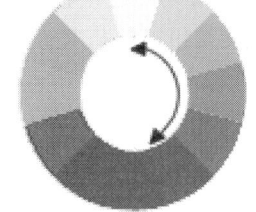 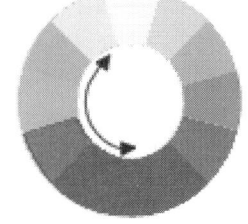

图 3-4　暖色　　　　　图 3-5　冷色

3.1.2　网页安全色

网页安全色是指在不同硬件环境、不同操作系统、不同浏览器中都能够正常显示的颜色集合（调色板），也就是说这些颜色在任何终端浏览，用户显示设备上的显示效果都是相同的。所以，使用 216 网页安全色进行网页配色，可以避免原有的颜色失真问题。如图 3-6 所示为网页安全色大全。

只要在网页中使用 216 网页安全颜色，就可以控制网页的色彩显示效果。使用网页安全颜色的同时，也不排除非网页安全颜色的使用。

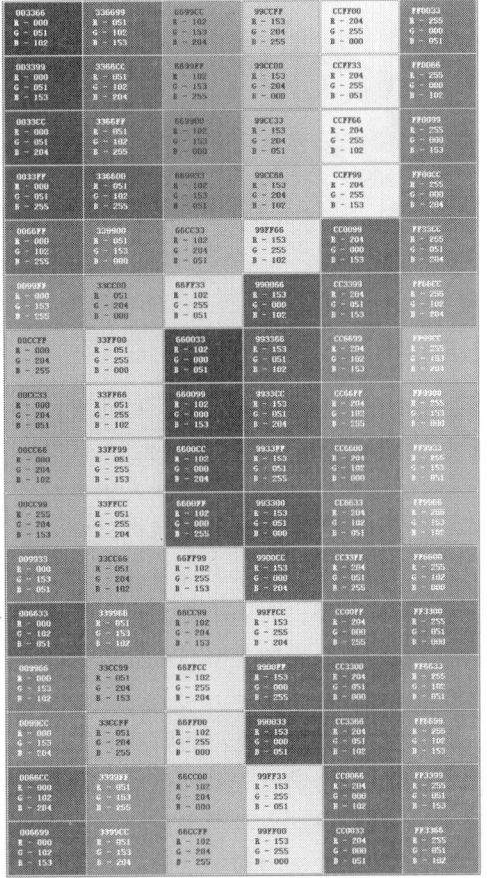

图 3-6　网页安全色

3.2 色彩的三要素

现实生活中的色彩可以分为彩色和非彩色。其中黑白灰属于非彩色系列，其他的色彩都属于彩色。明度、色相、纯度是色彩最基本的三要素，也是人正常视觉感知色彩的 3 个重要因素。

3.2.1 色相

色相指的是色彩的名称。色相是色彩最基本的特征，是一种色彩区别于另一种色彩最主要的因素。如紫色、绿色、黄色等都代表了不同的色相。同一色相的色彩，调整一下亮度或者纯度，很容易搭配，如深绿、暗绿、草绿。

最初的基本色相为：红、橙、黄、绿、蓝、紫。在各色中间加一两个中间色，其头尾色相按光谱排序为：红、橙红、黄橙、黄、黄绿、绿、绿蓝、蓝绿、蓝、蓝紫、紫、红紫——十二基本色相。如图 3-7 所示。

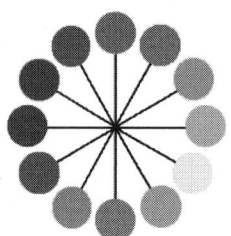

图 3-7 十二基本色相

3.2.2 明度

明度也叫亮度，指的是色彩的明暗程度，明度越大，色彩越亮。如一些购物、儿童类网站，用的是一些鲜亮的颜色，让人感觉绚丽多姿，生气勃勃。明度越低，颜色越暗，主要用于一些游戏类网站，充满神秘感；一些个人站长为了体现自身的个性，也会运用一些暗色调来表达个人的孤僻或者忧郁等性格。如图 3-8 所示为色彩的明度变化。

明度高是指色彩较明亮，而明度低则是指色彩较灰暗。没有明度关系的色彩，就会显得苍白无力，只有加入明暗的变化，才可以展示色彩的视觉冲击力和丰富的层次感，如图 3-9 所示。

图 3-8 色彩的明度变化

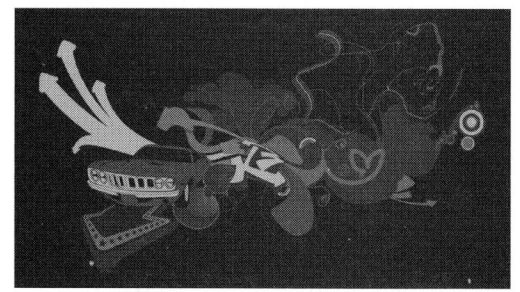

图 3-9 同一色彩的明暗变化

色彩的明度包括无彩色的明度和有彩色的明度。在无彩色中，白色明度最高，黑色明度最低，白色和黑色之间是一个从亮到暗的灰色系列；在有彩色中，任何一种纯度色彩都有着自己的明度特征，如黄色明度最高，紫色明度最低。

3.2.3 纯度

纯度表示色彩的鲜浊或纯净的程度，纯度用于表明一种颜色中是否含有白或黑的成分。假如某色不含有白或黑的成分，便是纯色，其纯度最高；含有越多白或黑的成分，其纯度越低，如图 3-10 所示。

图 3-10 色彩的纯度变化

3.3　色彩与心理

千万年来的生活实践，使人类对鲜血的红色、植物的绿色、稻麦的黄色、海洋的蓝色等各种自然色彩中形成了一系列共同的印象，使人们对色彩赋予了特别的象征意义。

3.3.1　红色心理与网页表现

红色的色感温暖，性格刚烈而外向，是一种对人刺激性很强的颜色。红色容易引起人的注意，也容易使人兴奋、激动、紧张、冲动，还是一种容易造成人视觉疲劳的颜色。在众多颜色里，红色是最鲜明生动的、最热烈的颜色。因此红色也是代表热情的情感之色。鲜明的红色极容易吸引人们的目光。

在网页颜色的应用中，根据网页主题内容的需求，纯粹使用红色为主色调的网站相对较少，多用于辅助色、点睛色，达到陪衬、醒目的效果。这类颜色的组合比较容易使人提升兴奋度，红色特性明显，这一醒目的特殊属性，被广泛应用于节日庆典、食品、时尚休闲、化妆品、服装等类型的网站，容易营造出娇媚、诱惑、艳丽等气氛。如图 3-11 所示是以红色为主的饭店网页。

图 3-11　以红色为主的网页

3.3.2　黄色心理与网页表现

黄色是阳光的色彩，具有活泼与轻快的特点，给人十分年轻的感觉。象征光明、希望、高贵、愉快。它的亮度最高，和其他颜色配合很活泼，有温暖感，具有快乐、希望、智慧和轻快的个性，有希望与功名等象征意义。黄色也代表着土地、象征着权力，并且还具有神秘的宗教色彩。如图 3-12 所示是以黄色为主的网页。

图 3-12　以黄色为主的网页

浅黄色系明朗、愉快、希望、发展，它的雅致、清爽等属性，较适合用于女性及化妆品类网站中；黄色给人崇高、尊贵、辉煌、注意、扩张的心理感受；深黄色给人高贵、温和、稳重的心理感受。

3.3.3　蓝色心理与网页表现

由于蓝色给人以沉稳的感觉，且具有智慧、准确的意象，在商业设计中强调科技、效率的商品或企业形象，大多选用蓝色作为标准色、企业色，如计算机、汽车、影印机、摄影器材等。另外，蓝色也代表忧郁和浪漫，这个意象也常运用于文学作品或感性诉求的商业设计中。如图 3-13 所示是以蓝色为主的网页。

图 3-13　以蓝色为主的网页

3.3.4　绿色心理与网页表现

在商业设计中，绿色所传达的是清爽、理想、希望、生长的意象，符合服务业、卫生保健业、教育行业、农业的要求。在工厂中，为了避免操作时眼睛疲劳，许多机械也采用绿色，一般的医疗机构场所，也常采用绿色来做空间色彩规划。如图 3-14 所示是以绿色为主的网页。

图 3-14　以绿色为主的网页

3.3.5　紫色心理与网页表现

由于具有强烈的女性化性格，在商业设计用色中，紫色受到相当的限制，除了和女性有关的商品或企业形象外，其他类型的设计不常采用为主色。如图 3-15 所示是以紫色为主的网页。

图 3-15　以紫色为主的网页

3.3.6　橙色心理与网页表现

橙色具有轻快、欢欣、收获、温馨、时尚的效果，是快乐、喜悦、能量的色彩。在整个色谱里，橙色具有兴奋度，是最耀眼的色彩。给人以华贵而温暖、兴奋而热烈的感觉，也是令人振奋的颜色。具有健康、富有活力、勇敢自由等象征意义，能给人以庄严、尊贵、神秘等感觉。橙色在空气中的穿透力仅次于红色，也是容易造成视觉疲劳的颜色。

在用于网页的颜色里，橙色适用于视觉要求较高的时尚网站，属于注目、芳香的颜色，也常被用于味觉较高的食品网站，是容易引起食欲的颜色。如图 3-16 所示是以橙色为主的网页。

图 3-16　以橙色为主的网页

3.3.7　白色心理与网页表现

在商业设计中白色具有洁白、明快、纯真、清洁的意象，通常需要和其他色彩搭配使用。纯白色给人以寒冷、严峻的感觉，所以在使用纯白色时，都会掺一些其他的色彩，如象牙白、米白、乳白等。在生活用品和服饰用色上，白色是永远流行的颜色之一，可以和任何颜色搭配。

3.3.8　黑色心理与网页表现

黑色也有很强大的感染力，它能够表现出特有的高贵，且黑色还经常用于表现死亡和神秘。在商业设计中，黑色是许多科技产品的用色，如电视、跑车、摄影机、音响、仪器的色彩大多采用黑色。在其他方面，黑色庄严的意象也常用在一些特殊场合的空间设计。生活用品和服饰设计大多利用黑色来塑造高贵的形象。黑色也是永远流行的颜色之一，适合与多种色彩搭配。如图 3-17 所示是以黑色与灰色为主的网页。

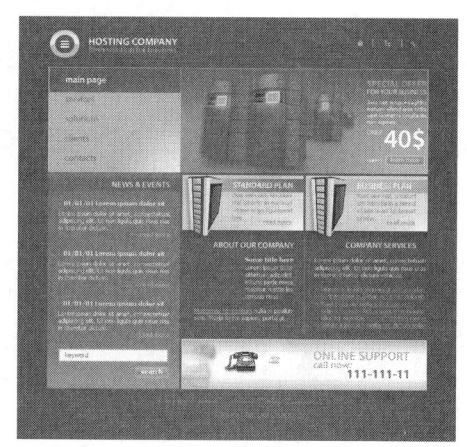

图 3-17　以黑色与灰色为主的网页

3.3.9　灰色心理与网页表现

在商业设计中，灰色具有柔和、高雅的意象，而且属于中间性格，男女皆能接受，所以灰色也是永远流行的颜色之一。许多高科技产品，尤其是和金属材料有关的，几乎都采用灰色来传达高级、技术的形象。使用灰色时，大多利用不同层次的变化组合和与其他色彩搭配，才不会过于平淡、沉闷、呆板、僵硬。如图 3-18 所示是以灰色为主的网页。

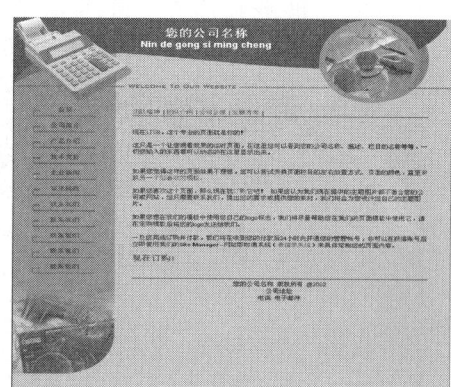

图 3-18　以灰色为主的网页

3.4　页面色彩搭配

网页的色彩是树立网站形象的关键之一，色彩搭配却是网页设计初学者感到头疼的问题。网页色彩搭配有哪些原理和技巧呢？

3.4.1　网页色彩搭配原理

在选择网页色彩时除了考虑网站本身的特点外，还要遵循一定的艺术规律，从而设计出精美的网页。

- 色彩的鲜明性。网页的色彩要鲜艳，容易引人注目，如图 3-19 所示。
- 色彩的独特性。要有与众不同的色彩，使得大家对你的设计印象强烈，如图 3-20 所示为色彩独特的网页示例。

图 3-19　色彩的鲜明性

图 3-20 色彩的独特性

- 色彩的适合性。即色彩和你表达的内容气氛相适合。如图 3-21 所示，用橙黄色体现了食品餐饮站点的丰富性。

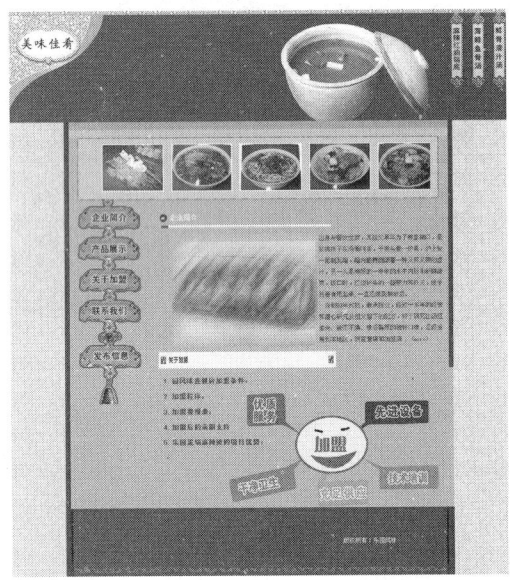

图 3-21 色彩的适合性

- 色彩的联想性。不同色彩会产生不同的联想，蓝色会使人联想到天空，黑色会使人联想到黑夜，红色会使人联想到喜事等，选择色彩要和你网页的内涵相关联。

3.4.2 网页设计中色彩搭配的技巧

1. 用一种色彩

用一种色彩是指先选定一种色彩，然后调整透明度或者饱和度（也就是将色彩变淡或则加深），产生新的色彩用于网页。这样的页面看起来色彩统一，有层次感。如图 3-22 所示的网页即使用了同一种色彩搭配。

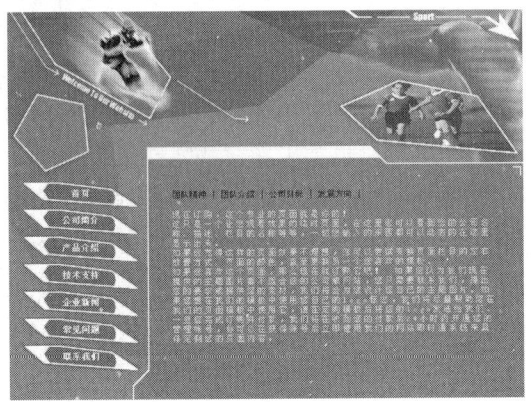

图 3-22 使用同一种色彩搭配的网页示例

2. 原色对比搭配

色相的差别虽然是因可见光的长短差别所形成的，但不能完全根据波长的差别来确定色相及色相的对比程度。因此在度量色相差时，不能只依靠测光器和可见光谱，而应借助色环，也称色相环，如图 3-23 所示。

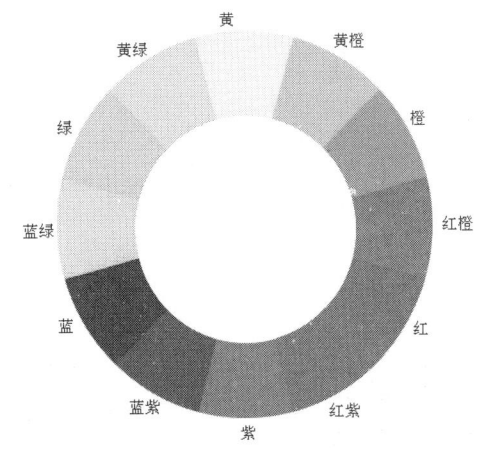

图 3-23 色环

一般来说，色彩的三原色（红、黄、蓝）最能体现色彩间的差异。色彩的对比强，看起来就具有诱惑力，能够起到集中视线的作用，对比色可以突出重点，产生强烈的视觉效果，如图 3-24 所示。通过合理地使用对比色，能够使网站特色鲜明、重点突出。在设计时一般以一种颜色为主色调，对比色作为点缀，可以起到画龙点睛的作用。

图 3-24　原色对比搭配

3．补色对比

在色环中，色相距离为 180° 的为补色对比，即位于色环直径两端的颜色为补色。一对补色在一起，可以使对方的色彩更加鲜明，如图 3-25 所示的橙色与蓝色、红色与绿色等。如图 3-26 所示为补色对比的应用。

图 3-25　互补色

图 3-26　补色对比应用

4．间色对比

间色又叫"二次色"，它是由三原色调配出来的颜色，如红与黄调配出橙色；黄与蓝调配出绿色；红与蓝调配出紫色。在调配时，由于原色在分量多少上有所不同，所以能产生丰富的间色变化，色相对比略显柔和，如图 3-27 所示。

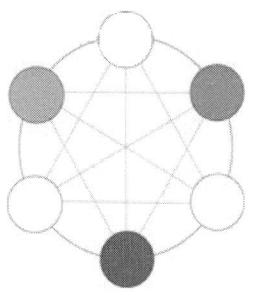

图 3-27　间色对比

在网页色彩搭配中，间色对比的应用案例很多，如图 3-28 所示的绿与橙，这样的对比都是活泼鲜明具有天然美的配色。间色是由三原色中的两原色调配而成的，因此对视觉刺激的强度相对三原色来说缓和不少，属于较易搭配之色。但仍有很强的视觉冲击力，容易带来轻松、明快、愉悦的气氛。

图 3-28　绿与橙间色对比

5．色彩的面积对比

色彩的面积对比是指页面中各种色彩在

面积上多与少、大与小的差别，影响到页面的主次关系。在同一视觉范围内，色彩面积的不同，会产生不同的对比效果，如图3-29所示。

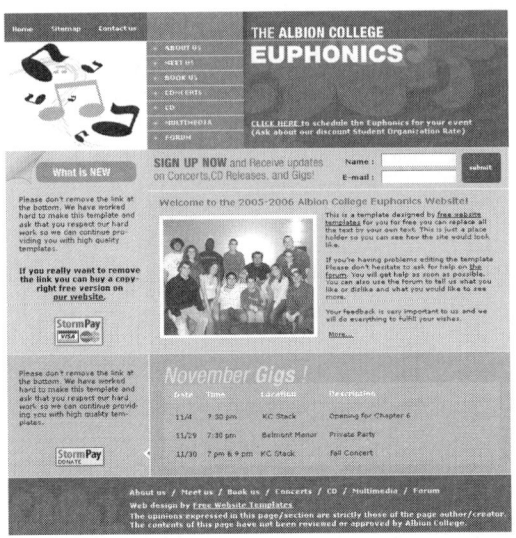

图 3-29 色彩的面积对比

当两种颜色以相等的面积比例出现时，这两种颜色就会产生强烈的冲突，色彩对比自然强烈。

如果将比例变换为3:1，一种颜色被削弱，整体的色彩对比也减弱了。当一种颜色在整个页面中占据主要位置时，则另一种颜色只能成为陪衬。这时，色彩对比效果最弱。

同一种色彩，面积越大，明度、纯度越强，面积越小，明度、纯度越低。面积大的时候，亮的颜色显得更轻，暗的颜色显得更重。

根据设计主题的需要，在页面的面积上以一种颜色为主色，其他的颜色为次色，使页面的主次关系更突出，在统一的同时又富有变化。

3.4.3　色彩的数量

一般初学者在设计网页时往往使用多种颜色，使网页变得很"花"，缺乏统一和协调感，表面上看起来很花哨，但缺乏内在的美感。事实上，网站用色并不是越多越好，一般控制在3种色彩以内，通过调整色彩的各种属

性来产生变化。只要控制在不超出3种色相的范围即可，设计用色越少越好，少而精。如图3-30所示。

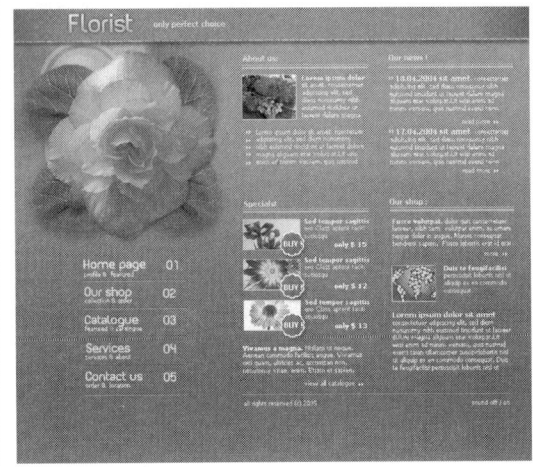

图 3-30 色彩的数量不超过 3 种

3.4.4　使用配色软件

配色是网页设计的关键之一，精心挑选的颜色组合可以使你的设计更有吸引力；相反，糟糕的配色会伤害眼睛，妨碍读者对网页内容和图片的理解。然而，很多时候设计师不知道如何搭配颜色，如今有很多的配色工具帮助你挑选颜色。

ColorJack 是一款在线配色工具，从球形的取色器中选择颜色。ColorJack 会显示一个色表，将鼠标指针放在某个颜色上，会显示基于该颜色的配色主题，如图3-31所示。可以将生成的配色方案输出到 Illustrator、Photoshop 或 ColorJack Studio。

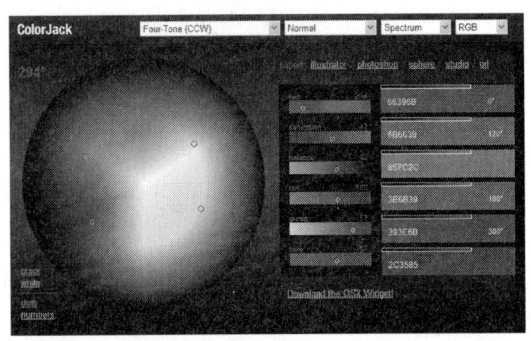

图 3-31 ColorJack 配色工具

3.4.5　使用辅助色

　　辅助色的功能在于帮助主色建立更完整的形象，如果一种颜色和形式完美结合，辅助色就不是必须存在的。判断辅助色用得好不好的标准是：去掉它页面不完整；有了它主色更突出。如图 3-32 所示，这个页面中红色是主色，粉红色是辅助色，这样的搭配更加突出了生日喜庆的气氛。

图 3-32　辅助色

第4章 Dreamweaver CC 的操作界面

本章导读

随着网络的快速发展，互联网的应用越来越贴近生活，越来越多的人加入到了制作网页的工作中来，制作网页的工具软件很多，目前使用最广泛的就是 Dreamweaver。Dreamweaver CC 是 Dreamweaver 的最新版本，用于对站点、页面和应用程序进行设计、编码和开发，它不仅继承了前几个版本的出色功能，还在界面整合和易用性方面更加贴近用户。本章内容主要包括 Dreamweaver CC 软件的工作界面、站点的创建和管理。

技术要点

◆ 认识 Dreamweaver CC 界面　　　　◆ 管理站点
◆ 创建本地站点

4.1　认识 Dreamweaver CC 界面

Dreamweaver CC 是集网页制作和网站管理于一身的"所见即所得"的网页编辑软件，它以强大的功能和友好的操作界面备受广大网页设计者的欢迎，已经成为网页制作的首选软件。Dreamweaver CC 的工作界面主要由菜单栏、文档窗口、属性面板和面板组等部分组成，如图4-1所示。

图 4-1 Dreamweaver CC 的工作界面

4.1.1　文档工具栏

文档工具栏中包含"代码视图"、"拆分视图"、"设计视图"、"实时视图"等按钮，这些按钮可以在文档的不同视图之间快速切换，工具栏中还包含一些与查看文档、在本地和远程站点之间传输文档有关的常用命令和选项，如图 4-2 所示。

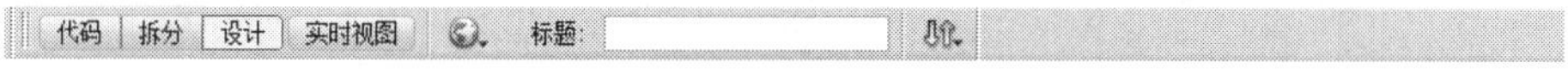

| 代码 | 拆分 | 设计 | 实时视图 | ⊙. | 标题： | | ♫. |

图 4-2　文档工具栏

★ 知识要点 ★
- "代码"：显示"代码"视图。只在"文档"窗口中显示"代码"视图。
- "拆分"：显示"代码"视图和"设计"视图。将"文档"窗口拆分为"代码"视图和"设计"视图。当选择了这种组合视图时，"视图选项"菜单中顶部的"设计视图"选项变为可用。
- "设计"：只在"文档"窗口中显示"设计"视图。如果处理的是 XML、JavaScript、JAVA、CSS 或其他基于代码的文件类型，则不能在"设计"视图中查看文件，而且"设计"和"拆分"按钮将会变暗。
- "实时视图"：显示浏览器用于执行该页面的实际代码。
- "标题"：允许为文档输入一个标题，它将显示在浏览器的标题栏中。如果文档已经有了一个标题，则该标题将显示在该文本框中。
- "文件管理"：显示"文件管理"弹出菜单。
- "在浏览器中预览 / 调试"：允许在浏览器中预览或调试文档。可从弹出菜单中选择一个浏览器。

4.1.2　常用菜单命令

菜单栏包括"文件（F）"、"编辑（E）"、"查看（V）"、"插入（I）"、"修改（M）"、"格式（O）"、"命令（C）"、"站点（S）"、"窗口（W）"和"帮助（H）"10 个菜单，如图 4-3 所示。

| Dw | 文件(F) | 编辑(E) | 查看(V) | 插入(I) | 修改(M) | 格式(O) | 命令(C) | 站点(S) | 窗口(W) | 帮助(H) | | 压缩 ▾ | | ⊞▾ | ① |

图 4-3　菜单命令

★ 知识要点 ★
- "文件"菜单：用来管理文件，包括创建和保存文件、导入与导出文件、浏览和打印文件等。
- "编辑"菜单：用来编辑文本，包括撤销与恢复、复制与粘贴、查找与替换、参数设置和快捷键设置等。
- "查看"菜单：用来查看对象，包括代码的查看、网格线与标尺的显示、面板的隐藏和工具栏的显示等。
- "插入"菜单：用来插入网页元素，包括插入图像、多媒体、表格、布局对象、表单、电子邮件链接、日期和 HTML 等。
- "修改"菜单：用来实现对页面元素修改的功能，包括页面属性、CSS 样式、快速标签编辑器、链接、表格、框架、AP 元素与表格的转换、库和模板等。

- "格式"菜单：用来对文本进行操作，包括字体、字形、字号、字体颜色、HTML/CSS 样式、段落格式化、扩展、缩进、列表、文本的对齐方式等。
- "命令"菜单：收集了所有的附加命令，包括应用记录、编辑命令清单、获得更多命令、扩展管理、清除 HTML/Word HTML、检查拼写和排序表格等。
- "站点"菜单：用来创建与管理站点，包括新建站点、管理站点、上传与存回和查看链接等。
- "窗口"菜单：用来打开与切换所有的面板和窗口，包括插入栏、"属性"面板、站点窗口和"CSS"面板等。
- "帮助"菜单：内含 Dreamweaver 帮助、Spry 框架帮助、Dreamweaver 支持中心、产品注册和更新等。

4.1.3 插入工具栏

插入栏有两种显示方式，一种是以菜单方式显示，另一种是以制表符方式显示。插入栏中放置的是制作网页过程中经常用到的对象和工具，通过插入栏可以很方便地插入网页对象，有"常用"插入栏、"结构"插入栏、"表单"插入栏、"媒体"插入栏、"jQuery Mobile"插入栏、"jQuery UI"插入栏、"模板"插入栏、"收藏夹"插入栏和隐藏标签，如图 4-4 所示。

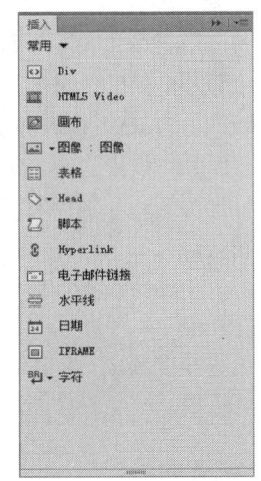

图 4-4　"常用"插入工具栏

★ 知识要点 ★
- Div：可以使用 Div 标签创建 CSS 布局块，并在文档中对它们进行定位。
- HTML 5 Video：HTML 5 视频元素提供一种将电影或视频嵌入网页中的标准方式。
- 画布：画布元素是动态生成的图形的容器。这些图形是在运行时使用脚本语言（如 JavaScript）创建的。
- 图像：在文档中插入图像和导航栏等，单击右侧的小三角，可以看到其他与图像相关的按钮。
- 表格：建立主页的基本构成元素，即表格。
- Head：用于定义网页文档的头部，它是所有头部元素的容器。
- 脚本：插入脚本。
- Hyperlink：创建超链接。
- 电子邮件链接：创建电子邮件链接，只要指定要链接邮件的文本和邮件地址，就可以自动插入邮件地址发送链接。
- 水平线：在网页中插入水平线。
- 日期：插入当前时间和日期。
- IFRAME：插入 iframe 代码。
- 字符：在网页中插入相应的字符符号。

4.1.4　浮动面板组

Dreamweaver 中的面板可以自由组合成面板组。每个面板组都可以展开和折叠，并且可以和其他面板组停靠在一起或取消停靠。面板组还可以停靠到集成的应用程序窗口中。这样就能够很容易地访问所需的面板，而不会使工作区变得混乱，如图 4-5 所示。

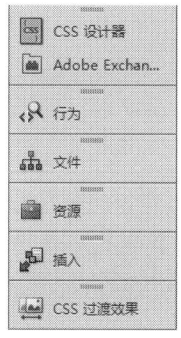

图 4-5　浮动面板组

4.1.5　"属性"面板

"属性"面板主要用于查看和更改所选对象的各种属性，每种对象都具有不同的属性。在"属性"面板包括两种选项，一种是"HTML"选项，将默认显示文本的格式、样式和对齐方式等属性，如图 4-6 所示。另一种是"CSS"选项，单击"属性"面板中的"CSS"选项，可以在"CSS"选项的"属性"面板中设置各种属性，如图 4-7 所示。

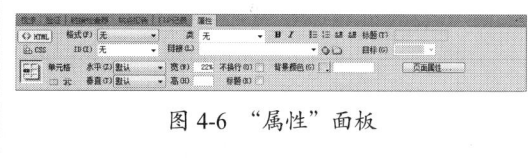

图 4-6　"属性"面板

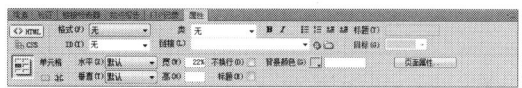

图 4-7　"CSS"选项

4.2　创建本地站点

站点是管理网页文档的场所，Dreamweaver CC 是一个站点创建和管理工具，使用它不仅可以创建单独的文档，还可以创建完整的站点。

> ★ 知识要点 ★
> 什么是站点？
> - Web 站点：一组位于服务器上的页，使用 Web 浏览器访问该站点的访问者可以对其进行浏览。
> - 远程站点：服务器上组成 Web 站点的文件，这是从创建者的角度而不是访问者的角度来看的。
> - 本地站点：与远程站点的文件对应的本地磁盘上的文件，创建者在本地磁盘上编辑文件，然后上传到远程站点。

在开始制作网页之前，最好先定义一个站点，这是为了更好地利用站点对文件进行管理，也可以尽可能地减少错误，如路径出错、链接出错。新手做网页需要加强条理性、结构性，往往这个文件放这里，另一个文件放那里，或者所有文件都放在同一文件夹内，这样显得很乱。建议一个文件夹用于存放网站的所有文件，再在文件内建立几个文件夹，将文件分类，如图片文件放在 images 文件夹内，HTML 文件放在根目录下。如果站点比较大，文件比较多，可以先按栏目分类，在栏目里再分类。使用向导创建站点的具体操作步骤如下：

01 执行"站点"|"管理站点"命令，弹出"管理站点"对话框，在对话框中单击"新建站点"按钮，如图 4-8 所示。

网页设计与网站建设完全实战手册

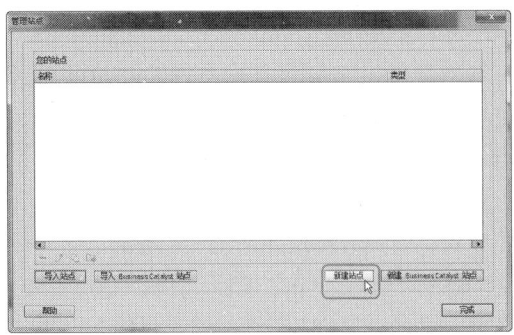

图 4-8 "管理站点"对话框

02 弹出"站点设置对象 未命名站点2"对话框，在对话框中的"站点名称"文本框中输入名称，如图 4-9 所示。

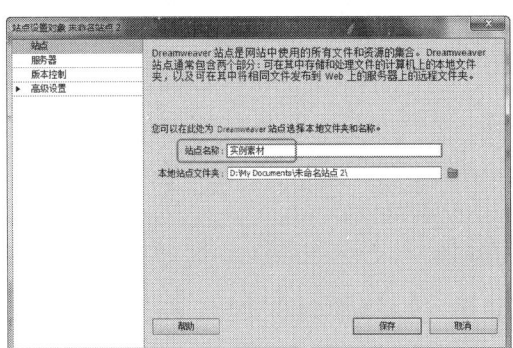

图 4-9 输入站点的名称

★ 提示 ★

执行"窗口"|"文件"命令，打开"文件"面板，在面板中单击"管理站点"超链接，也可以弹出"管理站点"对话框。

03 单击"本地站点文件夹"文本框右边的文件夹按钮 ，弹出"选择根文件夹"对话框，在对话框中选择相应的位置，如图 4-10 所示。

图 4-10 "选择根文件夹"对话框

04 单击"选择文件夹"按钮，选择文件位置，如图 4-11 所示。

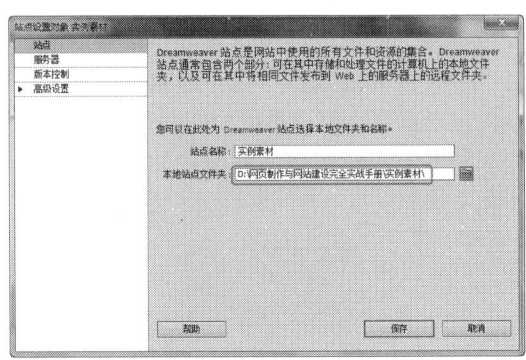

图 4-11 选择文件的位置

05 单击"保存"按钮返回到"管理站点"对话框，对话框中显示了新建的站点，如图 4-12 所示。

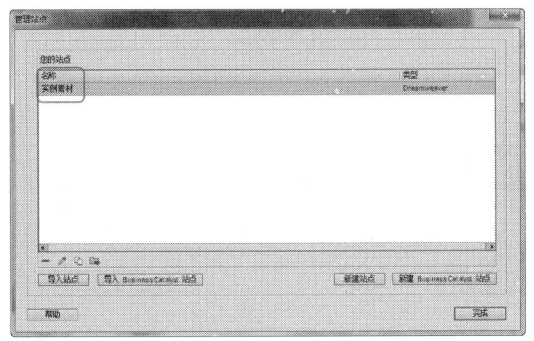

图 4-12 "管理站点"对话框

06 单击"完成"按钮，在"文件"面板中可以看到创建的站点中的文件，如图 4-13 所示。

图 4-13 "文件"面板

★ 指点迷津 ★

在规划站点结构时，需要遵循的规则如下：

- 每个栏目一个文件夹，把站点划分为多个目录。
- 不同类型的文件放在不同的文件夹中，以利于调用和管理。
- 在本地站点和远端站点使用相同的目录结构，使在本地制作的站点原封不动地显示出来。

4.3　管理站点

在 Dreamweaver CC 中，可以对本地站点进行管理，如打开、编辑、删除和复制站点等。

4.3.1　打开站点

当运行 Dreamweaver CC 后，系统会自动打开上次退出 Dreamweaver CC 时编辑的站点。

如果想打开另外一个站点，在"文件"面板左边的下拉列表框中会显示已定义的所有站点，如图 4-14 所示。在下拉列表框中选择需要打开的站点，即可打开已定义的站点。

图 4-14　打开站点

4.3.2　编辑站点

01 创建站点后，可以对站点进行编辑，执行"站点"|"管理站点"命令，弹出"管理站点"对话框，在对话框中单击"编辑当前选定的站点"按钮，如图 4-15 所示。

02 即可弹出"站点设置对象 实例素材"对话框，在"高级"选项卡中可以编辑站点的

相关信息，如图 4-16 所示。

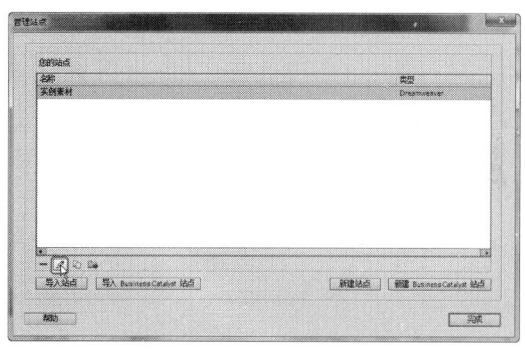

图 4-15　"管理站点"对话框

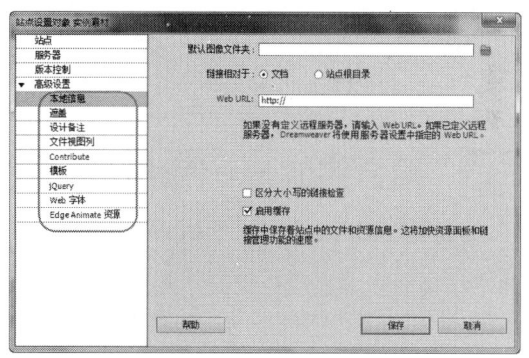

图 4-16　编辑站点

03 编辑完毕后，单击"确定"按钮，返回到"管理站点"对话框，单击"完成"按钮，即可完成站点的编辑。

4.3.3　删除站点

01 如果不再需要站点，可以将其从站点下拉列表框中删除，执行"站点"|"管理站点"命令，弹出"管理站点"对话框，在对话框中选中

要删除的站点，单击"删除当前选定的站点"按钮，如图 4-17 所示。

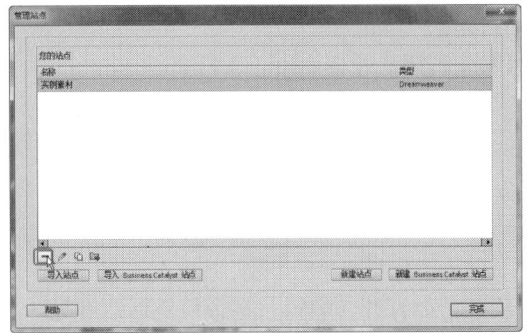

图 4-17 单击"删除当前选定的站点"按钮

02 弹出"Dreamweaver"提示对话框，询问用户是否要删除本地站点，如图 4-18 所示。单击"是"按钮，即可将本地站点删除。

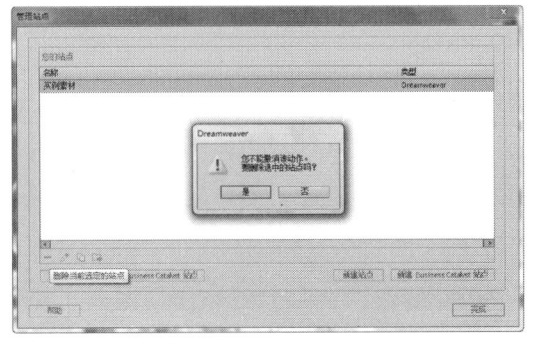

图 4-18 "Dreamweaver"提示对话框

★ 知识要点 ★

该操作只是删除了 Dreamweaver 同该站点之间的关系，实际上本地站点内容，包括文件夹和文档等，都仍然保存在磁盘相应的位置，可以重新创建指向其位置的新站点，重新对其进行管理。

4.3.4 复制站点

执行"站点"|"管理站点"命令，弹出"管理站点"对话框，在对话框中选中要复制的站点，单击"复制当前选定的站点"按钮，如图 4-19 所示，即可复制该站点，新复制出的站点名称会出现在"管理站点"对话框的站点列表中，单击"完成"按钮，完成对站点的复制。

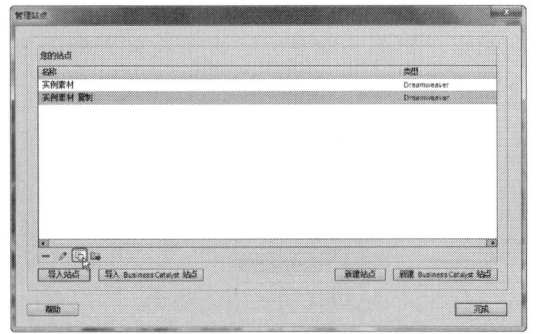

图 4-19 复制站点

4.4 综合实战——创建本地站点

要制作一个网站，第一步操作都是一样的，即创建一个"站点"，这样可以使整个网站的脉络结构清晰地展现在眼前，避免了以后再进行纷杂的管理。站点是管理网页文档的场所，Dreamweaver CC 是一个站点创建和管理的工具，使用它不仅可以创建单独的文档，还可以创建完整的站点。

01 执行"站点"|"管理站点"命令，弹出"管理站点"对话框，在对话框中单击"新建站点"按钮，如图 4-20 所示。

02 弹出"站点设置对象 未命名站点 2"对话框，在对话框中的"站点名称"文本框中输入名称，如图 4-21 所示。

03 单击"本地站点文件夹"文本框右边的文件夹按钮 📁，弹出"选择根文件夹"对话框，在对话框中选择相应的位置，如图 4-22 所示。

04 单击"选择文件夹"按钮，选择文件位置，如图 4-23 所示。

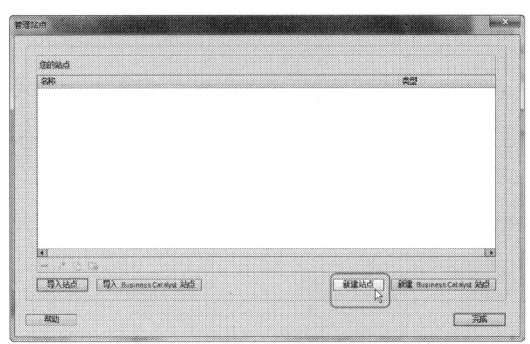

图 4-20 "管理站点"对话框

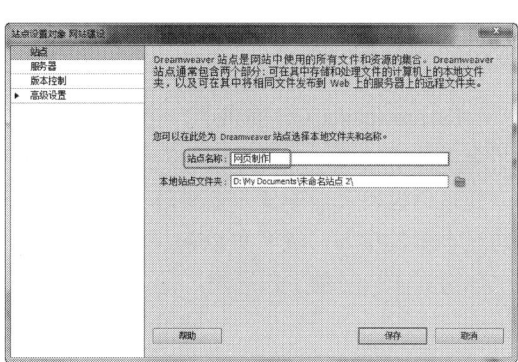

图 4-21 输入站点的名称

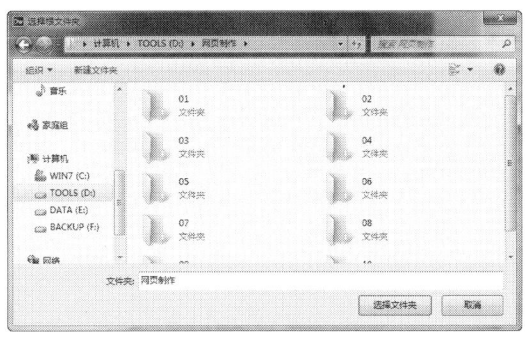

图 4-22 "选择根文件夹"对话框

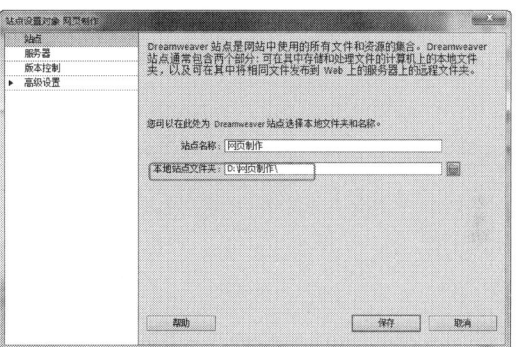

图 4-23 选择文件的位置

05 单击"保存"按钮返回到"管理站点"对话框，对话框中显示了新建的站点，如图 4-24 所示。

06 单击"完成"按钮，在"文件"面板中可以看到创建的站点中的文件，如图 4-25 所示。

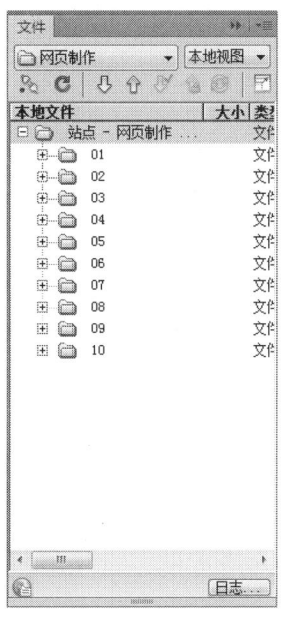

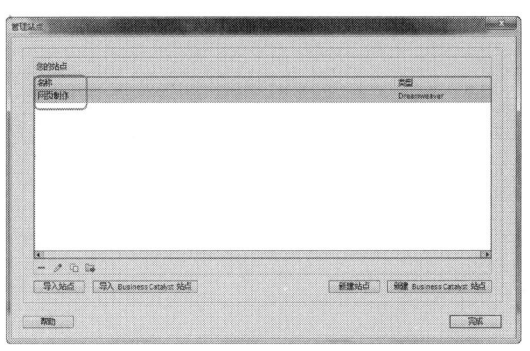

图 4-24 "管理站点"对话框

图 4-25 "文件"面板

4.5　本章小结

　　Dreamweaver CC 提供了一个崭新、高效的操作界面，性能也得到了改进。此外，还包含了众多新增功能，改善了软件的易用性，用户无论是使用设计视图还是使用代码视图，都可以方便地创建网页。本章主要讲述了 Dreamweaver CC 工作界面、创建本地站点、管理站点等，通过本章的学习，读者可以初步了解和认识 Dreamweaver CC，并学会利用其灵活的界面设计来创造属于自己的工作环境。

第5章 在 Dreamweaver 中使用文本

本章导读

Dreamweaver CC 是业界领先的 Web 开发工具，使用该工具可以高效地设计、开发和维护网站。利用 Dreamweaver CC 中的可视化编辑功能，可以快速地创建网页，而不需要编写任何代码，这对于网页制作者来说，工作变得更轻松。文本是网页中最基本和最常用的元素，是网页信息传播的重要载体。学会在网页中使用文本和设置文本格式，对于网页设计人员来说是至关重要的。

技术要点

◆ 输入文本   ◆ 设置列表
◆ 插入其他文本元素   ◆ 创建文本网页实例

5.1 输入文本

一般来说，网页中显示最多的是文本，所以对文本的控制及布局在网页设计中占了很大的比例，能否对各种文本控制手段运用自如，是决定网页设计是否美观、是否富有创意及能否提高工作效率的关键。

5.1.1 在网页中插入文本

文本是基本的信息载体，是网页中的基本元素，浏览网页时，获取信息最直接、最直观的方式就是通过文本。在 Dreamweaver 中添加文本的方法非常简单，如图 5-1 所示为网页添加文本后的效果，具体操作步骤如下：

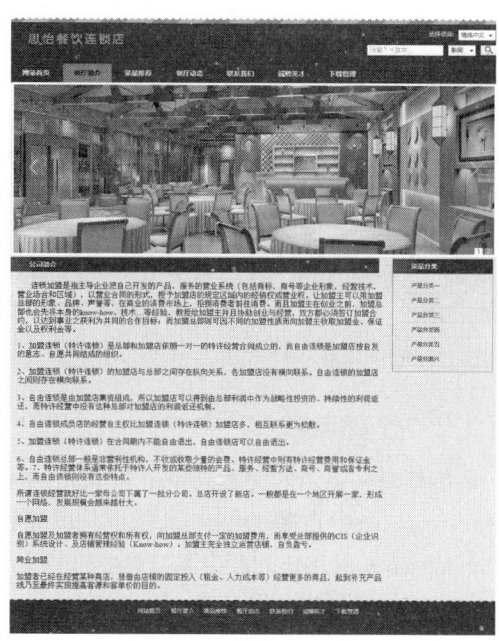

图 5-1 添加文本

原始文件：	原始文件 /CH05/5.1.1/index.html
最终文件：	最终文件 /CH05/5.1.1/index1.html

★ 提示 ★

网页文本的编辑是网页制作最基本的操作，灵活应用各种文本属性可以排版出更加美观、条理清晰的网页。文本属性较多，各种设置比较详细，在学习时不要着急，一点点实践体会。

01 打开网页文档，如图 5-2 所示。

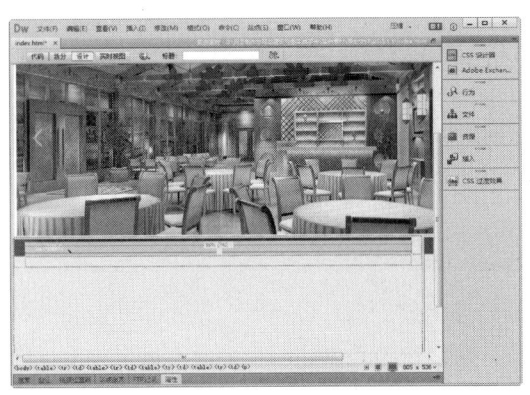

图 5-2 打开网页文档

02 将光标置于要输入文本的位置，输入文本，如图 5-3 所示。

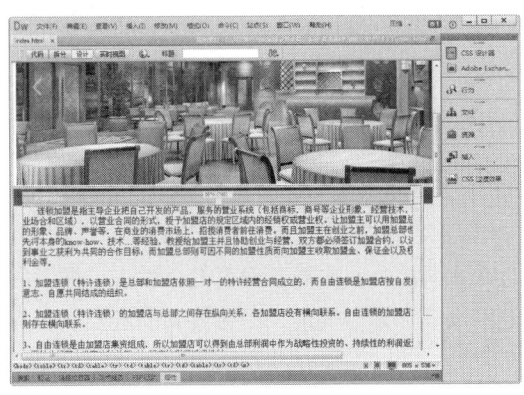

图 5-3 输入文本

03 保存文档，按 F12 键在浏览器中预览，效果如图 5-1 所示。

★ 提示 ★

插入普通文本还有一种方法：从其他应用程序中复制，然后粘贴到 Dreamweaver 文档窗口中。在添加文本时还要注意根据用户语言的不同，选择不同的文本编码方式，错误的文本编码方式将使中文显示为乱码。

5.1.2 改变字体

字体对网页中的文本来说是非常重要的，Dreamweaver 中自带的字体比较少，可以在 Dreamweaver 的字体列表中添加更多的字体，添加新字体的具体操作步骤如下：

01 使用 Dreamweaver 打开网页文档，在"属性"

面板中单击"字体"下拉列表框右边的小三角，在弹出的列表框中选择"管理字体"选项，如图 5-4 所示。

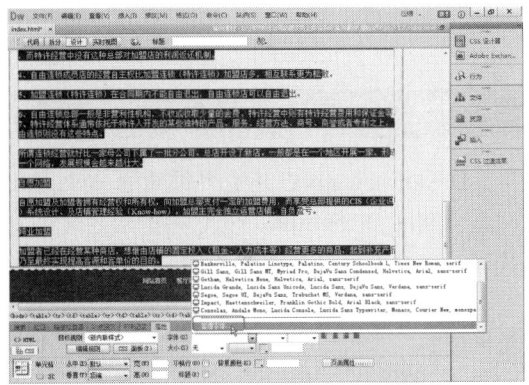

图 5-4 选择"管理字体"选项

02 弹出"管理字体"对话框，在对话框中选择"自定义字体堆栈"选项卡，在"可用字体"列表框中选择要添加的字体，单击 `<<` 按钮添加到左侧的"选择的字体"列表框中，在"字体列表"列表框中也会显示新添加的字体，如图 5-5 所示。重复以上操作即可添加多种字体，若要取消已添加的字体，可以在选中该字体后单击 `>>` 按钮。

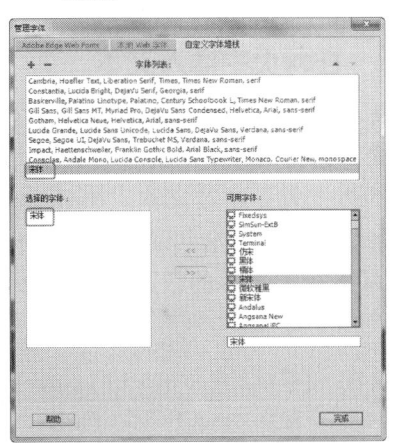

图 5-5 "管理字体"对话框

03 完成一个字体样式的编辑后，单击 + 按钮可进行下一个样式的编辑。若要删除某个已经编辑的字体样式，可以在选中该样式后单击 − 按钮。完成字体样式的编辑后，单击"完成"按钮关闭该对话框，在文档窗口中可以看到应用字体，如图 5-6 所示。

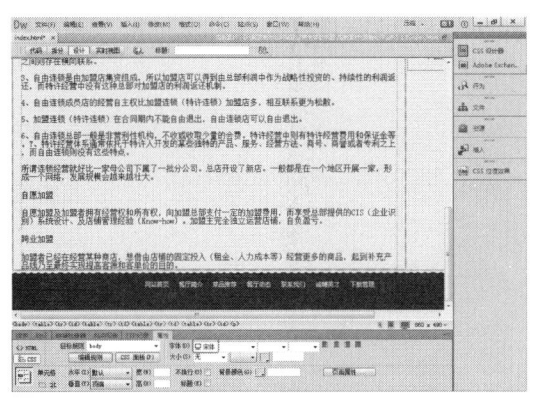

图 5-6　设置字体

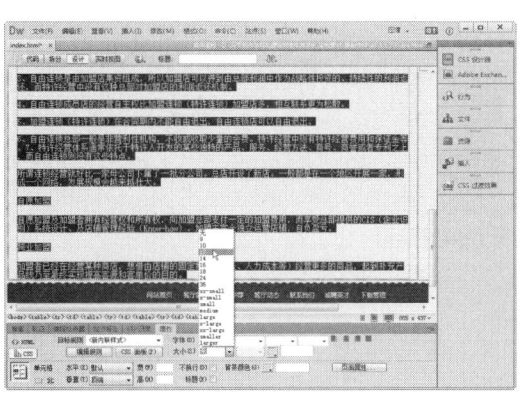

图 5-7　选择字号

5.1.3　设置文字大小

选择一种合适的字号，是网页美观、布局合理的关键。在设置网页时，应对文本设置相应的字体、字号，具体操作步骤如下：

01 选中文本，在"属性"面板的"大小"组合框中选择字号，或者直接输入相应大小的字号，如图 5-7 所示。

02 选择字号后即可完成字体大小的设置，如图 5-8 所示。

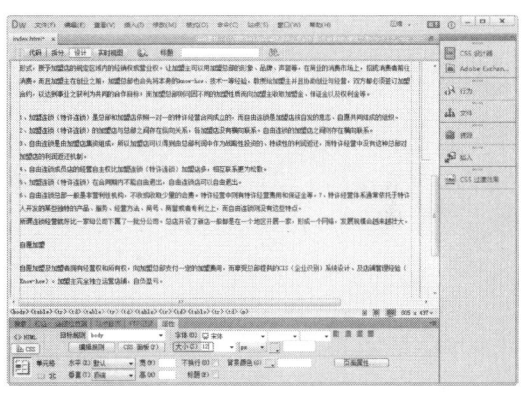

图 5-8　设置字体大小

5.2　插入其他文本元素

在网页中除了输入文本外，还可以插入其他元素，如插入特殊字符、水平线、时间、注释等，下面分别介绍这些元素的插入。

5.2.1　插入特殊字符

制作网页时，有时要输入一些键盘上没有的特殊字符，如日元符号、注册商标等，这就需要使用 Dreamweaver 的特殊字符功能。下面通过插入版权符号讲述特殊字符的添加，效果如图 5-9 所示，具体操作步骤如下：

原始文件：	原始文件 /CH05/5.2.1/index.html
最终文件：	最终文件 /CH05/5.2.1/index1.html
★ 提示 ★	
许多浏览器（尤其是旧版本的浏览器，以及除 Netscape Netvigator 和 Internet Explorer 外的其他浏览器）无法正常显示很多特殊字符，因此应尽量少用特殊字符。	

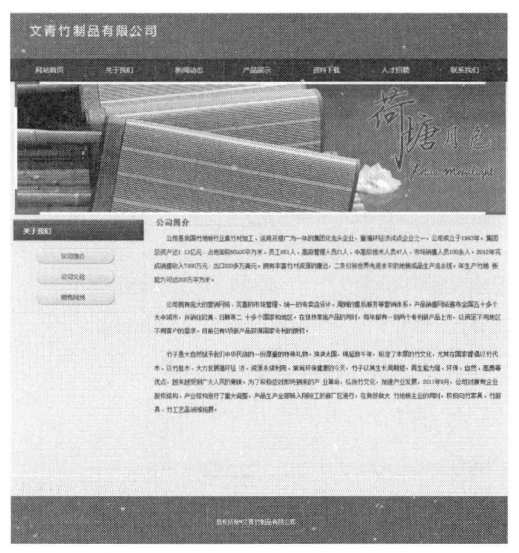

图 5-9 特殊字符的添加效果

01 打开网页文档，将光标置于要插入版权符号的位置，如图 5-10 所示。

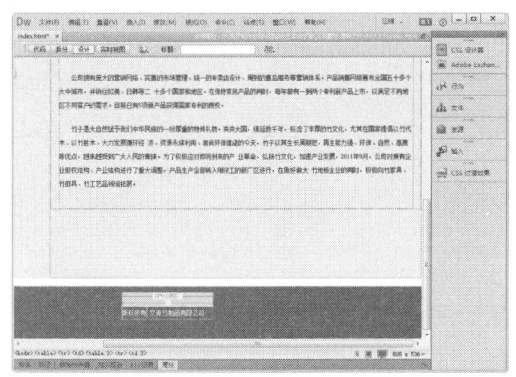

图 5-10 打开网页文档

02 执行"插入"|"字符"|"版权"命令，如图 5-11 所示。

图 5-11 执行"版权"命令

03 选择命令后，即可插入版权字符，如图 5-12 所示。

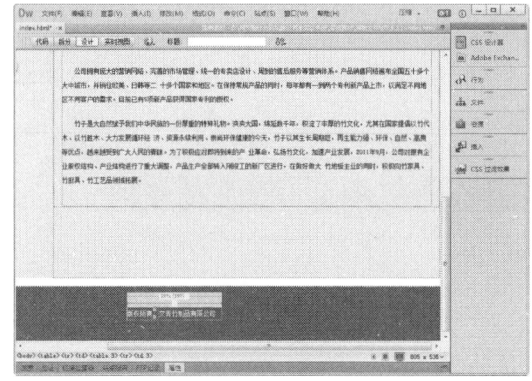

图 5-12 插入版权符号

04 保存文档，按 F12 键在浏览器中预览，效果如图 5-9 所示。

5.2.2 插入水平线

很多网页在其下方会显示一条水平线，以分割网页主题内容和底端的版权声明等。根据设计需要，也可以在网页任意位置添加水平线，达到区分网页中不同内容的目的。下面通过实例讲述如何在网页中插入水平线，效果如图 5-13 所示，具体操作步骤如下：

图 5-13 插入水平线的效果

原始文件：	原始文件 /CH05/5.2.2/index.html
最终文件：	最终文件 /CH05/5.2.2/index1.html

01 打开网页文档，将光标置于要插入水平线的位置，如图 5-14 所示。

图 5-14　打开网页文档

02 执行"插入"|"水平线"命令，如图 5-15 所示。

图 5-15　插入水平线

03 选择命令后，即可插入水平线，如图 5-16 所示。

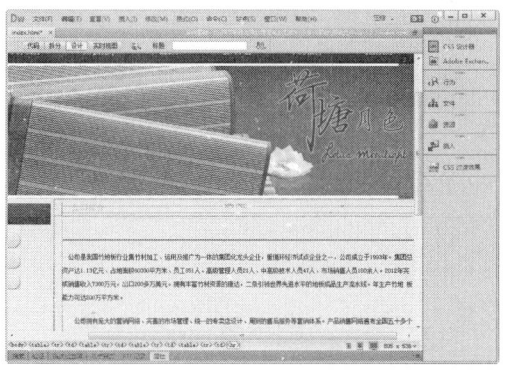

图 5-16　插入水平线

04 选中插入的水平线，打开"属性"面板，在面板中将"宽"设置为 700、"高"设置为 1、"对齐"设置为居中对齐，如图 5-17 所示。

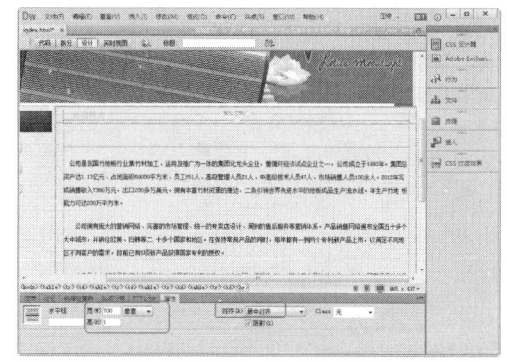

图 5-17　设置水平线

05 打开"代码"视图，输入颜色代码 color="#002C11"，将水平线的颜色设置为绿色，如图 5-18 所示。

06 保存文档，按 F12 键在浏览器中预览，效果如图 5-13 所示。

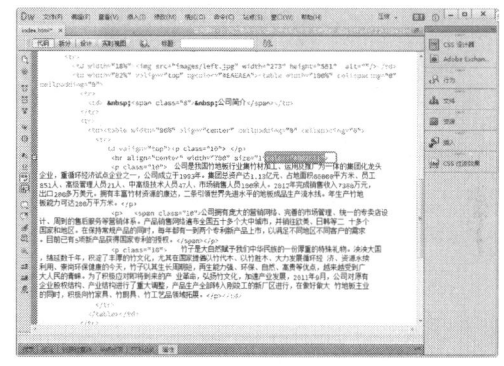

图 5-18　设置水平线的颜色

5.2.3　插入时间

当需要在网页的指定位置插入准确的日期资料时，可以执行"插入"|"日期"命令。添加日期的好处是：既可以选用不同的日期格式，规范而准确地表达日期，同时还可以设置自动更新，让网页显示当前最新的日期和时间。

下面通过实例讲述如何在网页中插入日期，插入日期的效果如图 5-19 所示，具体操作步骤如下：

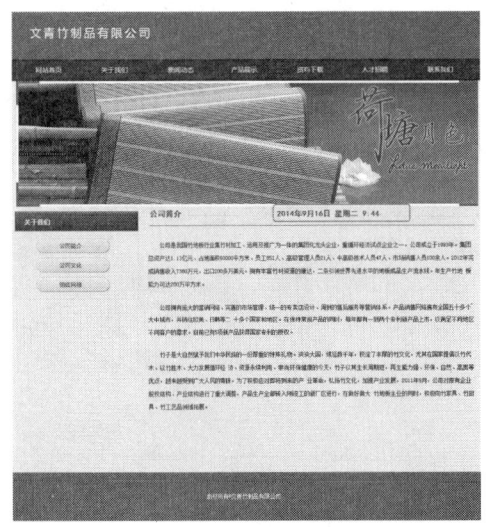

图 5-19 插入时间效果

原始文件：	原始文件 /CH05/5.2.3/index.html
最终文件：	最终文件 /CH05/5.2.3/index1.html

01 打开网页文档，如图 5-20 所示。

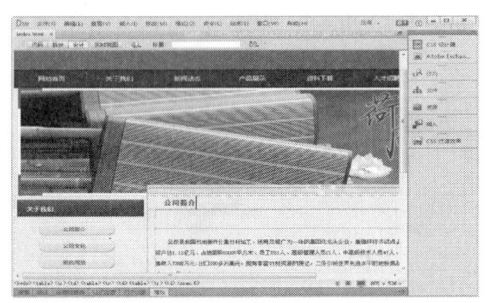

图 5-20 打开网页文档

02 将光标置于要插入日期的位置，执行"插入"|"日期"命令，如图 5-21 所示。

图 5-21 插入水平线

03 选择命令后，弹出"插入日期"对话框，在对话框中设置相应的格式，如图 5-22 所示。

图 5-22 "插入日期"对话框

04 单击"确定"按钮，即可插入日期，如图 5-23 所示。

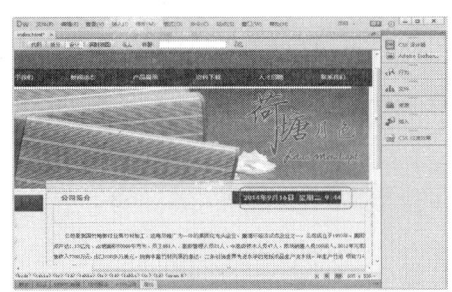

图 5-23 插入日期

5.2.4 插入空格

在做网页的时候，有时需要输入空格，但却无法输入。导致无法正确输入空格的原因可能是输入法的错误，只有正确使用输入法才能够解决这个问题。在字符之间添加空格的方法非常简单，效果如图 5-24 所示，具体操作步骤如下：

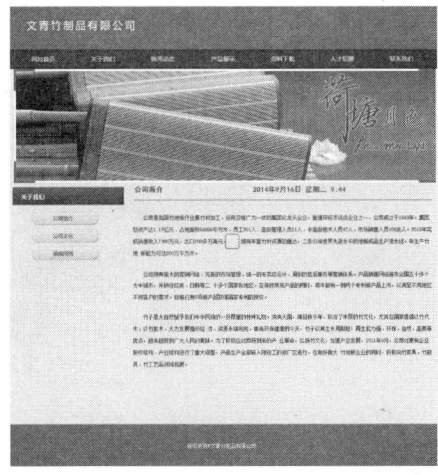

图 5-24 在字符之间添加空格的效果

原始文件：	原始文件 /CH05/5.2.4/index.html
最终文件：	最终文件 /CH05/5.2.4/index1.html

01 打开网页文档，将光标置于要添加空格的位置，如图 5-25 所示。

02 切换到"拆分"视图，输入   代码，如图 5-26 所示。在"拆分"视图中输几次代码，在"设计"视图中就会出现几个空格。

图 5-25 打开网页文档

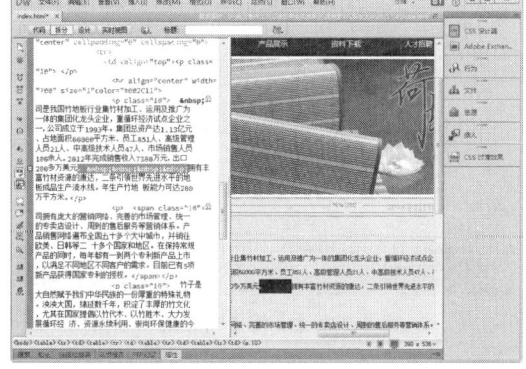

图 5-26 输入代码

03 保存文档，按 F12 键在浏览器中预览，效果参见图 5-24 所示。

★ 提示 ★

在字符之间要插入连续的空格，可执行"插入"|"字符"|"不换行空格"菜单命令，或者按快捷键 Ctrl+Shift+ 空格键。实际是在代码中添加了 " " 这个字符。

★ 高手支招 ★

还可以使用以下两种方法插入空格：

- 如果使用智能 ABC 输入法，按快捷键 Shift+ 空格键，这时输入法属性栏上的半月形就变成了圆形，然后再按空格键，空格就出来了。
- 在"常用"插入栏的"字符"下拉列表选择"不换行空格"选项，就可直接输入空格。

5.3　列表的设置

在网页编辑过程中，有时会使用列表。包含层次关系、并列关系的标题都可以制作成列表形式，这样有利于访问者理解网页内容。列表包括项目列表和编号列表，下面分别介绍。

5.3.1　使用项目列表

项目列表又称无序列表，这种列表的项目之间没有先后顺序。项目列表前面一般用项目符号作为前导字符，如图 5-27 所示是创建的项目列表效果，具体操作步骤如下：

原始文件：	原始文件 /CH05/5.3.1/index.html
最终文件：	最终文件 /CH05/5.3.1/index1.html

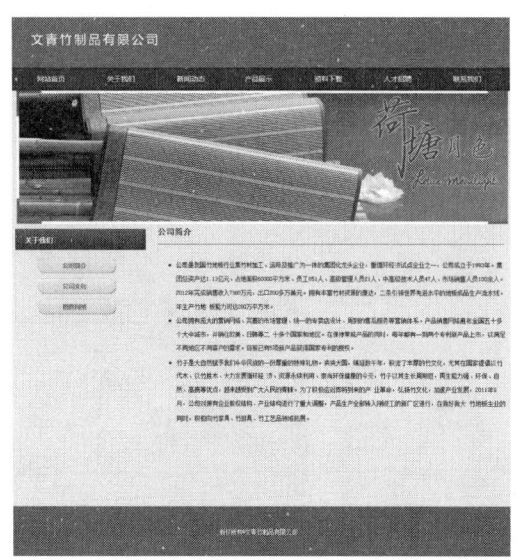

图 5-27 创建项目列表效果

01 打开网页文档，将光标置于要创建项目列表的位置，如图 5-28 所示。

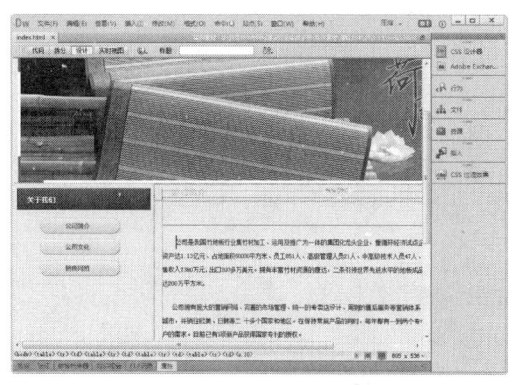

图 5-28 打开网页文档

02 执行"格式"|"列表"|"项目列表"命令，如图 5-29 所示。

图 5-29 执行"项目列表"命令

03 选择命令后，即可创建项目列表，如图 5-30 所示。

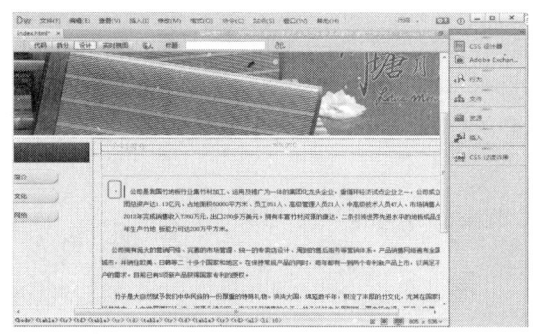

图 5-30 创建项目列表

04 保存文档，按 F12 键在浏览器中预览，效果参见图 5-27 所示。

5.3.2 使用编号列表

当网页内的文本需要按顺序排列时，就应该使用编号列表。编号列表的项目符号可以是阿拉伯数字、罗马数字或英文字母中。如图 5-31 所示是创建的编号列表效果，具体操作步骤如下：

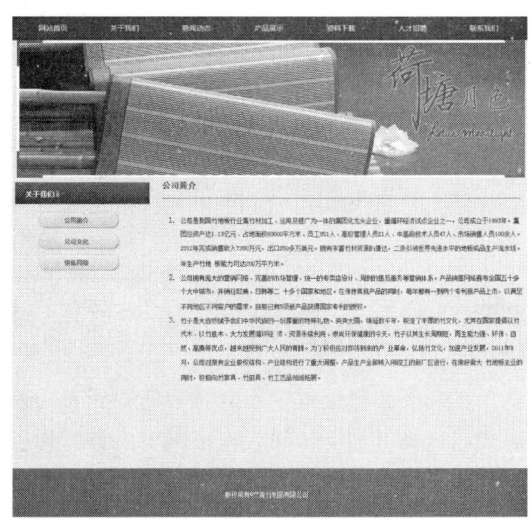

图 5-31 创建编号列表的效果

原始文件：	原始文件 /CH05/5.3.2/index.html
最终文件：	最终文件 /CH05/5.3.2/index1.html

01 打开网页文档，将光标置于要创建编号列表的位置，如图 5-32 所示。

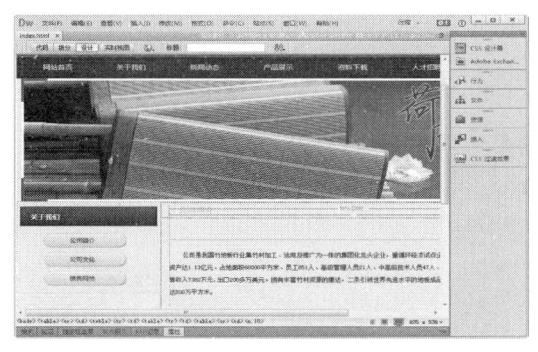

图 5-32 打开网页文档

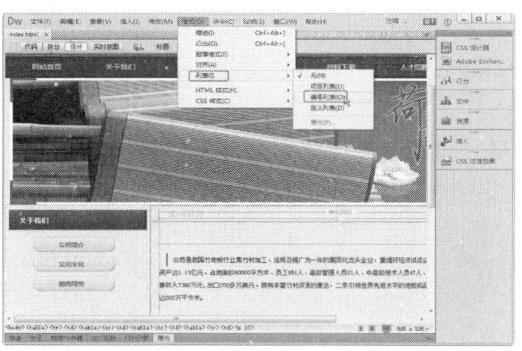

图 5-33 执行"编号列表"命令

02 执行"格式"|"列表"|"编号列表"命令,如图 5-33 所示。

03 选择命令后,即可创建编号列表,如图 5-34 所示。

04 保存文档,按 F12 键在浏览器中预览,效果参见图 5-31 所示。

> ★ 提示 ★
> 单击"属性"面板中的"编号列表"按钮,也可以创建编号列表。

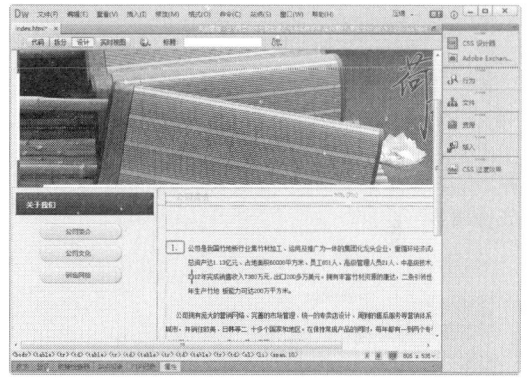

图 5-34 创建编号列表

5.4 实战应用——创建文本网页实例

下面通过本章所学的知识讲述如何创建基本的文本网页,效果如图 5-35 所示,具体操作步骤如下:

图 5-35 基本的文本网页效果

原始文件:	原始文件 /CH05/5.4/index.html
最终文件:	最终文件 /CH05/5.4/index1.html

01 打开网页文档，如图 5-36 所示。

图 5-36 打开网页文档

02 将光标置于要输入文字的位置，输入文字，如图 5-37 所示。

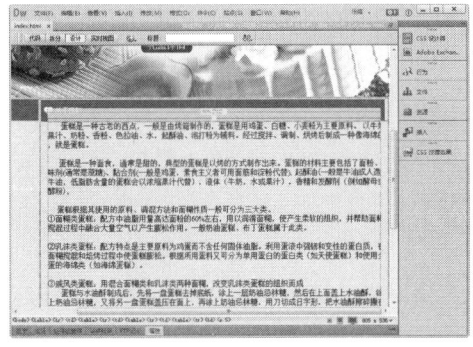

图 5-37 输入文字

03 将光标置于文字开头，按住鼠标左键向下拖动至文字结尾，选中所有的文字，在"属性"面板中打开"大小"下拉列表，选择文字的大小，如图 5-38 所示。

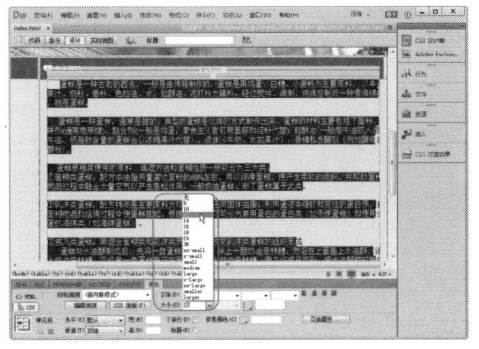

图 5-38 选择字号

04 设置文本的颜色。单击"文本颜色"按钮，在打开的调色板中设置文本的颜色为 #923410，如图 5-39 所示。

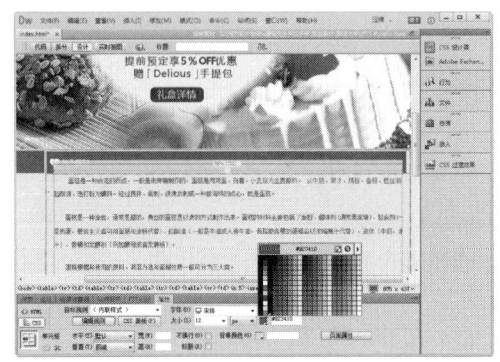

图 5-39 设置文本颜色

05 执行"插入"|"字符"|"版权"命令，如图 5-40 所示。

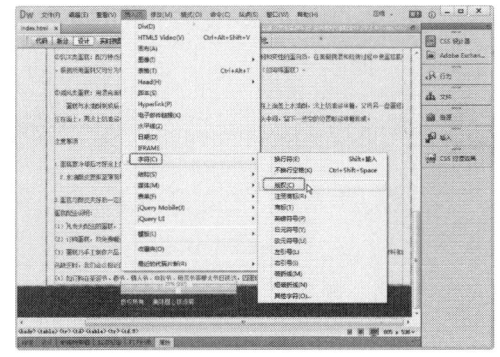

图 5-40 执行"版权"命令

06 选择命令后，插入版权字符，如图 5-41 所示。

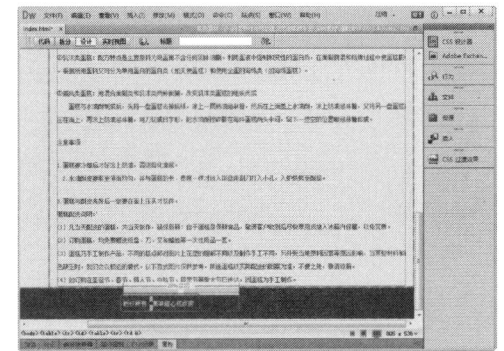

图 5-41 插入版权符号

07 保存文档，按 F12 键在浏览器中预览，效果参见图 5-35 所示。

5.5　本章小结

　　本章主要介绍了 Dreamweaver CC 中文本的输入、文本属性设置、其他文本元素的插入及列表的设置。通过对以上知识的学习及了解，读者能够更好地结合后面章节，创建出更切合实际需求、更具有吸引力的网页。

第 6 章　利用图像和多媒体美化网页

本章导读

本章我们将学习使用图像和多媒体来制作出华丽而且动感十足的网页。图像有着丰富的色彩和表现形式，恰当地利用图像可以加深人们对网站的印象。这些图像是文本的说明及解释，可以使文本清晰易读，更加具有吸引力。随着网络技术的不断发展，人们已经不再满足于静态网页，而目前的网页也不再是单一的文本，图像、声音、视频和动画等多媒体技术更多地应用到了网页之中。

技术要点

- ◆ 网页中常用的图像格式
- ◆ 添加图像
- ◆ 在网页中简单地编辑图像
- ◆ 插入其他图像元素
- ◆ 添加声音
- ◆ 插入动态媒体元素
- ◆ 插入视频

6.1　网页中常用的图像格式

网页中图像的格式通常有 3 种，即 GIF、JPEG 和 PNG。目前 GIF 和 JPEG 文件格式的支持情况最好，大多数浏览器都可以查看这两种格式的文件。由于 PNG 文件具有较大的灵活性，并且文件较小，所以它对几乎任何类型的网页图像都是最适合的。但是 Microsoft Internet Explorer 和 Netscape Navigator 只能部分支持 PNG 图像的显示。建议使用 GIF 或 JPEG 格式以满足更多人的需求。

6.1.1　GIF 格式

GIF 是英文单词 Graphic Interchange Format 的缩写，即图像交换格式，文件最多使用 256 种颜色，最适合显示色调不连续或具有大面积单一颜色的图像，例如导航条、按钮、图标、徽标或其他具有统一色彩和色调的图像。

GIF 格式的最大优点就是制作动态图像，可以将数张静态文件作为动画帧串联起来，转换成一张动画文件。

GIF 格式的另一优点就是可以将图像以交错的方式在网页中呈现。所谓交错显示，就是当图像尚未下载完成时，浏览器会先以马赛克的形式将图像慢慢显示，让浏览者可以大略猜出正在下载图像的雏形。

6.1.2　JPEG 格式

JPEG 是英文单词 Joint Photographic Experts Group 的缩写，它是一种图像压缩格式，文件格式是用于摄影或连续色调图像的高级格式，这是因为 JPEG 文件可以包含数百万种颜色。随着 JPEG 文件品质的提高，文件的大小和下载时间也会随之增加。通常可以通过压缩 JPEG 文件在图像品质和文件大小之间达到良好的平衡。

　　JPEG 格式是一种压缩格式，专门用于不含大色块的图像。JPEG 图像有一定的失真度，但是在正常的损失下肉眼分辨不出 JPEG 和 GIF 图像的区别，而 JPEG 文件只有 GIF 文件的 1/4 大小。JPEG 格式对图标之类的含大色块的图像不是很有效，而且不支持透明图、动态图，但它能够保留全真的色调板格式。如果图像需要全彩模式才能表现效果，JPEG 就是最佳的选择。

6.1.3　PNG 格式

　　PNG 是英文单词 Portable Network Graphic 的缩写，即便携网络图像，是一种替代 GIF 格式的无专利权限制的格式，它包括对索引色、灰度、真彩色图像及 Alpha 通道透明的支持。PNG 是 Fireworks 固有的文件格式。PNG 文件可保留所有原始层、矢量、颜色和效果信息，并且在任何时候所有元素都是可以完全编辑的。文件必须具有 .png 文件扩展名才能被 Dreamweaver 识别为 PNG 文件。

6.2　在网页中插入图像

　　在使用图像前，一定要有目的地选择图像，最好运用图像处理软件美化一下图像，否则插入的图像可能不美观，会显得非常死板。

6.2.1　插入图像

　　图像是网页构成中最重要的元素之一，美观的图像会为网站增添生命力，同时也加深人们对网站风格的印象。下面通过如图 6-1 所示的实例讲述如何在网页中插入图像，具体操作步骤如下：

图 6-1　插入网页图像的效果

原始文件：	原始文件 /CH06/6.2.1/index.html
最终文件：	最终文件 /CH06/6.2.1/index1.html

01 打开网页文档，将光标置于插入图像的位置，如图 6-2 所示。

图 6-2　打开网页文档

02 执行"插入"|"图像"|"图像"命令，如图 6-3 所示。

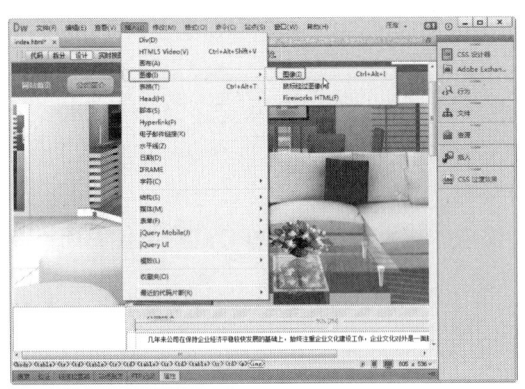

图 6-3 执行"图像"命令

03 弹出"选择图像源文件"对话框,在对话框中选择图像 images/03.jpg,如图 6-4 所示。

图 6-4 "选择图像源文件"对话框

★ 高手支招 ★

使用以下方法也可以插入图像:

- 执行"窗口"|"资源"命令,打开"资源"面板,在面板中单击 ▦ 按钮,展开图像文件夹,选定图像文件,然后用鼠标拖动到网页中的合适位置即可。

- 单击"常用"插入栏中的 ▦ ▾ 按钮,弹出"选择图像源文件"对话框,在对话框中选择需要的图像文件。

04 单击"确定"按钮,插入图像,如图 6-5 所示。保存文档,按 F12 键在浏览器中预览,效果参见图 6-1 所示。

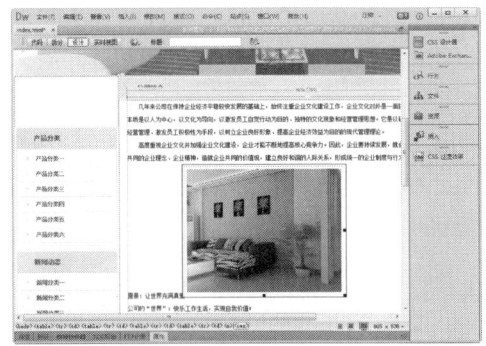

图 6-5 插入图像

★ 提示 ★

如果选中的文件不在本地网站的根目录下,则弹出如下图所示的选择框,系统要求用户复制图像文件到本地网站的根目录,单击"是"按钮,此时会弹出"复制文件为"对话框,让用户选择文件的存放位置,可选择根目录或根目录下的任何文件夹,这里建议读者新建一个名称为 images 的文件夹,今后可以把网站中的所有图像都放入到该文件夹中。

6.2.2 设置图像属性

下面通过实例讲述图像属性的设置,如图 6-6 所示,具体操作步骤如下:

原始文件:	原始文件 /CH06/6.2.2/index.html
最终文件:	最终文件 /CH06/6.2.2/index1.html

图 6-6　设置图像属性后的效果

01 打开网页文档，选中插入的图像，如图 6-7 所示。

图 6-7　打开网页文档

★ 指点迷津 ★

如何加快页面图片的下载速度？

在浏览网页的过程中，有时首页图片过少，而其他页面图片过多，为了提高效率，当访问者浏览首页时，后台进行其他页面的图片下载。方法是在首页加入 <img src="1.jpg" width=0 height=0>，其中 width、height 要设置为 0，1.jpg 为提前下载的图片名。

---

02 单击鼠标右键，在弹出的快捷菜单中选择"对齐"|"右对齐"命令，如图 6-8 所示。

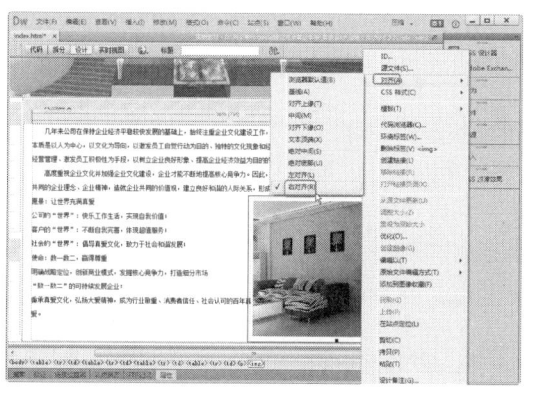

图 6-8　执行"右对齐"命令

03 选中插入的图像，打开"属性"面板，还

可以在"属性"面板中设置图像的其他属性，如图 6-9 所示。

04 保存文档，按 F12 键在浏览器中预览，效果如图 6-6 所示。

图 6-9　设置图像的对齐方式

★ 知识要点 ★

在图像的"属性"面板中可以进行如下设置：

- 宽和高：以像素为单位设定图像的宽度和高度。当在网页中插入图像时，Dreamweaver 自动使用图像的原始尺寸。可以使用以下单位指定图像大小：点、英寸、毫米和厘米。在 HTML 源代码中，Dreamweaver 将这些值转换为以像素为单位。

- src：指定图像的具体路径。
- 链接：为图像设置超级链接。可以单击 按钮浏览选择要链接的文件，或直接输入 URL 路径。
- 目标：链接时的目标窗口或框架。在其下拉列表中包括 4 个选项。
  - _blank：将链接对象在一个未命名的新浏览器窗口中打开。
  - _parent：将链接的对象在含有该链接框架的父框架集或父窗口中打开。
  - _self：将链接的对象在该链接所在的同一框架或窗口中打开。_self 是默认选项，通常不需要指定它。
  - _top：将链接的对象在整个浏览器窗口中打开，因而会替代所有框架。
- 替换：图片的注释。当浏览器不能正常显示图像时，便在图像的位置用这个注释代替图像。
- 编辑：启动"外部编辑器"首选参数中指定的图像编辑器，并使用该图像编辑器打开选定的图像。
  - 编辑：启动外部图像编辑器编辑选中的图像。
  - 编辑图像设置 ：弹出"图像预览"对话框，在对话框中可以对图像进行设置。
  - 重新取样 ：将"宽"和"高"的值重新设置为图像的原始大小。调整所选图像大小后，此按钮显示在"宽"和"高"文本框的右侧。如果没有调整过图像的大小，该按钮不会显示出来。
  - 裁剪 ：修剪图像的大小，从所选图像中删除不需要的区域。
  - 亮度和对比度 ：调整图像的亮度和对比度。
  - 锐化 ：调整图像的清晰度。
- 地图：在设置图像热点链接时使用。
- 原始：指定在载入主图像之前应该载入的图像。

6.3　在网页中简单地编辑图像

　　Dreamweaver CC 提供了基本的图像编辑功能，无须使用外部图像编辑应用程序，即可修改图像。插入图像后，如果图像的大小和位置并不合适，还需要对图像的属性进行具体的调整，如大小、位置和对齐方式等。

6.3.1　裁剪图像

　　使用 Dreamweaver CC 内置的基本图像编辑功能可以裁剪图像，删除图像中不需要的部分。

01 打开网页文档，选中要裁剪的图像，打开"属性"面板，在"属性"面板中单击"裁剪"按钮 ，如图 6-10 所示。

02 弹出 Dreamweaver 提示对话框，如图 6-11 所示。

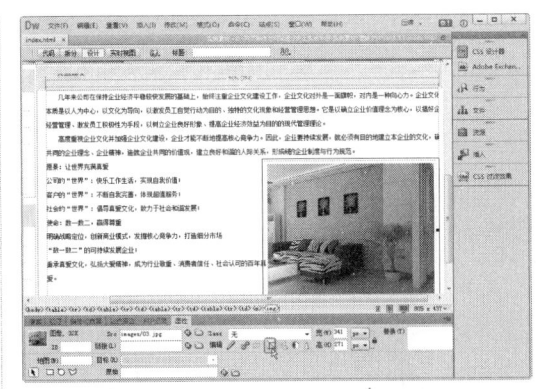

图 6-10　单击"裁剪"按钮

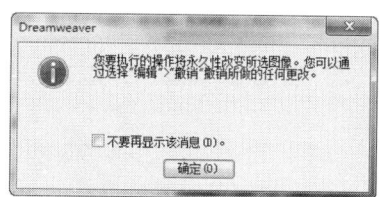

图 6-11　提示框

使用 Dreamweaver CC 裁剪图像时，会更改磁盘上的源图像文件，因此，需要事先备份图像文件，以备在需要恢复到原始图像时使用。

03 单击"确定"按钮，此时，图像的周围会出现裁剪控制点，如图 6-12 所示。

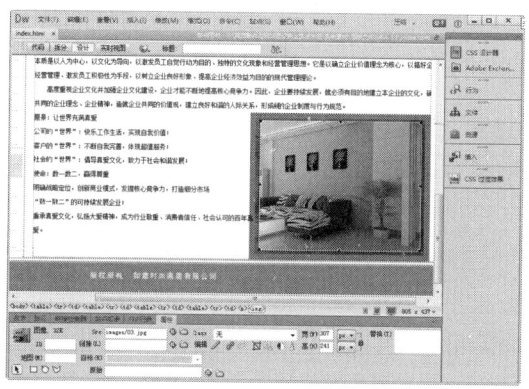

图 6-12　出现裁剪控制点

04 调整裁剪控制点至合适位置，在边界框内部双击或按 Enter 键裁剪所选区域。如图 6-13 所示。

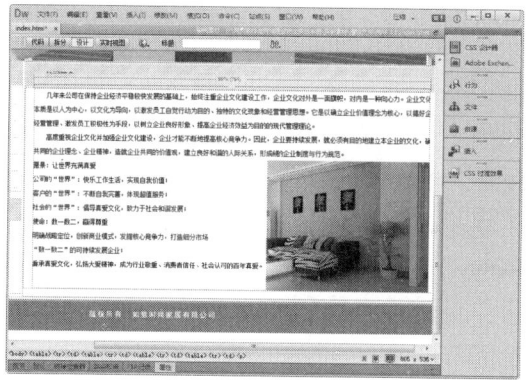

图 6-13　裁剪图像

★ 提示 ★

执行"修改"|"图像"|"裁剪"命令，也可裁剪图像。

6.3.2　调整图像亮度和对比度

用户可以直接在 Dreamweaver CC 中调整图像的亮度和对比度，对图像的高亮显示、阴影和中间色调进行简单的调整。

01 打开网页文档，选中要调整亮度 / 对比度的图像。在"属性"面板中单击"亮度 / 对比度"按钮 ，如图 6-14 所示。

图 6-14　单击"亮度 / 对比度"按钮

02 弹出"亮度 / 对比度"对话框，如图 6-15 所示。

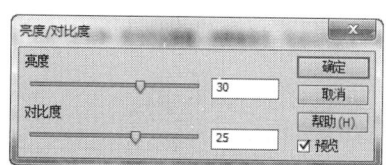

图 6-15　"亮度 / 对比度"对话框

03 在对话框中拖动亮度和对比度滑块（向左为降低，向右为增加，取值范围为 -100 ～ 100），选中"预览"复选框，可以在调整图像的同时，预览到对该图像所做的修改。

★ 提示 ★

执行"修改"|"图像"|"亮度 / 对比度"命令，也可用弹出"亮度 / 对比度"对话框。

04 单击"确定"按钮，即完成了调整图像亮度和对比度的操作。如图 6-16 所示。

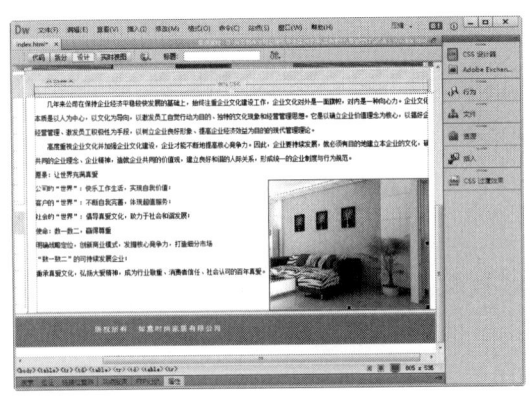

图 6-16 调整亮度和对比度的效果

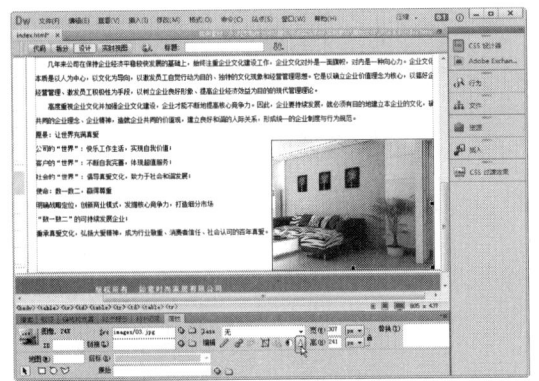

图 6-17 单击"锐化"按钮 △

6.3.3 锐化图像

锐化图像可以通过增加图像中边缘的对比度来调整图像的焦点。扫描图像或拍摄数码照片时，大多数图像捕获软件的默认操作是柔化图像中各对象的边缘，这可以防止特别精致的细节从组成数码图像的像素中丢失。不过，要显示数码图像文件中的细节，经常需要锐化图像，从而提高边缘的对比度，使图像更清晰。

01 打开网页文档，选中要锐化的图像。在"属性"面板中单击"锐化"按钮 △ ，如图 6-17所示。

02 弹出"锐化"对话框，在对话框中进行相应的设置，在对话框中拖动"锐化"滑块，调至合适的位置，如图 6-18 所示。

> ★ 提示 ★
> 执行"修改"|"图像"|"锐化"命令，也可用弹出"锐化"对话框。

图 6-18 "锐化"对话框

03 单击"确定"按钮，即完成锐化图像的操作，如图 6-19 所示。

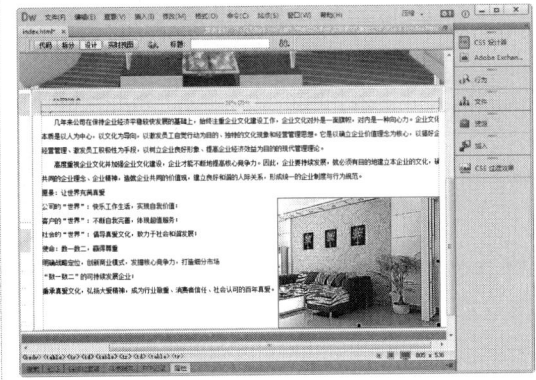

图 6-19 锐化图像

6.4 插入鼠标经过图像

在浏览器中查看网页时，当鼠标指针经过图像时，该图像就会变成另外一幅图像；当鼠标移开时，该图像就又变回原来的图像。这种效果在 Dreamweaver 中可以非常方便地做出来。

鼠标未经过图像时的效果如图 6-20 所示，当鼠标经过图像时的效果如图 6-21 所示，具体操作步骤如下：

原始文件：	原始文件 /CH06/6.4/index.html
最终文件：	最终文件 /CH06/6.4/index1.html

图 6-20　鼠标未经过图像时的效果

图 6-21　鼠标经过图像时的效果

01 打开网页文档，将光标置于插入鼠标经过图像的位置，如图 6-22 所示。

图 6-22　打开网页文档

02 执行"插入"|"图像"|"鼠标经过图像"命令，弹出"插入鼠标经过图像"对话框，如图 6-23 所示。

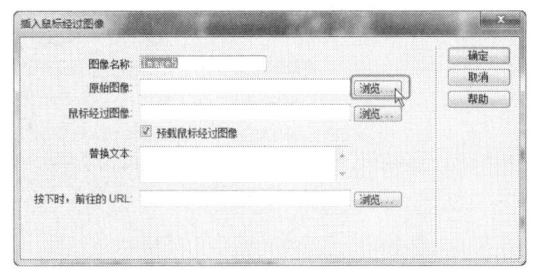

图 6-23　"插入鼠标经过图像"对话框

★ 知识要点 ★

"插入鼠标经过图像"对话框中可以进行如下设置：

- 图像名称：可以设置这个滚动图像的名称。
- 原始图像：设置滚动图像的原始图像，在其后的文本框中输入此原始图像的路径，或单击"浏览"按钮，打开"原始图像"对话框，在"原始图像"对话框中可选择图像。
- 鼠标经过图像：用来设置鼠标经过图像时，原始图像替换成的图像。
- 预载鼠标经过图像：选中该复选框，打开网页时就预下载替换图像到本地。当鼠标经过图像时，能迅速地切换到替换图像；如果取消选中该复选框，当鼠标经过该图像时才下载替换图像，替换可能会出现不连贯的现象。
- 替换文本：用来设置图像的替换文本，当图像不显示时，显示这个替换文本。
- 按下时，前往的 URL：用来设置滚动图像上应用的超链接。

03 单击"原始图像"文本框右边的"浏览"按钮，弹出"原始图像："对话框，在对话框中选择相应的图像 images/03.jpg，如图 6-24 所示，单击"确定"按钮。

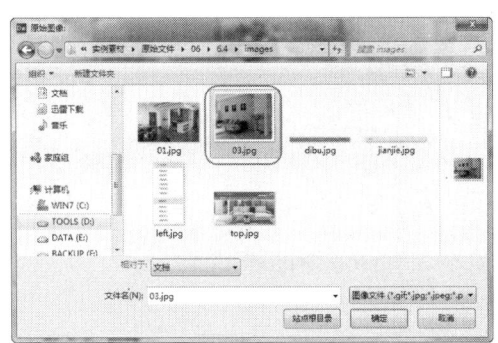

图 6-24 "原始图像："对话框

04 单击"鼠标经过图像"文本框右边的"浏览"按钮，弹出"鼠标经过图像："对话框，在对话框中选择相应的图像 images/01.jpg，如图 6-25 所示。

图 6-25 "鼠标经过图像："对话框

05 单击"确定"按钮，如图 6-26 所示。

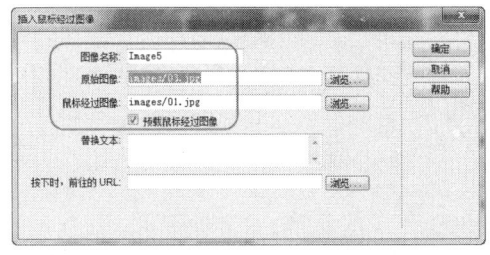

图 6-26 添加到对话框

06 单击"确定"按钮，即可插入鼠标经过图像，如图 6-27 所示。

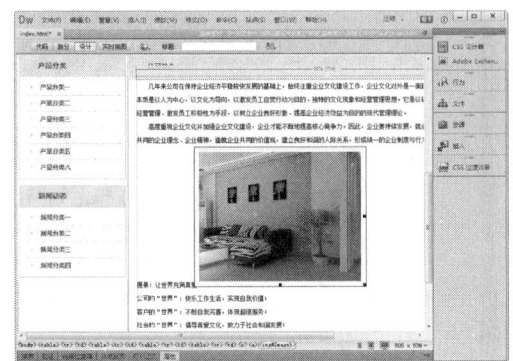

图 6-27 插入鼠标经过图像

07 选中插入的图像，单击鼠标右键，在弹出的快捷菜单中选择"对齐"|"右对齐"命令，如图 6-28 所示。

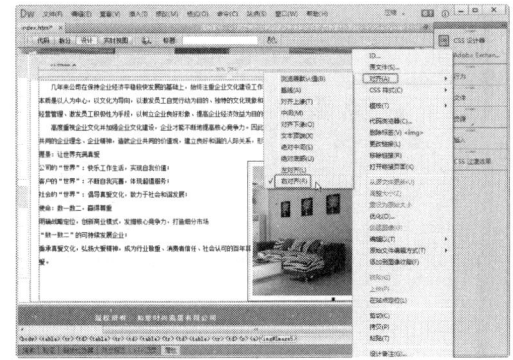

图 6-28 设置图像对齐方式

08 保存文档，按 F12 键在浏览器中预览，鼠标未经过图像时的效果参见图 6-20 所示，鼠标经过图像时的效果参见图 6-21 所示。

★ 提示 ★

在插入鼠标经过图像时，如果不为该图像设置链接，Dreamweaver 将在 HTML 源代码中插入一个空链接#，该链接上将附加鼠标经过的图像行为，如果将该链接删除，鼠标经过图像将不起作用。

6.5 插入 Flash 动画

在网页中插入 Flash 动画可以增加网页的动感，使网页更具吸引力，因此多媒体元素在网页中的应用越来越广泛。下面以如图 6-29 所示的效果为例讲述如何在网页中插入 Flash 影片，具体操作步骤如下：

图 6-29 插入 Flash 动画的效果

原始文件:	原始文件 /CH06/6.5/index.html
最终文件:	最终文件 /CH06/6.5/index1.html

01 打开原始网页文档，将光标置于要插入 Flash 动画的位置，如图 6-30 所示。

图 6-30 打开网页文档

02 执行"插入"|"媒体"|"Flash SWF"命令，弹出"选择 SWF"对话框，在对话框中选择相应的 Flash 文件，如图 6-31 所示。

图 6-31 "选择 SWF"对话框

★ 提示 ★

插入 Flash 动画还有两种方法：
- 单击"媒体"插入栏中的 Flash 按钮 ，弹出"选择 SWF"对话框，也可以插入 Flash 影片。
- 拖动"常用"插入栏中的按钮 至所需要的位置，弹出"选择 SWF"对话框，也可以插入 Flash 影片。

03 在对话框中选择 top.swf，单击"确定"按钮，即可插入 Flash 动画，如图 6-32 所示。

图 6-32 插入 Flash 动画

★ 知识要点 ★

插入的 Flash 的"属性"面板的各项参数含义如下：
- Flash 文本框：输入 Flash 动画的名称。
- 宽、高：设置文档中 Flash 动画的尺寸，可以输入数值改变其大小，也可以在文档中拖动缩放控制点来改变其大小。
- 文件：指定 Flash 文件的路径。
- 源文件：指定 Flash 源文档 .fla 的路径。

- 背景颜色：指定影片区域的背景颜色。在不播放影片时（在加载时和在播放后）也显示此颜色。
- 编辑 **编辑(E)**：启动 Flash 以更新 FLA 文件（使用 Flash 创作工具创建的文件）。如果计算机上没有安装 Flash，则会禁用此选项。
- 类：可用于对影片应用 CSS 类。
- 循环：选中此复选框可以重复播放 Flash 动画。
- 自动播放：选中此复选框，当在浏览器中载入网页文档时，自动播放 Flash 动画。
- 垂直边距和水平边距：指定动画边框与网页上边界和左边界的距离。
- 品质：设置 Flash 动画在浏览器中的播放质量，包括"低品质"、"自动低品质"、"自动高品质"和"高品质"4 个选项。
- 比例：设置显示比例，包括"全部显示"、"无边框"和"严格匹配"3 个选项。
- 对齐：设置 Flash 在页面中的对齐方式。
- Wmode：默认值是不透明，这样在浏览器中，DHTML 元素就可以显示在 SWF 文件的上面。如果 SWF 文件包括透明度，并且希望 DHTML 元素显示在它们的后面，选择"透明"选项。
- 播放：在"文档"窗口中播放影片。
- 参数：打开一个对话框，可在其中输入传递给影片的附加参数。影片必须已设计好，可以接收这些附加参数。

04 保存文档，按 F12 键在浏览器中预览，效果参见图 6-29 所示。

6.6 插入声音

多媒体技术的发展使网页设计者能够轻松地在页面中加入声音、动画、影片等内容，给访问者增添了几分欣喜，多媒体对象在网页上一直是一道亮丽的风景，正是因为有了多媒体，网页才丰富起来。

6.6.1 音频文件格式

在计算机内播放或是处理音频文件，也就是对声音文件进行数、模转换，这个过程同样由采样和量化构成。人耳所能听到的声音，从最低频率 20Hz 一直到最高频率 20kHz，20kHz 以上人耳是听不到的，因此音频文件格式的最大带宽是 20kHz，故而采样速率需要介于 40kHz~50kHz，而且对每个样本需要更多的量化比特数。音频数字化的标准是每个样本 16 位 -96dB 的信噪比，采用线性脉冲编码调制 PCM，每一量化步长都具有相等的长度。在音频文件的制作中，正是采用这一标准。

音频格式日新月异，常见的音频格式包括：CD 格式、WAVE（*.wav）、AIFF、AU、MP3、MIDI、WMA、RealAudio、VQF、OggVorbis、AAC、APE。

6.6.2 添加背景音乐

通过代码提示，可以在"代码"视图中插入代码。在输入某些字符时，将显示一个列表，列出完成条目所需的选项。下面讲解通过代码提示插入背景音乐的方法，效果如图 6-33 所示，具体操作步骤如下：

原始文件：	原始文件 /CH06/6.6.2/index.html
最终文件：	最终文件 /CH06/6.6.2/index1.html

图 6-33　插入背景音乐效果

★ 提示 ★

浏览器可能需要某种附加的音频支持来播放声音，因此，具有不同插件的不同浏览器所播放声音的效果通常会有所不同。

01 打开网页文档，如图 6-34 所示。

图 6-34　打开网页文档

02 切换到"代码"视图，在"代码"视图中找到标签 <body>，并在其后面输入"<"以显示标签列表，输入"<"时会自动弹出一个列表框，向下滚动选中标签 bgsound，如图 6-35 所示。

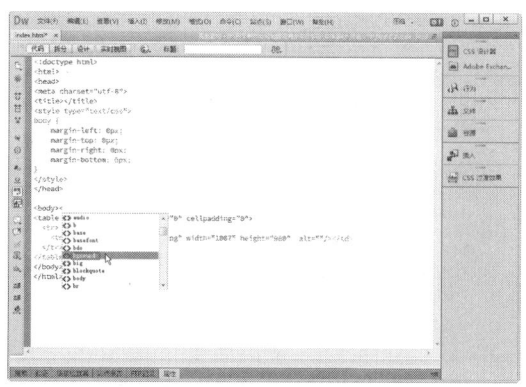

图 6-35　选中标签 bgsound

★ 指点迷津 ★

Bgsound 标签共有 5 个属性，其中 balance 用于设置音乐的左右均衡，delay 用于设置进行播放过程中的延时，loop 用于控制循环次数，src 用于存放音乐文件的路径，volume 用于调节音量。

03 双击即可插入该标签，如果该标签支持属性，则按空格键以显示该标签允许的属性列表，从中选择属性 src，如图 6-36 所示。这个属性用来设置背景音乐文件的路径。

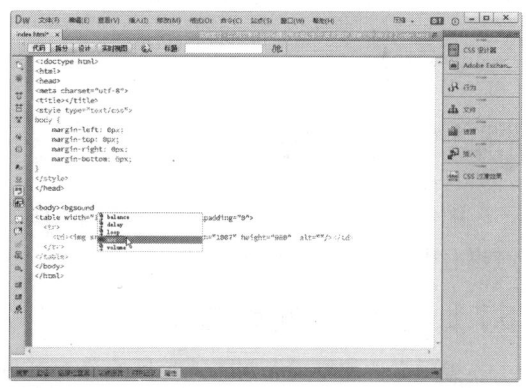

图 6-36　选择属性 src

04 按 Enter 键后，出现"浏览"字样，单击可弹出"选择文件"对话框，在对话框中选择音乐文件，如图 6-37 所示。

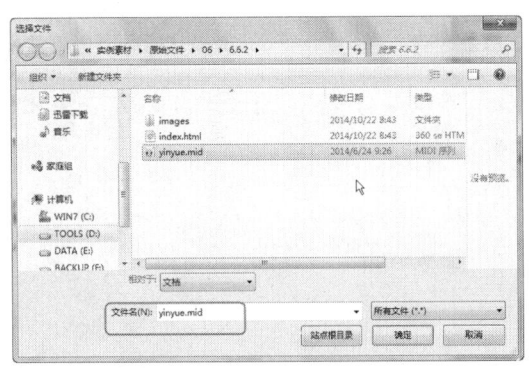

图 6-37 "选择文件"对话框

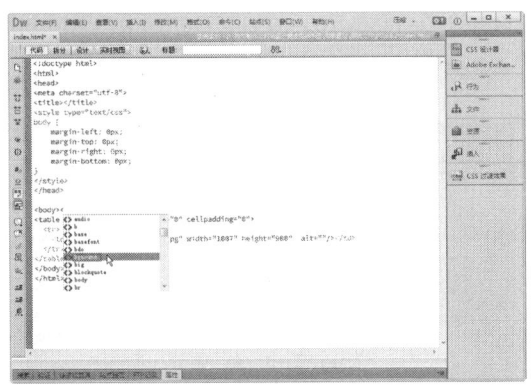

图 6-38 选择属性 loop

★ 指点迷津 ★

背景音乐文件不要太大，否则很可能整个网页都浏览完了，声音却还没有下载完。在背景音乐格式方面，MID 格式是最好的选择，它不仅拥有不错的音质，最关键的是它的容量非常小，一般只有几十字节。

05 选择音乐文件后，单击"确定"按钮。在新插入的代码后按空格键，在属性列表中选择属性 loop，如图 6-38 所示。

06 出现"-1"并选中。在最后的属性值后，为该标签输入">"，如图 6-39 所示。

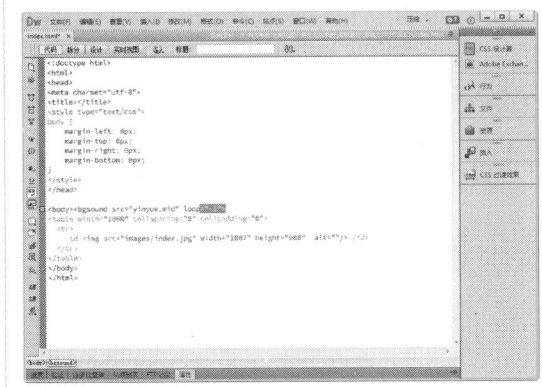

图 6-39 输入 ">"

08 保存文档，按 F12 键在浏览器中预览，效果参见图 6-33 所示。

6.7 插入视频

随着宽带技术的发展和推广，出现了许多视频网站。越来越多的人选择观看在线视频，同时也有很多的网站提供在线视频服务。

6.7.1 视频文件的格式

视频文件的格式非常多，常见的有 MPEG、AVI、WMV、RM 和 MOV 等。

- MPEG（或 MPG）是一种压缩比率较大的活动图像和声音的视频压缩标准，常见的 VCD、SVCD、DVD 就是这种格式。MPEG 文件格式是运动图像压缩算法的国际标准，它采用了有损压缩方法减少运动图像中的冗余信息，把后续图像中和前面图像中冗余的部分去除，从而达到压缩的目的。

- AVI 是一种 Microsoft Windows 操作系统使用的多媒体文件格式，可以将视频和音频交织在一起，进行同步播放。这种视频格式的优点是图像质量好，可以跨多个平台使用，其缺点是体积过于庞大。

- WMV 是一种 Windows 操作系统自带的媒体播放器 Windows Media Player 所使用的多媒体格式。它的英文全称为 Windows Media Video，是微软推出的一种采用独立编码方式并且可以直接在网上实时观看视频节目的文件压缩格式。WMV 格式的主要优点包括本地或网络回放、可扩充的媒体类型、部件下载、可伸缩的媒体类型、流的优先级化、多语言支持及环境独立性。

- RM 是 Real 公司推广的一种多媒体文件格式，具有非常好的压缩比率，是网上应用最广泛的格式之一。可以使用 RealPlayer 对符合 Real Media 技术规范的网络音频／视频资源进行实况转播，并且 Real Media 可以根据不同的网络传输速率制定出不同的压缩比率，从而实现在低速率的网络上进行影像数据的实时传送和播放。
- MOV 是 Apple 公司推广的一种多媒体文件格式。

6.7.2　在网页中插入视频文件

下面以如图 6-40 所示的效果为例讲述如何在网页中插入 Flash 视频，具体操作步骤如下：

原始文件：	原始文件 /CH06/6.7.2/index.html
最终文件：	最终文件 /CH06/6.7.2/index1.html

图 6-40　插入 Flash 视频的效果

01 打开网页文档，将光标置于要插入视频的位置，如图 6-41 所示。

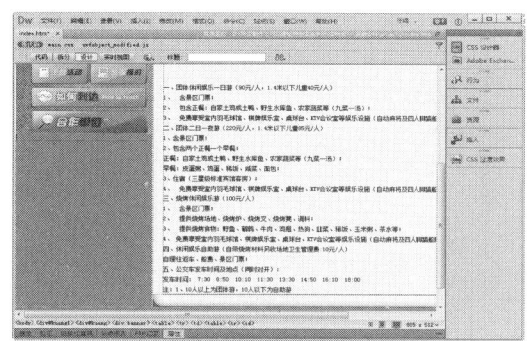

图 6-41　打开网页文档

02 执行"插入"|"媒体"|"Flash Video"命令，弹出"插入 FLV"对话框，在对话框中单击 URL 后面的"浏览"按钮，如图 6-42 所示。

图 6-42　"插入 FLV"对话框

03 在弹出的"选择 FLV"对话框中选择视频文件 shipin.flv，如图 6-43 所示。

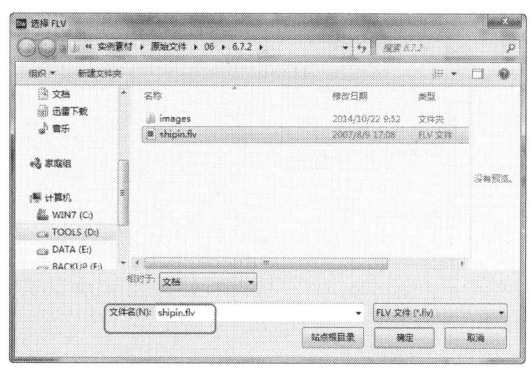

图 6-43　"选择 FLV"对话框

04 单击"确定"按钮，返回到"插入 FLV"对话框，在对话框中进行相应的设置，如图 6-44 所示。

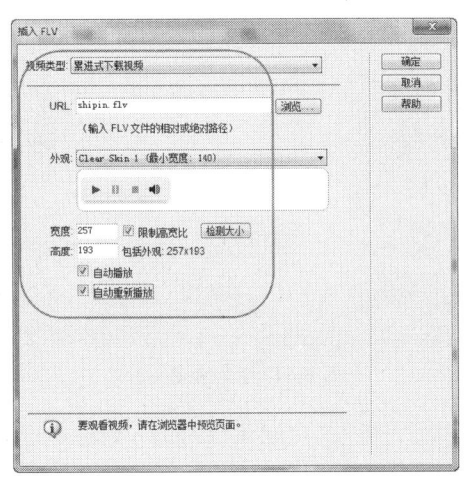

图 6-44 "插入 FLV" 对话框

05 单击"确定"按钮，即可插入视频，如图 6-45

所示。

图 6-45 插入视频

06 保存文档，按 F12 键在浏览器中预览效果，参见图 6-40 所示。

6.8 综合实战

可以使用 Dreamweaver 中的可视化工具向页面添加各种内容，包括文本、图像、影片、声音和其他媒体形式等。在本章中学习了图像和多媒体的添加，本节将通过实例来讲述具体的应用。

综合实战 1——创建图文混排网页

文字和图像是网页中最基本的元素，在网页中插入图像会使网页更加生动形象。在网页中创建图文混排网页的方法非常简单，如图 6-46 所示的是图文混排的效果，具体操作步骤如下：

| 原始文件： | 原始文件 /CH06/ 实战 1/index.html |
| 最终文件： | 最终文件 /CH06/ 实战 1/index1.html |

★ 指点迷津 ★

如何使文字和图片内容共处？

在 Dreamweaver 中，图片对象是需要独占一行的，那么文字内容只能在与其平行的一行的位置上，怎么样才可以让文字围绕着图片显示呢？需要选中图片，单击鼠标右键，在弹出的快捷菜单中选择"对齐"|"右对齐"命令，这时会发现文字已均匀地排列在图片的右边了。

图 6-46 图文混排网页效果

01 打开网页文档，如图 6-47 所示。

02 将光标置于页面中，输入相应的文字，如图 6-48 所示。

图 6-47　打开网页文档

图 6-50　插入图像

05 选中插入的图像，单击鼠标右键，在弹出的快捷菜单中选择"对齐"|"右对齐"命令，如图 6-51 所示。

06 保存文档，按 F12 键在浏览器中预览，效果参见图 6-46 所示。

图 6-48　输入文字

03 将光标置于文字中，执行"插入"|"图像"|"图像"命令，弹出"选择图像源文件"对话框，在对话框中选择图像 images/tu.jpg，如图 6-49 所示。

图 6-51　设置图像的对齐方式

★ 高手支招 ★

修改图像的高度和宽度可以改变图像的显示尺寸，但是这并不能改变图像下载所用的时间，因为浏览器是先下载图像数据，然后才改变图像尺寸的。要想减少图像下载所需要时间并使图像无论什么时候都显示相同的尺寸，建议在图像编辑软件中，重新处理该图像，这样得到的效果将是最好的。

图 6-49　"选择图像源文件"对话框

04 单击"确定"按钮，插入图像，如图 6-50 所示。

综合实战 2——网页中插入媒体

下面通过实例讲述在网页中插入背景音乐和 Flash 动画的步骤，效果如图 6-52 所示，具体操作步骤如下：

图 6-52 在网页中插入多媒体文件的效果

原始文件:	原始文件 /CH06/ 实战 2/index.html
最终文件:	最终文件 /CH06/ 实战 2/index1.html

01 打开网页文档，将光标置于要插入 Flash 动画的位置，如图 6-53 所示。

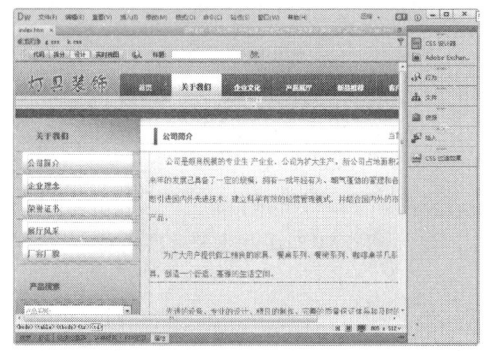

图 6-53 打开网页文档

02 执行"插入"|"媒体"|"Flash SWF"命令，弹出"选择 SWF"对话框，在对话框中选择文件 top.swf，如图 6-54 所示。

03 单击"确定"按钮，插入 SWF 动画，如图 6-55 所示。

04 保存文档，按 F12 键在浏览器中预览，效果参见图 6-52 所示。

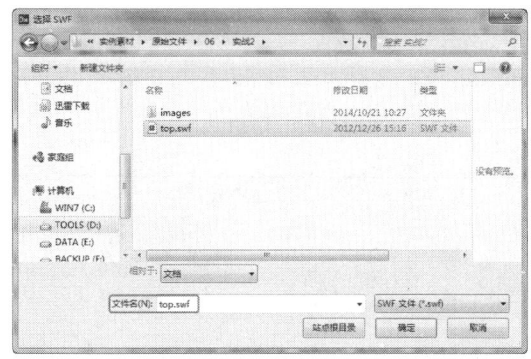

图 6-54 "选择 SWF"对话框

图 6-55 插入动画

6.9 本章小结

　　网页美化最简单最直接的方法就是在网页上添加图像和媒体，图像和媒体不但使网页更加美观、形象和生动，而且使网页中的内容更加丰富多彩。利用图像和媒体创建精美网页，能够给网页增加生机，从而吸引更多的浏览者。因此图像和媒体在网页中的作用是非常重要的，作为一名网页设计者必须掌握网页图像的运用。

第 7 章 创建网页超链接

本章导读

超链接是构成网站最为重要的部分之一，单击网页中的超链接，即可跳转到相应的网页，因此可以非常方便地从一个网页到达另一个网页。在网页上创建超链接，就可以把 Internet 上众多的网站和网页联系起来，构成一个有机的整体。本章主要讲述超链接的基本概念和各种类型超级链接的创建。

技术要点

- ◆ 掌握超链接的概念
- ◆ 管理网页超链接
- ◆ 创建各种超链接

7.1 超链接基础知识

超链接在本质上属于一个网页的一部分，它是一种允许我们同其他网页或站点之间进行连接的元素。各个网页链接在一起后，才能真正构成一个网站。

7.1.1 超链接基本概念

链接是从一个网页或文件到另一个网页或文件的访问路径，不但可以指向图像或多媒体文件，还可以指向电子邮件地址或程序等。当网站访问者单击超链接时，将根据目标的类型执行相应的操作，即在 Web 浏览器中打开或运行。

要正确地创建超链接，就必须了解链接与被链接文档之间的路径，每一个网页都有一个唯一的地址，称为统一资源定位符（URL）。网页中的超级链接按照链接路径的不同，可以分为相对路径和绝对路径两种链接形式。

7.1.2 常见的链接路径

1. 相对路径

相对路径对于大多数的本地链接来说，是最适用的路径。在当前文档与所链接的文档处于同一文件夹内时，文档相对路径特别有用。文档相对路径还可用来链接到其他的文件夹中的文档，方法是利用文件夹层次结构，指定从当前文档到所链接的文档的路径，文档相对路径省略掉对于当前文档和所链接的文档都相同的绝对 URL 部分，只提供不同的路径部分。

使用相对路径的好处在于，可以将整个网站移植到另一个地址的网站中，而不需要修改文档中的链接路径。

2. 绝对路径

绝对路径是包括服务器规范在内的完全路径，绝对路径不管源文件在什么位置，都可以非常精确地找到，除非目标文档的位置发生变化，否则链接不会失败。

采用绝对路径的好处是，它同链接的源端点无关，只要网站的地址不变，则无论文档在站点中如何移动，都可以正常实现跳转而不会发生错误。另外，如果希望链接到其他的站点上的文件，就必须用绝对路径。

采用绝对路径的缺点在于，这种方式的链接不利于测试，如果在站点中使用绝对地址，要想测试链接是否有效，就必须在 Internet 服务器端对链接进行测试，它的另一个缺点是不利于站点的移植。

7.2 创建超链接

前面讲述了超链接的基本概念和创建超链接的方法，通过前面的学习读者应该已经对超链接有了大概的了解，下面将讲述各种类型超链接的创建。

7.2.1 创建电子邮件超链接

电子邮件地址作为超链接的链接目标与其他链接目标不同。当用户在浏览器上单击指向电子邮件地址的超链接时，将会打开默认的邮件管理器的新邮件窗口，其中会提示用户输入信息并将该信息传送给指定的 E-mail 地址。下面对文字"联系我们"创建电子邮件超链接，当单击文字"联系我们"时效果如图 7-1 所示，具体操作步骤如下：

图 7-1 创建电子邮件超链接的效果

★ 提示 ★
单击电子邮件链接后，系统将自动启动电子邮件软件，并在收件人地址中自动填写上电子邮件超链接所指定的邮箱地址。

原始文件：	原始文件 /CH07/7.2.1/index.html
最终文件：	最终文件 /CH07/7.2.1/index1.html

01 打开网页文档，将光标置于要创建电子邮件超链接的位置，如图 7-2 所示。

图 7-2 打开网页文档

02 执行"插入"｜"电子邮件链接"命令，如图 7-3 所示。

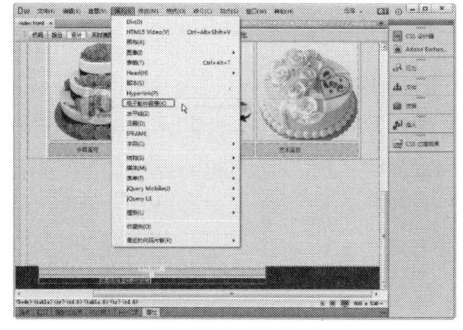

图 7-3 执行"电子邮件链接"命令

03 弹出"电子邮件链接"对话框，在对话框的"文本"文本框中输入"联系我们"，在 E-mail

文本框中输入 mailto：sdhzgw@163.com，如图 7-4 所示。

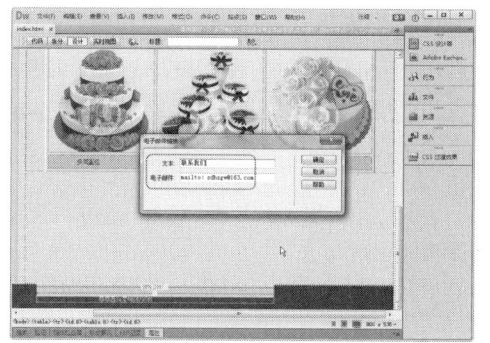

图 7-4　"电子邮件链接"对话框

04 单击"确定"按钮，创建电子邮件超链接，如图 7-5 所示。

图 7-5　创建电子邮件超链接

05 保存文档，按 F12 键在浏览器中预览，单击"联系我们"超链接文字，效果参见图 7-1 所示。

7.2.2　创建脚本超链接

脚本超链接执行 JavaScript 代码或调用 JavaScript 函数，它非常有用，能够在不离开当前网页文档的情况下为访问者提供有关某项的附加信息。脚本超链接还可以用于在访问者单击特定项时，执行计算、表单验证和其他处理任务，如图 7-6 所示的是创建脚本关闭网页的效果，具体操作步骤如下：

原始文件：	原始文件 /CH07/7.2.2/index.html
最终文件：	最终文件 /CH07/7.2.2/index1.html

图 7-6　关闭网页的效果

01 打开网页文档，选中文本"关闭窗口"，如图 7-7 所示。

图 7-7　打开网页文档

02 在"属性"面板中的"链接"文本框中输入"javascript:window.close()"，如图 7-8 所示。

图 7-8 输入链接地址

03 保存文档，按 F12 键在浏览器中浏览，单击"关闭窗口"文本超链接会自动弹出一个提示对话框，提示是否关闭窗口，单击"是"按钮，即可关闭窗口，参见图 7-6 所示。

7.2.3 创建下载文件超链接

如果要在网站中提供下载资料，就需要为文件提供下载超链接，如果超级链接指向的不是一个网页文件，而是其他文件，例如 zip、mp3、exe 文件等，单击超链接的时候就会下载文件。创建下载文件的超链接效果如图 7-9 所示，具体操作步骤如下：

图 7-9 下载文件的超链接

原始文件：	原始文件 /CH07/7.2.4/index.html
最终文件：	最终文件 /CH07/7.2.4/index1.html

★ 提示 ★

网站中每个下载文件必须对应一个下载链接，而不能为多个文件或一个文件夹建立下载超链接，如果需要对多个文件或文件夹提供下载，只能利用压缩软件将这些文件或文件夹压缩为一个文件。

01 打开网页文档，选中要创建超链接的文字，如图 7-10 所示。

图 7-10 打开网页文档

02 执行"窗口"|"属性"命令，打开"属性"面板，在面板中单击"链接"文本框右边的按钮，弹出"选择文件"对话框，在对话框中选择要下载的文件，如图 7-11 所示。

03 单击"确定"按钮，添加到"链接"文本框中，如图 7-12 所示。

04 保存文档，按 F12 键在浏览器中预览，单击文字"更多产品"，效果参见图 7-9 所示。

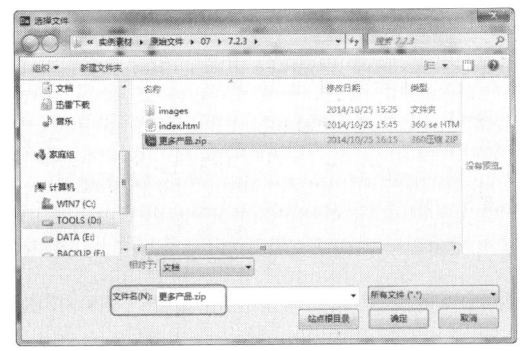

图 7-11 "选择文件"对话框

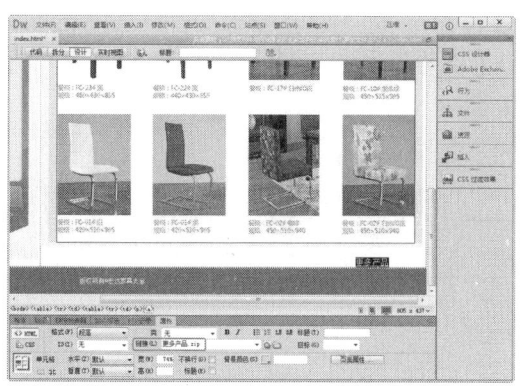

图 7-12 添加到"链接"文本框中

7.2.4 创建图像热点超链接

在创建超链接的过程中，首先选中图像，然后在"属性"面板中选择热点工具在图像上绘制热区，创建图像热点链接后，当用鼠标单击图像"网站首页"时，效果如图 7-13 所示，会出现一个小手形状，具体操作步骤如下：

图 7-13 图像热点链接效果

原始文件	原始文件 /CH07/7.2.4/index.html
最终文件	最终文件 /CH07/7.2.4/index1.html

★ 提示 ★
当预览网页时，热点超链接不会显示，当将鼠标光标移至热点超链接上时会变为手形，以提示浏览者该处为超链接。

01 打开网页文档，选中创建热点超链接的图像，如图 7-14 所示。

02 执行"窗口"|"属性"命令，打开"属性"面板，在"属性"面板中单击"矩形热点工具"按钮，选择"矩形热点工具"，如图 7-15 所示。

图 7-14 打开网页文档

图 7-15 "属性"面板

★ 指点迷津 ★
除了可以使用"矩形热点工具"外，还可以使用"椭圆形热点工具"和"多边形热点工具"来绘制椭圆形热点区域和多边形热点区域，绘制的方法和绘制矩形热点区域一样。

03 将光标置于图像上要创建热点的部分，绘制一个矩形热点，如图 7-16 所示。

图 7-16 绘制一个矩形热点

04 按以上步骤绘制其他的热点并设置热点超链接，如图 7-17 所示。

图 7-17 绘制其他的热点

05 保存文档，按 F12 键在浏览器中预览，当单击图像"网站首页"后的效果参见图 7-13 所示。

★ 指点迷津 ★

图像热点超链接和图像超链接有很多相似之处，有些情况下在浏览器中甚至分辨不出它们。虽然它们的最终效果基本相同，但两者实现的原理还是有很大差异的。读者在为自己的网页加入超链接之前，应根据具体的实际情况，选择和使用适合的超链接方式。

7.3 管理超链接

超链接是网页中不可缺少的一部分，通过超链接可以使各个网页连接在一起，使网站中众多的网页构成一个有机整体，通过管理网页中的超链接，也可以对网页进行相应的管理。

7.3.1 检查站点链接

"检查链接"功能用于搜索断开的链接和孤立文件（文件仍然位于站点中，但站点中没有任何其他文件链接到该文件）。可以搜索打开的文件、本地站点的某一部分或者整个本地站点。Dreamweaver 验证仅指向站点内文档的链接；Dreamweaver 将出现在选定文档中的外部链接编辑成一个列表，但并不验证它们。检查站点中链接错误的具体操作步骤如下：

01 执行"站点"|"检查站点范围的链接"命令，打开"链接检查器"面板，如图 7-18 所示。

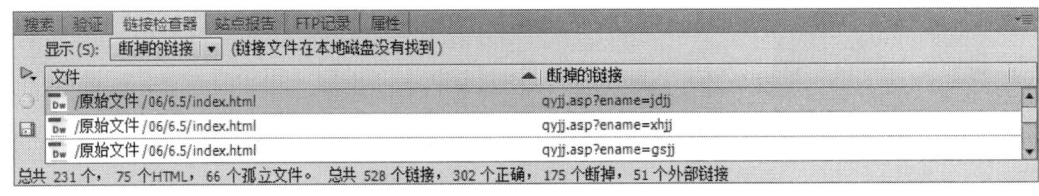

图 7-18 "链接检查器"面板

02 在"链接检查器"面板中，从"显示"弹出菜单中选择"断掉的链接"命令，报告即出现在"链接检查器"面板中，如图 7-19 所示。

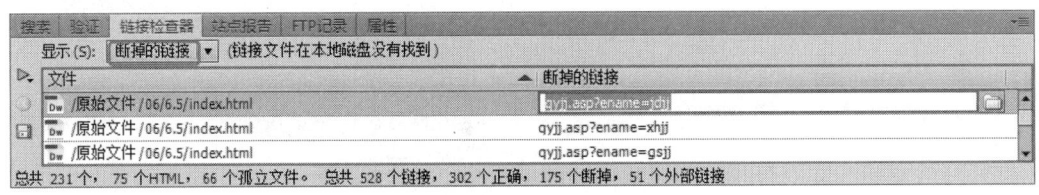

图 7-19 选择"断掉的链接"命令

03 在"链接检查器"面板中，从"显示"弹出菜单中选择"外部链接"命令，报告即出现在"链接检查器"面板中，如图 7-20 所示。

图 7-20　选择"外部链接"命令

04 在"链接检查器"面板中，从"显示"弹出菜单中选择"孤立的文件"命令，报告即出现在"链接检查器"面板中，如图 7-21 所示。

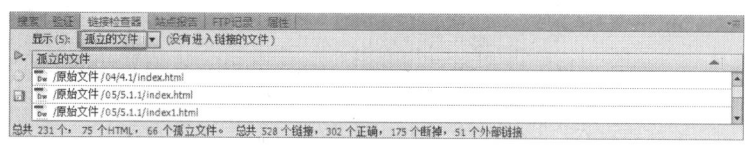

图 7-21　选择"孤立的文件"命令

7.3.2　更改站点链接

更改站点链接的具体操作步骤如下：

01 执行"站点"|"改变站点范围内的链接"命令，弹出"更改整个站点链接（站点—实例素材）"对话框，在对话框中进行相应的设置，如图 7-22 所示。

02 单击"确定"按钮，弹出"更新文件"对话框，如图 7-23 所示。

03 单击"更新"按钮，即可更改站点链接。

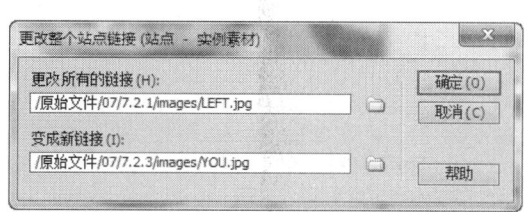

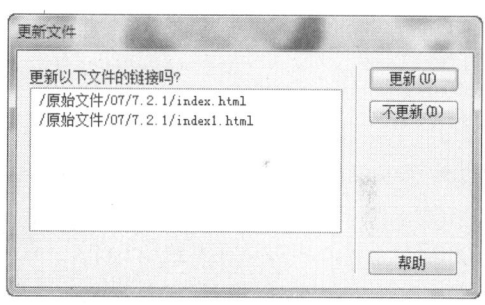

图 7-22　"更改整个站点链接（站点—实例素材）"对话框　　图 7-23　"更新文件"对话框

7.4　综合实战——创建图像热点超链接网页

有时候需要在一张图片上设置几个区域，单击图片的不同区域可以进入不同的页面，或者是单击图片的某一块区域进入某一个页面，这就是网页的热点超链接，创建图像热点超链接的效果如图 7-24 所示，具体操作步骤如下：

原始文件：	原始文件 /CH07/ 综合实战 /index.html
最终文件：	最终文件 /CH07/ 综合实战 /index1.html

01 选中要创建热点超链接的图像，如图 7-25 所示。

02 打开"属性"面板，在面板中选择"矩形热点工具"，如图 7-26 所示。

03 在要绘制热点的位置按住鼠标左键拖动，以绘制矩形热点区域，如图 7-27 所示。

图 7-24 创建热点链接

图 7-25 打开网页文档

图 7-26 选择"矩形热点工具"

图 7-27 绘制矩形热点区域

04 按照步骤 02 的方法绘制其他的热点区域，如图 7-28 所示。

图 7-28 绘制其他的热点区域

05 保存文档，按 F12 键，在浏览器中预览，当单击热点超链接时，效果参见图 7-24 所示。

7.5　本章小结

　　超链接是网页中最重要、最根本的元素之一。网站中的一个个网页是通过超链接联系在一起的，如果页面之间彼此是独立的，那么这样的网站是无法运行的。正是因为有了网页之间的链接才形成了这纷繁复杂的网络世界。Dreamweaver 提供了多种创建超链接的方法，本章主要讲述了网页中各种超链接的创建方法。

第 8 章 使用行为添加网页特效

本章导读

Dreamweaver CC 提供了快速制作网页特效的行为，通过行为，即使不会编程的设计者也能制作出漂亮的特效，本章将学习行为的使用。行为是 Dreamweaver 内置的 JavaScript 程序库。在页面中使用行为可以将 JavaScript 程序添加到页面中，从而制作出具有动态效果与交互效果的网页。

技术要点

- ◆ 特效中的行为和事件
- ◆ 认识事件
- ◆ 认识动作
- ◆ 使用 Dreamweaver 的内置行为

8.1 特效中的行为和事件

在 Dreamweaver 中，行为是事件和动作的组合。事件是在特定的时间或是用户在某时所发出的指令后紧接着发生的，而动作是事件发生后，网页所要做出的反应。

8.1.1 网页行为

所谓的动作就是设定更换图片、弹出警告信息框等特殊的 JavaScript 效果。在设定的事件发生时运行动作。如表 8-1 所示是 Dreamweaver 提供的常见动作。

表 8-1 Dreamweaver 提供的常见动作

动 作	内 容
调用 JavaScript	调用 JavaScript 函数
改变属性	改变选择对象的属性
检查插件	确认是否设有运行网页的插件
拖动 AP 元素	允许在浏览器中自由拖动 AP Div
转到 URL	可以转到特定的站点或网页文档上
跳转菜单	可以创建若干个链接的跳转菜单
跳转菜单开始	在跳转菜单中选定要移动的站点之后，只有单击 "GO" 按钮才可以移动到链接的站点上
打开浏览器窗口	在新窗口中打开 URL
弹出消息	设置的事件发生之后，弹出警告信息
预先载入图像	为了在浏览器中快速显示图片，事先下载图片之后显示出来
设置框架文本	在选定的帧上显示指定的内容
设置状态栏文本	在状态栏中显示指定的内容
设置文本域文字	在文本字段区域显示指定的内容
显示 - 隐藏元素	显示或隐藏特定的 AP Div

动　作	内　容
交换图像	发生设置的事件后，用其他图片来取代选定的图片
恢复交换图像	在运用交换图像动作之后，显示原来的图片
检查表单	在检查表单文档有效性的时候使用

8.1.2　网页事件

事件用于指定选定的行为动作在何种情况下发生。如果想应用单击图像时跳转到指定网站的行为，则需要把事件指定为单击瞬间 onClick。如表 8-2 所示是 Dreamweaver 中常见的事件。

表 8-2　Dreamweaver 中常见的事件

内　容	事　件
onAbort	在浏览器窗口中停止加载网页文档的操作时发生的事件
onMove	移动窗口或框架时发生的事件
onLoad	选定的对象出现在浏览器上时发生的事件
onResize	访问者改变窗口或帧的大小时发生的事件
onUnLoad	访问者退出网页文档时发生的事件
onClick	用鼠标单击选定元素的一瞬间发生的事件
onBlur	鼠标指针移动到窗口或帧外部，即在这种非激活状态下发生的事件
onDragDrop	拖动并放置选定元素的那一瞬间发生的事件
onDragStart	拖动选定元素的那一瞬间发生的事件
onFocus	鼠标指针移动到窗口或帧上，激活之后发生的事件
onMouseDown	单击鼠标右键一瞬间发生的事件
onMouseMove	鼠标指针指向字段并在字段内移动时发生的事件
onMouseOut	鼠标指针经过选定元素之外时发生的事件
onMouseOver	鼠标指针经过选定元素上方时发生的事件
onMouseUp	单击鼠标右键，然后释放时发生的事件
onScroll	访问者在浏览器上移动滚动条时发生的事件
onKeyDown	当访问者按下任意键时发生的事件
onKeyPress	当访问者按下和释放任意键时发生的事件
onKeyUp	在键盘上按下特定键并释放时发生的事件
onAfterUpdate	更新表单文档内容时发生的事件
onBeforeUpdate	改变表单文档项目时发生的事件
onChange	访问者修改表单文档的初始值时发生的事件
onReset	将表单文档重新设置为初始值时发生的事件
onSubmit	访问者传送表单文档时发生的事件
onSelect	访问者选定文本字段中的内容时发生的事件
onError	在加载文档的过程中，发生错误时发生的事件
onFilterChange	运用于选定元素的字段发生变化时发生的事件
Onfinish Marquee	用功能来显示的内容结束时发生的事件
Onstart Marquee	开始应用功能时发生的事件

8.2 使用 Dreamweaver 内置行为

使用行为提高了网站的交互性。在 Dreamweaver 中插入行为，实际上是给网页添加了一些 JavaScript 代码，这些代码能实现动态的网页效果。

8.2.1 交换图像

"交换图像"动作是将一幅图像替换成另外一幅图像，一个交换图像其实是由两幅图像组成的。下面通过实例讲述创建交换图像的方法，鼠标未经过图像时的效果如图 8-1 所示，当鼠标经过图像时的效果如图 8-2 所示，具体操作步骤如下：

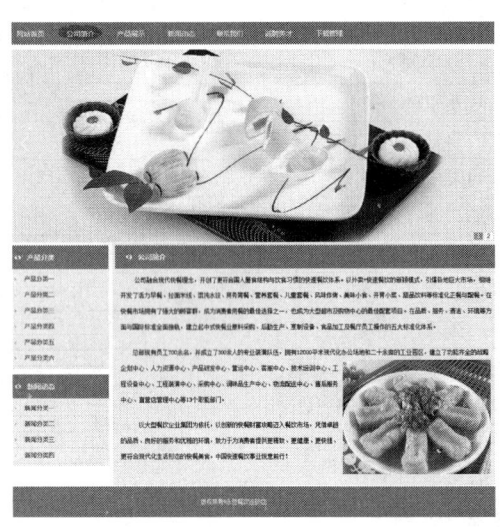

图 8-1 鼠标未经过图像时的效果

图 8-2 鼠标经过图像时的效果

原始文件：	原始文件 /CH08/8.2.1/index.html
最终文件：	最终文件 /CH08/8.2.1/index1.html

01 打开网页文档，选中要添加行为的图像，如图 8-3 所示。

图 8-3 打开网页

02 执行"窗口"|"行为"命令，打开"行为"面板，在面板中单击"添加行为"按钮 +，在弹出的菜单中选择"交换图像"命令，如图 8-4 所示。

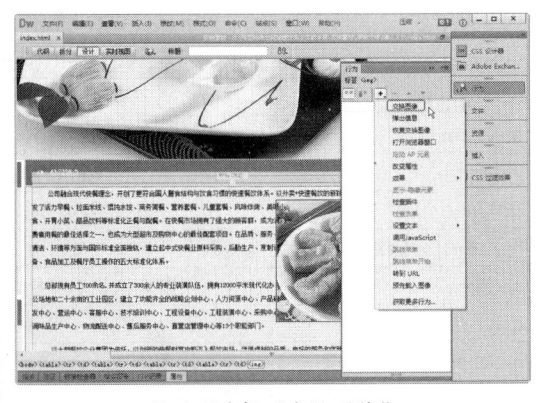

图 8-4 选择"交换图像"

03 弹出"交换图像"对话框，在"图像"列表框中选择交换的图像，在对话框中单击"设定原始档为"文本框右边的"浏览"按钮，如图 8-5 所示。

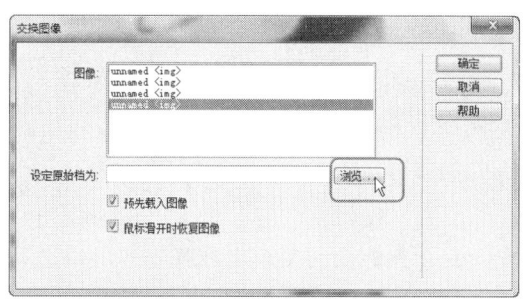

图 8-5　"交换图像"对话框

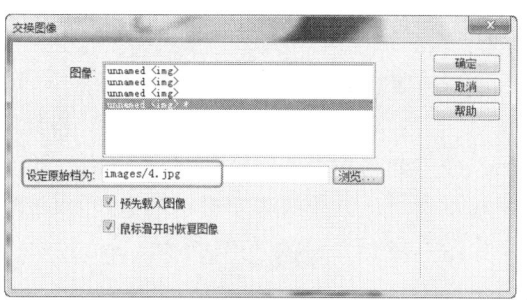

图 8-7　"交换图像"对话框

★ 知识要点 ★

在"交换图像"对话框中可以进行如下设置：

- 图像：在列表框中选择要更改其源的图像。
- 设定原始档为：单击"浏览"按钮选择新图像文件，文本框中显示新图像的路径和文件名。
- 预先载入图像：勾选该复选框，这样在载入网页时，新图像将载入到浏览器的缓冲中，防止当图像该出现时由于下载而导致的延迟。
- 鼠标滑开时恢复图像：勾选此复选框表示当鼠标离开图片时，图片会自动恢复为原始图像。

04 在弹出的"选择图像源文件"对话框中选择预载入的图像 images/4.jpg，如图 8-6 所示。

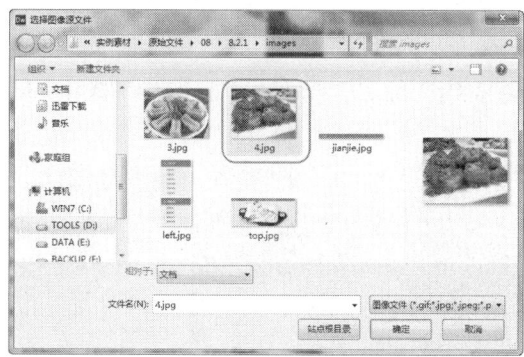

图 8-6　"选择图像源文件"对话框

05 单击"确定"按钮，添加到文本框中，如图 8-7 所示。

06 单击"确定"按钮，添加行为到"行为"面板中，如图 8-8 所示。

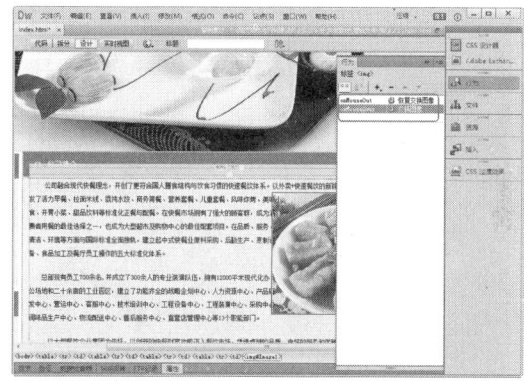

图 8-8　添加行为到面板

★ 提示 ★

"交换图像"动作自动预先载入在"交换图像"对话框中勾选"预先载入图像"复选框时所有高亮显示的图像，因此当使用"交换图像"时不需要手动添加预先载入图像。

07 保存文档，按 F12 键在浏览器中预览，鼠标指针未接近图像时的效果参见图 8-1 所示，鼠标指针接近图像时的效果参见图 8-2 所示。

★ 指点迷津 ★

如果没有为图像命名，"交换图像"动作仍将起作用；当将该行为附加到某个对象时，它将为未命名的图像自动命名。但是，如果所有图像都预先命名，则在"交换图像"对话框中更容易区分它们。

8.2.2 弹出提示信息

弹出信息显示一个带有指定信息的警告窗口，因为该警告窗口只有一个"确定"按钮，所以使用此动作可以提供信息，而不能为用户提供选择。创建的弹出提示信息网页的效果如图8-9所示，具体操作步骤如下：

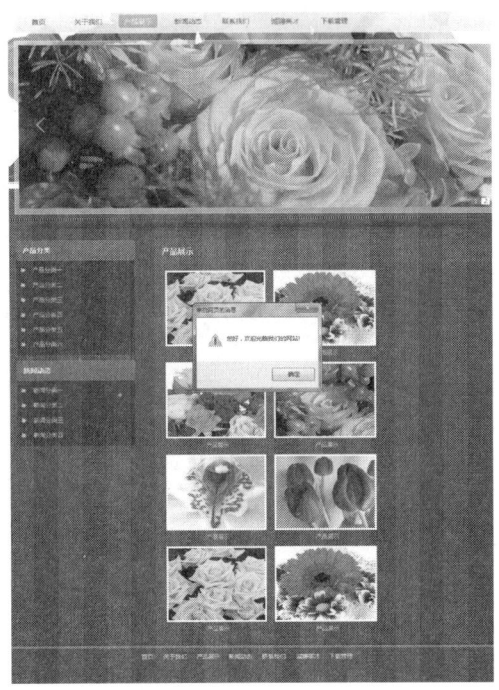

图 8-9 弹出提示信息效果

原始文件：	原始文件 /CH08/8.2.2/index.htm
最终文件：	最终文件 /CH08/8.2.2/index1.htm

01 打开网页文档，单击文档窗口中左下角的 <body> 标签，如图8-10所示。

图 8-10 打开网页文档

★ 提示 ★
按 Shift+F4 组合键也可以打开"行为"面板。

02 执行"窗口"|"行为"命令，打开"行为"面板，在"行为"面板中单击"添加行为"按钮 ，在弹出的菜单中选择"弹出信息"命令，如图8-11所示。

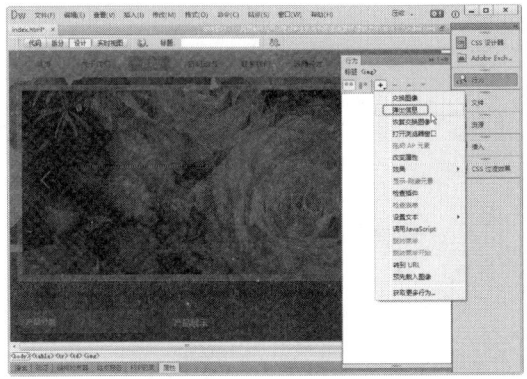

图 8-11 选择"弹出信息"命令

03 弹出"弹出信息"对话框，在对话框中输入文本"您好，欢迎光临我们的网站！"，如图8-12所示。

图 8-12 "弹出信息"对话框

04 单击"确定"按钮，添加行为，如图8-13所示。

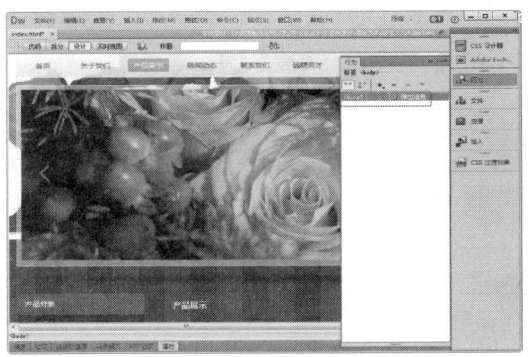

图 8-13 添加行为

05 保存文档，按 F12 键即可在浏览器中看到弹出的提示信息，网页效果参见图 8-9 所示。

> **★ 提示 ★**
> 信息一定要简短，如果超出状态栏的大小，浏览器将自动截断该信息。

8.2.3　打开浏览器窗口

使用"打开浏览器窗口"动作，在打开当前网页的同时，还可以再打开一个新的窗口。应用打开浏览器窗口行为的网页效果如图 8-14 所示，具体操作步骤如下：

原始文件	原始文件 /CH08/8.2.3/index.html
最终文件	最终文件 /CH08/8.2.3/index1.html

图 8-14　打开浏览器窗口网页的效果

01 打开网页文档，如图 8-15 所示。

02 执行"窗口"|"行为"命令，打开"行为"面板，在"行为"面板中单击"添加行为"按钮 +，在弹出的菜单中选择"打开浏览器窗口"命令，如图 8-16 所示。

图 8-15　打开网页文档

图 8-16　选择"打开浏览器窗口"命令

03 选择命令后，弹出"打开浏览器窗口"对话框，如图 8-17 所示。

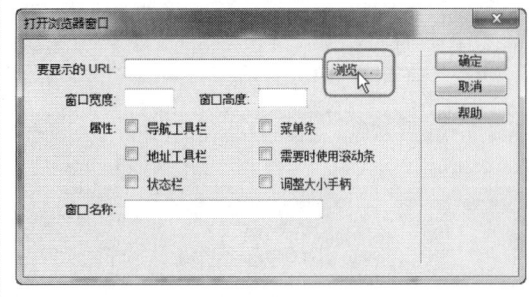

图 8-17　"打开浏览器窗口"对话框

> **★ 指点迷津 ★**
> "打开浏览器窗口"对话框中可以进行如下设置：
> - 要显示的 URL：输入浏览器窗口中要打开的链接路径，可以单击"浏览"按钮找到要在浏览器窗口打开的文件。
> - 窗口宽度：设置窗口的宽度。
> - 窗口高度：设置窗口的高度。

- 属性：设置打开浏览器窗口的一些参数。选中"导航工具栏"为包含导航条；选中"菜单条"复选框，表示包含菜单条；选中"地址工具栏"复选框后，在打开浏览器窗口中显示地址栏；选中"需要时使用滚动条"复选框，如果窗口中内容超出窗口大小，则显示滚动条；选中"状态栏"复选框后，可以在弹出窗口中显示滚动条；选中"调整大小手柄"复选框，浏览者可以调整窗口大小。
- 窗口名称：给当前窗口命名。

04 在对话框中单击"要显示的 URL"文本框右边的"浏览"按钮，弹出"选择文件"对话框，在对话框中选择 chuangkou.html，如图 8-18 所示。

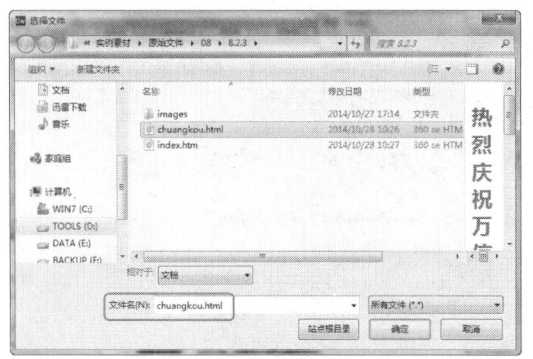

图 8-18 "选择文件"对话框

05 单击"确定"按钮，将文件添加到文本框，将"宽"设置为 500、"高"设置为 250，在"窗口名称"文本框中输入名称，"属性"选择"调整大小手柄"、"菜单条"、"需要时使用滚动条"，如图 8-19 所示。

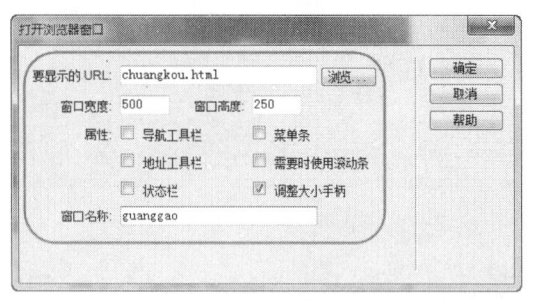

图 8-19 "打开浏览器窗口"对话框

06 单击"确定"按钮，将行为添加到"行为"面板中，如图 8-20 所示。

07 保存文档，按 F12 键在浏览器中可以预览效果，如图 8-14 所示。

图 8-20 添加行为

8.2.4 转到 URL

"转到 URL"动作是设置超链接时使用的动作。通常的超链接是在单击后跳转到相应的网页文档中，但是"转到 URL"动作在把鼠标放上后或者双击时，都可以设置不同的事件来加以链接。跳转前后的效果分别如图 8-21 所示和 8-22 所示，具体操作步骤如下：

图 8-21 跳转前的效果

图 8-22 跳转后的效果

原始文件：	原始文件 /CH08/8.2.4/index.html
最终文件：	最终文件 /CH08/8.2.4/index1.html

01 打开网页文档，如图 8-23 所示。

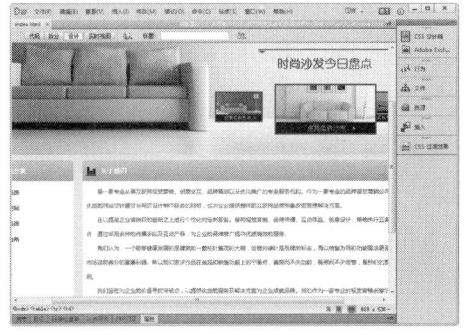

图 8-23 打开网页文档

02 单击文档窗口中的 <body> 标签，执行"窗口"|"行为"命令，打开"行为"面板，在面板中单击"添加行为"按钮 **+.**，在弹出的菜单中选择"转到 URL"命令，如图 8-24 所示。

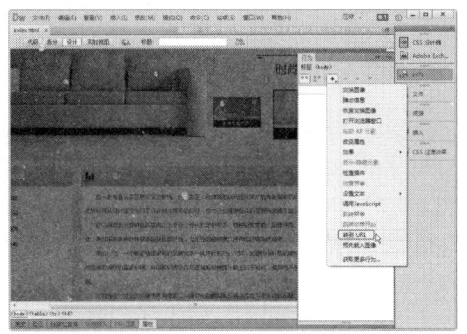

图 8-24 选择"转到 URL"命令

03 弹出"转到 URL"对话框，在对话框中单击"URL"文本框右边的"浏览"按钮，如图 8-25 所示。

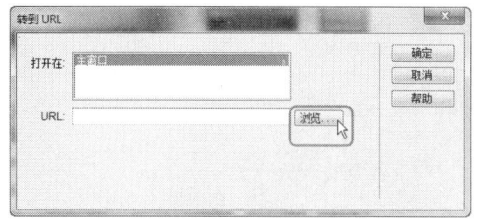

图 8-25 "转到 URL"对话框

★ 知识要点 ★

"转到 URL" 对话框中可以进行如下设置：

- 打开在：选择打开链接的窗口。如果是框架网页，选择打开链接的框架。
- URL：输入链接的地址，也可以单击"浏览"按钮在本地硬盘中查找链接的文件。

04 弹出"选择文件"对话框，在对话框中选择 index1.htm，如图 8-26 所示。

图 8-26 "选择文件"对话框

05 单击"确定"按钮，将文件添加到文本框中，如图 8-27 所示。

图 8-27 设置"转到 URL"对话框

06 单击"确定"按钮，将行为添加到"行为"面板中，如图 8-28 所示。

图 8-28 添加到"行为"面板

07 保存文档，按 F12 键在浏览器中预览，跳转前后的效果分别参见图 8-21 和图 8-22 所示。

8.2.5 预先载入图像

"预先载入图像"动作将不会使网页中选中的图像（如那些通过行为或 JavaScript 调入的图像）立即出现，而是先将它们载入到浏览器的缓存中。这样做可以防止当图像应该出现时由于下载而导致延迟。预先载入图片的效果如图 8-29 所示，具体操作步骤如下：

图 8-29 预先载入图片的效果

原始文件：	原始文件 /CH08/8.2.5/index.html
最终文件：	最终文件 /CH08/8.2.5/index1.html

01 打开网页文档，选中图像，如图 8-30 所示。

图 8-30 打开网页文档

02 执行"窗口"|"行为"命令，打开"行为"面板，在面板中单击"添加行为"按钮 +，在弹出的菜单中选择"预先载入图像"动作命令，如图 8-31 所示。

图 8-31 选择"预先载入图像"命令

03 弹出"预先载入图像"对话框，在对话框中单击"图像源文件"文本框右边的"浏览"按钮，如图 8-32 所示。

★ 提示 ★

如果在输入下一个图像之前用户没有单击"添加"按钮，则列表中用户刚选择的图像将被所选择的下一个图像替换。

04 在弹出的"选择图像源文件"对话框中选择预载入的图像，如图 8-33 所示。

图 8-32　"预先载入图像"对话框

图 8-33　"选择图像源文件"对话框

05 单击"确定"按钮，添加到文本框中，如图 8-34 所示。

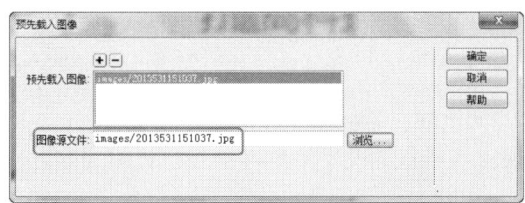

图 8-34　"预先载入图像"对话框

06 单击"确定"按钮，添加行为到"行为"面板中，如图 8-35 所示。

图 8-35　添加行为到"行为"面板

07 保存文档，按 F12 键在浏览器中预览，效果参见图 8-29 所示。

8.2.6　调用 JavaScript

　　下面创建一个调用 JavaScript 自动关闭网页的效果，如图 8-36 所示，具体操作步骤如下：

图 8-36　利用 JavaScript 自动关闭网页的效果

原始文件：	原始文件 /CH08/8.2.6/index.html
最终文件：	最终文件 /CH08/8.2.6/index1.html

01 打开网页文档，如图 8-37 所示。

图 8-37　打开网页文档

02 单击文档窗口中左下角的 <body> 标签，执行"窗口"|"行为"命令，打开"行为"面板，在"行为"面板中单击"添加行为"按钮 ，在弹出的菜单中选择"调用 JavaScript"命令，如图 8-38 所示。

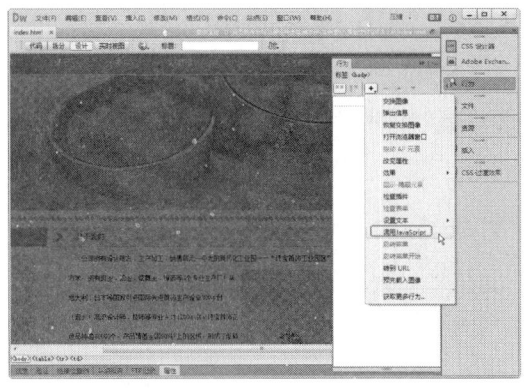

图 8-38 选择"调用 JavaScript"选项

03 选择命令后，弹出"调用 JavaScript"对话框，在对话框中的 JavaScript 文本框中输入 window.close()，如图 8-39 所示。

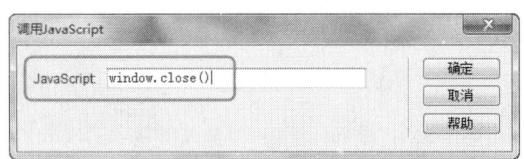

图 8-39 输入代码

04 单击"确定"按钮，添加到"行为"面板中，将事件设置为 onload，如图 8-40 所示。

图 8-40 添加到"行为"面板

05 保存文档，按 F12 键在浏览器中预览，效果参见图 8-36 所示。

8.2.7　检查表单

"检查表单"动作检查指定文本域的内容以确保用户输入了正确的数据类型。使用 onBlur 事件将此动作分别附加到各文本域，在用户填写表单时对文本域进行检查；或使用 onSubmit 事件将其附加到表单，在用户单击"提交"按钮时同时对多个文本域进行检查。将此动作附加到表单，防止表单提交到服务器后文本域包含无效的数据。"检查表单"动作的效果如图 8-41 所示，具体操作步骤如下：

图 8-41 检查表单效果

原始文件：	原始文件 /CH08/8.2.7/index.html
最终文件：	最终文件 /CH08/8.2.7/index1.html

01 打开网页文档，如图 8-42 所示。

图 8-42 打开网页文档

02 选中表单域，执行"窗口"|"行为"命令，打开"行为"面板，在面板中单击"添加行为"按钮 ，在弹出的菜单中选择"检查表单"命令，如图 8-43 所示。

图 8-43 选择"检查表单"命令

03 选择命令后，弹出"检查表单"对话框，在对话框中进行相应的设置，如图8-44所示。

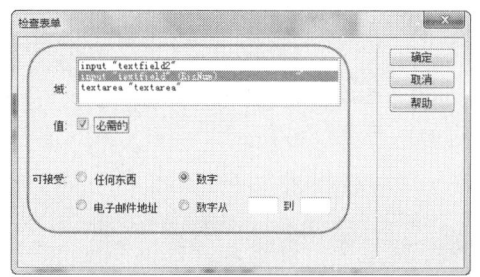

图 8-44 "检查表单"对话框

★ 知识要点 ★

在该对话框默认状态中的"可接受"选项组中可以进行如下设置：

- 任何东西：如果该文本域是必需的，但不需要包含任何特定类型的数据，则选择"任何东西"单选按钮。
- 电子邮件地址：使用"电子邮件地址"选项检查该域是否包含一个 @ 符号。
- 数字：使用"数字"选项检查该文本域是否只包含数字。
- 数字从：使用"数字从"选项检查该文本域是否包含特定范围内的数字。

04 单击"确定"按钮，添加到"行为"面板中，将事件设置为onSubmit，如图8-45所示。

05 保存文档，按F12键在浏览器中预览效果。当在文本域中输入不规则的电子邮件地址和姓名时，表单将无法正常提交到后台服务器，

这时会出现提示信息框，并要求重新输入，如图 8-41 所示。

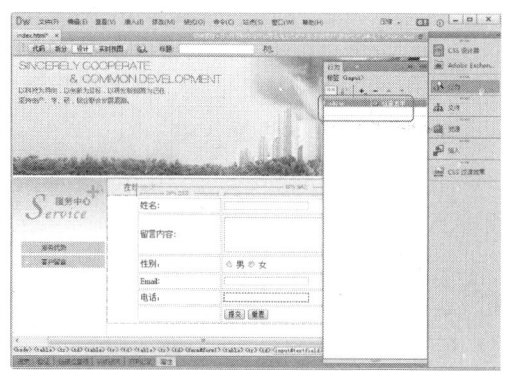

图 8-45 添加到"行为"面板

8.2.8 设置状态栏文本

"设置状态栏文本"用于设置状态栏中显示的信息，在适当的触发事件触发后，在状态栏中显示信息。下面通过实例讲述状态栏文本的设置，效果如图 8-46 所示，具体操作步骤如下：

图 8-46 设置状态栏文本的效果

★ 提示 ★

"设置状态栏文本"行为的作用与弹出信息行为很相似，不同的是如果使用消息框来显示文本，访问者必须单击"确定"按钮才可以继续浏览网页中的内容。而在状态栏中显示的文本信息不会影响访问者的浏览速度。浏览者会常常忽略状态栏中的消息，如果消息非常重要，则考虑将其显示为弹出式消息或层文本。

原始文件:	原始文件 /CH08/8.2.8/index.html
最终文件:	最终文件 /CH08/8.2.8/index1.html

01 打开网页文档，单击文档窗口中左下角的
<body> 标签，执行"窗口"|"行为"命令，
如图 8-47 所示。

图 8-47 打开网页文档

02 打开"行为"面板，单击"添加行为"按
钮 +，在弹出的菜单中选择"设置文本"|"设
置状态栏文本"命令，如图 8-48 所示。

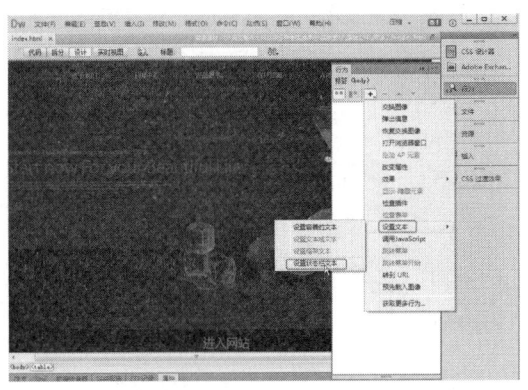

图 8-48 选择"设置状态栏文本"命令

03 弹出"设置状态栏文本"对话框，在"消息"
文本框中输入文本"本公司 10 周年庆典优惠
活动正在进行中……"，如图 8-49 所示。

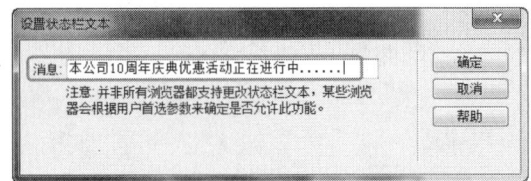

图 8-49 "设置状态栏文本"对话框

★ 提示 ★

在"设置状态栏文本"对话框中的"消息"
文本框中输入消息。保持该消息简明扼要，
如果消息不能完全放在状态栏中，浏览器将
截断消息。

04 单击"确定"按钮，将行为添加到"行为"
面板中，如图 8-50 所示。

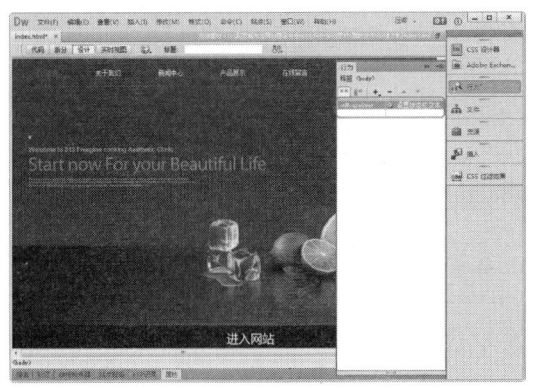

图 8-50 添加行为

05 保存文档，按 F12 键在浏览器中预览，效
果参见图 8-46 所示。

8.3 本章小结

本章主要讲解了"行为"的基本概念，以及 Dreamweaver 内置"行为"的操作方法。对于
"行为"本身，读者在使用时一定要注意确保合理和恰当，并且一个网页中不要使用过多的"行
为"。只有这样，设计才能够得到事半功倍的效果。

第**9**章 利用表单对象创建表单文件

本章导读

在网站中，表单是实现网页上数据传输的基础，其作用就是实现访问者与网站之间的交互。利用表单，可以根据访问者输入的信息，自动生成页面反馈给访问者，还可以为网站收集访问者输入的信息。表单可以包含允许进行交互的各种对象，包括文本域、列表框、复选框、单选按钮、图像域、按钮及其他表单对象。本章将讲述表单对象的使用和制作表单网页的常用技巧。

技术要点

◆ 了解表单概述 ◆ 制作网站注册页面
◆ 插入输入类表单对象

9.1 表单概述

表单网页是一个网站和访问者开展互动的窗口，表单可以用来在网页中发送数据，特别是经常被用在联系表单上，用户输入信息后发送到 E-mail 中。

9.1.1 关于表单

表单是由窗体和控件组成的，一个表单一般应该包含用户填写信息的输入框、提交和按钮等，这些输入框和按钮称为控件，表单很像容器，它能够容纳各种各样的控件。

一个完整的表单设计应该很明确地分为两个部分：表单对象部分和应用程序部分，它们分别由网页设计师和程序设计师来设计完成。其过程是这样的，首先由网页设计师制作出一个可以让浏览者输入各项资料的表单页面，这部分属于在显示器上可以看得到的内容，此时的表单只是一个外壳而已，不具有真正工作的能力，需要后台程序的支持。接着由程序设计师通过 ASP 或者 CGI 程序，来编写处理各项表单资料和反馈信息等操作所需的程序，这部分内容浏览者虽然看不见，但却是表单处理的核心。

9.1.2 表单元素介绍

Dreamweaver 作为一种可视化的网页设计软件，表单是不可缺少的一部分，本章介绍表单在页面中的界面设计。

表单用 <form></form> 标记来创建，在 <form></form> 标记之间的部分都属于表单的内容。<form> 标记具有 action、method 和 target 属性。

- action 的值是处理程序的程序名，如 <form action="URL ">，如果这个属性是空值（""），则当前文档的 URL 将被使用，当用户提交表单时，服务器将执行这个程序。
- method 属性用来定义处理程序从表单中获得信息的方式，可取 GET 或 POST 中的一个。GET 方式是处理程序从当前 HTML 文档中获取数据，这种方式传送的数据量是有所

lim制的，一般限制在 1KB（255 个字节）以下。POST 方式传送的数据比较大，它是用当前的 HTML 文档把数据传送给处理程序，传送的数据量要比 GET 方式大得多。

- target 属性用来指定目标窗口或目标帧。

9.2 插入输入类表单对象

可以使用 Dreamweaver 创建带有文本域、密码域、单选按钮、复选框、选择、按钮及其他输入类型的表单，这些输入类型又称为表单对象。

9.2.1 插入表单域

使用表单必须具备的条件有两个：一个是含有表单元素的网页文档，另一个是具备服务器端的表单处理应用程序或客户端脚本程序，它能够处理用户输入到表单的信息。下面创建一个基本的表单，具体操作步骤如下：

01 启动 Dreamweaver CC，打开网页文档，如图 9-1 所示。将光标置于文档中要插入表单的位置。

图 9-1 打开网页文档

02 执行"插入"|"表单"|"表单"命令，如图 9-2 所示。

图 9-2 执行"表单"命令

★ 提示 ★

在"表单"插入栏中单击"表单"按钮，也可以插入表单。

03 执行命令后，页面中就会出现红色的虚线，这个虚线就是表单，如图 9-3 所示。

图 9-3 插入表单

★ 提示 ★

执行命令后，如果看不到红色虚线表单，可以执行"查看"|"可视化助理"|"不可见元素"命令，从而看到插入的表单。

04 选中表单，在"属性"面板中，设置表单的属性，如图 9-4 所示。

图 9-4 设置表单的属性

★ 知识要点 ★

在表单的"属性"面板中可以设置以下参数：

- "Form ID"：输入标识该表单的唯一名称。
- "Action"：指定处理该表单的动态页或脚本的路径。可以在"动作"文本框中输入完整的路径，也可以单击文件夹图标浏览应用程序。如果读者并没有相关程序支持的话，也可以使用 E-mail 的方式来传输表单信息，这种方式需要在"动作"文本框中输入"mailto: 电子邮件地址"的内容，比如"mailto:jsxson@sohu.com"，表示提交的信息将会发送到邮箱中。
- "Method"：在"method"下拉列表中，选择将表单数据传输到服务器的传送方式，包括 3 个选项。读者可以选择速度快但携带数据量小的 GET 方法，或者数据量大的 POST 方法。一般情况下应该使用 POST 方法，这在数据保密方面也有好处。
  - "POST"：用标准输入方式将表单内的数据传送给服务器，服务器用读取标准输入的方式读取表单内的数据。
  - "GET"：将表单内的数据附加到 URL 后面传送给服务器，服务器用读取环境变量的方式读取表单内的数据。
  - "Method "：用浏览器默认的方式，一般默认为 GET。
- "Enctype"：用来设置发送数据的 MIME 编码类型，一般情况下应选择 application/x- www-form-urlencoded。
- "Target"：使用"目标"下拉列表指定一个窗口，这个窗口中显示应用程序或者脚本程序将表单处理完成后所显示的结果。
  - "_blank"：反馈网页将在新开窗口里打开。
  - "_parent"：反馈网页将在副窗口里打开。
  - "_self"：反馈网页将在原窗口里打开。
  - "_top"：反馈网页将在顶层窗口里打开。
- "Class"：在此下拉列表中选择要定义的表单样式。

9.2.2　插入文本域

文本域接受任何类型的字母及数字输入内容。文本域主要用于单行信息的输入，创建文本域的具体操作步骤如下：

01 将光标置于表单中，执行"插入"|"表格"命令，弹出"表格"对话框，在对话框中将"行数"设置为 10、"列"设置为 2，如图 9-5 所示。

02 单击"确定"按钮，插入表格，如图 9-6 所示。

03 将光标置于表格的第 1 行 1 列单元格中，输入相应的文字，如图 9-7 所示。

04 将光标置于表格的第 1 行第 2 列单元格中，执行"插入"|"表单"|"文本"命令，插入文本域，如图 9-8 所示。

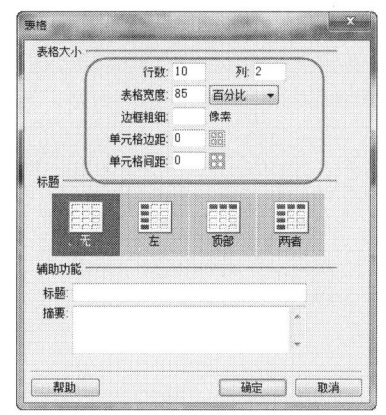

图 9-5　"表格"对话框

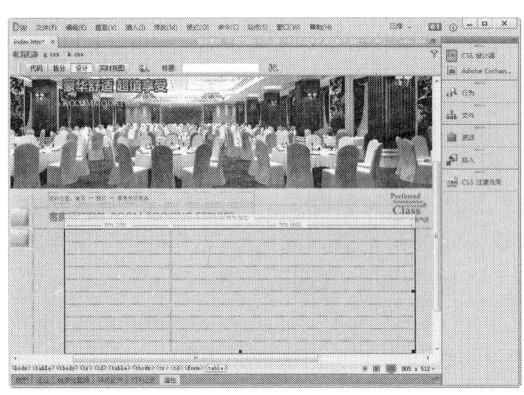

图 9-6 插入表格

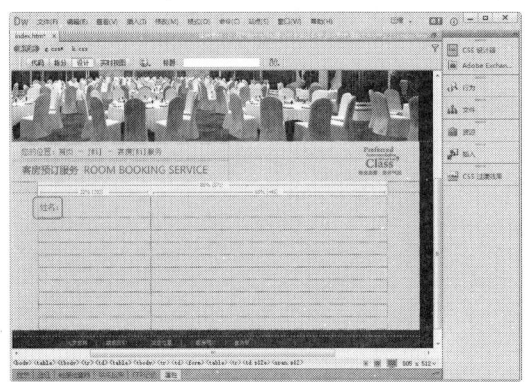

图 9-7 输入文字

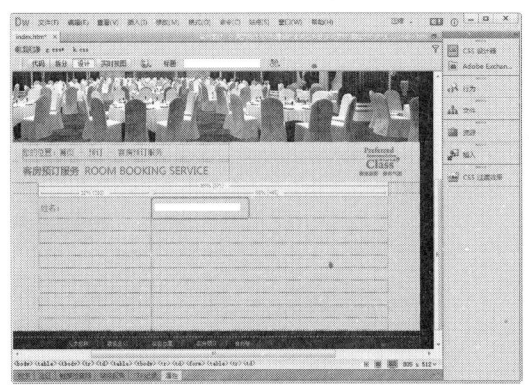

图 9-8 插入文本域

> ★ 提示 ★
>
> 在"表单"插入栏中单击"文本"按钮 □，也可以插入文本域。

05 选中插入的文本域，打开"属性"面板，在面板中设置文本域的相关属性，如图 9-9 所示。

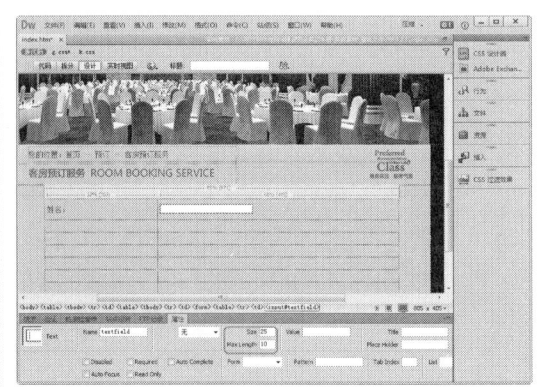

图 9-9 设置文本域的属性

> ★ 指点迷津 ★
>
> 在文本域的"属性"面板中主要有以下参数：

- **Name**：在文本框中为该文本域指定一个名称，每个文本域都必须有一个唯一的名称。文本域名称不能包含空格或特殊字符，可以使用字母、数字、字符和下画线（_）的任意组合。所选名称最好与输入的信息有关系。
- **Size**：设置文本域可显示的字符宽度。
- **MaxLength**：设置单行文本域中最多可输入的字符数。使用"最多字符数"将邮政编码限制为 6 位数，或将密码限制为 10 个字符等。如果将"最多字符数"文本框保留为空白，则可以输入任意数量的文本，如果文本超过字符宽度，文本将滚动显示。如果输入超过最大字符数，则表单产生警告声。
- **Pattern**：可用于指定 JavaScript 正则表达式模式以验证输入。省略前导斜杠和结尾斜杠。
- **List**：可用于编辑属性检查器中未列出的属性。

9.2.3 插入密码域

使用密码域输入的密码及其他信息在发送到服务器时并不会进行加密处理，所传输的数据可能会以字母、数字、文本的形式被截获并被读取。因此，始终应对要确保安全的数据进行加密。创建密码域的具体操作步骤如下：

01 将光标置于表格的第 2 行第 1 列中，输入相应的文字，如图 9-10 所示。

图 9-10　输入文字

02 将光标置于表格的第 2 行第 2 列单元格中，执行"插入"|"表单"|"密码"命令，插入密码域，如图 9-11 所示。

图 9-11　插入密码域

9.2.4　插入多行文本域

如果希望创建多行文本域，则需要使用文本区域。插入文本区域的具体操作步骤如下：

01 将光标置于第 9 行第 1 列单元格中，输入相应的文字，如图 9-12 所示。

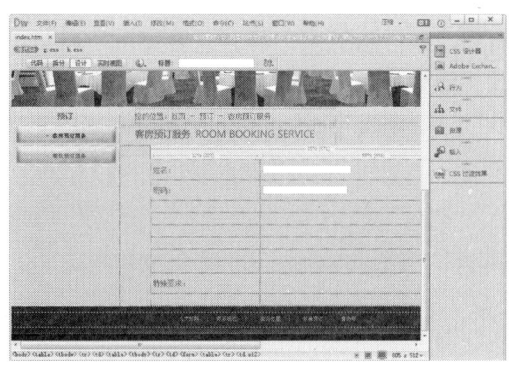

图 9-12　输入相应的文字

02 将光标置于第 9 行第 2 列单元格中，执行"插入"|"表单"|"文本区域"命令，插入文本区域，如图 9-13 所示。

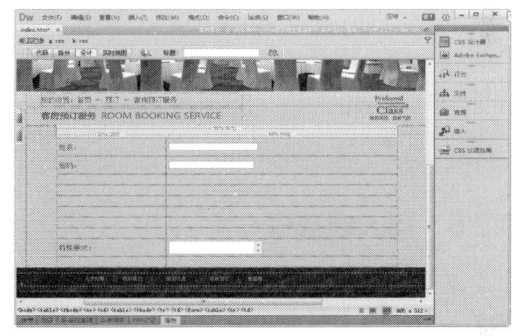

图 9-13　插入文本区域

03 选中插入的文本区域，打开"属性"面板，在面板中设置其属性，如图 9-14 所示。

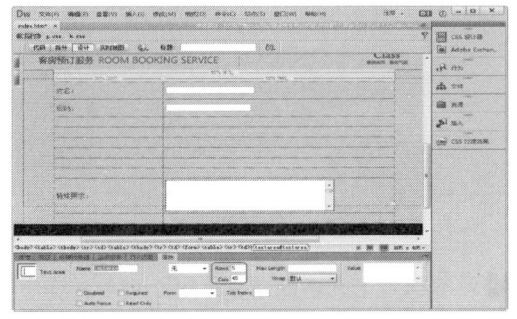

图 9-14　设置文本区域的属性

9.2.5 插入隐藏域

可以使用隐藏域存储并提交非用户输入信息，该信息对用户而言是隐藏的。将光标置于要插入隐藏域的位置，执行"插入"|"表单"|"隐藏域"命令，插入隐藏域，如图9-15所示。

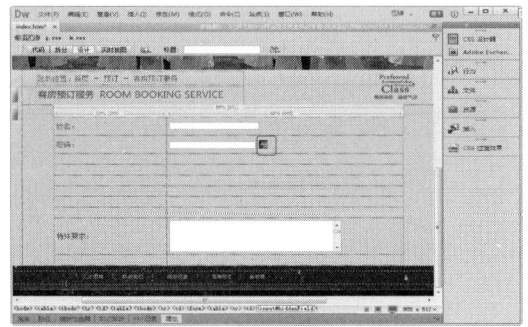

图 9-15 插入隐藏域

单击"表单"插入栏中的"隐藏域" 按钮，也可以插入隐藏域。

9.2.6 插入复选框

复选框允许用户在一组选项中选择多个选项，每个复选框都是独立的，所以必须有一个唯一的名称。插入复选框的具体操作步骤如下：

01 将光标置于表格的第3行第1列单元格中，输入文字"预订客服类型："，如图9-16所示。

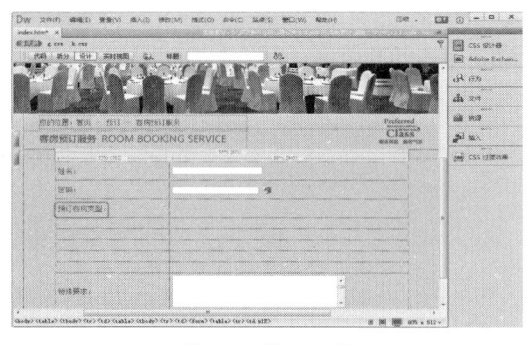

图 9-16 输入文字

02 将光标置于表格的第3行第2列单元格中，执行"插入"|"表单"|"复选框"命令，插

入复选框，如图9-17所示。

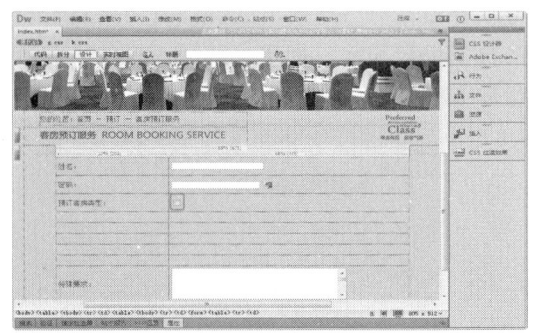

图 9-17 插入复选框

03 选中复选框，在"属性"面板中设置复选框的属性，如图9-18所示。

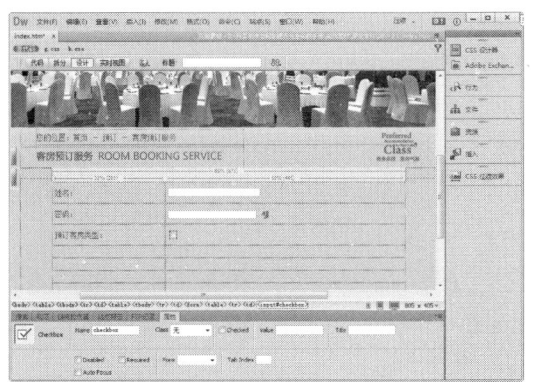

图 9-18 设置复选框的"属性"

04 将光标置于复选框的右边，输入文字"高级客房"，如图9-19所示。

图 9-19 输入文字

05 将光标置于文字的右边，插入其他的复选框，并输入相应的文字，如图9-20所示。

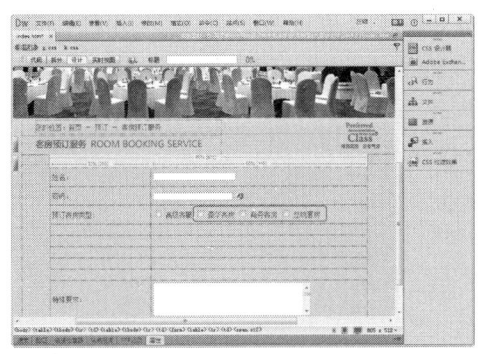

图 9-20 插入其他复选框

9.2.7 插入单选按钮

单选按钮只允许从多个选项中选择一个选项。单选按钮通常成组地使用,在同一个组中的所有单选按钮必须具有相同的名称。插入单选按钮的具体操作步骤如下:

01 将光标置于表格的第 4 行第 1 列单元格中,输入文字"性别:",如图 9-21 所示。

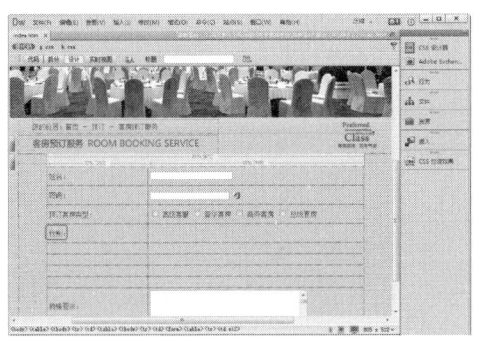

图 9-21 输入文字

02 将光标置于第 4 行第 2 列单元格中,执行"插入"|"表单"|"单选按钮"命令,插入单选按钮,如图 9-22 所示。

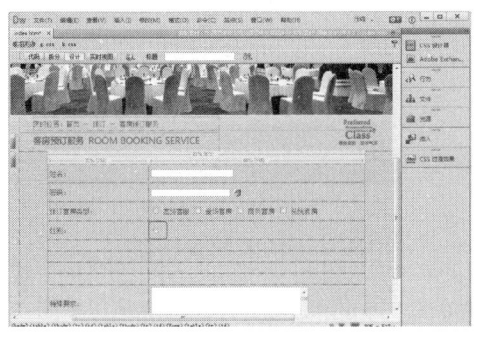

图 9-22 插入单选按钮

★ 指点迷津 ★

单击"表单"插入栏中的"单选按钮" ◉ 按钮,也可以插入单选按钮。

03 选中插入的单选按钮,打开"属性"面板,在属性面板中设置相关属性,如图 9-23 所示。

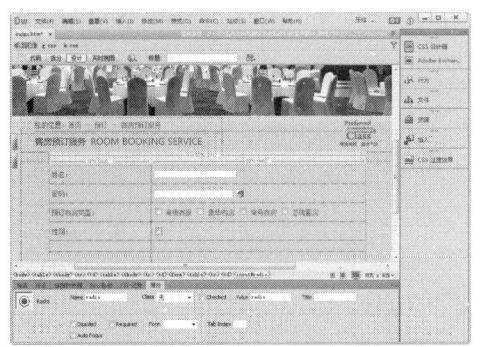

图 9-23 设置单选按钮的"属性"

04 将光标置于单选按钮的右边,输入文字"男",如图 9-24 所示。

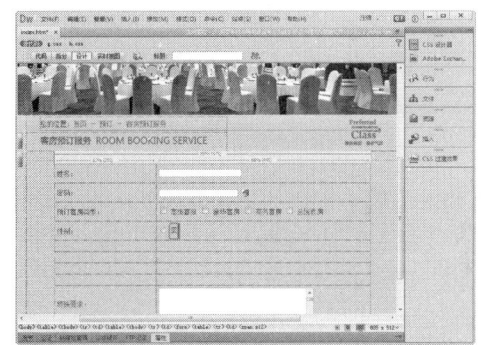

图 9-24 输入文字

05 按照步骤 02 ～ 04 的方法,插入第二个单选按钮,并输入文字,如图 9-25 所示。

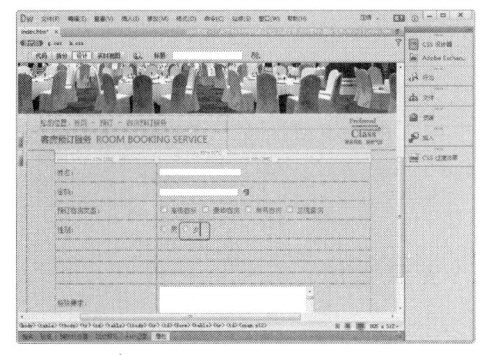

图 9-25 插入其他单选按钮

9.2.8 插入选择框

选择框使访问者可以从列表中选择一个或多个项目。当空间有限，但需要显示许多项目时，选择框非常有用。如果想要对返回给服务器的值予以控制，也可以使用选择框。选择框与文本域不同，在文本域中用户可以随心所欲地输入任何信息，甚至包括无效的数据，而使用选择框则可以设置某个菜单返回的确切值。具体操作步骤如下：

01 将光标置于表格的第 5 行第 1 列单元格中，输入文字"房间数量："，如图 9-26 所示。

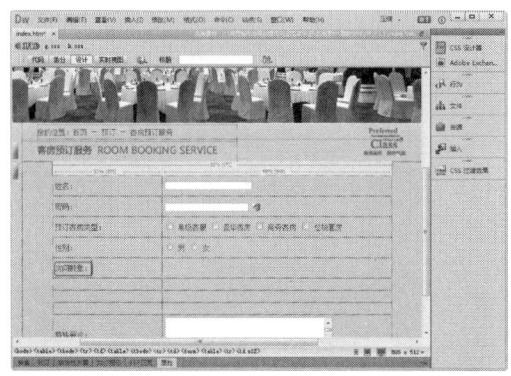

图 9-26 输入文字

02 将光标置于表格的第 5 行第 2 列单元格中，执行"插入"|"表单"|"选择"命令，插入选择，如图 9-27 所示。

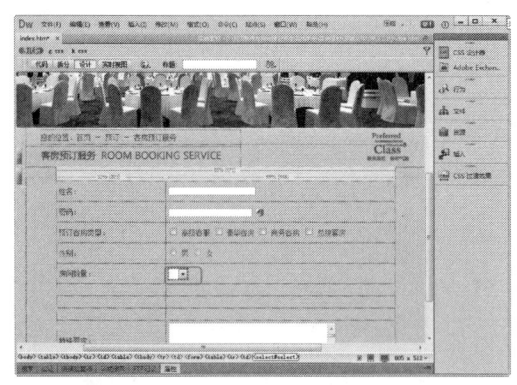

图 9-27 插入选择

★ 提示 ★

单击"表单"插入栏中的"选择"按钮，也可以插入选择框。

03 选中选择框，在"属性"面板中单击 列表值... 按钮，如图 9-28 所示。

图 9-28 单击"列表值"按钮

04 弹出"列表值"对话框，在对话框中单击 ⊞ 按钮添加相应的内容，如图 9-29 所示。

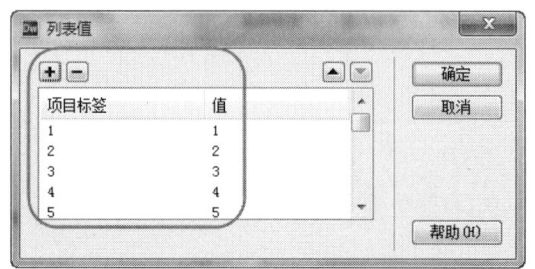

图 9-29 "列表值"对话框

★ 指点迷津 ★

列表 / 菜单的"属性"面板中主要有以下参数：

- **Name**：在其文本框中输入列表 / 菜单的名称。
- **Size**：设可用于指定要在列表 / 菜单中显示的行数。此选项仅当选择列表类型时才可用。
- **Selected**：可用于指定用户是否可以从列表中一次选择多个选项。仅当选择列表类型时才可用。
- **列表值**：单击此按钮 列表值... ，弹出"列表值"对话框，在对话框中向菜单中添加菜单项。

05 单击"确定"按钮，添加列表值，如图 9-30 所示。

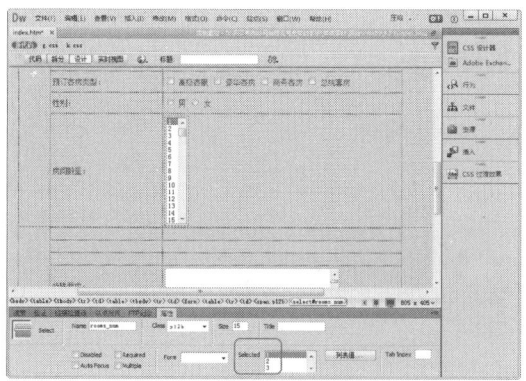

图 9-30　添加列表值

9.2.9　课堂小实例——插入 URL

创建 URL 的具体操作步骤如下：

01 将光标置于表格的第 6 行第 1 列单元格中，输入文字"相关页面："，如图 9-31 所示。

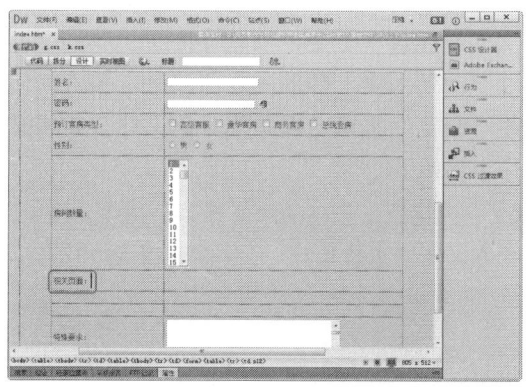

图 9-31　输入文字

02 将光标置于第 6 行第 2 列单元格中，执行"插入"|"表单"|"URL"命令，如图 9-32 所示。

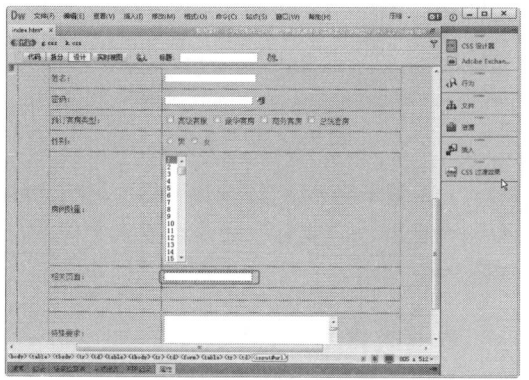

图 9-32　插入 URL

03 选中插入的 URL，打开属性面板，在面板中进行相应的设置，如图 9-33 所示。

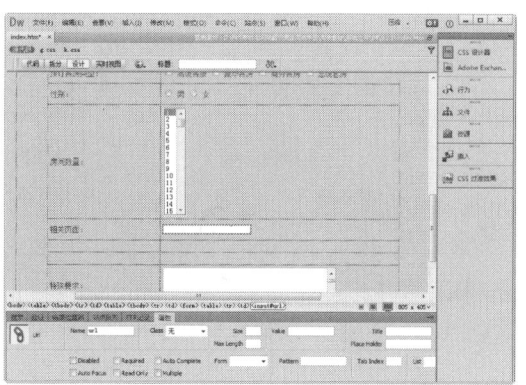

图 9-33　设置 URL 的属性

★ 提示 ★

单击"表单"插入栏中的"URL"按钮 ，也可以插入 URL。

9.2.10　插入图像域

在 Dreamweaver 中，可以使用指定的图像作为按钮。如果使用图像来执行任务而不是提交数据，则需要将某种行为附加到表单对象上。创建图像按钮的具体操作步骤如下：

01 将光标置于表格的第 7 行第 1 列单元格中，输入文字，如图 9-34 所示。

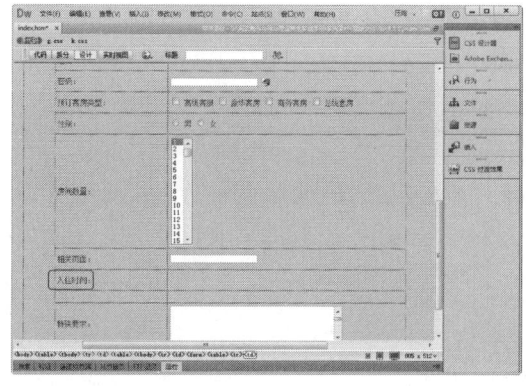

图 9-34　输入文字

02 将光标置于表格的第 7 行第 2 列单元格中，执行"插入"|"表单"|"日期"命令，插入日期域，如图 9-35 所示。

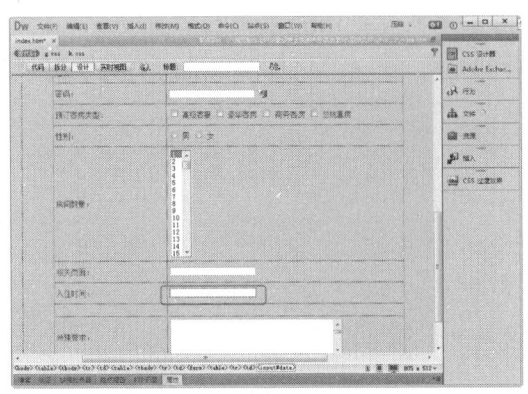

图 9-35 插入日期域

03 将光标置于日期域的右边,执行"插入"|"表单"|"图像按钮"命令,弹出"选择图像源文件"对话框, 选择图像源文件 images/icon_04.gif,如图 9-36 所示。

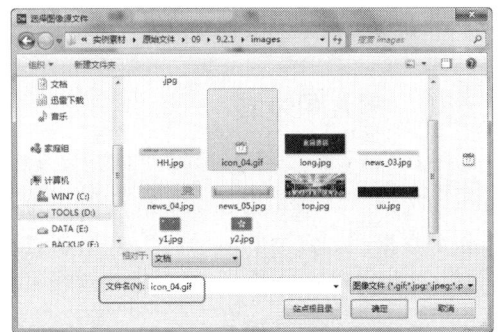

图 9-36 "选择图像源文件"对话框

04 单击"确定"按钮,插入图像按钮,如图 9-37 所示。

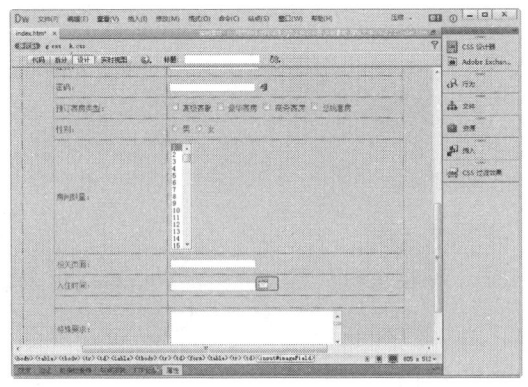

图 9-37 插入图像按钮

05 选中插入的图像按钮,打开"属性"面板,在面板中设置相关属性,如图 9-38 所示。

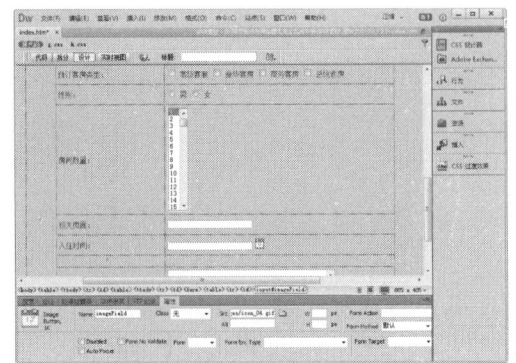

图 9-38 设置图像按钮的属性

9.2.11 插入文件域

利用 Dreamueawer 可以创建文件域,文件域使浏览者可以选择其计算机上的文件,如处理文档或图像文件,并将该文件上传到服务器。文件域的外观与文本域类似,只是文件域还包含一个"浏览"按钮。浏览者可以手动输入要上传的文件的路径,也可以使用"浏览"按钮定位并选择该文件。具体操作步骤如下:

01 将光标置于表格的第 8 行第 1 列单元格中,输入文字"上传图片:",如图 9-39 所示。

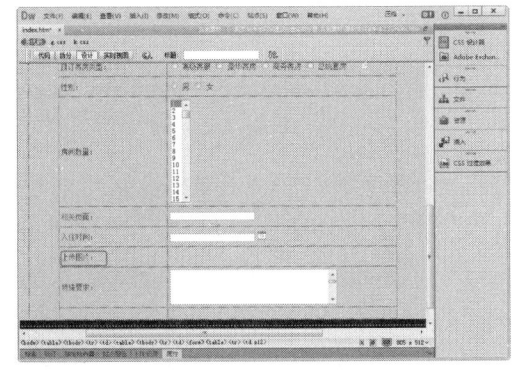

图 9-39 输入文字

02 将光标置于第 8 行第 2 列单元格中,执行"插入"|"表单"|"文件"命令,插入文件域,如图 9-40 所示。

★ 提示 ★

单击"表单"插入栏中的"文件"按钮，也可以插入文件域。

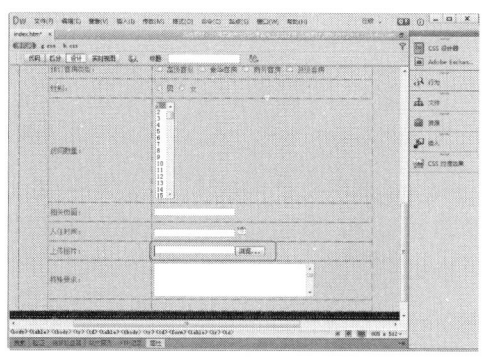

图 9-40　插入文件域

03 选中插入的文件域，打开"属性"面板，在面板中进行相应的设置，如图 9-41 所示。

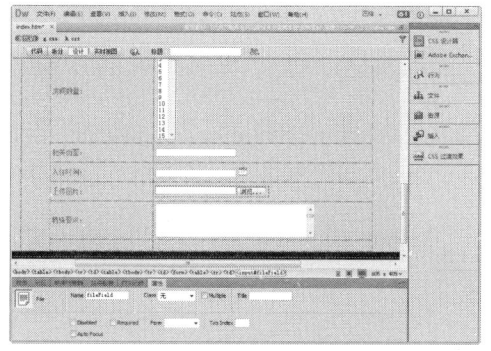

图 9-41　文件域的属性面板

9.2.12　插入按钮

按钮控制表单操作，使用表单按钮，可以将输入表单的数据提交到服务器，或者重置该表单。

对表单而言，按钮是非常重要的，它能够控制对表单内容的操作，如"提交"或"重置"。要将表单内容发送到远端服务器上，使用"提交"按钮；要清除现有的表单内容，使用"重置"按钮。插入按钮的具体操作步骤如下：

01 将光标置于表格的第 10 行第 2 列单元格中，执行"插入"|"表单"|"提交按钮"命令，插入提交按钮，如图 9-42 所示。

★ 指点迷津 ★

单击"表单"插入栏中的"提交按钮"按钮 ✅ ，也可以插入提交按钮。

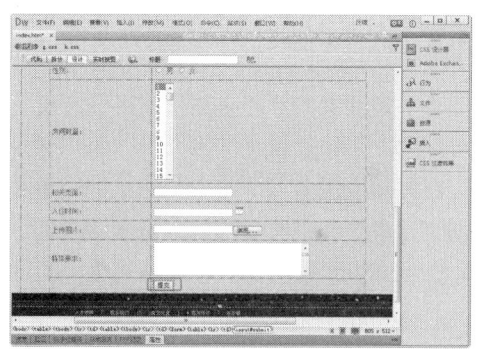

图 9-42　插入提交按钮

02 选中插入的提交按钮，打开"属性"面板，在面板中可以设置相关属性，如图 9-43 所示。

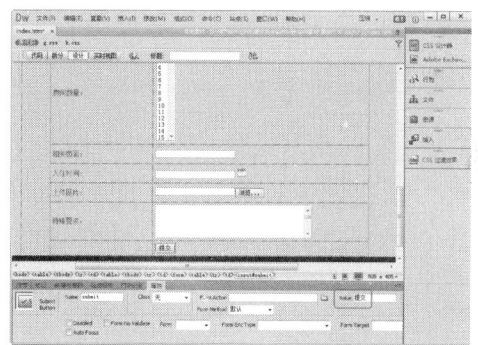

图 9-43　设置提交按钮的属性

03 将光标置于提交按钮右边，执行"插入"|"表单"|"重置按钮"命令，插入重置按钮，并在"属性"面板中设置相关属性，如图 9-44 所示。

04 保存文档，完成表单对象的制作。

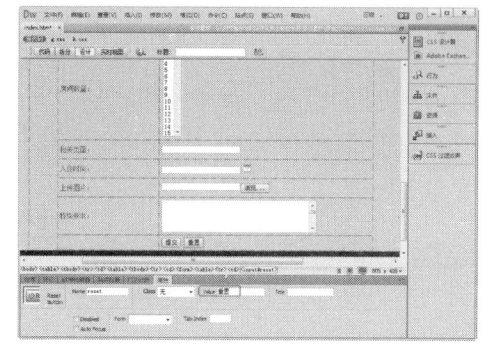

图 9-44　插入重置按钮

★ 指点迷津 ★

单击"表单"插入栏中的"重置按钮"按钮 ↩ ，也可以插入重置按钮。

9.3 实战应用——制作网站注册页面

表单是网站的管理者与访问者进行交互的重要工具，一个没有表单的页面传递信息的能力是有限的，所以表单经常用来制作用户登录、会员注册及信息调查等页面。

在实际应用中，这些表单对象很少单独使用，一般一个表单中会有各种类型的表单对象，以便浏览者对不同类型的问题做出最方便、快捷的回答。因此，在这一节中，我们将会带着读者，一步一步亲手制作一个完整的电子邮件表单，效果如图 9-45 所示，具体的操作步骤如下：

图 9-45 电子邮件表单效果

原始文件：	原始文件 /CH09/9.3/index.htm
最终文件：	最终文件 /CH09/9.3/index1.htm

01 打开网页文档，将光标置于页面中，如图 9-46 所示。

图 9-46 打开网页文档

02 执行"插入"|"表单"|"表单"命令，插入表单，如图 9-47 所示。

03 将光标置于表单中，执行"插入"|"表格"命令，插入一个 6 行 2 列的表格，如图 9-48 所示。

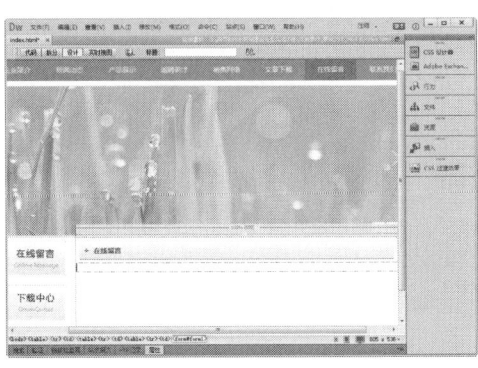

图 9-47 插入表单

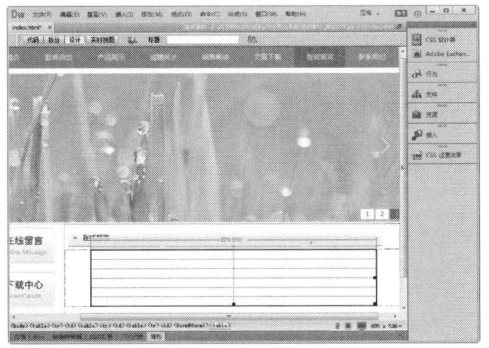

图 9-48 插入表格

04 将光标置于表格的第 1 行第 1 列单元格中，输入相应的文字，如图 9-49 所示。

图 9-49 输入文字

05 将光标置于表格的第 1 行第 2 列单元格中，执行"插入"|"表单"|"文本"命令，插入文本域，如图 9-50 所示。

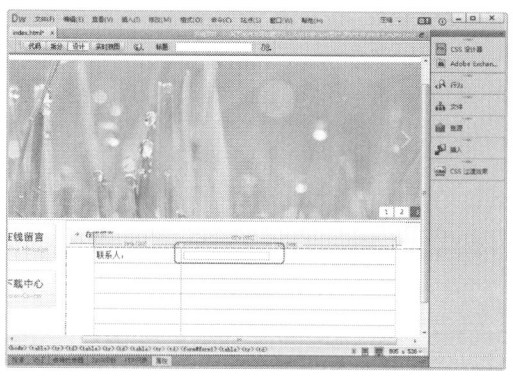

图 9-50 插入文本域

06 将光标置于表格的第 2 行第 1 列单元格中，输入相应的文字，如图 9-51 所示。

图 9-51 输入文字

07 将光标置于表格的第 2 行第 2 列单元格中，执行"插入"|"表单"|"Tel"命令，插入 Tel 域，如图 9-52 所示。

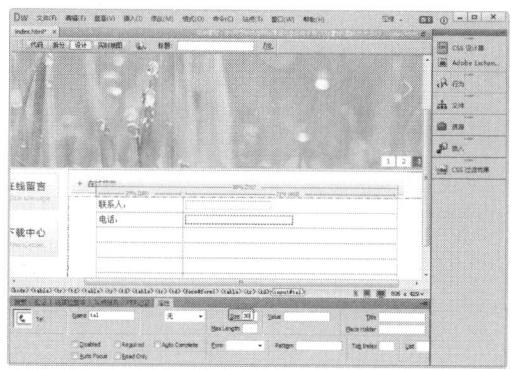

图 9-52 插入 Tel 域

08 将光标置于表格的第 3 行第 1 列单元格中，输入相应的文字，如图 9-53 所示。

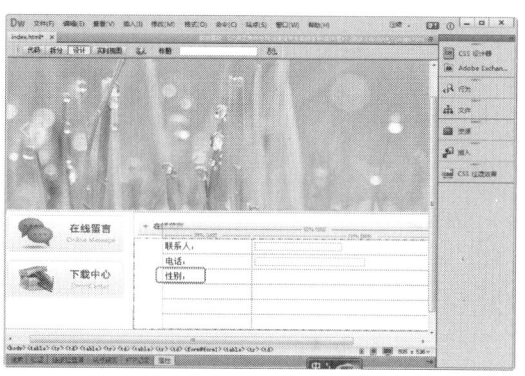

图 9-53 输入文字

09 将光标置于表格的第 3 行第 2 列单元格中，执行"插入"|"表单"|"单选按钮"命令，插入单选按钮，如图 9-54 所示。

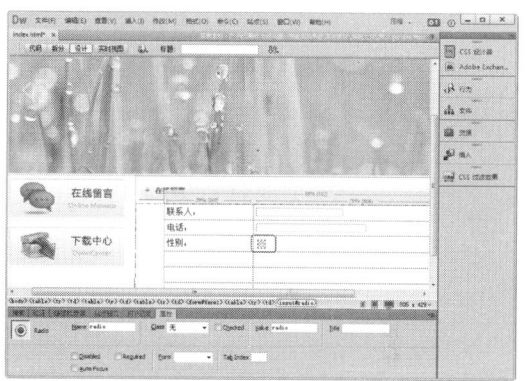

图 9-54 插入单选按钮

10 将光标置于单选按钮的右边，输入相应的文字，如图 9-55 所示。

图 9-55 输入文字

11 将光标置于文字的右边，插入其他单选按钮，并输入相应的文字，如图 9-56 所示。

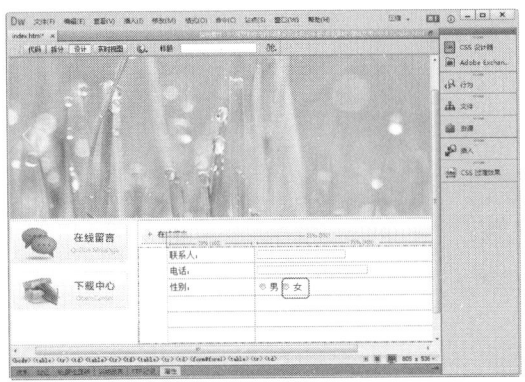

图 9-56 插入其他单选按钮

12 将光标置于表格的第 4 行第 1 列单元格中，输入相应的文字，如图 9-57 所示。

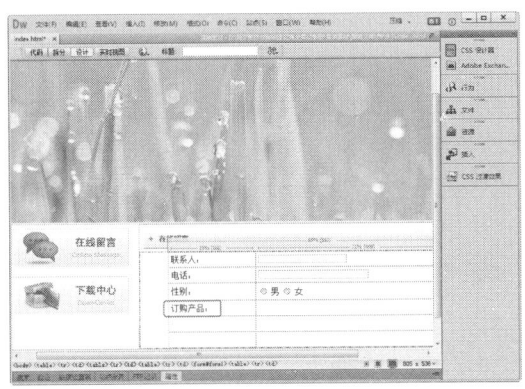

图 9-57 输入文字

13 将光标置于表格的第 4 行第 2 列单元格中，执行"插入"|"表单"|"复选框"命令，插入复选框，如图 9-58 所示。

图 9-58 插入复选框

14 将光标置于复选框的右边，输入相应的文字，如图 9-59 所示。

图 9-59 输入文字

15 将光标置于文字的右边，插入其他的复选框，并输入相应的文字，如图 9-60 所示。

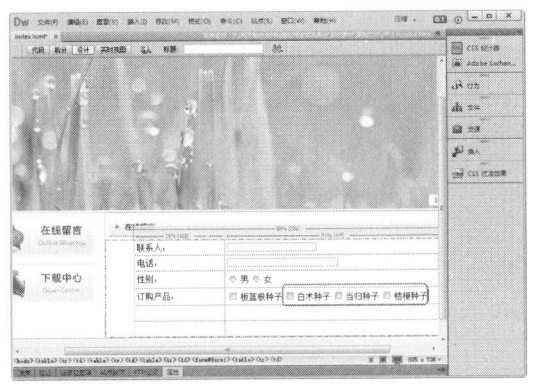

图 9-60 插入其他复选框

16 将光标置于表格的第 5 行第 1 列单元格中，输入相应的文字，如图 9-61 所示。

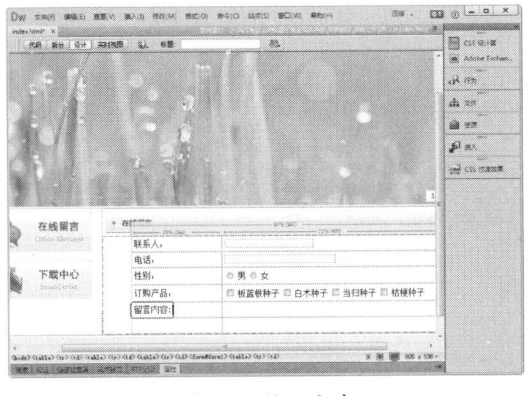

图 9-61 输入文字

17 将光标置于表格的第 5 行第 2 列单元格中，执行"插入"|"表单"|"文本区域"命令，插入文本区域，如图 9-62 所示。

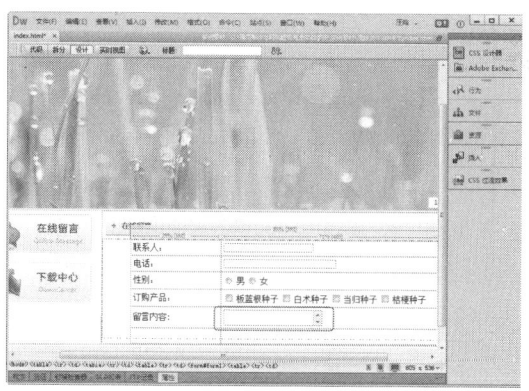

图 9-62　插入文本区域

18 选中插入的文本区域，打开"属性"面板，在属性面板中设置相关属性，如图 9-63 所示。

图 9-63　设置文本区域

19 将光标置于表格的第 7 行第 2 列单元格中，执行"插入"|"表单"|"提交按钮"命令，

插入提交按钮，如图 9-64 所示。

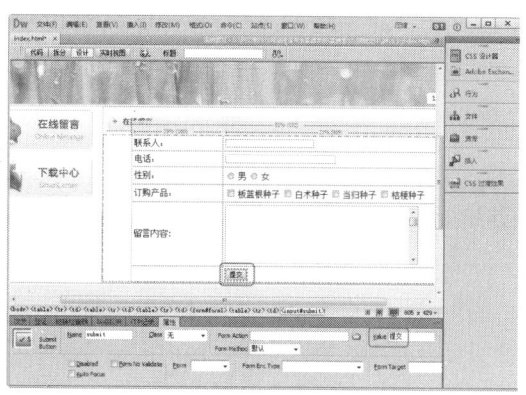

图 9-64　插入提交按钮

20 将光标置于提交按钮的右边，执行"插入"|"表单"|"重置按钮"命令，插入重置按钮，并在"属性"面板中设置相关属性，如图 9-65 所示。

21 保存文档，完成表单对象的制作，效果如图 9-45 所示。

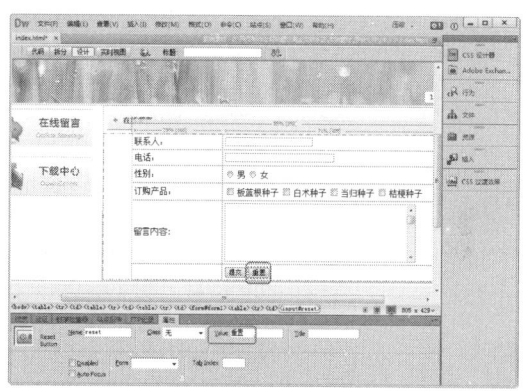

图 9-65　输入文字

9.4　本章小结

　　可以使用 Dreamweaver 创建文本域、密码域、单选按钮、复选框、按钮以及其他表单对象。表单主要用来得到用户的反馈信息，如进行会员注册、网上调查、信息反馈等。当访问者在表单中输入信息，单击提交按钮时，这些信息将被发送到服务器，服务器端脚本或应用程序再对这些信息进行处理。如用户在线填写反馈信息提交后，该用户反馈信息内容将通过服务器反馈给我们，这就是一个表单提交和反馈的过程。

第 *10* 章 用表格排版网页

表格是网页布局设计的常用工具，表格在网页中不仅可以用来排列数据，而且可以对页面中的图像、文本等元素进行准确的定位，使得页面在形式上既丰富多彩，又富有条理，从而也使页面显得更加整齐有序。使用表格排版的页面在不同平台、不同分辨率的浏览器中都能保持原有的布局，所以表格是网页布局中最常用的工具。本章主要讲述表格的创建、表格属性的设置、表格的基本操作、表格的排序和导入表格式数据等。

技术要点

◆ 插入表格　　　　　　　　　　　　　　◆ 导入表格式数据及排序整理表格内容

◆ 设置表格属性　　　　　　　　　　　　◆ 利用表格排版页面

◆ 表格的基本操作　　　　　　　　　　　◆ 网页圆角表格的制作

10.1 在网页中插入表格

表格由行、列和单元格 3 部分组成。行贯穿表格的左右，列则是上下方式的。单元格是行和列交汇的部分，用来输入信息。单元格会自动扩展到输入信息相适应的尺寸。

10.1.1 插入表格

在 Dreamweaver 中，表格可以用于制作简单的图表，还可以用于安排网页文档的整体布局。在网页中插入表格的方法非常简单，具体操作步骤如下：

01 打开网页文档，如图 10-1 所示。

02 执行"插入"|"表格"命令，如图 10-2 所示。

　　　　　　　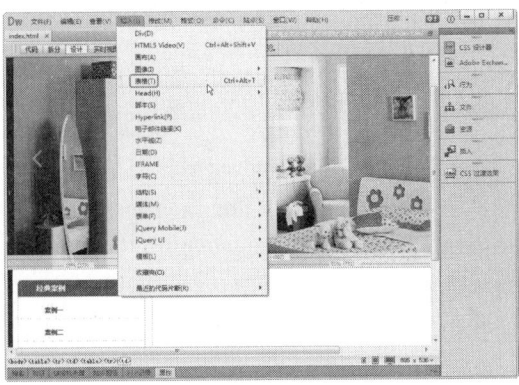

图 10-1 打开网页文档　　　　　　　　　　　　图 10-2 执行"表格"命令

03 弹出"表格"对话框，在对话框中将"行数"设置为 3、"列"设置为 2、"表格宽度"设置为 70%，如图 10-3 所示。

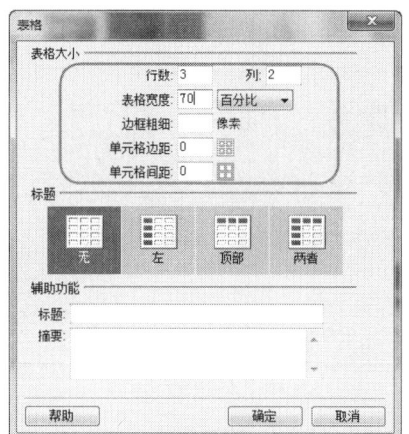

图 10-3　"表格"对话框

> ★ 提示 ★
> 在"表格"对话框中可以进行如下设置：
> * "行数"：在文本框中输入新建表格的行数。
> * "列"：在文本框中输入新建表格的列数。
> * "表格宽度"：用于设置表格的宽度，其中右边的下拉列表中包含百分比和像素两种单位。
> * "边框粗细"：用于设置表格边框的宽度，如果将其设置为 0，在浏览时则看不到表格的边框。
> * "单元格边距"：用于设置单元格内容和单元格边界之间的像素数。
> * "单元格间距"：用于设置单元格之间的像素数。
> * "标题"：可以定义表头样式，4 种样式可以任选一种，用来定义表格标题的对齐方式。
> * "标题"：定义表格的标题。
> * "摘要"：用来对表格进行注释。

04 单击"确定"按钮，插入表格，如图 10-4 所示。

图 10-4　插入表格

10.1.2　添加内容到单元格

　　表格建立以后，就可以向表格中添加各种元素了，如文本、图像、表格等。在表格中添加文本就同在文档中操作一样，除了直接输入文本，还可以先利用其他文本编辑器编辑文本，然后将文本复制到表格里，这也是在文档中添加文本的一种简洁而快速的方法。

　　在单元格中插入图像时，如果单元格的尺寸小于插入图像的尺寸，则插入图像后，单元格的尺寸自动增高或者增宽。将光标置于单元格中，然后在每个单元格中分别输入相应的文字，如图 10-5 所示。

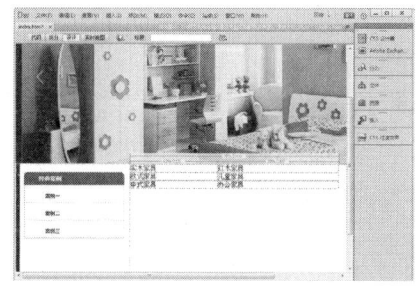

图 10-5　输入文字

> ★ 提示 ★
> 怎样才能将在 800×600 的分辨率下生成的网页在 1024×768 下居中显示？
> 把页面内容放在一个宽为 778 的大表格中，把大表格的对齐方式设置为居中对齐。宽度定为 778 是为了在 800×600 的分辨率下窗口不出现水平滚动条，也可以根据需要进行调整。如果要加快关键内容的显示，也可以把内容拆开放在几个竖向相连的大表格中。

10.2 设置表格属性

创建完表格后可以根据实际需要对表格的属性进行设置，如宽度、边框、对齐方式等，也可只对某些单元格进行设置。

10.2.1 设置单元格属性

将光标置于单元格中，该单元格就处于选中状态，此时"属性"面板中显示出所有允许设置的单元格属性的选项，如图10-6所示。

图 10-6 设置单元格属性

在单元格"属性"面板中可以设置以下参数：

- "水平"：设置单元格中对象的对齐方式，"水平"下拉列表框中包含"默认"、"左对齐"、"居中对齐"和"右对齐"4个选项。
- "垂直"：也是设置单元格中对象的对齐方式，"垂直"下拉列表框中包含"默认"、"顶端"、"居中"、"底部"和"基线"5个选项。
- "宽"和"高"：用于设置单元格的宽与高。
- "不换行"：表示单元格的宽度将随文字长度的不断增加而加长。
- "标题"：将当前单元格设置为标题行。
- "背景颜色"：用于设置单元格的颜色。
- "页面属性"：设置单元格的页面属性。

10.2.2 设置表格属性

设置表格属性之前首先要选中表格，在"属性"面板中将显示表格的属性，并进行相应的设置，如图10-7所示。

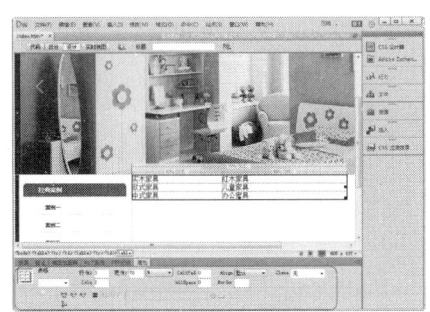

图 10-7 设置表格属性

表格"属性"面板参数如下：

- "表格"：用于输入表格的名称。
- "行"和"Cols"：输入表格的行数和列数。
- "宽"：输入表格的宽度，其单位可以是"像素"或"百分比"。
  - "像素"：选择该选项，表明该表格的宽度值是像素值。这时表格的宽度是绝对宽度，不随浏览器窗口的变化而变化。
  - "百分比"：选择该选项，表明该表格的宽度值是表格宽度与浏览器窗口宽度的百分比数值。这时表格的宽度是相对宽度，会随着浏览器窗口大小的变化而变化。
- "CellPad"：设置单元格内容和单元格边界之间的像素数。
- "CellSpace"：设置相邻的表格单元格间的像素数。
- "Align"：设置表格的对齐方式，有"默认"、"左对齐"、"居中对齐"和"右对齐"4个选项。
- "Border"：用来设置表格边框的宽度。
- 用于清除列宽。
- 用于将表格宽由百分比转为像素。
- 用于将表格宽由像素转换为百分比。
- 用于清除行高。

10.3　表格的基本操作

创建了表格后，用户要根据网页设置的需要对表格进行处理，例如选择表格、调整表格和单元格的大小、添加或删除行或列、拆分单元格及合并单元格等，熟练掌握表格的基本操作，可以提高制作网页速度。

10.3.1　选定表格

要想对表格进行编辑，那么首先选择它，主要有以下 5 种方法选取整个表格。

- 将光标置于表格的左上角，按住鼠标的左键不放，拖动鼠标指针到表格的右下角，将整个表格中的单元格选中，单击鼠标的右键，在弹出的快捷菜单中选择"表格"|"选择表格"命令，如图 10-8 所示。

图 10-8　执行"选择表格"命令

- 单击表格边框线的任意位置，即可选中表格，如图 10-9 所示。

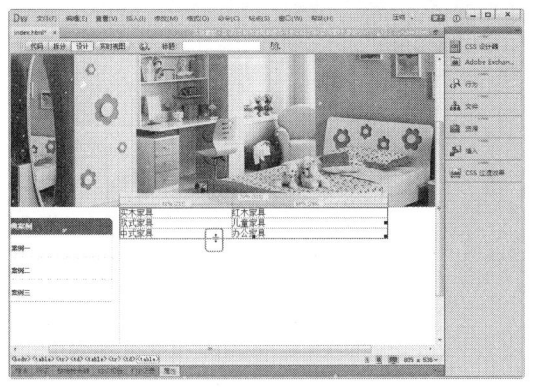

图 10-9　单击表格边框线

- 将光标置于表格内的任意位置，执行

"修改"|"表格"|"选择表格"命令，如图 10-10 所示。

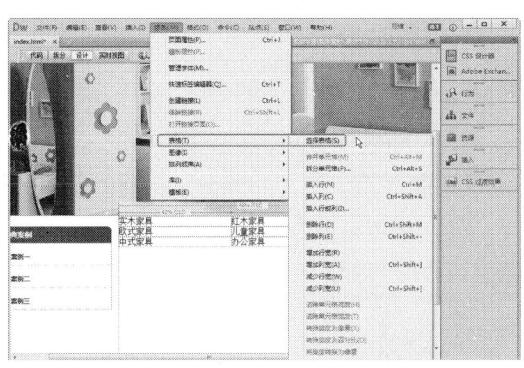

图 10-10　执行"选择表格"命令

- 将光标置于表格内的任意位置，单击文档窗口左下角的 <table> 标签，如图 10-11 所示。

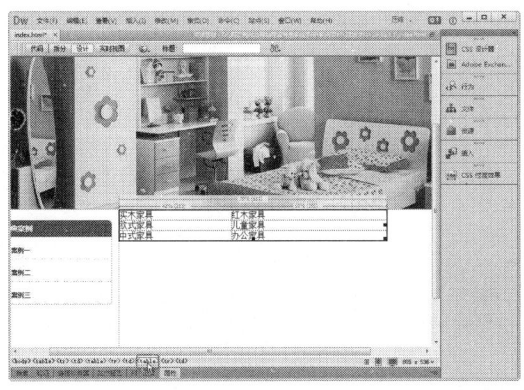

图 10-11　单击 <table> 标签

10.3.2　添加行或列

可以执行"修改"|"表格"菜单中的子命令，增加或减少行与列。增加行与列可以用以下方法：

- 将光标置于相应的单元格中，执行"修改"|"表格"|"插入行"命令，即可插入一行。

- 将光标置于相应的位置，执行"修改"|"表格"|"插入列"命令，即可在相应的位置插入一列。
- 将光标置于相应的位置，执行"修改"|"表格"|"插入行或列"命令，弹出"插入行或列"对话框，在对话框中进行相应的设置，如图10-12所示。单击"确定"按钮，即可在相应的位置插入行或列，如图10-13所示。

> ★ 提示 ★
>
> 在"插入行或列"对话框中可以进行如下设置：
>
> - 插入：包含"行"和"列"两个单选按钮，一次只能选择其中一个来插入。该选项组的初始状态选择的是"行"单选按钮，所以下面的选项就是"行数"。如果选择的是"列"单选按钮，那么下面的选项就变成了"列数"，在"列数"文本框内可以直接输入要插入的列数。
> - 位置：包含"所选之上"和"所选之下"两个单选按钮。如果"插入"选项选择的是"列"单选按钮，那么"位置"选项后面的两个单选按钮就会变成"在当前列之前"和"在当前列之后"。

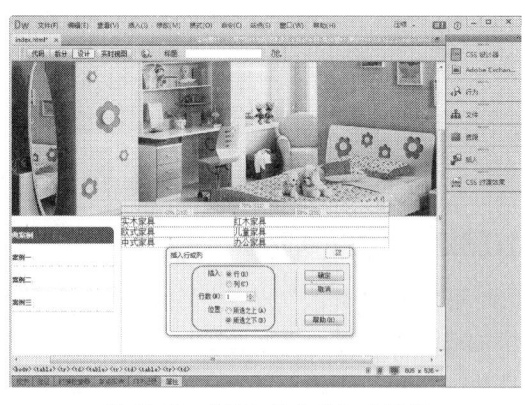

图 10-12 "插入行或列"对话框

图 10-13 插入行

10.3.3 删除行或列

删除行或列有以下几种方法：

- 将光标置于要删除行或列的位置，执行"修改"|"表格"|"删除行"命令，或执行"修改"|"表格"|"删除列"命令，即可删除行或列，如图10-14所示。
- 选中要删除的行或列，执行"编辑"|"清除"命令，即可删除行或列。
- 选中要删除的行或列，按 Delete 键或按 BackSpace 键也可删除行或列。

图 10-14 删除行

10.3.4 合并单元格

合并单元格就是将选中表格单元格中的内容合并到一个单元格。合并单元格，首先将准备合并的单元格选中，然后执行"修改"|"表格"|"合并单元格"命令，如图10-15所示，将多个单元格合并成一个单元格。

或选中单元格后单击鼠标右键，在弹出的快捷菜单中选择"表格"|"合并单元格"命令，将多个单元格合并成一个单元格，如图 10-16 所示。

图 10-15 执行"合并单元格"命令

图 10-16 合并单元格

> ★ 提示 ★
>
> 单击"属性"面板中的"合并所选单元格，使用跨度"按钮□，也可以合并单元格，它往往是创建复杂表格的重要步骤。

10.3.5　拆分单元格

在使用表格的过程中，有时需要拆分单元格以达到自己所需的效果。拆分单元格就是将选中的表格单元格拆分为多行或多列，具体操作步骤如下：

01 将光标置于要拆分的单元格中，执行"修改"|"表格"|"拆分单元格"命令，弹出"拆分单元格"对话框，如图 10-17 所示。

02 在对话框的"把单元格拆分"选项组中选择"列"单选按钮，将"列数"设置为 4，单击"确定"按钮，即可将单元格拆分，如图

10-18 所示。

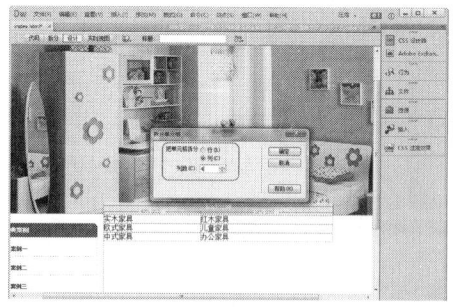

图 10-17　"拆分单元格"对话框

图 10-18　拆分单元格

10.3.6　调整表格大小

用"属性"面板中的"宽"和"高"数值框能精确地调整表格的大小，而用鼠标拖动调整则显得更为方便快捷，利用鼠标调整表格大小有 3 种方法。

- 调整表格的宽：选中整个表格，将光标置于表格右边框控制点■上，当光标变成双箭头↔时，如图 10-19 所示，拖动鼠标即可调整表格整体宽度，调整后如图 10-20 所示。

图 10-19　调整表格的宽

图 10-20 调整表格的宽后

- 调整表格的高：选中整个表格，将光标置于表格低边框控制点■上，当光标变成双箭头↕时，如图 10-21 所示，拖动鼠标即可调整表格整体高度，调整后如图 10-22 所示。

图 10-21 调整表格的高

图 10-22 调整表格高后

- 同时调整表宽和高：选中整个表格，将光标置于表格右下角的控制点■上，当光标变成双箭头↖时，如图 10-23 所示，拖动鼠标即可调整表格

整体高度和宽度，各列会被均匀调整，调整后如图 10-24 所示。

★ 指点迷津 ★

使用布局表格排版时应注意什么？

在 Dreamweaver 中有一个非常重要的功能，即利用布局模式来给网页排版。在布局模式下，可以在网页中直接拖出表格与单元格，还可以自由拖动。利用布局模式对网页定位非常方便，但生成的表格比较复杂，不适合大型网站使用，一般只应用于中小型网站。

图 10-23 调整表格的宽和高

图 10-24 整体调整表格后

10.3.7 调整单元格大小

将光标置于要设置大小的单元格中，用"属性"面板中的"宽"和"高"数值框能精确地调整单元格的大小，而用鼠标拖动调整则显得更为方便快捷，用鼠标调整单元格大小有两种方法。

- 调整列宽：将光标置于表格右边的边框上，当鼠标变成为 ‖→ 时，拖动鼠标即可调整最后一列单元格的宽度，如图 10-25 所示，调整后的效果如图 10-26 所示。同时也可以调整某一行表格的宽度，对于其他的行不影响。将光标置于表格中间列边框上，当鼠标变成 ‖→ 时，拖动鼠标可以调整中间列边框两边的列单元格的宽度。

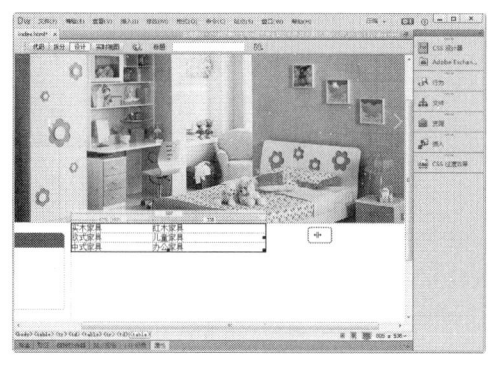 

图 10-25　调整列宽　　　　　　　　　　图 10-26　调整列宽后

- 调整行高：将光标置于表格底部边框或者中间行线上，当光标变成 ↕ 时，拖动鼠标即可调整此位置上面一行单元格的高度，如图 10-27 所示，对于其他的行不影响，调整行高后如图 10-28 所示。

图 10-27　调整行高　　　　　　　　　　图 10-28　调整行高后

10.4　表格的其他功能

为了更加快速而有效地处理网页中的表格和内容，Dreamweaver CC 提供了多种自动处理功能，包括导入表格数据和排序表格等。本节将介绍表格自动化处理技巧，以提升网页表格的设计技能。

10.4.1　导入表格式数据

Dreamweaver 中导入表格式数据功能能够根据素材来源的结构，为网页自动建立相应的表格，并自动生成表格数据，因此，当遇到大篇幅的表格内容编排，而手头又拥有相关表格式素材时，便可使网页编排工作轻松得多。

下面通过实例讲述如何导入表格式数据，效果如图 10-29 所示，具体操作步骤如下：

原始文件：	原始文件 /CH10/10.4.1/index.html
最终文件：	最终文件 /CH10/10.4.1/index1.html

图 10-29 导入表格式数据效果

01 打开网页文档，将光标置于要导入表格式数据的位置，如图 10-30 所示。

图 10-30 打开网页文档

02 执行"文件"|"导入"|"导入表格式数据"命令，弹出"导入表格式数据"对话框，在对话框中单击"数据文件"文本框右边的"浏览"按钮，如图 10-31 所示。

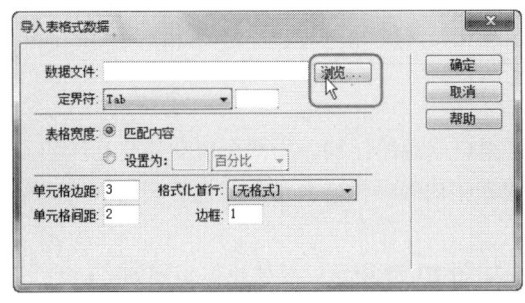

图 10-31 "导入表格式数据"对话框

★ 提示 ★

在"导入表格式数据"对话框中可以进行如下设置：

- 数据文件：输入要导入的数据文件的保存路径和文件名。或单击右边的"浏览"按钮进行选择。
- 定界符：选择定界符，使之与导入的数据文件格式匹配。有"Tab"、"逗点"、"分号"、"引号"和"其他"5 个选项。
- 表格宽度：设置导入表格的宽度。
  - ➢ 匹配内容：选中此单选按钮，创建一个根据最长文件进行调整的表格。
  - ➢ 设置为：选中此单选按钮，在后面的文本框中输入表格的宽度，并设置其单位。
- 单元格边距：设置单元格内容和单元格边界之间的像素数。
- 单元格间距：设置相邻的表格单元格间的像素数。
- 格式化首行：设置首行标题的格式。
- 边框：以像素为单位设置表格边框的宽度。

03 弹出"打开"对话框，在对话框中选择数据文件，如图 10-32 所示。

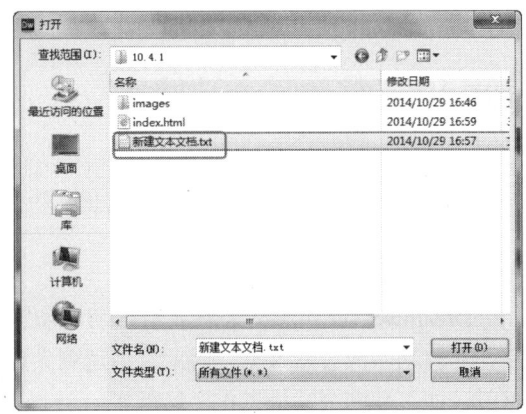

图 10-32 "打开"对话框

04 单击"打开"按钮，将文件名和路径添加到文本框中，在"导入表格式数据"对话框中的"定界符"下拉表中选择"逗点"选项，在"表格宽度"选项组中选中"匹配内容"单选按钮，如图 10-33 所示。

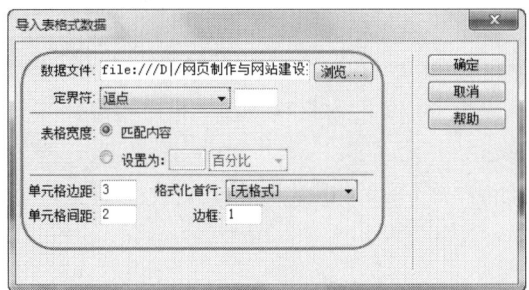

图 10-33　"导入表格式数据"对话框

05 单击"确定"按钮，导入表格式数据，如图 10-34 所示。

> **★ 提示 ★**
> 在导入数据表格时注意定界符必须是逗号，否则可能会造成表格格式的混乱。

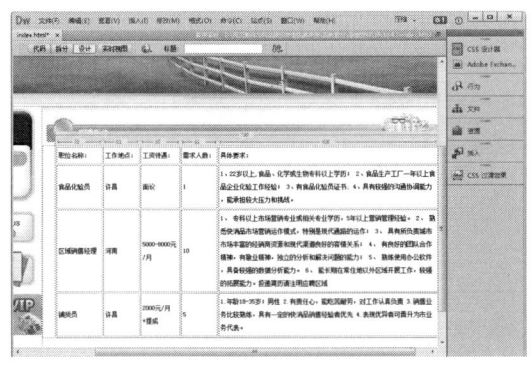

图 10-34　导入表格式数据

06 保存文档，按 F12 键在浏览器中预览，效果参见图 10-29 所示。

10.4.2　排序表格

排序表格的主要功能针对具有格式数据的表格而言，是根据表格列表中的数据来排序的。下面通过实例讲述排序表格的操作，效果如图 10-35 所示，具体操作步骤如下：

原始文件：	原始文件 /CH10/10.4.2/index.html
最终文件：	最终文件 /CH10/10.4.2/index1.html

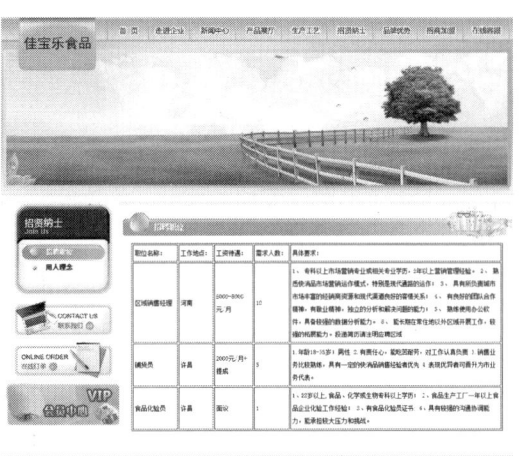

图 10-35　排序表格效果

01 打开网页文档，如图 10-36 所示。

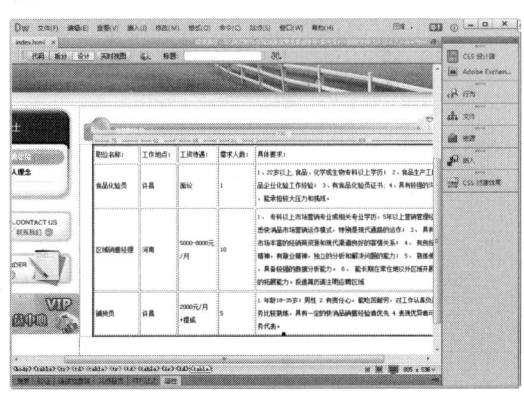

图 10-36　打开网页文档

02 执行"命令"|"排序表格"命令，弹出"排序表格"对话框，在对话框中将"排序按"设置为"列 4"，"顺序"设置为"按数字顺序"，在右边的下拉列表中选择"降序"选项，如图 10-37 所示。

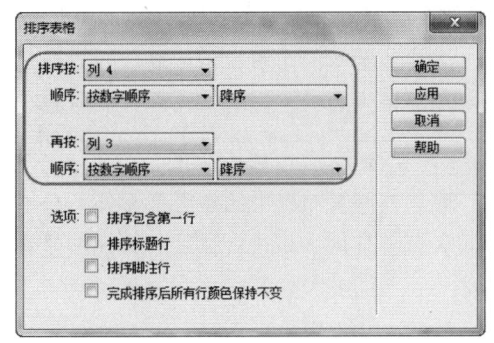

图 10-37　"排序表格"对话框

★ 提示 ★

在"排序表格"对话框中可以设置如下选项：

- 排序按：确定哪一列的值将用于表格排序。
- 顺序：确定是按字母还是按数字顺序，以及是升序还是降序对表格排序。
- 再按：确定在不同列上第二种排列方法的排列顺序。在其后面的下拉列表中指定应用第二种排列方法的列，在后面的下拉列表中指定第二种排序方法的排序顺序。
- 排序包含第一行：指定表格的第一行应该包括在排序中。
- 排序标题行：指定使用与 body 行相同的条件对表格 thead 部分中的所有行排序。
- 排序脚注行：指定使用与 body 行相同的条件对表格 tfoot 部分中的所有行排序。
- 完成排序后所有行颜色保持不变：指定排序之后表格行属性应该与同一内容保持关联。

03 单击"确定"按钮，对表格进行排序，参见图 10-38 所示。

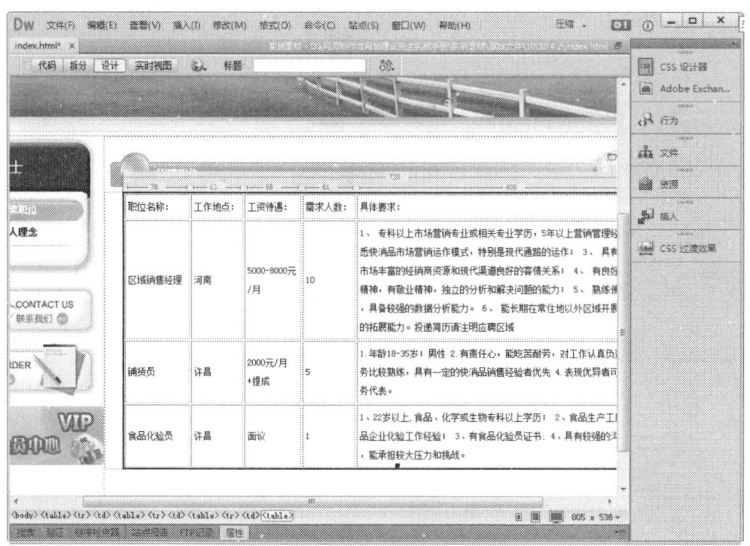

图 10-38 对表格进行排序

04 保存文档，按 F12 键在浏览器中预览，效果参见图 10-35 所示。

10.5 综合实战

表格最基本的作用就是让复杂的数据变得更有条理，让人容易看懂，在设计页面时，往往会利用表格来布局定位网页元素。下面通过两个实例掌握表格的使用方法。

实战 1——利用表格排版页面

表格在网页布局中的作用是无处不在的，无论是使用简单的静态网页还是具有动态功能的网页，都要使用表格进行排版。本例就是通过表格布局网页的，效果如图 10-39 所示，操作步骤如下：

最终文件：	最终文件 /CH10/ 实战 1/index1.htm

图 10-39 利用表格布局网页效果

01 执行"文件"|"新建"命令，弹出"新建文档"对话框，在对话框中选择"空白页"|"HTML"|"无"选项，如图 10-40 所示。

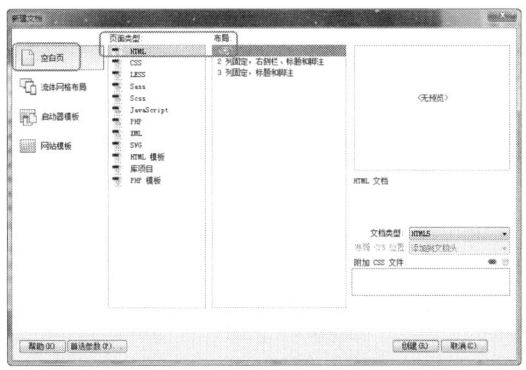

图 10-40 "新建文档"对话框

02 单击"确定"按钮，创建文档，如图 10-41 所示。

图 10-41 创建文档

03 执行"文件"|"另存为"对话框，弹出"另存为"对话框，在对话框的名称文本框中输入名称，如图 10-42 所示。

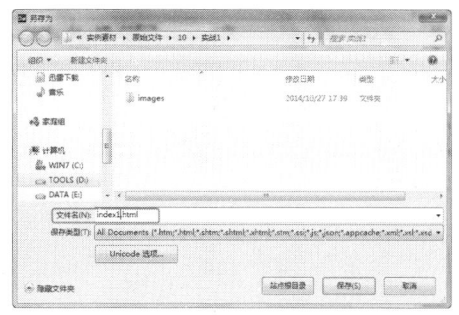

图 10-42 "另存为"对话框

04 单击"确定"按钮，保存文档，将光标置于页面中，执行"修改"|"页面属性"命令，弹出"页面属性"对话框，在对话框中将"上边距"、"下边距"、"右边距"和"左边距"设置为 0，如图 10-43 所示。

图 10-43 设置表格属性

05 单击"确定"按钮，修改页面属性，将光标置于页面中，执行"插入"|"表格"命令，弹出"表格"对话框，在对话框中将"行数"设置为 4、"列"设置为 1、"表格宽度"设置为 1003 像素，如图 10-44 所示。

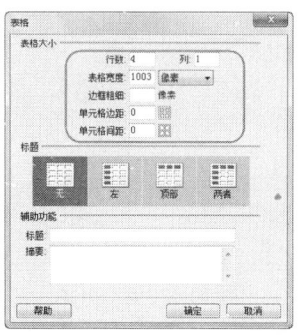

图 10-44 "表格"对话框

06 单击"确定"按钮,插入表格,此表格记为表格 1,如图 10-45 所示。

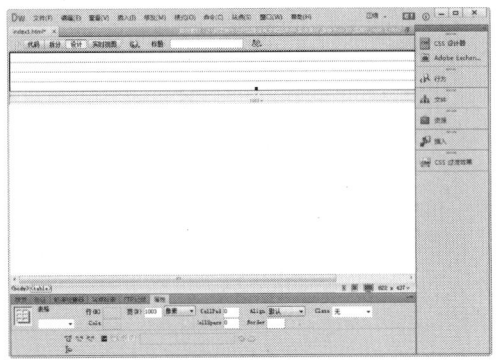

图 10-45 插入表格 1

07 将光标置于表格 1 的第 1 行单元格中,执行"插入"|"图像"|"图像"命令,弹出"选择图像源文件"对话框,在对话框中选择图像文件 images/index_r2_c1.jpg,如图 10-46 所示。

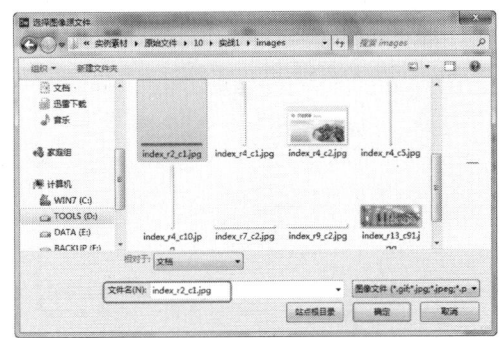

图 10-46 "选择图像源文件"对话框

08 单击"确定"按钮,插入图像,如图 10-47 所示。

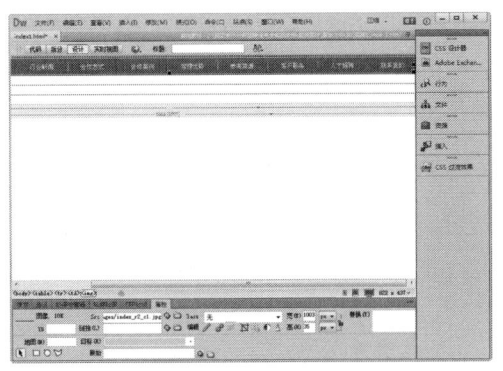

图 10-47 插入图像

09 将光标置于表格 1 的第 2 行单元格中,执

行"插入"|"图像"|"图像"命令,插入图像 images/ban.jpg,如图 10-48 所示。

图 10-48 插入图像

10 将光标置于表格 1 的第 3 行单元格中,执行"插入"|"表格"命令,插入 1 行 3 列的表格,此表格记为表格 2,如图 10-49 所示。

图 10-49 插入表格 2

11 将光标置于表格 2 的第 1 列单元格中,打开"代码"视图,在"代码"视图中输入背景图像代码 background=images/b.jpg,如图 10-50 所示。

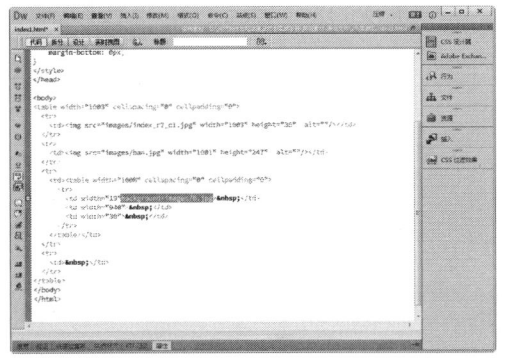

图 10-50 输入代码

12 返回 "设计" 视图, 可以看到插入的背景图像, 如图 10-51 所示。

图 10-51 插入背景图像

13 将光标置于背景图像上, 执行 "插入" | "图像" | "图像" 命令, 插入图像 images/index_r4_c1., 如图 10-52 所示。

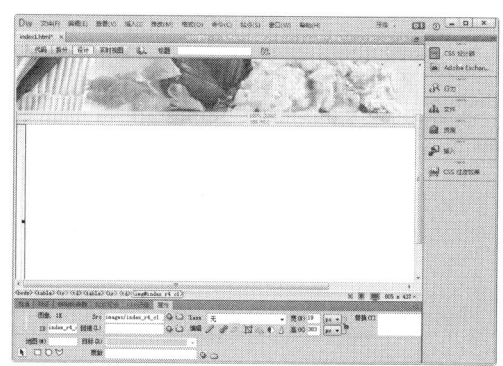

图 10-52 插入图像

14 将光标置于表格 2 的第 2 列单元格中, 打开 "代码" 视图, 在 "代码" 视图中输入背景图像代码 background=images/index_r4_c5.jpg, 如图 10-53 所示。

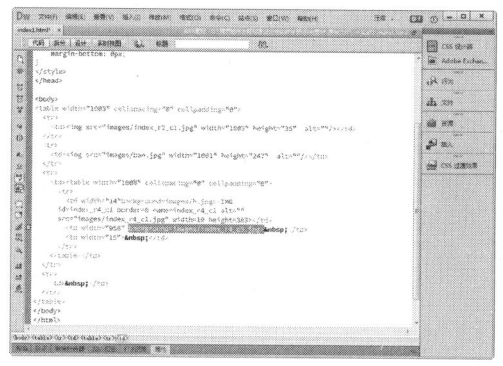

图 10-53 输入代码

15 返回 "设计" 视图, 可以看到插入的背景图像, 如图 10-54 所示。

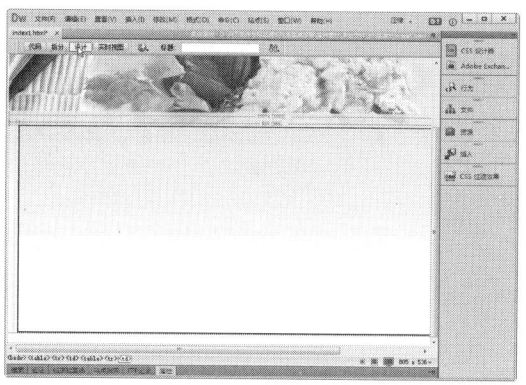

图 10-54 插入背景图像

16 将光标置于背景图像上, 执行 "插入" | "表格" 命令, 插入 1 行 2 列的表格, 此表格记为表格 3, 如图 10-55 所示。

图 10-55 插入表格 3

17 将光标置于表格 3 的第 1 列单元格中, 执行 "插入" | "表格" 命令, 插入 5 行 1 列的表格, 此表格记为表格 4, 如图 10-56 所示。

图 10-56 插入表格 4

18 将光标置于表格 4 的第 1 行单元格中，执行"插入"|"图像"|"图像"命令，插入图像 images/index_r4_c2.jpg，如图 10-57 所示。

图 10-57 插入图像

19 将光标置于表格 4 的第 2 行单元格中，输入相应的文字，如图 10-58 所示。

图 10-58 输入文字

20 将光标分别置于表格 4 的第 3、4、5 行单元格中，并插入相应的图像，如图 10-59 所示。

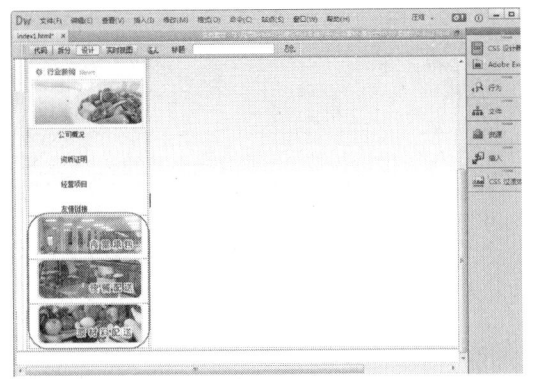

图 10-59 插入图像

21 将光标置于表格 3 的第 2 列单元格中，执行"插入"|"表格"命令，插入 2 行 1 列的表格，此表格记为表格 5，如图 10-60 所示。

图 10-60 插入表格 5

22 将光标置于表格 5 的第 1 行单元格中，打开"代码"视图，在"代码"视图中输入背景图像代码 height=55 background=images/jj.jpg，如图 10-61 所示。

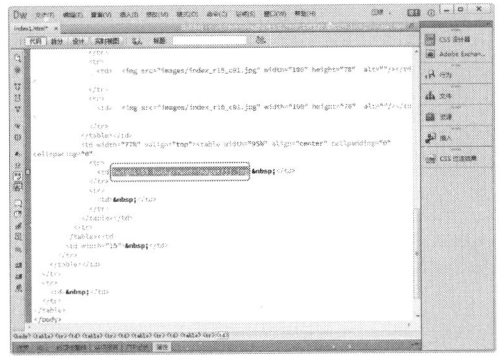

图 10-61 输入代码

23 返回"设计"视图，打开"设计"视图，可以看到插入的背景图像，如图 10-62 所示。

图 10-62 插入背景图像

24 将光标置于背景图像上，输入相应的文字，如图 10-63 所示。

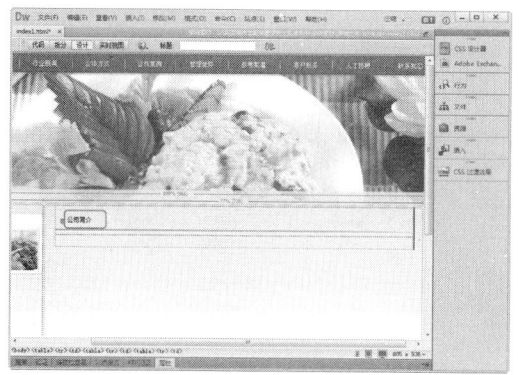

图 10-63 输入文字

25 将光标置于表格 5 的第 2 行单元格中，输入相应的文字，如图 10-64 所示。

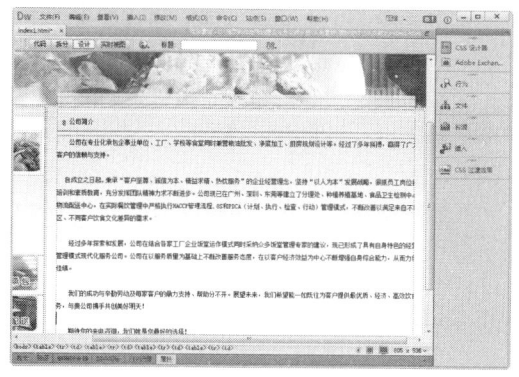

图 10-64 输入文字

26 将光标置于表格 2 的第 3 列单元格中，打开"代码"视图，在"代码"视图中输入背景图像代码 background=images/b1.jpg，如图 10-65 所示。

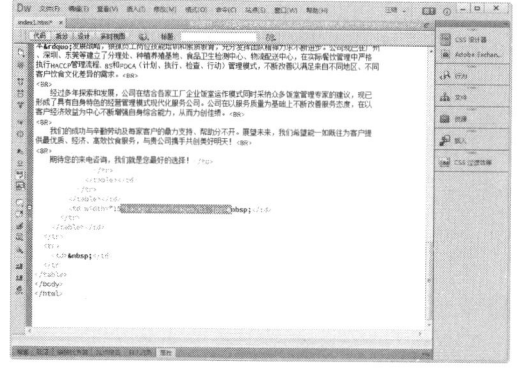

图 10-65 输入代码

27 返回"设计"视图，可以看到插入的背景图像，如图 10-66 所示。

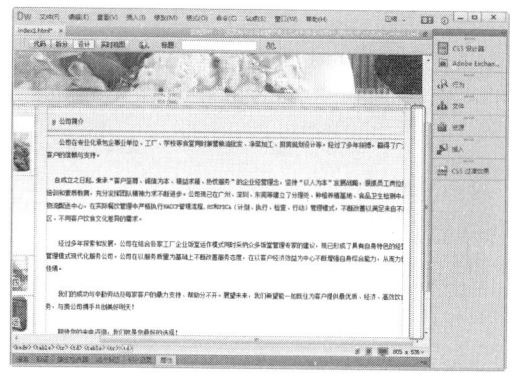

图 10-66 插入背景图像

28 将光标置于背景图像上，执行"插入"|"图像"|"图像"命令，插入图像 images/index_r4_c10.jpg，如图 10-67 所示。

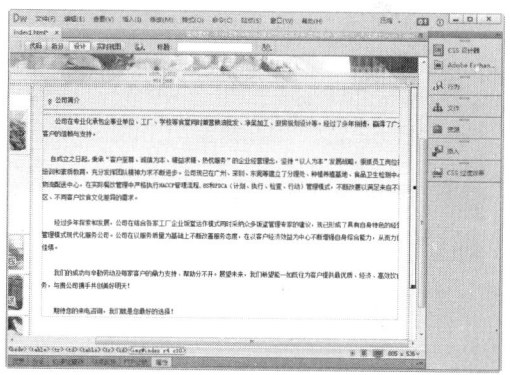

图 10-67 插入图像

29 将光标置于表格 1 的第 4 行单元格中，打开"代码"视图，在"代码"视图中输入背景图像代码，如图 10-68 所示。

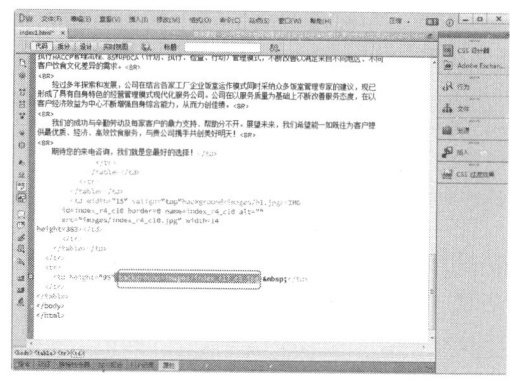

图 10-68 输入代码

30 返回"设计"视图，可以看到插入的背景图像，如图 10-69 所示。

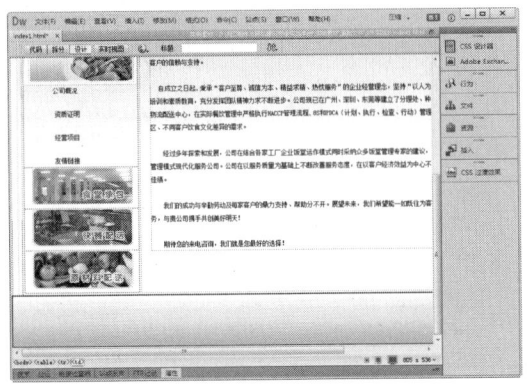

图 10-69 插入背景图像

31 将光标置于背景图像上，输入相应的文字，如图 10-70 所示。

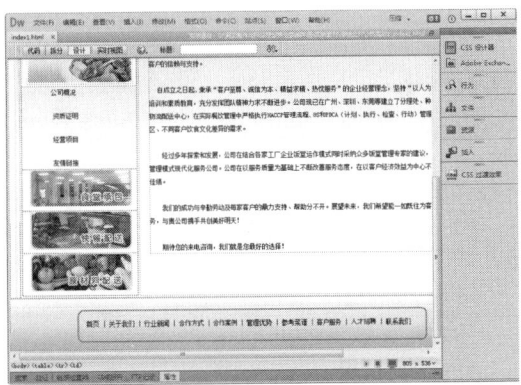

图 10-70 输入文字

32 保存文档，按 F12 键在浏览器中预览，效果参见图 10-39 所示。

实战 2——创建圆角表格

先把这个圆角做成图像，然后再插入到表格中来，下面通过实例讲述圆角表格的创建，效果如图 10-71 所示，具体操作步骤如下：

原始文件：	原始文件 /CH10/ 实战 2/index.html
最终文件：	最终文件 /CH10/ 实战 2/index1.html

01 打开网页文档，将光标置于页面中，如图 10-72 所示。

02 执行"插入"|"表格"命令，弹出"表格"对话框，在对话框中将"行数"设置为 2、"列

数"设置为 1、"表格宽度"设置为 740 像素，如图 10-73 所示。

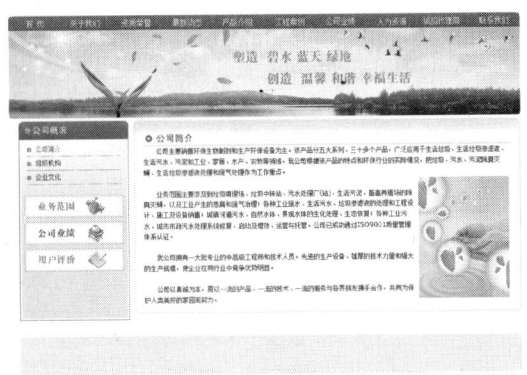

图 10-71 创建圆角表格效果

图 10-72 打开网页文档

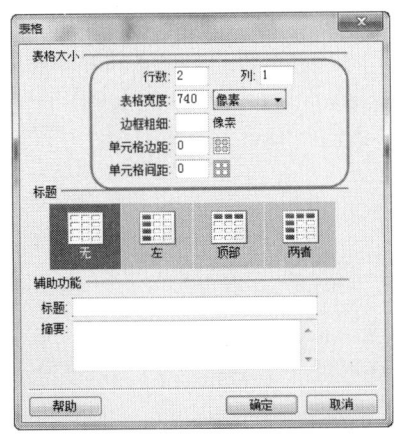

图 10-73 "表格"对话框

03 单击"确定"按钮，插入表格，此表格记为表格 1，将光标置于表格 1 的第 1 行单元格中，如图 10-74 所示。

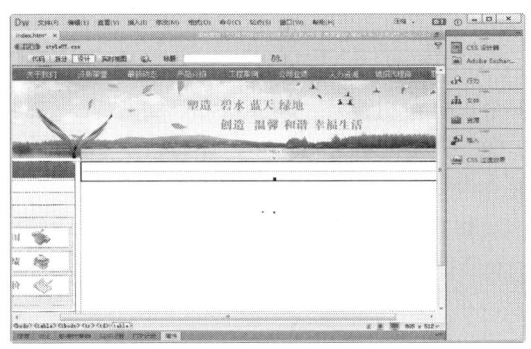

图 10-74　插入表格 1

04 打开"代码"视图，在"代码"视图中
输入背景图像代码 background="images/bg_
r1.gif"，如图 10-75 所示。

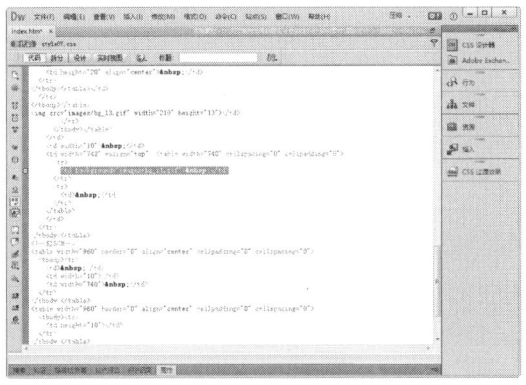

图 10-75　输入代码

05 返回"设计"视图，可以看到插入的背景
图像，如图 10-76 所示。

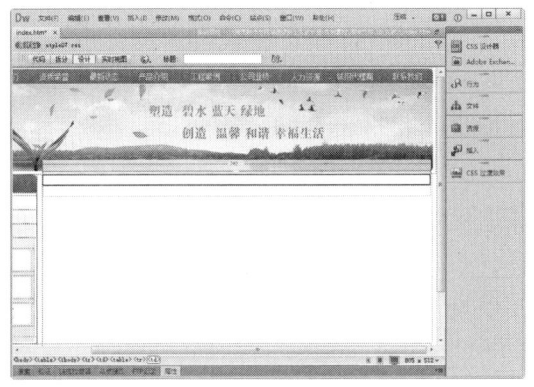

图 10-76　插入背景图像

06 将光标置于背景图像上，执行"插入"|"表
格"命令，插入 2 行 1 列的表格，此表格记
为表格 2，如图 10-77 所示。

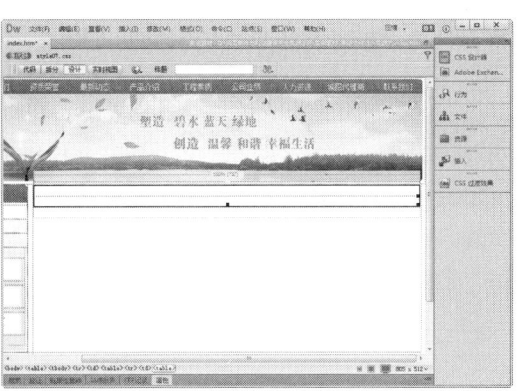

图 10-77　插入表格 2

07 将光标置于表格 2 的第 1 行单元格中，执
行"插入"|"图像"|"图像"命令，弹出"选
择图像源文件"对话框，在对话框中选择圆
角图像 images/jianjie.gif，如图 10-78 所示。

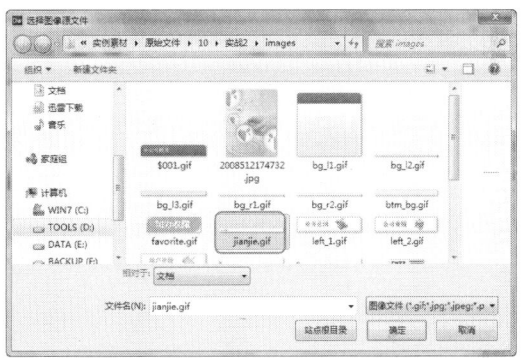

图 10-78　"选择图像源文件"对话框

08 单击"确定"按钮，插入圆角图像，如图
10-79 所示。

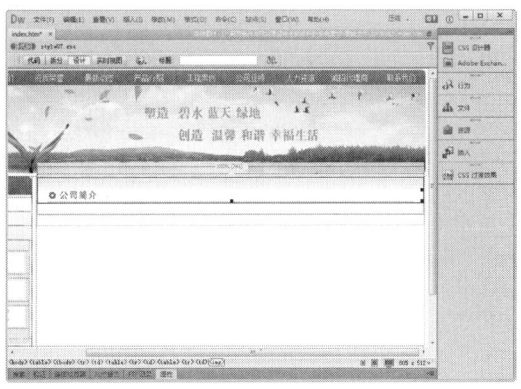

图 10-79　插入圆角图像

09 接着再输入文字并插入图像，即可完成制作。

10.6　本章小结

　　表格在网页设计中的地位非常重要，可以说如果表格使用得好，就可以设计出更加出色的网页。Dreamweaver 提供的表格工具，不但可以实现一般功能的数据组织，还可以用于定位网页中的各种元素和设计规划页面的布局。本章主要介绍了表格的基本知识和操作，最后的综合实战，通过一步一步详细的讲解，读者可以学习到如何利用表格来进行网页的排版布局，并且还会学到一些表格的高级应用和制作时的注意事项等。

第 11 章　使用模板和库

本章导读

　　本章主要学习如何提高网页的制作效率，即使用"模板"和"库"。它们虽然不是网页设计师在设计网页时必须要使用的技术，但是如果合理地使用它们将会大大提高工作效率。合理地使用模板和库也是创建整个网站的重中之重。

技术要点

◆　熟悉模板的创建　　　　　　　　　　◆　掌握创建和应用库的方法
◆　掌握应用模板创建网页的方法　　　　◆　掌握创建完整的企业网站模板的方法

11.1　认识模板

　　模板是一种特殊类型的文档，用于设计"固定的"页面布局。基于模板创建文档，创建的文档会继承模板的页面布局。设计模板时，可以指定在基于模板的文档中哪些内容是用户"可编辑的"。使用模板，模板创作者控制哪些页面元素可以由模板用户（如作家、图形艺术家或其他 Web 开发人员）进行编辑。模板创作者可以在文档中设置包括多种类型的模板区域。

　　使用模板可以控制大的设计区域，以及重复使用完整的布局。如果要重复使用个别设计元素，如站点的版权信息或徽标，可以创建库项目。

　　使用模板可以一次更新多个页面。从模板创建的文档会与该模板保持连接状态（除非以后分离该文档），可以修改模板并立即更新基于该模板的所有文档中的设计。

　　Dreamweaver 中的模板与某些其他 Adobe Creative Suite 软件中的模板的不同之处在于，默认情况下，模板的页面中的各部分是固定的（即不可编辑）。

11.2　创建模板

　　在网页制作中很多工作是重复的，如页面的顶部和底部在很多页面中都一样，而同一栏目中除了某一块区域外，版式、内容完全一样。如果将这些工作简化，就能够大幅度提高效率，而 Dreamwever 中的模板就可以解决这一问题，模板主要用于同一栏目中的页面制作。

11.2.1　在空白文档中创建模板

　　直接创建模板的具体操作步骤如下：

01 执行"文件"|"新建"命令，弹出"新建文档"对话框，在对话框中选择"空白页"选项卡中的"HTML 模板"|"无"选项，如图 11-1 所示。

02 单击"创建"按钮，即可创建一个模板网页，如图 11-2 所示。

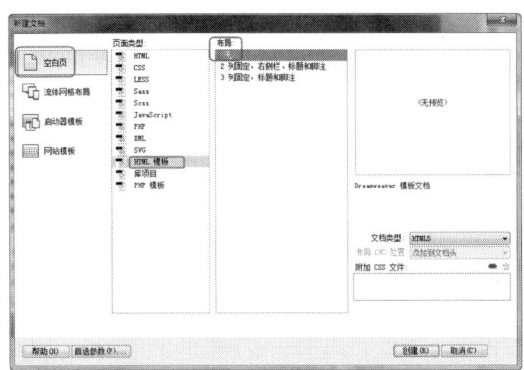

图 11-1 "新建文档"对话框

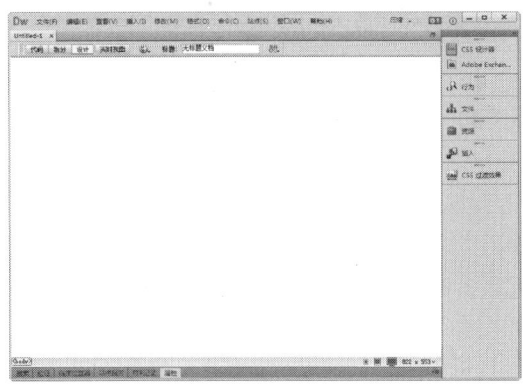

图 11-2 创建空白文档

03 执 行 " 文 件 " | " 保 存 " 命 令 ， 弹 出 "Dreamweaver"提示对话框，如图 11-3 所示。

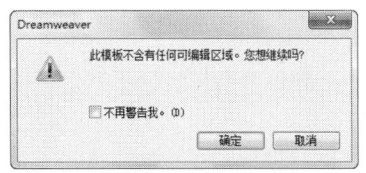

图 11-3 "Dreamweaver"提示对话框

04 单击"确定"按钮，弹出"另存模板"对话框，在对话框中的"另存为"文本框中输入名称，如图 11-4 所示。

图 11-4 "另存模板"对话框

05 单击"保存"按钮，可以保存模板文件，如图 11-5 所示。

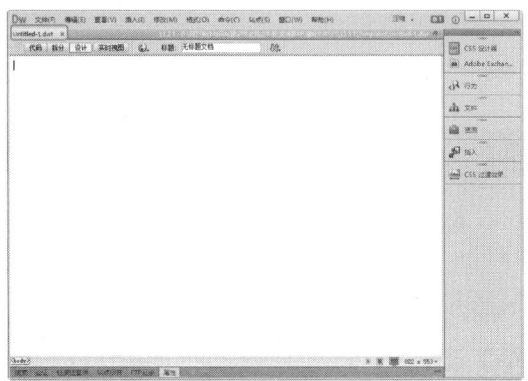

图 11-5 保存模板文件

11.2.2 从现有文档创建模板

在 Dreamweaver 中，有两种方法可以创建模板。一种是将现有的网页文件另存为模板，然后根据需要再进行修改；另外一种是直接新建一个空白模板，再在其中插入需要显示的文档内容。

原始文件：	原始文件 /CH11/11.2.2/index.html
最终文件：	最终文件 /CH11/11.2.2/Templates/moban.dwt

从现有文档中创建模板的具体操作步骤如下：

01 打开网页文档，如图 11-6 所示。

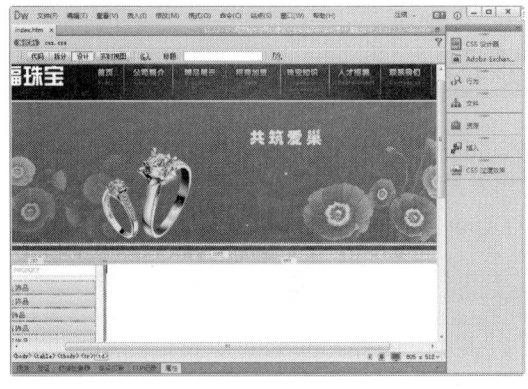

图 11-6 打开网页文档

02 执行"文件"|"另存为模板"命令，弹出"另存模板"对话框，在对话框中的"站点"

下拉列表中选择 11.2.2，在"另存为"文本框中输入 moban，如图 11-7 所示。

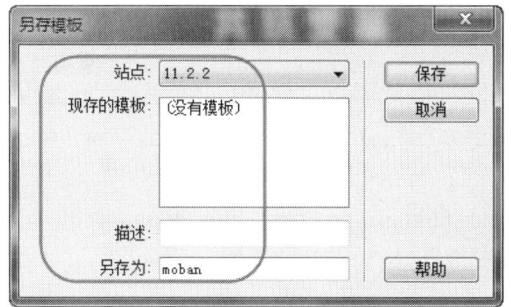

图 11-7　"另存模板"对话框

03 单击"保存"按钮，弹出"Dreamweaver"提示对话框，如图 11-8 所示。

图 11-8　"Dreamweaver"提示对话框

04 单击"是"按钮，即可将现有文档另存为模板，如图 11-9 所示。

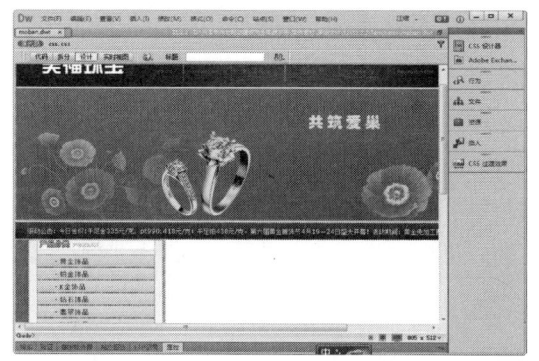

图 11-9　保存模板文件

> ★ 提示 ★
> 不要随意移动模板到 Templates 文件夹之外或者将任何非模板文件放在 Templates 文件夹中。此外，不要将 Templates 文件夹移动到本地根文件夹之外，以免引用模板时路径出错。

11.2.3　创建可编辑区域

可编辑区域就是基于模板文档的未锁定区域，是网页套用模板后，可以编辑的区域。在创建模板后，模板的布局就固定了，如果要在模板中针对某些内容进行修改，即可为该内容创建可编辑区域。创建可编辑区域的具体操作步骤如下：

01 打开模板文档，如图 11-10 所示。

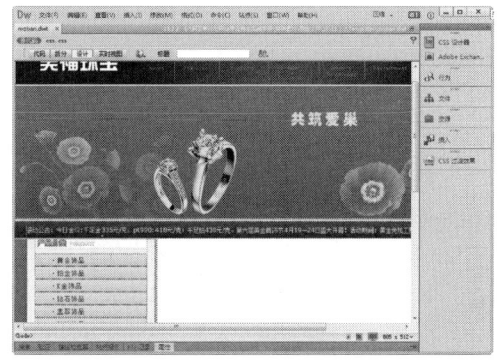

图 11-10　打开模板文档

02 将光标置于要创建可编辑区域的位置，执行"插入"|"模板对象"|"可编辑区域"命令，弹出"新建可编辑区域"对话框，如图 11-11 所示。

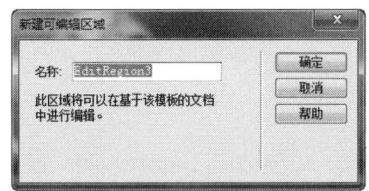

图 11-11　"新建可编辑区域"对话框

03 单击"确定"按钮，创建可编辑区域，如图 11-12 所示。

> ★ 提示 ★
> 模板中除了可以插入最常用的"可编辑区域"外，还可以插入一些其他类型的区域，它们分别为："可选区域"、"重复区域"、"可编辑的可选区域"和"重复表格"。由于这些类型需要使用代码操作，并且在实际工作中并不经常使用，因此这里我们只简单地介绍一下。

- "可选区域"是用户在模板中指定为可选的区域，用于保存有可能在基于模板的文档中出现的内容。使用"可选区域"，可以显示和隐藏特别标记的区域，在这些区域中用户将无法编辑内容。
- "重复区域"是可以根据需要在基于模板的页面中复制任意次数的模板区域。使用"重复区域"，可以通过重复特定项目来控制页面布局，如目录项、说明布局或者重复数据行。重复区域本身不是可编辑区域，要使重复区域中的内容可编辑，请在重复区域内插入可编辑区域。
- "可编辑的可选区域"是可选区域的一种，模板可以设置显示或隐藏所选区域，并且可以编辑该区域中的内容，该可编辑区域是由条件语句控制的。
- "重复表格"是重复区域的一种，使用"重复表格"可以创建包含重复行的表格格式的可编辑区域，可以定义表格属性并设置哪些表格单元格可编辑。

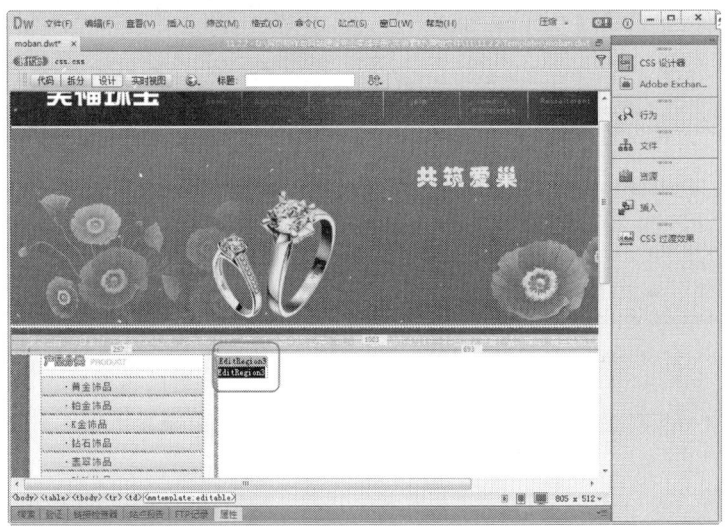

图 11-12 创建可编辑区域

★ 提示 ★

作为一个模板，Dreamweaver 会自动锁定文档中的大部分区域。模板设计者可以定义基于模板的文档中哪些区域是可编辑的。在创建模板时，可编辑区域和锁定区域都可以更改。但是，在基于模板的文档中，模板用户只能在可编辑区域中进行修改，至于锁定区域则无法进行任何操作。

11.3 创建基于模板的页面

模板实际上也是一种文档，它的扩展名为 .dwt，存放在根目录下的 Templates 文件夹中，如果该 Templates 文件夹在站点中尚不存在，Dreamweaver 将在保存新建模板时自动将其创建。模板创建好之后，就可以应用模板快速、高效地设计风格一致的网页，下面通过如图 11-13 所示的效果讲述应用模板创建网页的方法，具体操作步骤如下：

原始文件：	原始文件 /CH11/11.3/Templates/moban.dwt
最终文件：	最终文件 /CH11/11.3/index1.html

图 11-13 利用模板创建网页

01 执行"文件"|"新建"命令,弹出"新建文档"对话框,在对话框中选择"网站模板"|"站点 11.3"|"moban"选项,如图 11-14 所示。

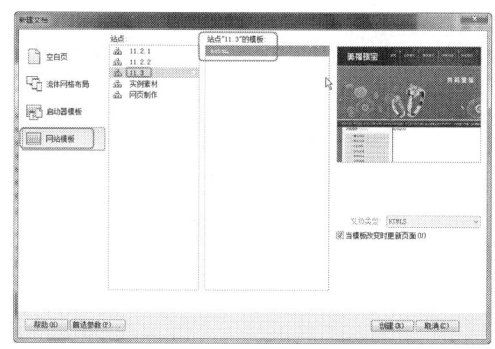

图 11-14 "新建文档"对话框

02 单击"创建"按钮,利用模板创建网页,如图 11-15 所示。

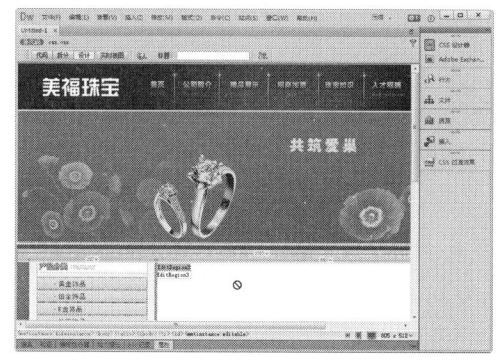

图 11-15 利用模板创建网页

03 执行"文件"|"保存"命令,弹出"另存为"对话框,在对话框中的"文件名"组合框中输入名称,如图 11-16 所示。

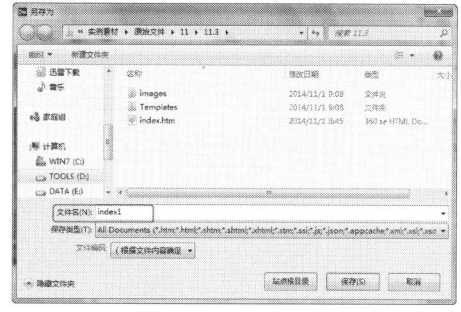

图 11-16 "另存为"对话框

04 单击"确定"按钮,保存文档,将光标置于页面中,执行"插入"|"表格"命令,弹出"表格"对话框,在对话框中将"行数"设置为1、"列"设置为1、"表格宽度"设置为100%,如图 11-17 所示。

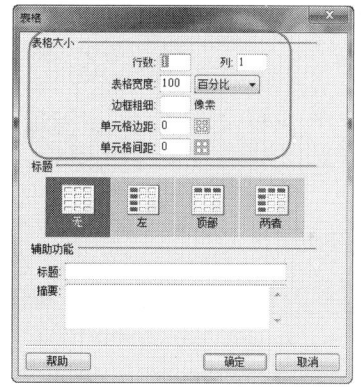

图 11-17 "表格"对话框

05 单击"确定"按钮,插入表格,此表格记为表格 1,如图 11-18 所示。

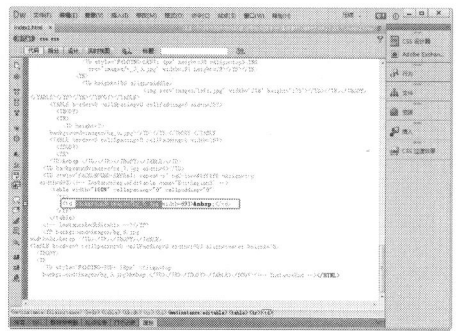

图 11-18 插入表格 1

06 将光标置于表格1的单元格中，打开"代码"视图，在"代码"视图中输入背景图像代码 background=images/bg_5.jpg，如图11-19所示。

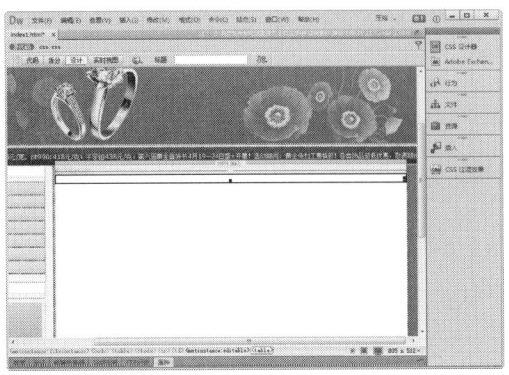

图 11-19 输入代码

07 返回"设计"视图，可以看到插入的背景图像，如图11-20所示。

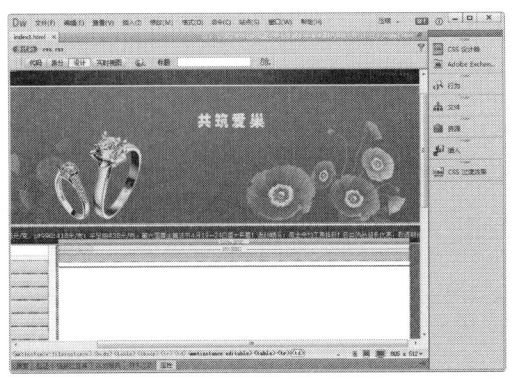

图 11-20 插入背景图像

08 将光标置于背景图像上，执行"插入"|"表格"命令，插入2行1列的表格，此表格记为表格2，如图11-21所示。

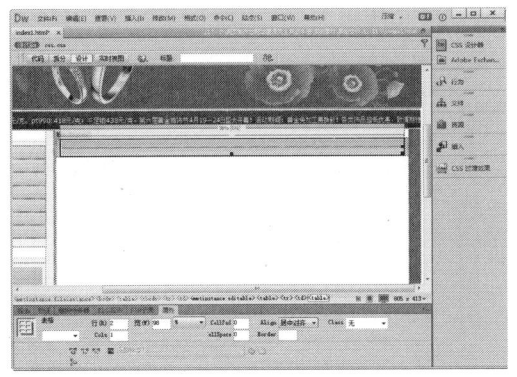

图 11-21 插入表格 2

09 将光标置于表格2的第1行单元格中，执行"插入"|"图像"|"图像"命令，插入图像 images/l_1_1.jpg，如图11-22所示。

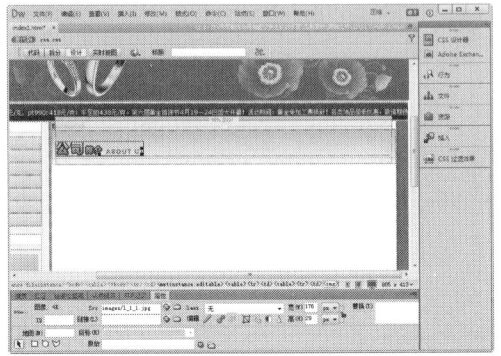

图 11-22 插入图像

10 将光标置于表格2的第2行单元格中，将第2行单元格的"背景颜色"设置为 #fb501a、"高"设置为1，如图11-23所示。

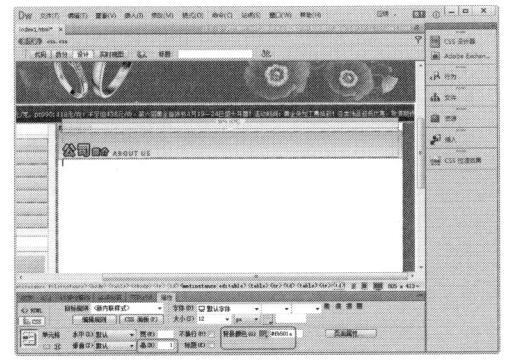

图 11-23 设置单元格属性

11 将光标置于表格1的右边，执行"插入"|"表格"命令，插入1行1列的表格，此表格记为表格3，如图11-24所示。

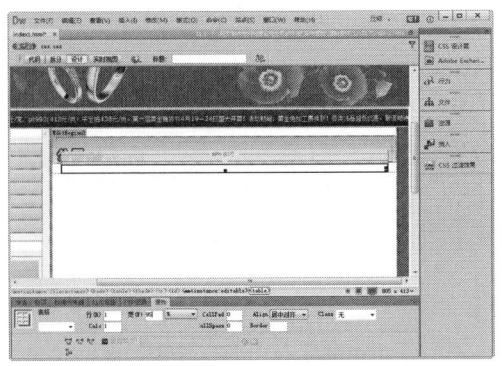

图 11-24 插入表格 3

12 将光标置于表格 3 的单元格中，输入相应的文字，如图 11-25 所示。

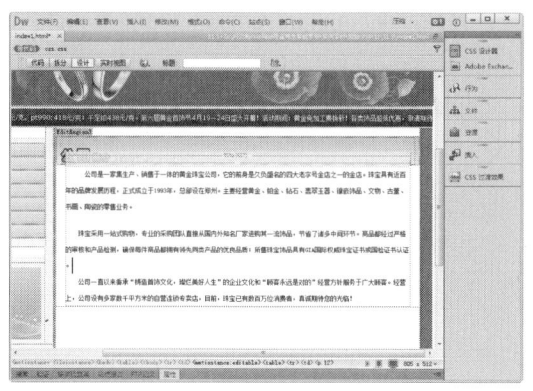

图 11-25　输入文字

13 将光标置于文字中，执行"插入"|"图像"|"图像"命令，插入图像 images/2012720153428134.jpg，如图 11-26 所示。

14 选中插入的图像，单击鼠标右键，在弹出的快捷菜单中选择"对齐"|"右对齐"命令，如图 11-27 所示。

15 保存文档，按 F12 键，在浏览器中预览，效果参见图 11-13 所示。

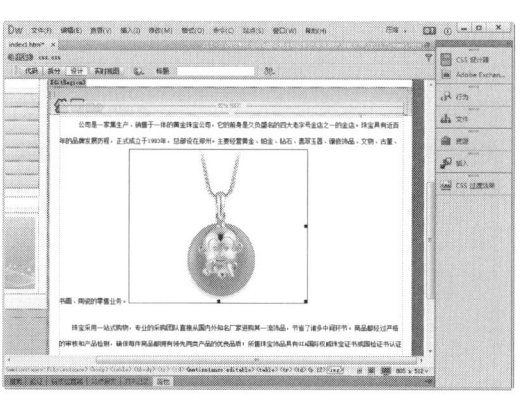

图 11-26　插入图像

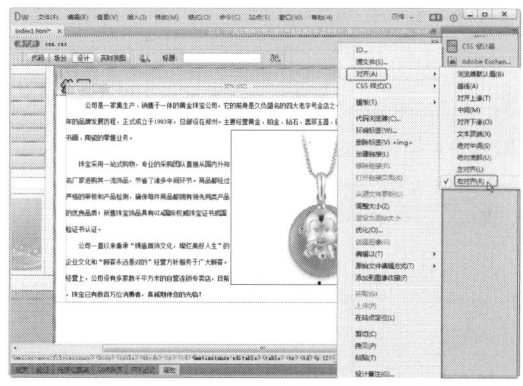

图 11-27　设置图像的对齐方式

11.4　库的创建、管理与应用

库是一种特殊的 Dreamweaver 文件，其中包含已创建以便放在网页上的单独的"资源"或"资源"副本的集合，库里的这些资源称为库项目。库项目是可以在多个页面中重复使用的存储页面的对象元素，每当更改某个库项目的内容时，都可以同时更新所有使用了该项目的页面。不难发现，在更新这一点上，模板和库都是为了提高工作效率而存在的。

11.4.1　创建库项目

创建库项目的效果如图 11-28 所示，具体操作步骤如下：

图 11-28　库项目

最终文件：	最终文件 /CH11/11.4.1/top.lbi

01 执行"文件"|"新建"命令，弹出"新建文档"对话框，在对话框中选择"空白页"|"库项目"选项，如图 11-29 所示。

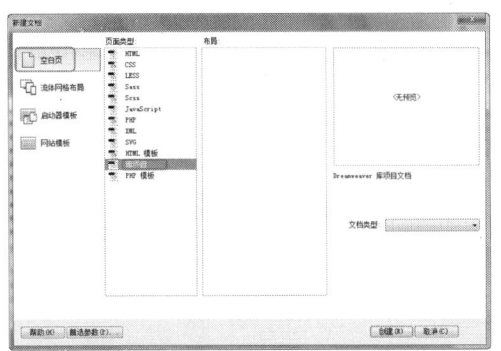

图 11-29 "新建文档"对话框

02 单击"创建"按钮，创建一个空白的文档，如图 11-30 所示。

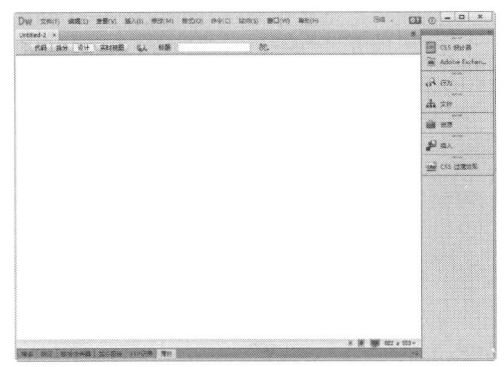

图 11-30 创建空白文档

03 将光标置于页面中，执行"插入"|"表格"命令，弹出"表格"对话框，在对话框中将"行数"设置为 1、"列"设置为 1、"表格宽度"设置为 990 像素，如图 11-31 所示。

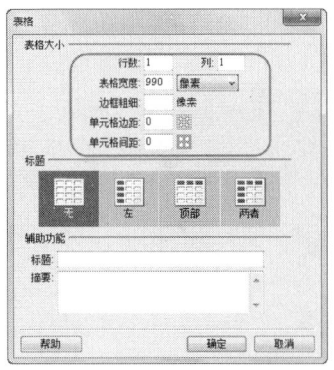

图 11-31 "表格"对话框

04 单击"确定"按钮，插入表格，如图 11-32 所示。

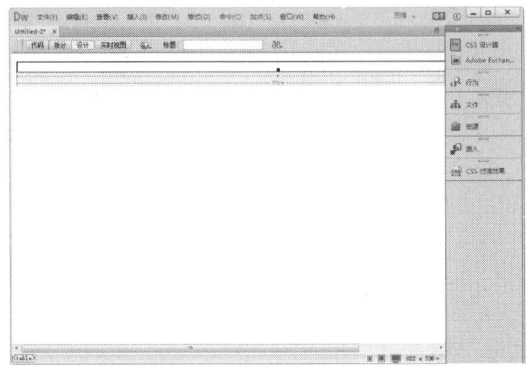

图 11-32 插入表格

05 将光标置于表格中，执行"插入"|"图像"|"图像"命令，弹出"选择图像源文件"对话框，在对话框中选择图像文件，如图 11-33 所示。

图 11-33 "选择图像源文件"对话框

06 单击"确定"按钮，插入图像，如图 11-34 所示。

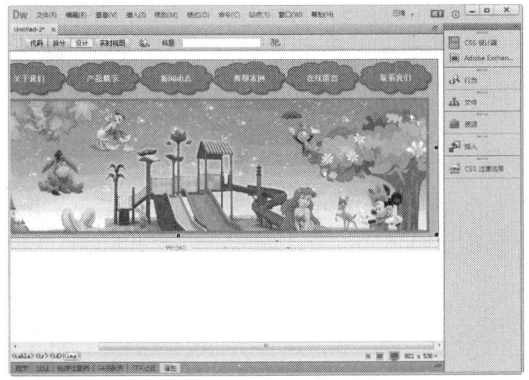

图 11-34 插入图像

07 执行"文件"|"保存"命令，弹出"另存为"对话框，在对话框中的"文件名"组合框中输入 top.lbi，如图 11-35 所示。

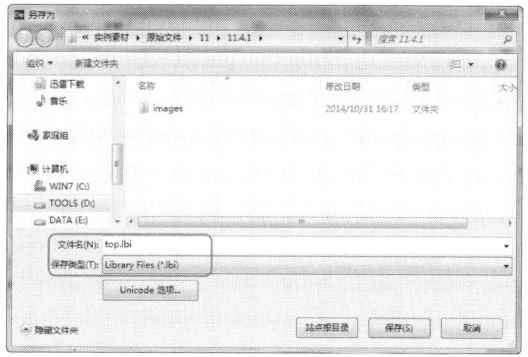

图 11-35 "另存为"对话框

08 单击"保存"按钮，保存库文件，如图 11-36 所示。在浏览器中预览，效果参见图 11-28 所示。

图 11-36 保存库

11.4.2 库项目的应用

库是一种存放整个站点中重复使用或频繁更新的页面元素（如图像、文本和其他对象）的文件，这些元素称为库项目。如果使用了库，就可以通过改动库项目更新所有采用库项目的网页，不用一个一个地修改网页元素或重新制作网页。下面在如图 11-37 所示的网页中应用库项目，具体操作步骤如下：

原始文件：	原始文件 /CH11/11.4.2/index.html
最终文件：	最终文件 /CH11/11.4.2/index1.html

图 11-37 在网页中应用库项目

01 打开网页文档，执行"窗口"|"资源"命令，如图 11-38 所示。

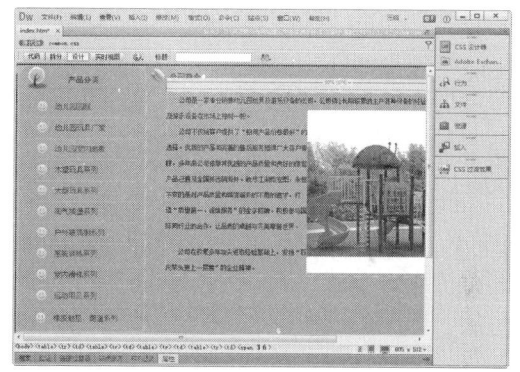

图 11-38 打开网页文档

02 打开"资源"面板，在面板中单击"库"按钮，显示库项目，如图 11-39 所示。

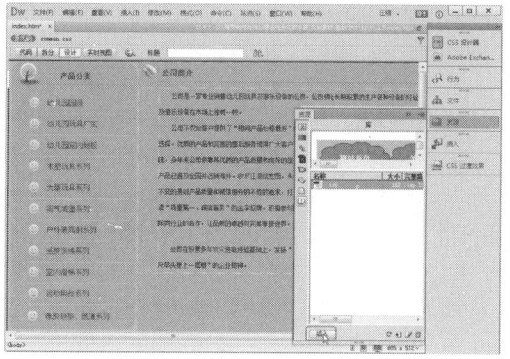

图 11-39 显示库项目

03 将光标置于要插入库项目的位置，选中 top，单击左下角的"插入"按钮，插入库项目，如图 11-40 所示。

图 11-40 插入库项目

★ 提示 ★

如果希望仅仅添加库项目内容对应的代码，而不希望它作为库项目出现，则可以按住 Ctrl 键，再将相应的库项目从"资源"面板中拖到文档窗口。这样插入的内容就会以普通文档的形式出现。

04 保存文档，按 F12 键在浏览器中预览，效果参见图 11-37 所示。

11.4.3 编辑库项目

创建库项目后，根据自己的需要，还可以编辑或更改其中的内容，效果参见图 11-41 所示。具体操作步骤如下：

原始文件：	原始文件 /CH11/11.4.3/top.lbi
最终文件：	最终文件 /CH11/11.4.3/index1.html

图 11-41 更新库项目效果

01 打开库项目，选中图像，如图 11-42 所示。

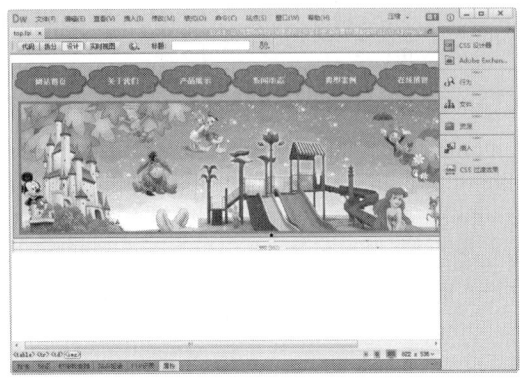

图 11-42 打开库文件

02 打开"属性"面板，在面板中选择"矩形热点工具"，如图 11-43 所示。

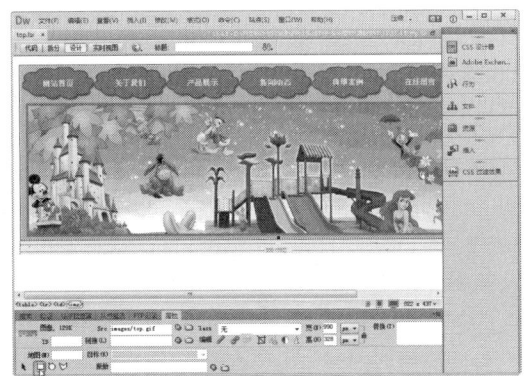

图 11-43 选择"矩形热点工具"

03 将光标置于图像上，绘制矩形热点区域，并输入相应的链接，如图 11-44 所示。

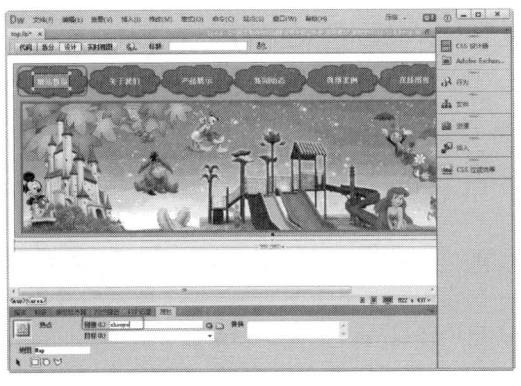

图 11-44 绘制热点链接

04 按步骤 02~03 的方法在其他图像上也绘制热点链接，如图 11-45 所示。

图 11-45 绘制热点区域

05 执行"修改"|"库"|"更新页面"命令，打开"更新页面"对话框，如图 11-46 所示。

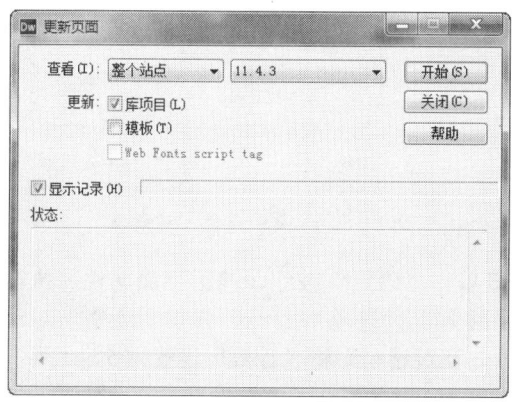

图 11-46 "更新页面"对话框

06 单击"开始"按钮，即可按照提示更新文件，

如图 11-47 所示。

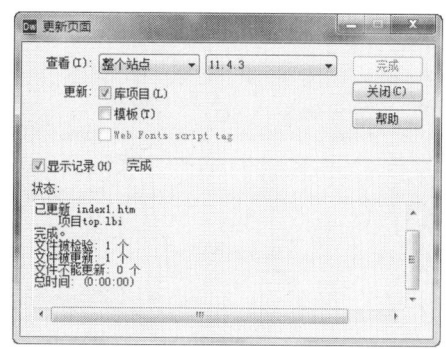

图 11-47 显示更新文件

07 打开应用库文件的文档，可以看到文档已经更新，如图 11-48 所示。

图 11-48 更新的文件

08 保存文件，按 F12 在浏览器中预览，效果参见图 11-41 所示。

11.5 综合实战——创建完整的企业网站模板

在网页中使用模板可以统一整个站点的页面风格，使用库项目可以对页面的局部统一风格，在制作网页时使用库和模板可以节省大量的工作时间，并且对日后的升级带来很大的方便。下面通过实例讲述模板的创建和应用，以及插件的应用。

创建的企业网站模板的效果如图 11-49 所示，具体操作步骤如下：

01 执行"文件"|"新建"命令，弹出"新建文档"对话框，在对话框中选择"空模板"|"HTML 模板"|"无"选项，如图 11-50 所示。

图 11-49 企业网站模板效果

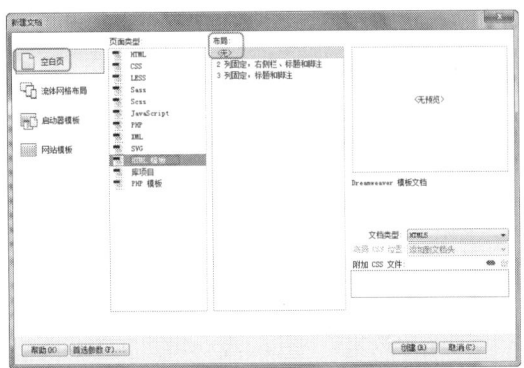

图 11-50 "新建文档"对话框

02 单击"创建"按钮,创建一个空白文档网页,如图 11-51 所示。

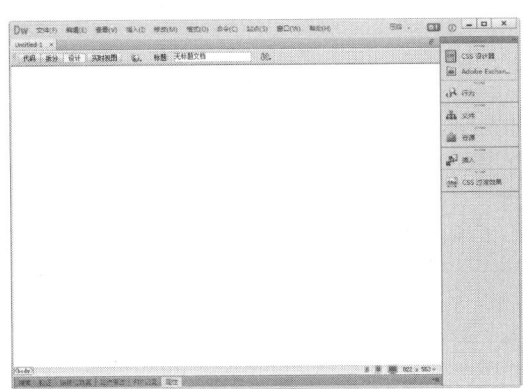

图 11-51 新建文档

03 执行"文件"|"保存"命令,弹出"Dreamweaver"提示对话框,如图 11-52 所示。

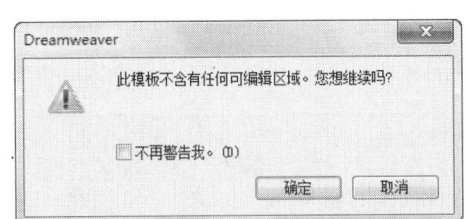

图 11-52 提示对话框

04 单击"确定"按钮,弹出"另存模板"对话框,在对话框的"另存为"文本框中输入名称,如图 11-53 所示。

05 单击"保存"按钮,保存文档,将光标置于页面中,执行"修改"|"页面属性"命令,弹出"页面属性"对话框,在对话框中进行相应的设置,如图 11-54 所示。

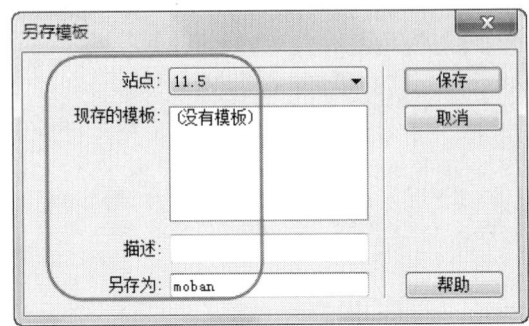

图 11-53 "另存模板"对话框

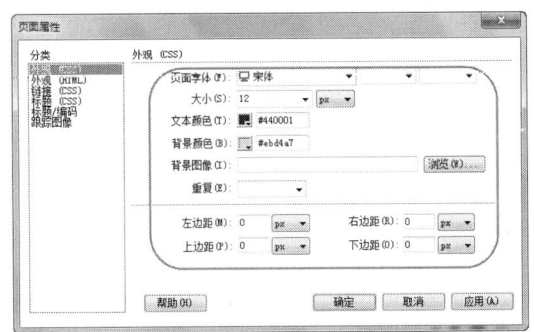

图 11-54 "页面属性"对话框

06 单击"确定"按钮,修改页面属性,执行"插入"|"表格"命令,弹出"表格"对话框,在对话框中将"行数"设置为 5、"列"设置为 1、"表格宽度"设置为 978 像素,如图 11-55 所示。

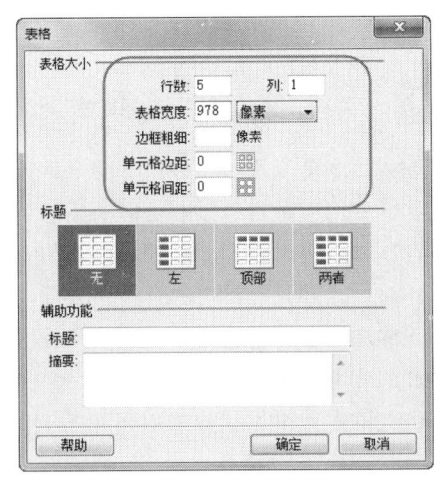

图 11-55 "表格"对话框

07 单击"确定"按钮,插入表格,此表格记为表格 1,如图 11-56 所示。

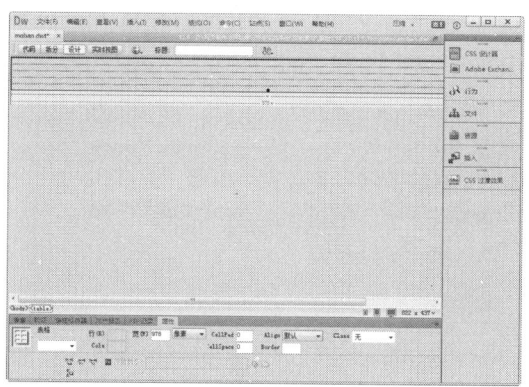

图 11-56　插入表格 1

08 将光标置于表格 1 的第 1 行单元格中，执行"插入"|"表格"命令，插入 1 行 2 列的表格，此表格记为表格 2，如图 11-57 所示。

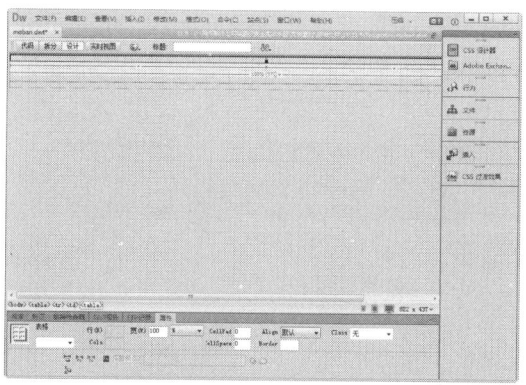

图 11-57　插入表格 2

09 将光标置于表格 2 的第 1 列单元格中，执行"插入"|"图像"|"图像"命令，弹出"选择图像源文件"对话框，在对话框中选择图像文件 top_03.gif，如图 11-58 所示。

图 11-58　"选择图像源文件"对话框

10 单击"确定"按钮，插入图像，如图 11-59 所示。

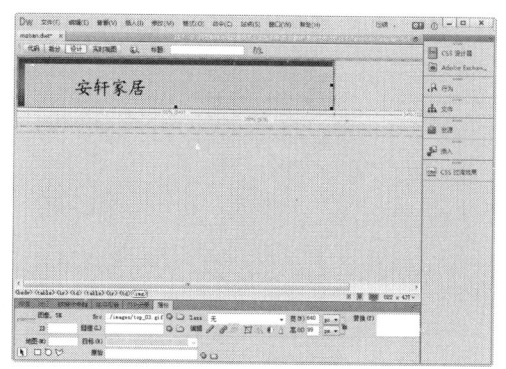

图 11-59　插入图像

11 将光标置于表格 2 的第 2 列单元格中，打开"代码"视图，在"代码"视图中输入背景图像代码 background=../images/top_032.jpg，如图 11-60 所示。

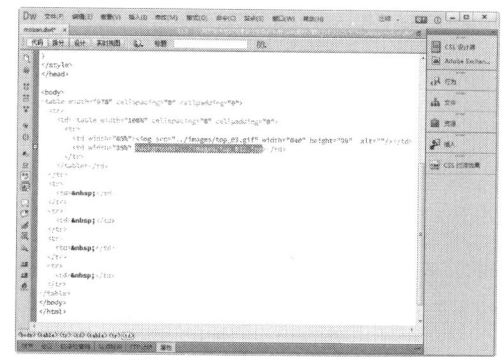

图 11-60　输入代码

12 返回"设计"视图，可以看到插入的背景图像，如图 11-61 所示。

图 11-61　插入背景图像

13 将光标置于背景图像上，执行"插入"|"图像"|"图像"命令，插入图像 ../images/home.gif，如图 11-62 所示。

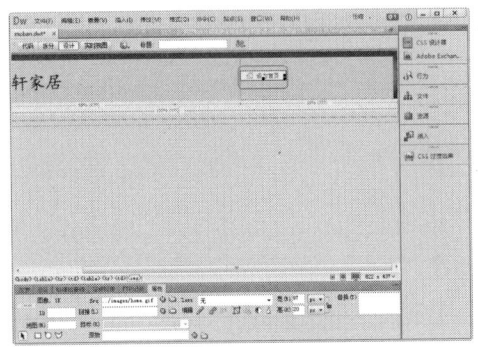

图 11-62 插入图像

14 将光标置于刚插入图像的右边，执行"插入"|"图像"|"图像"命令，再插入图像 ../images/shoucang.gif，如图 11-63 所示。

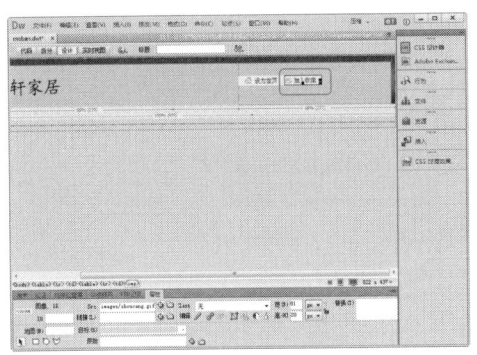

图 11-63 插入图像

15 将光标置于表格 1 的第 2 行单元格中，打开"代码"视图，在"代码"视图中输入背景图像代码 background=../images/bg_02.gif，如图 11-64 所示。

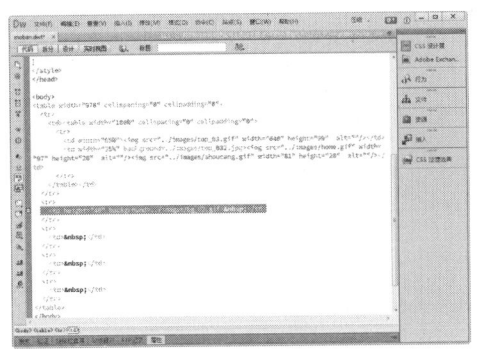

图 11-64 输入代码

16 返回"设计"视图，可以看到插入的背景图像，如图 11-65 所示。

图 11-65 插入背景图像

17 将光标置于刚插入的背景图像上，执行"插入"|"表格"命令，插入 1 行 10 列的表格，此表格记为表格 3，如图 11-66 所示。

图 11-66 插入表格 3

18 在表格 3 的单元格中，分别插入相应的图像，如图 11-67 所示。

图 11-67 插入图像

19 将光标置于表格 1 的第 3 行单元格中，执行"插入"|"图像"|"图像"命令，插入图像 ../images/top.jpg，如图 11-68 所示。

图 11-68　插入图像

20 将光标置于表格 1 的第 4 行单元格中，执行"插入"|"表格"命令，插入 1 行 2 列的表格，此表格记为表 4，如图 11-69 所示。

图 11-69　插入表格 4

21 将光标置于表格 4 的第 1 列单元格中，将单元格的背景颜色设置为 #F0DAA1，执行"插入"|"表格"命令，插入 3 行 1 列的表格，此表格记为表格 5，如图 11-70 所示。

图 11-70　插入表格 5

22 将光标置于表格 5 的第 1 行单元格之后，执行"插入"|"图像"|"图像"命令，插入图像 ../images/leftbot_01.gif，如图 11-71 所示。

图 11-71　插入图像

23 将光标置于表格 5 的第 2 行单元格中，打开"代码"视图，在"代码"视图中输入背景图像代码 background=../images/bg_09.gif，如图 11-72 所示。

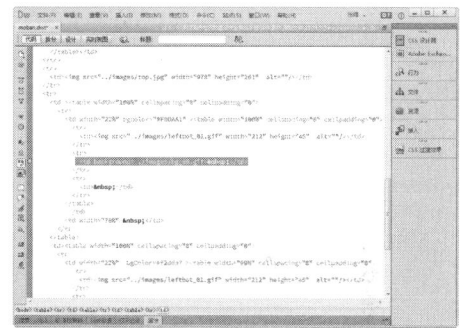

图 11-72　输入代码

24 返回"设计"视图，可以看到插入的背景图像，将光标置于背景图像上，执行"插入"|"表格"命令，插入 4 行 1 列的表格，此表格记为表格 6，如图 11-73 所示。

图 11-73　插入表格 6

25 将光标置于表格 6 的第 1 行单元格中，打开"代码"视图，在"代码"视图中输入背景图像代码 background=../images/leftbg_01b. gif，如图 11-74 所示。

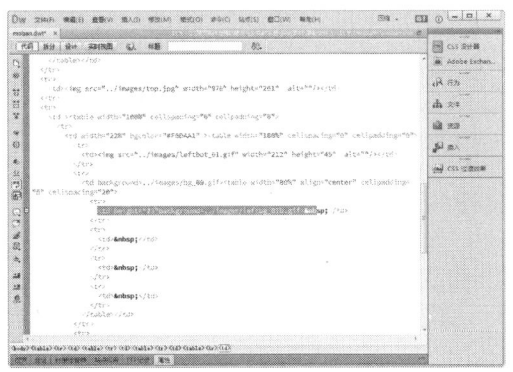

图 11-74 输入代码

26 返回"设计"视图，可以看到插入的背景图像，如图 11-75 所示。

图 11-75 插入背景图像

27 将光标置于背景图像上，输入文字，如图 11-76 所示。

图 11-76 输入文字

28 按步骤 25~27 的方法，在表格 6 的第 2、3、4 行单元格中，输入相应的内容，如图 11-77 所示。

图 11-77 输入文字

29 将光标置于表格 5 的第 3 行单元格中，执行"插入"|"表格"命令，插入 3 行 1 列的表格，此表格记为表格 7，如图 11-78 所示。

图 11-78 插入表格 7

30 在表格 7 的单元格中，分别插入相应的图像，如图 11-79 所示。

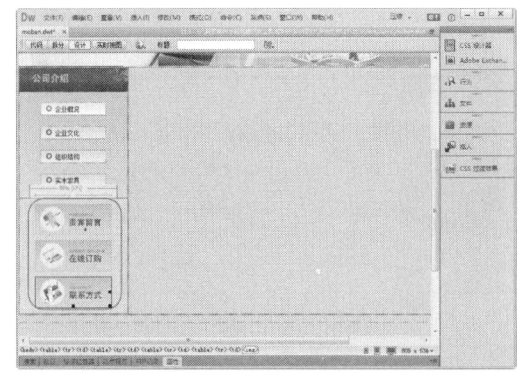

图 11-79 插入图像

31 将光标置于表格4的第2列单元格中，执行"插入"|"模板"|"可编辑区域"命令，如图11-80所示。

图 11-80 执行"可编辑区域"命令

32 弹出"新建可编辑区域"对话框，在对话框的"名称"文本框中输入名称，如图11-81所示。

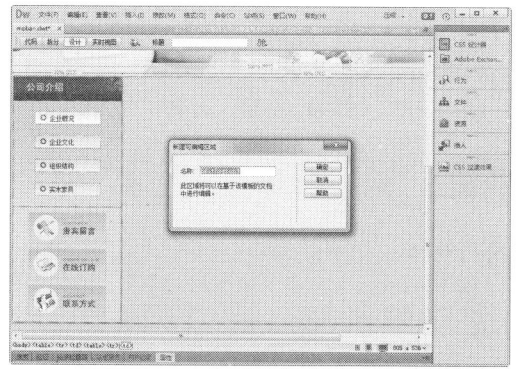

图 11-81 "新建可编辑区域"对话框

33 单击"确定"按钮，创建可编辑区域，如图11-82所示。

图 11-82 创建可编辑区域

34 将光标置于表格1的第5行单元格中，打开"代码"视图，在"代码"视图中输入背景图像代码 background=images/bg_10.gif，如图11-83所示。

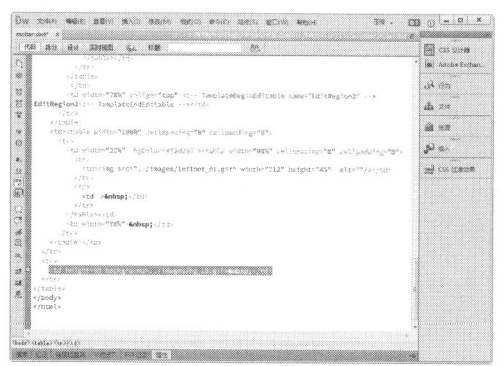

图 11-83 输入代码

35 返回"设计"视图，可以看到插入的背景图像，如图11-84所示。

图 11-84 插入背景图像

36 将光标置于刚插入的背景图像上，执行"插入"|"表格"命令，插入1行1列的表格，此表格记为表格8，如图11-85所示。

图 11-85 插入表格8

37 将光标置于表格 8 的单元格中，打开"代码"视图，在"代码"视图中输入背景图像代码 background=../images/bg_08.gif，如图 11-86 所示。

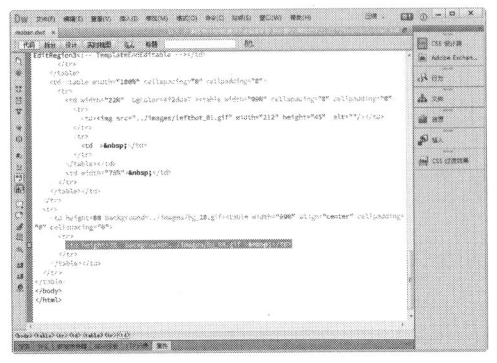

图 11-86 输入代码

图 11-87 插入背景图像

38 返回"设计"视图，可以看到插入的背景图像，如图 11-87 所示。

39 将光标置于背景图像上，输入相应的文字，如图 11-88 所示。

40 保存文档，完成模板的创建，参见图 11-49 所示。

图 11-88 输入文字

11.6 综合实战——利用模板创建网页

利用模板创建的网页效果如图 11-89 所示，具体操作步骤如下：

图 11-89 利用模板创建的网页效果

原始文件：	原始文件 /CH11/ 11.6/moban.dwt
最终文件：	最终文件 /CH11/11.6/index1.html

01 执行"文件"|"新建"命令，弹出"新建文档"对话框，在对话框中选择"网站模板"|"11.5"|"moban"选项，如图 11-90 所示。

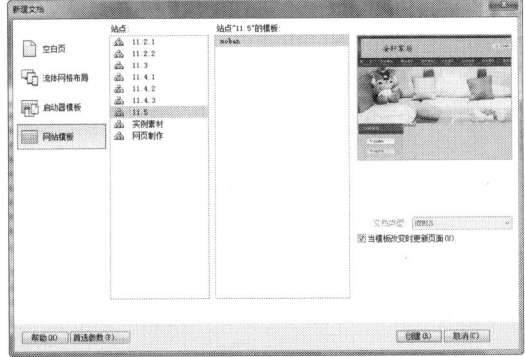

图 11-90 "新建文档"对话框

02 单击"创建"按钮，利用模板创建文档，如图 11-91 所示。

图 11-91　利用模板创建文档

03 执行"文件"|"保存"命令，弹出"另存为"对话框，在对话框中的"文件名"组合框中输入名称，如图 11-92 所示。单击"保存"按钮，保存文档。

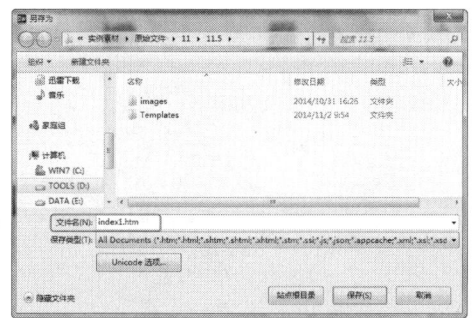

图 11-92　"另存为"对话框

04 将光标置于可编辑区域中，执行"插入"|"表格"命令，弹出"表格"对话框，将"行数"设置为 2、"列"设置为 1，如图 11-93 所示。

05 单击"确定"按钮，插入表格，此表格记为表格 1，如图 11-94 所示。

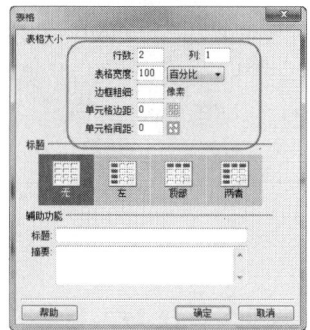

图 11-93　"表格"对话框

图 11-94　插入表 1

06 将光标置于表格 1 的第 1 行单元格中，执行"插入"|"图像"|"图像"命令，弹出"选择图像源文件"对话框，在对话框选择图像文件，如图 11-95 所示。

图 11-95　"选择图像源文件"对话框

07 单击"确定"按钮，插入图像，如图 11-96 所示。

图 11-96　插入图像

08 将光标置于表格 1 的第 2 行单元格中，执

行"插入"|"表格"命令，插入 1 行 1 列的表格，此表格记为表格 2，如图 11-97 所示。

图 11-97 插入表格 2

09 将光标置于表格 2 的单元格中，在单元格中输入相应的文字，如图 11-98 所示。

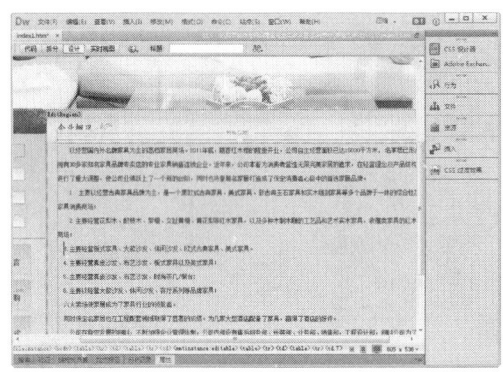

图 11-98 输入文字

10 将光标置于文字中，执行"插入"|"图像"|"图像"命令，插入图像 images/20111030104958.jpg，如图 11-99 所示。

图 11-99 插入图像

11 选中插入的图像，单击鼠标右键，在弹出的快捷菜单中选择"对齐"|"右对齐"选项，如图 11-100 所示。

12 保存文档，完成利用模板创建网页文档的制作，效果如图 11-89 所示。

图 11-100 设置图像对齐方式

11.7 本章小结

  利用模板和库可以使站点中的网页具有相同的风格。本章的重点是介绍如何创建一个新的模板并利用模板创建网页，以及如何使用库项目创建具有相同特征的网页。通过本章的学习，读者应该掌握如何基于模板创建文件，以及如何利用库处理重复使用的内容。

第 *12* 章 使用 CSS 样式美化网页

本章导读

精美的网页离不开 CSS 技术,利用 CSS 技术,可以有效地对页面的布局、字体、颜色、背景和其他效果实现更加精确的控制。使用 CSS 样式可以制作出更加复杂和精巧的网页,网页维护和更新起来也更加容易和方便。本章主要介绍 CSS 样式的基本概念和语法、CSS 样式表的创建、CSS 样式的设置和 CSS 样式的应用实例。

技术要点

◆ 熟悉 CSS 样式
◆ 掌握设置 CSS 样式表属性的方法
◆ 掌握编辑 CSS 样式的方法

◆ 掌握利用 CSS 样式美化文字的方法
◆ 掌握应用 CSS 样式制作阴影文字的方法

12.1 初识 CSS

CSS 是 Cascading Style Sheet 的缩写,有些书上称为"层叠样式表"或"级联样式表",是一种网页制作新技术,现在已经为大多数的浏览器所支持,成为网页设计必不可少的工具之一。

12.1.1 CSS 概述

所谓 CSS 就是层叠样式表,用来控制一个文档中某一文本区域外观的一组格式属性。使用 CSS 能够简化网页代码,加快下载显示速度,也减少了需要上传的代码数量,大大减少了重复劳动的工作量。样式表是对 HTML 语法的一次重大革新。如今网页的排版格式越来越复杂,很多效果需要通过 CSS 来实现,同 HTML 相比,使用 CSS 的好处除了在于它可以同时链接多个文档之外,当 CSS 更新或修改后,所有应用了该样式表的文档都会被自动更新。

CSS 的功能一般可以归纳为以下几点:

- 可以更加灵活地控制网页中文字的字体、颜色、大小、间距、风格及位置。
- 可以灵活地设置一段文本的行高、缩进,并可以为其加入三维效果的边框。
- 可以方便地为网页中的任何元素设置不同的背景颜色和背景图像。
- 可以精确地控制网页中各元素的位置。
- 可以为网页中的元素设置阴影、模糊、透明等效果。
- 可以与脚本语言结合,从而产生各种动态效果。
- 使用 CSS 格式的网页,打开速度非常快。

12.1.2 CSS 的作用

层叠样式表(Cascading Style Sheet,CSS)作为一种制作网页必不可少的技术之一,现在已经为大多数浏览器所支持。实际上，CSS 是一系列格式规格或样式的集合，主要用于控制页面的外观，是目前网页设计中的常用技术与手段。

CSS 具有强大的页面美化功能。通过 CSS，可以控制许多仅使用 HTML 标记无法控制的属性，并能轻而易举地实现各种特效。

CSS 的每一个样式表都是由相对应的样式规则组成的，使用 HTML 中的 <style> 标签可以将样式规则加入到 HTML 中。<style> 标签位于 HTML 的 head 部分，其中也包含网页的样式规则。可以看出，CSS 的语句是可以内嵌在 HTML 文档内的。所以，编写 CSS 的方法和编写 HTML 的方法是一样的。

下面是一个在 HTML 网页中嵌入的 CSS。

```
<html>
<head>
<meta http-equiv="Content-Type" content="text/html; charset=gb2312" />
<title></title>
<style type="text/css">
<!--
.y {
    font-size: 12px;
    font-style: normal;
    line-height: 20px;
    color: #FF0000;
    text-decoration: none;
}
-->
</style>
</head>
<body>
</body>
</html>
```

CSS 还具有便利的自动更新功能。在更新 CSS 时，所有使用该样式的页面元素的格式都会自动地更新为当前所设定的新样式。

12.1.3 CSS 基本语法

样式表的基本语法如下：

HTML 标志 { 标志属性：属性值；标志属性：属性值；标志属性：属性值；…… }

现在首先讨论在 HTML 页面内直接引用样式表的方法。这个方法必须把样式表信息包括在 <style> 和 </style> 标记中，为了使样式表在整个页面中产生作用，应把该组标记及其内容放到 <head> 和 </head> 中去。

例如，要设置 HTML 页面中所有 H1 标题字显示为蓝色，其代码如下：

```
<html>
<head>
<title>This is a CSS samples</title>
<style type="text/css">
<!--
H1 {color: blue}
-->
</style>
</head>
<body>
... 页面内容 ...
```

```
</body>
</html>
```

在使用样式表的过程中，经常会有几个标志用到同一个属性，例如，规定 HTML 页面中凡是粗体字、斜体字、1 号标题字均显示为红色，按照上面介绍的方法应书写为：

```
B{ color: red}
I{ color: red}
H1{ color: red}
```

显然这样书写十分麻烦，引进分组的概念会使其变得简洁明了，可以写成：

```
B,I,H1{color: red}
```

用逗号分隔各个 HTML 标志，把 3 行代码合并成 1 行。

此外，同一个 HTML 标志，可能定义多种属性，例如，规定把 H1 ～ H6 各级标题定义为红色黑体字，带下画线，则应写为：

```
H1, H2, H3, H4, H5, H6 {
color: red;
text-decoration: underline;
font-family: " 黑体 "}
```

12.2　定义 CSS 样式的属性

控制网页元素外观的 CSS 样式用来定义字体、颜色、边距和字间距等属性，可以使用 Dreamweaver 来对所有的 CSS 属性进行设置。CSS 属性被分为 9 大类：类型、背景、区块、方框、边框、列表、定位、扩展和过滤，下面分别介绍。

12.2.1　设置类型属性

在 CSS 规则定义对话框左侧的"分类"列表框中选择"类型"选项，在右侧可以设置 CSS 的类型参数，如图 12-1 所示。

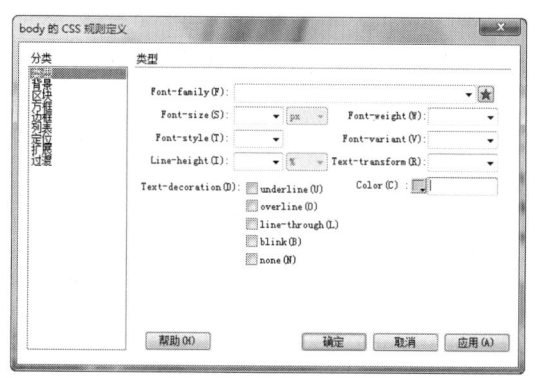

图 12-1　选择"类型"选项

在"类型"设置界面各选项参数如下：

- Font-family：用于设置当前样式所使用的字体。
- Font-size：定义文本大小。可以通过

选择数字和度量单位来选择特定的大小，也可以选择相对大小。

- Font-style：将"正常"、"斜体"或"偏斜体"指定为字体样式。默认设置是"正常"。
- Line-height：设置文本所在行的高度。该设置传统上称为"前导"。选择"正常"选项自动计算字体大小的行高，或输入一个确切的值并选择一种度量单位。
- Text-decoration：向文本中添加下划线、上划线或删除线，或使文本闪烁。正常文本的默认设置是"无"。"链接"的默认设置是"下划线"。将"链接"设置为"无"时，可以通过定义一个特殊的类删除超链接中的下划线。
- Font-weight：对字体应用特定或相对的粗体量。"正常"等于 400，"粗体"等于 700。

- Font-variant：设置文本的小型大写字母变量。Dreamweaver 不在文档窗口中显示该属性。
- Text-transform：将选定内容中的每个单词的首字母大写或将文本设置为全部大写或小写。
- Color：设置文本颜色。

12.2.2 设置背景属性

使用 CSS 规则定义对话框中的"背景"类别，可以定义 CSS 样式的背景，并对网页中的任何元素应用背景属性。如图 12-2 所示。

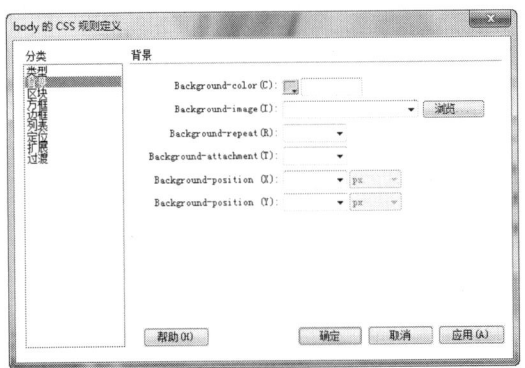

图 12-2 选择"背景"选项

在 CSS 的"背景"选项界面可以设置以下参数：

- Background-color：设置元素的背景颜色。
- Background-image：设置元素的背景图像。可以直接输入图像的路径和文件名，也可以单击"浏览"按钮选择图像文件。
- Background-repeat：确定是否重复及如何重复背景图像。包含 4 个选项："不重复"指在元素开始处显示一次图像；"重复"指在元素的后面水平和垂直平铺图像；"横向重复"和"纵向重复"分别显示图像的水平带区和垂直带区，图像被剪辑以适合元素的边界。
- Background-attachment：确定背景图

像是固定在它的原始位置还是随内容一起滚动。

- Background-position (X) 和 Background-position (Y)：指定背景图像相对于元素的初始位置，这可以用于将背景图像与页面中心垂直和水平对齐。如果附件属性为"固定"，则位置相对于文档窗口而不是元素。

12.2.3 设置区块属性

使用 CSS 规则定义对话框中的"区块"类别，可以定义标签和属性的间距和对齐设置，在对话框左侧"分类"列表框中选择"区块"选项，在右侧可以设置相应的 CSS 样式，如图 12-3 所示。

图 12-3 选择"区块"选项

在 CSS 的"区块"选项界面参数含义如下：

- Word-spacing：设置单词的间距，若要设置特定的值，在下拉列表框中选择"值"，然后输入一个数值，在第二个下拉列表框中选择度量单位。
- Letter-spacing：增加或减小字母或字符的间距。若要减小字符间距，指定一个负值，字母间距设置覆盖对齐的文本设置。
- Vertical-align：指定应用它的元素的垂直对齐方式。仅当应用于 <img> 标签时，Dreamweaver 才在文档窗口中显示该属性。
- Text-align：设置元素中的文本对齐方式。

- Text-indent：指定第一行文本缩进的程度。可以使用负值创建凸出，但显示取决于浏览器。仅当标签应用于块级元素时，Dreamweaver 才在文档窗口中显示该属性。
- White-space：确定如何处理元素中的空白。从下面 3 个选项中选择："正常"指收缩空白；"保留"的处理方式与文本被括在 <pre> 标签中一样（即保留所有空白，包括空格、制表符和回车符）；"不换行"指定仅当遇到
 标签时文本才换行。Dreamweaver 不在文档窗口中显示该属性。
- Display：指定是否显示及如何显示元素。

12.2.4 设置方框属性

使用 CSS 规则定义对话框中的"方框"类别，可以为用于控制元素在页面上的放置方式的标签和属性定义设置。可以在应用填充和边距设置时将设置应用于元素的各个边，也可以使用"全部相同"设置将相同的设置应用于元素的所有边。

CSS 的"方框"类别可以为控制元素在页面上的放置方式的标签和属性定义设置，如图 12-4 所示。

在 CSS 的"方框"选项界面参数含义如下：

- Width 和 Height：设置元素的宽度和高度。
- Float：设置其他元素在哪个边围绕元素浮动。其他元素按通常的方式环绕在浮动元素的周围。
- Clear：定义不允许 AP Div 的边。如果清除边上出现 AP Div，则带清除设置的元素将移到该 AP Div 的下方。
- Padding：指定元素内容与元素边框（如果没有边框，则为边距）之间的间距。取消选中"全部相同"复选框，可设置元素各个边的填充；选中"全部相同"复选框，会将相同的填充属性应用于元素的所有边。

性应用于元素的 top、right、bottom 和 left 侧。
- Margin：指定一个元素的边框（如果没有边框，则为填充）与另一个元素之间的间距。仅当应用于块级元素（段落、标题和列表等）时，Dreamweaver 才在文档窗口中显示该属性。取消选中"全部相同"复选框，可设置元素各个边的边距；选中"全部相同"复选框，会将相同的边距属性应用于元素的 top、right、bottom 和 left 侧。

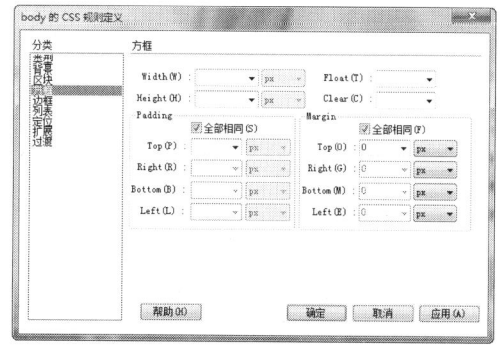

图 12-4 选择"方框"选项

12.2.5 设置边框属性

CSS 的"边框"类别可以定义元素周围边框的设置，如图 12-5 所示。

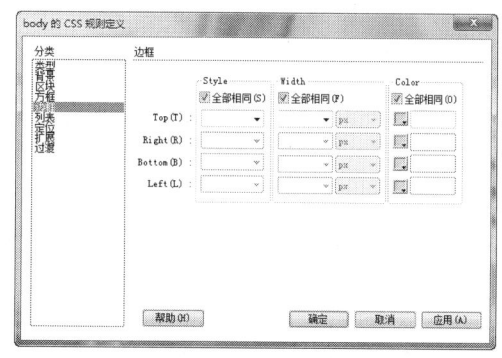

图 12-5 选择"边框"选项

在 CSS 的"边框"选项界面参数含义如下：
- Style：用于设置边框的样式外观。样式的显示方式取决于浏览器。Dreamweaver 在文档窗口中将所有样式呈现为实线。取消选中"全部相同"复选框，可设置元素各个边的边框样式；选中"全部相同"复选框，会将相同的边框样式属性应用于元素的 top、right、bottom 和 left 侧。

- Width：设置元素边框的粗细。取消选中"全部相同"复选框，可以设置元素各个边的边框宽度；选中"全部相同"复选框，可以将相同的边框宽度应用于元素的 top、right、bottom 和 left 侧。
- Color：设置边框的颜色。可以分别设置每个边的颜色。取消选中"全部相同"复选框，可以设置元素各个边的边框颜色；选中"全部相同"复选框，会将相同的边框颜色应用于元素的 top、right、bottom 和 left 侧。

12.2.6 设置列表属性

CSS 的"列表"类别可以定义列表设置，如图 12-6 所示。

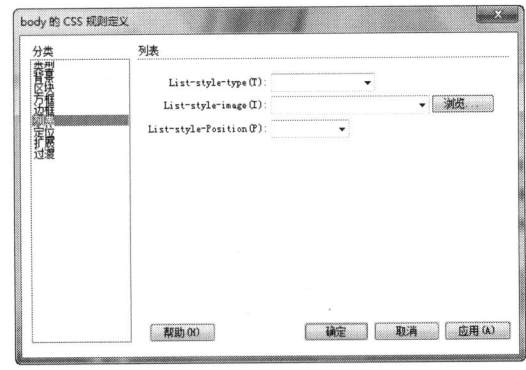

图 12-6 选择"列表"选项

在 CSS 的"列表"选项界面参数含义如下：

- List-style-type：设置项目符号或编号的外观。
- List-style-image：可以为项目符号指定自定义图像。单击"浏览"按钮选择图像，或输入图像的路径。
- List-style-position：设置列表项文本是否换行和缩进（外部），以及文本是否换行到左边距（内部）。

12.2.7 设置定位属性

CSS 的"定位"样式属性使用"层"首选参数中定义层的默认标签，将标签或所选文本块更改为新层，如图 12-7 所示。

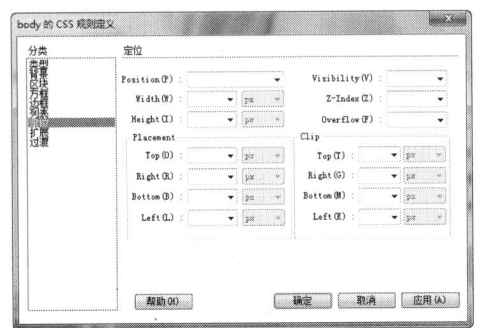

图 12-7 选择"定位"选项

在 CSS 的"定位"选项界面各参数含义如下：

- Position：在 CSS 布局中，Position 发挥着非常重要的作用，很多容器的定位是用 Position 来完成。Position 属性有 4 个可选值，它们分别是 static、absolute、fixed 和 relative。
  - "absolute"：能够很准确地将元素移动到你想要的位置，绝对定位元素的位置。
  - "fixed"：相对于窗口的固定定位。
  - "relative"：相对定位是相对于元素默认位置的定位。
  - "static"：该属性值是所有元素定位的默认情况，在一般情况下，我们不需要特别去声明它，但有时候遇到继承的情况，我们不愿意见到元素所继承的属性影响本身，因而可以用 position:static 取消继承，即还原元素定位的默认值。
- Visibility：如果不指定可见性属性，则默认情况下大多数浏览器都继承父级的值。
- Placement：指定 AP Div 的位置和大小。

- Clip：定义 AP Div 的可见部分。如果指定了剪辑区域，可以通过脚本语言访问它，并操作属性以创建像擦除这样的特殊效果。通过使用"改变属性"行为可以设置这些擦除效果。

12.2.8　设置扩展属性

"扩展"样式属性包含两部分，如图 12-8 所示。
- Page-break-before：这个属性的作用是为打印的页面设置分页符。
- Page-break-after：检索或设置对象后出现的页分割符。
- Cursor：指针位于样式所控制的对象上时改变指针图像。
- Filter：对样式所控制的对象应用特殊效果。

12.3.9　设置过渡样式

"过渡"样式可以将元素从一种样式或状态更改为另一种样式或状态。"过渡"样式属性如图 12-9 所示。

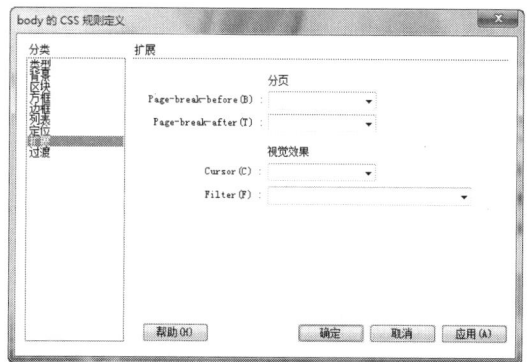

图 12-8　选择"扩展"选项

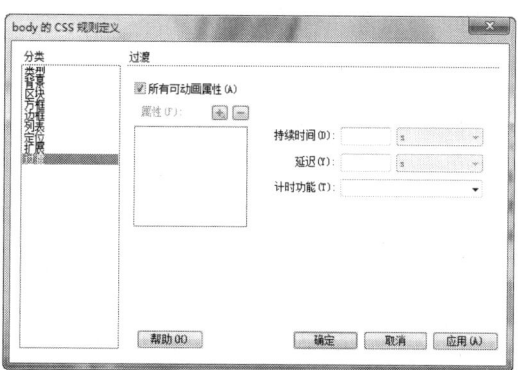

图 12-9　选择"过渡"选项

12.3　编辑 CSS 样式

如果对所使用的 CSS 样式规则不是很满意，还可以进行修改、删除和复制等操作。

12.3.1　修改 CSS 样式

修改 CSS 样式的具体操作步骤如下：

01 执行"窗口"|"CSS 设计器"命令，打开"CSS 设计器"面板，如图 12-10 所示。

02 选择当前页中的一个文本元素以显示它的属性，改为双击"选择器"中的某个属性以显示 CSS 规则定义对话框，然后进行更改，如图 12-11 所示。

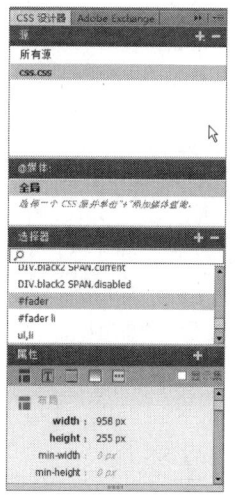

图 12-10　"CSS 设计器"面板

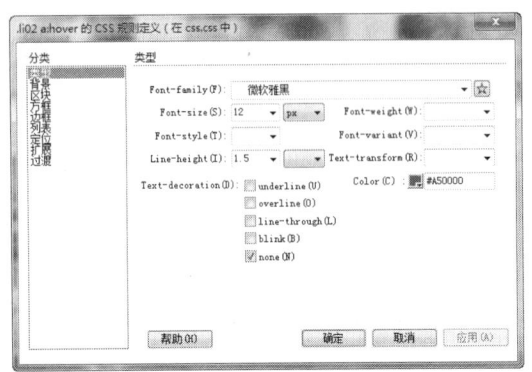

图 12-11 CSS 规则定义对话框

03 在"所选内容的摘要"窗格中选择一个属性，然后在下面的"属性"窗格中编辑或修改该属性。如图 12-12 所示。

04 再次单击该选择器，以使名称处于可编辑状态。如图 12-13 所示。

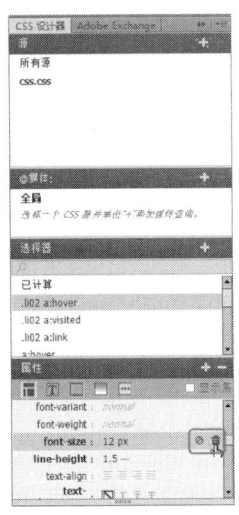 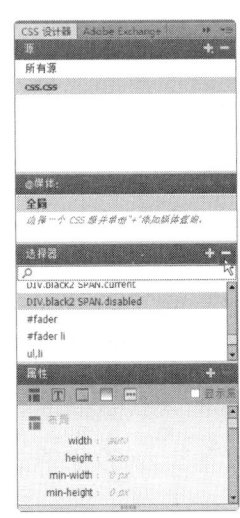

图 12-14 禁用 / 删除　　　图 12-15 单击
　　属性　　　　　　　　　"删除"按钮

12.3.3　复制 CSS 样式

用户可以将一个选择器中的样式复制粘贴到其他选择器中，还可以复制所有样式或仅复制布局、文本和边框等特定类别的样式。如图 12-16 所示。

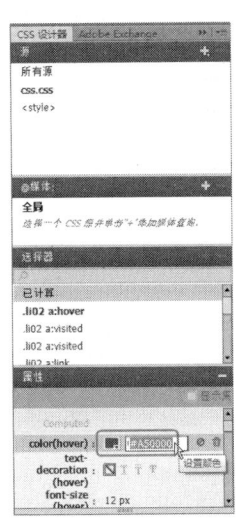 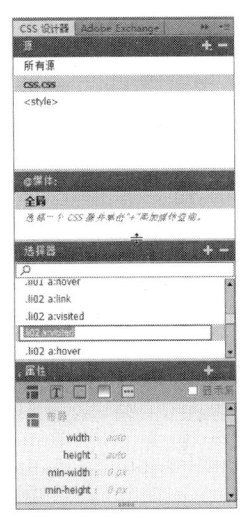

图 12-12 修改 CSS　　　图 12-13 选择器中修改
　　样式　　　　　　　　　CSS 样式

12.3.2　删除 CSS 样式

"CSS 设计器"面板可用来禁用或删除属性。如同 12-14 所示显示了大小属性的"禁用" ⊘ 和"删除" 🗑 图标。当将鼠标悬停在属性上时，这些图标就会显示。在选择器中选择要删除的 CSS 样式，然后单击"删除"按钮，即可删除 CSS 样式，如图 12-15 所示。

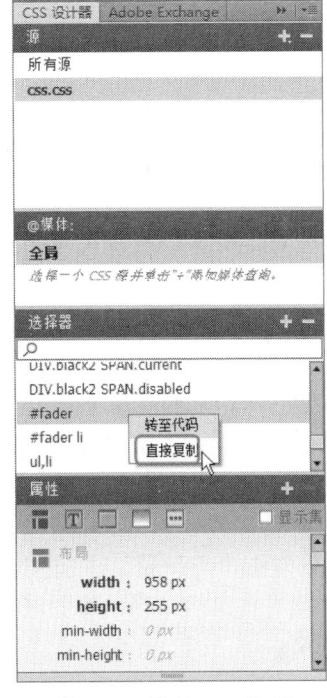

图 12-16 复制 CSS 规则

★ 高手支招 ★

使用 CSS 设计器复制样式有以下几种情况：

- 如果选择器没有样式，则"复制"和"复制所有样式"处于禁用状态。
- 对于无法编辑的远程站点，"粘贴样式"处于禁用状态。但是，"复制"和"复制所有样式"都可以使用。
- 已在某个选择器上部分存在的粘贴样式（重叠）可以使用。所有选择器的 Union 均已粘贴。
- 复制粘贴样式也适用于 CSS 文件的不同连接—导入、链接、内联样式。

12.4　综合实战

使用 CSS 样式可以灵活并更好地控制页面外观，即从精确的布局定位到特定的字体和文本样式。下面通过实例介绍如何在网页中创建及应用 CSS 样式。

实战 1——利用 CSS 样式美化文字

利用 CSS 可以美化文字，使网页中的文本始终不随浏览器的改变而发生变化，总是保持着原有的样式，应用 CSS 样式美化文字的效果如图 12-17 所示，具体的操作步骤如下：

图 12-17　应用 CSS 美化文字的效果

原始文件：	原始文件 /CH12/ 实战 1/index.html
最终文件：	最终文件 /CH12/ 实战 1/index1.html

01 打开网页文档，如图 12-18 所示。

02 选中文档中要应用 CSS 样式的文本，单击鼠标右键，在弹出的快捷菜单中执行"CSS 样式"|"新建"命令，如图 12-19 所示。

图 12-18　打开网页文档

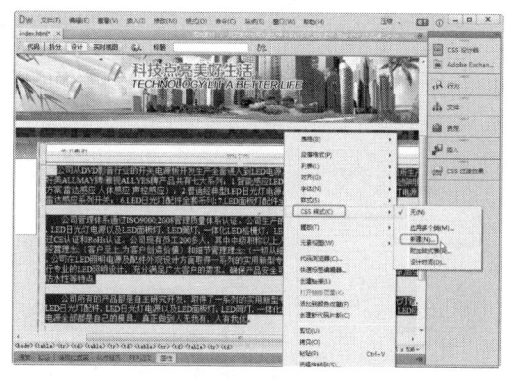

图 12-19　执行"新建"命令

03 弹出"新建 CSS 规则"对话框，在对话框中的"选择器类型"下拉列表中选择"类"，在"选择器名称"文本框中输入名称，在"规则定义"下拉列表中选择"仅限该文档"，如图 12-20 所示。

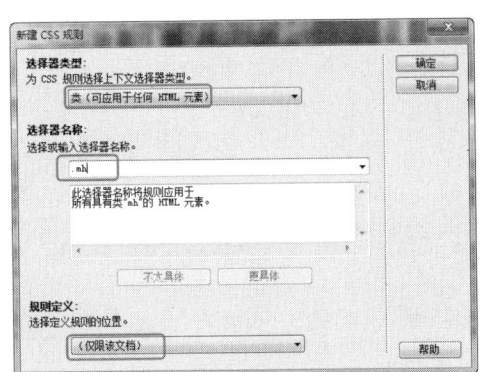

图 12-20 "新建 CSS 规则"对话框

04 单击"确定"按钮，弹出".mh 的 CSS 规则定义"对话框，在对话框中将"Font-family"设置为宋体、"Font-size"设置为 12 像素、"Color"设置为 #FB5E0F、"Line-height"设置为 200%，如图 12-21 所示。

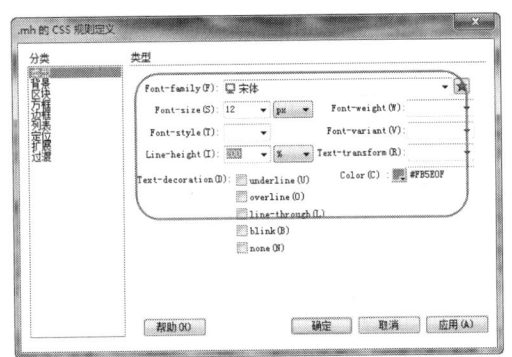

图 12-21 ".mh 的 CSS 规则定义"对话框

05 单击"确定"按钮，新建 CSS 样式，如图 12-22 所示。

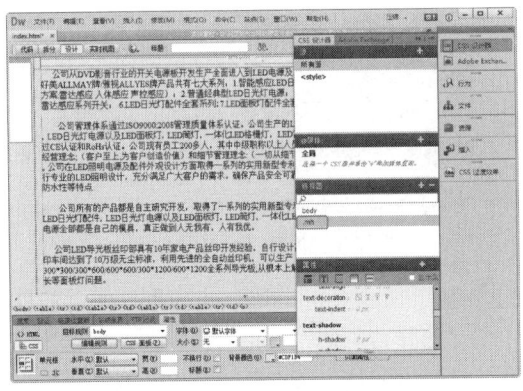

图 12-22 新建 CSS 样式

06 选中应用样式的文本，在"属性"面板中

的"目标规则"下拉列表中选择要应用的样式，如图 12-23 所示。

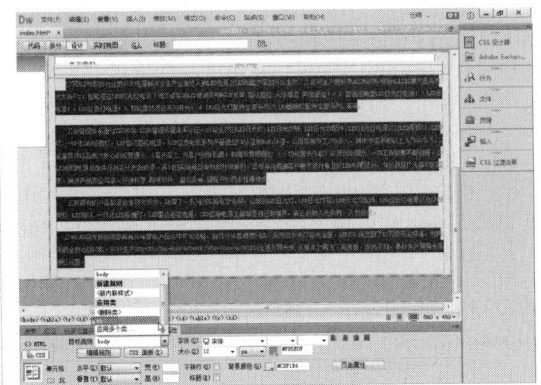

图 12-23 应用 CSS 样式

07 保存文档，按 F12 键在浏览器中浏览，效果如图 12-17 所示。

实战 2——应用 CSS 样式制作阴影文字

滤镜能对样式所控制的对象应用特殊效果（包括模糊和反转），使用 CSS 样式制作阴影文字的效果如图 12-24 所示，具体的操作步骤如下：

原始文件：	原始文件 /CH12/ 实战 2/index.html
最终文件：	最终文件 /CH12/ 实战 2/index1.html

图 12-24 使用 CSS 样式制作阴影文字的效果

01 打开网页文档，将光标置于页面中，如图 12-25 所示。

图 12-25　打开网页文档

02 执行"插入"|"表格"命令，插入 1 行 1 列的表格，将"表格宽度"设置为 30%，单击"确定"按钮，插入表格，如图 12-26 所示。

图 12-26　插入表格

03 将光标置于表格内，输入文字，如图 12-27 所示。

图 12-27　输入文字

04 选择表格，单击鼠标右键，在弹出的快捷菜单中执行"CSS 样式"|"新建"命令，如图 12-28 所示。

图 12-28　执行"新建"命令

05 弹出"新建 CSS 规则"对话框，在"选择器名称"文本框中输入".yinying"，在"选择器类型"下拉列表中选择"类"，在"规则定义"下拉列表选择"仅限该文档"，单击"确定"按钮，如图 12-29 所示。

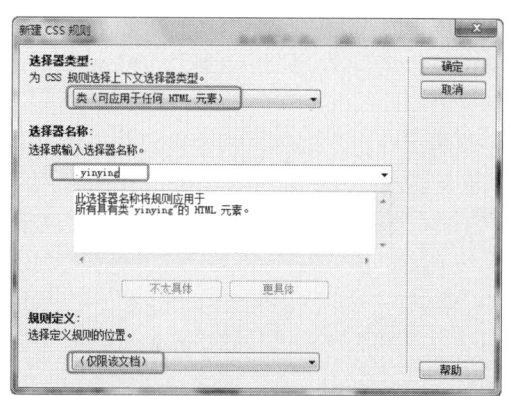

图 12-29　"新建 CSS 规则"对话框

06 弹出".yinying 的 CSS 规则定义"对话框，选择"分类"列表框中的"类型"选项，将"Font-family"设置为宋体、"Font-size"设置为 24、"Font-weight"设置为 bold、"color"设置为 #CF9B38，如图 12-30 所示。

07 单击"应用"按钮，再选择"分类"列表框中的"扩展"选项，将"Filter"设置为"Shadow(Color=？, Direction=？)"，如图 12-31 所示。

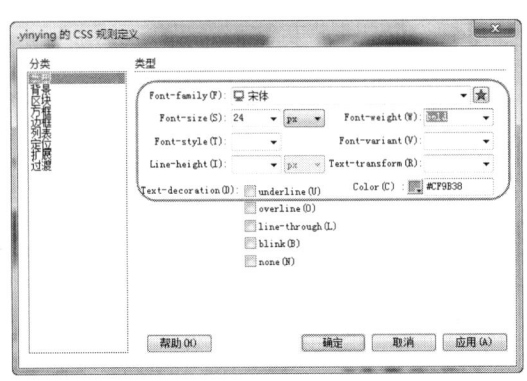

图 12-30 ".yinying 的 CSS 规则定义"对话框

图 12-31 选择"Shadow"选项

08 在"Filter"下拉列表中选择"Shadow(Color=#5C7704, Direction=100)",如图 12-32 所示。

09 单击"确定"按钮,创建样式,选中文档中的表格,打开"属性"面板,在面板中的"Class"下拉列表中选择新建的样式,如图 12-33 所示。

Shadow 滤镜可以使文字产生阴影效果,其语法格式为:Shadow(Color=?,

Direction=?),其中,Color 为投影的颜色,Direction 为投影的角度,取值范围为 0°~360°,最常用的取值是 50°,采用这个值,就可以看出明显的阴影效果。

图 12-32 设置阴影

图 12-33 应用样式

10 保存文档,按 F12 键在浏览器中预览,效果参见图 12-24 所示。

12.5 本章小结

精美的网页离不开 CSS 技术,采用 CSS 技术,可以有效地对页面的布局、字体、颜色、背景和其他效果实现更加精确的控制。Dreamweaver CC 通过使用样式表功能,可以使页面中的文字快速格式化。本章介绍了在 Dreamweaver 中如何对页面中的样式表进行编辑和管理。

第 *13* 章 使用 CSS+DIV 灵活布局页面

本章导读

设计网页的第一步是设计布局，好的网页布局会令访问者耳目一新，同样也可以使访问者比较容易地在站点上找到他们所需要的信息。无论是使用表格还是使用 CSS，网页布局都是把大块的内容放进网页的不同区域。有了 CSS，最常用来布局内容的元素就是 Div 标签。CSS+DIV 布局的最终目的是搭建完善的页面架构，通过新的符合 Web 标准的构建形成来提高网站设计的效率、可用性及其他实质性的优势。

技术要点

◆ 熟悉网站与 Web 标准

◆ 熟悉初识 DIV

◆ 掌握 CSS 定位与 DIV 布局

◆ 掌握 CSS+DIV 布局的常用方法

13.1 初识 DIV

在 CSS 布局的网页中，<div> 与 <Span> 都是常用的标记，利用这两个标记，加上 CSS 对其样式的控制，可以很方便地实现网页的布局。

13.1.1 Div 概述

Div 是 CSS 中的定位技术，在 Dreamweaver 中将其进行了可视化操作。文本、图像和表格等元素只能固定其位置，不能互相叠加在一起，使用 Div 功能，可以将其放置在网页中的任何位置，还可以按顺序排放网页文档中的其他构成元素。层体现了网页技术从二维空间向三维空间的一种延伸。将 Div 和行为综合使用，就可以不使用任何 JavaScript 或 HTML 编码创作出动画效果。

Div 的功能主要有以下 3 个方面：

- 重叠排放网页中的元素。利用 Div，可以实现不同的图像重叠排列，而且可以随意改变排放的顺序。

- 精确的定位。单击 Div 上方的四边形控制手柄，将其拖动到指定位置，就可以改变层的位置。如果要精确定位 AP Div 在页面中的位置，可以在 Div 的"属性"面板中输入精确的数值坐标。如果将 Div 的坐标值设置为负数，Div 会在页面中消失。

- 显示和隐藏 AP Div。AP Div 的显示和隐藏可以在 AP Div 面板中完成。当 AP Div 面板中的 AP Div 名称前显示的是"闭合眼睛"的图标 时，表示 AP Div 被隐藏；当 AP Div 面板中的 AP Div 名称前显示的是"睁开眼睛"的图标 时，表示 AP Div 被显示。

13.1.2 创建 Div

可以将 Div 理解为一个文档窗口内的又一个小窗口，像在普通窗口中操作一样，在 Div 中可以输入文字，也可以插入图像、动画影像、声音、表格等，对其进行编辑。创建 Div 的具体操作步骤如下：

01 打开网页文档，如图 13-1 所示。

图 13-1 打开网页文档

02 执行"插入"|"Div"命令，如图 13-2 所示。

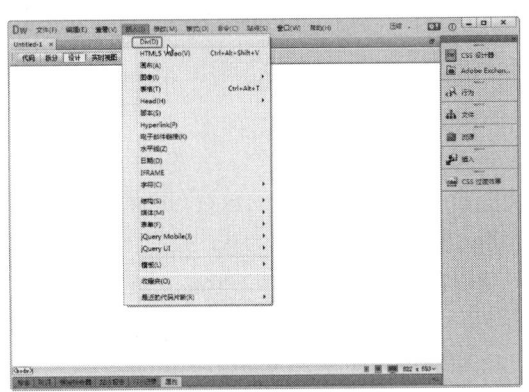

图 13-2 执行"Div"命令

03 选择命令后，弹出"插入 Div"对话框，如图 13-3 所示。

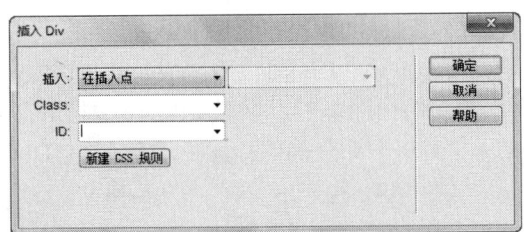

图 13-3 "插入 Div"对话框

04 单击"确定"按钮，即可创建 Div，如图 13-4 所示。

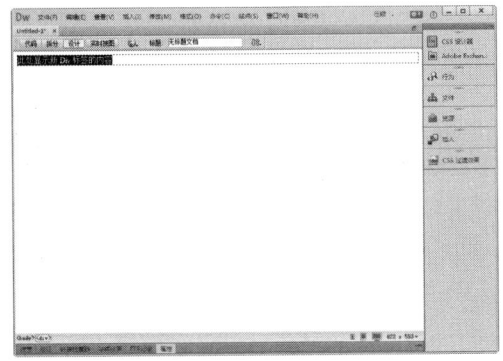

图 13-4 创建 Div

13.1.3 CSS+DIV 布局的优势

掌握基于 CSS 的网页布局方式，是实现 Web 标准的基础。在主页制作时采用 CSS 技术，可以有效地对页面的布局、字体、颜色、背景和其他效果实现更加精确的控制。只要对相应的代码做一些简单的修改，就可以改变网页的外观和格式。采用 CSS 布局有以下优点：

- 大大缩减页面代码，提高页面浏览速度，降低带宽成本。
- 结构清晰，容易被搜索引擎搜索到。
- 缩短改版时间，只要简单地修改几个 CSS 文件就可以重新设计一个有成百上千页面的站点。
- 强大的字体控制和排版能力。
- CSS 非常容易编写，可以像写 HTML 代码一样轻松地编写 CSS。
- 提高易用性，使用 CSS 可以结构化 HTML，如 <p> 标记只用来控制段落，<heading> 标记只用来控制标题，<table> 标记只用来表现格式化的数据等。
- 表现和内容相分离，将设计部分分离出来放在一个独立样式文件中。
- 更方便搜索引擎的搜索，用只包含结构化内容的 HTML 代替嵌套的标记，搜索引擎将更有效地搜索到内容。

- table 的布局中，垃圾代码会很多，一些修饰的样式及布局的代码混合一起，很不直观。而 Div 更能体现样式和结构相分离，结构的重构性强。
- 可以将许多网页的风格格式同时更新。不用再一页一页地更新了。可以将站点上所有的网页风格都使用一个 CSS 文件进行控制，只要修改这个 CSS 文件中相应的行，那么整个站点的所有页面都会随之发生变动。

13.2　CSS 定位与 DIV 布局

许多 Web 站点都使用基于表格的布局显示页面信息。表格对于显示表格数据很有用，并且很容易在页面上创建。但表格还会生成大量难以阅读和维护的代码。许多设计者首选基于 CSS 的布局，正是因为基于 CSS 的布局所包含的代码数量要比具有相同特性的基于表格的布局使用的代码少得多。

13.2.1　盒子模型

如果想熟练掌握 Div 和 CSS 的布局方法，首先要对盒子模型有足够的了解。盒子模型是 CSS 布局网页时非常重要的概念，只有很好地掌握了盒子模型，以及其中每个元素的使用方法，才能真正地布局网页中各个元素的位置。

所有页面中的元素都可以看做一个装了东西的盒子，盒子里面的内容到盒子的边框之间的距离即填充（padding），盒子本身有边框（border），而盒子边框外和其他盒子之间，还有边界（margin）。

一个盒子由 4 个独立的部分组成，如图 13-5 所示。

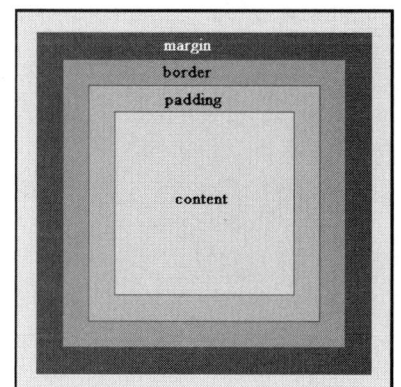

图 13-5　盒子模型

- 最外面的是边界（margin）。
- 第 2 部分是边框（border）。边框可以有不同的样式。
- 第 3 部分是填充（padding）。填充用来定义内容区域与边框（border）之间的空白。
- 第 4 部分是内容区域。

填充、边框和边界部分为上、右、下、左 4 个方向，既可以分别定义，也可以统一定义。当使用 CSS 定义盒子的 width 和 height 时，定义的并不是内容区域、填充、边框和边界所占的总区域。实际上定义的是内容区域 content 的 width 和 height。为了计算盒子所占的实际区域必须加上 padding、border 和 margin。

实际宽度＝左边界＋左边框＋左填充＋内容宽度（width）＋右填充＋右边框＋右边界

实际高度＝上边界＋上边框＋上填充＋内容高度（height）＋下填充＋下边框＋下边界

13.2.2　元素的定位

CSS 对元素的定位包括相对定位和绝对定位，同时，还可以把相对定位和绝对定位结合起来，形成混合定位。

1．position 属性

position 的原意为位置、状态、安置。在 CSS 布局中，position 属性非常重要，很多特殊容器的定位必须用 position 来完成。position 属性有 4 个值，分别是：static、absolute、fixed 和 relative。

 position 定位允许用户精确定义元素框出现的相对位置，可以相对于它通常出现的位置，相对于其上级元素，相对于另一个元素，或者相对于浏览器视窗本身。每个显示元素都可以用定位的方法来描述；而其位置由此元素的包含块来决定。

语法：

```
Position: static | absolute | fixed | relative
```

 static 表示默认值，无特殊定位，对象遵循 HTML 定位规则；absolute 表示采用绝对定位，需要同时使用 left、right、top 和 bottom 等属性进行绝对定位；而其层叠通过 z-index 属性定义，此时对象不具有边框，但仍有填充和边框；fixed 表示当页面滚动时，元素保持在浏览器视区内，其行为类似 absolute；relative 表示采用相对定位，对象不可层叠，但将依据 left、right、top 和 bottom 等属性，设置在页面中的偏移位置。

 当容器的 position 属性值为 fixed 时，这个容器即被固定定位了。固定定位和绝对定位非常类似，不过被定位的容器不会随着滚动条的拖动而变化位置。在视野中，固定定位的容器的位置是不会改变的。下面举例讲述固定定位的使用，其代码如下所示：

```
<!DOCTYPE html PUBLIC "-//W3C//DTD XHTML 1.0 Transitional//EN"
"http://www.w3. org/TR/xhtml1/DTD/xhtml1-transitional.dtd">
<html xmlns="http://www.w3.org/1999/xhtml">
<head>
<meta http-equiv="Content-Type" content="text/html; charset=gb2312" />
<title>CSS 固定定位 </title>
<style type="text/css">
*{margin: 0px;
  padding:0px;}
#all{
width:500px;
    height:550px;
    background-color:#ccc0cc;}
#fixed{
width:150px;
    height:80px;
    border:15px outset #f0ff00;
    background-color:#9c9000;
    position:fixed;
    top:20px;
    left:10px;}
#a{
width:250px;
    height:300px;
    margin-left:20px;
    background-color:#ee00ee;
    border:2px outset #000000;}
</style>
</head>
<body>
<div id="all">
    <div id="fixed"> 固定的容器 </div>
    <div id="a">无定位的 div 容器 </div>
</div>
</body>
</html>
```

 在本例中给外部 Div 设置了 #ccc0cc 背景色，给内部无定位的 Div 设置了 #ee00ee 背景色，而给固定定位的 Div 容器设置了 #9c9000 背景色，并设置了 outset 类型的边框。在浏览器中浏览效果如图 13-6 和图 13-7 所示。

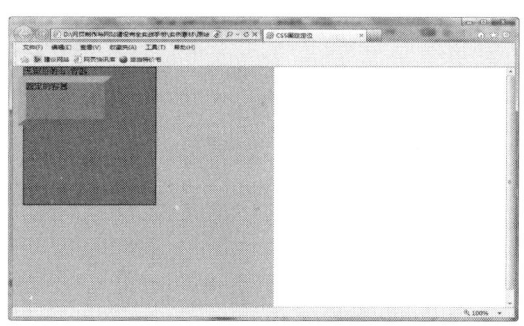

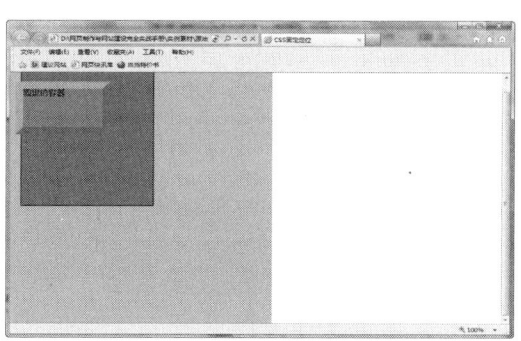

图 13-6 固定定位效果　　　　　　　　　图 13-7 拖动浏览器后的效果

2．float 属性

应用 Web 标准创建网页以后，float 浮动属性是元素定位中非常重要的属性，常常通过对 Div 元素应用 float 浮动来进行定位，不但可以对整个版式进行规划，还可以对一些基本元素如导航等进行排列。

语法：

```
float:none|left|right
```

none 是默认值，表示对象不浮动；left 表示对象浮在左边；right 表示对象浮在右边。

CSS 允许任何元素浮动 float，不论是图像、段落还是列表。无论先前元素是什么状态，浮动后都成为块级元素。浮动元素的宽度默认为 auto。

> ★ 指点迷津 ★
> 浮动有一系列控制它的规则：
> - 浮动元素的外边缘不会超过其父元素的内边缘。
> - 浮动元素不会互相重叠。
> - 浮动元素不会上下浮动。

float 属性的工作原理并不简单，需要在实践中不断地总结经验。下面通过几个小例子，来说明它的基本工作情况。

如果 float 取值为 none 或没有设置 float 时，不会发生任何浮动，块元素独占一行，紧随其后的块元素将在新行中显示。其代码如下所示，在浏览器中浏览的效果如图 13-8 所示。可以看到由于没有设置 Div 的 float 属性，因此每个 Div 都单独占一行，两个 Div 分两行显示。

```
<html xmlns="http://www.w3.org/1999/xhtml">
<head>
<meta http-equiv="Content-Type" content="text/html; charset=gb2312" />
 <title>没有设置float时</title>
 <style type="text/css">
  #content_a {width:200px; height:80px; border:2px solid #000000;
margin:15px; background:#0ccccc;}
  #content_b {width:200px; height:80px; border:2px solid #000000;
margin:15px; background:#ff00ff;}
</style>
</head>
<body>
```

```
    <div id="content_a">这是第一个 DIV</div>
    <div id="content_b">这是第二个 DIV</div>
</body>
</html>
```

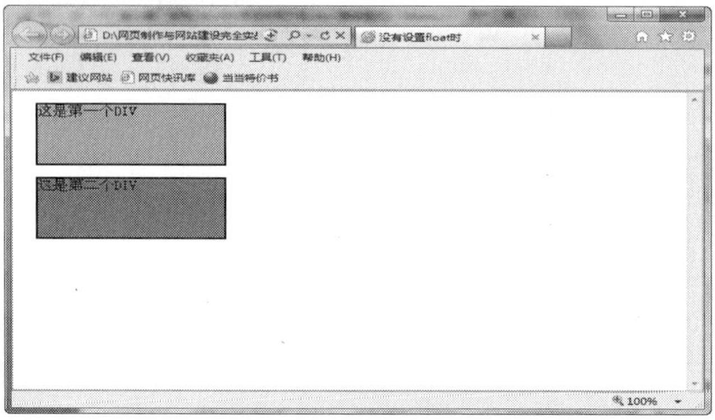

图 13-8 没有设置 float

下面修改一下代码，使用 float:left 对 content_a 应用向左的浮动，而 content_b 不应用任何浮动。其代码如下所示，在浏览器中浏览效果如图 13-9 所示。可以看到对 content_a 应用向左的浮动后，content_a 向左浮动，content_b 在水平方向紧跟着在它的后面，两个 Div 占一行，在一行上并列显示。

```
<html xmlns="http://www.w3.org/1999/xhtml">
<head>
<meta http-equiv="Content-Type" content="text/html; charset=gb2312"/>
 <title>一个设置为左浮动，一个不设置浮动 </title>
 <style type="text/css">
  #content_a {width:200px; height:80px; float:left;
border:2px solid #000000; margin:15px; background:#0ccccc;}
  #content_b {width:200px; height:80px; border:2px solid #000000;
 margin:15px; background:#ff00ff;}
</style>
</head>
<body>
  <div id="content_a">这是第一个 DIV 向左浮动 </div>
<div id="content_b">这是第二个 DIV 不应用浮动 </div>
</body>
</html>
```

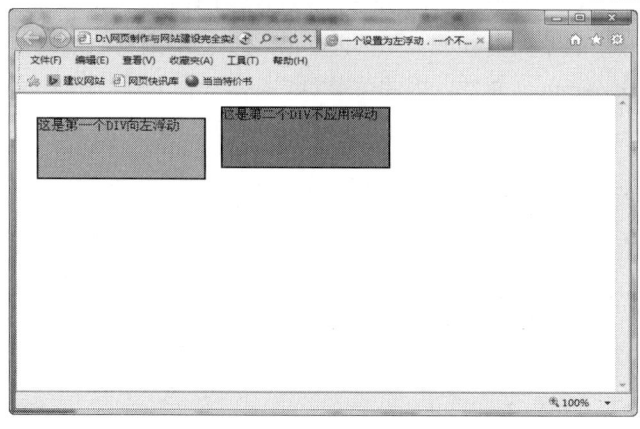

图 13-9 一个设置为左浮动，一个不设置浮动

　　下面修改一下代码，同时对这两个容器应用向左的浮动，其 CSS 代码如下所示，在浏览器中浏览，可以看到效果与图 13-10 一样，两个 Div 占一行，在一行上并列显示。

```
<style type="text/css">
   #content_a {width:200px; height:80px; float:left; border:2px solid #000000;
margin:15px; background:#0ccccc;}
   #content_b {width:200px; height:80px; float:left; border:2px solid #000000;
margin:15px; background:#ff00ff;}
   </style>
```

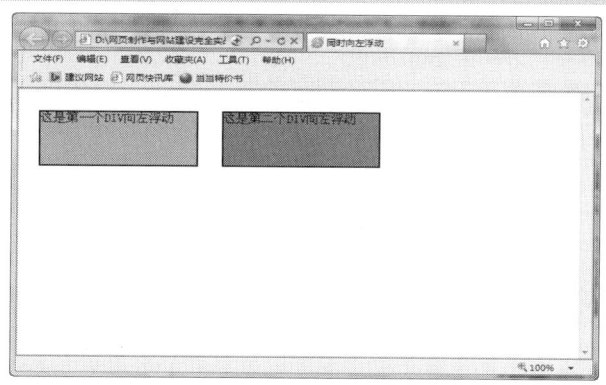

图 13-10　同时向左浮动

　　下面修改上面代码中的两个元素，同时应用向右的浮动，其 CSS 代码下所示，在浏览器中浏览，效果如图 13-11 所示。可以看到同时对两个元素应用向右的浮动基本保持了一致，但请注意方向性，第二个在左边，第一个在右边。

```
<style type="text/css">
   #content_a {width:200px; height:80px; float:right; border:2px solid #000000;
margin:15px; background:#0ccccc;}
   #content_b {width:200px; height:80px; float:right; border:2px solid #000000;
margin:15px; background:#ff00ff;}
   </style>
```

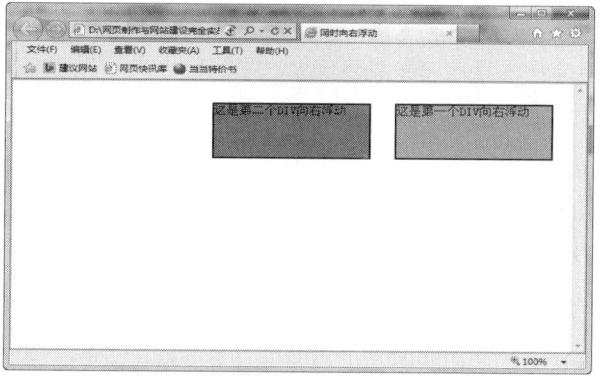

图 13-11　同时向右的浮动

13.3　CSS+DIV 布局的常用方法

　　无论是使用表格还是使用 CSS，网页布局都是把大块的内容放进网页的不同区域。有了 CSS，最常用来组织内容的元素就是 <div> 标签。CSS 排版是一种很新的排版理念，首先要将

页面使用 <div> 整体划分几个板块，然后对各个板块进行 CSS 定位，最后在各个板块中添加相应的内容。

13.3.1　使用 Div 对页面整体规划

在利用 CSS 布局页面时，首先要有一个整体的规划，包括整个页面分成哪些模块，各个模块之间的父子关系等。以最简单的框架为例，页面由 banner、主体内容（content）、菜单导航（links）和脚注（footer）几个部分组成，各个部分分别用自己的 id 来标识，如图 13-12 所示。

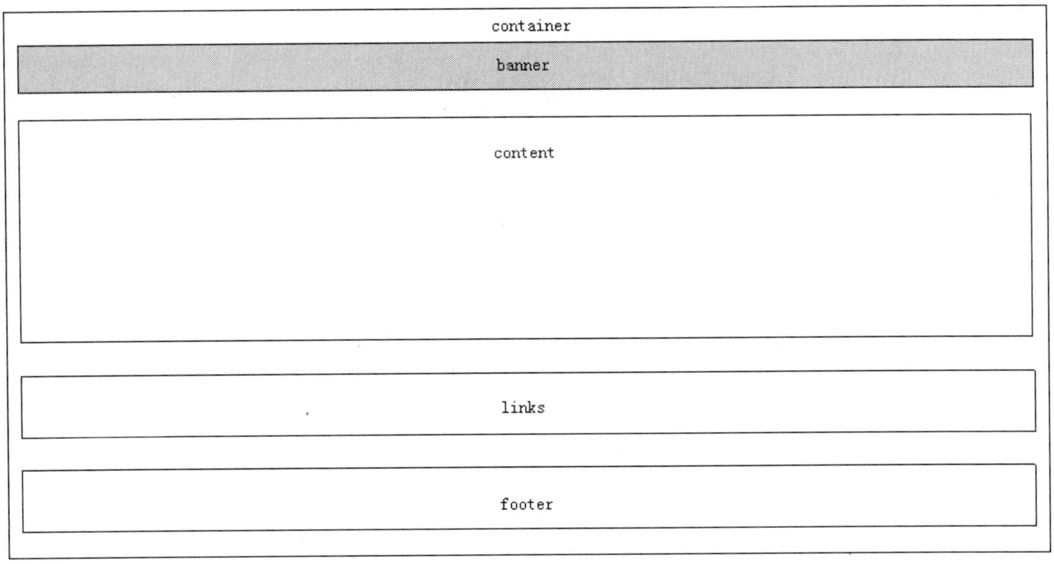

图 13-12　页面内容框架

其页面中的 HTML 框架代码如下：

```
<div id="container">container
  <div id="banner">banner</div>
    <div id="content">content</div>
    <div id="links">links</div>
    <div id="footer">footer</div>
</div>
```

实例中每个板块都是一个 <div>，这里直接使用 CSS 中的 id 来表示各个板块，页面的所有 Div 块都属于 container，一般的 Div 排版都会在最外面加上这个父 Div，便于对页面的整体进行调整。对于每个 Div 块，还可以再加入各种元素或行内元素。

13.3.2　设计各块的位置

当页面的内容已经确定后，则需要根据内容本身考虑整体的页面布局类型，例如单栏、双栏或三栏等，这里采用的布局如图 13-13 所示。

由图 13-13 可以看出，在页面外部有一个整体的框架 container，banner 位于页面整体框架中的最上方，content 与 links 位于页面的中部，其中 content 占据着页面的绝大部分。最下面是页面的脚注 footer。

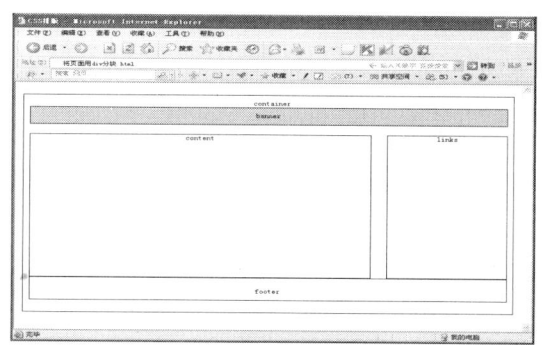

图 13-13　简单的页面框架

13.3.3　使用 CSS 定位

整理好页面的框架后，就可以利用 CSS 对各个板块进行定位，实现对页面的整体规划，然后再往各个板块中添加内容。

下面首先对 body 标记与 container 父块进行设置，CSS 代码如下：

```
body {
    margin:15px;
    text-align:center;
}
#container{
    width:1000px;
    border:1px solid #000000;
    padding:10px;
}
```

上面代码设置了页面的边界和页面文本的对齐方式，以及父块的宽度为 1000px。下面来设置 banner 板块，其 CSS 代码如下：

```
#banner{
    margin-bottom:5px;
    padding:20px;
    background-color:#aaaa0f;
    border:1px solid #000000;
    text-align:center;
}
```

这里设置了 banner 板块的边界、填充和背景颜色等。

下面利用 float 方法将 content 移动到左侧，links 移动到页面右侧，这里分别设置了这两个板块的宽度和高度，读者可以根据需要自己调整。代码如下：

```
#content{
    float:left;
    width:670px;
    height:300px;
    background-color:#ca0a0f;
    border:1px solid #000000;
    text-align:center;
}
#links{
    float:right;
    width:300px;
    height:300px;
```

```
    background-color:yellow;
    border:1px solid #000000;
    text-align:center;
}
```

由于 content 和 links 对象都设置了浮动属性，因此 footer 需要设置 clear 属性，使其不受浮动的影响，代码如下：

```
#footer{
    clear:both;        /* 不受float影响 */
    padding:10px;
    border:1px solid #000000;
    background-color:green;
    text-align:center;
}
```

这样页面的整体框架便搭建好了，如图 13-14 所示。这里需要指出的是 content 块中不能放宽度太长的元素，如很长的图片或不折行的英文等，否则 links 将再次被挤到 content 下方。

后期维护时如果希望 content 的位置与 links 对调，只需要将 content 和 links 属性中的 left 和 right 改变即可。这是传统的排版方式所不可能实现的，也正是 CSS 排版的魅力之一。

另外，如果 links 的内容比 content 的长，在 IE 浏览器上 footer 就会贴在 content 下方而与 links 出现重合。

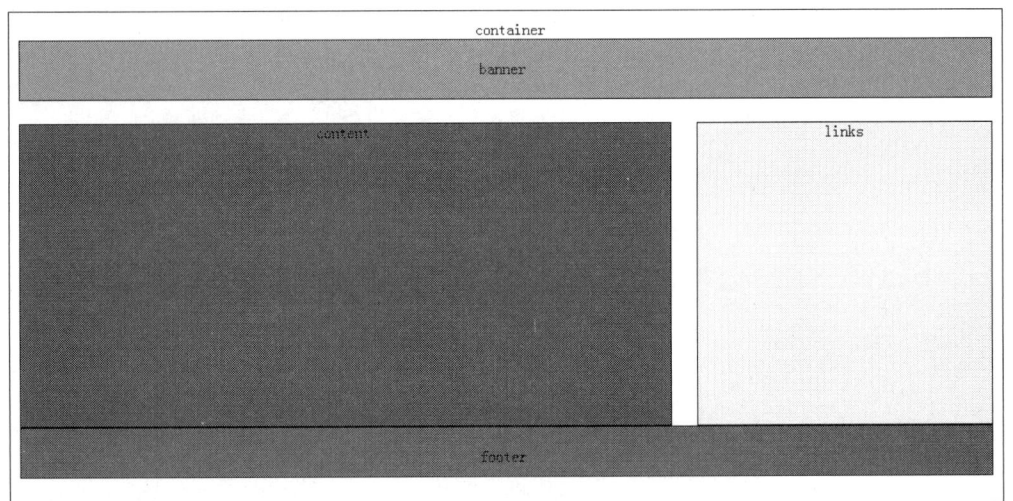

图 13-14 搭建好的页面布局

13.4 本章小结

CSS+DIV 的优点，众所周知，简单地说，就是将网页的表现和内容分离。从设计分工的角度来看，便于分工合作，美工就管切图和制作 CSS，程序员则专心代码就可以了。从另外一个角度来说，除了网站以外，现在的应用程序也多以网页形式输出，不管你是网页设计师还是一个程序员，掌握 CSS 总是一件非常重要的事。

第 *14* 章 网页图像设计软件 Photoshop CC

本章导读

Adobe Photoshop CC 是数字影像处理和编辑的业界标准，提供广泛的专业级修饰工具套件，还封装了专为激发灵感而设计的强大编辑功能。在网页设计领域里，Photoshop 是不可缺少的一个设计软件，一个好的网页创意离不开图片，只要涉及图像，就会用到图像处理软件，Photoshop 理所当然就会成为网页设计中的一员。使用 Photoshop 不仅可以对图像进行精确的加工，还可以将图像制作成网页动画上传到网页中。

技术要点

◆ Photoshop CC 介绍   ◆ 制作文本特效
◆ 绘图工具的使用   ◆ 输出图像

14.1 Photoshop CC 介绍

2013 年 7 月，Adobe 公司推出最新版本的 Photoshop——Photoshop CC（Creative Cloud）。除 b Photoshop CS6 中所包含的功能，Photoshop CC 新增了相机防抖动功能、CameraRAW 功能改进、图像提升采样、属性面板改进、Behance 集成等功能，以及 Creative Cloud，即云功能。工作界面如图 14-1 所示。

图 14-1 Photoshop CC 工作界面

14.1.1 菜单栏

Photoshop CC 包括"文件"、"编辑"、"图像"、"图层"、"类型"、"选择"、"滤镜"、"3D"、"视图"、"窗口"和"帮助"11 个菜单，如图 14-2 所示。

图 14-2 菜单栏

- "文件"菜单：对所修改的图像进行打开、关闭、存储、输出、打印等操作。
- "编辑"菜单：编辑图像过程中所用到的各种操作，如复制、粘贴等一些基本操作。
- "图像"菜单：用来修改图像的各种属性，包括图像和画布的大小、图像颜色的调整、修正图像等。
- "图层"菜单：图层基本操作命令。
- "类型"菜单：全新文字系统消除锯齿选项可提供文字在网页上显示效果的逼真预览。这个新选项非常符合基于 Windows 和·Mac 渲染的主流浏览器的消除锯齿选项。
- "选择"菜单：可以对选区中的图像添加各种效果或进行各种变化而不改变选区外的图像，还提供了各种控制和变换选区的命令。
- "滤镜"菜单：用来添加各种特殊效果。
- "3D"菜单：在默认的"实时 3D 绘画"模式下绘画时，将看到您的画笔描边同时在 3D 模型视图和纹理视图中实时更新。"实时 3D 绘画"模式也可显著提升性能，并可最大限度地减少失真。
- "视图"菜单：用于改变文档的视图，如放大、缩小、显示标尺等。
- "窗口"菜单：用于改变活动文档，以及打开和关闭 Photoshop CC 的各个浮动面板。
- "帮助"菜单：用于查找帮助信息。

14.1.2　工具箱及工具选项栏

Photoshop 的工具箱包含多种工具，要使用这些工具，只要单击工具箱中的工具按钮即可，如图 14-3 所示。

使用 Photoshop CC 绘制图像或处理图像时，需要在工具箱中选择工具，同时需要在工具选项栏中进行相应的设置，如图 14-4 所示。

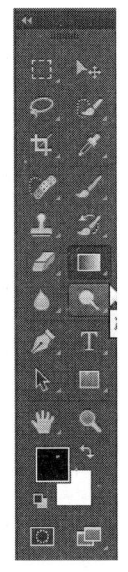

图 14-3　工具箱

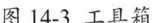

图 14-4　工具选项栏

14.1.3　文档窗口及状态栏

图像文件窗口就是显示图像的区域，也是编辑和处理图像的区域。在图像窗口中可以实现 Photoshop 中所有的功能，也可以对图像窗口进行多种操作。如改变窗口大小和位置，对窗口进行缩放等。文档窗口如图 14-5 所示。

状态栏位于图像文件窗口的最底部，主要用于显示图像处理的各种信息，如图 14-6 所示。

图 14-5　文档窗口

图 14-6　状态栏

14.1.4　面板

在默认情况下，面板位于文档窗口的右侧，其主要功能是查看和修改图像。一些面板中的菜单提供其他命令和选项。可使用多种不同方式组织工作区中的面板。可以将面板存储在“面板箱”中，以使它们不干扰工作且易于访问，或者可以让常用面板在工作区中保持打开。另一个选项是将面板编组，或将一个面板停放在另一个面板的底部，如图 14-7 所示。

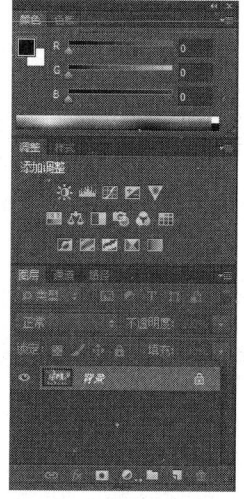

图 14-7　停靠在面板底部

14.2　绘图工具的使用

利用工具进行绘图是 Photoshop 最重要的功能之一，只要用户熟练掌握这些工具并有着一定的美术造型能力，就能绘制出精美的作品来。在网页图像设计中会经常用到这些绘图工具，熟练掌握绘图工具的使用是非常必要的。

14.2.1　使用矩形工具和圆角矩形工具

使用“矩形工具”绘制矩形，只需在选中“矩形工具”后，在画布上单击后拖动鼠标即可绘出所需矩形。在拖动时如果按住 Shift 键，则会绘制出正方形，具体操作步骤如下：

01 执行“文件”|“打开”命令，打开图像文件“矩形工具 .jpg”，选择工具箱中的“矩形工具”，如图 14-8 所示。

02 在工具选项栏中将填充颜色设置为粉色，按住鼠标左键在舞台中绘制矩形，如图 14-9 所示。

图 14-8 打开图像文件

图 14-9 绘制矩形

用"圆角矩形工具"可以绘制具有平滑边缘的矩形，其使用方法与"矩形工具"相同，只需用鼠标在画布上拖动即可，具体操作步骤如下。

01 执行"文件"|"打开"命令，打开图像文件"矩形工具 .jpg"，选择工具箱中的"圆角矩形工具"，如图 14-10 所示。

图 14-10 打开图像文件

02 在工具选项栏中将填充颜色设置为白色，"描边"颜色设置为 acd598，按住鼠标左键在舞台中绘制圆角矩形，如图 14-11 所示。

图 14-11 绘制圆角矩形

14.2.2　使用单行选框工具及单列选框工具

选框工具位于工具箱的左上角，它包括矩形选框、圆形选框、单行选框、单列选框。要选取它可以单击它，也可以按键盘上的快捷键 M，如图 14-12 所示。

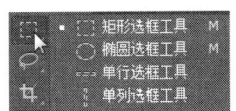

图 14-12 选框工具

01 选中"单行选中工具"后，可以用鼠标在绘图区拉出一个像素高的选框，其实就是像素高为 1 的水平线选择框，如图 14-13 所示，其工具选项栏中删除"其任务栏中只有选择方式可选"，羽化只能为 0px，样式不可选。

图 14-13 单行选框

02 选中"单列选框工具"后，可以用鼠标在绘图区拉出一个像素宽的选框，其实就是像素宽为 1 的垂直线选择框，如图 14-14 所示，其工具选项栏中的内容与用法与"单行选框工具"的完全相同。

图 14-14　单列选框

14.2.3　使用"直线工具"

使用"直线工具"，可以绘制直线或有箭头的线段，使用方法同前，鼠标拖动的起始点为线段起点，拖动的终点为线段的终点，如图 14-15 所示是使用"直线工具"绘制的效果。

图 14-15　使用"直线工具"绘制的效果

14.2.4　使用颜料桶工具

"颜料桶工具"选项栏如图 14-16 所示，包括填充、图案、模式、不透明度、容差、消除锯齿、连续的、所有图层等参数。

图 14-16　"颜料桶工具"选项栏

各参数含义如下：

- "填充"：可选择用前景色或用图案填充，只有选择用"图案"填充时，其后面的"图案"选项才可选。
- "图案"：存放着定义过的可供选择填充的图案。
- "模式"：用于设置填充时的色彩混合方式。
- "不透明度"：用于设置填充时的不透明度。
- "容差"："消除锯齿"、"连续的"、"所有图层"等选项的使用都与魔法橡皮的使用相同。

"颜料桶工具"用于向鼠标单击处色彩相近并相连的区域填充前景色或指定图案，单击鼠标就可以完成工作，具体操作步骤如下：

01 打开图像文件，选择工具箱中的"颜料桶工具"，如图 14-17 所示。

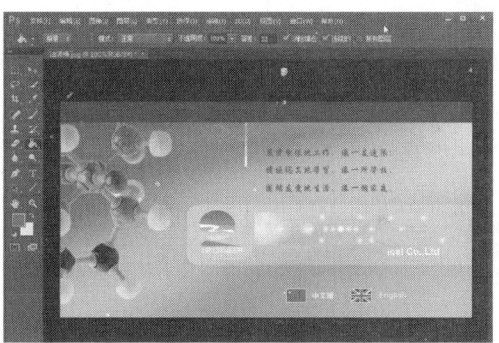

图 14-17　选择"颜料桶工具"

02 在选项栏中选择"前景"选项，在弹出的下拉列表中选择"图案"选项，如图 14-18 所示。

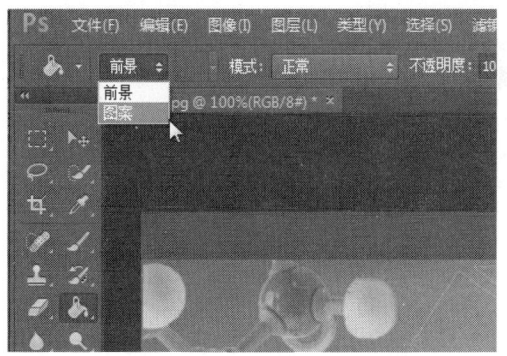

图 14-18　选择"图案"选项

03 在选项栏中选择"图案"选项，在弹出的列表框中选择相应的图案，如图 14-19 所示。

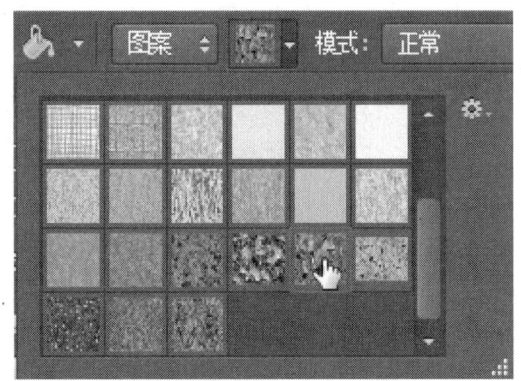

图 14-19 选择相应的图案

04 选择以后在舞台中单击即可，如图 14-20 所示。

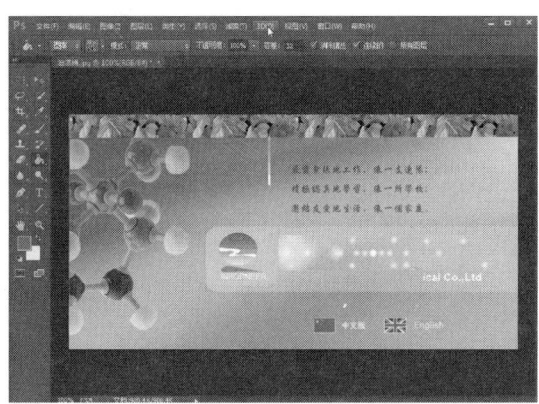

图 14-20 使用油漆桶填充

14.2.5 使用渐变工具

使用这个工具可以创造出两种以上颜色的渐变效果。渐变方式既可以选择系统设定值，也可以自己定义。渐变方向有线性、圆形放射状、方形放射状、角形和斜向等几种。如果不选择区域，将对整个图像进行渐变填充。使用时，首先选择好渐变方式和渐变色彩，用鼠标在图像上单击确定起点，拖动后再单击确定终点，这样一个渐变就做好了，可以用拖动线段的长度和方向来控制渐变效果，如图 14-21 和图 14-22 所示。

图 14-21 横向渐变

图 14-22 径向渐变

14.3 制作文本特效

Photoshop 提供了丰富的文字工具，允许在图像背景上制作多种复杂的文字效果。

14.3.1 图层的基本操作

1. 新建图层

图层的新建有几种情况，Photoshop 在执行某些操作时会自动创建图层，例如，当在进行图像粘贴时，或者在创建文字时，系统会自动为粘贴的图像和文字创建新图层，也可以直接创建新图层。

执行"图层"|"新建"|"图层"命令，打开"新建图层"对话框，如图 14-23 所示。单击"确定"按钮，即可新建"图层 1"，如图 14-24 所示。

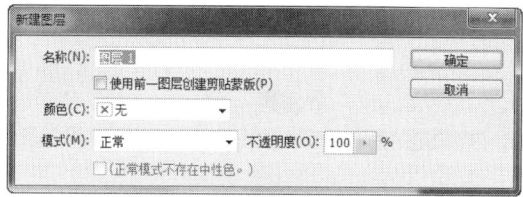

图 14-23　"新建图层"对话框

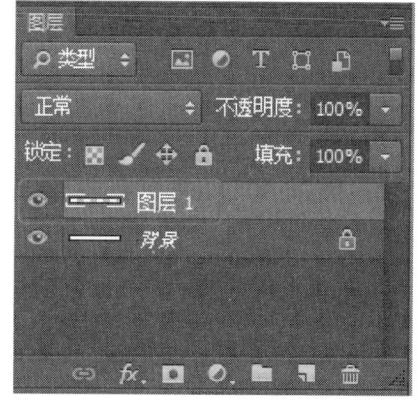

图 14-24　新建图层

2. 复制、删除图层

利用"复制图层"命令，可以在同一幅图像中复制包括背景图层在内的所有图层或图层组，也可以将它们从一幅图像复制到另一幅图像。

在图像间复制图层时，一定要记住复制图层在目标图像中的打印尺寸决定于目标图像的分辨率。如果原图像的分辨率低于目标图像的分辨率，那么复制图层在目标图像中就会显得比原来小，打印时也如此。如果原图像的分辨率高于目标图像的分辨率，那么复制图层在目标图像中就会显得比原来要大，打印时也会显得比原来要大。

在"图层"面板中选择要被复制的图层作为当前图层，然后执行"图层"|"复制图层"命令，弹出"复制图层"对话框，如图 14-25 所示。

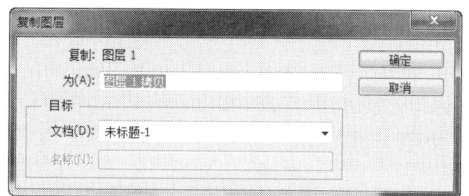

图 14-25　"复制图层"对话框

- "为"：为复制后新建的图层命名，系统默认的名字会随着目标文档的不同而不同。
- "文档"：选择复制的目标文件，系统默认的选项是原图像本身，选定它会将复制的图层又粘贴到原图像中。如果在 Photoshop 中同时打开了其他一些文件，这些文件的名字会在"文档"下拉列表中列出，选择其中任意一个，就会将复制的图层粘贴到选定的文件中。

执行"图层"|"删除"|"图层"命令，弹出如图 14-26 所示的对话框，提示将图层面板中选定的当前工作图层删除。

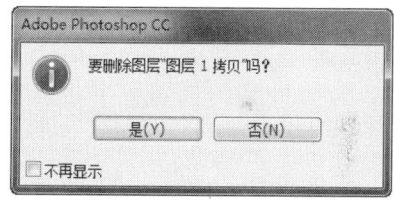

图 14-26　删除图层确认对话框

14.3.2　使用图层样式

图层样式效果非常丰富，以前需要用很多步骤制作的效果在这里设置几个参数就可以轻松完成。图层样式包含许多可以自动应用到图层中的效果，包括投影、发光、斜面和浮雕、描边、图案填充等。但正因为图层样式的种类和设置很多，很多人对它并没有全面的了解，下面将详细讲解 Photoshop 的图层样式面板的设置及效果。

当应用了一个图层样式时，一个小三角和一个 f 图标就会出现在"图层"面板中相应图层名称的右方，表示这一图层含有自动效果，并且当出现的是向下的小三角时，还能具体看到该图层到底被应用了哪些自动效果。这样就更便于用户对图层效果进行管理和修改，如图 14-27 所示。

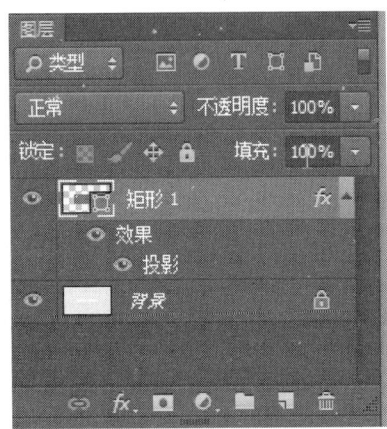

图 14-27 应用图层样式

执行"图层"|"图层样式"命令，出现图层样式菜单，如图 14-28 所示。

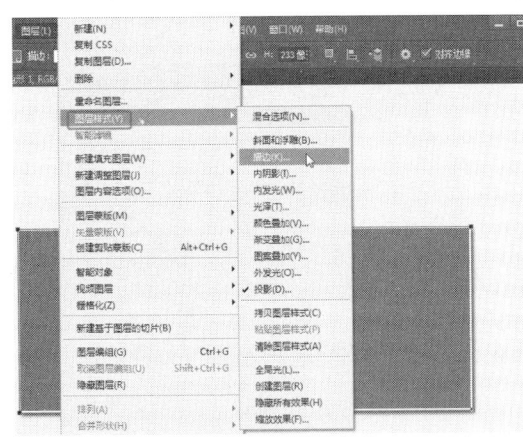

图 14-28 图层样式菜单

14.3.3 输入文本

在 Photoshop 中可以输入文本，具体操作步骤如下。

01 打开图像文件"文本 .jpg"，选择工具箱中的"横排文字工具"，如图 14-29 所示。

图 14-29 打开图像文件

02 在图像上单击，即可输入文字，如图 14-30 所示。

图 14-30 输入文本

14.3.4 设置文本格式

在创建文字的过程中或者创建完成后，只要还没有将文字与其他图层合并，就可以对文字的格式随时进行修改，如更改字体、字号、字距、对齐方式、颜色及行距等。

01 双击选中输入的文本，如图 14-31 所示。

图 14-31 双击选择文本

02 在工具选项栏中"大小"下拉列表中设置字体大小为 72，如图 14-32 所示。

图 14-32　设置文本大小

03 在工具选项栏中单击"设置字体颜色"按钮，弹出"拾色器（文本颜色）"对话框，在该对话框中选择相应的颜色，如图 14-33 所示。

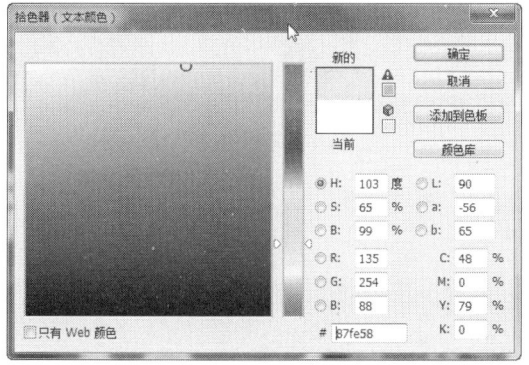

图 14-33　设置字体颜色

04 在工具选项栏中单击"设置字体颜色"按钮，弹出"拾色器"对话框，在该对话框中选择相应的颜色，如图 14-34 所示。

图 14-34　设置字体颜色后的效果

14.3.5　设置变形文字

使用"变形文字"功能可以使文字做多种的变形。在工具选项栏中单击"创建文字

变形"按钮，弹出"变形文字"对话框，如图 14-35 所示。主要包括："样式"、"水平"、"垂直"、"弯曲"、"水平扭曲"、"垂直扭曲"。

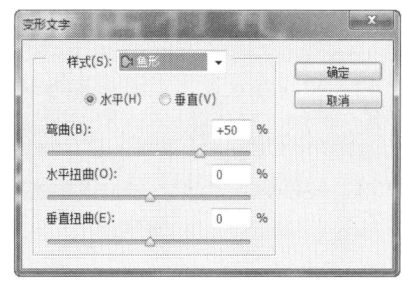

图 14-35　"变形文字"对话框

下面讲述如何设置变形文字，具体操作步骤如下：

01 打开刚才制作的图像文件"文本 .psd"，选中输入的文本，如图 14-36 所示。

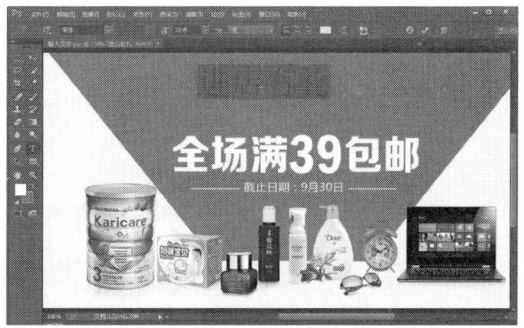

图 14-36　选中文本

02 在工具选项栏中单击"创建变形文字"按钮，弹出"变形文字"对话框，在该对话框中的"样式"下拉列表中选择"膨胀"选项，如图 14-37 所示。

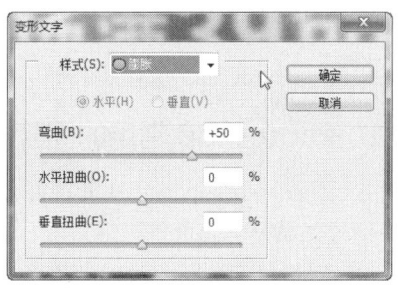

图 14-37　"变形文字"对话框

03 单击"确定"按钮，即可创建变形文字，如图 14-38 所示。

图 14-38 创建变形文字

14.3.6 使用滤镜

应用滤镜可以带来各种各样的艺术效果，可独立发挥作用，也可配合其他滤镜效果以取得理想的效果。

01 打开图像文件"文本.psd"，如图 14-39 所示。

图 14-39 打开图像文件

02 执行"滤镜"|"风格化"|"光照效果"命令，弹出是否格式化文本提示框，如图 14-40 所示。

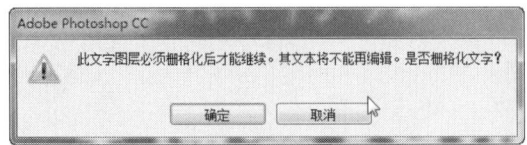

图 14-40 提示框

03 单击"确定"按钮，显示光照效果属性面板，如图 14-41 所示。

图 14-41 光照效果属性

04 调整相关参数，设置光照效果，如图 14-42 所示。

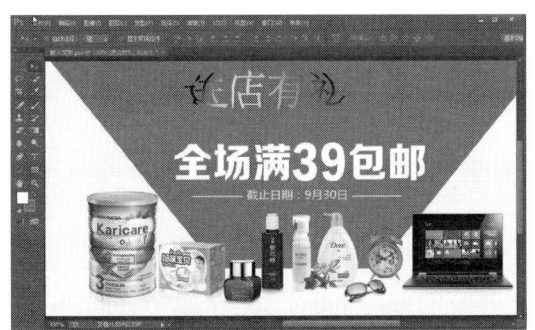

图 14-42 设置光照效果

14.4 输出图像

完成图片的处理后，保存是必不可少的步骤，否则之前的操作也是浪费。

14.4.1 Photoshop 常用的图片格式

当我们用 Photoshop 制作或处理好一幅图像后，就要对其进行存储。这时，选择一种合适的文件格式就显得十分重要。

在 Photoshop 中我们会接触到很多图像格式，下面将对 Photoshop 中常见的图像格式进行介绍。

1. PSD（.psd）格式

PSD 图像文件格式是 Photoshop 软件生成的格式，是唯一能支持全部图像色彩模式的格式，以 PSD 格式保存的图像可以包含图层、通道及色彩模式。虽然对调节层、文本层的图像进行了适当压缩，但图像文件仍然很大，比其他格式的图像文件占用更多的磁盘空间。

若需要把带有图层的 PSD 格式的图像转换成其他格式的图像文件，需先将图层合并，然后进行转换。

一般若要保留图像数据信息，以便下次接着编辑，应将文件保存为 PSD 格式。若图像需要出片，为确保不失真，一般也将其保存为 PSD 格式。

2．TIFF（.tif）格式

TIFF（标签图像文件格式）图像文件格式是为色彩通道图像创建的最有用的格式，可以在许多不同的平台和应用软件间交换信息，应用相当广泛。该格式支持 RGB、CMYK、Lab、INDEXED COLOR、BMP、灰度等色彩模式，而且在 RGB、CMYK 及灰度等模式中支持 Alpha 通道的使用。一般大多数扫描仪都输出 TIFF 格式的图像文件。

当用户在 Photoshop 中将图像文件另存为 TIFF 格式时，系统将显示 "TIFF Options" 对话框，要求用户选择字节顺序，此处我们选择 "IBM PC"。在保存为 TIFF 格式时，选择 "LZW Compression"（LZW 是一种无损压缩方法），可对图像文件进行压缩，使其占用较少的磁盘空间。

3．GIF（.gif）格式

GIF 图像文件格式是 COMPUSERVE 提供的一种格式，支持 BMP、GRAYSCALE、INDEXED COLOR 等色彩模式。可以进行 LZW 压缩，缩短图形加载的时间，使图像文件占用较少的磁盘空间。

GIF 格式文件同时支持线图、灰度和索引图像。只要软件可以读取这种格式，即可在不同类型的计算机上使用。

4．JPEG（*.jpg）

JPEG 的 英 文 全 名 是 Jont Picture Expert Group（联合图像专家组），它是一种有损压缩格式。此格式的图像通常用于图像预览和一些超文本文档中（HTML 文档）。JPEG 格式的最大特色就是文件比较小，可以进行高倍率的压缩，是目前所有格式中压缩率最高的格式之一。但是 JPEG 格式在压缩保存的过程中会以失量最小的方式丢掉一些肉眼不易察觉的数据。因而保存的图像与原图有所差别，没有原图的质量好，因此印刷品最好不要用此图像格式。JPEG 格式支持 CMYK、RGB 和灰度的颜色模式，但不支持 Alpha 通道。当将一个图像另存为 JPEG 的图像格式时，会打开 "JPEG Options" 对话框，从中可以选择图像的品质和压缩比例，大部分的情况下选择 "最大"，虽然压缩图像所产生的品质与原来图像的质量差别不大，但文件大小会减少很多。通常情况下要存成网络格式，以便减小空间提高加载速度。

5．PNG（*.png）

PNG 格式是由 Netscape 公司开发出来的格式，可以用于网络图像，但它不同于 GIF 格式的图像，只能保存 256 色，PNG 格式可以保存 24 位的真彩色图像，并且支持透明背景和消除锯齿边缘功能，可以在不失真的情况下压缩保存图像。但由于 PNG 格式不完全支持所有的浏览器，所以在网页中使用要比 GIF 和 JPEG 格式少得多。但相信随着网络的发展和因特网传输的改善，PNG 格式将是未来网页中使用的一种标准图像格式。PNG 格式的文件在 RGB 灰度模式下支持 Alpha 通道，但是索引颜色位图模式下不支持 Alpha 通道。在保存 PNG 格式的图像时，会弹出对话框，如果在对话框中选中 "Interlaced"（交错的）单选按钮，那么在使用浏览器欣赏该图片时就会以由模糊逐渐转为清晰的方式渐渐显示出来。

6．BMP 格式

BMP 是英文 Bitmap（位图）的简写，它是 Windows 操作系统中的标准图像文件格式，能够被多种 Windows 应用程序所支持。随着 Windows 操作系统的流行与丰富的 Windows 应用程序的开发，BMP 位图格式理所当然地被广泛应用。这种格式的特点是包含的图像信息较丰富，几乎不进行压缩，但由此导致了它与生俱生来的缺点——占用磁盘空间过大。所以，目前 BMP 在单机上比较流行。

14.4.2 将图片保存为 PSD 格式

将图片保存为 PSD 格式的具体操作步骤如下：

01 启动 Photoshop，执行"文件"|"打开"命令，打开图像文件"输出图像 .jpg"，如图 14-43 所示。

图 14-43 打开图片

02 执行"文件"|"另存为"命令，弹出"另存为"对话框，在该对话框中单击"保存类型"右边的下拉按钮，在弹出的下拉列表中选择"Photoshop（*.psd；*.pdd）"，如图 14-44 所示。

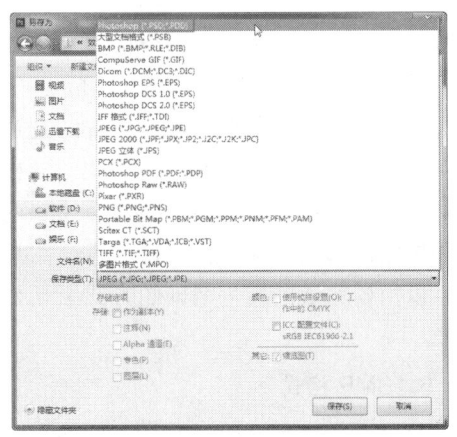

图 14-44 "另存为"对话框

03 单击"确定"按钮，即可将其存储为 PSD 格式的文件，如图 14-45 所示。

图 14-45 保存文件

14.4.3 将图片导出为 JPG 格式

JPG 格式是一种比较常见的图像格式，如果你的图片是其他格式，可以通过执行"文件"|"另存为"命令，弹出"另存为"对话框，在该对话框中单击"保存类型"右边的下拉按钮，在弹出的下拉列表中选择"JPEG（*.JPG；*.JPEG；*.JPE）"，如图 14-46 所示。

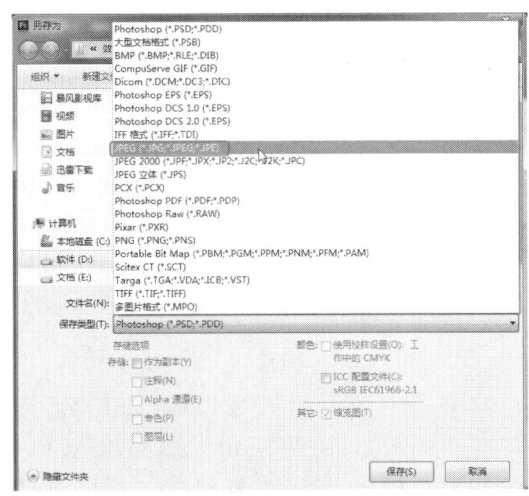

图 14-46 "另存为"对话框

14.4.4 将图片导出为 GIF 格式

GIF 分为静态 GIF 和动画 GIF 两种，扩展名为 .gif，是一种压缩位图格式。GIF 动态图（27 张）支持透明背景图像，适用于多种操作系统，"体形"很小，网上很多小动画都是 GIF 格式。执行"文件"|"另存为"命令，

弹出"另存为"对话框，在该对话框中单击"保存类型"右边的下拉按钮，在弹出的下拉列表中选择"Compuserve GIF（*.GIF）"，如图 14-47 所示。

图 14-47　"另存为"对话框

14.5　综合实战

下面将通过实例讲述如何使用 Photoshop 绘图工具和文本工具来制作网页中的图像。

实战 1——绘制天气图标

下面使用 Photoshop 绘制天气图标，效果如图 14-48 所示，具体操作步骤如下：

最终文件：	最终文件 /CH14/ 天气 .psd

图 14-48 天气图标

01 执行"文件"|"新建"命令，弹出"新建"对话框，在该对话框中将"宽"设置为 500、"高"设置为 400，如图 14-49 所示。

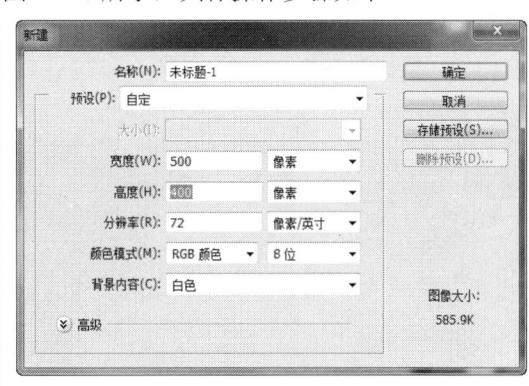

图 14-49　"新建"对话框

02 单击"确定"按钮，新建空白文档，如图 14-50 所示。

03 选择工具箱中的"渐变工具"，在工具选项栏中单击"点按可编辑渐变"按钮，弹出"渐变编辑器"对话框，在该对话框中设置渐变颜色，如图 14-51 所示。

图 14-50 新建文档

图 14-51 "渐变编辑器"对话框

04 单击"确定"按钮,设置渐变颜色,在舞台中按住鼠标左键绘制渐变,如图 14-52 所示。

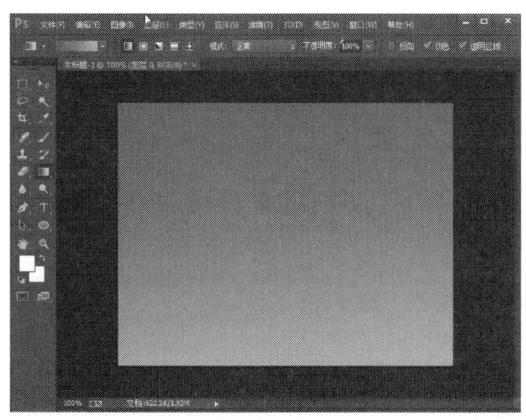

图 14-52 绘制渐变

05 选择工具箱中的"椭圆工具",在工具选项栏中将颜色设置为黑色,在舞台中绘制椭圆,如图 14-53 所示。

图 14-53 绘制椭圆

06 执行"滤镜"|"渲染"|"镜头光晕"命令,弹出"Adobe Photoshop CC"提示框,提示是否格删化形状,如图 14-54 所示。

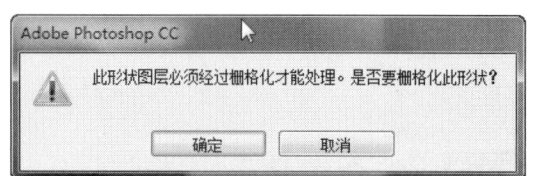

图 14-54 提示框

07 单击"确定"按钮,打开"镜头光晕"对话框,如图 14-55 所示。

图 14-55 "镜头光晕"对话框

08 单击"确定"按钮,完成镜头光晕效果的设置,如图 14-56 所示。

09 选中图层右击鼠标,在混合模式下拉列表中选择"滤色"选项,如图 14-57 所示。

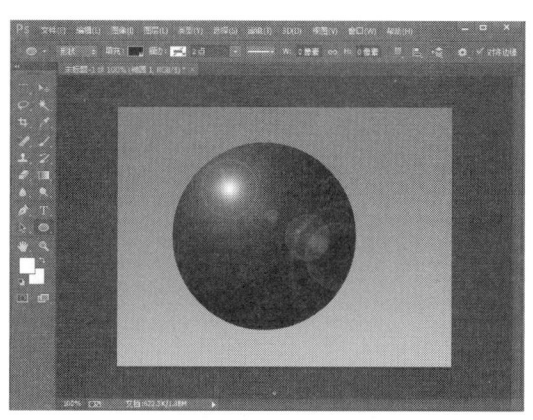

图 14-56　镜头光晕效果

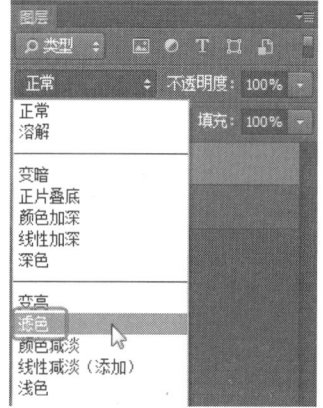

图 14-57　选择"滤色"选项

10 选择"滤色"选项以后，去除黑底，如图 14-58 所示。

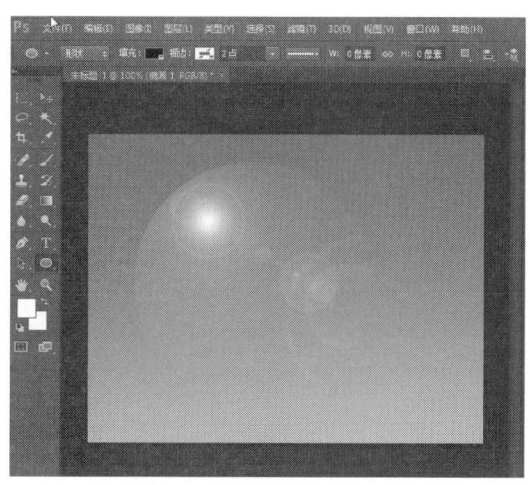

图 14-58　去除黑底

11 选择工具箱中的"椭圆工具"，在工具选

项栏中将颜色设置为黄色，在舞台中绘制椭圆，如图 14-59 所示。

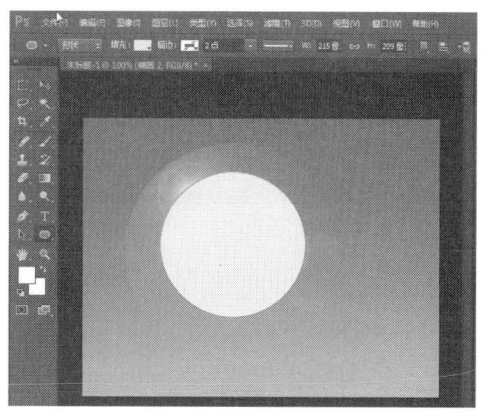

图 14-59　绘制椭圆

12 选中图层后单击鼠标右键，在弹出的快捷菜单中选择"格式化图层"命令，如图 14-60 所示。

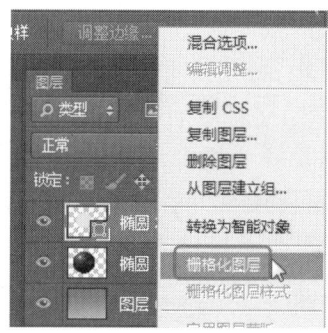

图 14-60　"格式化图层"命令

13 选择工具箱中的"魔棒工具"，在舞台中单击以选择区域，如图 14-61 所示。

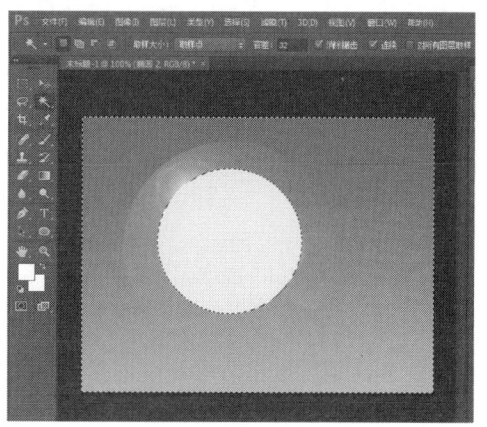

图 14-61　选择区域

14 执行"选择"|"修改"|"羽化"命令,弹
出"羽化选区"对话框,将"羽化半径"设
置为30,如图14-62所示。

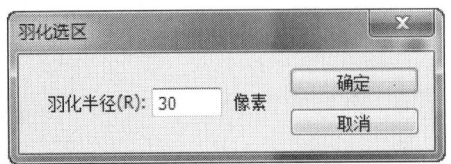

图14-62 "羽化选区"对话框

15 单击"确定"按钮,羽化选区。按键盘上
的Delete键删除选区,如图14-63所示。

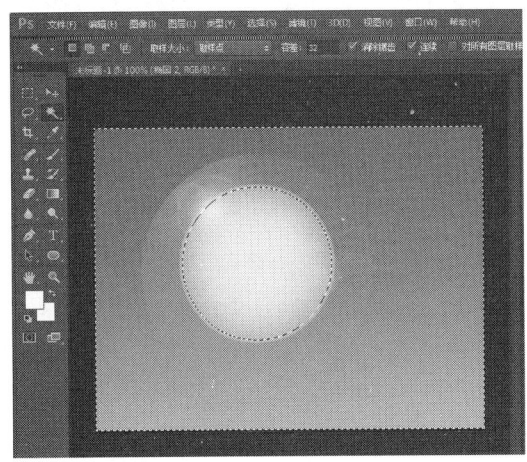

图14-63 删除区域

16 执行"图层"|"图层样式"|"外发光"命令,
弹出"图层样式"对话框,如图14-64所示。

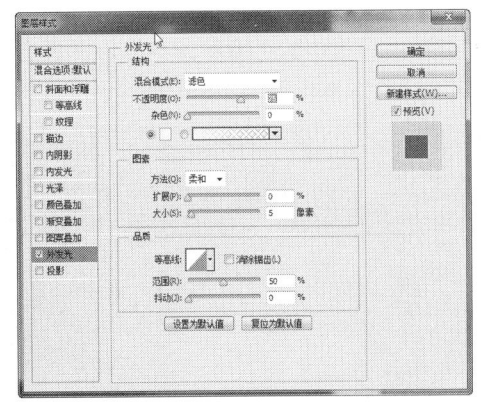

图14-64 "图层样式"对话框

17 单击"确定"按钮,添加图层样式,如图
14-65所示。

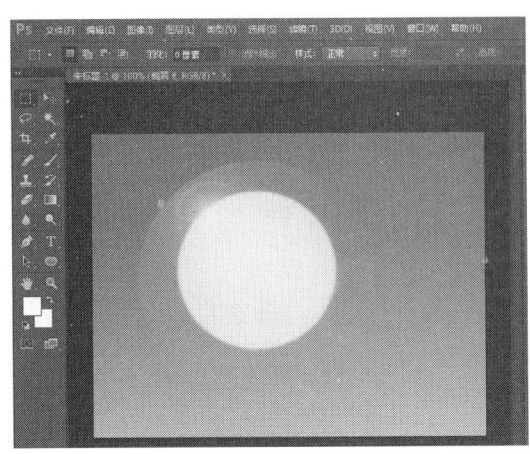

图14-65 设置图层样式

18 选中"椭圆2"图层将其拖到"新建图层"
按钮上,复制图层,如图14-66所示。

图14-66 复制图层

19 执行"滤镜"|"模糊"|"方框模糊"命令,
打开"方框模糊"对话框,如图14-67所示。

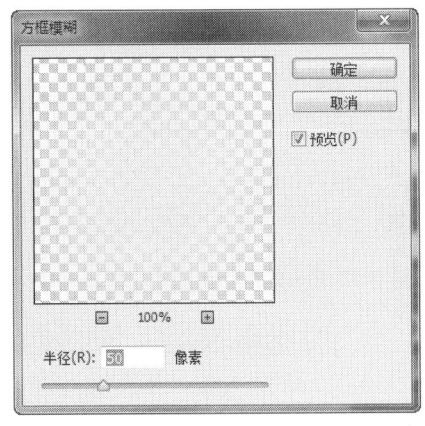

图14-67 "方框模糊"对话框

20 单击"确定"按钮，即可成功添加模糊效果，如图 14-68 所示。

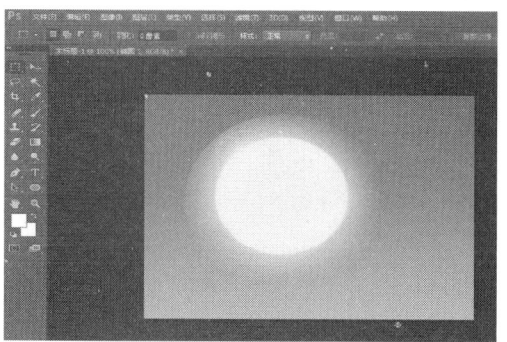

图 14-68　添加模糊效果

实战 2——立体质感的 3D 文字

下面讲述具有立体感的 3D 文字的制作，效果如图 14-69 所示，具体操作步骤如下：

图 14-69　立体 3D 文字

原始文件：	原始文件 /CH14/ 立体字 .jpg
最终文件：	最终文件 /CH14/ 立体字 .psd

01 执行"文件"|"打开"命令，打开图像文件"立体字 .jpg"，如图 14-70 所示。

图 14-70　打开图像文件

02 选择工具箱中的"直排文字工具"，在工具选项栏中将字体设置为"宋体"、字体大小设置为100，在舞台中输入文字"璀璨珠宝"，如图 14-71 所示。

图 14-71　输入文本

03 打开"图层"面板，选中"璀璨珠宝"图层，将其拖动到"新建图层"按钮上，复制出图层"璀璨珠宝 拷贝"，如图 14-72 所示。

图 14-72　复制图层

04 选中图层"璀璨珠宝 拷贝"，执行"图层"|"图层样式"|"渐变叠加"命令，弹出"图层样式"对话框，如图 14-73 所示。

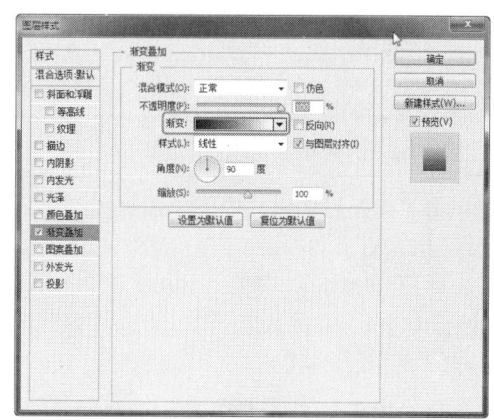

图 14-73　"图层样式"对话框

05 在该对话框中单击"渐变"右边的按钮，弹出"渐变编辑器"对话框，在该对话框中选择相应的渐变颜色，如图 14-74 所示。

图 14-74 "渐变编辑器"对话框

06 单击"确定"按钮，设置渐变颜色。选中"内发光"复选框，在弹出的对话框中设置相应的参数，如图 14-75 所示。

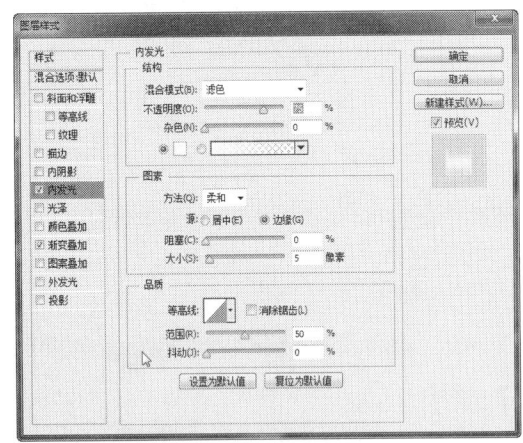

图 14-75 "内发光"选项

07 单击"确定"按钮，给图层添加图层样式，如图 14-76 所示。

08 选择"璀璨珠宝"图层，用键盘上的方向键向左移动，使其具有立体感，如图 14-77 所示。

09 执行"图层"|"图层样式"|"渐变叠加"命令，弹出"图层样式"对话框，在该对话

框中单击"渐变"右边的按钮，弹出"渐变编辑器"对话框，在该对话框中选择相应的渐变颜色，如图 14-78 所示。

图 14-76 设置图层样式

图 14-77 移动文本

图 14-78 "渐变编辑器"对话框

10 单击"确定"按钮，给图层添加图层样式，如图 14-79 所示。

图 14-79　设置图层样式

14.6　本章小结

　　Photoshop 是图像处理软件，使用 Photoshop 可以设计网页的整体效果图、绘制网页图像，以及设计网页特效文字和按钮等。本章重点介绍绘图工具的使用、文本特效的制作、图像的输入。

第 *15* 章　页面图像的切割与优化

本章导读

切片就是将一幅大图像分割为一些小的图像，然后在网页中通过没有间距和宽度的表格重新将这些小的图像拼接起来，成为一幅完整的图像。这样做可以减小图像的大小，减少网页的下载时间，还能将图像的一些区域用 HTML 来代替。

技术要点

◆　优化页面图像　　　　　　　　　　　　　◆　创建 GIF 动画

◆　网页切片输出

15.1　优化页面图像

网页优化涉及方方面面，图片优化则是其中重要手段之一，本节将讲述网页图像的优化。

15.1.1　图像的优化

现在的网站均大量使用图片，那么这些图片如何优化才好呢？

- 在网站设计之初，就要做好规划，如背景图片如何使用等，做到心中有数。
- 在编辑图片的时候，要做好裁剪，只展示必要的、重要的及同内容相关的部分。
- 在输出图片的时候，图片大小要设置妥当，长宽像素设成所需要的大小，不要输出大图片，在使用的时候，再指定较小的长宽，缩放图片。
- JPG 图片也可以模糊背景，压缩的时候可以压缩得更多。
- 页面上的边框、背景等，尽可能使用 CSS 来展示，而不要使用图片。
- 尽可能地使用 PNG 格式的文件，以替代过去常用的 GIF 和 JPG 格式。在保证质量的情况下，用最小的文件。
- 在 HTML 中明确指定图片的大小。
- 对于 GIF 和 PNG 格式的文件，最小化颜色位数。
- 如果图片上要添加文字，不要把文字嵌入到图片中，而是采用透明背景图片，或者通过 CSS 定位让文字覆盖在图片上，既能获得相同的效果，还能把图片更大程度地压缩。
- 在较小的 GIF 和 PNG 图片上，可以使用有损压缩。
- 尽可能使用局部压缩，在保证前景清楚的基础上，较大程度地压缩背景。
- 在优化图片之前，若能降噪的话，可以获得额外的 20% 多的压缩。

15.1.2　输出图像

当我们制作完成一张图片后需要将它们进行保存，以备未来使用，这时就需要对图片进行存储，在存储的时候也会相应地出现一些文件格式待选择。启动 Photoshop，执行"文件"|"另存为"命令，弹出"另存为"对话框，在该对话框中选择文件存储的位置，如图 15-1 所示，单击"确定"按钮，即可保存图像。

图 15-1　"另存为"对话框

15.1.3　输出透明 GIF 图像

怎样从 Photoshop 输出透明背景的 GIF 图像，是很多初学者碰到的问题，下面就来讲述输出透明 GIF 图像的方法。

01 执行"文件"|"打开"命令，打开图像文件"透明 .jpg"，如图 15-2 所示。

图 15-2　打开图像文件

02 在"图层"面板中双击"背景"图层，弹出"新建图层"对话框，如图 15-3 所示。

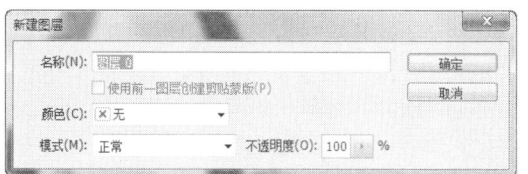

图 15-3　"新建图层"对话框

03 单击"确定"按钮，解锁图层，如图 15-4 所示。

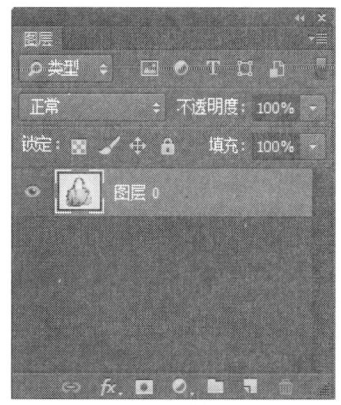

图 15-4　解锁图层

04 在工具箱中选择"魔棒工具"，在工具选项栏中将"容差"设置为 32，在舞台中单击以选择相应区域，如图 15-5 所示。

图 15-5　选择区域

05 按键盘上的 Delete 键，即可删除背景，使其成为透明图像，如图 15-6 所示。

图 15-6 删除背景

06 执行"文件"|"存储为 Web 所用格式"命令，弹出"存储为 Web 所用格式"对话框，将"预设"设置为 GIF，如图 15-7 所示。

图 15-7 "存储为 Web 所用格式"对话框

07 单击"确定"按钮，弹出"将优化结果存储为"对话框，如图 15-8 所示。

图 15-8 "将优化结果存储为"对话框

08 单击"确定"按钮，即可输出图像，如图 15-9 所示。

图 15-9 输出图像

15.2 网页切片输出

切片是网页制作过程中非常重要的一个步骤，往往切片的正确与否会影响着网页的后期制作。一般是用 Photoshop 对网页的效果图或者大幅的图片进行切割。

15.2.1 创建切片

"切片工具"是 Photoshop 软件自带的一个平面图片切割工具。使用"切片工具"可以将一个完整的图像切割成许多小图片，以便于网络上的下载。创建切片的具体操作步骤如下：

01 打开图像文件"切片.jpg"，选择工具箱中的"切片工具"，如图 15-10 所示。

02 将光标置于要创建切片的位置，按住鼠标

图 15-10 选择切片工具

左键拖动，拖动到合适的切片大小绘制切片，如图 15-11 所示。

图 15-11　绘制切片

15.2.2　编辑切片

如果切片大小不合适，还可以调整和编辑切片，具体操作步骤如下：

01 打开创建好切片的图像文件，单击鼠标右键在弹出的快捷菜单中选择"划分切片"命令，如图 15-12 所示。

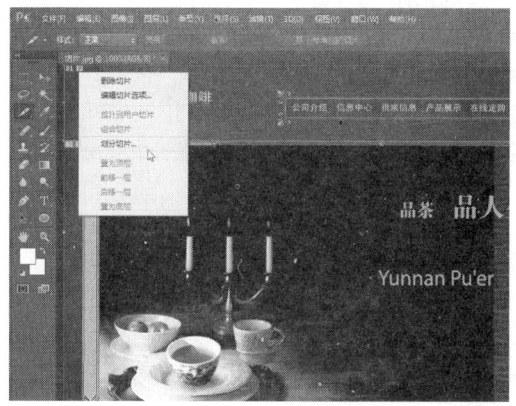

图 15-12　选择"划分切片"命令

02 弹出"划分切片"对话框，将划分切片的"垂直划分为"设置为 5，如图 15-13 所示。

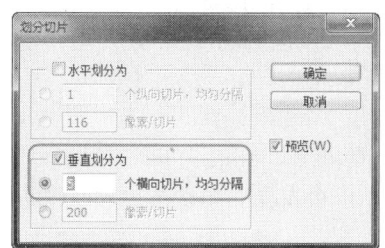

图 15-13　"划分切片"对话框

03 单击"确定"按钮，划分切片，如图 15-14 所示。

图 15-14　划分切片

04 在图像上单击鼠标右键，在弹出的快捷菜单中选择"编辑切片选项"命令，弹出"切片选项"对话框，在对话框中可以设置切片的 URL、目标、信息文本等，如图 15-15 所示。

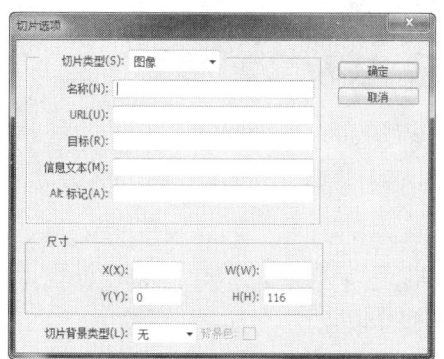

图 15-15　"切片选项"对话框

15.2.3　优化和输出切片

使用"存储为 Web 所用格式"命令可以导出和优化切片图像，Photoshop 会将每个切片存储为单独的文件并生成显示切片图像所需的 HTML 或 CSS 代码。

01 选择工具箱中的"切片工具"，在舞台中绘制好切片，如图 15-16 所示。

02 执行"文件"|"存储为 Web 所用格式"命令，弹出"存储为 Web 所用格式"对话框，在对话框中各个切片都作为独立的文件存储，并具有各自独立的设置和颜色调板，如图 15-17 所示。

图 15-16 绘制切片

图 15-17 "存储为 Web 所用格式"对话框

03 单击"存储"按钮,弹出"将优化结果存储为"对话框,在对话框中设置保存的位置和名称,如图 15-18 所示。

图 15-18 "将优化结果存储为"对话框

04 单击"保存"按钮,同时创建一个文件夹,用于保存各个切片生成的文件。双击"切片 .html"打开 Web 页面,如图 15-19 所示。

图 15-19 浏览网页

15.3 创建 GIF 动画

动画是在一段时间内显示的一系列图像或帧,当每一帧较前一帧都有轻微的变化时,连续快速地显示帧,就会产生运动或其他变化的视觉效果。

15.3.1 GIF 动画原理

GIF 动画图片是在网页上常常看到的一种动画形式,画面活泼生动,引人注目。不仅可以吸引浏览者,还可以增加关注及点击率。GIF 文件的动画原理是,在特定的时间内显示特定画面内容,不同画面连续交替显示,产生了动态画面效果。所以在 Photoshop 中,主要使用动画面板来设置、制作 GIF 动画。

15.3.2 认识"时间轴"面板

GIF 动画制作相对较为简单,打开"时间轴"面板后,会发现有帧动画和时间轴动画两种模式可以选择。

帧动画相对来说直观很多，在动画面板中会看到每一帧的缩略图。制作之前需要先设定好动画的展示方式，然后用 Photoshop 做出分层图。然后在动画面板新建帧，把展示的动画分帧设置好，再设定好时间和过渡等，即可播放预览。

帧动画的所有元素都放置在不同的图层中。通过对每一帧隐藏或显示不同的图层可以改变每一帧的内容，而不必一遍又一遍地复制和改变整个图像。每个静态元素只需创建一个图层即可，而运动元素则可能需要若干个图层才能制作出平滑过渡的运动效果。如图 15-20 所示的是"时间轴"面板。

图 15-20　"时间轴"面板

15.3.3　创建 GIF 动画

GIF 动画是较为常见的网页动画。这种动画的特点：它是以一组图片的连续播放来产生动态效果，这种动画是没有声音的。当然制作 GIF 动画的软件有很多，最常用的就是 Photoshop，下面使用 Photoshop 制作帧动画，如图 15-21 所示为其中的两帧动画。具体操作步骤如下：

图 15-21　GIF 动画

01 执行"文件"|"打开"命令，打开图像文件"1.jpg"，如图 15-22 所示。

02 执行"窗口"|"时间轴"命令，打开"时间轴"面板，在"时间轴"面板中自动生成一帧动画，如图 15-23 所示。

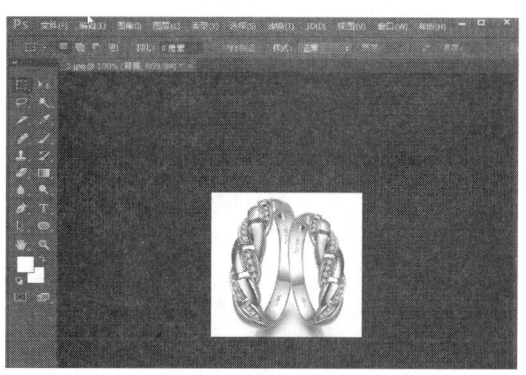

图 15-22　打开图像文件

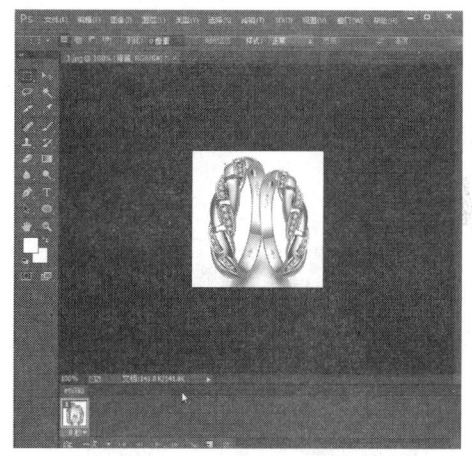

图 15-23　其中一帧

03 单击"时间轴"面板底部的"复制所选帧"按钮，复制当前帧，如图 15-24 所示。

图 15-24　复制帧

04 使用同样的方法再复制一帧，如图 15-25 所示。

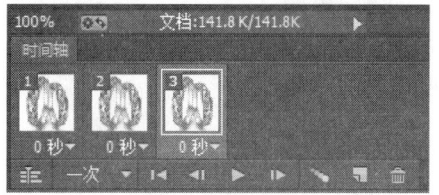

图 15-25　复制帧

05 执行"文件"|"置入"命令，弹出"置入"对话框，在对话框中选择要置入的文件"2.jpg"，如图 15-26 所示。

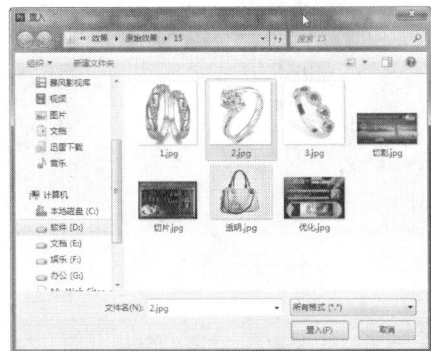

图 15-26 "置入"对话框

06 单击"置入"按钮，将"2.jpg"文件置入，并调整置入文件的大小与原来的背景图像大小一样，如图 15-27 所示。

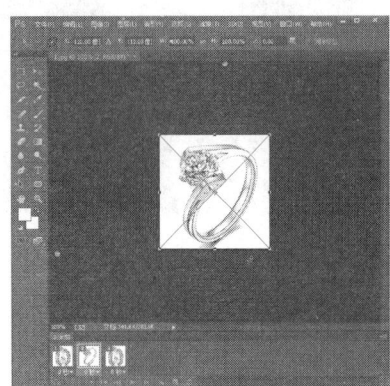

图 15-27 置入图像

07 按步骤 05 ~ 06 的方法置入图像文件"3.jpg"，如图 15-28 所示。

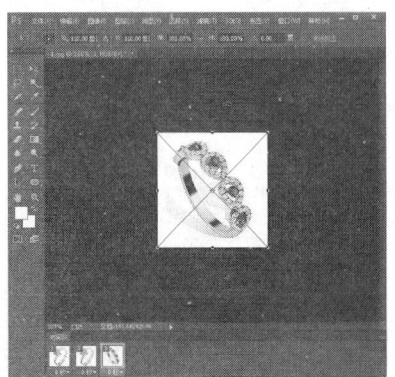

图 15-28 置入图像

08 在"时间轴"面板中选择第 1 帧，在"图层"面板中，将"2"和"3"图层隐藏，如图 15-29 所示。

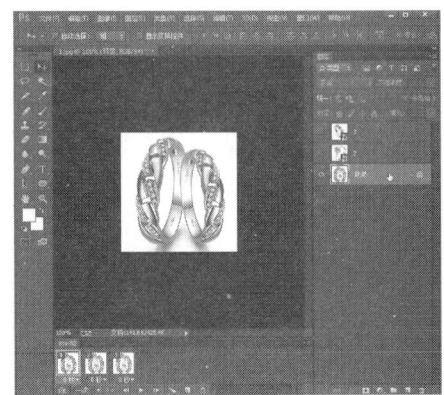

图 15-29 "图层"面板

09 在"时间轴"面板中选择第 1 帧，单击该帧右下角的三角按钮，设置延迟时间为 1 秒，如图 15-30 所示。

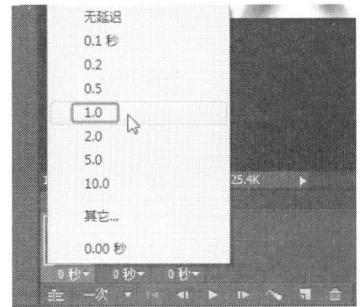

图 15-30 设置延迟时间

10 同样设置第 2 帧的延迟为 2 秒，在"图层"面板中，将"背景"图层和"3"图层隐藏，"2"图层可见，如图 15-31 所示。

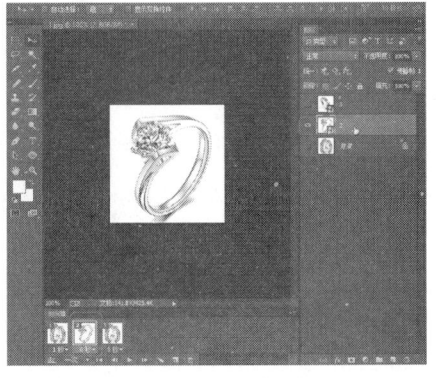

图 15-31 将"背景"图层和"3"图层隐藏

11 同样设置第 3 帧的延迟为 2 秒，在"图层"面板中，将"背景"图层和"2"图层隐藏，"3"图层可见，如图 15-32 所示。

12 单击"动画"面板底部的"播放动画"按钮▶播放动画，如图 15-33 所示。

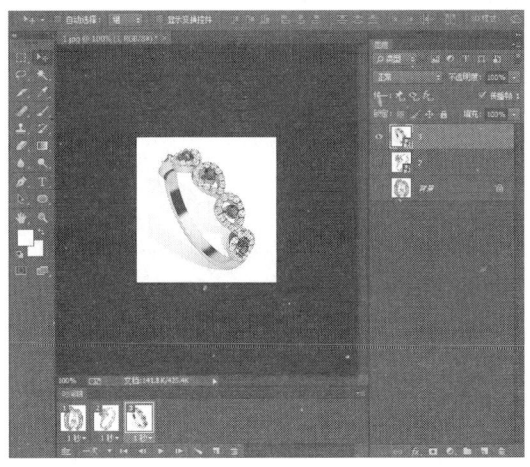

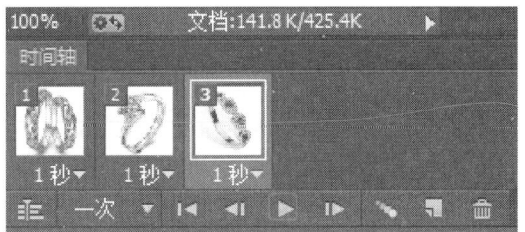

图 15-32 将"背景"层和"2"图层隐藏　　　　图 15-33 播放动画

15.4　综合实战

　　制作用于在 Web 上发布的图像需要对它进行优化，必须保证文件的尺寸尽可能地小。

实战 1——在 Photoshop 中优化图像

　　在 Photoshop 中优化图像的具体操作步骤如下：

01 执行"文件"|"打开"命令，打开图像文件，如图 15-34 所示。

02 执行"文件"|"存储为 Web 所用格式"命令，打开"存储为 Web 所用格式"对话框，单击"四联"，然后选择第 4 幅图像，如图 15-35 所示。

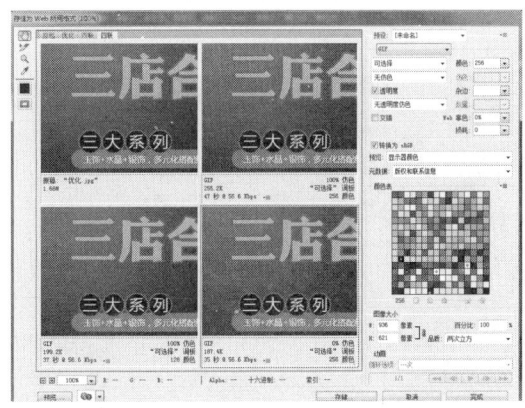

图 15-34 打开图像文件　　　　图 15-35 "存储为 Web 格式"对话框

03 单击"存储"按钮，打开"将优化结果存储为"对话框，如图 15-36 所示。

04 单击"保存"按钮，即可优化图像，如图 15-37 所示。

图 15-36 "将优化结果存储为"对话框

图 15-37 优化图像

实战 2——切割输出网站主页

下面讲述切割网站封面型主页,具体操作步骤如下:

01 执行"文件"|"打开"命令,打开图像文件,如图 15-38 所示。

图 15-38 打开图像文件

02 选择工具箱中的"切片工具", 将光标置于要创建切片的位置,按住鼠标左键拖动,

拖动到合适的切片大小,即可绘制切片,如图 15-39 所示。

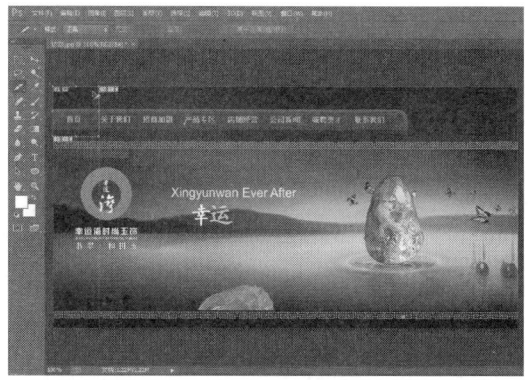

图 15-39 绘制切片

03 用同样的方法绘制其余的切片,如图 15-40 所示。

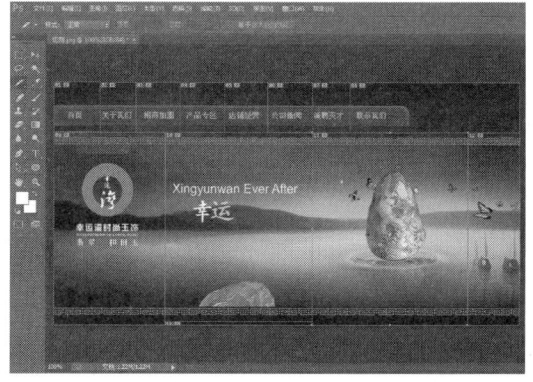

图 15-40 绘制其余的切片

04 执行"文件"|"存储为Web所用格式"命令,弹出"存储为Web所用格式"对话框,如图 15-41 所示。

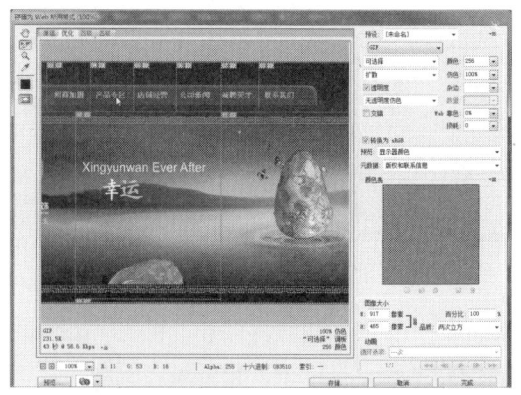

图 15-41 "存储为Web所用格式"对话框

05 单击"存储"按钮，弹出"将优化结果存储为"对话框，在该对话框中将"格式"设置为"HTML 和图像"，如图 15-42 所示。

06 单击"保存"按钮，即可将图像切割成网页，如图 15-43 所示。

图 15-42　"将优化结果存储为"对话框

图 15-43　切割成网页

15.5　本章小结

如果网页上的图片较大，浏览器下载整个图片的话需要花很长的时间。切片的使用，使得整个图片可以分为多个不同的小图片分开下载，这样下载的时间就大大缩短了。在目前互联网带宽还受到条件限制的情况下，运用切片可以减少网页下载时间，而且不影响图片的效果。使用 Photoshop 还可以轻松地制作出 GIF 动画。通过本章的学习，希望大家能掌握制作动画的基本方法及网页图像切割和优化方法。

第*16*章 设计网站的图片元素

本章导读

Photoshop 应用最广泛的领域就是图形和图像的处理，这里所说的图形是指自己绘制出来的，而图像的处理指的是对一幅已经有的图片进行处理。本章中的每个实例都使用了不同的功能，希望读者在学习的时候能够不断自己总结，以便最快地进步和提高。

技术要点

◆ 网页中的设计元素   ◆ 设计网站 banner

◆ 设计网站 LOGO   ◆ 制作网页导航条

16.1 网页中的设计元素

网页中的元素有很多，例如 banner 条、文本框、导航栏、LOGO、广告等。尽量把这些相对独立的元素放在不同的图层中，这样方便以后再编辑。

16.1.1 LOGO

LOGO 是徽标或者商标的英文说法，起到对公司的识别和推广的作用，通过形象的 LOGO 可以让消费者记住公司主体和品牌文化。网络中的 LOGO 主要是各个网站用来与其他网站链接的图形标志，代表一个网站或网站的一个板块。

LOGO 在网站版面设计中是必不可少的，当用户在第一时间进入一个站点中时，网站 LOGO 无疑会首先进入用户的视线。这时如果 LOGO 毫无吸引力，用户很可能没有什么印象，直接看完想找的内容或者网页之后就直接关闭了网页；相反如果 LOGO 设计得很吸引人，让人看起来就容易记住这个网站，通过 LOGO 就可以表现出这个网站的内涵。可见一个网站的 LOGO 是多么重要，再漂亮的页面如果没有一个让人眼前一亮的 LOGO 那也是比较失败的。

构成 LOGO 的各部分，一般都具有一种共通性及差异性，这个差异性又称为独特性，或称为变化，而统一是将多样性提炼为一个主要表现体，称为多样统一的原理。精确把握对象的多样统一并突出支配性要素，是设计网络 LOGO 的必备技术。

网络 LOGO 所强调的辨别性及独特性，要求相关图案字体的设计也要和被标识体的性质有适当的关联，并具备类似的风格造型。

16.1.2 导航栏

网站的导航栏指的是引导用户访问网站的栏目、菜单、在线帮助、分类等布局结构等形式的总称。在网站的建设过程中，一定要使网站导航结构清晰，能够使访问者在最短的时间内找到自己喜欢的内容。导航便于提升网站内的用户操作和浏览，也便于搜索引擎目录索引和识别。

16.1.3　页面布局区

网页最初呈现在你面前时，它就好像一张白纸，需要任意挥洒你的设计才思。首先要了解约定俗成的标准或者说大多数访问者的浏览习惯，在此基础上加上自己的东西，创造出自己的设计方案，作为初学者，最好明白网页布局的基本概念。

1．页面尺寸

由于页面尺寸和显示器大小及分辨率有关系，网页的局限性就在于你无法突破显示器的范围，而且因为浏览器也将占去不少空间，留下给你的页面范围变得更小。一般分辨率在 800×600 的情况下，页面的显示尺寸为 780×428 个象素；分辨率在 640×480 的情况下，页面的显示尺寸为 620×311 个象素；分辨率在 1024×768 的情况下，页面的显示尺寸为 1007×600。从以上数据可以看出，分辨率越高，页面尺寸越大。

浏览器的工具栏也是影响页面尺寸的原因。目前的浏览器工具栏一般都可以取消或者增加，那么当你显示全部的工具栏和关闭全部工具栏时，页面的尺寸是不一样的。在网页设计过程中，向下拖动页面是唯一给网页增加更多内容（尺寸）的方法。但前提是站点的内容能吸引大家拖动，否则不要让访问者拖动页面超过三屏。

2．整体造型

造型就是创造出来的物体形象，这里是指页面的整体形象。这种形象应该是一个整体，图形与文本的接合应该层叠有序。虽然，显示器和浏览器都是矩形，但对于页面的造型，你可以充分运用自然界中的其他形状，以及它们的组合，例如矩形、圆形、三角形、菱形等。

对于不同的形状，它们所代表的意义是不同的。比如矩形代表着正式、规则，很多 ICP 和政府网页都以矩形为整体造型；圆形代表着柔和、团结、温暖、安全等，许多时尚站点喜欢以圆形为页面整体造型；三角形代表着力量、权威、牢固、侵略等，许多大型的商业站点为显示它的权威性，常以三角形为页面整体造型；菱形代表着平衡、协调、公平，一些交友站点常运用菱形作为页面整体造型。虽然不同形状代表着不同的意义，但目前的网页制作大多数是结合多个图形加以设计，在这其中某种图形的构图比例可能占得多一些。

3．页头

页头又可称为页眉，页眉的作用是定义页面的主题。比如一个站点的名字多数都显示在页眉里。这样，访问者能很快知道这个站点是什么内容。页头是整个页面设计的关键，它将涉及下面的更多设计和整个页面的协调性。页头常放置站点名字的图片和公司标志及旗帜广告。

4．文本

文本在页面中出现多数以行或者块（段落）的形式出现，它们的摆放位置决定着整个页面布局的可视性。过去因为页面制作技术的局限，文本放置位置的灵活性非常小，而随着 DHTML 的兴起，文本已经可以按照自己的要求放置到页面的任何位置。

5．页脚

页脚和页头相呼应。页头是放置站点主题的地方，而页脚是放置制作者或者公司信息的地方。许多制作信息都是放置在页脚的。

16.2 设计网站 LOGO

利用工具进行绘图是 Photoshop 最重要的功能之一，只要用户熟练掌握这些工具并有着一定的美术造型能力，就能绘制出精美的作品来。在网页图像设计中会经常用到这些绘图工具，熟练掌握绘图工具的使用是非常必要的。

16.2.1 网站 LOGO 设计标准

设计 LOGO 时，要面向其应用的各种条件做出相应的规范，对指导网站的整体建设有着极现实的意义。具体包括规范 LOGO 的标准色、设计可能被应用的恰当的背景配色体系、反白、在清晰表现 LOGO 的前提下制定 LOGO 最小的显示尺寸，为 LOGO 制定一些特定条件下的配色、辅助色带等，方便在制作 banner 等场合的应用。另外，应注意文字与图案边缘应清晰，字与图案不宜相交叠。还可考虑 LOGO 的竖排效果及作为背景时的排列方式等。

一个网络 LOGO 不应只考虑在高分辨屏幕上的显示效果，应该考虑到网站整体发展到一个高度时相应推广活动所要求的效果，使其在应用于各种媒体时，也能发挥充分的视觉效果。同时，应使用能够给予多数观众好感而受欢迎的造型。例如，LOGO 在传真、报纸、杂志等纸介质上的单色效果、反白效果，以及在织物上的纺织效果、在车体上的油漆效果、制作徽章时的金属效果、墙面立体的造型效果等。

16.2.2 实战 1——设计网站 LOGO

下面通过实例讲述网站 LOGO 的设计，如图 16-1 所示，具体操作步骤如下：

图 16-1 网站 LOGO

最终文件：	最终文件 /CH16/LOGO.psd

01 启动 Photoshop，执行"文件"|"新建"命令，弹出"新建"对话框，如图 16-2 所示。

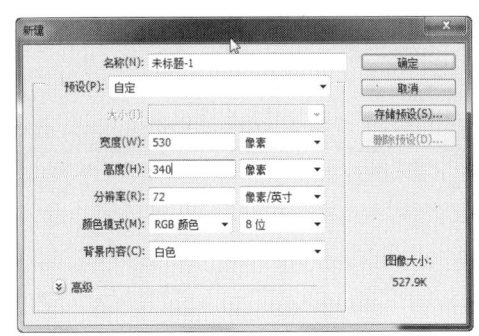

图 16-2 "新建"对话框

02 单击"确定"按钮，新建空白文档，如图 16-3 所示。

图 16-3 新建文档

03 选择工具箱中的"自定形状工具"，在工具选项栏中选择"图案"选项，在弹出的列表框中选择相应的图案，如图 16-4 所示。

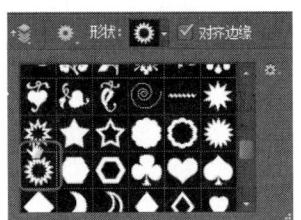

图 16-4 选择相应的图案

04 在舞台中按住鼠标左键绘制形状，如图
16-5 所示。

图 16-5　绘制形状

05 执行"图层" | "图层样式" | "描边"命令，
弹出"图层样式"对话框，将描边颜色设置
为 #faff64，如图 16-6 所示。

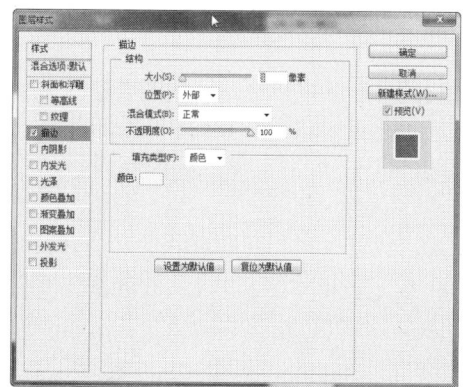

图 16-6　"图层样式"对话框

06 选中"投影"复选框，设置投影效果，如
图 16-7 所示。

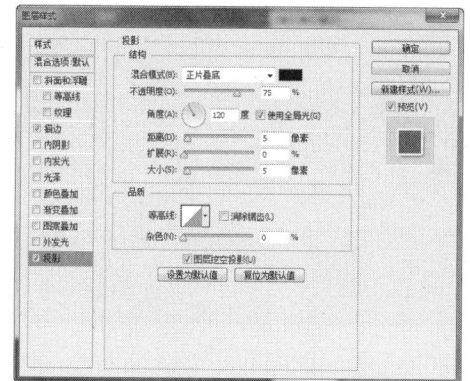

图 16-7　设置投影效果

07 单击"确定"按钮，完成图层样式的添加，
效果如图 16-8 所示。

图 16-8　添加图层样式的效果

08 选择工具箱中的"自定形状工具"，选择
合适的形状，在工具选项栏中将填充颜色设
置为 #009944，在舞台中绘制形状，如图 16-9
所示。

图 16-9　绘制图形

09 选择工具箱中的"横排文字工具"，在舞
台中输入文本"向阳集团"，如图 16-10 所示。

图 16-10　设置图层样式

10 执行"图层"|"图层样式"|"混合选项"命令，打开"图层样式"对话框，单击左边的"样式"选项，在弹出的样式列表框中选择合适的样式，如图 16-11 所示。

11 单击"确定"按钮，添加图层样式，效果如图 16-12 所示。

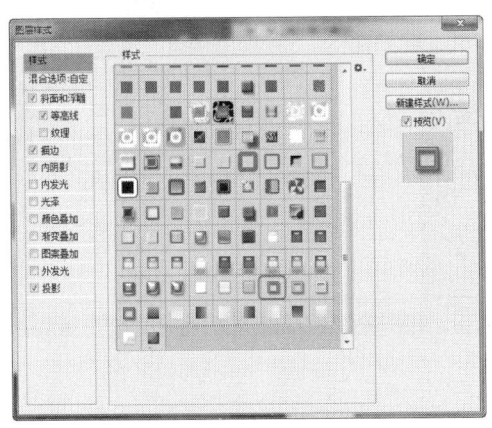

图 16-11 "图层样式"对话框

图 16-12 添加图层样式的效果

16.3 设计网站 banner

banner 是网站页面的横幅广告，banner 主要体现网站中心意旨，形象鲜明地表达最主要的情感思想或宣传中心。

16.3.1 什么是 banner

banner 又叫旗帜，是一个表现商家广告内容的图片，放置在广告商的页面上，是互联网广告中最基本的广告形式。标准尺寸是 480×60 像素，一般是使用 GIF、JPG 格式的图像文件。同时还可使用 JAVA 等语言使其产生交互性，用 Shockwave 等插件增强表现力。标准 GIF 格式以外的网幅广告被称为 Rich Media banner。

16.3.2 实战 2——设计有动画效果的 banner

下面设计有动画效果的 banner，效果如图 16-13 所示。具体操作步骤如下：

图 16-13 有动画效果的 banner

原始文件：	原始文件 /CH16/1.jpg、2.jpg
最终文件：	最终文件 /CH16/banner.gif

01 执行"文件"|"打开"命令，打开图像文件，如图 16-14 所示。

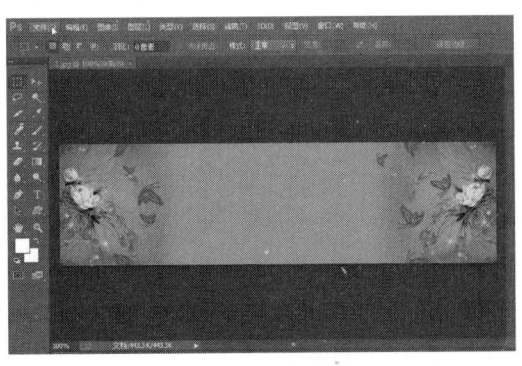

图 16-14 打开图像文件

02 打开"图层"面板，双击"背景"图层，将其转为"图层 0",如图 16-15 所示。

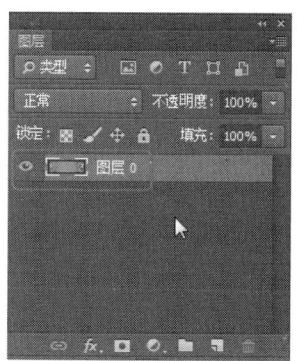

图 16-15　解锁图层

03 执行"窗口"|"时间轴"命令,打开"时间轴"面板,在"时间轴"面板中自动生成一帧动画,单击"时间轴"面板底部的"复制所选帧"按钮 ,复制当前帧,如图 16-16 所示。

图 16-16　复制帧

04 执行"文件"|"置入"命令,弹出"置入"对话框,在对话框中选择要置入的文件 2.jpg,如图 16-17 所示。

图 16-17　"置入"对话框

05 单击"置入"按钮,将图像文件置入,并调整置入文件的大小与原来的图像同样大,如图 16-18 所示。

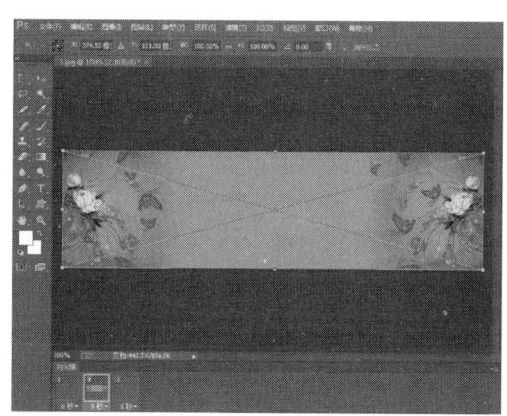

图 16-18　置入图像

06 选择工具箱中的"横排文字工具",在舞台中输入文本,如图 16-19 所示。

图 16-19　输入文本

07 执行"图层"|"图层样式"|"描边"命令,弹出"图层样式"对话框,将描边颜色设置为白色,将描边大小设置为 2,如图 16-20 所示。

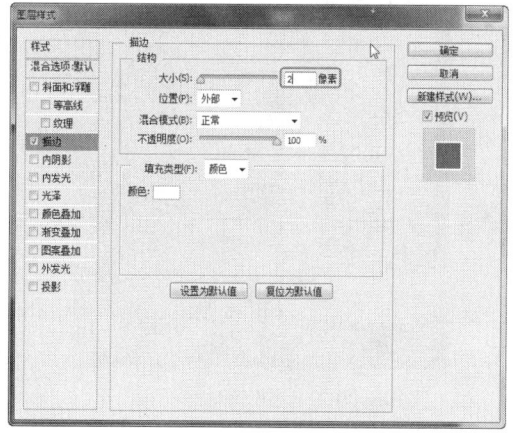

图 16-20　"图层样式"对话框

08 单击"确定"按钮，添加图层样式，如图 16-21 所示。

图 16-21 添加图层样式的效果

09 选中第 1 帧，在"图层"面板中将"2"图层隐藏，如图 16-22 所示。

图 16-22 隐藏"2"图层

10 在"时间轴"面板中选择第 1 帧，单击该帧右下角的三角按钮，设置延迟时间为 2 秒，如图 16-23 所示。

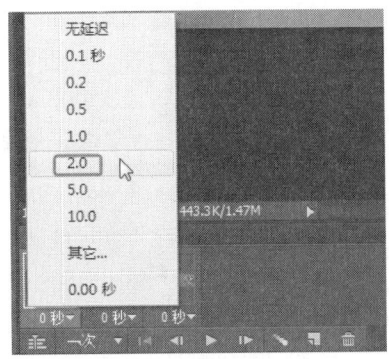

图 16-23 设置帧延迟时间

11 选中第 2 帧，在"图层"面板中将"图层 0"隐藏，将帧延迟时间设置为 2，如图 16-24 所示。

图 16-24 将图层 0 隐藏

12 选中第 2 帧，在"图层"面板中将"2"图层隐藏，将帧延迟时间设置为 2，如图 16-25 所示。

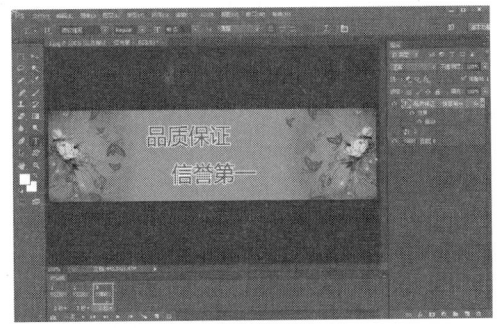

图 16-25 隐藏"2"图层

13 执行"文件"|"存储为 Web 所用格式"命令，弹出"存储为 Web 所用格式"对话框，选择 GIF 方式输出图像，如图 16-26 所示。

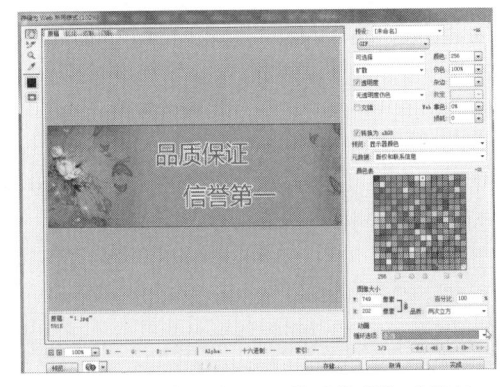

图 16-26 "存储为 Web 所用格式"对话框

14 单击"存储"按钮，弹出"将优化结果存储为"对话框，在对话框中设置名称为"1.gif"，"格式"选择"仅限图像"，单击"保存"按钮，即可保存图像，如图 16-27 所示。

图 16-27　"将优化结果存储为"对话框

16.4　制作网页导航条

导航条是网页设计中不可缺少的部分,它是指通过一定的技术手段,为网站的访问者提供一定的途径,使其可以方便地访问到所需的内容,是人们浏览网站时可以快速从一个页面转到另一个页面的快速通道。

16.4.1　网页导航条简介

网页导航表现为网页的栏目菜单设置、辅助菜单、其他在线帮助等形式。网页导航设置是在网页栏目结构的基础上,进一步为用户浏览网页提供的提示系统。

一个网站导航设计对提供丰富友好的用户体验有至关重要的作用,简单直观的导航不仅能提高网站易用性,而且在用户找到所要的信息后,有助于提高用户转化率。导航设计在整个网站设计中的地位举足轻重。导航有许多方式,常见的有导航图、按钮、图符、关键字、标签、序号等多种形式。在设计中要注意以下基本要求:

- 明确性。无论采用哪种导航策略,导航的设计应该明确,让使用者能一目了然。具体表现为,能让使用者明确网站的主要服务范围,以及清楚了解自己所处的位置。只有明确的导航才能真正发挥"引导"的作用,引导浏览者找到所需的信息。
- 可理解性。导航对于用户应是易于理解的。在表达形式上,要使用清楚简捷的按钮、图像或文本,要避免使用无效字句。
- 完整性。完整性是指要求网站所提供的导航具体、完整,可以让用户获得整个网站范围内的领域性导航,能涉及网站中全部的信息及其关系。
- 咨询性。导航应提供用户咨询信息,它如同一个问询处、咨询部,当用户有需要的时候,能够为使用者提供导航。
- 易用性。导航系统应该容易进入,同时也要容易退出当前页面,或让使用者以简单的方式跳转到想要去的页面。
- 动态性。导航信息可以说是一种引导,动态的引导能更好地解决用户的具体问题。及时、动态地解决使用者的问题,是一个好导航必须具备的特点。

满足以上这些导航设计的要求,才能保证导航策略的有效,发挥出导航策略应有的作用。

16.4.2 实战3——设计横向导航条

下面讲述横向导航条的制作，如图 16-28 所示，具体操作步骤如下：

图 16-28 横向导航条

01 启动 Photoshop，执行"文件"|"打开"命令，打开图像文件"index.jpg"，如图 16-29 所示。

图 16-29 打开图片

02 选择工具箱中的"矩形工具"，在舞台中绘制矩形，如图 16-30 所示。

图 16-30 绘制矩形

03 执行"图层"|"图层样式"|"混合选项"命令，弹出"图层样式"对话框，在该对话框中选择相应的样式，如图 16-31 所示。

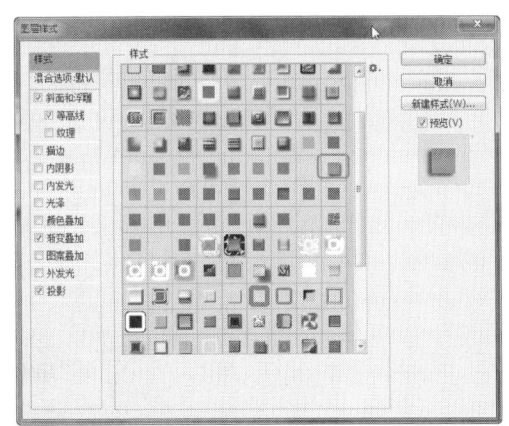

图 16-31 "图层样式"对话框

04 单击"确定"按钮，设置图层样式，如图 16-32 所示。

图 16-32 添加图层样式的效果

05 选择工具箱中的"横排文字工具"，在工具选项栏中将"字体"设置为"微软雅黑"，将"字体大小"设置为14，将字体颜色设置为 ffffff，然后输入相应的导航文本，如图 16-33 所示。

图 16-33 输入文本

16.5 本章小结

本章综合运用前面所介绍的知识，制作了网页中经常用到的网站 LOGO、网站 banner 和网页导航条。通过本章的学习，读者能够对前面的知识进行总结及综合应用，从而巩固对 Adobe Photoshop CC 的掌握。

第 17 章 动画设计软件 Flash CC 快速入门

本章导读

Flash 动画可以用于网页制作。Flash 动画主要含有矢量图形，但是也可以包含导入的位图和音效，还可以把浏览者输入的信息同交互性联系起来，从而产生交互效果，也可以生成非线性电影动画。

技术要点

- ◆ Flash CC 介绍
- ◆ Flash 动画制作基础
- ◆ Flash 动画的优化与发布

17.1 Flash CC 简介

Adobe Flash CC 是用于创建动画和多媒体内容的强大的平台。Flash 的功能很广泛，可以生成动画、增强网页互动性，以及在网页中加入声音，还可以生成亮丽夺目的图形和界面。

17.1.1 Flash 应用范围

在现阶段，Falsh 应用的领域主要有娱乐短片、片头、广告、MTV、导航条、小游戏、产品展示、应用程序开发的界面、开发网络应用程序等几个方面。Flash 已经大大增加了网络功能，可以直接通过 XML 读取数据，又加强了与 ColdFusion、ASP、JSP 和 Generator 的整合，所以用 Flash 开发网络应用程序肯定会越来越广泛地被应用。

1. 制作 Flash 短片

相信绝大多数人都是通过观看网上精彩的动画短片知道 Flash 的。Flash 动画短片经常以其感人的情节或是搞笑的对白吸引上网者进行观看，如图 17-1 所示。

2. 制作互动游戏

对于大多数的 Flash 学习者来说，制作 Flash 游戏一直是一项很吸引人，也很有趣的技术，甚至许多闪客都以制作精彩的 Flash 游戏作为主要目标。随着 ActionScript 动态脚本编程语言的逐渐发展，Flash 已经不再仅局限于制作简单的交互动画程序，而是致力于通过复杂的动态脚本编程制作出各种各样有趣、精彩的 Flash 互动游戏，如图 17-2 所示。

图 17-1 Flash 短片

3．互联网视频播放

在互联网上，由于网络传输速度的限制，不适合一次性读取大容量的视频数据，因此便需要逐帧传送要播放的内容，这样才能在最少的时间内播放完所有的内容。Flash 文件正是应用了这种流媒体数据传输方式，因此在互联网的视频播放中被广泛应用，如图 17-3 所示。

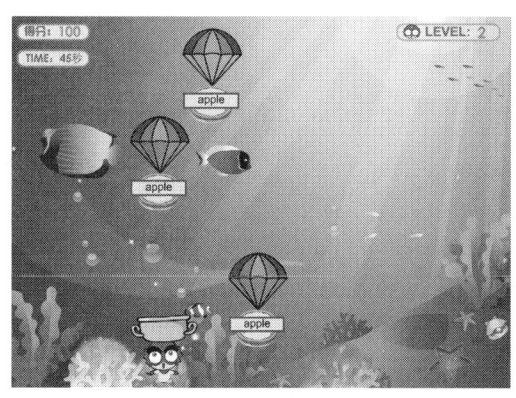

图 17-2　互动游戏

图 17-3　互联网视频播放

4．制作教学用课件

Flash 课件是辅助教师讲课，直面、形象地展示课程的内容并用 Flash 软件制作的动画。随着网络教育的逐渐普及，网络授课不再只是以枯燥的文字为主，更多的教学内容被制作成了动态影像，或者将教师的知识点讲解录音进行在线播放。可是这些教学内容都只是生硬地播放事先录制好的内容，学习者只能被动地单击播放，而不能主动参与到其中。Flash 的出现改变了这一切，由 Flash 制作的课件具有很高的互动性，使学习者能够真正地融入到在线学习中，亲身参与每一个实验，就好像自己真正在动手一样，使原本枯燥的学习变得活泼生动。如图 17-4 所示是用 Flash 制作的课件。

5．Flash 电子贺卡

在快节奏发展的今天，每当重要的节日或者纪念日，更多的人选择借助发电子贺卡来表达自己对对方的祝福和情感。而在这些特别的日子里，一张别出心裁的 Flash 电子贺卡往往能够为人们的祝福带来更加意想不到的效果。如图 17-5 所示是用 Flash 制作的生日贺卡。

图 17-4　利用 Flash 制作的课件

图 17-5　精美的 Flash 电子贺卡

6. 搭建 Flash 动画网站

利用 Flash 搭建网站具有互动性强、视觉震撼力大、看后印象深刻等优点，是传统网站无法比的。适合电影、电器和企业新产品的展示。由于制作精美的 Flash 动画可以具有很强的视觉冲击力和听觉冲击力，因此一些公司在网站发布新的产品时，往往会使用 Flash 制作相关的页面，借助 Flash 的精彩效果吸引客户的注意力，从而达到比以往静态页面更好的宣传效果。如图 17-6 所示是 Flash 动画网站。

7. 制作光盘多媒体界面

Flash 与其他多媒体软件结合使用，可以制作出多媒体光盘的互动界面，如图 17-7 所示。

图 17-6 Flash 动画网站　　　　　　　图 17-7 光盘多媒体界面

17.1.2 Flash CC 工作界面

Adobe 公司发布的 Adobe Flash CC 界面清新、简洁、友好，用户能在较短的时间内掌握软件的使用。Adobe Flash CC 可以实现多种动画特效，是由一帧一帧的静态图片在短时间内连续播放而造成的视觉效果，表现为动态过程，能满足用户的制作需要。

Flash CC 的工作界面由菜单栏、工具箱、时间轴、舞台和面板等组成，如图 17-8 所示。

图 17-8 Flash CC 的工作界面

1. 菜单栏

菜单栏是最常见的界面要素，它包括"文件"、"编辑"、"视图"、"插入"、"修改"、"文本"、"命令"、"控制"、"调试"、"窗口"和"帮助"等一系列菜单，如图 17-9 所示。根据不同的功能类型，可以快速地找到所要使用的各个功能选项。

文件(F)　编辑(E)　视图(V)　插入(I)　修改(M)　文本(T)　命令(C)　控制(O)　调试(D)　窗口(W)　帮助(H)

图 17-9 菜单栏

- "文件"菜单：用于文件操作，如创建、打开和保存文件等。
- "编辑"菜单：用于动画内容的编辑操作，如复制、剪切和粘贴等。
- "视图"菜单：用于对开发环境进行外观和版式设置，包括放大、缩小、显示网格及辅助线等。
- "插入"菜单：用于插入性质的操作，如新建元件、插入场景和图层等。
- "修改"菜单：用于修改动画中的对象、场景甚至动画本身的特性，主要用于修改动画中各种对象的属性，如帧、图层、场景及动画本身等。
- "文本"菜单：用于对文本的属性进行设置。
- "命令"菜单：用于对命令进行管理。
- "控制"菜单：用于对动画进行播放、控制和测试。
- "调试"菜单：用于对动画进行调试。
- "窗口"菜单：用于打开、关闭、组织和切换各种窗口面板。
- "帮助"菜单：用于快速获得帮助信息。

2. 工具箱

工具箱中包含一套完整的绘图工具，位于工作界面的左侧，如图 17-10 所示。如果想将工具箱变成浮动工具箱，可以拖动工具箱最上方的位置，这时屏幕上会出现一个工具箱的虚框，释放鼠标即可将工具箱变成浮动工具箱。

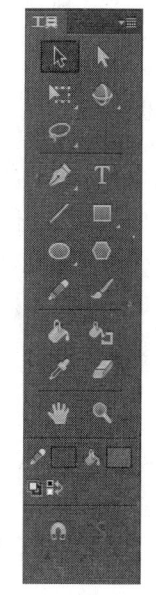

图 17-10 工具箱

- "选择工具" ：用于选定对象、拖动对象等操作。
- "部分选取工具" ：可以选取对象的部分区域。
- "任意变形工具" ：对选取的对象进行变形。
- "3D 旋转工具" ：3D 旋转功能只对影片剪辑发生作用。
- "套索工具" ：选择一个不规则的图形区域，并且还可以处理位图图形。
- "钢笔工具" ：用于绘制曲线。
- "文本工具" ：用于在舞台上添加文本，以及编辑现有的文本。
- "线条工具" ：绘制各种形式的线条。
- "矩形工具" ：用于绘制矩形，也可以绘制正方形。
- "椭圆工具" ：绘制的图形是椭圆或圆形。
- "多角星形工具" ：用于绘制多角星形，也可以绘制五角星。
- "铅笔工具" ：用于绘制折线、直线等。
- "刷子工具" ：用于绘制填充图形。
- "墨水瓶工具" ：用于编辑线条的属性。

- "颜料桶工具" ![icon]：用于编辑填充区域的颜色。
- "滴管工具" ![icon]：用于将图形的填充颜色或线条属性复制到别的图形线条上，还可以采集位图作为填充内容。
- "橡皮擦工具" ![icon]：用于擦除舞台上的内容。
- "手形工具" ![icon]：当舞台上的内容较多时，可以用该工具平移舞台及各个部分的内容。
- "缩放工具" ![icon]：用于缩放舞台中的图形。
- "笔触颜色工具" ![icon]：用于设置线条的颜色。
- "填充颜色工具" ![icon]：用于设置图形的填充区域。

3. "时间轴"面板

"时间轴"面板是 Flash 界面中重要的组成部分，用于组织和控制文档内容在一定时间内播放的图层数和帧数，如图 17-11 所示。

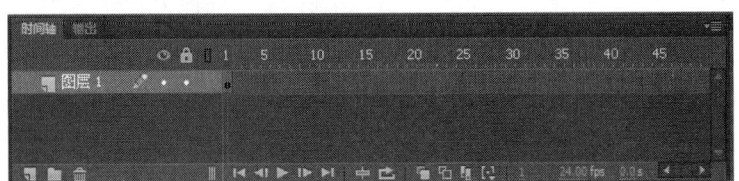

图 17-11 "时间轴"面板

在"时间轴"面板中，其左边的上方和下方的几个按钮用于调整图层的状态和创建图层。在帧区域中，其顶部的标题指示了帧编号，动画播放头指示了舞台中当前显示的帧。

时间轴状态显示在"时间轴"面板的底部，它包括若干用于改变帧显示的按钮，指示当前帧编号、帧频和到当前帧为止的播放时间等。其中，帧频直接影响动画的播放效果，其单位是"帧／秒（fps）"，默认值是 12 帧／秒。

4. 舞台

舞台是放置动画内容的区域，可以在整个场景中绘制或编辑图形，但是最终动画仅显示场景白色区域中的内容，而这个区域就是舞台。舞台之外的灰色称为工作区，在播放动画时不显示此区域，如图 17-12 所示。

舞台中可以放置的内容包括矢量插图、文本框、按钮和导入的位图图形或视频剪辑等。工作时，可以根据需要改变舞台的属性和形式。

图 17-12 舞台

5．"属性"面板

"属性"面板默认情况下处于展开状态，在 Flash CC 中，"属性"面板、"滤镜"面板和"参数"面板整合到了一个面板组。

"属性"面板的内容取决于当前选定的内容，可以显示当前文档、文本、元件、形状、位图、视频、帧或工具的信息和设置。例如，当选择工具箱中的"文本工具"时，在"属性"面板中将显示有关文本的一些属性设置，如图 17-13 所示。

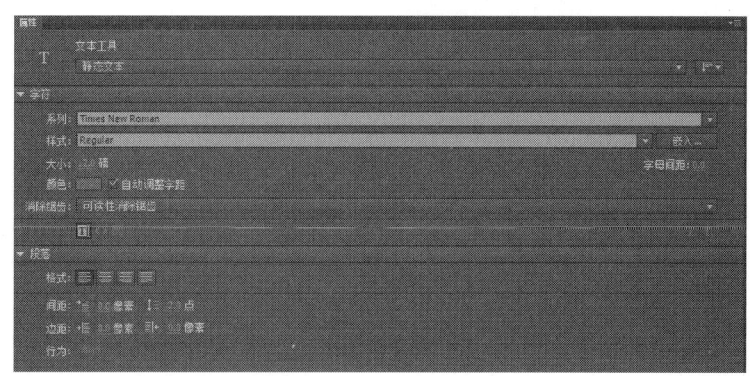

图 17-13　文本工具的"属性"面板

17.2　Flash 动画的基础

Flash 是一个非常优秀的矢量动画制作软件，它以流式控制技术和矢量技术为核心，制作的动画具有短小、精悍的特点，所以被广泛应用于网页动画的设计中，已成为当前网页动画设计最为流行的软件之一。

17.2.1　建立与保存 Flash 动画

Flash CC 文档的操作与其他软件类似，具体包括文档的新建、保存和打开等，下面来简单地介绍 Flash 动画的建立与保存。具体操作步骤如下：

01 启动软件后，出现一个新文档界面，如图 17-14 所示。

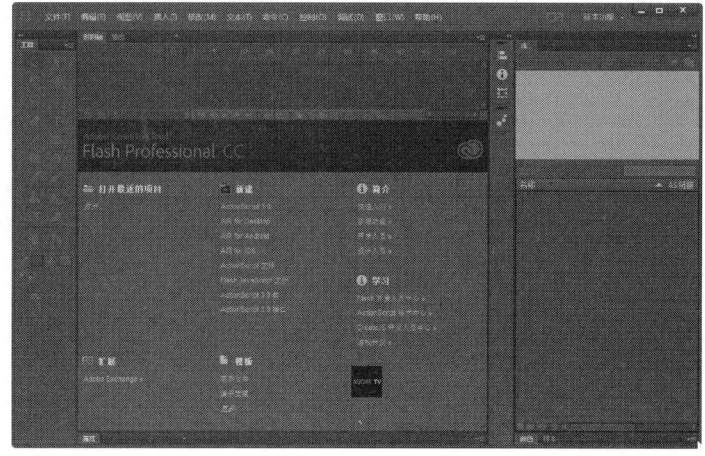

图 17-14　启动界面

02 执行"文件"|"新建"命令,弹出"新建文档"对话框,如图 17-15 所示。

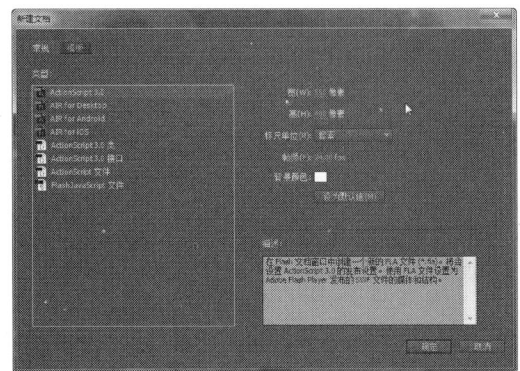

图 17-15 "新建文档"对话框

02 在对话框中选择 Flash 文件后,单击"确定"按钮,即可新建一个文档,如图 17-16 所示。

图 17-16 新建文档

03 执行"文件"|"保存"命令,弹出"另存为"对话框,在对话框中的"文件名"组合框中输入文件名,如图 17-17 所示,单击"保存"按钮,即可保存文档。

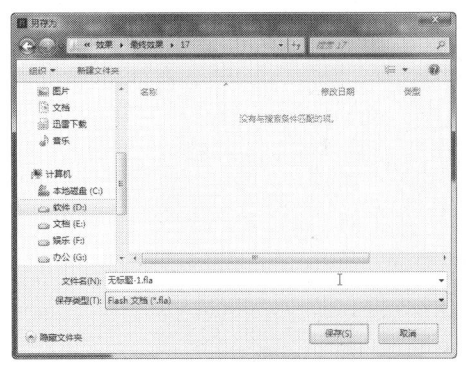

图 17-17 "另存为"对话框

17.2.2 设置 Flash 的属性

在 Flash 的"文档属性"对话框中可以设置文档大小、文档的背景颜色、帧频率等,下面详细讲述文档属性的设置。

1. 设置文档大小

执行"修改"|"文档"命令,弹出"文档设置"对话框,在"舞台大小"右侧单击相应数值,可以输入数值或拖动鼠标设置大小,如图 17-18 所示。

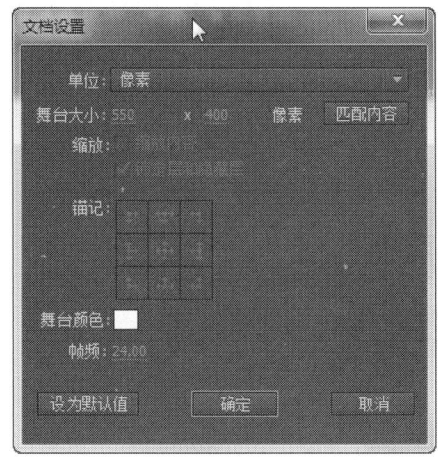

图 17-18 设置文档大小

2. 设置背景颜色

单击"背景颜色"右侧的按钮,在弹出的拾色器中可以设置舞台的背景颜色,如图 17-19 所示。

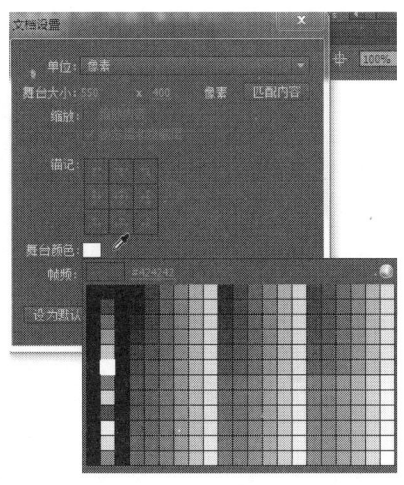

图 17-19 设置背景颜色

3．设置帧频率

在"帧频"右侧可以输入每秒要显示的动画帧数。帧数越大，动画显示越快，帧数越少，动画显示越慢，如图 17-20 所示。

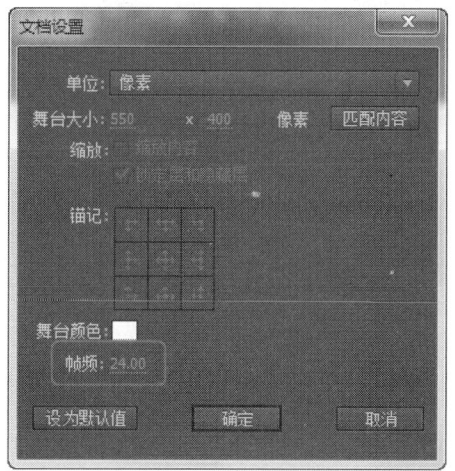

图 17-20 设置帧频

4．使用"属性"面板设置属性

使用"属性"面板和浮动面板组，可以查看或组合或更改资源及其属性。可以根据视图的需要来显示 / 隐藏面板和调整面板大小，也可以组合面板并保存自定义的面板设置，从而更容易管理工作区。

执行"窗口"|"属性"命令，可以打开或关闭"属性"面板，如图 17-21 所示。"属性"面板可以显示当前使用的工具和被选择对象的各种属性和参数。在"属性"面板中对当前可以使用的工具和对象进行参数及属性的设置。

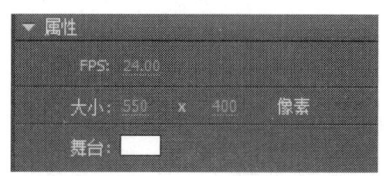

图 17-21 "属性"面板

17.2.3　Flash 时间轴的使用

在 Flash 中，时间轴位于工作区的右下方，是进行 Flash 动画创建的核心部分。时间是由图层、帧和播放头组成的，影片的进度通过帧来控制。时间轴可以分为两个部分：左侧的图层操作区和右侧的帧操作区，如图 17-22 所示。

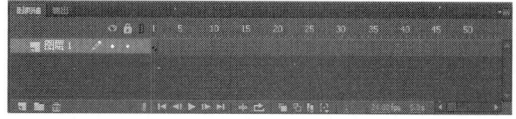

图 17-22 "时间轴"面板

17.2.4　插入关键帧

帧是创建动画的基础，也是构建动画最基本的元素之一。在"时间轴"面板中可以很明显地看出帧与图层是一一对应的。

在时间轴中，帧分为 3 种类型，分别是普通帧、关键帧、空白关键帧。

1．普通帧

普通帧起着过滤和延长关键帧内容显示的作用。在时间轴中，普通帧一般以空心方格表示，每个方格占用一个帧的动作和时间，如图 17-23 所示的是在第 30 帧处插入了普通帧。

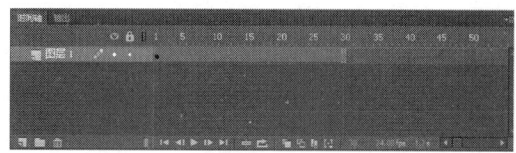

图 17-23 插入普通帧

2．空白关键帧

空白关键帧以空心圆表示。空白关键帧是特殊的关键帧，它没有任何对象存在，可以在其上绘制图形，如果在空白关键帧中添加对象，它会自动转换为关键帧。一般新建图层的第 1 帧都为空白关键帧，一旦在其中绘制图形后，则变为关键帧，如图 17-24 所示。同样的道理，如果将某关键帧中的全部对象删除，则此关键帧会转换为空白关键帧。

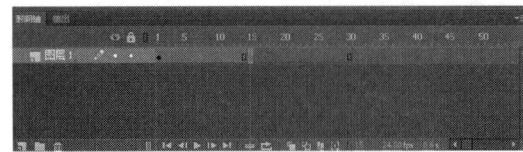

图 17-24 空白关键帧

3. 关键帧

关键帧是用来定义动画变化的帧。在动画播放的过程中，关键帧会呈现出关键性的动作或内容上的变化。在时间轴中的关键帧显示实心的小圆球，存在于此帧中的对象与前后帧中的对象的属性是不同的，在"时间轴"面板中插入关键帧，如图 17-25 所示。

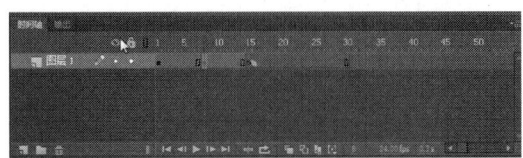

图 17-25 关键帧

17.2.5 创建帧过渡效果

补间动画是 Flash 中最常见的动画形式，也是高级动画形式的基础。可以说，绝大多数的 Flash 动画都是建立在补间动画基础上的。Flash 提供了 3 种不同的补间动画类型：一种是动作补间动画，另一种是形状补间动画。

- 动作补间动画是指在 Flash 的时间帧面板上，在一个关键帧上放置一个元件，然后在另一个关键帧改变这个元件的大小、颜色、位置、透明度等，Flash 将自动根据二者之间的帧的值创建的动画。建立动作补间动画后，时间帧面板的背景色变为淡紫色，在起始帧和结束帧之间有一个长长的箭头。构成动作补间动画的元素是元件，包括影片剪辑元件、图形元件、按钮元件、文字、位图、组合等，但不能是形状，只有把形状组合（Ctrl+G）或者转换成元件后才可以做动作补间动画。如图 17-26 所示的是动作补间过渡效果。

图 17-26 动作补间过渡效果

- 形状补间动画是在 Flash 的"时间轴"面板上，在一个关键帧上绘制一个形状，然后在另一个关键帧上更改该形状或绘制另一个形状等，Flash 将自动根据二者之间的帧的值或形状来创建的动画。它可以实现两个图形之间颜色、形状、大小、位置的相互变化。建立形状补间动画后，"时间轴"面板的背景色变为淡绿色，在起始帧和结束帧之间也有一个长长的箭头。构成形状补间动画的元素多为用鼠标或压感笔绘制出的形状，而不能是图形元件、按钮元件、文字等，如果要使用图形元件、按钮元件、文字，则要先将其打散（Ctrl+B）后才可以创建形状补间动画。如图 17-27 所示的是形状补间过渡效果。

图 17-27 形状补间过渡效果

17.2.6 添加图层与图层管理

使用图层可以很好地对舞台中的各个对象分类组织，并且可以将动画中的静态元素和动态元素分割开来，以减少整个动画文件的大小。

单击"时间轴"面板底部的"新建图层"按钮，即可在选中图层的上方新建一个图层，如图 17-28 所示。

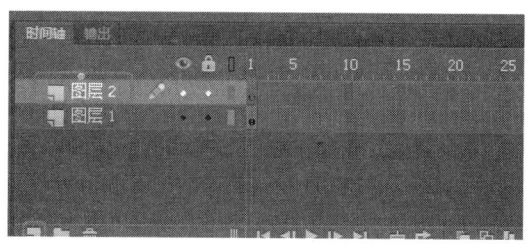

图 17-28 新建一个图层

选中要移动的图层，按住鼠标左键拖动，拖动图层到相应的位置，释放鼠标，即可将图层拖动到合适的位置。此时移动"图层 2"到"图层 1"的下方，该图层的内容也将被移动到图层 1 的下方，如图 17-29 所示。

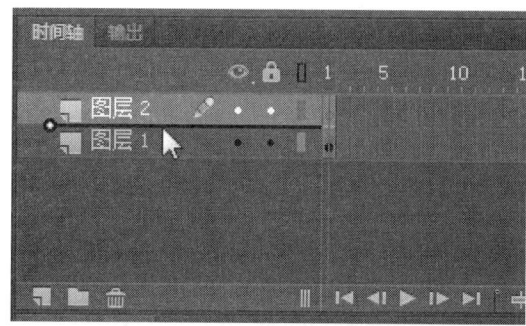

图 17-29 移动图层

执行"修改"|"时间轴"|"图层属性"命令，或在图层上单击鼠标右键，在弹出的快捷菜单中选择"属性"命令，弹出"图层属性"对话框，如图 17-30 所示。

在"图层属性"对话框中可以设置以下参数：

- 名称：在文本框中输入图层名称。
- 显示：选中此复选框，将显示该图层；否则将隐藏该图层。
- 锁定：选中此复选框，将隐藏该图层；否则将显示该图层。
- 类型：用于设置图层的类型。
- 轮廓颜色：单击右边的颜色框，在弹出的拾色器中设置对象呈轮廓显示时，轮廓线使用的颜色。
- 图层高度：用于设置图层在"时间轴"面板中显示的高度。

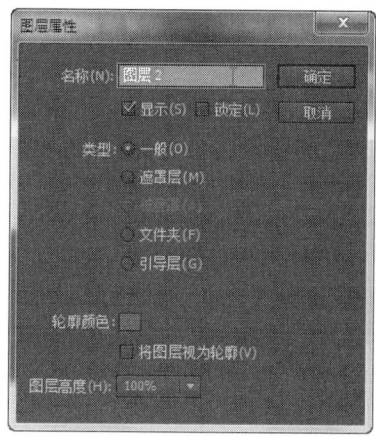

图 17-30 "图层属性"对话框

17.2.7 插入元件

元件是指可以重复使用的图形、按钮或动画。由于对元件的编辑和修改可以直接应用于动画中所有应用该元件的实例，所以对于一个具有大量重复元素的动画来说，只要对元件做了修改，系统将自动地更新所有使用此元件的实例。

执行"插入"|"新建元件"命令或者按Ctrl+F8 组合键，弹出"创建新元件"对话框，在对话框中的"名称"文本框中输入元件的名称，"类型"选择可以选择"图形"、"影片剪辑"、"按钮"，如图 17-31 所示。

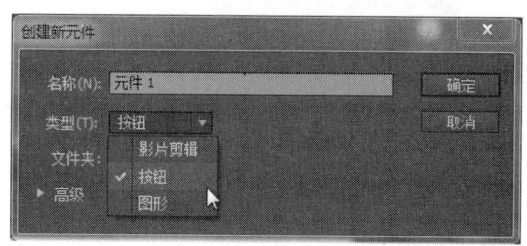

图 17-31 "创建新元件"对话框

- 图形元件。

制作静态图像，以及附属于主影片时间轴的可重复使用的动画片段。

- 按钮元件。

创建响应鼠标单击、滑过或其他动作的交互按钮。

- 影片剪辑。

影片剪辑是包含在 Flash 影片中的影片片段，有自己的时间轴和属性。与图形元件的主要区别在于它支持 ActionScript 和声音，具有交互性，是用途最广、功能最多的部分。影片剪辑基本上是一个小的影片，可以包含交互控制、声音，以及其他的影片剪辑元件的实例，也可以将其放置在按钮元件的时间轴中制作动画按钮。

17.2.8　库的管理与使用

Flash 文档中的库，存储了在 Flash 中创建的元件及导入的文件，如声音剪辑、位图、影片剪辑等。"库"面板显示一个滚动列表，其中包含库中所有项目的名称，可以在工作时查看并组织这些元素。"库"面板中项目名称旁边的图标指示该项目的文件类型。此外，"库"面板还可以用来组织文件夹中的库项目，查看项目在文档中的使用信息，并按照类型对项目排序，如图 17-32 所示。"库"面板包括以下几部分：

- 名称。库元素的名称与源文件的文件名称对应。
- 选项菜单。单击右上角的■按钮，弹出如图 17-33 所示的菜单，可以执行其中的命令。

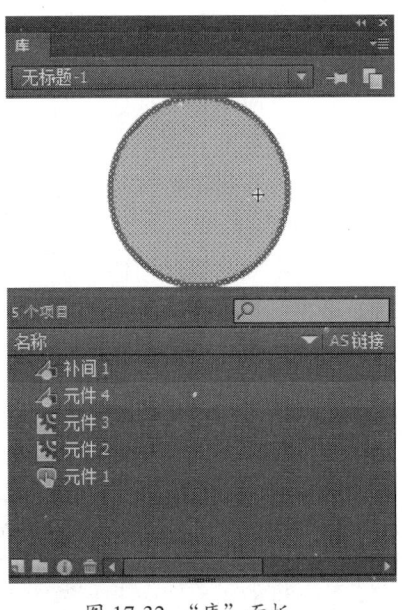 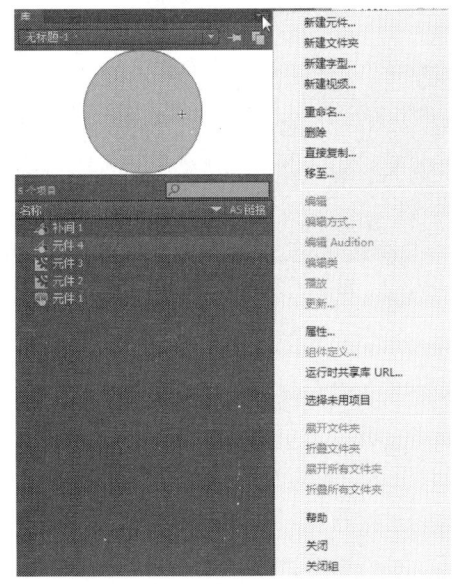

图 17-32　"库"面板　　　　　　　图 17-33　弹出菜单

在"库"窗口的元素列表中，看见的文件类型是图形、按钮、影片剪辑、媒体声音、视频、字体和位图。前面 3 种是在 Flash 中产生的元件，后面两种是导入素材后产生的。

创建库元件可以选择以下任意一种操作：

- 执行"插入"|"新建元件"命令。
- 单击"库"面板中的■按钮，在弹出的菜单中执行"新建元件"命令，如图 17-34 所示。

在"库"面板中不需要使用的库项目，可以在"库"面板中将其删除，删除库项目的具体操作步骤如下：

01 执行"窗口"|"库"命令，打开"库"面板。

02 选中不需要使用的项目，单击鼠标右键，在弹出的快捷菜单中选择"删除"命令，即可将选中的项目删除，如图 17-35 所示。

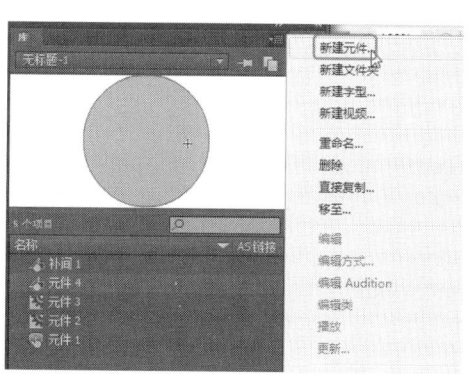

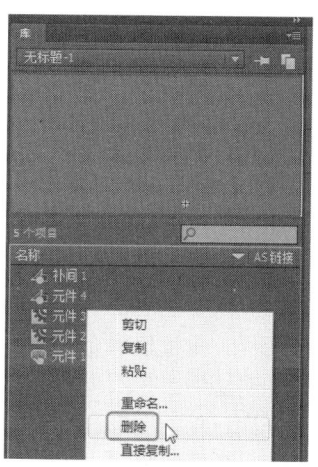

图 17-34 选择"新建元件"选项

图 17-35 删除项目

17.3　Flash 动画的优化与发布

将制作好的动画测试、优化和导出后，就可以利用发布命令将制作的 Flash 动画文件进行发布，以便于动画的推广和传播。

17.3.1　优化动画

Flash 作为动画创作的专业软件，操作简便，功能强大，现已成为交互式矢量图形和 Web 动画方面的标准。但是，如果制作的 Flash 文件较大，就常常会让网上浏览者在不断等待中失去耐心。因此对 Flash 进行优化显得很有必要，但前提是不能有损其播放质量。

下面讲述优化 Flash 动画的具体操作步骤。

01 执行"文件"|"打开"命令，打开文件"优化 .fla"，如图 17-36 所示。

02 执行"文件"|"发布设置"命令，打开"发布设置"对话框，在该对话框中选中"Flash（.swf）"复选框，打开相应的参数设置界面，对相关参数进行设置以优化 Flash 动画，如图 17-37 所示。

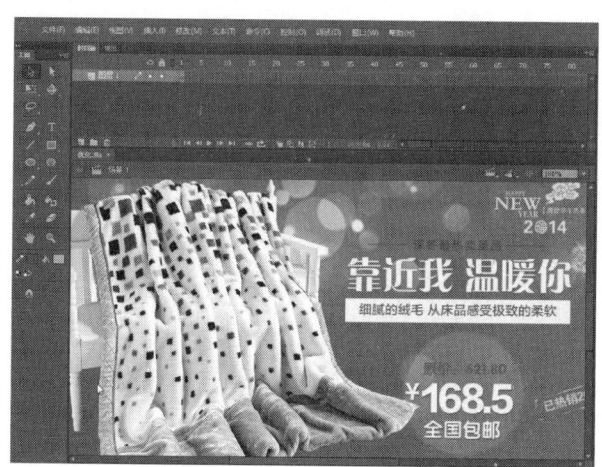

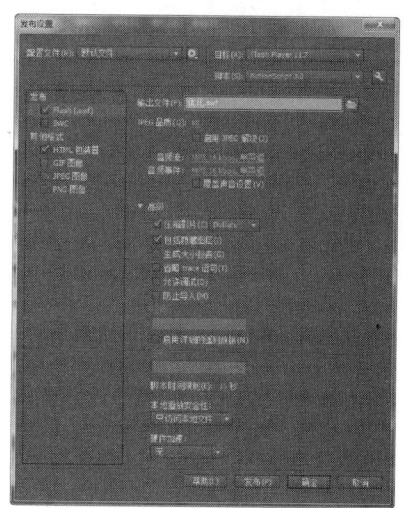

图 17-36 打开原始文件

图 17-37 优化设置

下面是优化Flash动画时的一些注意事项。

- 制作动画时，应多采用补间动画，尽量避免使用逐帧动画，因为关键帧的多少是决定文件大小的重要因素。
- 绘制线条时，多采用实线，少用虚线。使用实线将使文件更小。
- 多使用符号。如果动画中的元素有使用一次以上的，则应考虑将其转换为元件。重复使用元件并不会使动画文件明显增大，因为动画文件只需储存一次元件的图形数据。
- 多用矢量图形，少用位图图像。矢量图形可以任意缩放而不影响 Flash 的画质，而位图图像一般只作为静态元素或背景图，Flash 并不擅长处理位图图像的动作，应避免使用位图图像元素制作动画。
- 导入的图片最好是 *.jpg 或 *.gif 格式。
- 导入音乐文件时，最好是 MP3 格式的文件，这样不仅可以保证一定质量的音质，还可以缩小文件尺寸。
- 限制字体和字体样式的数量。尽量不要使用太多不同的字体。使用的字体越多，动画文件就越大。尽可能使用 Flash 内置的字体。
- 尽量不要将文字和图形打散。因为打散后的字体就不再以文字的形式保存下来，而是以图形的形式保存。对于图形，也尽量不要打散，最好把图形组合在一起，构成图形群组，这样也能大大地缩小文件尺寸。
- 尽量避免在同一时间内安排多个对象同时产生动作。有动作的对象也不要与其他静态对象安排在同一图层里。应该将有动作的对象安排在各自专属的图层内，以便加速 Flash 动画的处理过程。
- 动画的长宽尺寸越小越好。尺寸越小，动画文件就越小。

17.3.2 测试动画

Flash 动换制作完成后，就可以将其导出了。在导出或发布动画之前应该对动画文件进行测试，以检查动画能否正常播放。

测试不仅可以发现影响影片播放的错误，而且可以检测影片中片断和场景的转换是否流畅自然等。测试时应该按照影片剧本分别对影片中的元件、场景和完成影片等分步测试，这样有助于发现问题。在测试 Flash 动画时应从以下 3 个方面考虑：

- Flash动画的体积是否处于最小状态，能否更小一些。
- Flash 动画是否按照设计思路达到预期的效果。
- 在网络环境下，是否能正常地下载和观看动画。

测试 Flash 动画的具体操作步骤如下：

01 打开制作好的 Flash 动画，执行"控制"|"测试"命令，如图 17-38 所示。

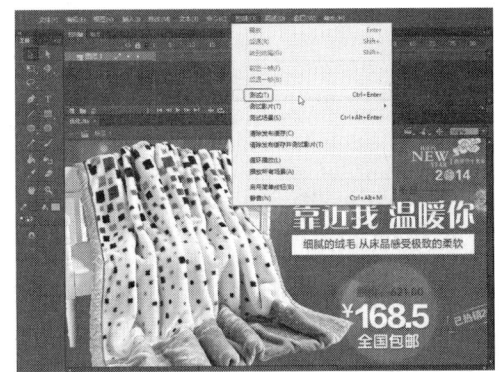

图 17-38 执行"测试"命令

02 选择以后即可测试预览动画，如图 17-39 所示。

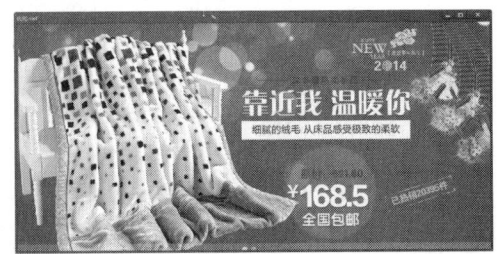

图 17-39 测试动画

17.3.3　设置动画发布格式

在发布 Flash 动画前应进行发布设置，执行"文件" | "发布设置"命令，弹出"发布设置"对话框，如图 17-40 所示。在左侧选项组可以选择发布的格式。

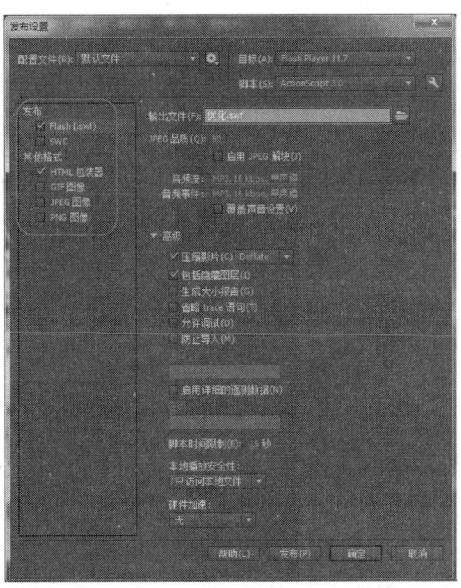

图 17-40　"发布设置"对话框

当测试 Flash 影片运行无误后，就可以将其发布为最终的 SWF 播放文件了。默认情况下，使用"发布"命令可以创建 Flash SWF 播放文件并将 Flash 影片插入浏览器窗口中的 HTML 文件中。

除了以 SWF 格式发布 Flash 播放影片以外，也可以用其他文件格式发布 Flash 影片，如 GIF、JPEG、PNG 和 QuickTime 格式，以及在浏览器窗口中显示这些文件所需的 HTML 文件。

17.4　综合实战——发布动画

将 Flash 动画以 HTML 文件格式优化发布的效果如图 17-41 所示，具体操作步骤如下：

图 17-41　发布效果

原始文件：	原始文件 /CH17/ 发布动画 .fla
最终文件：	最终文件 /CH17/ 发布动画 .fla

01 打开原始文件"发布动画 .fla",如图 17-42 所示。

02 执行"文件"|"发布设置"命令,打开"发布设置"对话框。在"发布"选项组中选择"HTML 包装器"类型,将"品质"设置为"中",将"窗口模式"设置为"窗口",如图 17-43 所示。

图 17-42 打开原始文档

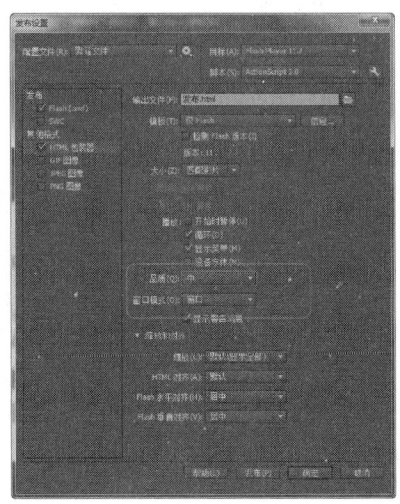

图 17-43 "发布设置"对话框

17.5 本章小结

Flash 的功能很广泛,可以生成动画、增加网页互动性,以及在网页中加入声音,还可以生成亮丽夺目的图形和界面。本章介绍了 Flash 动画的基础、Flash 动画的优化与发布,通过本章的学习读者可以初步了解 Flash 动画设计软件。希望这些介绍能激发起读者学习 Flash 的兴趣。

第 *18* 章　Flash 绘图基础

本章导读

　　作为一款优秀的交互性矢量动画制作软件，丰富的矢量绘图和编辑功能是必不可少的。熟练掌握绘图工具的使用是 Flash 学习的关键。在学习和使用 Flash 的过程中，应当清楚各种工具的用途，灵活运用这些工具，可以绘制出栩栩如生的矢量图形，为后面的动画制作做好准备工作。

技术要点

◆　使用绘图工具　　　　　　　　　◆　文本的基本操作
◆　修改工具　　　　　　　　　　　◆　对象的选取、复制与移动
◆　添色工具　　　　　　　　　　　◆　变形处理

18.1　使用绘图工具

　　在 Flash 中，创建和编辑矢量图形主要是通过绘图工具箱提供的绘图工具来进行的，Flash 提供了多种绘图工具，利用它们可以很方便地绘制出栩栩如生的矢量图形。

18.1.1　铅笔工具

　　铅笔工具是用来绘制线条和形状的。使用"铅笔工具"可以自由地绘制图形，它的使用方法和真实铅笔的使用方法大致相同。要绘制平滑或伸直的线条，可以给"铅笔工具"选择一种绘图模式。使用"铅笔工具"可以绘制任意形状的线条，选择工具箱中的"铅笔工具"会出现铅笔模式附属工具选项，有 3 种模式可供选择，如图 18-1 所示。通过它可以选择所绘笔触的模式。

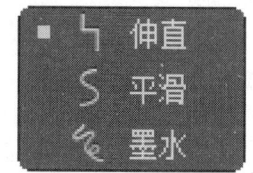

图 18-1　"铅笔工具"的模式

- "伸直"：在绘图过程中，使用此模式会将线条转换成接近形状的直线，绘制的图形趋向平直、规整。
- "平滑"：适用于绘制平滑图形，在绘制过程中会自动将所绘图形的棱角去掉，转换成接近形状的平滑曲线，使绘制的图形趋于平滑、流畅。
- "墨水"：可随意地绘制各类线条，这种模式不对笔触进行任何修改。

　　使用"铅笔工具"绘制图形的具体操作步骤如下：

01 打开原始文档，选择工具箱中的"铅笔工具"，在"属性"面板中设置笔触颜色、样式和大小，如图 18-2 所示。

02 按住鼠标左键在舞台中绘制形状，如图 18-3 所示。

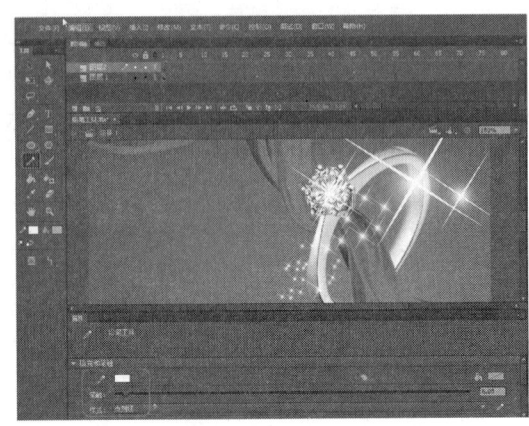

图 18-2 选择"铅笔工具"

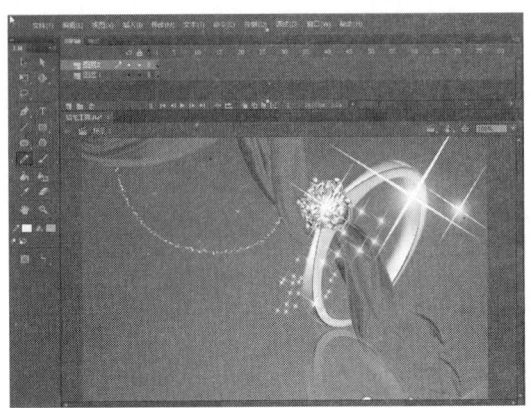

图 18-3 绘制形状

18.1.2　钢笔工具

"钢笔工具"用于绘制路径，可以创建直线或曲线段，然后调整直线段的角度、长度及曲线段的斜率。

选择工具箱中"钢笔工具"，在舞台上单击确定一个锚记点，继续单击添加相连的线段。直线路径上或曲线路径接合处的锚记点称为转角点，以小方形显示，如图 18-4 所示。

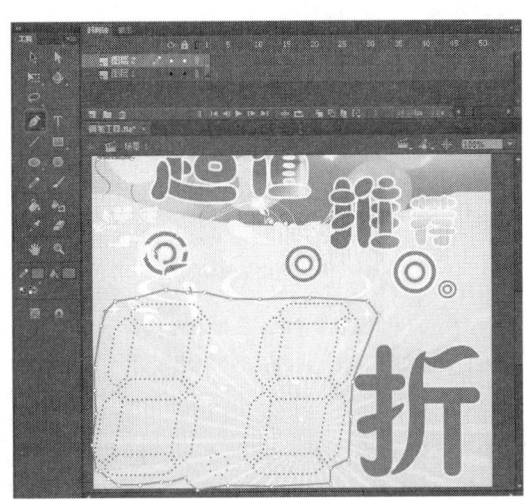

图 18-4 钢笔工具

18.1.3　刷子工具

使用工具箱中的"刷子工具"可以随意地画出色块，在其选项中可以设置刷子的大小和样式，如图 18-5 所示。单击选项区中的按钮，在弹出的菜单中有 5 种填充模式，如

图 18-6 所示。

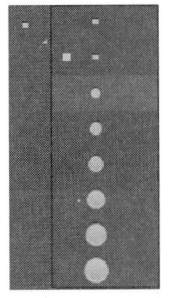

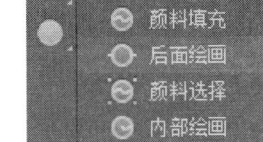

图 18-5 刷子大小　　图 18-6 填充模式

- 标准绘画：使用工具箱中的"刷子工具"，设置填充颜色，将光标移动到舞台上，在舞台中按住鼠标左键进行拖动。
- 颜料填充：它只影响填色的内容，不会遮住线条。
- 后面绘画：在图形上绘制时，它只会在图形的后面，不会影响前面的图像。
- 颜料选择：使用"选择工具"选择图形的一部分区域，再使用"刷子工具"绘制。
- 内部绘画：在绘画时，画笔的起始点必须在轮廓线以内，而且画布的范围也只作用在轮廓线以内。

使用"刷子工具"的具体操作步骤如下：

01 打开原始文件，选择工具箱中的"刷子工具"，设置填充颜色为 #0066CC，如图 18-7 所示。

图 18-7 打开原始文件

02 设置刷子的大小和形状，将鼠标指针移到舞台中，按住鼠标左键拖动即可绘制色块，如图 18-8 所示。

图 18-8 绘制色块

18.1.4　线条工具

在工具箱中选择"线条工具" ，这时，鼠标移动到工作区后将变成一个十字，这说明此时已经激活了工具，如图 18-9 所示。在"属性"面板中可设置线条的属性，如图 18-10 所示。

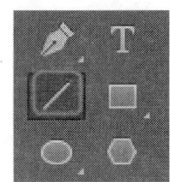

图 18-9 选择"线条工具"

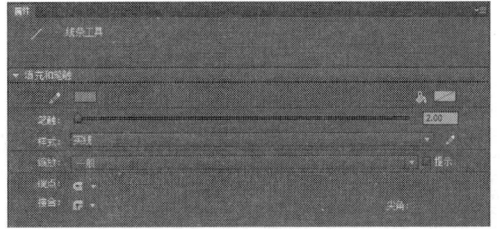

图 18-10 "线条工具"的"属性"面板

在"属性"面板中可以设置以下参数：

- "笔触"：用于设置线条的粗细。
- "样式"：包括"极细线"、"实线"、"虚线"、"点状线"、"锯齿状"、"点刻线"和"斑马线"6 个选项。
- "缩放"：选中此复选框，可以将自定义笔触缩放倍数。
- "尖角"：设置尖角大小。

01 打开原始文件，如图 18-11 所示。

图 18-11 打开原始文件

02 在"时间轴"面板中单击"新建图层"按钮，新建"图层 2"，如图 18-12 所示。

图 18-12 新建图层

03 选择工具箱中的"线条工具" ，在"属性"面板中将笔触颜色设置为#00CC00，将笔触大小设置为8，如图18-13所示。

图18-13 设置笔触颜色和大小

04 按住Shift键，在图像上拖动鼠标左键到合适的位置，释放鼠标左键，即可绘制一个线条，如图18-14所示。

图18-14 绘制线条

18.1.5 椭圆工具

"椭圆工具"可用来绘制椭圆和正圆，不仅可以任意选择轮廓线的颜色、线宽和线型，还可以任意选择轮廓线的颜色和圆的填充色。但是边界线只能使用单色，而填充区域则可以使用单色或渐变色，具体操作步骤如下：

01 打开原始文档，选择工具箱中的"椭圆工具"，如图18-15所示。

02 单击工具箱中的"笔触颜色"按钮，在弹出的颜色框中设置笔触颜色为"无"。单击"填充颜色"按钮，在弹出的颜色框中设置填充颜色为#479CFF，按住鼠标左键在舞台中绘制椭圆，效果如图18-16所示。

图18-15 打开文档

图18-16 绘制椭圆

18.1.6 矩形工具

"矩形工具"用于创建各种比例的矩形，也可以绘制正方形，其操作步骤和"椭圆工具"的使用相似。所不同的是，在"矩形工具"的"属性"面板中可以设置矩形的边角半径。

使用"矩形工具"的具体操作步骤如下：

01 打开原始文档，选择工具箱中的"矩形工具"，如图18-17所示。

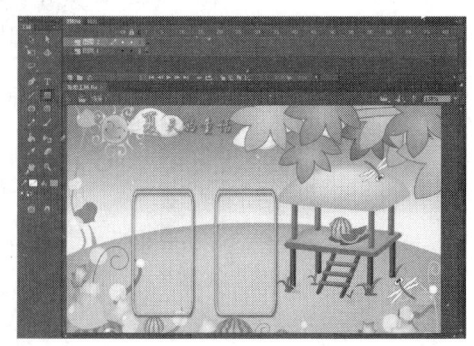

图18-17 选择"矩形工具"

02 在"属性"面板中可以设置矩形各个属性，如图 18-18 所示。

图 18-18 设置属性

03 拖动鼠标即可绘制圆角矩形，效果如图 18-19 所示。

图 18-19 绘制圆角矩形

18.2　修改工具

作为一项重要的绘图工具，"选择工具"是工具箱中使用率最高的工具之一。它的主要用途是对工作区中的对象进行选择和对一些线条进行修改。当某一图形对象被选中后，图像将由实变虚，表示已被选中。在绘图操作过程中，用户常常需要选择将要处理的对象，然后对这些对象进行处理，而选择对象通常使用的就是"选择工具"。

18.2.1　选择工具

"选择工具"用于选择或移动直线、图形、元件等一个或多个对象，也可以拖动一些未选定的直线、图形、端点或曲线来改变直线或图形的形状。

选择"选择工具"会出现 3 个附属工具选项，如图 18-20 所示。

图 18-20 附属工具

- "贴紧至对象"：选择此选项，绘图、移动、旋转及调整的对象将自动对齐。
- "平滑"：对直线和开头进行平滑处理。
- "伸直"：对直线和开头进行平直处理。

使用"选择工具"的具体操作步骤如下：

01 在工具箱中选择"选择工具"，在舞台中直接单击相应的对象，即可选择该对象，如图 18-21 所示。

图 18-21 选中对象

02 按住 Shift 键单击其他对象，可以选中多个对象，如图 18-22 所示。

图 18-22 选中多个对象

18.2.2　部分选取工具

使用"部分选取工具"可以选取并移动对象，除此之外，它还可以对图形进行变形等处理。当某一对象被"部分选取工具"选中后，它的图像轮廓线上将出现很多控制点，表示该对象已被选中，如图18-23所示。

图18-23　选中对象

选择其中一个控制点，此时光标右下角会出现一个空白的正方形，拖动该点，轮廓会随之改变，如图18-24所示。

图18-24　改变轮廓

选择"部分选取工具"后，将光标靠近对象，当光标右下角出现黑色实心方块的时候，按下鼠标左键就可以拖动对象了，如图18-25所示。

图18-25　拖动对象

18.2.3　套索工具

与"选择工具"的功能相似，"套索工具"也是用来选择对象的。但与"选择工具"相比，"套索工具"的选择方式有所不同。使用套索工具可以自由选定要选择的区域，而不是像"选择工具"那样将整个对象都选中。单击"套索工具"后会出现3个附属工具选项，如图18-26所示。

图18-26　"套索工具"组

使用"套索工具"的具体操作步骤如下：

01 启动Flash，执行"文件"|"打开"命令，在弹出的对话框中打开相应的文件，按Ctrl＋B组合键分离图像，如图18-27所示。

图18-27　分离图像

02 在工具箱中选择"多边形工具"，将光标置于要圈选的位置，按住鼠标不放拖动，直到将所需的图像全部选择，如图18-28所示。

图18-28　圈选图像

03 释放鼠标即可将鼠标框选的区域选中，如图18-29所示。

图 18-29　选中对象

18.2.4　橡皮擦工具

"橡皮擦工具"可以用来擦除图形的外轮廓和内部颜色。"橡皮擦工具"有多种擦除模式，例如可以设置为只擦除图形的外轮廓和侧部颜色，也可以定义只擦除图形对象某一部分的内容。用户可以在实际操作时根据具体情况设置不同的擦除模式。

在工具箱中选择"橡皮擦工具"，在工具箱中的最下面有一些附加选项，如图 18-30 所示。使用此工具时，在舞台中单击并拖动鼠标，擦除完毕后释放鼠标，如图 18-31 所示。

1．橡皮擦模式

用于擦除区域，包括"标准擦除"、"擦除填色"、"擦除线条"、"擦除所选填充"和"内部擦除"5 个选项。

- 标准擦除：用于擦除同一层上的笔触和填充区域。
- 擦除填色：只擦除填充区域，不影响笔触。
- 擦除线条：只擦除笔触，不影响填充

区域。
- 擦除所选填充：只擦除当前选定的填充区域，而不影响笔触。
- 内部擦除：只擦除橡皮擦笔触开始处的填充。如果从空白点开始擦除，则不会擦除任何内容。以这种模式使用橡皮擦并不影响笔触。

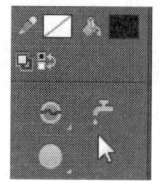

图 18-30　附加选项

图 18-31　擦除效果

2．水龙头

使用此选项，可以直接清除所选取的区域，使用时只需单击笔触或填充区域，就可以擦除笔触或填充区域。

3．橡皮擦形状

使用此选项，可以设置橡皮擦的形状以进行精确的擦除。

18.3　添色工具

添色工具主要包括"颜料桶工具"、"墨水瓶工具"、"滴管工具"，下面就来详细介绍它们的使用方法。

18.3.1　颜料桶工具

"颜料桶工具"是用来填充封闭区域的，它既能填充一个空白区域，又能改变已着色区域的颜色，可以使用纯色、渐变和位图填充，甚至可以用"颜料桶工具"对一个未完全封闭的区域进行填充。

在工具箱中选择"颜料桶工具"，单击工具箱中的"空隙大小"按钮，在弹出的菜单中可以设置填充的属性，包括"不封闭空隙"、"封闭小空隙"、"封闭中等空隙"和"封闭大空隙" 4 个选项，如图 18-32 所示。

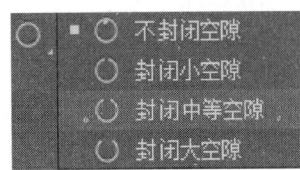

图 18-32 设置填充的属性

- 不封闭空隙：在使用"颜料桶工具"填充颜色前，Flash 将不会自行封闭所选区域的任何空隙。也就是说，所选区域所有未封闭的曲线内将不会被填色。

- 封闭小空隙：在使用"颜料桶工具"填充颜色前，会自行封闭所选区域的小空隙。也就是说，如果所填充区域不是完全封闭的，但是空隙很小，则 Flash 会近似地将其判断为完全封闭而进行填充。

- 封闭中等空隙：在使用"颜料桶工具"填充颜色前，会自行封闭所选区域的中等空隙。也就是说，如果所填充区域不是完全封闭的，但是空隙大小中等，则 Flash 会近似地将其判断为完全封闭而进行填充。

- 封闭大空隙：在使用"颜料桶工具"填充颜色前，自行封闭所选区域的大空隙。也就是说，如果所填充区域不是完全封闭的，而且空隙尺寸比较大，则 Flash 会近似的将其判断为完全封闭而进行填充。

使用"颜料桶工具"的具体操作步骤如下：

01 打开文档，在工具箱中选择"颜料桶工具"，在附属工具选项中选择需要的空隙模式，如图 18-33 所示。

02 将鼠标指针移到舞台中，将发现它变成了一个颜料桶，在填充区域内部单击，填充颜色，

或者在轮廓内单击进行填充，如图 18-34 所示。

图 18-33 选择颜料桶工具

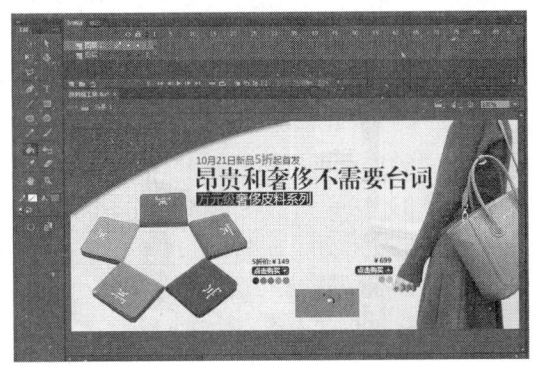

图 18-34 填充颜色

18.3.2 墨水瓶工具

"墨水瓶工具"用来在绘图中更改线条和轮廓线的颜色和样式。它不仅能够在选定图形的轮廓线上加上规定的线条，还可以改变一条线段的粗细、颜色、线型等，并且可以给打散后的文字和图形加上轮廓线。"墨水瓶工具"本身不能在舞台中绘制线条，只能对已有线条进行修改。

01 选择工具箱中的"墨水瓶工具"，将鼠标指针移到舞台中，将发现它变成了一个墨水瓶形状，表明此时已经激活了"墨水瓶工具"，在"属性"面板中设置想要的参数，如图 18-35 所示。

02 现在可以对线条进行修改或者给无轮廓图形添加轮廓了，使用"墨水瓶工具"改变轮廓线颜色，如图 18-36 所示。

图 18-35　设置"属性"面板

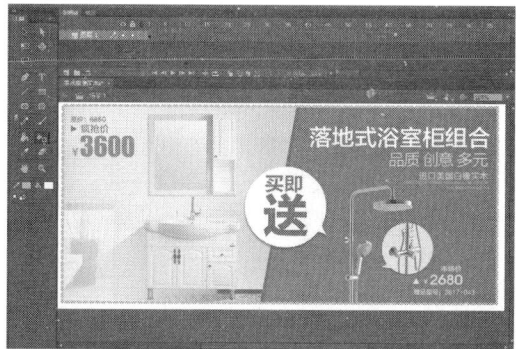

图 18-36　改变轮廓线颜色

18.3.3　滴管工具

"滴管工具"是吸取某种对象颜色的管状工具，应用"滴管工具"可以获取需要的颜色，另外还可以对位图进行属性采样。使用"滴管工具"的具体操作步骤如下：

01 打开原始文件，如图 18-37 所示。

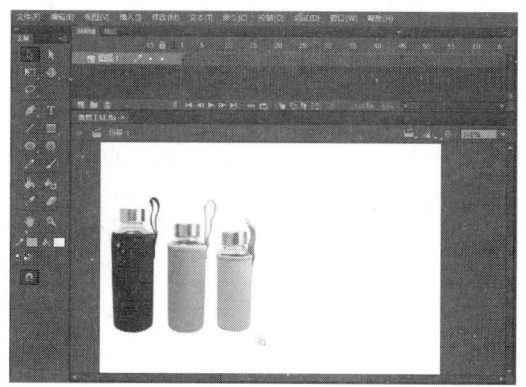

图 18-37　打开原始文件

02 执行"修改"|"分离"命令，将图像打散，

选择工具箱中的"滴管工具"。如图 18-38 所示。

图 18-38　打散图像

03 将"滴管工具"放置在要复制其属性的填充上，这时在"滴管工具"的旁边出现了一个刷子图标，单击鼠标则将形状信息采样到填充工具中，如图 18-39 所示。

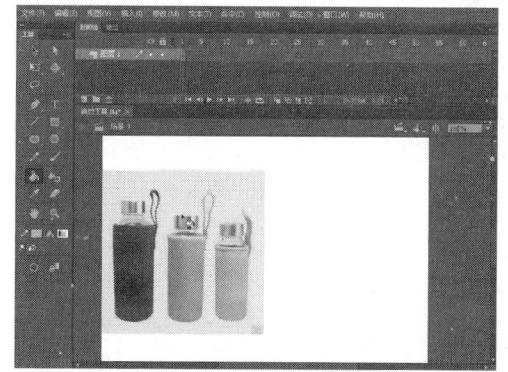

图 18-39　采集填充

04 选择工具箱中的"矩形工具"，在舞台中绘制一个矩形，该矩形将具有"滴管工具"所提取的填充属性，如图 18-40 所示。

图 18-40　填充矩形

18.4 文本的基本操作

在 Flash 中包含 3 种文本对象，分别是静态文本、动态文本和输入文本。

18.4.1 创建静态文本

静态文本就是在动画制作阶段创建，在动画播放阶段不能改变的文本。在静态文本框中，可以创建横排或竖排文本。具体操作步骤如下：

01 新建 Flash 文档，选择工具箱中的"文本工具" **T**，如图 18-41 所示。

02 打开"属性"面板，在"文本类型"下拉列表中选择"静态文本"，将"系列"设置为"黑体"，将字体"大小"设置为 70，将字体"颜色"设置为 #FFCC99，如图 18-42 所示。

图 18-41 选择"文本工具"

图 18-42 设置文本类型

03 在舞台上单击并输入文字"圣诞快乐"，如图 18-43 所示。

图 18-43 输入文字

18.4.2 创建动态文本

动态文本框用来显示动态可更新的文本：

01 选择工具箱中的"文本工具"，在"属性"面板中的"文本类型"下拉列表中选择"动态文本"选项，如图 18-44 所示。

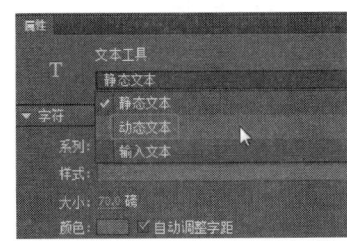

图 18-44 选择"动态文本"选项

02 在文档中按下鼠标左键不放，拖出一个文本输入框，如图 18-45 所示。

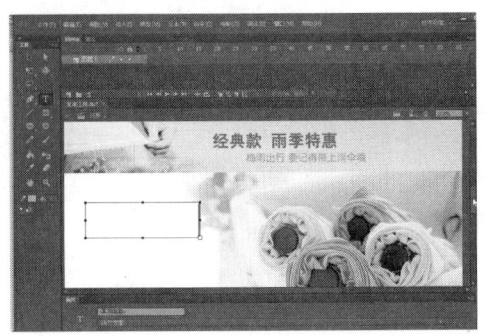

图 18-45 文本输入框

18.4.3 创建输入文本

创建输入文本具体操作步骤如下：

01 在"属性"面板中的"文本类型"下拉列表中选择"输入文本"，在"线条类型"下拉列表中选择"多行"，如图 18-46 所示。

02 在文档中按下鼠标左键并拖出一个文本框，如图 18-47 所示。

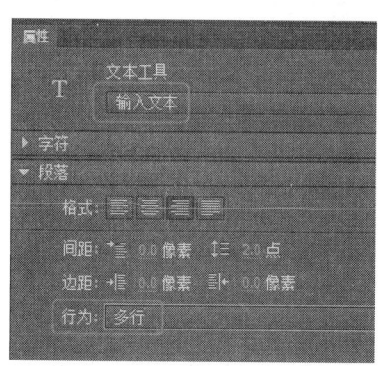

图 18-46 输入静态文本

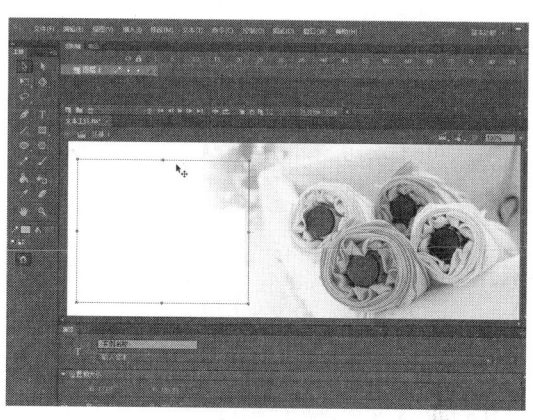

图 18-47 输入静态文本

18.5 对象的选取、复制与移动

下面分别来讲述移动对象、复制对象和删除对象的操作。

18.5.1 选取对象

一般而言，对舞台中的对象进行编辑必须先选择对象。因此选择对象是最基本的操作。选择对象有很多种方法。Flash 中提供了多种选择工具，主要有"选择工具"、"部分选取工具"和"套索工具"。选择工具箱中的"选择工具"，单击可以选取对象，如图 18-48 所示。

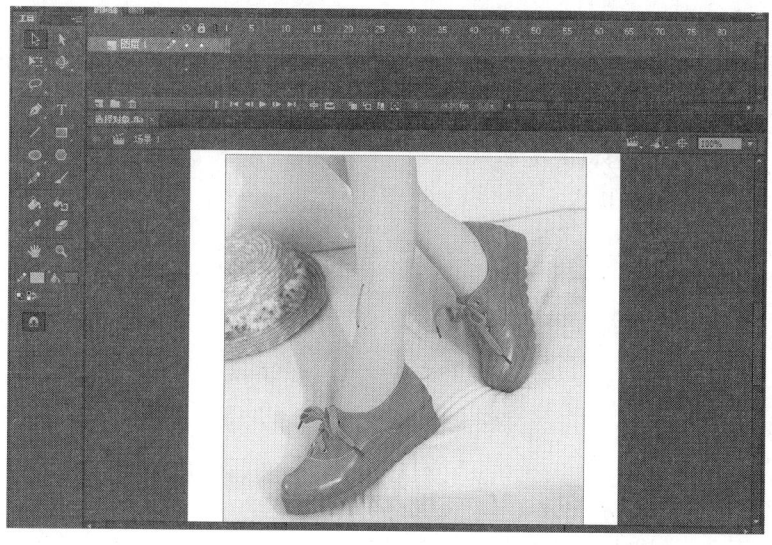

图 18-48 选择图像

18.5.2 移动对象

移动对象的方法通常有 4 种，分别是利用鼠标、键盘上的方向键、"属性"面板和"信息"面板进行移动。

1．鼠标移动对象

通过鼠标移动对象是最常用、最简单的一种方法。利用鼠标移动对象的具体方法如下：

首先选取一个或多个对象。再将鼠标移动到被选中的对象上，按住鼠标左键不放进行拖动，可以将对象移动到相应的位置。如果在拖动的同时，按住 Shift 键不放，则只能进行水平、垂直或 45°角方向的移动。

2．利用方向键

使用鼠标移动对象的缺点是不够精确，不容易进行细微的操作，而使用方向键来移动对象则要精确得多。利用方向键移动对象的具体方法如下：

首先选取一个或多个对象。再按相应的方向键（上、下、左、右）来移动对象，一次移动一个像素。如果在按住方向键的同时按住 Shift 键，则一次可以移动 8 个像素。

3．利用"属性"面板

选取一个或多个对象。在"属性"面板中的 X 和 Y 文本框中输入相应的数值，然后按 Enter 键即可将对象移动到指定的位置，如图 18-49 所示。

4．利用"信息"面板移动对象

选取一个或多个对象。执行"窗口"|"信息"命令，打开"信息"面板，如图 18-50 所示。在 X 和 Y 文本框中输入相应的数值，然后按 Enter 键即可将对象移动到指定的位置。

图 18-49 "属性"面板

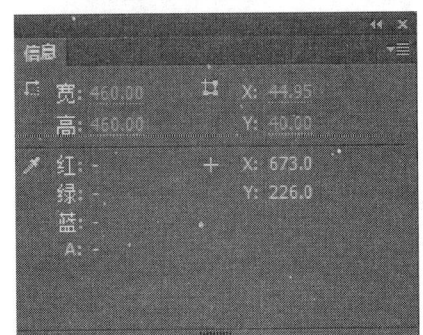

图 18-50 "信息"面板

18.5.3 复制对象

复制对象的具体操作步骤如下：

01 选中需要复制的对象，执行"编辑"|"复制"命令，或者按 Ctrl + C 组合键，复制对象。

02 执行"编辑"|"粘贴"命令，或者按 Ctrl + V 组合键，粘贴对象，如图 18-51 所示。

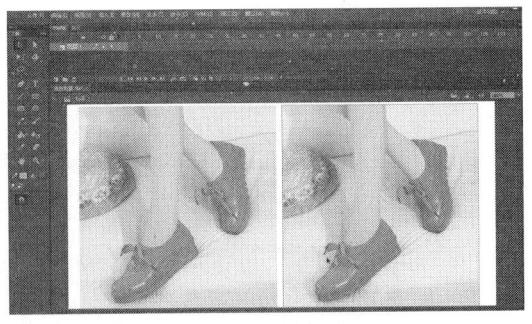

图 18-51 复制对象

18.6 变形处理

对 Flash 中的图形对象，既可以单独执行变形操作，也可以将旋转、缩放、倾斜和扭曲等多种变形操作组合在一起执行。

18.6.1　缩放对象

缩放对象是将选中的图形对象按比例放大或缩小，也可在水平或垂直方向分别放大或缩小对象。

缩放对象可以选择以下任意一种方法：

- 选中缩放对象，将鼠标移动至矩形框各边中点的控制点上，然后按下鼠标左键不放进行拖动，可以单独地调整对象的长度和宽度，如图 18-52 和图 18-53 所示。

图 18-52　水平缩放

图 18-53　垂直缩放

- 选中缩放对象，将鼠标移动至矩形框的 4 个顶点上，当指针变为倾斜的双向箭头形状时，按下鼠标左键不放进行拖动，可以同时对对象的长度和宽度进行缩放，如图 18-54 和图 18-55 所示。

图 18-54　缩小

图 18-55　放大

18.6.2　旋转对象

旋转对象的具体操作步骤如下：

01 选择工具箱中的"任意变形工具"，在工具箱下方的选项中单击"旋转与倾斜"按钮，如图 18-56 所示。

02 将鼠标移动到矩形框顶点旁边，当鼠标指针变为 形状时，按住鼠标左键不放进行旋转，如图 18-57 所示。

图 18-56 选择"任意变形工具"

图 18-57 旋转对象

18.6.3 扭曲对象

扭曲变形不是缩放、旋转等简单的变形，而是使对象的形状本身发生本质性的变化，具体操作步骤如下：

01 选择图像对象，执行"修改"|"分离"命令，分离图像，如图 18-58 所示。

图 18-58 分离图像

02 选择工具箱中的"任意变形工具"，在下面的附属选项中单击"扭曲"按钮，在对象的周围出现了控制点，如图 18-59 所示。

图 18-59 单击"扭曲"按钮

03 用鼠标按住控制点进行拖动，可以扭曲对象，如图 18-60 所示。

图 18-60 扭曲对象

04 用同样的方法，再次扭曲对象，如图 18-61 所示。

图 18-61 再次扭曲对象

18.7 综合实战

下面将通过实例讲述使用 Flash 绘图工具和文本工具来制作网页中的图像。

实战 1——绘制天气图标

下面使用 Flash 绘制天气图标，效果如图 18-62 所示，具体操作步骤如下：

最终文件：	最终文件 /CH18/ 多彩文字 .fla

图 18-62 多彩文字

01 启动 Flash CC，执行"文件"|"新建"命令，弹出"新建文档"对话框，在该对话框中将"宽"设置为 923、"高"设置为 486，如图 18-63 所示。

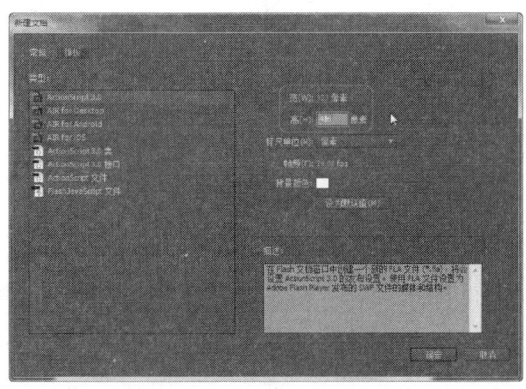

图 18-63 "新建文档"对话框

02 单击"确定"按钮，新建空白文档，如图 18-64 所示。

03 执行"文件"|"导入"|"导入到舞台"命令，弹出"导入"对话框，在该对话框中选择"多彩文字 .jpg"，如图 18-65 所示。

04 单击"打开"按钮，导入图像文件，如图 18-66 所示。

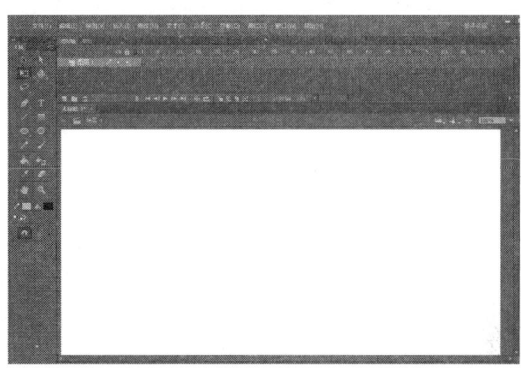

图 18-64 新建文档

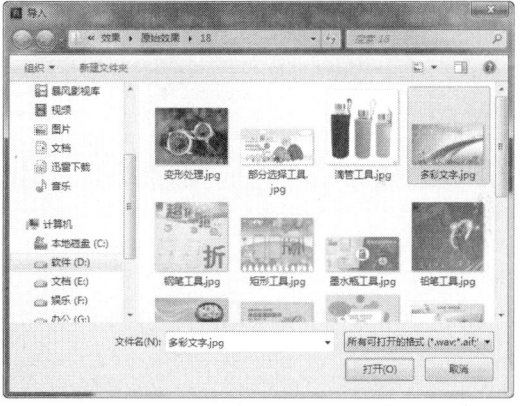

图 18-65 "导入"对话框

图 18-66 导入图像文件

05 选择工具箱中的文本工具，打开"属性"面板，设置文本的属性，如图18-67所示。

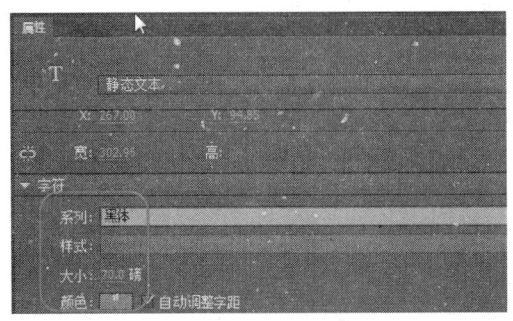

图18-67 设置文本的属性

06 单击"时间轴"面板中的"新建图层"按钮，新建"图层2"。在文档中单击并输入文字"幸福大道"，如图18-68所示。

图18-68 输入文字

07 选中文字，按两次Ctrl+B组合键，对文字进行分离，如图18-69所示。

图18-69 分离文本

08 执行"窗口"|"颜色"命令，打开"颜色"面板，将"颜色类型"设置为"线性渐变"，

在下面设置相应的渐变颜色，如图18-70所示。

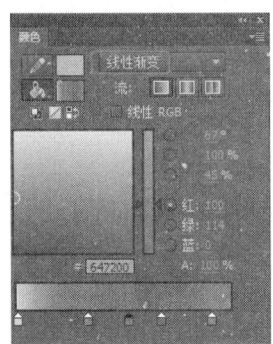

图18-70 "颜色"面板

09 设置好以后，选择工具箱中的填充工具，即可对文本进行颜色填充，如图18-71所示。

图18-71 填充颜色

10 选择工具箱中的"任意变形工具"，在其附属选项中选择"扭曲"选项，在文档中即可对文本进行相应的扭曲，如图18-72所示。

图18-72 扭曲

实战2——制作雪花文字

本节讲述制作雪花文字，效果如图18-73所示，具体操作步骤如下：

图 18-73 雪花文字效果

原始文件：	原始文件 /CH18/ 雪花文字效果 .jpg
最终文件：	最终文件 /CH18/ 雪花文字效果 .fla

01 启动 Flash CC，新建一个空白文档，导入图像文件"雪花文字 .jpg"，如，如图 18-74 所示。

图 18-74 导入图像文件

02 单击"时间轴"面板中的"新建图层"按钮，在"图层 1"的上面新建"图层 2"，如图 18-71 所示。

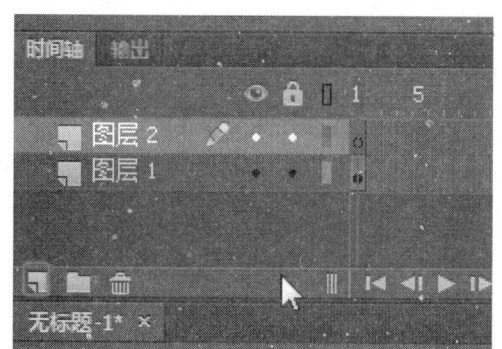

图 18-75 新建"图层 2"

03 选择工具箱中的文本工具，在舞台中输入文本"青春无价"，如图 18-76 所示。

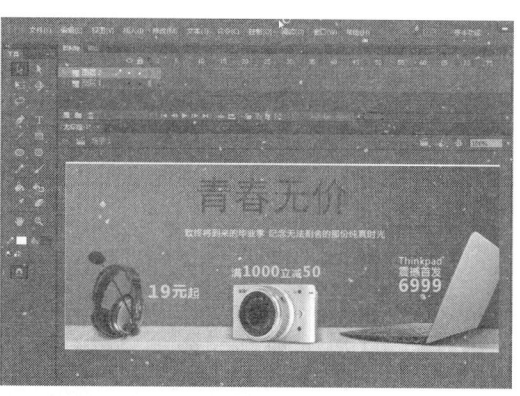

图 18-76　输入文本

04 执行两次"修改"|"分离"命令，将文本分离，如图 18-77 所示。

图 18-77　分离文本

05 选择工具箱中的"墨水瓶工具"，在文本边缘进行单击，文本效果如图 18-78 所示。

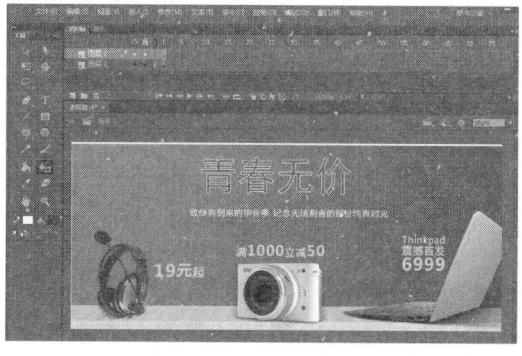

图 18-78　填充边缘

06 单击"确定"按钮，设置渐变颜色。勾选"内发光"复选框，在弹出的对话框中设置相应的参数，如图 18-79 所示。

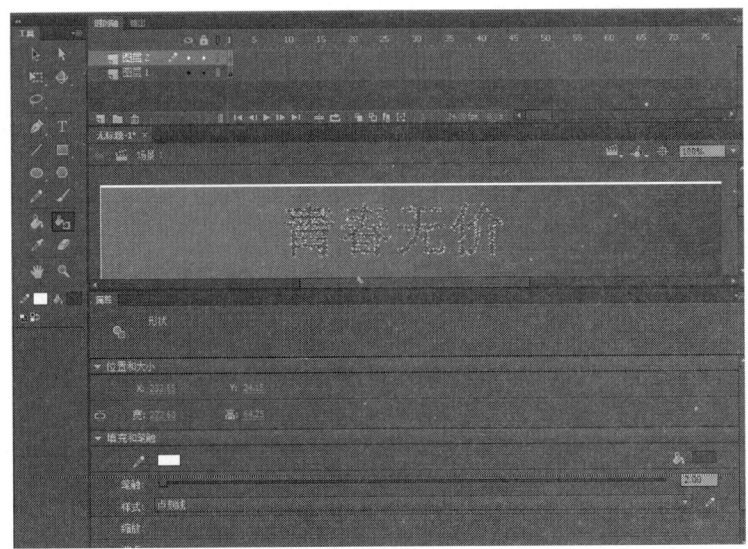

图 18-79 设置内发光

18.8 本章小结

　　熟练掌握绘图工具的使用也是 Flash 学习的关键。在学习和使用过程中，应当清楚各种工具的用途，例如绘制曲线时可以使用"椭圆工具"和"钢笔工具"。灵活运用这些工具，可以绘制出栩栩如生的矢量图，为后面的动画制作做好准备工作。

第 *19* 章 制作简单的 Flash 动画

本章导读

在创作比较复杂的场景及动画时，整个动画的组织就显得极为重要。而图层就是动画工作者手中最有利的组织工具。在 Flash 中，用户可以轻松地创建丰富多彩的动画效果。本章详细讲述了图层的一些基本概念，通过引导层和遮罩层动画的制作讲述其具体的应用。

技术要点

◆ 图层基本操作和管理　　　　　　　　◆ 补间动画的制作
◆ 创建逐帧动画　　　　　　　　　　　◆ 利用图层制作动画

19.1　图层基本操作和管理

通过将不同的对象（如背景图像或元件）放置在不同的图层上，动画制作者可以很容易做到用不同的方式对动画进行定位、分离和重新排序等操作。

19.1.1　图层的概念

使用图层有助于内容的整理。每一个图层上都可以包含任何数量的对象，这些对象在该图层上又有其自己内部的层叠顺序。

在 Flash 动画中，图层就像一张张透明的纸，在每一张纸上面可以绘制不同的对象，将这些纸重叠在一起就能组成一幅幅复杂的画面。其中上面图层中的内容，可以遮住下面图层中相同位置的内容，但如果上面图层的一些区域没有内容，透过这些区域就可以看到下面图层相同位置的内容。在 Flash 中，每个图层都是相互独立的，拥有独立的时间轴和独立的帧，可以在一个图层上任意修改图层中的内容而不会影响到其他图层的内容。

使用图层有许多好处，例如，图层使影片中的图形对象能够互相层叠，这样整个动画看起来更有层次感。所以在影片制作过程中，用户可以根据图形和动画的需要在动画中加入并组织多个图层，在影片中增加图层不会改变最终输出的动画文件的大小，但是如果图层过多，会使影片结构零乱，所以使用图层的基本原则就是要控制好图层的数量。

19.1.2　创建新图层

新建一个 Flash 文档之后，它只包含一个层，在"时间轴"面板中也可为其添加更多的图层。新建图层有以下几种方法：

• 　单击"时间轴"面板底部的"新建图层"按钮，即可新建图层，如图 19-1 所示。

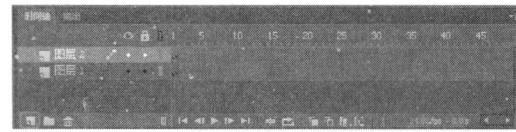

图 19-1 新建图层

- 执行"插入"|"时间轴"|"图层"命令，也可以插入图层，如图 19-2 所示。

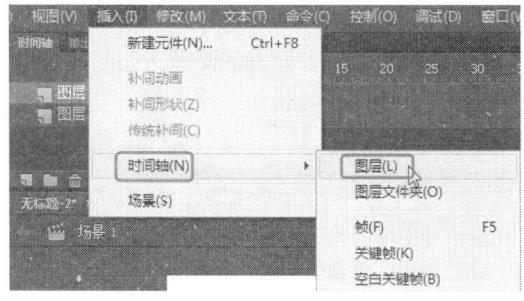

图 19-2 新建图层

- 在"时间轴"面板中已有的图层上，单击鼠标右键，在弹出的菜单中选择"插入图层"命令，如图 19-3 所示，即可插入一个图层。

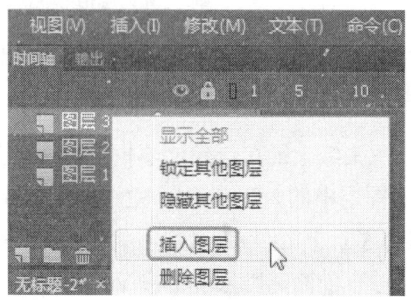

图 19-3 新建图层

19.1.3 创建和编辑图层文件夹

一般新建的 Flash 文档只有一个默认的图层，即"图层 1"，如果需要再添加一个新的图层，可以选择以下几个操作：

- 单击"时间轴"面板下方"插入图层文件夹"按钮，即可新建一个图层文件夹，如图 19-1 所示。
- 执行"插入"|"时间轴"|"图层文件夹"命令，如图 19-5 所示，即可新建一个图层文件夹。

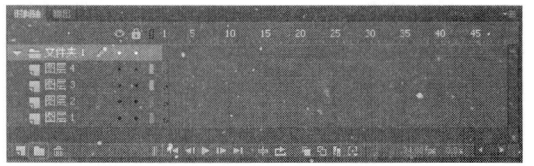

图 19-4 新建图层

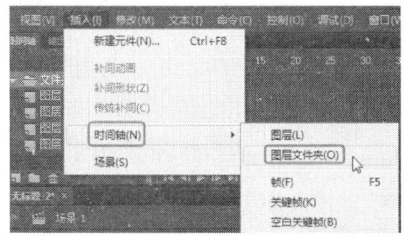

图 19-5 选择"图层文件夹"命令

- 在"时间轴"面板中已有的图层上，单击鼠标右键，在弹出的菜单中选择"插入文件夹"命令，如图 19-6 所示，即可插入一个图层文件夹。

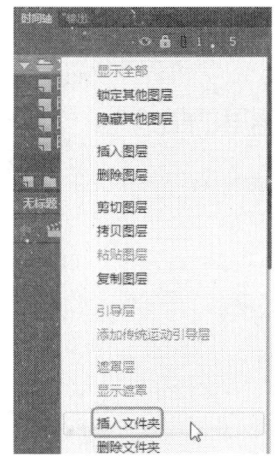

图 19-6 选择"插入文件夹"选项

当"时间轴"面板中有不需要的图层时，可以将其删除。可以执行以下操作来删除图层：

- 选中要删除的图层，单击"时间轴"面板中的"删除图层"按钮，如图 19-7 所示。
- 选中要删除的图层，单击鼠标右键在弹出的菜单中选择"删除图层"命令，如图 19-8 所示。
- 选中要删除的图层，拖到删除图层按钮上。

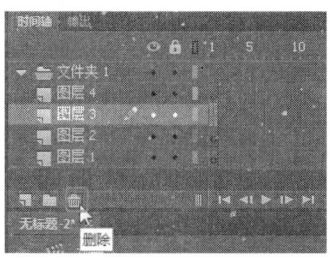

图 19-7　删除图层

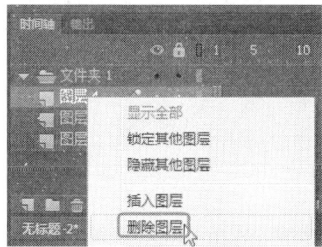

图 19-8　删除图层

19.1.4　引导层

引导层的作用是辅助其他图层中的对象运动或定位，例如可以为一个物体球指定其运动轨迹。引导层有以下特点：

- 引导层中的对象必须是打散的图形，也就是画的线不能组合。
- 被引导的图层在引导层的下面，并且缩进。
- 图片吸附到引导线时一定要准，位置不准确一定不行。

创建引导层的具体操作步骤如下：

01 单击选中要创建引导的图层，单击鼠标右键，在弹出的快捷菜单中选择"添加传统运动引导层"命令，如图 19-9 所示。

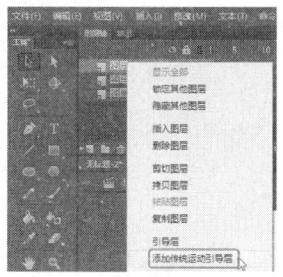

图 19-9　选择"添加传统运动引导层"命令

02 选择以后即可创建引导层，如图 19-10 所示。

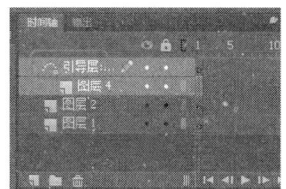

图 19-10　创建引导层

19.1.5　遮罩层

遮罩动画也是 Flash 中常用的一种技巧。用户还可以利用动作和行为，让遮罩层动起来，这样便可以创建各种各样的动态效果的动画。对于用做遮罩的填充形状，可以使用补间形状功能。对于文字对象、图形元件实例或影片剪辑实例，可以使用补间动画。当使用影片剪辑实例作为遮罩时，还可以让遮罩沿着路径运动。

创建遮罩层的具体操作步骤如下：

01 选择要创建遮罩的图层，单击鼠标右键，在弹出的快捷菜单中选择"遮罩层"命令，如图 19-11 所示。

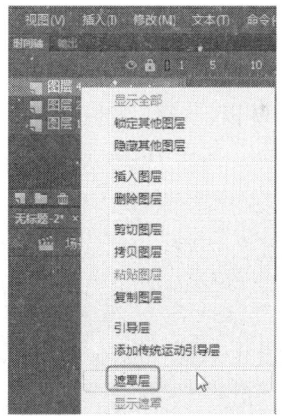

图 19-11　选择"遮罩层"命令

02 选择以后即可创建遮罩层，如图 19-12 所示。

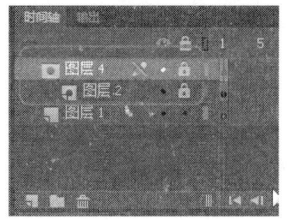

图 19-12　创建遮罩层

19.2 创建逐帧动画

逐帧动画需要用户更改影片每一帧中的舞台内容。简单的逐帧动画并不需要用户定义过多的参数，只需要设置好每一帧，即可播放动画。逐帧动画最适合于每一帧中的图像都在更改，而不仅仅是简单地在舞台中移动的复杂动画。逐帧动画增加文件大小的速度比补间动画快得多，所以逐帧动画的体积一般会比普通动画的体积大。在逐帧动画中，Flash会保存每个完整帧的值。

下面通过实例的制作来说明逐帧动画的制作流程，本例设计的逐帧动画效果如图19-13所示。

图 19-13 逐帧动画

原始文件：	原始文件 /CH19/ 逐帧动画 .jpg
最终文件：	最终文件 /CH19/ 逐帧动画 .fla

01 启动 Flash，执行"文件"|"新建"命令，弹出"新建文档"对话框，在对话框中将"宽"设置为798像素、"高"设置为498像素、"帧频"设置为8，如图19-14所示。

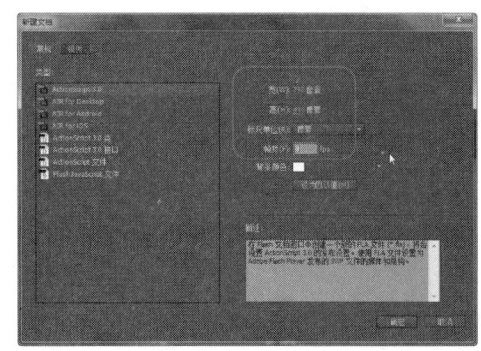

图 19-14 "新建文档"对话框

02 单击"确定"按钮，新建空白文档，如图19-15所示。

03 执行"文件"|"导入"|"导入到舞台"命令，弹出"导入"对话框，在该对话框中选择图像文件"逐帧动画 .jpg"，如图19-16所示。

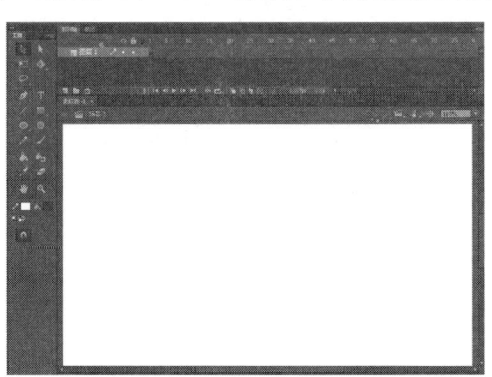

图 19-15 新建文档

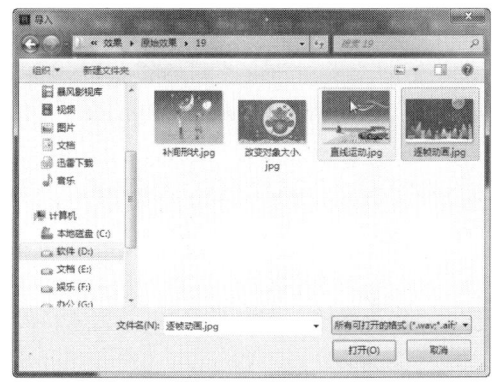

图 19-16 "导入"对话框

04 单击"确定"按钮，导入图像文件，如图19-17所示。

图 19-17 导入图像文件

05 选中第 2 帧，按 F6 键插入关键帧。在工具箱中选择文本工具，然后在舞台中输入文字"圣"，如图 19-18 所示。

06 选中第 3 帧，按 F6 键插入关键帧。在工具箱中选择文本工具，然后在舞台中输入文字"诞"，如图 19-19 所示。

图 19-18 输入文本 图 19-19 输入文本

07 选中第 3 帧，按 F6 键插入关键帧。在工具箱中选择文本工具，然后在舞台中输入文字"快"，如图 19-20 所示。

08 选中第 4 帧，按 F6 键插入关键帧。在舞台中输入文字"乐"，在第 20 帧按 F5 键插入帧，如图 19-21 所示。保存文档即可预览效果。

图 19-20 输入文本 图 19-21 输入文本

19.3 补间动画的制作

Flash 需要保存每一帧的数据，而在补间动画中，Flash 只需保存帧之间不同的数据，使用补间动画还能尽量减小文件的大小。因此在制作动画时，应用最多的是补间动画。补间动画是一种比较有效的产生动画效果的方式。

Flash 能生成两种类型的补间动画，一种是运动补间，另一种是形状补间。

运动补间需要在一个点定义实例的位置、大小及旋转角度等属性，然后才可以在其他位置改变这些属性，从而由这些变化产生动画；形状补间需要在一个点绘制一个图形，然后在其他的点改变图形或者绘制其他的图形。Flash 能在它们之间计算出插值或者图形，从而产生动画效果。

实战1——创建改变对象大小的动画

形状补间动画适用于图形对象。在两个关键帧之间可以制作出图形变形效果，让一种形状可以随时间变化成另一个形状；还可以使形状的位置、大小和颜色进行渐变。下面制作如图19-22所示的改变对象大小的动画，具体操作步骤如下：

图 19-22 改变对象大小的动画

原始文件：	原始文件 /CH19/ 改变对象大小 .jpg
最终文件：	最终文件 /CH19/ 改变对象大小动画 .fla

01 新建一个空白文档，导入图像"改变对象大小 .jpg"，如图19-23所示。

图 19-23 导入图像

02 执行"修改"|"转换为元件"命令，弹出"转换为元件"对话框，将"类型"设置为"图形"，如图19-24所示。

03 单击"确定"按钮，将其转换为图形元件，如图19-25所示。

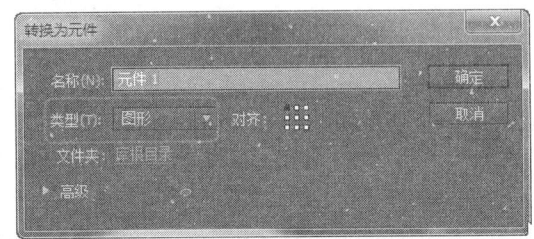

图 19-24 "转换为元件"对话框

图 19-25 转换为图形元件

04 在第50帧按F6键插入关键帧，选择工具箱中的"任意变形"工具，在舞台中调整图形的大小，如图19-26所示。

图 19-26 插入关键帧

05 选择1~50帧之间的任意一帧，单击鼠标右键，在弹出的快捷菜单中选择"创建传统形状"命令，如图19-27所示。

06 选择以后创建补间动画，如图19-28所示。保存并预览动画效果如图19-23所示。

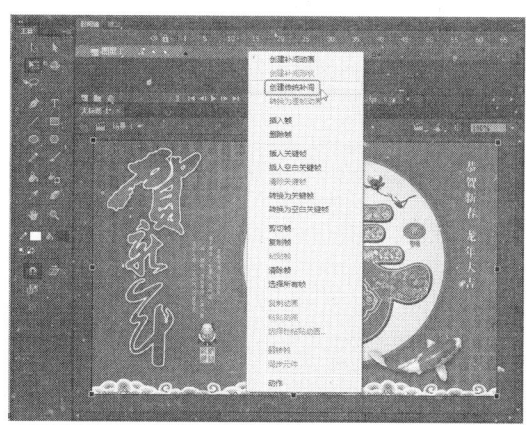

图 19-27　创建传统形状

图 19-28　创建传统形状动画

实战 2——创建形状补间动画

形状补间需要在一个点绘制一个图形，然后在其他的点改变图形形状或者绘制其他的图形。Flash 能在它们之间计算出插值或者图形，从而产生动画效果。下面制作如图 19-29 所示的形状补间动画，具体操作步骤如下：

图 19-29　形状补间动画

原始文件：	原始文件 /CH19/ 形状补间 .jpg
最终文件：	最终文件 /CH19/ 形状补间 .fla

01 新建一个空白文档，导入图像"形状补间 .jpg"，如图 19-30 所示。

图 19-30　新建图层

03 选择工具箱中的"多角星形工具"，执行"窗口"|"属性"命令，打开"属性"面板，如图 19-31 所示。

图 19-31　单击"选项"

04 在"属性"面板中单击"选项"按钮，弹出"工具设置"对话框，在该对话框中"样式"下拉列表选择"星形"，如图 19-32 所示。

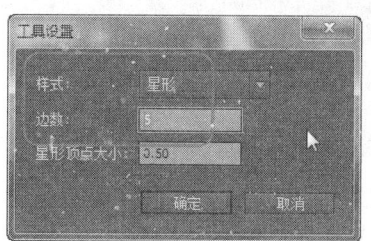

图 19-32　"工具设置"对话框

05 在工具箱中将填充颜色设置为白色，在舞台中绘制星形，如图 19-33 所示。

图 19-33 绘制星形

06 在"图层 1"的第 40 帧按 F5 键插入帧，在"图层 2"的第 40 帧按 F6 键插入关键帧，如图 19-34 所示。

图 19-34 插入帧和关键帧

07 将星形删除，选择工具箱中的"椭圆工具"，在工具箱中将填充颜色设置为绿色，在舞台中绘制椭圆，如图 19-35 所示。

图 19-35 绘制椭圆

08 选择"图层 2"的 1-40 帧之间的任意一帧，单击鼠标右键，在弹出的快捷菜单中选择"创建补间形状"命令，如图 19-36 所示。

图 19-36 选择"创建补间形状"命令

09 选择以后创建补间形状动画，如图 9-34 所示。如图 19-37 所示。

图 19-37 创建补间形状动画

10 保存并预览动画效果，如图 19-38 所示。

图 19-38 预览动画效果

19.4　利用图层制作动画

要创建效果较好的 Flash 动画就需要为一个动画创建多个图层，以便于在不同的图层中制作不同的动画，通过多个图层的组合形成复杂的动画效果。下面讲述引导层和遮罩层动画的制作。

实战 3——创建沿直线运动的动画

在引导层中，可以像在其他图层中一样制作各种图形和引入元件，但最终发布时引导层中的对象不会显示出来，按照引导层的功能不同可以将其分为两种，分别是普通引导层和运动引导层。

下面创建一个沿直线运动的动画，如图 19-39 所示，具体操作步骤如下：

图 19-39　直线运动动画

原始文件：	原始文件 /CH19/ 直线运动 .jpg、小鸟 .png
最终文件：	最终文件 /CH19/ 直线运动 .fla

01 新建一个空白文档，执行"文件"|"导入"|"导入到库"命令，弹出"导入到库"对话框，如图 19-40 所示。

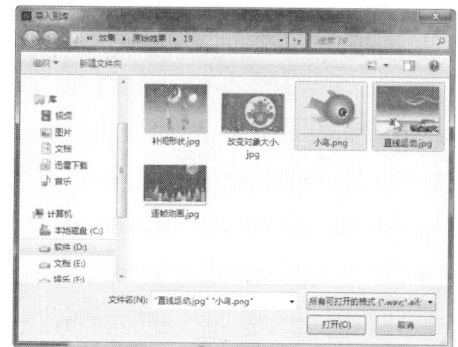

图 19-40　"导入到库"对话框

02 在对话框中选择要导入的图像"引导动画 .jpg"和"小鸟 .png"，将图像导入到"库"面板中，如图 19-41 所示。

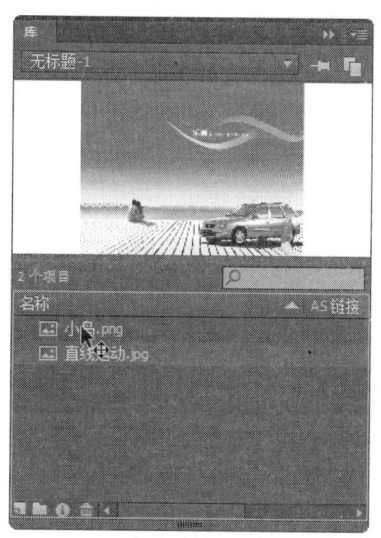

图 19-41　"库"面板

03 将"库"面板中的图像"引导动画 .jpg"拖到舞台中，调整其位置，如图 19-42 所示。

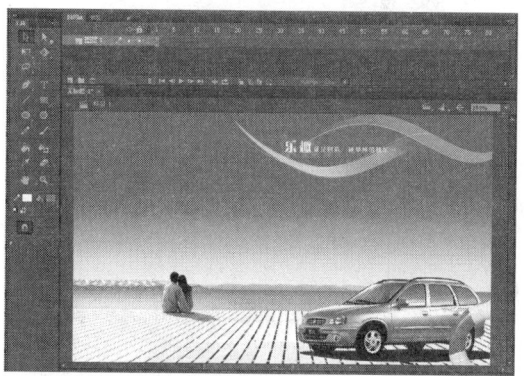

图 19-42　拖入图像

04 单击"时间轴"面板左下角的"新建图层"按钮，新建一个"图层 2"，如图 19-43 所示。

05 将"库"面板中的图像"小鸟 .png"拖到舞台中，如图 19-44 所示。

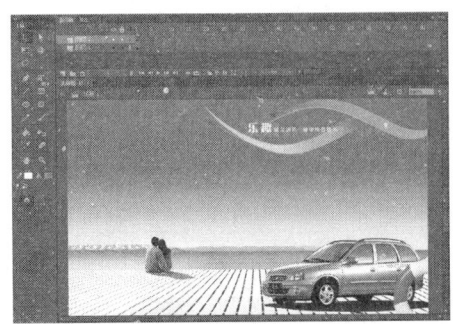

图 19-43 新建图层

图 19-44 拖入图像

06 选中图像，执行"修改"|"转换为元件"命令，弹出"转换为元件"对话框，在对话框的"名称"文本框中输入名称，在"类型"下拉列表选择"图形"选项，如图 19-45 所示。

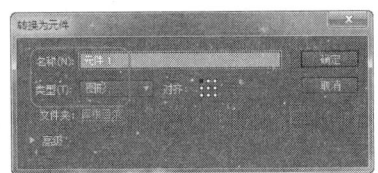

图 19-45 "转换为元件"对话框

07 单击"确定"按钮，将图像转换为图形元件，如图 19-46 所示。

图 19-46 转换为图形元件

08 选中"图层 1"的第 50 帧，按 F5 键插入帧，选中"图层 2"的第 50 帧，按 F6 键插入关键帧，如图 19-47 所示。

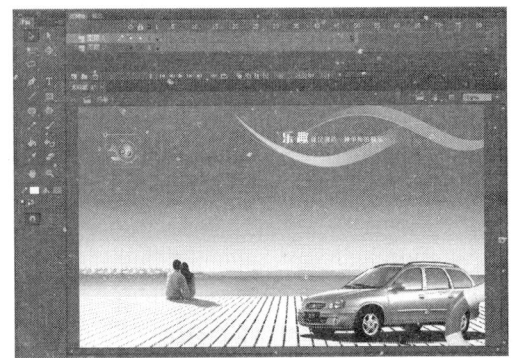

图 19-47 插入关键帧

09 在"图层 2"上单击鼠标右键，在弹出的快捷菜单中选择"添加传统运动引导层"命令，如图 19-48 所示。

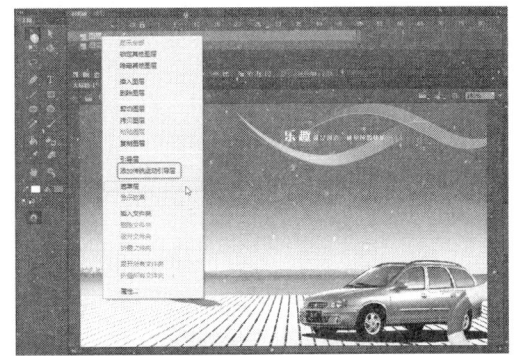

图 19-48 选择"添加传统运动引导层"命令

10 创建运动引导层，选中运动引导层的第 1 帧，选择工具箱中的"线条工具"，在运动引导层中绘制一条直线，如图 19-49 所示。

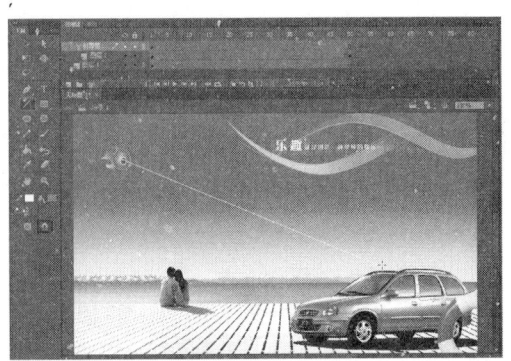

图 19-49 绘制直线

11 选中"图层 2"的第 1 帧，将图形元件拖动到路径的起始点，如图 19-50 所示。

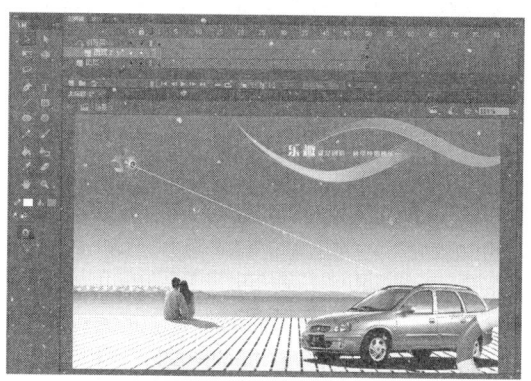

图 19-50　拖动元件

12 选中"图层 2"的第 5 帧，将图形元件拖动到路径的终点，如图 19-51 所示。

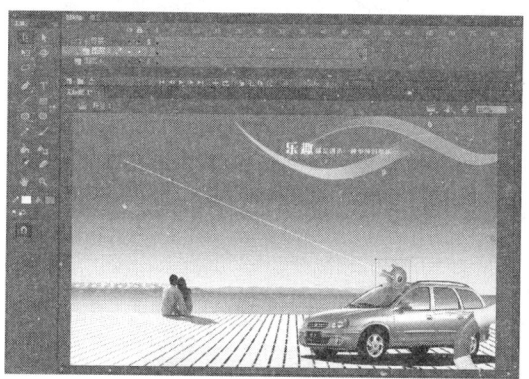

图 19-51　拖动元件

13 将光标放置在"图层 2"中第 1 帧～第 30 帧之间的任意位置，单击鼠标右键，在弹出的快捷菜单中选择"创建传统补间"命令，如图 19-52 所示。

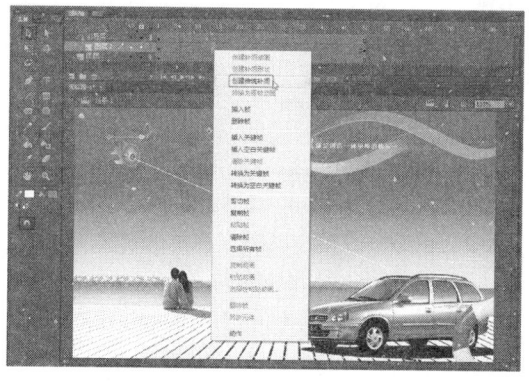

图 19-52　选择"创建传统补间"命令

14 选中创建的补间动画，如图 19-53 所示。

图 19-53　创建传统补间动画

实战 4——创建遮罩动画

遮罩动画也是在 Flash 中制作动画常用的一种技巧。遮罩动画就好比在一个板上打了各种形状的孔，透过这些孔，可以看到下面的图层。遮罩项目可以是填充的形状、文字对象、图形元件的实例或影片剪辑。

下面利用遮罩层制作动画，效果如图 19-54 所示，具体操作步骤如下：

图 19-54　遮罩动画

原始文件：	原始文件 /CH18/ 遮罩动画 .jpg
最终文件：	最终文件 /CH18/ 遮罩动画 .fla

01 新建一个空白文档，执行"文件"|"导入"|"导入到舞台"命令，导入图像"遮罩动画 .jpg"，如图 19-55 所示。

02 单击"时间轴"面板左下角的"新建图层"按钮，新建一个"图层 2"，如图 19-56 所示。

图 19-55 导入图像

图 19-56 新建"图层 2"

03 选择工具箱中的"矩形工具"，在图像上绘制一个矩形，如图 19-57 所示。

04 选择工具箱中的"椭圆工具"，在图像上绘制一个椭圆，如图 19-58 所示。

图 19-57 绘制矩形

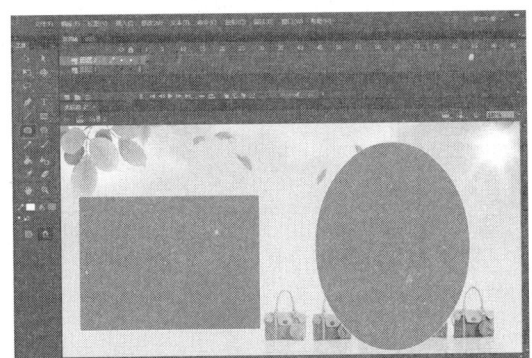

图 19-58 绘制椭圆

05 在"图层 2"上单击鼠标右键，在弹出的快捷菜单中选择"遮罩层"命令，如图 19-59 所示。

06 选择选项，遮罩效果如图 19-60 所示。

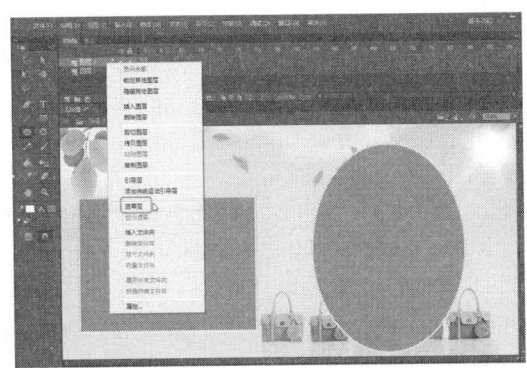

图 19-59 选择"遮罩层"命令

图 19-60 遮罩效果

19.5　本章小结

本章通过详细的例子，主要介绍了 Flash 中几种简单动画的创建方法，包括逐帧动画和补间动画，补间动画又包含运动渐变动画和形状渐变动画两大类动画效果，除此之外，还有引导动画和遮罩动画这两种特殊的动画效果。

第 20 章　制作声音和视频动画

本章导读

制作一个复杂的动画仅使用 Flash 软件自带的绘图工具是远远不够的,这就需要从外部导入创作时所需要的素材。利用 Flash 提供的一些控制音频的方法可以使声音独立于时间轴循环播放,也可以专门为动画配上一段音乐,或为按钮添加某种声音,还可以设置声音的渐入渐出效果。

技术要点

- ◆ 导入声音文件
- ◆ 添加声音
- ◆ 声音属性的编辑
- ◆ 导入视频文件

20.1　导入声音文件

Flash 提供了强大的导入功能,几乎胜任各种文件类型的导入,特别是 Flash 对声音的支持非常出色,可以在 Flash 中导入各种声音文件。

20.1.1　声音的类型

存储音频文件的格式是多种多样的,在 Flash 中可以直接引用的主要有 WAV 和 MP3 两种音频格式的文件,AIFF 和 AU 格式的音频文件使用率不是很高。在 Flash 中不能使用 MIDI 格式的音频文件,如果要使用此格式则必须使用 JavaScript 脚本语言来处理。

WAV:WAV 格式的音频文件支持立体声和单道声,也可以是多种位分辨率和采样率。在 Flash 中可以导入各种音频软件创建的 WAV 格式的音频文件。

MP3:MP3 是大家熟悉的一种数字音频格式。相同长度的音频文件用 MP3 格式存储,一般只有 WAV 格式的 1/10。虽然 MP3 格式是一种破坏性的压缩格式,但是因为其取样与编码的技术优异,其音质接近 CD,体积小,传输方便,拥有较好的声音质量,所以目前的计算机音乐大多是以 MP3 格式输出的。Flash 中默认的音频输出格式就是 MP3 格式。

ADPCM:ADPCM 格式的音频文件使用的是一种音频的压缩模式,可以将声音转换为二进制信息,主要用于语言处理。

RAW:使用 RAW 格式输出是不对音频文件进行任何压缩,经这样输出后的动画文件会占用很大的空间,所以很难在 Web 上播放。使用此格式的好处是可以保持与 Flash 旧版本的兼容性。

20.1.2　导入音频文件

在 Flash 中可以导入 WAV、MP3 等多种格式的声音文件。当将声音导入到文档后,将与位图、元件等一起保存在"库"面板中。和其他元件一样,用户可以在影片中以各种方式使用这个声音的实例而不对原声音文件构成任何影响。导入声音文件的具体操作步骤如下:

01 启动 Flash，打开一个文档，如图 20-1 所示。

图 20-1　打开文档

02 单击"新建图层"按钮，新建"图层 2"，如图 20-2 所示。

图 20-2　新建"图层 2"

03 执行"文件"|"导入"|"导入到库"命令，弹出"导入到库"对话框，如图 20-3 所示。

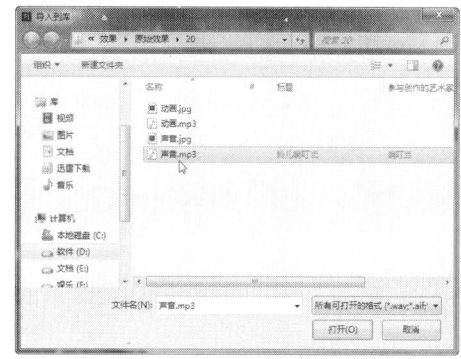

图 20-3　"导入到库"对话框

04 在"库"面板中选中导入的声音文件，选中"图层 2"的第 1 帧，将"库"面板中的声音文件拖动到该帧中，即可添加声音，如图 20-4 所示。

图 20-4　添加声音

20.2　添加声音

一个精彩的 Flash 动画作品仅仅有一些图形动画效果是不够的，可以给图形、按钮乃至整个动画配上合适的背景声音，这样能使整个作品更加精彩，具有画龙点睛的作用，给观众带来全方位的艺术享受。

20.2.1　轻松为按钮添加声音

按钮是元件的一种，它可以根据 4 种不同的状态显示不同的图像，我们还可以给它加入音效，使其在操作时具有更强的互动性。将声音导入到库中，然后就可以将声音文件添加到动画中，如图 20-5 所示。具体操作步骤如下：

图 20-5　为按钮添加声音

原始文件:	原始文件 /CH20/ 为按钮添加声音 .jpg
最终文件:	最终文件 /CH20/ 为按钮添加声音 .fla

01 新建一个空白文档，导入图像文件，如图 20-6 所示。

图 20-6 导入图像文件

02 执行"插入"|"新建元件"命令，弹出"创建新元件"对话框，在对话框中的"类型"下拉列表选择"按钮"选项，如图 20-7 所示。

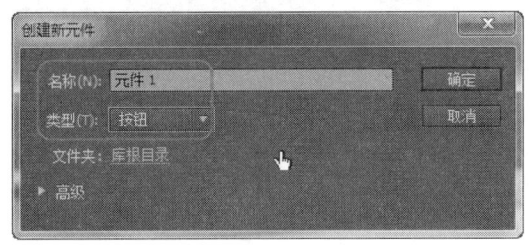

图 20-7 "创建新元件"对话框

03 单击"确定"按钮，进入元件编辑模式，如图 20-8 所示。

图 20-8 元件编辑模式

04 选择工具箱中的"矩形工具"，在舞台中绘制矩形，如图 20-9 所示。

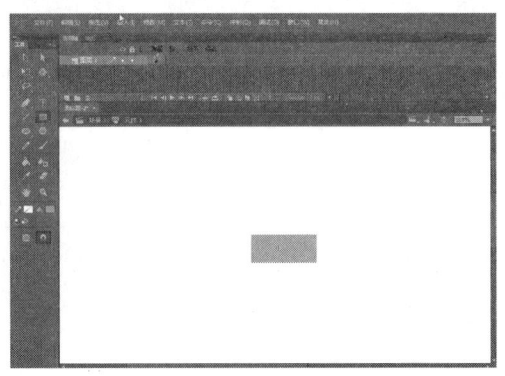

图 20-9 绘制矩形

05 选择工具箱中的文本工具，在"属性"面板中将"字体"设置为"黑体"、字体大小设置为30，在舞台中输入文本"音乐"，如图 20-10 所示。

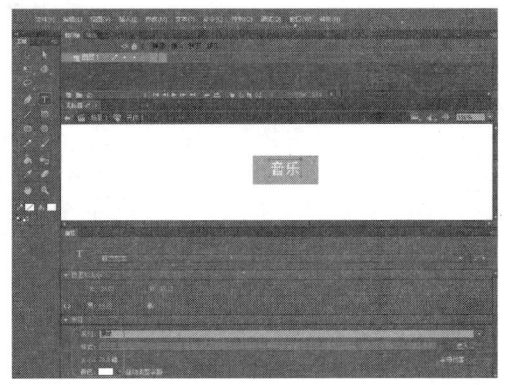

图 20-10 输入文本

06 单击"时间轴"面板中的"新建图层"按钮，新建"图层 2"，如图 20-11 所示。

图 20-11 新建"图层 2"

07 执行"文件"|"导入"|"导入到库"命令，在弹出的"导入到库"对话框中选择声音文件，单击"打开"按钮，将声音文件导入到库中，如图 20-12 所示。

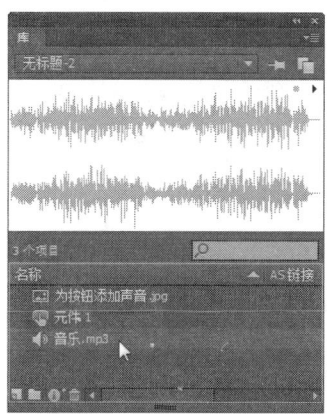

图 20-12　导入声音

08 选中"图层 2"的"弹起"帧，将声音文件拖入到其中，如图 20-13 所示。

图 20-13　拖入声音文件

09 单击"场景 1"，进入主场景，在"库"面板中选择创建的按钮元件，将其拖入到舞台中相应的位置，如图 20-14 所示。

图 20-14　拖入元件

10 保存文档，按 Ctrl+Enter 组合键测试影片，效果图 20-15 所示，单击按钮可以听到音乐。

图 20-15　测试动画效果

20.2.2　为影片添加声音

下面讲述如何为影片添加声音，如图 20-16 所示，具体操作步骤如下：

原始文件	原始文件 /CH20/ 为影片添加声音 .jpg
最终文件	最终文件 /CH20/ 为影片添加声音 .fla

图 20-16　为影片添加声音

01 新建一个空白文档，导入图像文件，如图 20-17 所示。

图 20-17　导入图像文件

02 执行 "文件" | "导入" 命令，打开 "导入到库" 对话框，在该对话框中选择声音文件，如图 20-18 所示。

图 20-18 "导入到库" 对话框

03 单击 "打开" 按钮，导入音乐文件，如图 20-19 所示。

04 在 "库" 面板中将声音文件拖入到文档中，如图 20-20 所示。

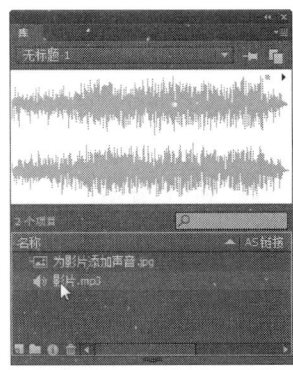

图 20-19 导入音乐文件

图 20-20 拖入声音

20.3 声音属性的编辑

为动画或按钮添加声音，直接播放，经常会出现一些问题。为了保证声音的准确播放，需对添加的声音进行编辑。

20.3.1 设置声音的重复播放

在 "声音" 属性中的 "效果" 下拉列表中可以控制声音的重复播放。在 "效果" 下拉列表中有两个选项，如图 20-21 所示。

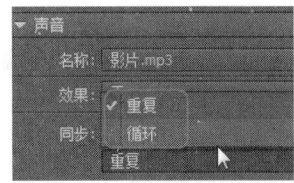

图 20-21 设置属性

- "重复"：在其文本框中输入播放的次数，默认播放一次。
- "循环"：声音可以一直不停地循环播放。

20.3.2 设置声音的同步方式

同步是指影片和声音文件的配合方式。可以决定声音与影片是同步播放还是自行播放。在 "同步" 下拉列表中提供了 4 种方式，如图 20-22 所示。

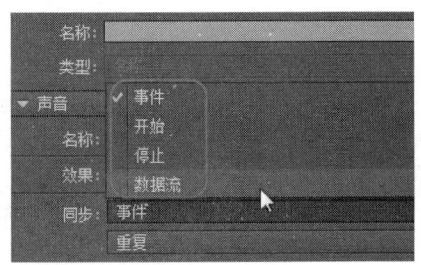

图 20-22 同步方式

- "事件"：必须等声音全部下载完毕后才能播放动画。

- "开始"：如果选择的声音文件已在时间轴上的其他地方播放过了，Flash 将不会再播放这个声音。
- "停止"：可以使正在播放的声音文件停止。
- "数据流"：将使动画与声音同步，以便在 Web 站点上播放。Flash 强制动画和音频流同步，将声音完全附加到动画上。

20.4　导入视频文件

Flash 视频具备创造性的技术优势，允许把视频、数据、图形、声音和交互式控制融为一体，从而创造出引人入胜的丰富体验。

20.4.1　Flash 支持的视频格式

如果在系统上安装了 QuickTime 4 以上的版本或者 DirectX 7 以上版本，则可以导入各种文件格式的视频剪辑，包括 MOV（QuickTime 影片）、AVI（音频视频交叉文件）和 MPG/MPEG。

- QuickTime 影片文件：扩展名为 *.mov。
- Windows 视频文件：扩展名为 *.avi。
- MPEG 影片文件：扩展名为 *.mpg 和 *.mpeg。
- 数字视频文件：扩展名为 *.dv 和 *.dvi。
- Windows Media 文件：扩展名为 *.asf 和 *.wmv。
- Macromedia Flash 视频文件：扩展名为 *.flv。

20.4.2　在 Flash 中嵌入视频

Flash CS6 具有创造性的技术优势，可以将视频镜头融入基于 Web 的演示文稿，允许把视频、数据、图形、声音和交互式控制等融为一体，从而创造出引人入胜的丰富经验。导入视频效果如图 20-23 所示，具体操作步骤如下：

图 20-23　导入视频效果

最终文件：	最终文件 /CH20/sp.fla

01 新建一个空白文档,执行"文件"|"导入"|"导入视频"命令,如图 20-24 所示。

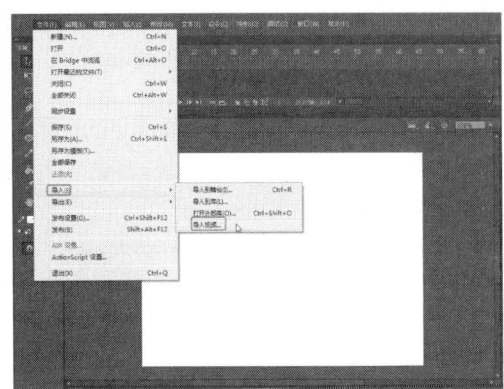

图 20-24 选择"导入视频"命令

02 弹出"导入视频"对话框,如图 20-25 所示。

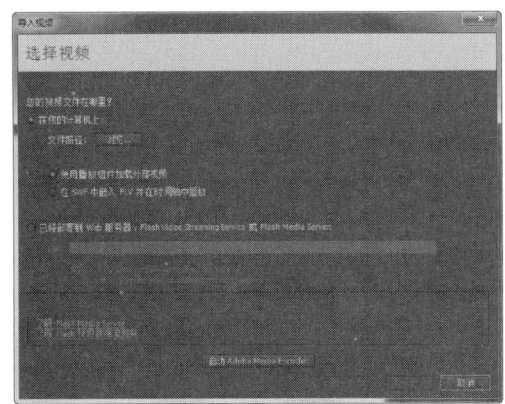

图 20-25 "导入视频"对话框

03 单击文件路径文本框后面的"浏览"按钮,弹出"打开"对话框,在对话框中选中要导入的视频文件,如图 20-26 所示。

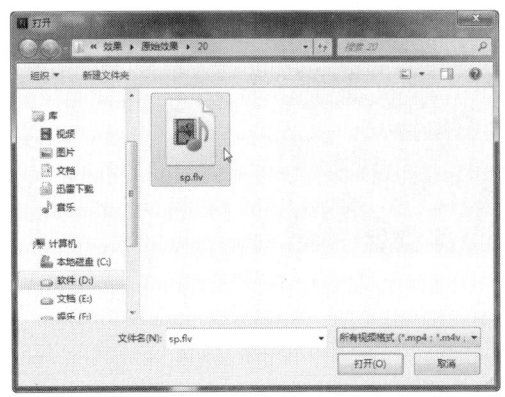

图 20-26 "打开"对话框

04 选择以后,添加视频文件,如图 20-27 所示。

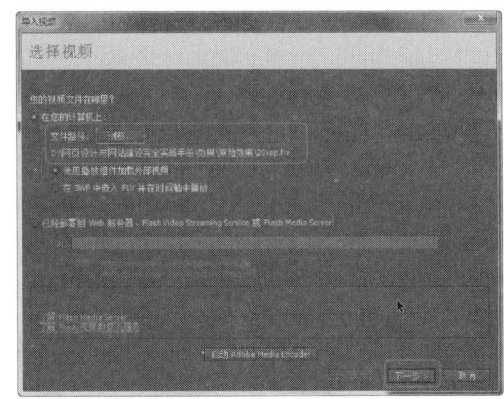

图 20-27 添加视频文件

05 单击"下一步"按钮,进入"设定外观"界面,在对话框中设置外观的颜色和外观,如图 20-28 所示。

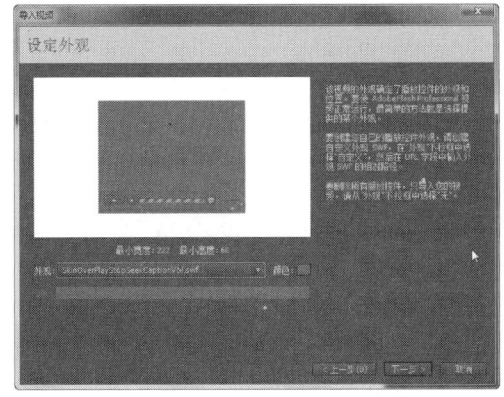

图 20-28 "外观"界面

06 单击"下一步"按钮,进入"完成视频导入"界面,如图 20-29 所示。

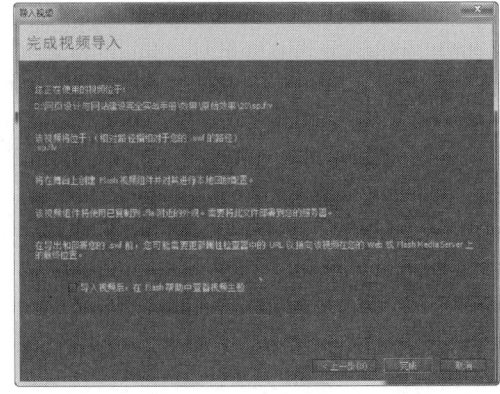

图 20-29 "完成视频导入"界面

07 单击"完成"按钮，将视频文件导入到舞台中，如图 20-30 所示。

08 保存文档，按 Ctrl+Enter 组合键测试影片，效果如图 20-31 所示。

图 20-30　导入到舞台中

图 20-31　测试影片

20.5　综合实战——给 Flash 动画片头添加声音

本章介绍了声音和视频的导入方法，通过资源的导入使得可以应用到动画中的资源大大丰富，因此制作出的效果也更加丰富了。下面讲述为 Flash 动画添加声音，效果如图 20-32 所示。

图 20-32　为 Flash 动画添加声音

原始文件：	原始文件 /CH20/ 动画 .fla
最终文件：	最终文件 /CH20/ 动画 .fla

01 打开原始文件"动画 .fla"，如图 20-33 所示。

图 20-33　打开原始文件

02 执行"文件"|"导入"命令，打开"导入到库"对话框，在该对话框中选择声音文件，如图 20-34 所示。

图 20-34　"导入到库"对话框

03 单击"打开"按钮，导入音乐文件，如图 20-35 所示。

04 在"时间轴"面板中单击"新建图层"按钮，在"图层 1"的上面新建"图层 2"，如图 20-36 所示。

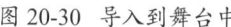

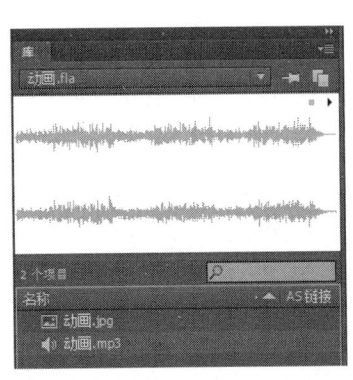

图 20-35 导入音乐文件　　　　　　　　　　图 20-36 新建图层

05 在"库"面板中将声音文件拖入到文档中，如图 20-37 所示。

06 在"属性"面板中将"同步"设置为"循环"，如图 20-38 所示。

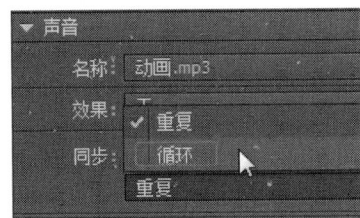

图 20-37 拖入声音文件　　　　　　　　图 20-38 设置循环方式

20.6　本章小结

　　本章介绍了导入视频和音频的方法，还重点介绍了声音的编辑和压缩。通过视频和音频的导入使得可以应用到动画中的资源大大丰富，因此制作出的效果也更加丰富了。声音的编辑与压缩、视频的导入与编辑都是动画中会用到的知识点。在这些方面，希望读者能通过大量的练习以达到熟练掌握的目的。

第 *21* 章 ActionScript 脚本动画

本章导读

ActionScript 语句是 Flash 中提供的一种动作脚本语言，具备了强大的交互功能，提高了动画与用户之间的交互性，并使得用户对动画元件的控制得到加强。通过对其中相应语句的调用，使 Flash 能实现一些特殊的功能。ActionScript 是 Flash 强大交互功能的核心，是 Flash 中不可缺少的重要组成部分之一。

技术要点

◆ ActionScript 编程基础　　　　　　　　◆ 常用 ActionScript 语句

◆ ActionScript 的运算符　　　　　　　　◆ Flash 中脚本的添加

21.1　ActionScript 编程基础

通过使用 ActionScript 脚本编程，可以实现根据运行时间和加载数据等事件来控制 Flash 文档播放的效果，可以为 Flash 文档添加交互性，还可以将内置对象与内置的相关方法、属性和事件结合使用，创建更加短小精悍的应用程序，所有这些都可以通过可重复利用的脚本代码来完成。

21.1.1　ActionScript 概述

Flash 利用 ActionScript 编程的目的就是更好地与用户进行交互，通常用 Flash 制作页面可以很轻易地制作出华丽的 Flash 特效，如残影、遮罩、淡入淡出及动态按钮等。使用简单的 Flash 编程可以实现场景的跳转、与 HTML 网页的链接、动态装载 SWF 文件等。而高级的 Flash 编程可以实现复杂的交互游戏，根据用户的操作响应不同的电影，与后台数据库及各种程序进行交流，如 ASP、PHP、SQL Server 等。庞大的数据库系统及各种程序与 Flash 内置的编程语句的结合，可以制作出很多人机交互的网页、游戏及在线商务系统。

Flash 的脚本编程语言整合了很多新的语法，它看起来很像 JavaScript。这是因为 Flash 的 ActionScript 采用了和 JavaScript 一样的语法标准，所以使编写的脚本以更接近和遵守被用于其他的面向对象语言的标准并支持所有的标准 ActionScript 语言的元件。但是这两者之间也存在着明显的区别。

- ActionScript 不支持浏览器相关的对象，如 Document、Anchor、Window 等。
- ActionScript 不支持全部 JavaScript 的预定义对象。
- ActionScript 不支持 JavaScript 的函数构造。
- ActionScript 只能用 eval 语句来处理变量，从而直接得到变量的值。
- 在 JavaScript 中，如果把一个没有定义的变量转换成字符串类型，会得到一个未定义的变量，而在 ActionScript 中则会返回一个空字符串。

自从在几年前引入以来，ActionScript 语言已经得到了改进和发展。每一次发布 Flash 新版本时，都会在 ActionScript 语言中添加一些关键字、对象、方法和其他语言元素，还有一些针对 Flash CS6 创作环境的 ActionScript 相关改进。

ActionScript 3.0 是一种功能强大的、面向对象的编程语言，它意味着 Flash Player 运行时功能发展中的重要一步。推动 ActionScript 3.0 的动机是创建一种适合快速构建 Rich Internet Application 的理想语言，Rich Internet Application 已成为 Web 体验的必要组成部分。

21.1.2　面向对象的脚本编程概念

数据类型描述了一个变量或者元素能够存放何种类型的数据信息。ActionScript 的数据类型分为基本数据类型和引用数据类型。

1．对象

对象是属性的集合。每个属性都有名称和值。属性的值可以是任何 Flash 数据类型，甚至可以是对象数据类型。这使动画工作人员可以将对象进行"嵌套"。要指定对象及其属性，可以使用点（.）运算符。例如：

```
jodan.finalExam.artScore;
```

在上述代码中，artScore 是 finalExam 的属性，而 finalExam 则是 jodan 的属性。

另外，可以使用内置动作脚本对象访问和处理特定种类的信息。例如，"Math"对象具有一些方法，这些方法可以对传递给它们的数字执行数学运算。例如：

```
squareRoot = Math.sqrt(100);
```

例如，使用 ActionScript 中"MovieClip"对象具有的一些方法，来控制舞台上的电影剪辑元件实例：

```
mc1InstanceName.stop();
mc2InstanceName.prevFrame();
```

除此之外，还可以创建自己的对象来组织影片中的信息。但如果要使用动作脚本向影片添加交互操作，需要大量不同的信息。创建对象时可以将信息分组，简化脚本撰写过程。

2．电影剪辑

电影剪辑其实是对象类型中的一种，但在整个 Flash 动画中，只有"MC"真正指向了场景中的一个电影剪辑。通过该对象和它的方法，以及对其属性的操作，就可以控制动画的播放和"MC"状态。例如：

```
onClipEvent(mouseDown){
myMC.nextFrame();
}
```

该语句的作用就是当鼠标按下这一事件发生时，电影剪辑元件的一个名为"myMC"的实例，将会跳到后一帧。

3．字符串

字符串是由字母、数字、标点等组成的字符序列，在 ActionScript 中应用字符串时要将其放在单引号或双引号中。例如，下面语句中的"jodan"就是一个字符串：

```
myname="jodan";
```

可以使用加法（+）运算符连接或合并两个字符串。ActionScript 会精确地保留在字符串的两端出现的空格作为该字符串的文本部分。例如：

```
myAge="18";
mySelfShow="I'm"+ myAge;
```

该程序被执行后得到的"mySelfShow"的值就是"I'm 18"，但要注意的是文本字符串是区分大小写的。例如：

```
invoice.display = "welcome";
invoice.display = "WELCOME";
```

这两个语句就会在指定的文本字段变量中放置不同的文本。

由于字符串以引号作为开始和结束的标记，所以要想在一个字符串中包括一个单引号或双引号，需要在其前面加上一个反斜杠字符"\"，称为"转义"。

4．数字

数据类型中的数字是一个双精度的浮点型数字。可以使用算术运算符，比如 +、-、*、/、% 等，来对数字进行运算；也可以使用预定义的数学对象来操作字符。在 Flash 中，数字类型是很常见的类型。

5．布尔值

布尔值是 true 或 false 中的一个。在需要时，ActionScript 也可以将 true 和 false 转换成 1 和 0。布尔值最经常的用法是和逻辑操作符一起，用于进行比较和控制一个程序脚本的流向。例如：

```
onClipEvent (enterFrame) {
    if (userName == true && password == true) {
        gotoAndPlay02;
    }
}
```

在上述语句中如果客户名和密码都正确的话，那么将跳转到影片的第 2 帧并开始播放。

21.1.3　"动作"面板概述

"动作"面板是专门用来编写 ActionScript 语言的，在学习 ActionScript 脚本之前，首先来熟悉一下"动作"面板的界面。如果在工作界面上看不到"动作"面板，可以执行"窗口"|"动作"命令，或使用快捷键 F9 快速打开"动作"面板，如图 21-1 所示。

图 21-1　"动作"面板

21.2 ActionScript 的运算符

在 ActionScript 中，运算符用于指定表达式中的值将如何被联合、比较或者是改变，操作符的动作对象称为操作数。

21.2.1 数值运算符

数值运算符可以执行加法、减法、乘法、除法运算，也可以执行其他算术运算。增量运算符最常见的用法是 i++，可以在操作数前后使用增量运算符。在下面的实例中，"score"首先递增，然后再与数字 60 进行比较。

```
if (++ score >= 60)
```

若 score 在执行比较之后递增，则

```
if (score ++ >= 30)
```

如表 21-1 所示为动作脚本的常用数值运算符。

表 21-1 数值运算符

运算符	执行的运算
+	加法
*	乘法
/	除法
%	求模（除后的余数）
−	减法
++	递增
−−	递减

21.2.2 比较运算符

比较运算符用于比较表达式的值，然后返回一个布尔值（true 或 false）。这些操作符最常用于判断循环是否结束或用于条件语句中。在下面的示例中，如果变量"password"为"831210"，则载入影片"mov1"，否则，载入影片"mov2"。

```
if (password == 831210){
    loadMovieNum (" mov1.swf", 3);
} else {
    loadMovieNum (" mov2.swf", 3);
}
```

如表 21-2 所示为动作脚本的常用比较运算符。

表 21-2 比较运算符

运算符	执行的运算
<	小于
>	大于
<=	小于或等于
>=	大于或等于

21.2.3　逻辑运算符

逻辑运算符会比较布尔值（true 和 false），然后返回第 3 个布尔值。例如，如果两个操作数都为 true，则逻辑"与"运算符（&&）将返回 true。如果其中一个或两个操作数为 true，则逻辑"或"运算符（||）将返回 true。逻辑运算符通常与比较运算符配合使用，以确定 if 动作的条件。如前面讲过的例子：

```
if (userName == jodan && password == 831210){
        gotoAndPlay02;
    }
```

如表 21-3 所示为动作脚本的常用逻辑运算符。

表 21-3　比较运算符

运算符	执行的运算
&&	逻辑"与"
||	逻辑"或"
!	逻辑"非"

21.2.4　赋值运算符

赋值运算符主要用来将数值或表达式的计算结果赋予变量。在 Flash 中大量应用赋值运算符，这样可以使设计的动作脚本更为简洁。赋值运算符如表 21-4 所示。

```
if (userName == jodan && password == 831210){
        gotoAndPlay02;
    }
```

表 21-4　赋值运算符

运算符	执行的运算
=	赋值
+=	相加并赋值
-=	相减并赋值
*=	相乘并赋值
%=	求模并赋值
/=	相除并赋值
<<=	按位左移位并赋值
>>=	按位右移位并赋值
>>>=	右移位填零并赋值
^=	按位"异或"并赋值
|=	按位"或"并赋值
&=	按位"与"并赋值

21.2.5　相等运算符

使用相等操作符"=="可以确定两个操作数的值或身份是否相等，这种比较的结果是返回一个布尔值（true 或 false）。如果操作数是字符串、数字或布尔值，它们将通过值来比较；如果操作数是对象或数组，它们将通过引用来比较。全等"=="运算符与等于运算符相似，但是有一个很重要的差异，即全等运算符不执行类型转换。如果两个操作数属于不同的类型，全等运算符会返回 false，不全等"!=="运算符会返回全等运算符的相反值。用赋值运算符检查等式是常见的错误。例如：

```
if (myPassword == 831210)
```

如果将表达式写为"myPassword = 831210"则是错误的，因为它只是将值"831210"赋予变量"myPassword"，而不会比较操作数。如表 21-5 所示列出了动作脚本中常用的相等运算符。

表 21-5 等于运算符

运算符	执行的运算
==	等于
===	全等
!=	不等于
!==	不全等

21.2.6 位运算符

使用位运算符会在内部将浮点型数字转换成 32 位的整型，所有的位运算符都会对一个浮点数的每一位进行计算并产生一个新值。如表 21-6 所示为常用动作脚本位运算符。

表 21-6 位运算符

运算符	执行的运算
&	按位"与"
|	按位"或"
^	按位"异或"
~	按位"非"
<<	左移位
>>	右移位
>>>	右移位填零

21.2.7 运算符的优先级

当两个或两个以上的运算符在同一个表达式中被使用时，一些运算符与其他运算符相比有更高的优先级。例如，"*"要在"+"之前被执行，因为乘法运算比加法运算具有更高的优先级。ActionScript 就是严格遵循这个优先等级来决定哪个运算符首先执行，哪个运算符最后执行的。

现将一些动作脚本运算符及其结合律，按优先级从高到低排列，如表 21-7 所示。

表 21-7 运算符的优先级

运算符	说 明	结合律
( )	函数调用	从左到右
[ ]	数组元素	从左到右
.	结构成员	从左到右
++	前递增	从右到左
--	前递减	从右到左
new	分配对象	从右到左
delete	取消分配对象	从右到左

续表

运算符	说　明	结合律
typeof	对象类型	从右到左
void	返回未定义值	从右到左
*	相乘	从左到右
/	相除	从左到右
%	求模	从左到右
+	相加	从左到右

21.3　常用的 ActionScript 语句

在 Flash 中经常用到的语句是条件语句和循环语句。条件语句包括 if 语句、特殊条件语句，循环语句包括 while 循环、for 循环语句。

1．if 条件判断

条件语句 if 能够建立一个执行条件，只有当 if 语句设置的条件成立时，才能继续执行后面的动作。if 条件语句主要应用于一些需要对条件进行判定的场合，其作用是当 if 中的条件成立时执行 if 和 else if 之间的语句。

最简单的条件语句如下：

```
if（条件 a）{
语句 a
}
```

当满足 if 括号内的条件 a 时，执行大括号内的语句 a。

一般，else 都与 if 一起使用表示较为复杂的条件判断：

```
if （条件 1） {
语句 a
}else{
语句 b
}
```

当满足 if 括号内的条件 a 时，执行大括号的语句 a，否则执行语句 b。

以下是括号 "else if" 的条件判断的完整语句：

```
If（条件 a）{
语句 a
}else if（条件 b）{
语句 b
} else{
语句 c
}
```

当满足 if 括号内的条件 a 时，执行大括号的语句 a；否则判断是否满足条件 b，如果满足条件 b，就执行大括号里的语句 b；如果都不满足，就执行语句 c。

2．特殊条件判断

特殊条件判断语句一般用于赋值，本质是一种计算形式，格式为：

变量 a= 判断条件？表达式 1：表达式 2；

如果判断条件成立，a 就取表达式 1 的值；如果不成立，就取表达式 2 的值。

例如：

```
Var a: Number=1
Var b: Number=2
Var max: Number=a>ba: b
```

执行以后，max 就为 a 和 b 中较大的值，即值为 2。

3．for 循环

通过 for 语句创建的循环，可在其中预先定义好决定循环次数的变量。

for 语句创建循环的语法格式如下：

```
for( 初始化 条件 改变变量 ){
语句
}
```

在"初始化"中定义循环变量的"初始值"，"条件"是确定什么时候退出循环，"改变变量"是指循环变量每次改变的值。例如：

```
trace=0
for(var i=1 i<=30 i++ {
trace = trace +i
}
```

以上实例中，初始化循环变量 i 为 1，每循环一次，i 就加 1，并且执行一次"trace = trace +i"，直到 i 等于 30，停止增加 trace。

4．while 和 do while 循环

while 语句可以重复执行某条语句或某段程序。使用 while 语句时，系统会先计算一个表达式，如果表达式的值为 true，就执行循环的代码。在执行完循环的每一个语句之后，while 语句会再次对该表达式进行计算。当表达式的值仍为 true 时，会再次执行循环体中的语句，直到表达式的值为 false。

do while 语句与 while 语句一样可以创建相同的循环。这里要注意的是，do while 语句对表达式的判定是在其循环结束处，因而使用 do while 语句至少会执行一次循环。

for 语句的特点是有确定的循环次数，而 while 和 do while 语句没有确定的循环次数，具体使用格式如下：

```
while（条件）{
语句
}
```

以上代码只要满足"条件"，就一直执行"语句"的内容。

```
do{
语句
}while（条件）
```

21.4 本章小结

由于脚本语言是一门系统的语言，在这么短的篇幅内不可能详细地为大家讲解每一条命令、每一个语法，我们只是介绍了一些脚本编程的基本术语和常用的语法知识及语句。像外语一样，要掌握一门计算机语言也是一个长期而辛苦的过程。但是要制作出高级的动画效果，脚本知识是一个动画制作者必须要掌握的。

第 22 章 使用 HTML 语言编写网页

本章导读

　　HTML 是制作网页的基础,我们在网络中讲的静态网页,就是以 HTML 为基础制作的网页,早期的网页都是直接用 HTML 代码编写的,不过现在有很多智能化的网页制作软件,通常不需要人工去写代码,而是由这些软件自动生成。尽管不需要自己写代码,但了解 HTML 代码仍然非常重要,是学习网页制作技术的基础知识。

技术要点

- ◆ 认识 HTML 语言
- ◆ HTML 文档头标记
- ◆ 基本的 HTML 标签
- ◆ 文字和超链接
- ◆ 图片和列表
- ◆ 表格和框架
- ◆ 表单

22.1 认识 HTML 语言

　　超文本标记语言(Hyper Text Markup Language,HTML)又称超文本标签语言,是 Internet 上用于编写网页的主要语言,它提供了精简而有力的文件定义,可以设计出多姿多彩的超媒体文件,通过 HTTP 通信协议,使得 HTML 文件可以在全球互联网(World Wide Web)上进行跨平台的文件交换。

22.1.1 HTML 是什么

　　上网冲浪(即浏览网页)时,呈现在人们面前的一个个漂亮的页面就是网页,是网络内容的视觉呈现。网页是怎样制作的呢?其实网页的主体是一个用 HTML 代码创建的文本文件,使用 HTML 中的相应标签,就可以将文本、图像、动画及音乐等内容包含在网页中,再通过浏览器的解析,多姿多彩的网页内容就呈现出来了。

1. HTML 的特点

　　HTML 文档制作简单,且功能强大,支持不同数据格式的文件导入,这也是 WWW 盛行的原因之一,其主要特点如下:

- HTML 文档容易创建,只需一个文本编辑器就可以完成。
- HTML 文件存储量小,能够尽可能快地在网络环境下传输与显示。
- 具有平台无关性。HTML 独立于操作系统平台,它能对多平台兼容,只需要一个浏览器,就能够在操作系统中浏览网页文件。可以使用在广泛的平台上,这也是 WWW 盛行的另一个原因。
- 容易学习,不需要很深的编程知识。
- 具有可扩展性,HTML 语言的广泛应用带来了加强功能,增加了标识符等要求,HTML 采取子类元素的方式,为系统扩展带来了保证。

2．HTML 的历史

HTML 1.0——1993 年 6 月，互联网工程工作小组（IETF）工作草案发布。

HTML 2.0——1995 年 11 月发布。

HTML 3.2——1996 年 1 月 W3C 推荐标准。

HTML 4.0——1997 年 12 月 W3C 推荐标准。

HTML 4.01——1999 年 12 月 W3C 推荐标准。

HTML 5.0——2008 年 8 月 W3C 工作草案。

22.1.2　HTML 标签、元素和属性

HTML 的任何标签都由"<"和">"围起来，如<HTML>。在起始标签的标签名前加上符号"/"便是其终止标签，如 </HTML>，夹在起始标签和终止标签之间的内容受标签的控制。超文本文档分为头和主体两部分，在文档头部，对文档进行了一些必要的定义，文档主体是要显示的各种文档信息。

基本语法：

```
<html>
<head> 网页头部信息 </head>
<body> 网页主体正文部分 </body>
</html>
```

语法说明：

其中 <html> 在最外层，表示这对标签间的内容是 HTML 文档，一个 HTML 文档总是以 <html> 开始，以 </html> 结束。<head> 之间包括文档的头部信息，如文档标题等，若不需要头部信息则可省略此标签。<body> 标签一般不能省略，表示正文内容的开始。

下面就以一个简单的 HTML 文件来熟悉 HTML 文件的结构。

实例代码：

```
<!doctype html>
<html>
<head>
<meta charset="utf-8">
<title>HTML 标签、元素和属性 </title>
</head>
<body><p>22.1.2 HTML 标签、元素和属性 </p></body>
</html>
```

这一段代码是使用 HTML 中最基本的几个标签所组成的，运行代码，在浏览器中预览效果，如图 22-1 所示。

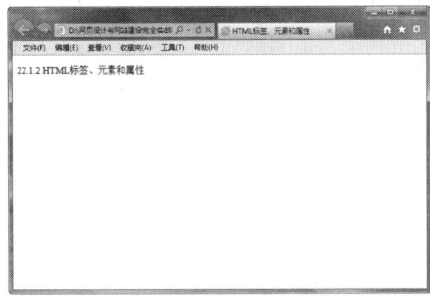

图 22-1　HTML 文件结构

22.1.3　HTML 文件组成

HTML 文件均以 <html> 标记开始，以 </html> 标记结束。<head>...</head> 标记之间的内容。用于描述页面的头部信息，如页面的标题、作者、摘要、关键词、版权、自动刷新等信息。在 <body>...</body> 标记之间的内容即为页面的主体内容。

1．页面标题标记 <title>

<title> 标记用于定义页面的标题，是成对标记，位于 <head> 标记之间。

标题的语句为：<title> 此处显示标题 <title>

2．辅助标记 <meta>

<meta> 标记用于定义页面的相关信息，为非成对标记，位于 <head> 标记之间。使用 <meta> 标记可以描述页面的作者、摘要、关键词、版权、自动刷新等页面信息。

<meta> 标记的语句格式如下：

```
<meta charset="utf-8">
```

3．正文标记 <body>

<body> 标记用于定义正文内容的开始，</body> 用于定义正文内容的结束，在 <body>...</body> 之间的内容即为页面的主体内容，使用 <body> 标记的各种属性可以定义页面主体内容的不同表达效果，<body> 标记的主要属性如下：

bgcolor：定义网页的背景色。

background：定义网页背景图像。

22.2　HTML 文档头部标签

HTML 中的 head 标记是网页标记中一个非常重要的符号。做好 head 标记中的内容对整个页面有着非常重要的意义，下面介绍一下 head 标记中比较常用的一些东西。

22.2.1　文档类型声明

HTML 也有多个不同的版本，只有完全明白页面中使用的确切的 HTML 版本，浏览器才能完全正确地显示出 HTML 页面。这就是 <!doctype> 的用处。

<! doctype> 不是 HTML 标签。它为浏览器提供一项信息（声明），即 HTML 是用什么版本编写的。

实例代码：

```
<!doctype html>
```

<!doctype> 声明位于文档中的最前面的位置，处于 <html> 标签之前。此标签可告知浏览器文档使用哪种 HTML 或 XHTML 规范。

22.2.2　文档头部标签

在 HTML 语言的头部元素中，一般需要包括标题、基础信息和元信息等。HTML 的头部元素是以 <head> 为开始标记，以 </head> 为结束标记。

基本语法：

```
<head>...</head>
```

语法说明：

定义在 HTML 语言头部的内容都不会在网页上直接显示，而是通过另外的方式起作用。

实例代码：

```
<!doctype html>
<html>
<head>
<meta charset="utf-8">
<title> 无标题文档 </title>
</head>
<body>
</body>
</html>
```

22.2.3 文档描述

<meta> 标记的功能主要是定义页面中的信息，这些信息并不会显示在浏览器中，而只在源代码中显示。<meta> 标记通过属性定义文件信息的名称、内容等。<meta> 标记能够提供文档的关键字、作者及描述等多种信息，在 HTML 头部可以包括任意数量的 <meta> 标记。

描述标签是 description，网页的描述标签为搜索引擎提供了关于这个网页的总括性描述。网页的描述元标签是由一两个语句或段落组成的，内容一定要相关，描述不能太短、太长或过分重复。

基本语法：

```
<meta name="description" content=" 设置页面描述 ">
```

语法说明：

在该语法中，name 为属性名称，这里设置为 description，也就是将元信息属性设置为页面说明，在 content 中定义具体的描述语言。

实例代码：

```
<!doctype html>
<html>
<head>
<meta charset="utf-8">
<meta name="description" content=" 网页设计  网站建设  网站优化 ">
<title> </title>
</head>
<body>
</body>
</html>
```

22.2.4 网页标题

不管是用户还是搜索引擎，对一个网站最直观的印象往往来自于这个网站的标题。用户通过搜索自己感兴趣的关键字，来到搜索结果页面，决定他是否单击的关键字往往在于网站的标题。在网页中设置网页的标题，只要在 HTML 文件的头部文件的 <title></title> 中输入标题信息就可以在浏览器上显示。标题标记以 <title> 开始，以 </title> 结束。

基本语法：

```
<head>
<title>...</title>
...</head>
```

语法说明：

页面的标题只有一个，它位于 HTML 文档的头部，即 <head> 和 </head> 之间。

实例代码：

```
<!doctype html>
<html>
<head>
<meta charset="utf-8">
<title> 网页的标题 </title>
</head>
<body>
</body>
</html>
```

在代码中加粗部分的代码标记 "<title> 广源时代科技公司 </title>" 设置网页的标题，在浏览器中预览时，可以在浏览器标题栏看到网页标题，如图 22-2 所示。

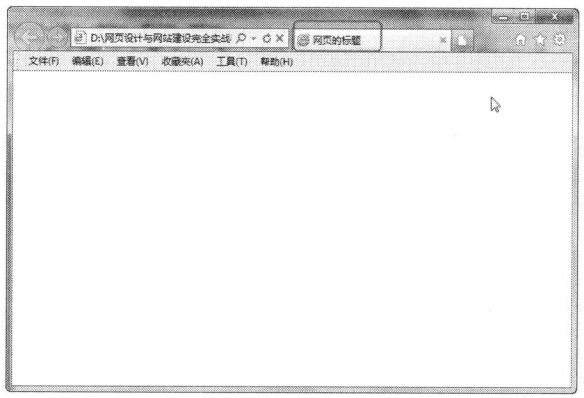

图 22-2　页面标题

22.3　基本的 HTML 标签

在 <body> 和 </body> 中放置的是页面中所有的内容，如图片、文字、表格、表单、超链接等。<body> 标记有自己的属性，包括网页的背景设置、文字属性设置和超链接设置等。设置 <body> 标记内的属性，可控制整个页面的显示方式。

22.3.1　主体标签

HTML 的主体标记是 <body>，在 <body> 和 </body> 中放置的是网页中的所有内容，如文字、图片、超链接、表格、表单等。

在 HTML 中，标签可以拥有属性。属性能够为页面上的 HTML 元素提供附加信息。标签 <body> 定义了 html 页面的主体元素。使用一个附加的 bgcolor 属性，可以告诉浏览器：页面的背景色是红色的，即 <body bgcolor="red">。

<body> 元素有很多自身的属性，如定义页面文字的颜色、背景的颜色、背景图像等，如表 22-1 所示。

表 22-1 body 标记属性

属性	描述
text	设定页面文字的颜色
bgcolor	设定页面背景的颜色
background	设定页面的背景图像
bgproperties	设定页面的背景图像为固定，不随页面的滚动而滚动
link	设定页面默认的链接颜色
alink	设定鼠标正在单击时的链接颜色
vlink	设定访问过后的链接颜色
topmargin	设定页面的上边距
leftmargin	设定页面的左边距

22.3.2 设置页面边距

有的朋友在做页面的时候，感觉文字或者表格怎么也不能靠在浏览器的最上边和最左边，这是怎么回事呢？因为一般用的制作软件或 HTML 语言默认的都是 topmargin、leftmargin 值等于 12，如果把它们的值设为 0，就会看到网页的元素与左边距离为 0 了。

基本语法：

```
<body topmargin=value leftmargin=value rightmargin=value bottomnargin=value>
```

语法说明：

通过设置 topmargin、leftmargin、rightmargin、bottomnargin 不同的属性值来设置显示内容与浏览器的距离。在默认情况下，边距的值以像素为单位。

- topmargin 设置到顶端的距离。
- leftmargin 设置到左边的距离。
- rightmargin 设置到右边的距离。
- bottommargin 设置到底边的距离。

实例代码：

```
<html>
<head>
<meta http-equiv="Content-Type" content="text/html; charset=utf-8" />
<title>设置边距</title>
</head>
<body topmargin="80" leftmargin="80">
<p>设置页面的上边距</p>
<p>设置页面的左边距</p>
</body>
</html>
```

在代码中加粗部分的代码标记是设置上边距和左边距，在浏览器中预览时，可以看出定义的边距效果，如图 22-3 所示。

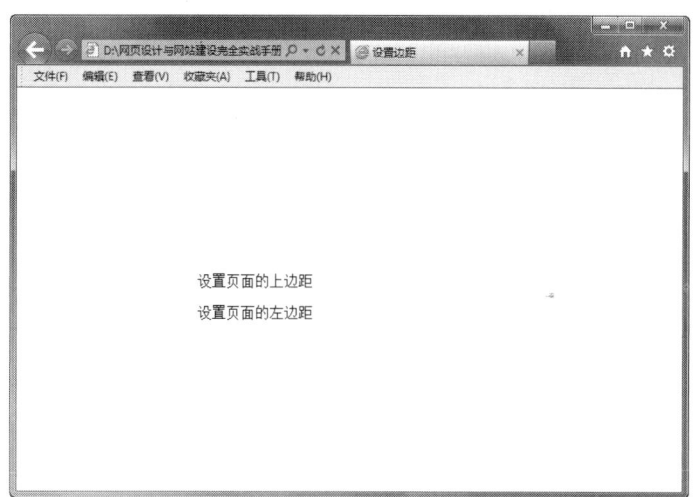

图 22-3　设置的边距效果

22.3.3　标题标签

HTML 文档中包含有各种级别的标题，各种级别的标题由 <h1> 到 <h6> 元素来定义。其中，<h1> 代表最高级别的标题，依次递减，<h6> 级别最低。

基本语法：

```
<h1>...</h1>
<h2>...</h2>
<h3>...</h3>
<h4>...</h4>
<h5>...</h5>
<h6>...</h6>
```

语法说明：

在该语法中，1 级标题使用最大的字号表示，6 级标题使用最小的字号表示。

实例代码：

```
<!doctype html>
<html>
<head>
<meta charset="utf-8">
<title> 多种标题样式的使用 </title>
</head>
<body>
<h1>1 级标题 </h1>
<h2>2 级标题 </h2>
<h3>3 级标题 </h3>
<h4>4 级标题 </h4>
<h5>5 级标题 </h5>
<h6>6 级标题 </h6>
</body>
</html>
```

在代码中加粗的代码标记用于设置 6 种级别不同的标题，在浏览器中浏览的效果如图 22-4 所示。

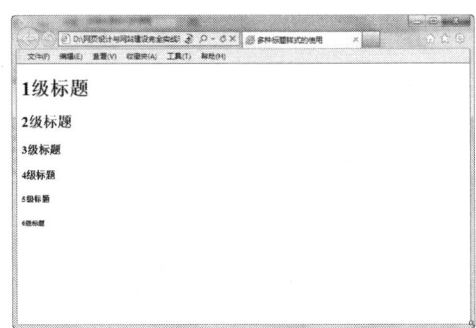

图 22-4 设置标题标记

22.3.4 换行标签

在 HTML 文本显示中，默认是将一行文字连续地显示出来，如果想将把一个句子后面的内容在下一行显示就会用到换行符
。换行符号标签是个单标签，也叫空标签，不包含任何内容，在 HTML 文件中的任何位置，只要使用了
 标签，当文件显示在浏览器中时，该标签之后的内容将在下一行显示。

基本语法：

```
<br>
```

语法说明：

一个
 标记代表一个换行，连续的多个标记可以实现多次换行。

实例代码：

```
<!doctype html>
<html>
<head>
<meta charset="utf-8">
<title> 无标题文档 </title>
</head>
<body>
   公司的宗旨：以信为本，以质求生 <br> 公司的目标：开拓市场，争创一流 <br> 公司的精神：敬业公司，
奋力拼搏 <br> 公司的文化：团结奋进，共创未来 <br> 公司的作风：尽忠职守，赤诚奉献 <br>
</body>
</html>
```

在代码中加粗部分的代码标记
 为设置换行标记，在浏览器中预览，可以看到换行的效果，如图 22-5 所示。

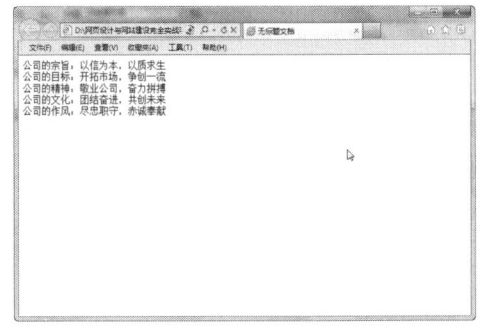

图 22-5 换行效果

22.3.5　段落标签

HTML 标签中最常用、最简单的标签是段落标签，也就是 <p></p>，说它常用，是因为几乎所有的文档文件都会用到这个标签；说它简单从外形上就可以看出来，它只有一个字母。虽然简单，但是却也非常重要，因为这是一个用来区别段落的。

基本语法：

```
<p> 段落文字 <p>
```

语法说明：

段落标记可以没有结束标记 </p>，而每一个新的段落标记开始的同时也意味着上一个段落的结束。

实例代码：

```
<!doctype html>
<html>
<head>
<meta charset="utf-8">
<title> 无标题文档 </title>
</head>
<body>
<p> 公司拥有一支有实际经验丰富的安装和移机队伍，统一管理、统一培训、统一着装、执证上岗、技术力量雄厚，人员素质高、服务质量好。我们熟悉各种空调设备的性能、维护与管理，具有优良的专业技能和服务常识，并且接受专业课程培训，确保各项服务质量，在各地区县都有网点，无节假日，24 小时服务。</p><p> 时刻提供优质的空调维修、空调保养、空调加氟、空调清洗服务。欢迎政府机关、学校部队、公司企事业单位及个人有相关需求来电咨询。</p>
</body>
</html>
```

在代码中加粗部分的代码标记 <p> 为段落标记，<p> 和 </p> 之间的文本是一个段落，效果如图 22-6 所示。

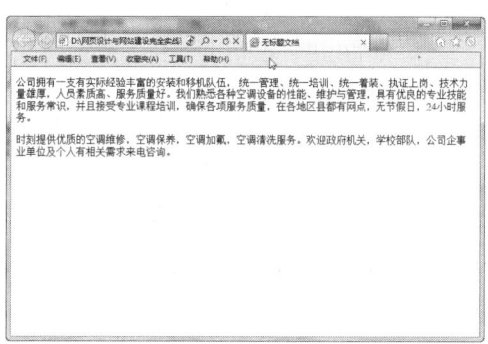

图 22-6　段落效果

22.3.6　水平分割线标签

水平线标记用于在页面中插入一条水平标尺线，使页面看起来整齐明了。

基本语法：

```
<hr>
```

语法说明：

在网页中输入一个 <hr> 标记，就添加了一条默认样式的水平线。

实例代码：

```
<!doctype html>
<html>
<head>
<meta charset="utf-8">
<title> 水平分割线标签 </title>
</head>
<body>
<p> 企业简介 <br>
<hr>
</p>
<p> 公司于广东汕头市峡山莲塘工业区，成立于 2002 年，通过自主研发体系，秉承绿色环保理念，开展
持续创新运动，近十年来一直保持高速增长。产品涉及充电手电筒，非充电手电筒，手提式探照灯 ，应急照明灯，
台灯，头灯等系列。特别是手电筒，探照灯 ，应急灯等，产销两旺受客户及用户广泛好评。</p>
</body>
</html>
```

在代码中加粗部分的标记为水平线标记，在浏览器中预览，可以看到插入的水平线效果，如图 22-7 所示。

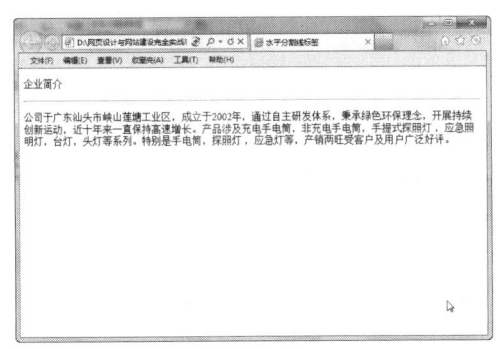

图 22-7 插入水平线效果

22.4 文字和超链接

文字不仅是网页信息传达的一种常用方式，也是视觉传达最直接的方式，运用经过精心处理的文字材料完全可以制作出效果很好的版面。

22.4.1 文本格式化标签

HTML 可定义很多格式化输出的元素，比如：粗体字、斜体字、文本方向等。<b> 和 <strong> 是 HTML 中格式化粗体文本的最基本元素。在 <b> 和 </b> 之间的文字或在 <strong> 和 </strong> 之间的文字，在浏览器中都会以粗体字体显示。该元素的首尾部分都是必需的，如果没有结尾标记，则浏览器会认为从 <b> 开始的所有文字都是粗体。

基本语法：

```
<b> 加粗的文字 </b>
<strong> 加粗的文字 </strong>
```

语法说明：

在该语法中，粗体的效果可以通过 <b> 标记来实现，还可以通过 <strong> 标记来实现。<b> 和 <strong> 是行内元素，它可以插入到一段文本的任何位置。

<i>、<em> 和 <cite> 是 HTML 中格式化斜体文本的最基本元素。在 <i> 和 </i> 之间的文字、在 <em> 和 </em> 之间的文字或在 <cite> 和 </cite> 之间的文字，在浏览器中都会以斜体字体显示。

基本语法：

```
<i> 斜体文字 </i>
<em> 斜体文字 </em>
<cite> 斜体文字 </cite>
```

语法说明：

斜体的效果可以通过 <i> 标记、<em> 标记和 <cite> 标记来实现。一般在一篇以正体显示的文字中用斜体文字起到醒目、强调或者区别的作用。

<u> 标记的使用和粗体及斜体标记类似，它作用于需加下划线的文字。

基本语法：

```
<u> 下划线的内容 </u>
```

语法说明：

该语法与粗体和斜体的语法基本相同

实例代码：

```
<!doctype html>
<html>
<head>
<meta charset="utf-8">
<title>设置粗体、斜体、下划线</title>
</head>
<body>
<p><strong>一、设置文本粗体效果</strong></p>
<p><em>二、设置文本斜体效果 </em></p>
<p><u>三、设置文本下划线效果 </u></p>
</body>
</html>
```

在代码中加粗部分的标记 <strong> 为设置文字的加粗、<em> 为设置斜体、<u> 为设置下划线的效果，在浏览器中预览效果，如图 22-8 所示。

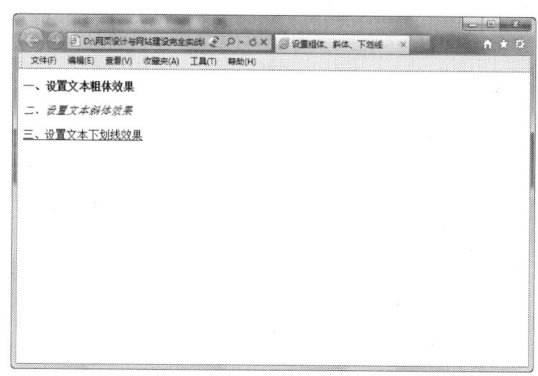

图 22-8　文字加粗、斜体、下划线效果

22.4.2　文本引用与缩进

text-indent 是指定义文本首行的缩进（在首行文字之前插入指定的长度）。

取值 : <length> | <percentage> | inherit

<length>: 长度表示法。

<percentage>: 百分比表示法。

inherit: 继承。

实例代码：

```
<!doctype html>
<html>
<head>
<meta charset="utf-8">
<style type="text/css">
p {text-indent: 1cm}
</style>
</head>
<body>
<p>
秋的夜晚，薄凉，远方，有若隐若现的灯火，迷离了尘世的梦，也迷离了我的梦。也许，你不会知道，我
曾跟浪花默默诉说过什么；也许，你不会知道我曾跟雪花悄悄私语过什么；也许，你不会知道我曾跟飞花轻轻
耳语过什么。听风敲击万物的旋律，那是我说爱你的声音。如果你能懂我沉默，你就能解我心语。
</p>
</body>
</html>
```

在代码中加粗部分的标记 text-indent: 1cm 为设置文字的缩进 1cm，在浏览器中预览效果，如图 22-9 所示。

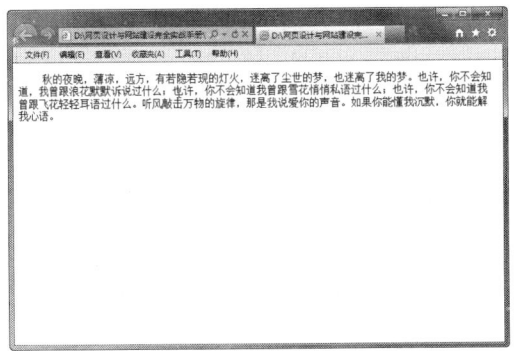

图 22-9 文本缩进

22.4.3 字体的设置

Face 属性规定的是字体的名称，如中文字体的"宋体"、"楷体"、"隶书"等。可以通过字体的 face 属性设置不同的字体，设置的字体效果必须在浏览器中安装相应的字体后才可以正确浏览，否则有些特殊字体会被浏览器中的普通字体所代替。

基本语法：

```
<font face=" 字体样式 ">...</font>
```

语法说明：

face 属性用于定义该段文本所采用的字体名称。如果浏览器能够在当前系统中找到该字体，则使用该字体显示。

实例代码：

```
<!doctype html>
<html>
<head>
<meta charset="utf-8">
<title> 设置字体 </title>
</head>
<body>
<p style="font-family: '方正舒体'">陌上花开，掩映着伊人浅浅的笑魇</p>
<p style="font-family: '幼圆'">萦绕了一段尘缘，蝶花相恋，红尘一醉。</p>
<p style="font-family: '华文新魏'">生，种一枚相思的红豆，许一世柔情，爱到永恒。回眸处，
我的思念，你的爱一直都在。</p>
</body>
</html>
```

在代码中加粗部分的代码标记是设置文字的字体，在浏览器中预览可以看到不同的字体效果，如图 22-10 所示。

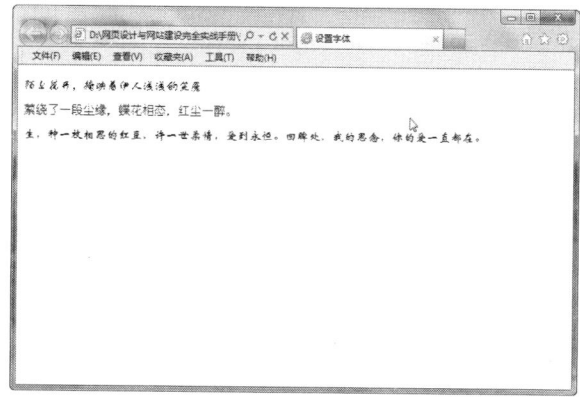

图 22-10　不同的字体效果

22.4.4　字体颜色设置

在 HTML 页面中，还可以通过不同的颜色表现不同的文字效果，从而增加网页的亮丽色彩，吸引浏览者的注意。

基本语法：

```
<font color=" 字体颜色 ">...</font>
```

语法说明：

它可以用浏览器承认的颜色名称和十六进制数值表示。

实例代码：

```
<!doctype html>
<html>
<head>
<meta charset="utf-8">
<title> 设置文字颜色 </title>
</head>
<body>
<p><font color="#FF0000"> 质量是企业的生命，客户满意是我们的宗旨，</font></p>
<p><font color="#3333CC"> 无论今天或未来，公司将不遗余力，</font></p>
<p><font color="#03F030"> 营造更好的产品，提供一流的服务。</font></p>
</body>
</html>
```

在代码中加粗部分的标记是设置字体的颜色，在浏览器中预览，可以看出设置字体颜色的效果，如图 22-11 所示。

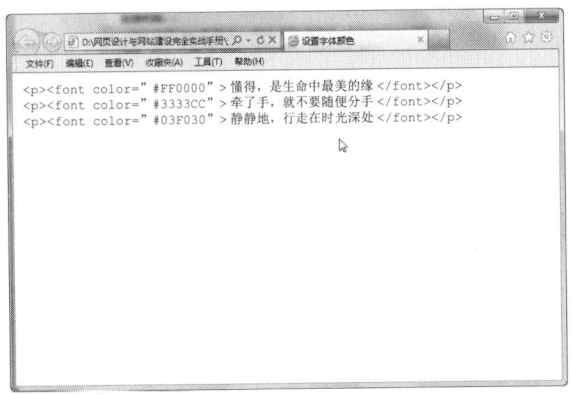

图 22-11 设置字体颜色效果

22.4.5 超链接标签

超链接标记 <a> 在 HTML 中既可以作为一个跳转至其他页面的链接，也可以作为"埋设"在文档中某处的一个"锚定位"。<a> 也是一个行内元素，它可以成对出现在一段文档的任何位置。

基本语法：

```
<a 属性 =" 链接目标 "> 链接显示文本 </a>
```

语法说明：

在该语法中，<a> 标记的属性值如表 22-2 所示。

表 22-2 <a> 标记的属性值

属性	说明
href	指定链接地址
name	给链接命名
title	给链接添加提示文字
target	指定链接的目标窗口

实例代码：

```
<!doctype html>
<html>
<head>
<meta charset="utf-8">
<title> 超链接标记 </title>
</head>
<body>
<p><a href="1"> 中国最有意境的 33 句 </a></p>
<p><a href="2"> 触动心弦的句子 </a><br>
<a href="3">2013 年最牛逼个性签名 </a><br>
<a href="index2.html"> 有多少情侣败给了距离？ </a><br>
<a href="5"> 爆笑幽默来袭，让你在计算机前狂笑 </a><br>
<a href="6"> 致逝去的青春 </a></p>
</body>
```

```
</html>
```

在代码中加粗部分的代码标记为设置文档中的超链接，在浏览器中预览可以看到链接效果，如图 22-12 所示。

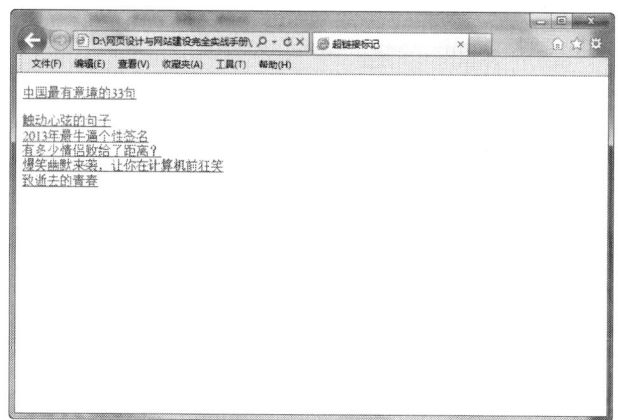

图 22-12　超链接效果

22.4.6　相对路径和绝对路径

路径 URL 用来定义一个文件、内容或者媒体等的所在地址，这个地址可以是相对地址，也可以是一个网站中的绝对地址，关于路径的写法，因其所用的方式不同有相应的变换。

HTML 有两种路径的写法：相对路径和绝对路径。

1．HTML 的相对路径

相对路径就是指由这个文件所在的路径引起的跟其他文件（或文件夹）的路径关系。使用相对路径可以为我们带来非常多的便利。

- 同一个目录的文件引用。

如果源文件和引用文件在同一个目录里，直接写引用文件名即可。

我们现在建一个源文件 about.html，在 about.html 里要引用 index.html 文件作为超链接。

假设 about.html 路径是：c:\Inetpub\wwwroot\sites\news\about.html

假设 index.html 路径是：c:\Inetpub\wwwroot\sites\news\index.html

在 about.html 加入 index.html 超链接的代码应该这样写：

```
<a href = "index.html">index.html</a>
```

- 引用上级目录。

../ 表示源文件所在目录的上一级目录，../../ 表示源文件所在目录的上上级目录，以此类推。

假设 about.html 路径是：c:\Inetpub\wwwroot\sites\news\about.html

假设 index.html 路径是：c:\Inetpub\wwwroot\sites\index.html

在 about.html 加入 index.html 超链接的代码应该这样写：

```
<a href = "../index.html">index.html</a>
```

- 引用下级目录。

引用下级目录的文件，直接写下级目录文件的路径即可。

假设 about.html 路径是：c:\Inetpub\wwwroot\sites\news\about.html

假设 index.html 路径是：c:\Inetpub\wwwroot\sites\news\html\index.html

在 about.html 加入 index.html 超链接的代码应该这样写：

```
<a href = "html/index.html">index.html</a>
```

2．HTML 绝对路径

HTML 绝对路径指带域名的文件的完整路径。

比如网站域名是 www.baidu.com，如果在 www 根目录下放了一个文件 index.html，这个文件的绝对路径就是：http://www.baidu.com/index.html。

假设在 www 根目录下建了一个目录叫 news，然后在该目录下放了一个文件 index.html，这个文件的绝对路径就是 http://www.baidu.com/news/index.html。

22.4.7　设置目标窗口

在创建网页的过程中，默认情况下超链接在原来的浏览器窗口中打开，可以使用 target 属性来控制打开的目标窗口。

基本语法：

```
<a href=" 链接目标 " target=" 目标窗口的打开方式 ">
```

语法说明：

在该语法中，target 参数的取值有 4 种，如表 22-3 所示。

表 22-3　target 参数取值

属 性 值	含 义
-self	在当前页面中打开超链接
-blank	在一个全新的空白窗口中打开超链接
-top	在顶层框架中打开超链接，也可以理解为在根框架中打开超链接
-parent	在当前框架的上一层里打开超链接

实例代码：

```
<!doctype html>
<html>
<head>
<meta charset="utf-8">
<title> 超链接标记 </title>
</head>
<body>
<p><a href="1"> 热点内容 </a></p>
<p><a href="2"> 该怎么感谢您 </a><br>
<a href="3"> 前世芬芳．今世流亡 </a><br>
<a href="index2.html" target="_blank"> 假如，我不再出现 </a><br>
<a href="5" > 兄弟，勿悲伤 </a><br>
<a href="6"> 现代诗歌中赞美母亲的诗歌 </a></p>
</body>
</html>
```

在代码中加粗的代码标记是设置内部超链接的目标窗口，在浏览器中预览单击设置超链接的对象，可以打开一个新的窗口，如图 22-13 和图 22-14 所示。

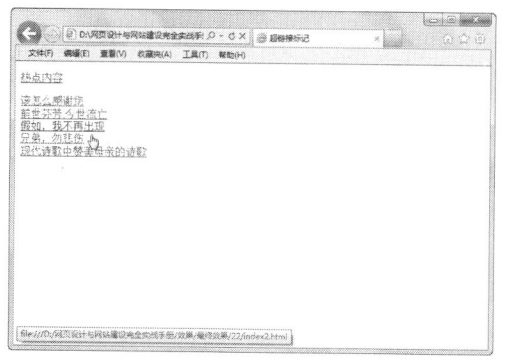

图 22-13 设置超链接的窗口

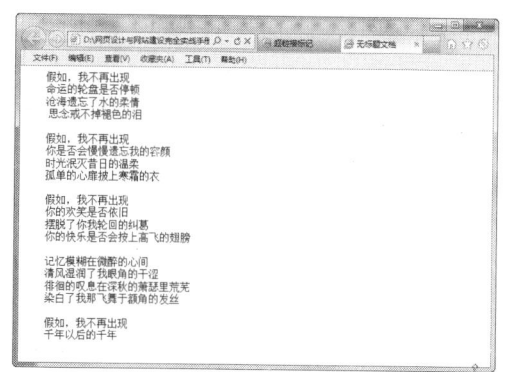

图 22-14 打开的目标窗口

22.4.8 电子邮件超链接 mailto

在网页上创建 E-mail 超链接，可以使浏览者能够快速反馈自己的意见。当浏览者单击 E-mail 超链接时，可以立即打开浏览器默认的 E-mail 处理程序，收件人邮件地址被 E-mail 超链接中指定的地址自动更新，无须浏览者输入。

基本语法：

```
<a href="mailto:电子邮件地址 ">链接内容 </a>
```

语法说明：

在该语法中，电子邮件地址后面还可以增加一些参数，如表 22-4 所示。

表 22-4 邮件的参数

属性值	说明	语法
cc	抄送收件人	<a href="mailto:电子邮件地址 ?cc= 电子邮件地址 ">链接内容 </a>
subject	电子邮件主题	<a href="mailto:电子邮件地址 ?subject= 主题文字 ">链接内容 </a>
bcc	暗送收件人	<a href="mailto:电子邮件地址 ?bcc= 电子邮件地址 ">链接内容 </a>
body	电子邮件内容	<a href="mailto:电子邮件地址 ?body= 邮件内容 ">链接内容 </a>

实例代码：

```
<!doctype html>
<html>
<head>
<meta charset="utf-8">
<title> 电子邮件链接 </title>
</head>
<body>
<a href="mailto:mailto: sdwa@163.com"> 联系我们 </a>
</body>
</html>
```

在代码中加粗的标记用于创建 E-mail 超链接，在浏览器中的浏览效果如图 22-15 所示。

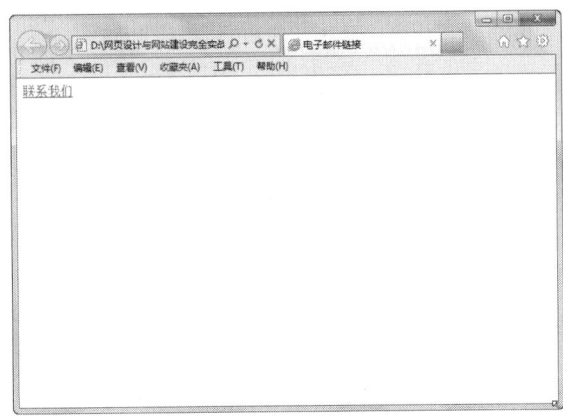

图 22-15 创建 E-mail 链接

22.5 图片和列表

图像是网页中不可缺少的元素，巧妙地在网页中使用图像可以为网页增色不少。在 HTML 文档中，列表用于提供结构化的、容易阅读的消息格式，可以帮助访问者方便地找到信息，并引起访问者对重要信息的注意。

22.5.1 网页图像格式

每天在网络上交流的计算机数不胜数，因此使用的图像格式一定能够被每一个操作平台接受，当前万维网上流行的图像格式通常以 GIF 和 JPEG 为主。另外，还有一种名叫 PNG 的文件格式，也被越来越多地应用在网络中，下面就对这 3 种图像格式的特点进行介绍。

1. GIF 格式

GIF 是英文单词 Graphic Interchange Format 的缩写，即图像交换格式，文件最多可使用 256 种颜色，最适合显示色调不连续或具有大面积单一颜色的图像，例如导航条、按钮、图标、徽标或其他具有统一色彩和色调的图像。

GIF 格式的最大优点就是可制作动态图像，可以将数张静态文件作为动画帧串联起来，转换成一个动画文件。

GIF 格式的另一优点就是可以将图像以交错的方式在网页中呈现。所谓交错显示，就是当图像尚未下载完成时，浏览器会先以马赛克的形式将图像慢慢显示，让浏览者可以大略猜出下载图像的雏形。

2. JPEG 格式

JPEG 是英文单词 Joint Photographic Experts Group 的缩写，它是一种图像压缩格式。此文件格式是用于摄影或连续色调图像的高级格式，这是因为 JPEG 文件可以包含数百万种颜色。随着 JPEG 文件品质的提高，文件的大小和下载时间也会随之增加。通常可以通过压缩 JPEG 文件在图像品质和文件大小之间达到良好的平衡。

JPEG 格式是一种压缩得非常紧凑的格式，专门用于不含大色块的图像。JPEG 图像有一定的失真度，但是在正常的损失下肉眼分辨不出 JPEG 和 GIF 图像的区别，而 JPEG 文件只有 GIF 文件的 1/4。JPEG 对图标之类的含大色块的图像不是很有效，不支持透明图和动态图，但它能够保留全真的色调板格式。如果图像需要全彩模式才能表现效果的话，JPEG 就是最佳的选择。

3．PNG 格式

PNG（Portable Network Graphics）图像格式是一种非破坏性的网页图像文件格式，它提供了将图像文件以最小的方式压缩却又不造成图像失真的技术。它不仅具备了 GIF 图像格式的大部分优点，而且还支持 48 位的色彩、更快地交错显示、跨平台的图像亮度控制，以及更多层的透明度设置。

22.5.2　图像标签

有了图像文件后，就可以使用 img 标记将图像插入到网页中，从而达到美化网页的效果。img 元素的相关属性如表 22-5 所示。

表 22-5　img 元素的相关属性

属　性	描　述
src	图像的源文件
alt	提示文字
width，height	宽度和高度
border	边框
vspace	垂直间距
hspace	水平间距
align	排列
dynsrc	设定 AVI 文件的播放
loop	设定 AVI 文件循环播放次数
loopdelay	设定 AVI 文件循环播放延迟
start	设定 AVI 文件的播放方式
lowsrc	设定低分辨率图片
usemap	映像地图

基本语法：

```
<img src=" 图像文件的地址 ">
```

语法说明：

在语法中，src 参数用来设置图像文件所在的路径，这一路径可以是相对路径，也可以是绝对路径。

22.5.3　用图像作为超链接

设置普通图像超链接的方法非常简单，通过 <a></a> 标记来实现。

基本语法：

```
<a href=" 链接目标 "> 链接的图像 </a>
```

语法说明：

给图像添加超链接，使其指向其他的网页或文件，这就是图像超链接。

实例代码：

```
<!doctype html>
<html>
<head>
<meta charset="utf-8">
<title>设置图像超链接</title>
</head>
<body>
<a href="index1"><img src="tt.jpg" width="1005"
height="583"></a>
</body>
</html>
```

在代码中加粗部分的标记是为图像添加空链接，在浏览器中预览，当鼠标指针放置在超链接的图像上时，鼠标指针会发生相应的变化，如图 22-16 所示。

图 22-16 图像的超链接效果

22.5.4 有序列表

有序列表就是列表结构中的列表项有先后顺序的列表形式，从上到下可以有各种不同的序列编号，如 1、2、3 或 a、b、c 等。有序列表始于 <ol> 标签。每个列表项始于 <li> 标签。ol 标记的属性及其介绍如表 22-6 所示。

表 22-6 ol 标记的属性定义

属性的类别	属性名	说明
标记的固有属性	type＝项目符合	有序列表中列表项的项目符号格式
	start	有序列表中列表项的起始数字
可在其他位置定义的属性	id	在文档范围内的识别标志
	lang	语言信息
	dir	文本方向
	title	标记标题
	style	行内样式信息

默认情况下，有序列表的序号是数字。通过 type 属性可以改变序号的类型，包括大小写字母、阿拉伯数字和大小写罗马数字。

基本语法：

```
<ol type="序号类型">
<li>列表项</li>
```

```
<li> 列表项 </li>
<li> 列表项 </li>
...
</ol>
```

语法说明：

有序列表的序号类型如表 22-7 所示。

表 22-7　有序列表的序号类型

属性值	说明
1	数字 1，2，3，4…
a	小写英文字母 a，b，c，d…
A	大写英文字母 A，B，C，D…
i	小写罗马数字 i，ii，iii，iv…
I	大写罗马数字 I，II，III，IV…

下面是一个不同类型的有序列表实例。

实例代码：

```
<!doctype html>
<html>
<head>
<meta charset="utf-8">
<title> 不同类型的有序列表 </title>
</head>
<body>
<h4> 数字列表：</h4>
<ol>
  <li> 语文 </li>
  <li> 数学 </li>
  <li> 英语 </li>
  <li> 历史 </li>
</ol>
<h4> 字母列表：</h4>
<ol type="A">
  <li> 语文 </li>
  <li> 数学 </li>
  <li> 英语 </li>
  <li> 历史 </li>
</ol>
<h4> 小写字母列表：</h4>
<ol type="a">
  <li> 语文 </li>
  <li> 数学 </li>
  <li> 英语 </li>
  <li> 历史 </li>
</ol>
<h4> 罗马字母列表：</h4>
<ol type="I">
  <li> 语文 </li>
  <li> 数学 </li>
  <li> 英语 </li>
  <li> 历史 </li>
</ol>
<h4> 小写罗马字母列表：</h4>
<ol type="i">
  <li> 语文 </li>
```

```
    <li> 数学 </li>
    <li> 英语 </li>
    <li> 历史 </li>
</ol>
</body>
</html>
```

在代码中加粗的标记用于设置有序列表的序号类型，在浏览器中浏览效果如图 22-17 所示。

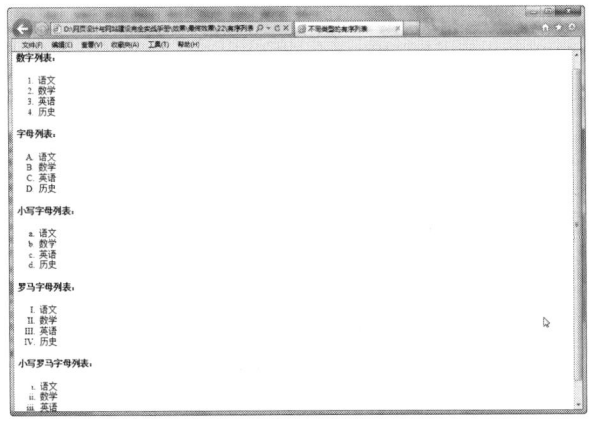

图 22-17 设置有序列表的类型

22.5.5 无序列表

无序列表就是列表结构中的列表项没有先后顺序的列表形式。大部分网页应用中的列表均采用无序列表。ul 用于设置无序列表，在每个项目文字之前，以项目符号作为每条列表项的前缀，各个列表之间没有顺序级别之分。ul 标记的属性及其介绍如表 22-8 所示。

表 22-8 ul 标记的属性定义

属性的种类	属性名	说明
标记的固有属性	type ＝项目符合	定义无序列表中列表项的项目符号图形样式
可在其他位置定义的属性	id	在文档范围内的识别标志
	class	
	lang	语言信息
	dir	文本方向
	title	标记标题
	style	行内样式信息

基本语法：

```
<ul>
<li> 列表项 </li>
<li> 列表项 </li>
<li> 列表项 </li>
...
</ul>
```

语法说明：

在该语法中，<ul> 和 </ul> 标记表示无序列表的开始和结束，<li> 则表示一个列表项的开始。

实例代码：

```
<!doctype html>
<html>
<head>
<meta charset="utf-8">
<title> 无序列表 </title>
</head>
<body>
  <ul>
      <li> 客房卫浴用品 </li>
      <li> 可调控冷暖空调 </li>
      <li> 卫星电视 </li>
      <li> 双线国际国内直拨电话 </li>
      <li> 电话留言信箱 </li>
      <li> 宽带网络接驳端口 </li>
      <li> 室内音乐 </li>
      <li> 吹风机 </li>
      <li> 客房小冰箱，咖啡和茶 </li>
      <li> 保险箱 </li></ul>
</body>
</html>
```

在代码中加粗的标记用于设置无序列表，在浏览器中浏览效果如图 22-18 所示。

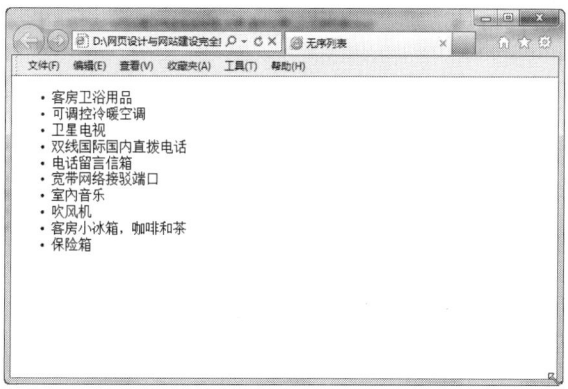

图 22-18　设置无序列表

22.5.6　嵌套列表

无序列表和有序列表的嵌套是最常见的列表嵌套，重复使用 <ol> 和 <ul> 标记可以组合出多种嵌套列表形式。

实例代码：

```
<!doctype html>
<html>
<head>
<meta charset="utf-8">
<title> 嵌套列表 </title>
</head>
<body>
<ul>
<li> 文章故事 ：
<ol><li> 人生哲理
<li> 励志文章
<li> 伤感文章
</ol>
```

```
<li> 散文杂文:
<ol><li> 抒情散文
<li> 爱情散文
<li> 散文诗歌
</ol>
</ul>
</body>
</html>
```

在代码中加粗的部分通过 <ol> 和 <ul> 标记建立了有序和无序列表的嵌套，运行代码后在浏览器中预览网页，如图 22-19 所示。

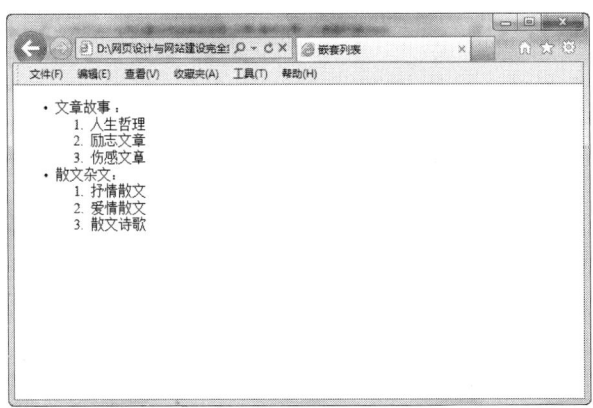

图 22-19 列表嵌套

22.6 表格

表格是网页制作中使用最多的工具之一，在制作网页时，使用表格可以更清晰地排列数据。

22.6.1 创建基本表格

表格由行、列和单元格 3 部分组成，一般通过 3 个标记来创建，分别是表格标记 table、行标记 tr 和单元格标记 td。表格的各种属性都要在表格的开始标记 <table> 和表格的结束标记 </table> 之间才有效。

- 行：表格中的水平间隔。
- 列：表格中的垂直间隔。
- 单元格：表格中行与列相交所产生的区域。

基本语法：

```
<table>
<tr>
<td> 单元格内的文字 </td>
<td> 单元格内的文字 </td>
</tr>
<tr>
<td> 单元格内的文字 </td>
<td> 单元格内的文字 </td>
</tr>
</table>
```

语法说明：

<table> 标记和 </table> 标记分别表示表格的开始和结束，而 <tr> 和 </tr> 则分别表示行的开始和结束，在表格中包含几组 <tr>...</tr> 就表示该表格为几行，<td> 和 </td> 表示单元格的起始和结束。

实例代码：

```
<!doctype html>
<html>
<head>
<meta charset="utf-8">
<title> 无标题文档 </title>
</head>
<body>
<table border="1">
<tr>
<td> 第 1 行第 1 列单元格 </td><td> 第 1 行第 2 列单元格 </td>
</tr>
<tr>
<td> 第 2 行第 1 列单元格 </td><td> 第 2 行第 2 列单元格 </td>
</tr>
</table>
</body>
</html>
```

在代码中加粗部分的代码标记是表格的基本构成，在浏览器中预览可以看到在网页中添加了一个 2 行 2 列的表格，表格没有边框，如图 22-20 所示。

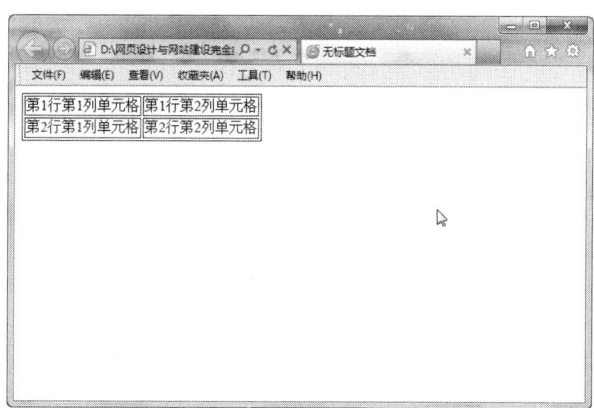

图 22-20　表格

22.6.2　表格的边框和颜色

为了美化表格，可以为表格设定不同的边框颜色。默认情况下边框的颜色是灰色的，可以使用 bordercolor 设置边框颜色。但是设置边框颜色的前提是边框的宽度不能为 0，否则无法显示出边框的颜色。

基本语法：

```
<table border=" 边框宽度 " bordercolor=" 边框颜色 ">
```

语法说明：

定义颜色的时候，可以使用英文颜色名称或十六进制颜色值。

实例代码：

```
<!doctype html>
<html>
<head>
<meta charset="utf-8">
<title> 表格边框颜色 </title>
</head>
<body>
<table width="500" border="2" bordercolor="#FF0000">
  <tr>
    <td> 单元格 1</td>
  </tr>
  <tr>
    <td> 单元格 2</td>
  </tr>
</table>
</body>
</html>
```

在代码中加粗部分的代码标记是设计表格的边框和颜色，在浏览器中预览可以看到边框颜色的效果，如图 22-21 所示。

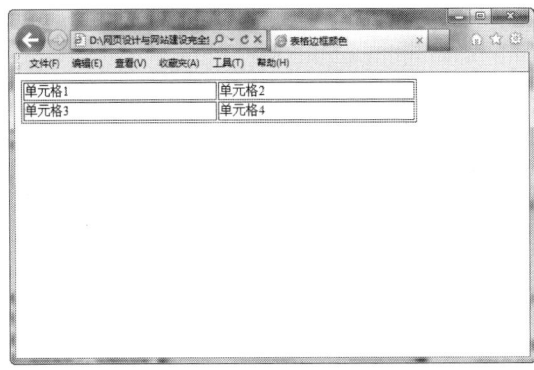

图 22-21 设置了表格边框及颜色

22.6.3 设置表格的背景

表格的背景颜色属性 bgcolor 是针对整个表格的，通过 bgcolor 定义的颜色可以被行、列或单元格定义的背景颜色所覆盖。

基本语法：

```
<table bgcolor=" 背景颜色 ">
```

语法说明：

定义颜色的时候，可以使用英文颜色名称或十六进制颜色值表现。

实例代码：

```
<!doctype html>
<html>
<head>
<meta charset="utf-8">
<title> 表格的背景色 </title>
</head>
<body>
<table width="500" border="1"cellpadding="10" cellspacing="10"
bordercolor="#006600" bgcolor="#FF99CC">
```

```
  <tr>
    <td>单元格 1</td>
    <td>单元格 2</td>
  </tr>
  <tr>
    <td>单元格 3</td>
    <td>单元格 4</td>
  </tr>
</table>
</body>
</html>
```

在代码中加粗部分的代码标记 bgcolor="#006600" 为设置表格的背景颜色，在浏览器中预览可以看到表格设置了黄色的背景，如图 22-22 所示。

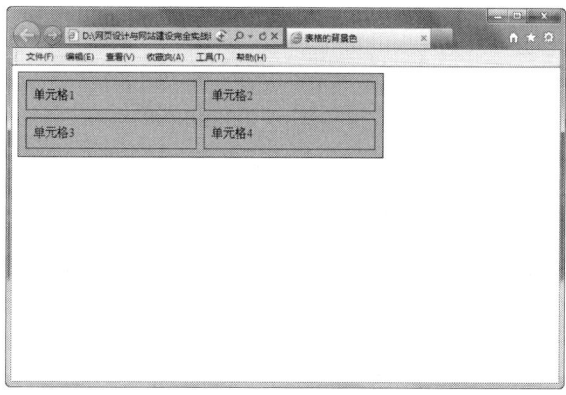

图 22-22 设置表格背景颜色的效果

22.6.4 表格的间距与边距

表格的单元格和单元格之间，可以设置一定的距离，这样可以使表格显得不会过于紧凑。

在默认情况下，单元格里的内容会紧贴着表格的边框，这样看上去非常拥挤。可以使用 cellpadding 来设置单元格边框与单元格里的内容之间的距离。

基本语法：

```
<table cellspacing=" 间距值 ">
<table cellpadding=" 文字与边框距离值 ">
```

实例代码：

```
<!doctype html>
<html>
<head>
<meta charset="utf-8">
<title> 单元格间距 </title>
</head>
<body>
<table width="500" border="1" bordercolor="#FF0000" cellspacing="10"
cellpadding="10">
  <tr>
    <td> 单元格 1</td>
    <td> 单元格 2</td>
  </tr>
  <tr>
```

301

```
      <td> 单元格 3</td>
      <td> 单元格 4</td>
    </tr>
  </table>
</body>
</html>
```

在代码中加粗部分的代码标记 cellspacing="10" 设置单元格的间距，在浏览器中预览，可以看到单元格的间距为 10 像素的效果，如图 22-23 所示。

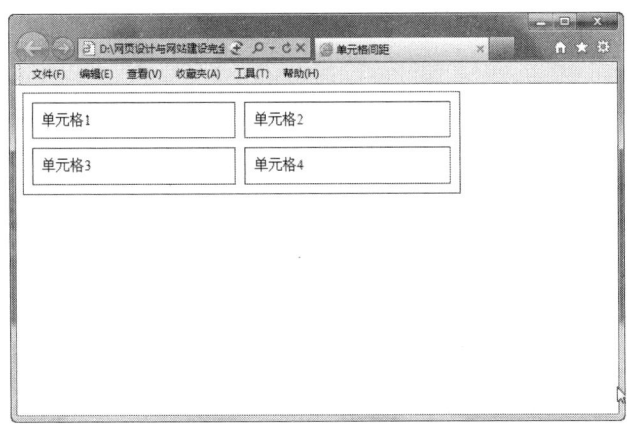

图 22-23 设置单元格间距的效果

22.7 表单

表单的用途很多，在制作网页时，特别是制作动态网页时经常会用到，表单的作用就是收集用户的信息，将其提交到服务器，从而实现与客户的交互，它是 HTML 页面与浏览器端实现交互的重要手段。

22.7.1 表单标签

在网页中 <form></form> 标记对用来创建一个表单，即定义表单的开始和结束位置，在标记对之间的一切都属于表单的内容。在表单的 <form> 标记中，可以设置表单的基本属性，包括表单的名称、处理程序和传送方法等。

基本语法：

```
<form name=" 表单名称 ">
...
</form>
```

语法说明：

表单名称中不能包含特殊字符和空格。

实例代码：

```
<!doctype html>
<html>
<head>
<meta charset="utf-8">
<title> 表单名称 </title>
</head>
```

```
<body>
欢迎您预定本店的房间。
<form action="mailto:dian@.com" name="form1">
</form>
</body>
</html>
```

在代码中加粗部分的标记 name="form1" 是表单名称标记。

22.7.2　HTML 表单控件

在网页中插入的表单对象包括文本字段、复选框、单选按钮、提交按钮、重置按钮和图像域等。在 HTML 表单中，input 标记是最常用的表单控件标记，包括常见的文本字段和按钮都采用这个标记。

基本语法：

```
<form>
<input type=" 表单对象 " name=" 表单对象的名称 ">
</form>
```

在该语法中，name 是为了便于程序对不同表单对象的区分，type 则是确定了这一个表单对象的类型。type 所包含的属性值如表 22-9 所示。

表 22-9　type 所包含的属性值

属性值	说明
text	文本字段
password	密码域
radio	单选按钮
checkbox	复选框
button	普通按钮
submit	提交按钮
reset	重置按钮
image	图像域
hidden	隐藏域
file	文件域

22.7.3　文本域（text）

text 标记用来设置表单中的单行文本框，在其中可输入任何类型的文本、数字或字母，输入的内容以单行显示。

基本语法：

```
<input name=" 文本字段的名称 " type="text" value=" 文字字段的默认取值 " size=" 文本字段的长度 " maxlength=" 最多字符数 "/>
```

语法说明：

在该语法中包含了很多参数，它们的含义和取值方法不同，如表 22-10 所示。

表 22-10　文本域段（text）的参数值

属性值	说明
name	文字字段的名称，用于和页面中的其他控件加以区别。名称由英文或数字以及下画线组成，但有大小写之分

续表

属性值	说明
type	指定插入哪种表单对象，如 type = "text"，即为文字字段
value	设置文本框的默认值
size	确定文本字段在页面中显示的长度，以字符为单位
maxlength	设置文本字段中最多可以输入的字符数

实例代码：

```
<!doctype html>
<html>
<head>
<meta charset="utf-8">
<title> 文本域 </title>
</head>
<body> 文本域
<input name="textfield" type="text"  size="25" maxlength="20">
</body>
</html>
```

在代码中的 `<input name="textfield" type="text" size="25" maxlength="20">` 标记将文本域的名称设置为 textfield、长度设置为 25、最多字符数设置为 20，在浏览器中浏览效果如图 22-24 所示。

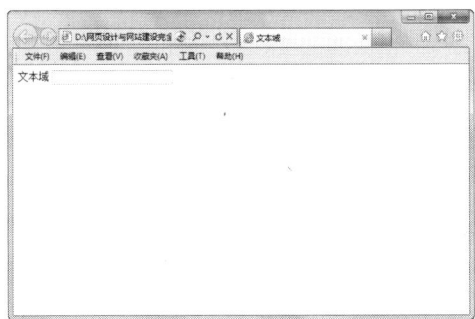

图 22-24　设置文本域

22.7.4　下拉列表控件

下拉列表在页面中可以显示出几条信息，一旦超出这个信息量，在列表项右侧会出现滚动条，拖动滚动条可以看到所有的选项。

基本语法：

```
<select name=" 列表项的名称 " size=" 显示的列表项数 " multiple>
<option value=" 选项值 "selected> 选项显示内容
...
</select>
```

语法说明：

在语法中，size 用于设置在页面中的最多列表项数，当超过这个值时会出现滚动条，multiple 表示这一下拉列表可以进行多项选择。选项值是提交表单时的值，而选项显示内容才是真正在页面中显示的选项。

实例代码：

```
<!doctype html>
```

```
<html>
<head>
<meta charset="utf-8">
<title>下拉列表控件</title>
</head>
<body>
<tr>
        <td class="style4">所在地区：</td>
         <td><select name="select" size="3" multiple>
         <option>北京</option>
         <option>上海</option>
         <option>天津</option>
         <option>河北省</option>
         <option>湖南省</option>
         <option>广东省</option>
         <option>山东省</option>
         <option>江西省</option>
         <option>江苏省</option>
         <option>湖北省</option>
         <option>重庆市</option>
         <option>黑龙江省</option>
         <option>辽宁省</option>
         <option>吉林省</option>
         <option>浙江省</option>
         <option>福建省</option>
         <option>安徽省</option>
         <option>陕西省</option>
         <option>山西省</option>
         <option>四川省</option>
         </select></td>
    </tr>
</body>
</html>
```

　　在代码中加粗的代码标记将列表项的名称设置为 select，将显示的列表项数设置为 3，并设置了多项列表项，在浏览器中浏览，效果如图 22-25 所示。

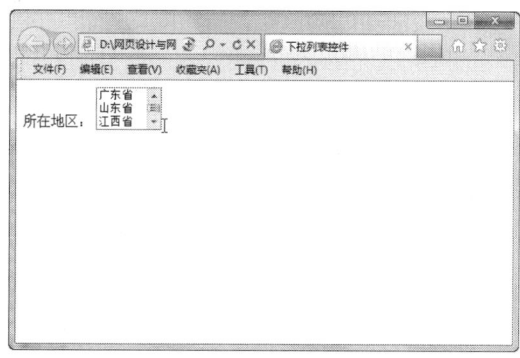

图 22-25　设置列表项

22.8　本章小结

　　HTML 语言是组成网页的基本语言，它是一切网页制作的基础。如果能够熟悉掌握并应用 HTML 代码，大到制作网站，小到制作个人网页等，都会有很大的好处。本章将讲解 HTML 的基本知识。

第23章 HTML 5 的新特性

本章导读

HTML 5 是一种网络标准，相比现有的 HTML 4.01 和 XHTML 1.0，可以实现更强的页面表现性能，同时充分调用本地的资源，实现不输于 APP 的功能效果。HTML 5 带给了浏览者更好的视觉冲击，同时让网站程序员更好地与 HTML 语言"沟通"。

技术要点

◆ 认识 HTML 5

◆ HTML 5 与 HTML 4 的区别

◆ HTML 5 新增的元素和废除的元素

◆ 新增的属性和废除的属性

23.1 认识 HTML 5

HTML 5 延续了之前的 HTML 标准并且进行了革新，对比它的革新，通过 W3C 对其定义来说明：HTML 5 是开放 Web 标准的基石，它是一个完整的编程环境，适用于跨平台应用程序、视频和动画、图形、风格、排版和其他数字内容发布工具、广泛的网络功能等。

HTML 最早是作为显示文档的手段出现的。再加上 JavaScript，它其实已经演变成了一个系统，可以开发搜索引擎、在线地图、邮件阅读器等各种 Web 应用。虽然设计巧妙的 Web 应用可以实现很多令人赞叹的功能，但开发这样的应用远非易事。多数都得手动编写大量 JavaScript 代码，还要用到 JavaScript 工具包，乃至在 Web 服务器上运行的服务器端 Web 应用。要让所有这些方面在不同的浏览器中都能紧密配合不出差错是一个挑战。由于各大浏览器厂商的内核标准不一样，使得 Web 前端开发者通常在兼容性问题引起的 bug 上要浪费很多的精力。

HTML 5 是于 2010 年正式推出的，随后便引起了世界上各大浏览器开发商的极大热情，包括 Fire Fox、chrome、IE 9 等。

在新的 HTML 5 语法规则当中，部分 JavaScript 代码将被 HTML 5 的新属性所替代，部分 DIV 的布局代码被 HTML 5 变为更加语义化的结构标签，这使得网站前端的代码变得更加精炼、简洁和清晰，让代码的开发者也对代码所要表达的意思更加一目了然。

HTML 5 是一种设计用来组织 Web 内容的语言，其目的是通过创建一种标准的和直观的标记语言，使 Web 设计和开发变得容易起来。HTML 5 提供了各种切割和划分页面的手段，允许创建的切割组件不仅能用来逻辑地组织站点，而且能够赋予网站聚合的能力。这是 HTML 5 富于表现力的语义和实用性美学的基础，HTML 5 赋予设计者和开发者各种层面的能力来向外发布各式各样的内容，从简单的文本内容到丰富的、交互式的多媒体无不包括在内。如图 23-1 所示是用 HTML 5 技术实现的动画特效。

图 23-1　用 HTML 5 技术实现的动画特效

HTML 5 提供了高效的数据管理、绘制、视频和音频工具，促进了 Web 上的和便携式设备的跨浏览器应用的开发。HTML 5 允许更大的灵活性，支持开发非常精彩的交互式网站。它还引入了新的标签和增强性的功能，其中包括了一个优雅的结构、表单的控制、API、多媒体、数据库支持和显著提升的处理速度等。如图 23-2 所示是使用 HTML 5 制作的抽奖游戏。

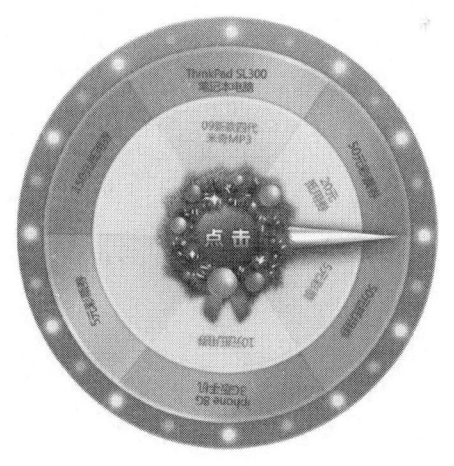

图 23-2　使用 HTML 5 制作的抽奖游戏

HTML 5 中的新标签都是高度关联的，标签封装了它们的作用和用法。HTML 的过去版本更多地是使用非描述性的标签，然而，HTML 5 拥有高度描述性的、直观的标签，它提供了丰富的能够立刻让人识别出内容的内容标签。例如，被频繁使用的 <div> 标签已经有了两个增补进来的 <section> 和 <article> 标签。<video>、<audio>、<canvas> 和 <figure> 标签的增加也提供了对特定类型内容更加精确的描述。

HTML 5、CSS 3 带日期区间的日期选择插件，如图 23-3 所示，其外观还是非常清新简易的。另外，该日期选择插件还有一个最大的特点，那就是可以自定义日期的区间，我们可以快速地制定区间范围内的日期，非常方便。

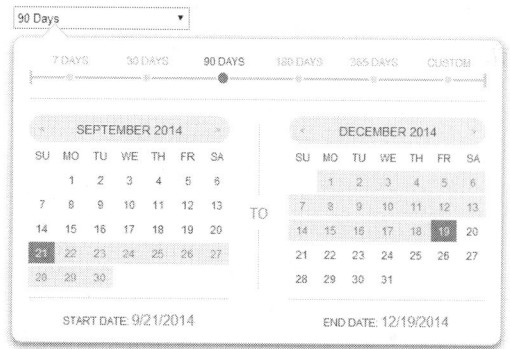

图 23-3　HTML 5、CSS 3 带日期区间的日期
选择插件

HTML 5 取消了 HTML 4.01 的一部分被 CSS 取代的标记，提供了新的元素和属性。部分元素对于搜索引擎能够更好地索引整理，对于小屏幕的设置和视障人士提供了更好的帮助。HTML 5 还采用了最新的表单输入对象，并引入了微数据，这一使用机器可以识别的标签标注内容的方法，使语义 Web 的处理更为简单。

23.2　HTML 5 与 HTML 4 的区别

HTML 5 是最新的 HTML 标准，HTML 5 语言更加精简，解析的规则更加详细。针对不同的浏览器，即使语法错误也可以显示出同样的效果。下面列出的就是一些 HTML 4 和 HTML 5 之间主要的不同之处。

23.2.1　HTML 5 的语法变化

HTML 的语法是在 SGML 语言的基础上建立起来的。但是 SGML 语法非常复杂，要开发能够解析 SGML 语法的程序也很不容易，所以很多浏览器都不包含 SGML 的分析器。因此，虽然 HTML 基本遵从 SGML 的语法，但是对于 HTML 的执行在各浏览器之间并没有一个统一的标准。

在这种情况下，各浏览器之间的互兼容性和互操作性，在很大程度上取决于网站或网络应用程序的开发者们在开发上所做的共同努力，而浏览器本身始终是存在缺陷的。

在 HTML 5 中提高 Web 浏览器之间的兼容性是它的一个很大的目标，为了确保兼容性，就要有一个统一的标准。因此，在 HTML 5 中，就围绕着这个 Web 标准，重新定义了一套在现有的 HTML 的基础上修改而来的语法，使它运行在各浏览器时各浏览器都能够符合这个通用标准。

因为关于 HTML 5 语法解析的算法也都提供了详细的记载，所以各 Web 浏览器的供应商们可以把 HTML 5 分析器集中封装在自己的浏览器中。最新的 Firefox（默认为 4.0 以后的版本）与 WebKit 浏览器引擎中都迅速地封装了供 HTML 5 使用的分析器。

23.2.2　HTML 5 中的标记方法

下面我们来看看在 HTML 5 中的标记方法。

1．内容类型（ContentType）

HTML 5 的文件扩展名与内容类型保持不变。也就是说，扩展名仍然为".html"或".htm"，内容类型（ContentType）仍然为"text/HTML"。

2．DOCTYPE 声明

DOCTYPE 声明是 HTML 文件中必不可少的，它位于文件第一行。在 HTML 4 中，它的声明方法如下：

```
<!DOCTYPE HTML>
```

DOCTYPE 声明是 HTML 5 里众多新特征之一。现在只需要写 <!DOCTYPE HTML> 就行了。HTML 5 中的 DOCTYPE 声明方法（不区分大小写）如下：

```
<!DOCTYPE HTML>
```

3．指定字符编码

在 HTML 中，可以使用对元素直接追加 charset 属性的方式来指定字符编码，如下：

```
<meta charset="UTF-8">
```

在 HTML 5 中，这两种方法都可以使用，但是不能同时混合使用两种方式。

23.2.3　HTML 5 语法中的 3 个要点

HTML 5 中规定的语法，在设计上兼顾了与现有 HTML 之间最大程度的兼容性。下面就来看看具体的 HTML 5 的语法。

1．可以省略标签的元素

在 HTML 5 中，有些元素可以省略标签，具体来讲有 3 种情况：

①必须写明结束标签。

```
area、base、br、col、command、embed、hr、img、input、keygen、link、meta、param、
source、track、wbr
```

②可以省略结束标签。

```
li、dt、dd、p、rt、rp、optgroup、option、colgroup、thead、tbody、tfoot、tr、td、th
```

③可以省略整个标签。

```
HTML、head、body、colgroup、tbody
```

需要注意的是，虽然这些元素可以省略，但实际上却是隐形存在的。

例如：“<body>”标签可以省略，但在 DOM 树上它是存在的，可以永恒访问到“document.body”。

2．取得 boolean 值的属性

取得布尔值（boolean）的属性，例如 disabled 和 readonly 等，通过默认属性的值来表达“值为 true”。

此外，在属性值为 true 时，可以将属性值设为属性名称本身，也可以将值设为空字符串。

```
<!-- 以下的 checked 属性值皆为 true-->
<input type="checkbox" checked>
<input type="checkbox" checked="checked">
<input type="checkbox" checked="">
```

3．省略属性的引用符

在 HTML 4 中设置属性值时，可以使用双引号或单引号来引用。

在 HTML 5 中，只要属性值不包含空格、“<”、“>”、“'”、“"”、“`”、“=”等字符，都可以省略属性的引用符。

实例如下：

```
<input type="text">
<input type='text'>
<input type=text>
```

23.2.4　标签实例

在 <html> 标签中进行这样的申明：<html xmlns:huangyu>，xmlns 即 xml name space 的缩写。是 HTML 标记的命名空间属性，一般其声明在元素开始标记的地方。只要在这里申明了我要使用的 <huangyu/> 这一自定义标签，语法分析器就会认识这个标签并赋予我定义的属性了。

实例代码：

```
<!doctype html>
<html>
<head>
<meta charset="utf-8">
<title>自定义 HTML 标签</title>
<style type="text/css">
huangyu/:sorry{border:1px solid #ccc;background-color:#efefef;font-
weight:bold;}
huangyu/:love{border:1px solid red;background-color: #FFF5F4;font-
weight:bold;}
</style>
</head>
<body>
<huangyu:sorry>同学们,</huangyu:sorry>
```

```
<huangyu:love>早上好！</huangyu:love>
</body
</html>
```

在代码中加粗部分的代码标记在自定义代码标签，在浏览器中的效果如图 23-4 所示。

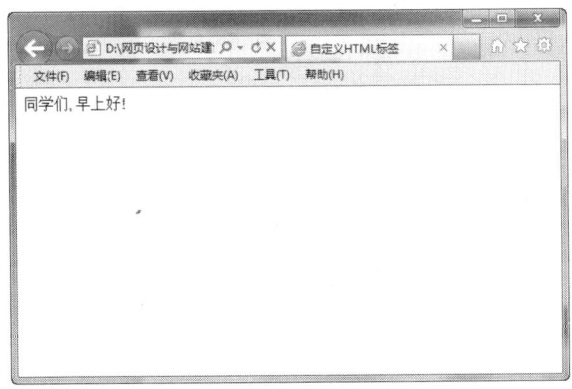

图 23-4 页面标题

23.3 HTML 5 新增的元素和废除的元素

本节将详细介绍 HTML 5 中新增的元素和废除的元素。

23.3.1 新增的结构元素

HTML 4 由于缺少结构，即使是形式良好的 HTML 页面也比较难以处理。必须分析标题的级别，才能看出各个部分的划分方式。边栏、页脚、页眉、导航条、主内容区和各篇文章都由通用的 DIV 元素来表示。HTML 5 添加了一些新元素，专门用来标识这些常见的结构，不再需要为 DIV 的命名费尽心思，对于手机、阅读器等设备更有好处。

HTML 5 增加了新的结构元素来表达这些最常用的结构：

- section：可以表达书本的一部分或一章，或者一章内的一节。
- header：页面主体上的头部，并非 head 元素。
- footer：页面的底部（页脚），可以是一封邮件签名的所在。
- nav：到其他页面的链接集合。
- article：blog、杂志、文章汇编等中的一篇文章。

1．section 元素

section 元素表示页面中的一个内容区块，比如章节、页眉、页脚或页面中的其他部分。它可以与 h1、h2、h3、h4、h5、h6 等元素结合起来使用，标识文档结构。

HTML 5 中的代码示例：

```
<section>...</section>
```

2．header 元素

header 元素表示页面中一个内容区块或整个页面的标题。

HTML 5 中的代码示例：

```
<header>...</header>
```

3．footer 元素

footer 元素表示整个页面或页面中一个内容区块的脚注。一般来说，它会包含创作者的姓名、创作日期及创作者联系信息。

HTML 5 中的代码示例：

```
<footer>...</footer>
```

4．nav 元素

nav 元素表示页面中导航链接的部分。

HTML 5 中的代码示例：

```
<nav>...</nav>
```

5．article 元素

article 元素表示页面中的一块与上下文不相关的独立内容，如博客中的一篇文章或报纸中的一篇文章。

HTML 5 中的代码示例：

```
<article>...</article>
```

下面是一个网站的页面，用 HTML 5 编写代码。

实例代码：

```
<!doctype html>
<html>
<head>
<meta charset="utf-8">
<title>HTML 5 新增结构元素 </title>
</head>
<body>
<header>
<h1> 阳光科技公司 </h1></header>
<section>
<article>
<h2><a href=" " > 标题 1</a></h2>
<p> 内容 1...（省略字）</p></article>
<article>
<h2><a href=" " > 标题 2</a></h2>
<p> 内容 2 在此 ...（省略字）</p>
</article>
</section>
<footer>
<nav>
<ul>
<li><a href=" " > 导航 1</a></li>
<li><a href=" " > 导航 2</a></li>
 ...</ul>
</nav>
<p>© 2014 阳光科技公司 </p>
</footer>
</body>
</HTML>
```

运行代码，在浏览器中浏览效果，如图 23-5 所示。这些新元素的引入，将不再使得布局中都是 Div，而是通过标签元素就可以识别出来每个部分的内容定位。这种改变对于搜索引擎而言，将带来内容准确度的极大飞跃。

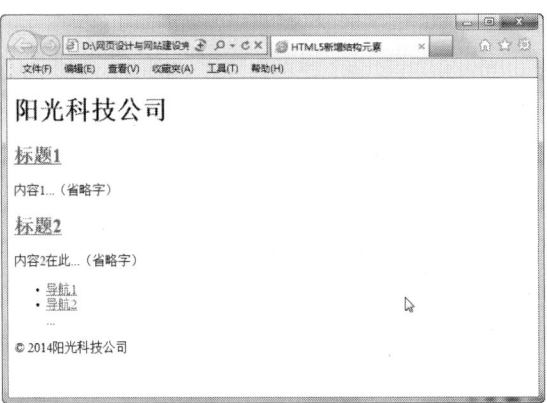

图 23-5 HTML 5 新增结构元素实例

23.3.2 新增的块级语义元素

HTML 5 还增加了一些纯语义性的块级元素：aside、figure、figcaption、dialog。

- aside：定义页面内容之外的内容，比如侧边栏。
- figure：定义媒介内容的分组，以及它们的标题。
- figcaption：媒介内容的标题说明。
- dialog：定义对话（会话）。

aside 可以用于表达注记、侧栏、摘要、插入的引用等作为补充主体的内容。下面通过实例表达 blog 的侧栏，在浏览器中浏览的效果如图 23-6 所示。

实例代码：

```
<aside>
<h3> 最新文章 </h3>
<ul>
<li><a href="#" > 文章标题 </a></li>
</ul>
</aside>
```

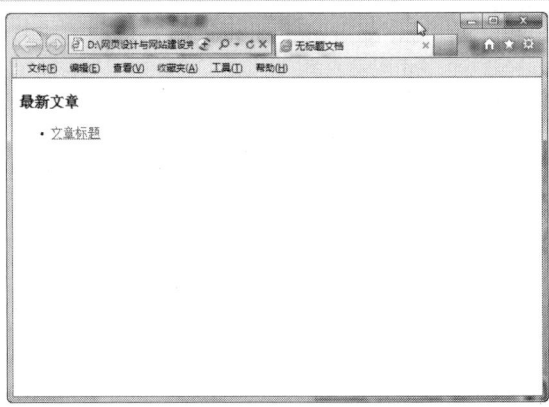

图 23-6 aside 元素

figure 元素表示一段独立的流内容，一般表示文档主题流内容中的一个独立单元。使用 figcaption 元素为 figure 元素组添加标题。看看给图片添加的标注，HTML 4 和 HTML 5 中的代码有所区别。

HTML4 中代码示例：

```
<img src="index.jpg" alt=" 糖果箱包 " />
<p> 糖果箱包 </p>
```

上面的代码文字在 p 标签里，与 img 标签各行其道，很难让人联想到这就是标题。

HTML 5 中代码示例：

```
<figure>
    <img src="1.jpg" alt=" 糖果箱包 " />
    <figcaption>
        <p> 糖果箱包 </p>
    </figcaption>
</figure>
```

运行代码，在浏览器中浏览，效果如图 23-6 所示。HTML 5 通过采用 figure 元素对此进行了改正。当与 figcaption 元素组合使用时，我们就可以语义化地联想到这就是图片相对应的标题。

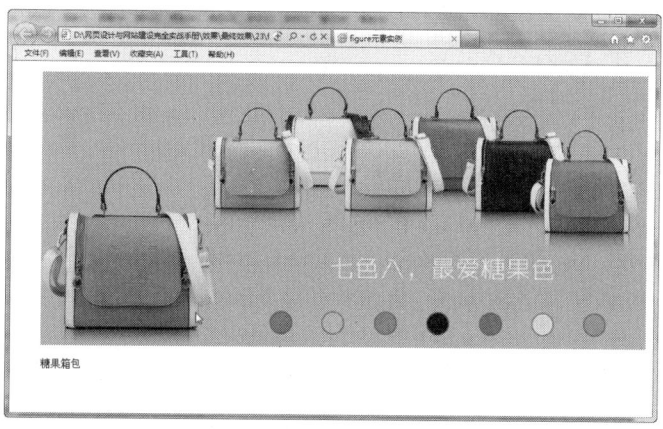

图 23-6　figure 元素应用实例

dialog 元素用于表达人们之间的对话。在 HTML 5 中，dt 用于表示说话者，而 dd 则用来表示说话者的内容。

实例代码：

```
<dialog>
<dt> 问 </dt>
<dd> 孩子成绩上不去，家长心疼又心急？ </dd>
<dt> 答 </dt>
<dd> 家长比较忧心的是，孩子学习效率低，耽误孩子的前程。孩子天天起早贪黑上学，加班加点补课，
见缝插针做题，陷入书山题海的迷茫之中，眼看孩子小小年纪就高度近视，青春的脸上被作业压得毫无朝气，
家长真是看在眼里急在心里，为了将来考个好重点、上个好大学、找个好工作，除了鼓励孩子坚持，又能怎么
办呢？ </dd>
<dt> 问 </dt>
<dd> 吃力苦学不进步，孩子痛苦又无奈？ </dd>
<dt> 答 </dt>
<dd> 现在孩子竞争激烈，为考上理想的学校，孩子铆足全力死命学习，但结果让孩子痛苦无奈。家住北
京海淀区的王同学最近很压抑：" 我天天早起晚睡，周末就上补习班，好不容易考入重点初中，但上初中后越
来越力不从心，学习能力跟不上讲课的进度和难度，尽管我比以前更努力，但成绩始终没有突破，我真的很迷茫、
很苦恼。</dd>
</dialog>
```

运行代码，在浏览器中浏览，效果如图 23-7 所示。

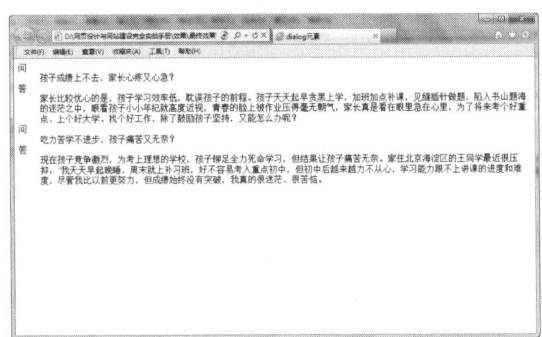

图 23-7 dialog 元素应用实例

23.3.3 新增的行内语义元素

HTML 5 增加了一些行内语义元素：mark、time、meter、progress。

- mark：定义有记号的文本。
- time：定义日期／时间。
- meter：定义预定义范围内的度量。
- progress：定义运行中的进度。

<mark> 元素是 HTML 5 中新增的元素，主要功能是在文本中高亮显示某个或某几个字符，旨在引起用户的特别注意。其使用方法与 <em> 和 <strong> 有相似之处，但相比而言，HTML 5 中新增的 <mark> 元素在突出显示时，更加随意与灵活。

实例代码：

```
<!doctype html>
<html>
<head>
<meta charset="utf-8">
<title>mark 元素 </title>
</head>
<body>
<p> 别忘记今天是 <mark> 星期六 </mark>。</p>
</body>
</HTML>
```

运行代码，在浏览器中浏览，效果如图 23-8 所示，<mark> 与 </mark> 标签之间的文字"星期六"添加了记号。

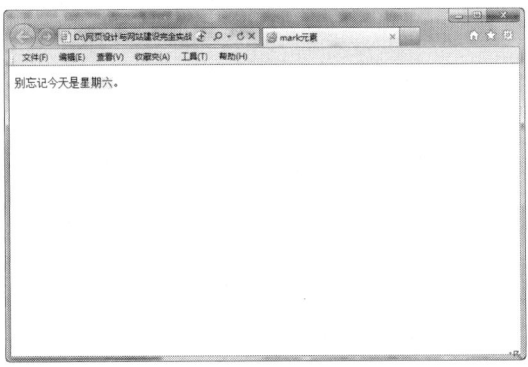

图 23-8 mark 元素应用实例

<time> 是 HTML 5 新增加的一个标记，用于定义时间或日期。该元素可以代表 24 小时中的某一时刻，在表示时刻时，允许有时间差。在设置时间或日期时，只需将该元素的属性"datetime"设为相应的时间或日期即可。

实例代码：

```
<p id="p1">
   <time datetime="2014-10-25">今天是 2014 年 10 月 25 日</time>
<p>
   <time datetime="2014-10-10T20:00">现在时间是 2014 年 10 月 25 日早上 8 点</time>
```

<p> 元素 ID 号为"p1"中的 <time> 元素表示的是日期。页面在解析时，获取的是属性"datetime"中的值，而标记之间的内容只是用于显示在页面中。

<p> 元素 ID 号为"p2"中的 <time> 元素表示的是日期和时间，它们之间使用字母"T"进行分隔。

运行代码，在浏览器中浏览，效果如图 23-9 所示。

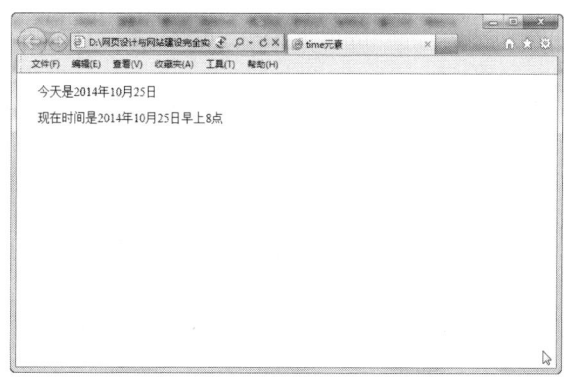

图 23-9　time 元素应用实例

progress 是 HTML 5 中新增的状态交互元素，用来表示页面中的某个任务完成的进度（进程）。例如下载文件时，文件下载到本地的进度值，可以通过该元素动态地展示在页面中，展示的方式既可以使用整数（如 1 ～ 100），也可以使用百分比（如 10% ～ 100%）。

下面通过一个实例介绍 progress 元素在文件下载时的使用。

实例代码：

```
<!doctype html>
<html>
<head>
<meta charset="utf-8">
<title>progress 元素在下载中的使用</title>
<style type="text/css">
body { font-size:13px}
p {padding:0px; margin:0px }
.inputbtn {
border:solid 1px #ccc;
background-color:#eee;
line-height:18px;
font-size:12px
}
</style>
</head>
<body>
```

```
<p id="pTip">开始下载 </p>
<progress value="0" max="100" id="proDownFile"></progress>
<input type="button" value=" 下载 "          class="inputbtn"
onClick="Btn_Click();">
<script type="text/javascript">
var intValue = 0;
var intTimer;
var objPro = document.getElementById('proDownFile');
var objTip = document.getElementById('pTip');     // 定时事件
function Interval_handler() {
intValue++;
objPro.value = intValue;
if (intValue >= objPro.max) {  clearInterval(intTimer);
objTip.innerHTML = " 下载完成 !"; }
else {
objTip.innerHTML = " 正在下载 " + intValue + "%";
  }
  }    // 下载按钮单击事件
function Btn_Click(){
    intTimer = setInterval(Interval_handler, 100);
    }
    </script>
</body>
```

HTML 为了使 progress 元素能动态地展示下载进度，需要通过 JavaScript 代码编写一个定时事件。在该事件中，累加变量值，并将该值设置为 progress 元素的 "value" 属性值；当这个属性值大于或等于 progress 元素的"max"属性值时，则停止累加，并显示"下载完成！"的字样；否则，动态显示正在累加的百分比数，如图 23-10 所示。

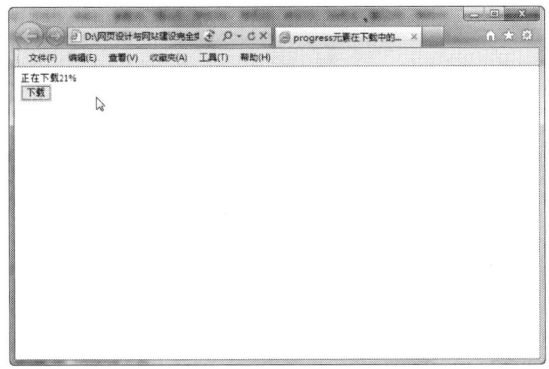

图 23-10 progress 元素应用实例

meter 元素用于表示在一定数量范围中的值，如投票中，候选人所占比例情况及考试分数等。下面通过一个实例介绍 meter 元素在展示投票结果时的使用。

实例代码：

```
<!DOCTYPE HTML>
<HTML>
<head>
<meta charset="utf-8" />
<title>meter 元素 </title>
<style type="text/css">
body {  font-size:13px }
</style>
</head>
```

```
<body>
<p> 共有 100 人参与投票，投票结果如下：</p>
<p> 夏明：
<meter value="0.40" optimum="1"high="0.9" low="1" max="1" min="0"></meter>
<span> 40% </span>
</p>
<p> 李红：
<meter value="60" optimum="100"  high="90" low="10" max="100" min="0">
</meter>
<span> 60% </span>
</p>
</body>
</HTML>
```

候选人"夏明"所占的比例是百分制中的 40，最低比例可能为 0，但实际最低为 10；最高比例可能为 100，但实际最高为 90。如图 23-11 所示。

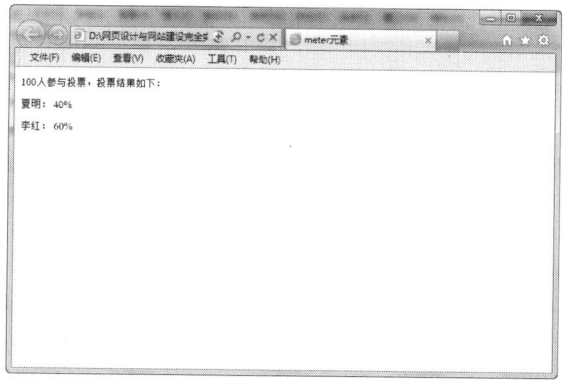

图 23-11　meter 元素应用实例

23.3.4　新增的嵌入多媒体元素与交互性元素

HTML 5 新增了很多多媒体和交互性元素如 video、 audio。在 HTML 4 当中如果要嵌入一个视频或是音频的话，需要引入一大段代码，且要兼容各个浏览器，而 HTML 5 只需要通过引入一个标签就可以，就像 img 标签一样方便。

1．video 元素

video 元素定义视频，如电影片段或其他视频流。

HTML 5 中代码示例：

```
<video src="movie.ogg" controls="controls">video 元素 </video>
```

HTML 4 中代码示例：

```
<object type="video/ogg" data="movie.ogv">
<param name="src" value="movie.ogv">
</object>
```

2．audio 元素

audio 元素定义音频，如音乐或其他音频流。

HTML 5 中代码示例：

```
<audio src="someaudio.wav">audio 元素 </audio>
```

HTML 4 中代码示例：

```
<object type="application/ogg" data="someaudio.wav">
<param name="src" value="someaudio.wav">
</object>
```

3. embed 元素

embed 元素用来插入各种多媒体，格式可以是 Midi、Wav、AIFF、AU、MP3 等。

HTML 5 中代码示例：

```
<embed src="horse.wav" />
```

HTML 4 中代码示例：

```
<object data="flash.swf"  type="application/x-shockwave-flash"></object>
```

23.3.5 新增的 input 元素的类型

在制作网站页面的时候，难免会碰到表单的开发，用户输入的大部分内容都是在表单中完成再提交到后台的。在 HTML 5 中，也提供了大量的表单功能。

在 HTML 5 中，对 input 元素进行了大幅度的改进，使得我们可以简单地使用这些新增的元素来实现需要 JavaScript 来能实现的功能。

1. URL 类型

input 元素里的 URL 类型是一种专门用来输入 URL 地址的文本框。如果该文本框中的内容不是 URL 地址格式的文字，则不允许提交。例如：

```
<form>
    <input name="urls" type="url" value="http://www.baidu.com "/>
    <input type="submit" value=" 提交 "/>
</form>
```

设置此类型后，从外观上来看与普通的元素差不多，可是如果你将此类型放到表单中之后，单击"提交"按钮，如果此文本框中输入的不是一个 URL 地址，将无法提交，如图 23-12 所示。

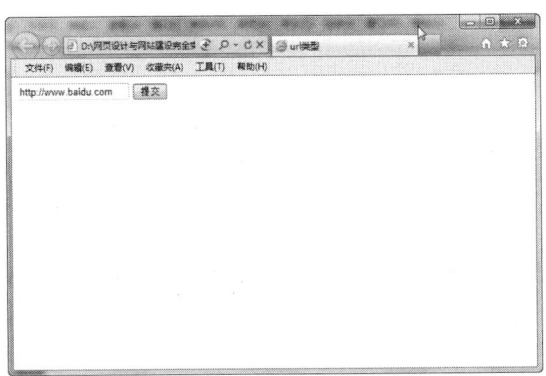

图 23-12 url 类型实例

2. E-mail 类型

如果将上面的 URL 类型的代码中的 type 修改为 email，那么在表单提交的时候，会自动验证此文本框中的内容是否为 email 格式，如果不是，则无法提交。代码如下：

```
<form>
    <input name="email" type="email" value=" http://www. baidu.com/"/>
```

```
    <input type="submit" value=" 提交 "/>
  </form>
```

3．date 类型

input 元素里的 date 类型在开发网页过程中是很常见的。例如，我们经常看到的购买日期、发布时间、订票时间。这种 date 类型的时间是以日历的形式来方便用户输入的。

```
<form>
    <input id="lykongtiao _date" name=" baidu.com" type="date"/>
    <input type="submit" value=" 提交 "/>
 </form>
```

4．time 类型

input 里的 time 类型是专门用来输入时间的文本框，并且会在提交时对输入时间的有效性进行检查。它的外观可能会根据不同类型的浏览器而出现不同的表现形式。

```
<form>
    <input id=" linyikongtiao_time" name=" baidu " type="time"/>
    <input type="submit" value=" 提交 "/>
</form>
```

5．DateTime 类型

Datetime 类型是一种专门用来输入本地日期和时间的文本框，同样，它在提交的时候也会对数据进行检查。目前主流浏览器都不支持 DateTime 类型。

```
<form>
    <input id=" linyikongtiao_datetime" name=" linyikongtiao.com"
type="datetime"/>
    <input type="submit" value=" 提交 "/>
</form>
```

23.3.6　废除的元素

在 HTML 5 中废除了很多元素，下面分别介绍。

1．能使用 CSS 替代的元素

对于 basefont、big、center、font、s、strike、tt、u 这些元素，由于它们的功能都是纯粹为页面样式服务的，而 HTML 5 中提倡把页面样式功能放在 CSS 样式表中编辑，所以将这些元素废除了。

2．不再使用 frame 框架

对于 frameset、frame 与 noframes 元素，由于 frame 框架对网页可用性存在负面影响，在 HTML 5 中已不支持 frame 框架，只支持 iframe 框架，同时将以上这 3 个元素废除。

3．只有部分浏览器支持的元素

对于 applet、bgsound、blink、marquee 等元素，由于只有部分浏览器支持这些元素，特别是 bgsound 元素及 marquee 元素，只被 Internet Explorer 所支持，所以在 HTML 5 中被废除。其中 applet 元素可由 embed 元素或 object 元素替代，bgsound 元素可由 audio 元素替代，marquee 可以由 JavaScript 编程的方式所替代。

4．其他被废除的元素

其他被废除元素如下：

- 废除 acronym 元素，使用 abbr 元素替代。
- 废除 dir 元素，使用 ul 元素替代
- 废除 isindex 元素，使用 form 元素与 input 元素相结合的方式替代。
- 废除 listing 元素，使用 pre 元素替代。
- 废除 xmp 元素，使用 code 元素替代。
- 废除 nextid 元素，使用 GUIDS 替代。
- 废除 plaintext 元素，使用"text/plian" MIME 类型替代。

23.4 新增的属性和废除的属性

在 HTML 5 中，在新增加和废除很多元素的同时，也增加和废除了很多属性。

23.4.1 新增的属性

1．表单新增相关属性

- 对 input（type=text）、select、textarea 与 button 指定 autofocus 属性。它以指定属性的方式让元素在画面打开时自动获得焦点。
- 对 input（type=text）、textarea 指定 placeholder 属性，它会对用户的输入进行提示，提示用户可以输入的内容。
- 对 input、output、select、textarea、button 与 fieldset 指定 form 属性。它声明属于哪个表单，然后将其放置在页面的任何位置，而不是表单之内。
- 对 input（type=text）、textarea 指定 required 属性。该属性表示用户提交时进行检查，检查该元素内必定要有输入内容。
- 为 input 标签增加几个新的属性：autocomplete、min、max、multiple、pattern 与 step。还有 list 属性与 datalist 元素配合使用；datalist 元素与 autocomplete 属性配合使用；multiple 属性允许上传时一次上传多个文件；pattern 属性用于验证输入字段的模式，其实就是正则表达式；step 属性规定输入字段的合法数字间隔（假如 step="3"，则合法数字应该是 -3、0、3、6，以此类推），step 属性可以与 max 及 min 属性配合使用，以创建合法值的范围。
- 为 input、button 元素增加 formaction、formenctype、formmethod、formnovalidate 与 formtarget 属性。用户重载 form 元素的 action、enctype、method、novalidate 与 target 属性。为 fieldset 元素增加 disabled 属性，可以把它的子元素设为 disabled 状态。
- 为 input、button、form 增加 novalidate 属性，可以取消提交时进行的有关检查，表单可以被无条件地提交。

2．链接相关属性

- 为 a、area 增加 media 属性。规定目标 URL 是为哪些类型的媒介 / 设备进行优化的。该属性用于规定目标 URL 是为特殊设备（如 iPhone）、语音或打印媒介设计的。该属性可接受多个值，只能在 href 属性存在时使用。
- 为 area 增加 herflang 和 rel 属性。hreflang 属性规定在被链接文档中的文本的语言。只有设置了 href 属性，才能使用该属性。rel 属性规定当前文档与被链接文档 / 资源之间的关系。只有使用 href 属性，才能使用 rel 属性。

- 为 link 增加 size 属性。sizes 属性规定被链接资源的尺寸。只有当被链接资源是图标时 (rel="icon")，才能使用该属性。该属性可接受多个值，值由空格分隔。
- 为 base 元素增加 target 属性，主要是保持与 a 元素的一致性。

3．其他属性

- 为 ol 增加 reversed 属性，它指定列表倒序显示。
- 为 meta 增加 charset 属性，规定在外部脚本文件中使用的字符编码。
- 为 menu 增加 type 和 label 属性。label 为菜单定义一个课件的标注，type 属性让菜单可以以上下文菜单、工具条与列表菜单 3 种形式出现。
- 为 style 增加 scoped 属性。它允许我们为文档的指定部分定义样式，而不是整个文档。如果使用 "scoped" 属性，那么所规定的样式只能应用到 style 元素的父元素及其子元素。
- 为 script 增减属性，它定义脚本是否异步执行。async 属性仅适用于外部脚本（只有在使用 src 属性时），有多种执行外部脚本的方法。
- 为 HTML 元素增加 manifest 属性，开发离线 Web 应用程序时它与 API 结合使用，定义一个 URL，在这个 URL 上描述文档的缓存信息。
- 为 iframe 增加 3 个属性：sandbox、seamless、srcdoc。用来提高页面安全性，防止不信任的 Web 页面执行某些操作。

23.4.2　废除的属性

HTML 4 中的一些属性在 HTML 5 中不再被使用，而是采用其他属性或其他方式进行替代，如表 23-1 所示。

表 23-1　HTML 4 中的属性在 HTML 5 中的替代方案

HTML 4 中使用的属性	使用该属性的元素	在 HTML 5 中的替代方案
rev	link、a	rel
charset	link、a	在被链接的资源中使用 HTTP Content-type 头元素
shape、coords	a	使用 area 元素代替 a 元素
longdesc	img、iframe	使用 a 元素链接到较长描述
target	link	多余属性，被省略
nohref	area	多余属性，被省略
profile	head	多余属性，被省略
version	HTML	多余属性，被省略
name	img	id
scheme	meta	只为某个表单域使用 scheme
archive、chlassid、codebose、codetype、declare、standby	object	使用 data 与 type 属性类调用插件。需要使用这些属性来设置参数时，使用 param 属性
valuetype、type	param	使用 name 与 value 属性，不声明之的 MIME 类型
axis、abbr	td、th	使用以明确简洁的文字开头、后跟详述文字的形式。可以对更详细的内容使用 title 属性，来使单元格的内容变得简短
align	caption、input、legend、div、h1、h2、h3、h4、h5、h6、p	使用 CSS 样式表替代

HTML 4 中使用的属性	使用该属性的元素	在 HTML 5 中的替代方案
alink、link、text、vlink、background、bgcolor	body	使用 CSS 样式表替代
align、bgcolor、border、cellpadding、cellspacing、frame、rules、width	table	使用 CSS 样式表替代
align、char、charoff、height、nowrap、valign	tbody、thead、tfoot	使用 CSS 样式表替代
align、bgcolor、char、charoff、height、nowrap、valign、width	td、th	使用 CSS 样式表替代
align、bgcolor、char、charoff、valign	tr	使用 CSS 样式表替代
align、char、charoff、valign、width	col、colgroup	使用 CSS 样式表替代
align、border、hspace、vspace	object	使用 CSS 样式表替代
clear	br	使用 CSS 样式表替代
compace、type	ol、ul、li	使用 CSS 样式表替代
compace	dl	使用 CSS 样式表替代
compace	menu	使用 CSS 样式表替代
width	pre	使用 CSS 样式表替代
align、hspace、vspace	img	使用 CSS 样式表替代
align、noshade、size、width	hr	使用 CSS 样式表替代
align、frameborder、scrolling、marginheight、marginwidth	iframe	使用 CSS 样式表替代
autosubmit	menu	

23.5 本章小结

本章主要讲述了 HTML 5、HTML 5 与 HTML 4 的区别，以及 HTML 5 新增的元素和废除的元素与新增的属性和废除的属性。随着 HTML 5 的迅猛发展，各大浏览器开发公司如 Google、微软、苹果和 Opera 的浏览器开发业务都变得异常繁忙。在这种局势下，学习 HTML 5 无疑成为 Web 开发者的一大重要任务，谁先学会 HTML 5，谁就掌握了迈向未来 Web 平台的一把钥匙。

第 24 章 HTML 5 的结构

在 HTML 5 的新特性中，新增的结构元素的主要功能就是解决之前在 HTML 4 中 Div "漫天飞舞"的情况，增强网页内容的语义性，这对搜索引擎而言，将可以更好地识别和组织索引内容。合理地使用这种结构元素，将极大地提高搜索结果的准确度和体验。新增的结构元素，从代码上看，很容易看出主要是消除 Div，即增强语义，强调 HTML 的语义化。

◆ 新增的主体结构元素　　　　　　　　◆ HTML 5 多媒体应用
◆ 新增的非主体结构元素　　　　　　　◆ HTML 5 Canvas 画布

24.1 新增的主体结构元素

在 HTML 5 中，为了使文档的结构更加清晰明确，容易阅读，增加了很多新的结构元素，如页眉、页脚、内容区块等结构元素。

24.1.1 article 元素

在 HTML 5 中可以灵活使用 article 元素。article 元素可以包含独立的内容项，所以可以包含一个论坛帖子、一篇杂志文章、一篇博客文章、用户评论等。这个元素可以将信息各部分进行任意分组，而不需要考虑信息原来的性质。

作为文档的独立部分，每一个 article 元素的内容都具有独立的结构。为了定义这个结构，可以利用前面介绍的 <header> 和 <footer> 标签的丰富功能。它们不仅能够用在正文中，也能够用于文档的各个节中。

下面以一篇文章讲述 article 元素的使用，具体代码如下：

```
<article>
    <header>
        <h1>携一段思念，品一缕闲愁 </h1>
        <p>发表日期：<time pubdate="pubdate">2014/05/09</time></p>
    </header>
        <p>秋的夜晚，薄凉，远方，有若隐若现的灯火，迷离了尘世的梦，也迷离了我的梦。宝贝，我对你的思念未曾断过，每一夜都会带你入梦；宝贝，今生，如果我们之间有一首歌，我想，那应该是未央歌；宝贝，如果我们之间有一段情，我想，那应该是不了情。</p>
    <footer>
        <p><small> 版权所有 @ 温思美文。</small></p>
    </footer>
</article>
```

在 header 元素中嵌入了文章的标题部分，在 h1 元素中是文章的标题 "不能改变世界，就要改变自己去适应环境"，文章的发表日期在 p 元素中。在标题下部的 p 元素中是文章的正文，在结尾处的 footer 元素中是文章的版权。对这部分内容使用了 article 元素。在浏览器中的效果如图 24-1 所示。

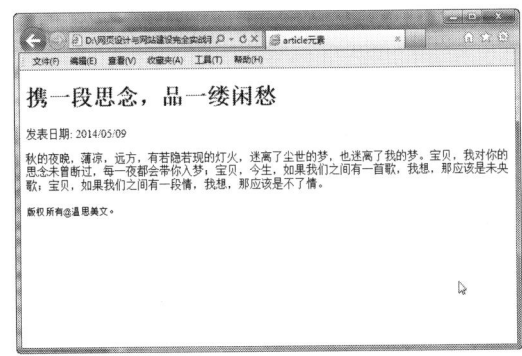

图 24-1 article 元素应用实例

另外，article 元素也可以用来表示插件，它的作用是使插件看起来好像内嵌在页面中一样。代码如下：

```
<article>
<h1>article 表示插件 </h1>
<object>
<param name="allowFullScreen" value="true">
<embed src="#" width="600" height="395"></embed>
</object>
</article>
```

一个网页中可能有多个独立的 article 元素，每一个 article 元素都允许有自己的标题与脚注等从属元素，并允许对自己的从属元素单独使用样式。如一个网页中的样式可能如下所示：

```
header{
display:block;
color:green;
text-align:center;
}
aritcle header{
color:red;
text-align:left;
}
```

24.1.2 section 元素

section 元素用于对网站或应用程序中页面上的内容进行分块。一个 section 元素通常由内容及其标题组成。但 section 元素也并非一个普通的容器元素，当一个容器需要被重新定义样式或者定义脚本行为的时候，还是推荐使用 Div 控制。

```
<section>
    <h1> 水果 </h1>
    <p> 水果是指多汁且有甜味的植物果实，不但含有丰富的营养且能够帮助消化。水果有降血压、减缓衰老、减肥瘦身、皮肤保养、明目、抗癌、降低胆固醇等保健作用 ...</p>
</section>
```

下面是一个带有 section 元素的 article 元素例子。

```
<article>
    <h1> 浆果 </h1>
    <p> 多心皮，外果皮是一层薄表皮，而果肉柔软多汁且内无核。</p>
```

```
<section>
    <h2> 柑果 </h2>
    <p> 多心皮，果壁富含油胞，果实里面瓤瓣含丰富汁液。</p>
</section>
<section>
    <h2> 蛇果 </h2>
    <p> 果肉黄白色，吃起来比较脆，并且果汁比较多，味道甜；闻起来芳香浓郁，品质也是上等。
蛇果不仅消痰止咳、生津开胃、补脑助血，还能够润肺、悦心、润肠、止泻和抗癌等。</p>
</section>
</article>
```

从上面的代码可以看出，首页整体呈现的是一段完整独立的内容，所有我们要用 article 元素包起来，这其中又可分为三段，每一段都有一个独立的标题，使用了两个 section 元素为其分段。这样使文档的结构显得清晰。在浏览器中效果如图 24-2 所示。

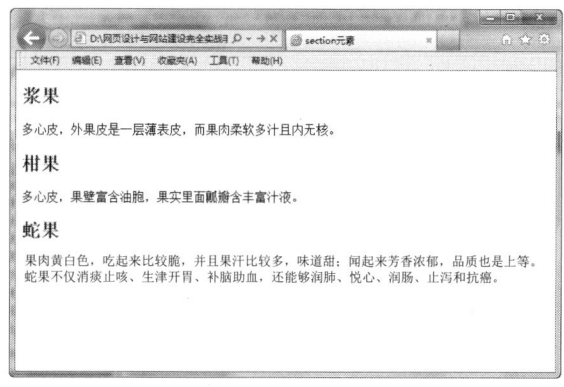

图 24-2　带有 section 元素的 article 元素实例

article 元素和 section 元素有什么区别呢？在 HTML 5 中，article 元素可以看成是一种特殊种类的 section 元素，它比 section 元素更强调独立性。即 section 元素强调分段或分块，而 article 强调独立性。如果一块内容相对来说比较独立、完整的时候，应该使用 article 元素，但是如果想将一块内容分成几段的时候，应该使用 section 元素。

24.1.3　nav 元素

nav 元素在 HTML 5 中用于包裹一个导航链接组，用于显式地说明这是一个导航组，在同一个页面中可以同时存在多个 nav。

并不是所有的链接组都要被放进 nav 元素，只需要将主要的、基本的链接组放进 nav 元素即可。例如，在页脚中通常会有一组链接，包括服务条款、首页、版权声明等，这时使用 footer 元素是最恰当的。

一直以来，习惯使用形如 <div id="nav"> 或 <ul id="nav"> 这样的代码来编写页面的导航，在 HTML 5 中，可以直接将导航链接列表放到 <nav> 标签中，代码如下：

```
<nav>
<ul>
<li><a href="index.html">Home</a></li>
<li><a href="#">About</a></li>
<li><a href="#">Blog</a></li>
</ul>
</nav>
```

导航，顾名思义，就是引导的路线，只要具有引导功能，都可以认为是导航。既可以在页与页之间导航，也可以在页内的段与段之间导航。

```
<!doctype html>
<html>
<head>
<meta charset="utf-8">
<title> 页面导航 </title>
<header>
  <h1> 网站页面导航 <h1>
    <nav>
      <ul>
        <li><a href="index.html"> 首页 </a></li>
        <li><a href="about.html"> 关于我们 </a></li>
        <li><a href="bbs.html"> 论坛 </a></li>
    </ul>
    </nav>
  </h1></h1>
  </header>
<body>
</body>
</html>
```

这个实例是页面之间的导航，nav元素中包含3个用于导航的超链接，即"首页"、"关于我们"和"论坛"。该导航可用于全局导航，也可放在某个段落，作为区域导航。运行代码，效果如图 24-3 所示。

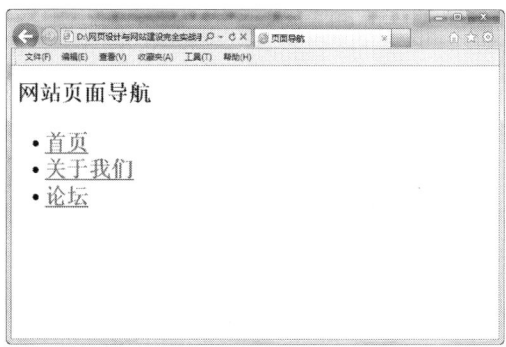

图 24-3 页面之间导航

下面的实例是页内导航，运行代码，效果如图 24-4 所示。

```
<!doctype html>
<html>
<head>
<meta charset="utf-8">
<title> 页内导航 </title>
</head>
<body>
<article>
      <h2> 文章的标题 </h2>
      <nav>
        <ul>
          <li><a href="#p1"> 段一 </a></li>
          <li><a href="#p2"> 段二 </a></li>
          <li><a href="#p3"> 段三 </a></li>
        </ul>
```

```
        </nav>
        <p id=p1> 段一 </p>
        <p id=p2> 段二 </p>
        <p id=p3> 段三 </p>
</article>
</body>
</html>
```

图 24-4　页内导航

24.1.4　aside 元素

aside 元素用来表示当前页面或文章的附属信息部分，它可以包含与当前页面或主要内容相关的引用、侧边栏、广告、导航条，以及其他类似的有别于主要内容的部分。

aside 元素主要有以下两种使用方法：

- 包含在 article 元素中作为主要内容的附属信息部分，其中的内容可以是与当前文章有关的参考资料、名词解释等。

```
<article>
 <h1>...</h1>
<p>...</p>
<aside>...</aside>
</article>
```

- 在 article 元素之外使用作为页面或站点全局的附属信息部分。最典型的是侧边栏，其中的内容可以是友情链接、文章列表、广告单元等。代码如下，运行代码后，效果如图 24-5 所示。

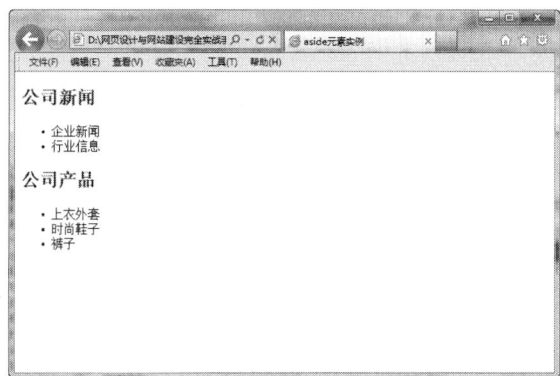

图 24-5　aside 元素实例

```
<aside>
<h2> 公司新闻 </h2>
<ul>
<li> 企业新闻 </li>
<li> 行业信息 </li>
</ul>
<h2> 公司产品 </h2>
<ul>
<li> 上衣外套 </li>
<li> 时尚鞋子 </li>
<li> 裤子 </li>
</ul>
</aside>
```

24.1.5 pubdate 属性

pubdate 属性指示 <time> 元素中的日期 / 时间是文档（或最近的前辈 <article> 元素）的发布日期。

语法：

```
<time pubdate="pubdate">
```

下面通过一个实例讲述，代码如下：

```
<!doctype html>
<html>
<head>
<meta charset="utf-8">
<title>pubdate 属性 </title>
</head>
<body>
<article>
<time datetime="2014-09-28" pubdate="pubdate"></time>
Hello world</article>
</body>
</html>
```

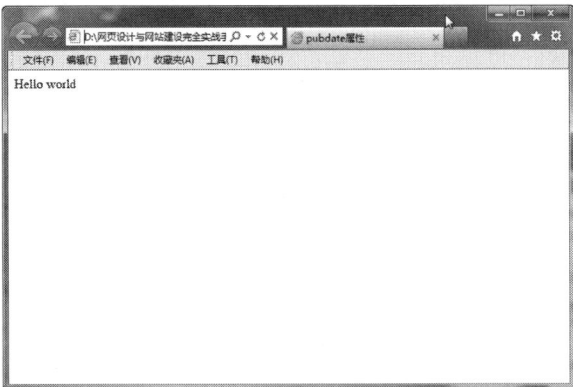

图 24-6 pubdate 属性

24.2 新增的非主体结构元素

除了以上几个主要的结构元素之外，HTML 5 内还增加了一些表示逻辑结构或附加信息的非主体结构元素。

24.2.1　header 元素

赋值运算符主要用来将数值或表达式的计算结果赋予变量。在 Flash 中经常大量应用赋值运算符。header 元素是一种具有引导和导航作用的结构元素，通常用来放置整个页面或页面内的一个内容区块的标题，header 内也可以包含其他内容，例如表格、表单或相关的 LOGO 图片。

在架构页面时，整个页面的标题常放在页面的开头，header 标签一般放在页面的顶部。可以用如下所示的形式书写页面的标题：

```
<header>
<h1> 页面标题 </h1>
</header>
```

在一个网页中可以拥有多个 header 元素，可以为每个内容区块加一个 header 元素，代码如下：

```
<header>
     <h1> 网页标题 </h1>
</header>
<article>
     <header>
          <h1> 文章标题 </h1>
     </header>
     <p> 文章正文 </p>
</article>
```

在 HTML 5 中，一个 header 元素通常包括至少一个 headering 元素（h1 ~ h6），也可以包括 hgroup、nav 等元素。

下面是一个网页中的 header 元素使用实例，运行代码后，效果如图 24-7 所示。

```
<header>
  <hgroup>
     <h1> 情系远方，爱在梦中 </h1>
        <p>  坐在窗前，窗外漆黑一片，一个人的夜总是这般凄凉，心里总是会忍不住牵挂着远方的你，
我们的故事，如若不曾美丽，就不会有这么深的遗憾和痛楚。时不时地总会想起过往那些琐碎的片段，一直都
在幻想中寻求一丝安暖，我执念着那段与你一起的时光，静守一室灯光，思念着远方的你。……</p>
  </hgroup>
  <nav>
    <ul>
     <li> 励志文章 </li>
     <li> 人生哲理 </li>
     <li> 爱情文章 </li>
    </ul>
  </nav>
</header>
```

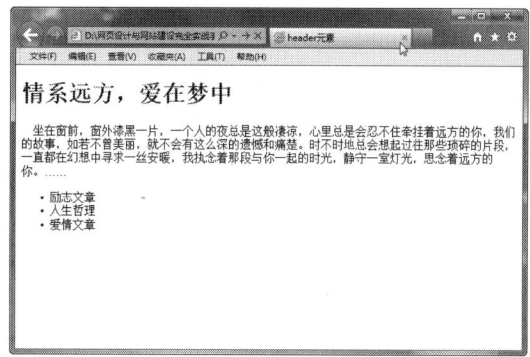

图 24-7　header 元素使用实例

24.2.2 hgroup 元素

hgroup 元素是将标题及其子标题进行分组的元素。hgroup 元素通常会将 h1 ～ h6 元素进行分组，一个内容区块的标题及其子标题算一组。

通常，如果文章只有一个主标题，是不需要 hgroup 元素的。但是，如果文章有主标题，主标题下有子标题，就需要使用 hgroup 元素了。如下所示是 hgroup 元素的实例代码，运行代码，效果如图 24-8 所示。

```
<article>
    <header>
        <hgroup>
            <h1> 旅游 </h1>
            <h2> 住宿条件和推荐 </h2>
        </hgroup>
        <p>
            <time datetime="2013-05-20">2014 年 05 月 20 日 </time></p>
        <p> 说明该次旅游所住宿酒店的价格、饮食、服务等方面，为后续其他驴友提供参考。如果值得推荐，
可以留下酒店（或家庭旅馆）的联系方式。一方面推广了优质的商家，另一方面也为其他驴友提供了便利……
</p>
    </header>
</article>
```

如果有标题和副标题，或在同一个 <header> 元素中加入多个 H 标题，那么就需要使用 <hgroup> 元素。

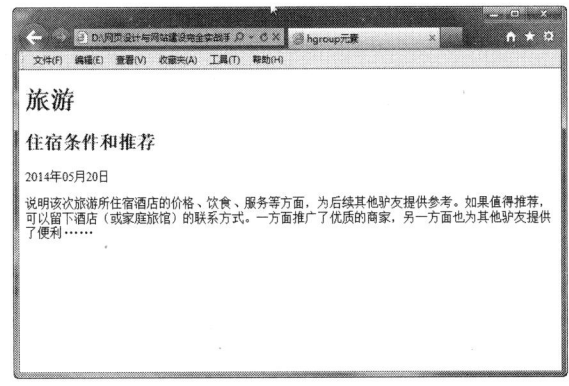

图 24-8 hgroup 元素应用实例

24.2.3 footer 元素

footer 通常包括其相关区块的脚注信息，如作者、相关阅读链接及版权信息等。footer 元素和 header 元素的使用基本上一样，可以在一个页面中使用多次，如果在一个区段后面加入 footer 元素，那么它就相当于该区段的尾部了。

在 HTML 5 出现之前，通常使用类似下面这样的代码来写页面的页脚：

```
<div id="footer">
    <ul>
        <li>版权信息 </li>
        <li>站点地图 </li>
        <li>联系方式 </li>
    </ul>
<div>
```

在 HTML 5 中，可以不使用 Div，而是使用更加语义化的 footer 来写：

```
<footer>
    <ul>
        <li>版权信息 </li>
        <li>站点地图 </li>
        <li>联系方式 </li>
    </ul>
</footer>
```

footer 元素既可以用作页面整体的页脚，也可以作为一个内容区块的结尾，例如可以将 <footer> 直接写在 <section> 或是 <article> 中。

在 article 元素中添加 footer 元素：

```
<article>
    文章内容
    <footer>
        文章的脚注
    </footer>
</article>
```

在 section 元素中添加 footer 元素：

```
<section>
    分段内容
    <footer>
        分段内容的脚注
    </footer>
</section>
```

24.2.4　address 元素

address 元素通常位于文档的末尾，address 元素用来在文档中呈现联系信息，包括文档创建者的名字、站点链接、电子邮箱、真实地址、电话号码等。address 不只用来呈现电子邮箱或真实地址这样的“地址”概念，而应该包括与文档创建人相关的各类联系方式。

下面是 address 元素的应用实例，代码如下：

```
<!doctype html>
<html>
<head>
<meta charset="utf-8">
<title>address 元素实例 </title>
</head>
<body>
<address>
<a href="mailto:example@example.com">webmaster</a><br />
临沂网站建设公司 <br />
临沂兰山区平安路 157 号 <br />
</address>
</body>
</html>
```

浏览器中显示地址的方式与其周围的文档不同，IE、Firefox 和 Safari 浏览器以斜体显示地址，如图 24-9 所示。

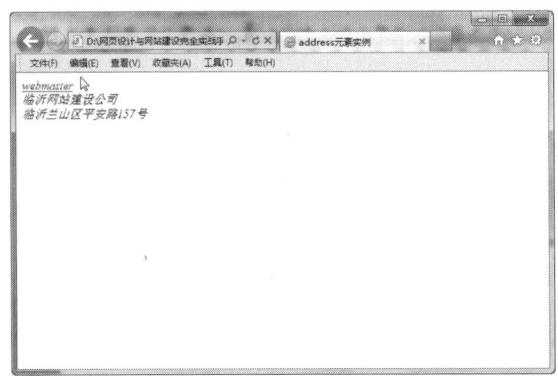

图 24-9 address 元素应用实例

还可以把 footer 元素、time 元素与 address 元素结合起来使用，具体代码如下：

```
<footer>
    <div>
        <address>
            <a title=" 文章作者：李敏 ">
            李敏 </a>
        </address>
        发表于 <time datetime="2014-05-04">2014 年 05 月 4 日 </time>
    </div>
</footer>
```

在这个实例中，把文章的作者信息放在了 address 元素中，把文章发表日期放在了 time
元素中，把 address 元素与 time 元素中的总体内容作为脚注信息放在了 footer 元素中，如图
24-10 所示。

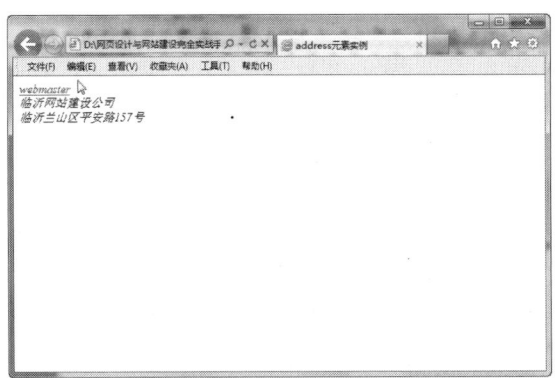

图 24-10 footer 元素、time 元素与 address 元素结合

24.3 播放视频

HTML 5 可以在不借助诸如 Flash Player 等第三方插件的情况下，直接在你的网页上嵌入
视频组件。

浏览器提供原生支持视频的新能力，使得网页开发人员更易于在不依赖于外置插件有效
性的情况下，在他们的网站上添加视频组件。由于苹果公司现阶段在 iPhone 和 iPad 上使用的
Flash 技术的局限性，传输 HTML 5 视频的能力就显得尤为重要了。

如果使用 Flash Player 创建一个在网站上播放的简单的 MP4 视频，可以用下面的代码：

```
<object type="application/x-shockwave-flash"
   data="player.swf?videoUrl=myVideo.mp4&autoPlay=true"
   height="210" width="300">
   <param name="movie"
   value="player.swf?videoUrl=myVideo.mp4&autoPlay=true">
</object>
```

如果使用的是 HTML 5，可以使用以下代码：

```
<!doctype html>
<html>
<head>
<meta charset="utf-8">
<title>无标题文档</title>
</head>
<body>
<video src="Video.mp4" controls autoplay width="300"
height="210"></video>
</body>
</html>
```

上面的这个 HTML 5 实例是极端简化了的，但是它所实现的功能是一样的，预览效果如图 24-11 所示。

图 24-11　插入视频文件

24.4　HTML 5 canvas 画布

HTML 5 最伟大之处在于引入了画布 canvas。canvas 元素是为了客户端点阵图形而设计的，它本身没有绘图能力，但却把一个绘图 API 展现给客户端 JavaScript，以使脚本能够把想绘制的东西都绘制到一块画布上。canvas 拥有多种绘制路径、矩形、圆形、字符，以及添加图像的方法。

canvas 语法：

向 HTML 5 页面添加 canvas 元素，规定元素的 id、宽度和高度：

```
<canvas id="myCanvas" width="200" height="100"></canvas>
```

height 属性：画布的高度。和一幅图像一样，这个属性可以指定为一个整数像素值或者是窗口高度的百分比。当这个值改变的时候，在该画布上已经完成的任何绘图都会擦除掉。默认值是 300。

网页设计与网站建设完全实战手册

width 属性：画布的宽度。和一幅图像一样，这个属性可以指定为一个整数像素值或者是窗口宽度的百分比。当这个值改变的时候，在该画布上已经完成的任何绘图都会擦除掉。默认值是 300。

下面制作一个阴影效果，代码如下：

```
<!doctype html>
<html>
<head>
<meta charset="utf-8">
<title>阴影效果 </title>
</head><body>
<canvas id="canvas" width="480" height="480" style="background-color:
rgb(222, 222, 222)">您的浏览器不支持 canvas 标签       </canvas>
<br/>
<button type="button" onclick="drawIt();">Demo</button>
<button type="button" onclick="clearIt();">清除画布 </button>
<script type="text/javascript">
var ctx = document.getElementById('canvas').getContext('2d');
function drawIt() {               clearIt();
context.shadowOffsetX - 阴影相对于实体的水平偏移值
context.shadowOffsetY - 阴影相对于实体的垂直偏移值
context.shadowBlur - 阴影模糊程度。默认值是 0 ，即不模糊
context.shadowColor - 阴影的颜色
ctx.shadowOffsetX = 5;
ctx.shadowOffsetY = 10;
ctx.shadowBlur = 10;
ctx.shadowColor = "rgba(0, 0, 255, 0.5)";
ctx.beginPath();
ctx.arc(120, 120, 100, 0, Math.PI * 2, true);
ctx.stroke();
ctx.fillRect(300, 300, 100, 100);               }
function clearIt()
{
 ctx.clearRect(0, 0, 480, 480);
}
</script>
</body>
</html>
```

单击 "Demo" 按钮，预览效果如图 24-12 所示。

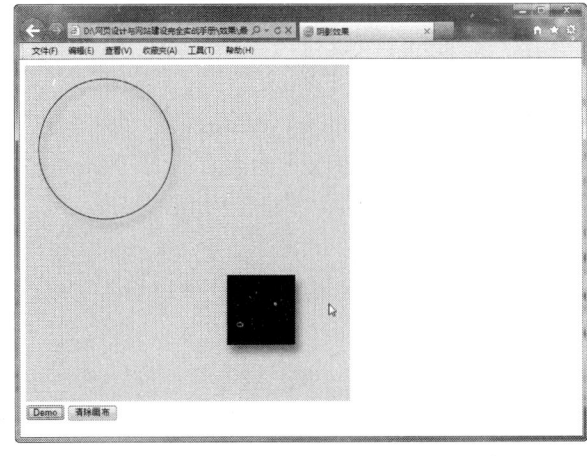

图 24-12 阴影效果

24.5　本章小结

　　本章主要讲述了新增的主体结构元素、新增的非主体结构元素、播放视频和 canvas 画布。通过对本章的学习，使读者认识了新的结构性标签的标准，让 HTML 文档更加清晰，可阅读性更强，更利于 SEO，也更利于视障人士阅读，它通过一些新标签、新功能的开发，解决了三大问题：浏览器兼容问题、文档结构不明确的问题，以及 Web 应用程序功能受限等问题。

第 *25* 章　JavaScript 语法基础

本章导读

　　JavaScript 是常见的脚本语言，它可以嵌入到 HTML 中，在客户端执行，是动态特效网页设计的最佳选择，同时也是浏览器普遍支持的网页脚本语言。几乎每个普通用户的计算机上都存在 JavaScript 程序的影子。JavaScript 几乎可以控制所有常用的浏览器，而且 JavaScript 是世界上最重要的编程语言之一，学习 Web 技术必须学会 JavaScript。

技术要点

◆　JavaScript 简介　　　　　　　　　　◆　JavaScript 运算符
◆　JavaScript 的放置位置　　　　　　　　◆　JavaScript 程序语句

25.1　JavaScript 简介

　　JavaScript 是一种脚本语言，比 HTML 复杂。不过即便不懂编程，也不用担心，因为 JavaScript 写的程序都是以源代码的形式出现的，也就是说在一个网页里看到一段比较好的 JavaScript 代码，恰好也用得上，就可以直接复制，然后放到网页中去。

25.1.1　JavaScript 的历史

　　JavaScript 是 Netscape 公司与 Sun 公司合作开发的。在 JavaScript 出现之前，Web 浏览器不过是一种能够显示超文本文档的软件的基本部分。而在 JavaScript 出现之后，网页的内容不再局限于枯燥的文本，它们的可交互性得到了显著的改善。JavaScript 的第一个版本，即 JavaScript 1.0 版本，出现在 1995 年推出的 Netscape Navigator 2 浏览器中。

　　在 JavaScript 1.0 发布时，Netscape Navigator 主宰着浏览器市场，微软的 IE 浏览器则扮演着追赶者的角色。微软在推出 IE 3 的时候发布了自己的 VBScript 语言并以 JScript 为名发布了 JavaScript 的一个版本，以此很快跟上了 Netscape 的步伐。

　　面对微软公司的竞争，Netscape 和 Sun 公司联合 ECMA（欧洲计算机制造商协会）对 JavaScript 语言进行了标准化。其结果就是 ECMAScript 语言，这使得同一种语言又多了一个名字。虽然 ECMAScript 这个名字没有流行开来，但人们现在谈论的 JavaScript 实际上就是 ECMAScript。

　　到了 1996 年，JavaScript、ECMAScript、JScript 已经站稳了脚跟。Netscape 和微软公司在它们各自的第 3 版浏览器中都不同程度地提供了对 JavaScript 1.1 语言的支持。

　　这里必须指出的是，JavaScript 与 Sun 公司开发的 JAVA 程序语言没有任何联系。人们最初给 JavaScript 起的名字是 LiveScript，后来选择"JavaScript"作为其正式名称的原因，大概是想让它听起来有系出名门的感觉，但令人遗憾的是，这一选择反而更容易让人们把这两种语言混为一谈，而这种混淆又因为各种 Web 浏览器确实具备这样或那样的 JAVA 客户端支持功能的事实被进一步放大和加剧。事实上，虽然 JAVA 在理论上几乎可以部署在任何环境中，但 JavaScript 却只局限于 Web 浏览器。

25.1.2　JavaScript 的特点

JavaScript 语言具有以下特点：

- JavaScript 是一种脚本编写语言，采用小程序段的方式实现编程，也是一种解释性语言，提供了一个简易的开发过程。它与 HTML 标识结合在一起，方便用户的使用操作。
- JavaScript 是一种基于对象的语言，同时也可以看做是一种面向对象的语言。这意味着它能运用自己已经创建的对象，因此许多功能可以来自于脚本环境中对象的方法与脚本的相互作用。
- JavaScript 具有简单性。首先它是一种基于 JAVA 基本语句和控制流之上的简单而紧凑的设计，其次它的变量类型采用弱类型，并未使用严格的数据类型。
- JavaScript 是一种安全性语言，它不允许访问本地硬盘，并且不能将数据存入到服务器上，不允许对网络文档进行修改和删除，只能通过浏览器实现信息浏览或动态交互，从而有效地防止数据丢失。
- JavaScript 是动态的，它可以直接对用户或客户输入做出响应，无须经过 Web 服务程序。它对用户的反映响应，是以事件驱动的方式进行的。所谓事件驱动，就是指在网页中执行了某种操作所产生的动作，称为"事件"。比如按下鼠标、移动窗口、选择菜单等都可以视为事件。当事件发生后，可能会引起相应的事件响应。
- JavaScript 具有跨平台性。JavaScript 依赖于浏览器本身，与操作环境无关，只要是能运行浏览器的计算机，并支持 JavaScript 的浏览器就可以正确执行。从而实现了"编写一次，走遍天下"的梦想。

25.2　JavaScript 的放置位置

JavaScript 程序本身不能独立存在，它依附于某个 HTML 页面，在浏览器端运行。JavaScript 作为一种脚本语言可以放在 HTML 页面中的任何位置，但是浏览器解释 HTML 时是按先后顺序进行的，所以放在前面的程序会被优先执行。

25.2.1　<script/> 使用方法

在 HTML 中输入 JavaScript 时，需要使用 <script> 标签。在 <script> 标签中，language 特性声明要使用的脚本语言，language 特性一般被设置为 JavaScript，不过也可用它声明 JavaScript 的确切版本，如 JavaScript 1.3。例如 <script> 的使用方法如下：

```
<html xmlns="http://www.w3.org/1999/xhtml">
<head>
<meta http-equiv="Content-Type" content="text/html; charset=utf-8" />
<title>JavaScript 语句</title>
</head>
<body>
<script type="text/javascript1.3">
<!--
    JavaScript 语句
    -->
```

```
</script>
</body>
</html>
```

浏览器通常忽略未知标签，因此在使用不支持 JavaScript 的浏览器阅读网页时，JavaScript 代码也会被阅读。为了防止这种情况的发生，通常在脚本语言的第一行输入 "<!--"，在最后一行输入 "-->" 的方式注销代码。为了不给使用不支持 JavaScript 浏览器的浏览者带来麻烦，在编写程序时，务必加上注释代码。

25.2.2　位于网页之外的单独脚本文件

在 HTML 文件中可以直接输入 JavaScript，还可以将脚本文件保存在外部，通过 <script> 中的 src 属性指定 URL，来调用外部脚本语言。外部 JavaScript 语言的格式非常简单。事实上，它们只包含 JavaScript 代码的纯文本文件。在外部文件中不需要 <script/> 标签，引用文件的 <script/> 标签出现在 HTML 页中，此时文件的扩展名为 ".js"。

```
<script type="text/javascript" src="URL"></script>
```

这种方法在难以辨认脚本语言的源代码，或在多个页面中使用相同脚本语言时尤为有效。通过指定 script 标签的 src 属性，就可以使用外部的 JavaScript 文件了。在运行时，这个 .js 文件的代码全部嵌入到包含它的页面内，页面程序可以自由使用，这样就可以做到代码的复用。

25.2.3　直接位于事件处理部分的代码中

一些简单的脚本可以直接放在事件处理部分的代码中。如下所示直接将 JavaScript 代码加入到 OnClick 事件中：

```
<input type="button" name="FullScreen" value=" 全屏显示 "
onClick="window.open(document.location, 'big', 'fullscreen=yes')">
```

这里，使用 <input/> 标签创建一个按钮，单击它时调用 onclick() 方法。onclick 特性声明一个事件处理函数，即响应特定事件的代码。

25.3　JavaScript 运算符

在定义完变量之后，就可以对其进行赋值、改变、计算等一系列操作，这一过程通常又通过表达式来完成，而表达式中的一大部分是在做运算符处理。运算符是用于完成操作的一系列符号。在 JavaScript 中，运算符包括算术运算符、比较运算符和逻辑布尔运算符。

25.3.1　算术运算符

在表达式中起运算作用的符号称为运算符。在数学里，算术运算符可以进行加、减、乘、除和其他数学运算，如表 25-1 所示。

表 25-1　算术运算符

算术运算符	描述
+	加
—	减
*	乘
/	除

续表

算术运算符	描述
%	取模
++	递加 1
--	递减 1

25.3.2　逻辑运算符

程序设计语言还包含一种非常重要的运算——逻辑运算。逻辑运算符比较两个布尔值（真或假），然后返回一个布尔值，逻辑运算符如表 25-2 所示。

表 25-2　逻辑运算器

逻辑运算符	描述
!	取反
&&	逻辑与
//	逻辑或

25.3.3　比较运算符

比较运算符是比较两个操作数的大、小或相等的运算符。比较运算符的基本操作是首先对其操作数进行比较,再返回一个 true 或 false 值,表示给定关系是否成立,操作数的类型可以任意。在 JavaScript 中的比较运算符如表 25-3 所示。

表 25-3　比较运算符

比较运算符	描述
<	小于
>	大于
<=	小于等于
>=	大于等于
=	等于
!=	不等于

25.4　JavaScript 程序语句

JavaScript 中提供了多种用于程序流程控制的语句,这些语句可以分为选择和循环两大类。选择语句包括 if、switch 系列,循环语句包括 while、for 等。下面就来讲述这些程序语句的使用。

25.4.1　使用 If 语句

if...else 语句是 JavaScript 中最基本的控制语句,通过它可以改变语句的执行顺序。JavaScript 支持 if 条件语句。在 if 语句中将测试一个条件,如果该条件满足测试,执行相关的 JavaScript 编码。

基本语法:

```
if(条件)
{执行语句1
}
```

```
else
{ 执行语句 2
}
```

语法说明：

当表达式的值为 true 时，则执行语句 1，否则执行语句 2。若 if 后的语句有多行，则必须使用花括号将其括起来。

实例代码：

```
<!doctype html>
<html>
<head>
<meta charset="utf-8">
<title>if 语句</title>
</head>
<body>
<h1>
当前时间：5 点
</h1>
<script language="javascript">
    var hours = 5;                          // 设定当前时间
    if( hours < 8 )                         // 如果不到 8 点则执行以下代码
    {
    alert( "当前时间是 " + hours + " 点，还没到 8 点，你可以继续休息！ ");
    }
</script>
</body>
</html>
```

使用 var hours = 5 定义一个变量 hours 表示当前时间，其值设定为 3。接着使用一个 if 语句判断变量 hours 的值是否小于 8，小于 8 则执行 if 块花括号中的语句，即弹出一个提示框显示"当前时间 5 点，还没到 8 点，你可以继续休息"。运行结果如图 25-1 所示。

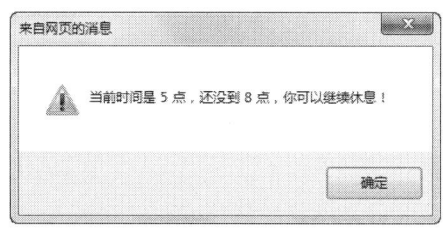

图 25-1 输出结果

25.4.2 使用 For 循环

遇到重复执行指定次数的代码时，使用 for 循环比较合适。在执行 for 循环体中的语句前，有 3 个语句将得到执行，这 3 个语句的运行结果将决定是否要进入 for 循环体。

基本语法：

```
for（初始化；条件表达式；增量）
{
语句集；
...
}
```

语法说明：

初始化总是一个赋值语句，它用来给循环控制变量赋初始值；条件表达式是一个关系表达式，它决定什么时候退出循环；增量定义循环控制变量每循环一次后按什么方式变化。这 3 个部分之间用 ";" 分开。

从一份名单中逐一输入所有的名字，范例代码如下：

```
<!doctype html>
<html>
<head>
<meta charset="utf-8">
<title>For 循环 </title>
</head>
<body>
<p> 单击按钮，代码块循环八次：</p>
<button onclick="myFunction()"> 点击这里 </button>
<p id="demo"></p>

<script>
function myFunction()
{
var x="";
for (var i=0;i<8;i++)
  {
  x=x + " 循环次数 " + i + "<br>";
  }
document.getElementById("demo").innerHTML=x;
}
</script>
</body>
</html>
```

运行代码，单击下面的按钮，将代码块循环八次，如图 25-2 所示。

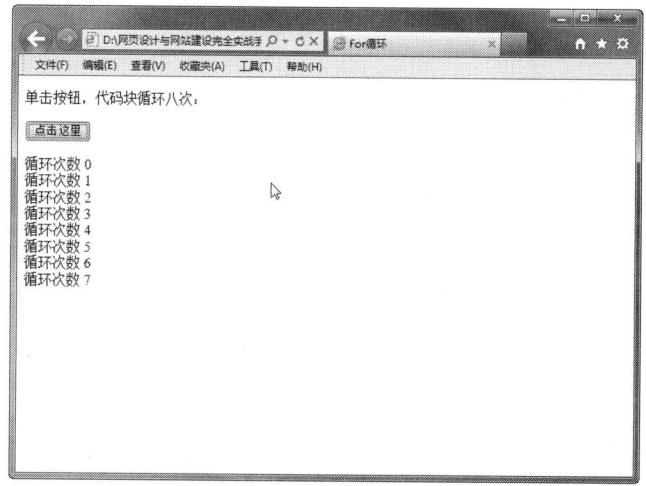

图 25-2 输出结果

从上面的例子中，可以看到：

Statement 1 在循环开始之前设置变量（var i=0）。

Statement 2 定义循环运行的条件（i 必须小于 5）。

Statement 3 在每次代码块已被执行后增加一个值（i++）。

25.4.3　使用 Switch 语句

当判断条件比较多时，为了使程序更加清晰，可以使用 switch 语句。使用 switch 语句时，表达式的值将与每个 case 语句中的常量做比较。如果相匹配，则执行该 case 语句后的代码；如果没有一个 case 的常量与表达式的值相匹配，则执行 default 语句。当然，default 语句是可选的。如果没有相匹配的 case 语句，也没有 default 语句，则什么也不执行。

基本语法：

```
Switch  (表达式)
{
case 条件1:
语句块1
case 条件2:
语句块2
...
default
语句块N
}
```

语法解释：

Switch 语句通常使用在有多种出口选择的分支结构上，例如信号处理中心可以对多个信号进行响应，针对不同的信号均有相应的处理。

编写一段程序，对所有进来的人问好，但不在名单之上的人除外。

实例代码：

```
<script language="javascript">
    var who = "limin";        // 当前来人是 Jim
    switch( who )             // 使用开头语句，控制对每个人的问候
    {
        case "Jim":
            alert( "Hello," + who );
            break;
        case "jam":
            alert( "Hello," + who );
            break;
        case "Tom":
            alert( "Hello," + who );
            break;
        default:
            alert( "Nobody~!");
    }
</script>
```

本例第 2 行设定当前来人是 Jim，第 3 行使用 switch 多路开关语句控制对来人的问候。当来人不是名单上的人员时，显示"Nobody！"打开网页文件运行程序，其结果如图 25-3 所示。

图 25-3　运行结果

25.4.4　使用 While 语句

当重复执行动作的情形比较简单时，就不需要用 for 循环，可以使用 while 循环代替。While 循环在执行循环体前测试一个条件，如果条件成立则进入循环体，否则跳到循环体后的第一条语句。

基本语法：

```
while（条件表达式）{
语句组；
...
}
```

语法解释：

条件表达式：必选项，以其返回值作为进入循环体的条件。无论返回什么类型的值，都被作为布尔型处理，为真时进入循环体。

语句组可选项，由一条或多条语句组成。

在 while 循环体重复操作 while 的条件表达，使循环到该语句时就结束。

实例代码：

```
<script language="javascript">
    var num = 1;
    while( num < 30 )
    {
        document.write( num + " " );
        num++;
    }
</script>
```

该代码第 3 行使用 num 是否小于 30 来决定是否进入循环体，第 6 行递增 num，当其值达到 30 后循环将结束。运行结果如图 25-4 所示。

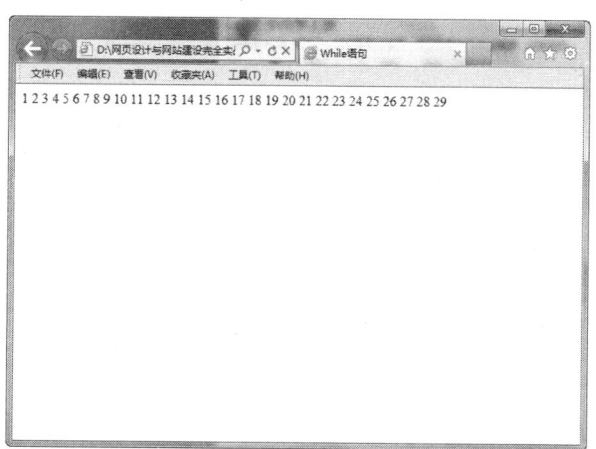

图 25-4　使用 While 语句

25.5　综合实例——制作倒计时特效

倒计时特效可以让用户明确知道到某个日期剩余的时间，制作倒计时特效的具体操作步骤如下：

01 使用 Dreamweaver CC 打开网页文档，在 <body> 与 </body> 之间相应的位置输入以下代码：

```
<Script Language="JavaScript">
    var timedate= new Date("October 1,2015");
    var times=" 元旦 ";
    var now = new Date();
    var date = timedate.getTime() - now.getTime();
    var time = Math.floor(date / (1000 * 60 * 60 * 24));
    if (time >= 0) ;
document.write(" 现 在 离 2015 年 "+times+" 还 有 ： <font color=red><b>"+time +"</
b></font> 天 ");
</Script>
```

02 保存文档，在浏览器中浏览效果，如图 25-5 所示。

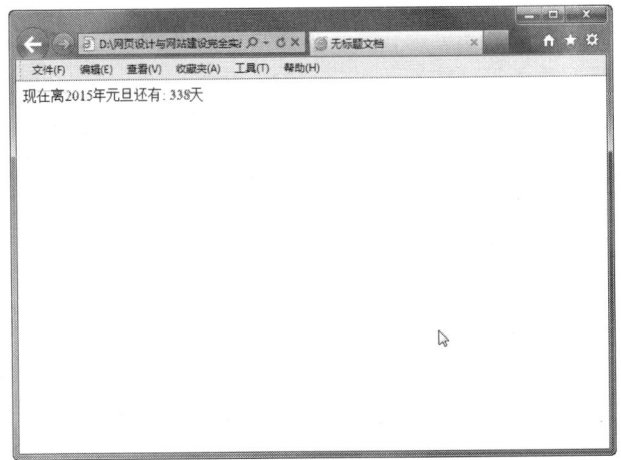

图 25-5 倒计时效果

<h2>25.6 本章小结</h2>

本章主要讲述了 JavaScript 的基本概念、基本语法，以及 JavaScript 常见的程序语句。通过本章的学习，读者可以了解什么是 JavaScript，以及 JavaScript 的基本使用方法，从而为设计出各种精美的动感特效网页打下基础。

第 *26* 章 JavaScript 中的事件

本章导读

当 Web 页面中发生了某些类型的交互时，事件就发生了。事件可能是用户在某些内容上的单击、鼠标经过某个特定元素或按下键盘上的某些按键，还可能是 Web 浏览器中发生的事情，例如某个 Web 页面加载完成，或者是用户滚动窗口或改变窗口大小。

技术要点

◆ 事件概述   ◆ 其他常用事件
◆ 事件分析

26.1 事件概述

用户可以通过多种方式与浏览器载入的页面进行交互，而事件是交互的桥梁。Web 应用程序开发者通过 JavaScript 脚本内置的和自定义的事件来响应用户的动作，就可开发出更有交互性、动态性的页面。

JavaScript 事件可以分为下面几种不同的类别。最常用的类别是鼠标交互事件，然后是键盘和表单事件。

- 鼠标事件：可以利用鼠标事件在页面中实现鼠标移动、单击时的特殊效果。分为两种，追踪鼠标当前位置的事件（onmouseover、onmouseout）；追踪鼠标在被单击的事件（onmouseup、onmousedown、onclick）。
- 键盘事件：负责追踪键盘的按键何时及在何种上下文中被按下。与鼠标相似，3 个事件用来追踪键盘：onkeyup、onkeydown、onkeypress。
- UI 事件：用来追踪用户何时从页面的一部分转到另一部分。例如，使用它能知道用户何时开始在一个表单中输入。用来追踪这一点的两个事件是 focus 和 blur。
- 表单事件：直接与只发生于表单和表单输入元素上的交互相关。submit 事件用来追踪表单何时提交；change 事件监视用户向元素的输入；select 事件当 <select> 元素被更新时触发。
- 加载和错误事件：事件的最后一类与页面本身有关。例如加载页面事件 onload、最终离开页面事件 onunload。另外，还有 JavaScript 错误使用 onerror 事件追踪。

26.2 事件分析

事件的产生和响应，都是由浏览器来完成的，而不是由 HTML 或 JavaScript 来完成的。使用 HTML 代码可以设置哪些元素响应什么事件，使用 JavaScript 可以告诉浏览器怎么处理这些事件。然而，不同的浏览器所响应的事件有所不同，相同的浏览器在不同版本中所响应的事件也会有所不同。

26.2.1　onClick 事件

onClick 单击事件是常用的事件之一，此事件是在一个对象上按下然后释放一个鼠标按钮时发生，它也会发生在一个控件的值改变时。这里的单击是指完成按下鼠标键并释放这一个完整过程后产生的事件。

下面介绍使用单击事件的语法格式。

基本语法：

```
onClick= 函数或是处理语句
```

实例代码：

```
<!doctype html>
<html>
<head>
<meta charset="utf-8">
<title> 无标题文档 </title>
</head>
<body><input type="submit" name="submit" value=" 打印本页 "
onClick="javascript:window.print()">
</body>
</html>
```

本段代码运用 onClick 事件，设置当单击按钮时实现打印效果。运行代码，效果如图 26-1 和图 26-2 所示。

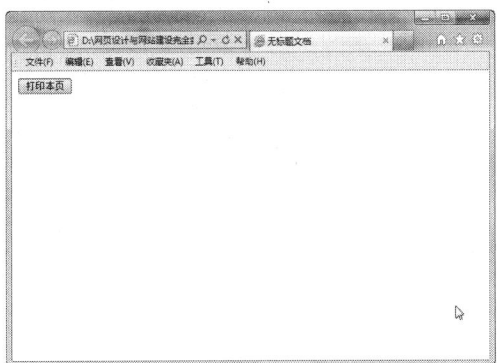

图 26-1　onClick 事件　　　　　　　　　　　图 26-2　打印

26.2.2　onchange 事件

onchange 事件通常在文本框或下拉列表框中激发。在下拉列表框中，只要修改了可选项，就会激发 onchange 事件；在文本框中，只有修改了文本框中的文字并在文本框失去焦点时才会被激发。

基本语法：

```
onchange= 函数或是处理语句
```

实例代码：

```
<!doctype html>
<html>
<head>
<meta charset="utf-8">
```

```
<title>change 事件 </title>
</head>
<body>
<form name=searchForm  action= >
<tbody>
<tr>
<td align=middle width="100%">
<input name="textfield" type="text" size="20" onchange=alert(" 输入搜索内容 ")>
</td>
</tr>
<tr>
<t align=middle width="100%">
<select size=1 name=search>
<option value=Name selected> 按名称 </option >
<option  value=Singer> 按类别 </option>
< option value=Flasher> 按作者 </option>
</select>
<input type="submit" name="Submit2" value=" 提交 " /></td>
</tr>
</form>
</body>
</html>
```

本段加粗代码在一个文本框中使用了 onchange=alert(" 输入搜索内容 ")，来显示表单内容变化引起 onchange 事件执行处理效果。这里的 onchange 结果是弹出提示信息框。运行代码后的效果如图 26-3 所示。

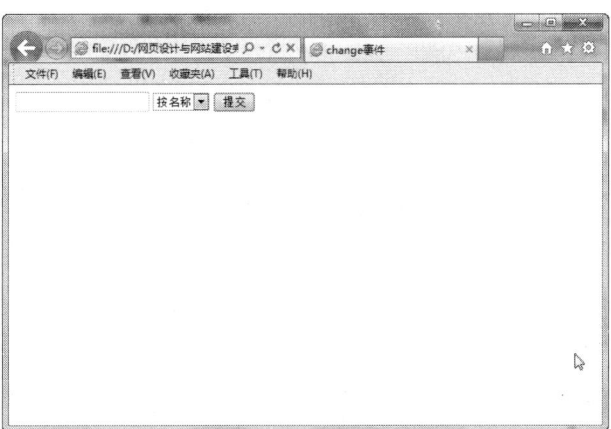

图 26-3　onchange 事件

26.2.3　onSelect 事件

onSelect 事件是指当文本框中的内容被选中时所发生的事件。

基本语法：

onSelect= 处理函数或是处理语句

实例代码：

```
<script language="javascript">                          // 脚本程序开始
function strcon(str)                                     // 连接字符串
{  if(str!=' 请选择 ')                                   // 如果选择的是默认项
   {
```

```
                form1.text.value=" 您选择的是: "+str;          // 设置文本框提示信息
        }
      else                                              // 否则
      {
      form1.text.value="";                              // 设置文本框提示信息
      }}
</script>                                                <!-- 脚本程序结束 -->
<form id="form1" name="form1" method="post" action="">       <!-- 表单 -->
<label>
<textarea name="text" cols="50" rows="2" onSelect="alert(' 您想拷贝吗? ')"></
textarea>
</label>
<p><label>
<select name="select1" onchange="strAdd(this.value)" >
<option value=" 请选择 ">请选择 </option><option value=" 北京 ">北京 </option><!--
选项 -->
<option value=" 上海 ">上海 </option>
<option value=" 南京 ">南京 </option>
<option value=" 山东 ">山东 </option>
<option value=" 深圳 ">深圳 </option>
<!-- 选项 --><!-- 选项 -->
<option value=" 其他 ">其他 </option>
</select>
</label>
</p><!-- 选项 -->
</form>
```

本段代码定义函数处理下拉列表框的选择事件，当选择其中的文本时输出提示信息。运行代码，效果如图 26-4 所示。

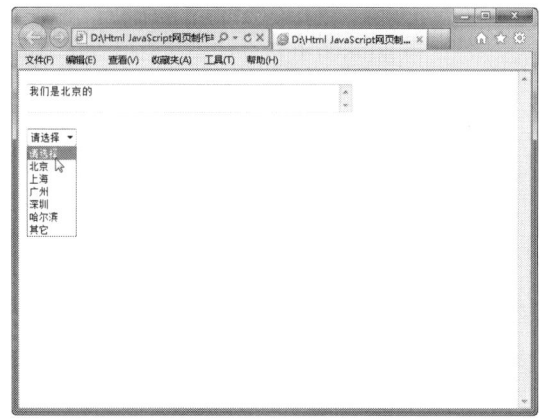

图 26-4 处理下拉列表框事件

26.2.4 onfocus 事件

获得焦点事件（onfocus）是当某个元素获得焦点时触发事件处理程序。失去焦点事件（onblur）是当前元素失去焦点时触发事件处理程序。在一般情况下，这两个事件是同时使用的。onfocus 事件即得到焦点通常是指选中了文本框等，并且可以在其中输入文字。

基本语法：

onfocus= 处理函数或是处理语句

实例代码：

```
<!doctype html>
<html>
<head>
<meta charset="utf-8">
<title>onFocus 事件 </title>
</head>
<body>
国内城市:
<form name="form1" method="post" action="">
  <p>
  <label>
  <input type="radio" name="RadioGroup1" value=" 北京 "
onfocus=alert(" 选择北京! ")> 北京 </label>
  <br>
  <label>
  <input type="radio" name="RadioGroup1" value=" 天津 "
onfocus=alert(" 选择天津! ")> 天津 </label>
   <br>
  <label>
  <input type="radio" name="RadioGroup1" value=" 长沙 "
onfocus=alert(" 选择长沙! ")>
  上海 </label>
  <br>
  <label>
  <input type="radio" name="RadioGroup1" value=" 沈阳 "
onfocus=alert(" 选择沈阳! ")>
  南京 </label>
  <br>
  <label>
  <input type="radio" name="RadioGroup1" value=" 上海 "
onfocus=alert(" 选择上海! ")>
  济南 </label>
  <br>
  </p>
</form>
</body>
</html>
```

在本段代码中的部分代码应用了 onfocus 事件，选择其中的一项，弹出选择提示的对话框，如图 26-5 所示。

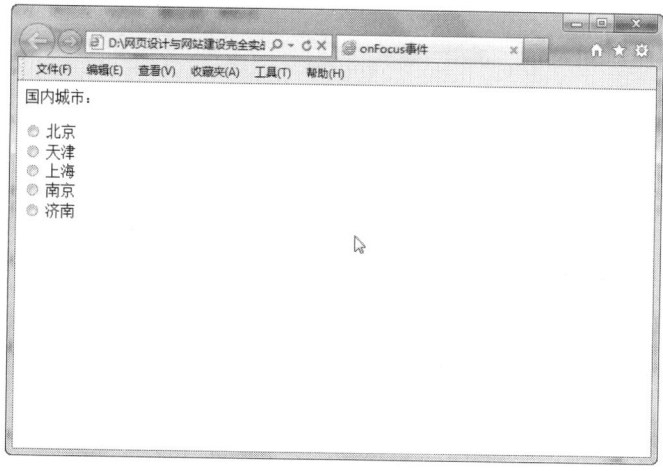

图 26-5　onfocus 事件

26.2.5 onLoad 事件

加载事件（onLoad）与卸载事件（onunLoad）是两个相反的事件。在 HTML 4.01 中，只规定了 body 元素和 frameset 元素拥有加载和卸载事件，但是大多浏览器都支持 img 元素和 object 元素的加载事件。以 body 元素为例，加载事件是指整个文档在浏览器窗口中加载完毕后所激发的事件。卸载事件是指当前文档从浏览器窗口中卸载时所激发的事件，即关闭浏览器窗口或从当前网页跳转到其他网页时所激发的事件。下面介绍 onLoad 事件语法格式。

基本语法：

```
onLoad= 处理函数或是处理语句
```

实例代码：

```
<!doctype html>
<html>
<head>
<meta charset="utf-8">
<title>onLoad 事件</title>
<script type="text/JavaScript">
<!--
function MM_popupMsg(msg) { //v1.0
  alert(msg);
}
//-->
</script>
</head>
<body onLoad="MM_popupMsg(' 欢迎你啊！ ')">
</body>
</html>
```

在代码中加粗部分代码应用了 onLoad 事件，在浏览器中预览效果时，会自动弹出提示的对话框，如图 26-6 所示。

图 26-6 onLoad 事件

26.2.6 鼠标移动事件

鼠标移动事件包括 3 种，分别为 onMouseOver、onMouseOut 和 onMouseMove。其中，onMouseOver 是当鼠标移动到对象上时所激发的事件，onMouseOut 是当鼠标从对象上移开时所激发的事件，onMouseMove 是鼠标在对象上进行移动时所激发的事件。可以用这 3 个事件在指定的对象上移动鼠标，实现其对象的动态效果。

基本语法：

```
onMouseOver= 处理函数或是处理语句
onMouseOut= 处理函数或是处理语句
onMousemOve= 处理函数或是处理语句
```

实例代码：

```
<!doctype html>
<html>
<head>
<meta charset="utf-8">
<title>onMouseOver 事件</title>
<style type="text/css">
<!--
#Layer1 {position:absolute;width:257px;height:171px;z-index:1;visibility:
hidden;}
-->
</style>
<script type="text/JavaScript">
<!--
function MM_findObj(n, d) { //v4.01
   var p,i,x;   if(!d) d=document; if((p=n.indexOf("?"))>0&&parent.frames.
length) {
      d=parent.frames[n.substring(p+1)].document; n=n.substring(0,p);}
   if(!(x=d[n])&&d.all) x=d.all[n]; for (i=0;!x&&i<d.forms.length;i++) x=d.
forms[i][n];
      for(i=0;!x&&d.layers&&i<d.layers.length;i++) x=MM_findObj(n,d.layers[i].
document);
   if(!x && d.getElementById) x=d.getElementById(n); return x;
   }
function MM_showHideLayers() { //v6.0
   var i,p,v,obj,args=MM_showHideLayers.arguments;
   for (i=0; i<(args.length-2); i+=3) if ((obj=MM_findObj(args[i]))!=null) {
v=args[i+2];
      if (obj.style) { obj=obj.style; v=(v=='show')?'visible':(v=='hide')?'hid
den':v; }
      obj.visibility=v; }
   }
//-->
</script>
</head>
<body>
<input name="Submit" type="submit"
 onMouseOver="MM_showHideLayers('Layer1','','show')" value=" 显示图像 " />
<div id="Layer1"><img src="1.jpg" width="429" height="365" /></div>
</body>
</html>
```

在本段代码中部分代码应用了onMouseOver 事件，在浏览器中预览效果，将光标移动到"显示图像"按钮的土方，可显示图像，如图 26-7 所示。

26.2.7　onBlur 事件

失去焦点事件正好与获得焦点事件相对，失去焦点（onBlur）是指将焦点从当前对象中移开。当 text 对象、textarea 对象或 select 对象不再拥有焦点而退到后台时，引发该事件。

图 26-7　onMouseOver 事件

实例代码：

```
<!doctype html>
<html>
<head>
<meta charset="utf-8">
<title>onBlur 事件 </title>
<script type="text/JavaScript">
<!--
function MM_popupMsg(msg) { //v1.0
  alert(msg);
}
//-->
</script>
</head>
<body>
<p> 用户注册：</p>
<p> 用户名：<input name="textfield" type="text"
onBlur="MM_popupMsg(' 文档中的 " 用户名 " 文本域失去焦点！ ')" />
</p>
<p> 密码：<input name="textfield2" type="text"
 onBlur="MM_popupMsg(' 文档中的 " 密码 " 文本域失去焦点！ ')" />
</p>
</body>
</html>
```

在本段代码中部分代码应用了 **onBlur** 事件，在浏览器中预览效果，将光标移动到任意一个文本框中，再将光标移动到其他的位置时，就会弹出一个提示对话框，说明某个文本框失去焦点，如图 26-8 所示。

图 26-8 onBlur 事件

26.3 其他常用事件

前面讲述的事件都是 HTML 4.01 中所支持的标准事件。除此之外，大多浏览器还定义了一些其他事件，这些事件为开发者开发程序带来了很大的便利，也使程序更为丰富和人性化。常用的其他事件如表 26-1 所示。

表 26-1　其他常用事件

事件	含义
onabort	当页面上的图片没完全下载时，单击浏览器上"停止"按钮时的事件
onbeforeunload	当前页面的内容将要被改变时触发此事件
onerror	出现错误时触发此事件
onfinish	当 marquee 元素完成需要显示的内容后触发此事件
onbeforecopy	当页面当前被选择的内容将要复制到浏览者系统的剪贴板前触发此事件
onbounce	在 marquee 内的内容移动至 marquee 显示范围之外时触发此事件
onstart	当 marquee 元素开始显示内容时触发此事件
onbeforeupdate	当浏览者粘贴系统剪贴板中的内容时通知目标对象
onrowenter	当前数据源的数据发生变化并且有新的有效数据时触发的事件
onscroll	浏览器的滚动条位置发生变化时触发此事件
onstop	浏览器的停止按钮被按下时触发此事件或者正在下载的文件被中断
onbeforecut	当页面中的一部分或者全部的内容将被移离当前页面剪贴并移动到浏览者的系统剪贴板时触发此事件
onbeforeeditfocus	当前元素将要进入编辑状态
onbeforepaste	内容将要从浏览者的系统剪贴板粘贴到页面中时触发此事件
oncopy	当页面当前的被选择内容被复制后触发此事件
oncut	当页面当前的被选择内容被剪切时触发此事件
ondrag	当某个对象被拖动时触发此事件（活动事件）
ondragdrop	一个外部对象被鼠标拖进当前窗口或者帧
ondragend	当鼠标拖动结束时触发此事件，即鼠标的按钮被释放了
ondragenter	当对象被鼠标拖动的对象进入其容器范围内时触发此事件
ondragleave	当对象被鼠标拖动的对象离开其容器范围内时触发此事件
ondragover	当某被拖动的对象在另一对象容器范围内拖动时触发此事件
ondragstart	当某对象将被拖动时触发此事件
ondrop	在一个拖动过程中，释放鼠标时触发此事件
onlosecapture	当元素失去鼠标移动所形成的选择焦点时触发此事件
onpaste	当内容被粘贴时触发此事件
onselectstart	当文本内容选择将开始发生时触发的事件
onafterupdate	当数据完成由数据源到对象的传送时触发此事件
oncellchange	当数据来源发生变化时
ondataavailable	当数据接收完成时触发事件
ondatasetchanged	数据在数据源发生变化时触发的事件
ondatasetcomplete	当来自数据源的全部有效数据读取完毕时触发此事件
onerrorupdate	当使用 onbeforeupdate 事件触发取消了数据传送时，代替 onafterupdate 事件
onrowexit	当前数据源的数据将要发生变化时触发的事件
onrowsdelete	当前数据记录将被删除时触发此事件
onrowsinserted	当前数据源将要插入新数据记录时触发此事件
onafterprint	当文档被打印后触发此事件

事件	含义
onbeforeprint	当文档即将打印时触发此事件
onfilterchange	当某个对象的滤镜效果发生变化时触发的事件
onhelp	当浏览者按下 F1 键或者使用浏览器的帮助选择时触发此事件
onpropertychange	当对象的属性之一发生变化时触发此事件
onreadystatechange	当对象的初始化属性值发生变化时触发此事件

26.4 综合实例——将事件应用于按钮中

事件响应编程是 JavaScript 编程的主要方式，在前面介绍时已经大量使用了事件处理程序。下面通过一个综合实例介绍将事件应用在按钮中，具体操作步骤如下：

01 使用 Dreamweaver CC 打开网页文档，如图 26-9 所示。

图 26-9 打开网页文档

02 打开"拆分"视图，在 <body> 和 </body> 之间相应的位置输入以下代码，如图 26-10 所示。

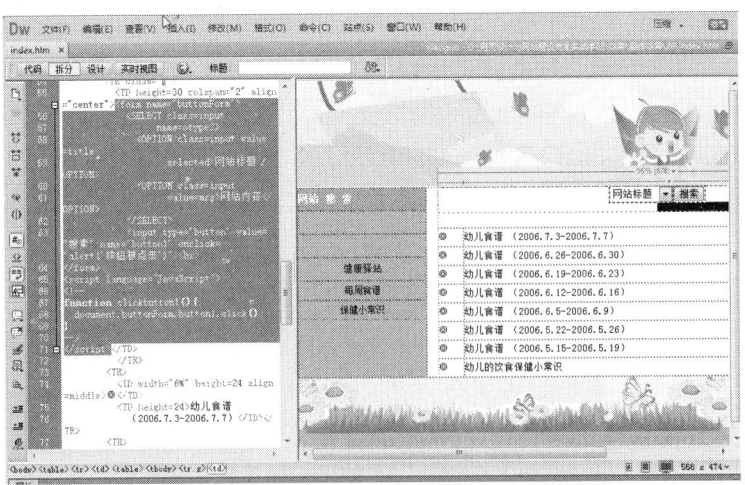

图 26-10 输入代码

```
<form name="buttonForm">
<input type="button" value=" 按 钮 " name="button1" onclick="alert(' 按 钮 被 点
击 ')"><br>
</form>
<script language="JavaScript">
<!--
function clickbutton1(){
  document.buttonForm.button1.click();
}
-->
</script>
```

03 保存文档，在浏览器中浏览效果，如图 26-11 所示。

图 26-11　将事件应用于按钮中的效果

26.5　本章小结

　　事件是 JavaScript 中最吸引人的地方，因为它提供了一个平台，让用户不仅能够浏览页面中的内容，而且还可以和页面元素进行交互。但由于事件的产生和捕捉都与浏览器相关，因此，不同的浏览器所支持的事件都有所不同。HTML 4.01 中所规定的事件是各大浏览器都支持的事件，本章里介绍了 HTML 标准中所规定的几种事件，这几种事件都是在 JavaScript 编程中常用的事件，希望读者能熟练掌握这些事件。

第 27 章 JavaScript 中的函数和对象

本章导读

对象在 JavaScript 中无处不在，JavaScript 中的函数本身就是一个对象，而且可以说是最重要的对象。之所以称为最重要的对象，因为它可以扮演其他语言中的函数同样的角色，可以被调用，可以被传入参数。

技术要点

- ◆ 什么是函数
- ◆ 函数的定义
- ◆ JavaScript 对象的声明和引用
- ◆ 浏览器对象
- ◆ 内置对象

27.1 什么是函数

JavaScript 中的函数是可以完成某种特定功能的一系列代码的集合，在函数被调用前，函数体内的代码并不执行，即独立于主程序。编写主程序时不需要知道函数体内的代码如何编写，只需要使用函数方法即可。可把程序中大部分功能拆解成一个个的函数，使程序代码结构清晰，易于理解和维护。函数的代码执行结果不一定是一成不变的，可以通过向函数传递参数，以解决不同情况下的问题，函数也可返回一个值。

函数是进行模块化程序设计的基础，编写复杂的应用程序，必须对函数有更深入的了解。JavaScript 中的函数不同于其他的语言，每个函数都是作为一个对象被维护和运行的。通过函数对象的性质，可以很方便地将一个函数赋值给一个变量或者将函数作为参数传递。在继续讲述之前，先看一下函数的使用语法：

```
function func1(...){...}
var func2=function(...){...};
var func3=function func4(...){...};
var func5=new Function();
```

这些都是声明函数的正确语法。

可以用 function 关键字定义一个函数，并为每个函数指定一个函数名，通过函数名来进行调用。在 JavaScript 解释执行时，函数都被维护为一个对象，这就是要介绍的函数对象（Function Object）。

函数对象与其他用户所定义的对象有着本质的区别，这一类对象被称为内部对象，例如日期对象（Date）、数组对象（Array）、字符串对象（String）等都属于内部对象。这些内置对象的构造器是由 JavaScript 本身所定义的：通过执行 new Array() 这样的语句返回一个对象。JavaScript 内部有一套机制来初始化返回的对象，而不是由用户来指定对象的构造方式。

27.2　函数的定义

使用函数首先要学会如何定义，JavaScript 的函数属于 Function 对象，因此可以使用 Function 对象的构造函数来创建一个函数。

27.2.1　函数的普通定义方式

普通定义方式使用关键字 function，也是最常用的方式，形式上跟其他的编程语言一样。
基本语法：

```
function 函数名（参数1，参数2，……）
{   [ 语句组 ]
Return   [ 表达式 ]
}
```

语法解释：

- function：必选项，定义函数用的关键字。
- 函数名：必选项，合法的 JavaScript 标识符。
- 参数：可选项，合法的 JavaScript 标识符，外部的数据可以通过参数传送到函数内部。
- 语句组：可选项，JavaScript 程序语句，当为空时函数没有任何动作。
- return：可选项，遇到此指令函数执行结束并返回，当省略该项时函数将在右花括号处结束。
- 表达式：可选项，其值作为函数返回值。

实例代码：

```
<!doctype html>
<html>
<head>
<meta charset="utf-8">
<title> 无标题文档 </title>
<script type="text/javascript">
function displaymessage()
{
alert(" 欢迎你！ ");
}
</script>
</head>
<body>
<form>
<input type="button" value=" 单击我哦 !" onClick="displaymessage()" />
</form>
</body>
</html>
```

这段代码首先在 JavaScript 内建立一个 displaymessage() 显示函数。在正文文档中插入一个按钮，当单击按钮时，显示"欢迎你！"运行代码，在浏览器中预览，效果如图 27-1 所示。

图 27-1 函数的应用

27.2.2 函数的变量定义方式

在 JavaScript 中，函数对象对应的类型是 Function，正如数组对象对应的类型是 Array，日期对象对应的类型是 Date 一样，可以通过 new Function() 来创建一个函数对象。

基本语法：

```
Var 变量名 =new Function（[ 参数 1，参数 2，……]，函数体）;
```

语法解释：

- 变量名：必选项，代表函数名，是合法的 JavaScript 标识符。
- 参数：可选项，作为函数参数的字符串，必须是合法的 JavaScript 标识符，当函数没有参数时可以忽略此项。
- 函数体：可选项，一个字符串。相当于函数体内的程序语句系列，各语句使用分号隔开。

用 new Function() 的形式来创建一个函数不常见，因为一个函数体通常会有多条语句，如果将它们以一个字符串的形式作为参数传递，代码的可读性差。

实例代码：

```
<script language="javascript">
    var circularityArea = new Function( "r", "return r*r*Math.PI" );   // 创建一个函数对象
    var rCircle = 2;                               // 给定圆的半径
    var area = circularityArea(rCircle);           // 使用求圆面积的函数求面积
    alert( "半径为 2 的圆面积为: " + area );         // 输出结果
</script>
```

运行代码，在浏览器中预览，效果如图 27-2 所示。

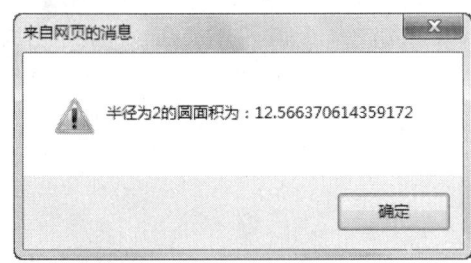

图 27-2 函数的应用

该代码第 2、3 行使用变量定义的方式定义一个求圆面积的函数，第 4、5 设定一个半径为 8 的圆并求其面积。

27.2.3　函数的指针调用方式

在前面的代码中，函数的调用方式是最常见的，但是 JavaScript 中函数调用的形式比较多，非常灵活。有一种重要的，在其他语言中也经常使用的调用形式称为回调，其机制是通过指针来调用函数。回调函数按照调用者的约定实现函数的功能，由调用者调用。通常使用在自己定义功能而由第三方去实现的场合，下面举例说明。

实例代码：

```
<script language="javascript">
    function SortNumber( obj, func )              // 定义通用排序函数
    { // 参数验证，如果第一个参数不是数组或第二个参数不是函数则抛出异常
        if( !(obj instanceof Array) || !(func instanceof Function))
        {
            var e = new Error();                  // 生成错误信息
            e.number = 100000;                    // 定义错误号
            e.message = " 参数无效 ";             // 错误描述
            throw e;                              // 抛出异常
        }
        for( n in obj )                           // 开始排序
        {
            for( m in obj )
            { if( func( obj[n], obj[m] ) )        // 使用回调函数排序，规则由用户设定
                {
                    var tmp = obj[n];
                    obj[n] = obj[m];
                    obj[m] = tmp;
                }
            }
        }
        return obj;                               // 返回排序后的数组
    }
    function greatThan( arg1, arg2 )              // 回调函数，用户定义的排序规则
    { return arg1 < arg2;                         // 规则：从大到小
    }
    try
    {   var numAry = new Array( 55,4,32,12,22,36,43,86 );   // 生成一个数组
        document.write("<li> 排序前: "+numAry); // 输出排序前的数据
        SortNumber( numAry, greatThan )           // 调用排序函数
        document.write("<li> 排序后: "+numAry); // 输出排序后的数组
    }
    catch(e)
    { alert( e.number+": "+e.message );           // 异常处理
    }
</script>
```

这段代码演示了回调函数的使用方法。首先定义一个通用排序函数 SortNumber(obj, func)，其本身不定义排序规则，规则交由第三方函数实现。接着定义一个 greatThan(arg1, arg2) 函数，其内创建一个以小到大为关系的规则。document.write("<li> 排序前："+numAry) 输出未排序的数组。接着调用 SortNumber(numAry, greatThan) 函数排序。运行代码，在浏览器中预览，效果如图 27-3 所示。

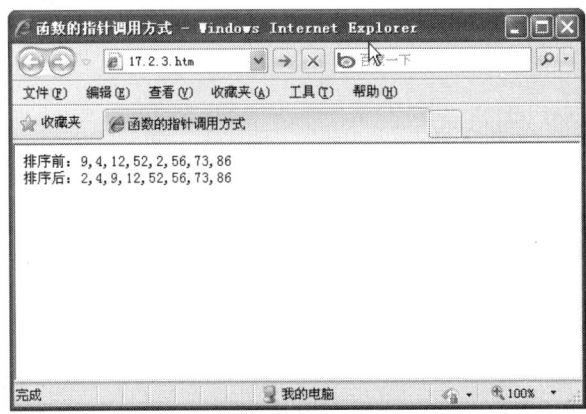

图 27-3 函数的指针调用方式

27.3 JavaScript 对象的声明和引用

对象可以是一段文字、一幅图片、一个表单（Form）等。每个对象有它自己的属性、方法和事件。对象的属性是反映该对象某些特定的性质的，例如字符串的长度、图像的长宽、文字框里的文字等；对象的方法能对该对象做一些事情，例如表单的"提交"（Submit）、窗口的"滚动"（Scrolling）等；而对象的事件能响应发生在对象上的事情，例如提交表单产生表单的"提交事件"，单击超链接产生的"单击事件"。不是所有的对象都有以上 3 个性质，有些没有事件，有些只有属性。

27.3.1 声明和实例化

JavaScript 中的对象是由属性（properties）和方法（methods）两个基本元素构成的。前者是对象在实施其所需要行为的过程中，实现信息的装载单位，从而与变量相关联；后者是指对象能够按照设计者的意图而被执行，从而与特定的函数相联。

例如，要创建一个 student（学生）对象，每个对象又有以下属性：name（姓名）、address（地址）、phone（电话）。则在 JavaScript 中可使用自定义对象，下面分步讲解。

01 首先定义一个函数来构造新的对象 student，这个函数成为对象的构造函数。

```
function student(name,address,phone)        // 定义构造函数
{
    this.name=name;                          // 初始化姓名属性
    this.address=address;                    // 初始化地址属性
    this.phone=phone;                        // 初始化电话属性
}
```

02 在 student 对象中定义一个 printstudent 方法，用于输出学生信息。

```
Function printstudent()                      // 创建 printstudent 函数的定义
{
    line1="Name:"+this.name+"<br>\n";        // 读取 name 信息
    line2="Address:"+this.address+"<br>\n";  // 读取 address 信息
    line3="Phone:"+this.phone+"<br>\n"       // 读取 phone 信息
    document.writeln(line1,line2,line3);     // 输出学生信息
}
```

03 修改 student 对象，在 student 对象中添加 printstudent 函数的引用。

```
function student(name,address,phone)          // 构造函数
{
    this.name=name;                            // 初始化姓名属性
    this.address=address;                      // 初始化地址属性
    this.phone=phone;                          // 初始化电话属性
    this.printstudent=printstudent;            // 创建 printstudent 函数的定义
}
```

04 即实例化一个 student 对象并使用。

```
Tom=new student(" 李霞 "," 平安路 56 号 ","010-1238678";   // 创建李霞的信息
Tom.printstudent()                                         // 输出学生信息
```

上面分步讲解是为了更好地说明一个对象的创建过程，但真正的应用开发则一气呵成，灵活设计。

实例代码：

```
<script language="javascript">
function student(name,address,phone)
{
    this.name=name;                            // 初始化学生信息
    this.address=address;
    this.phone=phone;
    this.printstudent=function()               // 创建 printstudent 函数的定义
    {
        line1=" 姓名 :"+this.name+"<br>\n";    // 输出学生信息
        line2=" 地址 :"+this.address+"<br>\n";
        line3=" 电话 :"+this.phone+"<br>\n"
        document.writeln(line1,line2,line3);
    }
}
Tom=new student(" 李霞 "," 平安路 56 号 ","010-1238678");  // 创建李霞的信息
Tom.printstudent()                                         // 输出学生信息
</script>
```

该代码是声明和实例化一个对象的过程。首先使用 function student() 定义了一个对象类构造函数 student，包含 3 种信息，即 3 个属性：姓名、地址和电话。最后两行创建一个学生对象并输出其中的信息。this 关键字表示当前对象即由函数创建的那个对象。运行代码，在浏览器中预览，效果如图 27-4 所示。

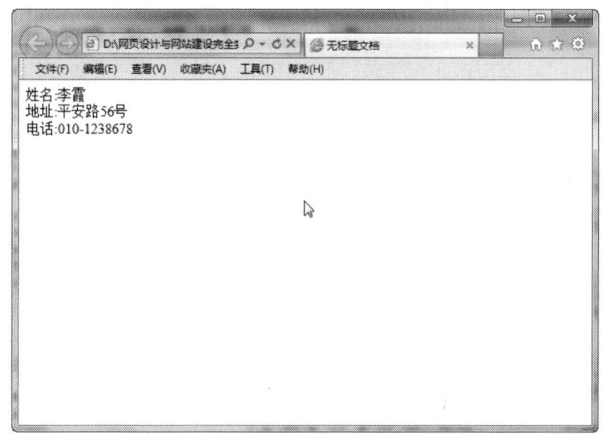

图 27-4　实例效果

27.3.2　对象的引用

JavaScript 为我们提供了一些非常有用的常用内部对象和方法。用户不需要用脚本来实现这些功能。这正是基于对象编程的真正目的。

对象的引用其实就是对象的地址，通过这个地址可以找到对象的所在。对象的来源有如下 3 种方式，通过取得它的引用即可对它进行操作，例如调用对象的方法或读取或设置对象的属性等。

- 引用 JavaScript 内部对象。
- 在浏览器环境中提供。
- 创建新对象。

这就是说一个对象在被引用之前，这个对象必须存在，否则引用将毫无意义，从而出现错误信息。从上面中我们可以看出 JavaScript 引用对象可通过 3 种方式获取。要么创建新的对象，要么利用现存的对象。

实例代码：

```
<script language="javascript">
var date;                           // 声明变量
date=new Date();                    // 创建日期对象
date=date.toLocaleString( );        // 将日期转换为本地格式
alert( date );                      // 输出日期
</script>
```

这里变量 date 引用了一个日期对象，使用 date=date.toLocaleString( ) 通过 date 变量调用日期对象的 tolocalestring 方法，将日期信息以一个字符串对象的引用返回，此时 date 的引用已经发生了改变，指向一个 string 对象。运行代码，在浏览器中预览，效果如图 27-5 所示。

图 27-5　对象的引用

27.4　浏览器对象

使用浏览器的内部对象系统，可实现与 HTML 文档进行交互。它的作用是将相关元素组织包装起来，提供给程序设计人员使用，从而减轻编程人员的劳动，提高设计 Web 页面的能力。

27.4.1　Navigator 对象

Navigator 对象包含的属性描述了正在使用的浏览器。可以使用这些属性进行平台专用的配置。虽然这个对象的名称显而易见的是 Netscape 的 Navigator 浏览器，但其他实现了 JavaScript 的浏览器也支持这个对象。其常用的属性如表 27-1 所示。

表 27-1 Navigator 对象的常用属性

属性	说明
appName	浏览器的名称
appVersion	浏览器的版本
appCodeName	浏览器的代码名称
browserLanguage	浏览器所使用的语言
plugins	可以使用的插件信息
platform	浏览器系统所使用的平台，如 win32 等
cookieEnabled	浏览器的 cookie 功能是否打开

实例代码：

```
<!doctype html>
<html>
<head>
<meta charset="utf-8">
<title>Navigator 对象</title>
</head>
<body onload=check()>
<script language=javascript>
function check()
{
name=navigator.appName;
if(name=="Netscape"){
    document.write(" 您现在使用的是 Netscape 网页浏览器 <br>");}
else if(name=="Microsoft Internet Explorer"){
    document.write(" 您现在使用的是 Microsoft Internet Explorer 网页浏览器 <br>");}
else{
    document.write(" 您现在使用的是 "+navigator.appName+" 网页浏览器 <br>");}
}
</script>
</body>
</html>
```

这段代码可以判断浏览器的类型，在浏览器中预览，效果如图 27-6 所示。

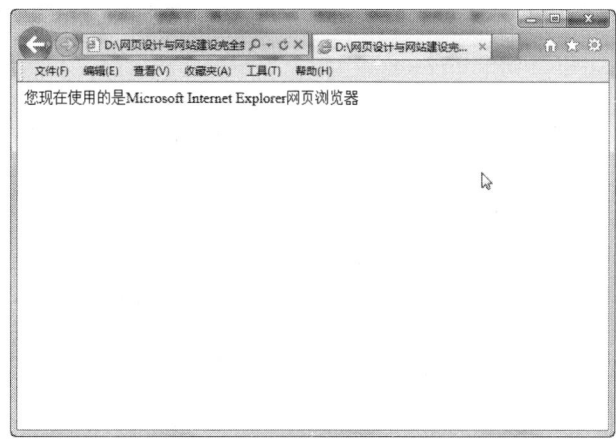

图 27-6 判断浏览器类型

27.4.2 window 对象

window 对象处于对象层次的最顶端，它提供了处理 navigator 窗口的方法和属性。JavaScript 的输入可以通过 window 对象来实现。使用 window 对象产生用于客户与页面交互的对话框主要有 3 种：警告框、确认框和提示框等，这 3 种对话框使用 window 对象的不同方法产生，功能和应用场合也不大相同。

window 对象常用的方法主要如表 27-2 所示。

表 27-2 window 对象常用的方法

方法	方法的含义及参数说明
Open(url,windowName,parameterlist)	创建一个新窗口，3 个参数分别用于设置 URL 地址、窗口名称和窗口打开属性（一般可以包括宽度、高度、定位、工具栏等）
Close()	关闭一个窗口
Alert(text)	弹出式窗口，text 参数为窗口中显示的文字
Confirm(text)	弹出确认域，text 参数为窗口中显示的文字
Promt(text,defaulttext)	弹出提示框，text 为窗口中显示的文字，document 参数用来设置默认情况下显示的文字
moveBy（水平位移，垂直位移）	将窗口移至指定的位置
moveTo(x,y)	将窗口移动到指定的坐标
resizeBy（水平位移，垂直位移）	按给定的位移量重新设置窗口大小
resizeTo(x,y)	将窗口设定为指定大小
Back()	页面的后退
Forward()	页面前进
Home()	返回主页
Stop()	停止装载网页
Print()	打印网页
status	状态栏信息
location	当前窗口 URL 信息

实例代码：

```
<!doctype html>
<html>
<head>
<meta charset="utf-8">
<title> 打开浏览器窗口 </title>
<script type="text/JavaScript">
<!--
function MM_openBrWindow(theURL,winName,features) { //v2.0
  window.open(theURL,winName,features);
}
//-->
</script>
</head>
<body onLoad="MM_openBrWindow('index.htm','','width=800,height=400')">
打开浏览器窗口
</body>
</html>
```

在代码中应用了 windows 对象，在浏览器中预览，可以弹出一个宽为 800 像素、高为 400 像素的窗口，如图 27-7 所示。

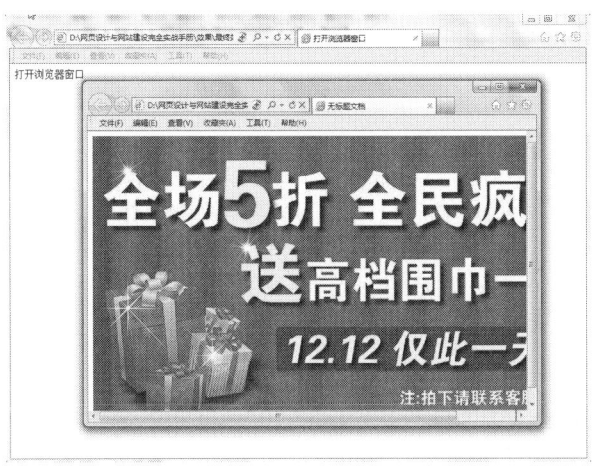

图 27-7　打开浏览器窗口

27.4.3　location 对象

location 地址对象描述的是某一个窗口对象所打开的地址。要表示当前窗口的地址，只需要使用 "location" 就行了；若要表示某一个窗口的地址，就使用 "< 窗口对象 >.location"。location 对象常用的属性如表 27-3 所示。

表 27-3　常用的 location 属性

属性	实现的功能
protocol	返回地址的协议，取值为 http:、https:、file: 等
hostname	返回地址的主机名，例如 "http：//www.microsoft.com/china/" 的地址主机名为 www.microsoft.com
port	返回地址的端口号，一般 http 的端口号是 80
host	返回主机名和端口号，如 www.a.com:8080
pathname	返回路径名，如 "http：//www.a.com/d/index.html" 的路径为 d/index.html
hash	返回 "#" 及以后的内容，如果地址为 c.html#chapter4，则返回 #chapter4；如果地址里没有 "#"，则返回字符串
search	返回 "?" 及以后的内容；如果地址里没有 "?"，则返回空字符串
href	返回整个地址，即返回在浏览器的地址栏上显示的内容

location 对象常用的方法主要包括：

- reload()：相当于 Internet Explorer 浏览器上的 "刷新" 功能。
- replace()：打开一个 URL，并取代历史对象中当前位置的地址。用这个方法打开一个 URL 后，单击浏览器中的 "后退" 按钮将不能返回到刚才的页面。

27.4.4　history 对象

history 对象用来存储客户端的浏览器已经访问过的网址（URL），这些信息存储在一个 history 列表中，通过对 history 对象的引用，可以让客户端的浏览器返回到它曾经访问过的网页去。其实它的功能和浏览器的工具栏上的 "后退" 和 "前进" 按钮是一样的。

history 对象常用的方法主要包括：
- back()：后退，与单击"后退"按钮是等效的。
- forward()：前进，与单击"前进"按钮是等效的。
- go()：该方法用来进入指定的页面。

实例代码：

```
<!doctype html>
<html>
<head>
<meta charset="utf-8">
<title>history 对象</title>
</head>
<body>
<p><a href="index.html">history 对象</a></p>
<form name="form1" method="post" action="">
    <input name="按钮" type="button" onClick="history.back()" value="前进">
  <input type="button" value="后退" onClick="history.forward()">
</form>
</body>
</html>
```

在代码中加粗部分代码应用了 history 对象，在浏览器中预览，效果如图 27-8 所示。

图 27-8 history 对象

27.4.5 document 对象

document 对象包括当前浏览器窗口或框架区域中的所有内容，包含文本域、按钮、单选框、复选框、下拉框、图片、超链接等 HTML 页面可访问元素，但不包含浏览器的菜单栏、工具栏和状态栏。document 对象提供多种方式获得 HTML 元素对象的引用。JavaScript 的输出可通过 document 对象实现。在 document 中主要有 links、anchor 和 form 3 个最重要的对象。

- anchor 锚对象：它是指 <a name=...></a> 标记在 HTML 源码中存在时产生的对象，它包含着文档中所有的 anchor 信息。
- links 链接对象：是指用 <a href=...></a> 标记链接一个超文本或超媒体的元素作为一个特定的 URL。
- form 窗体对象：是文档对象的一个元素，它含有多种格式的对象储存信息，使用它可以在 JavaScript 脚本中编写程序，并可以用来动态改变文档的行为。

document 对象有以下方法:

输出显示 write() 和 writeln(): 该方法主要用来实现在 Web 页面上显示输出信息。

实例代码:

```
<!doctype html>
<html>
<head>
<meta charset="utf-8">
<title>document 对象 </title>
<script language=javascript>
function Links()
{
n=document.links.length;    // 获得链接个数
s="";
for(j=0;j<n;j++)
s=s+document.links[j].href+"\n";    // 获得链接地址
if(s=="")
s==" 没有任何链接 "
else
alert(s);
}
</script>
</head>
<body>
<form>
<input type="button" value=" 所有链接地址 " onClick="Links()"><br>
</form>
<p><a href="#"> 效果 1</a><br>
    <a href="#"> 效果 2</a><br>
    <a href="#"> 效果 3</a><br>
    <a href="#"> 效果 4</a><br>
</p>
</body>
</html>
```

在代码中加粗部分代码应用 document 对象，在浏览器中预览，效果如图 27-9 所示。

图 27-9　document 对象

27.5　内置对象

常见的内置对象包括时间对象 Date、数学对象 math、字符串对象 String、数组对象 Array 等。下面就详细介绍这些对象的使用。

27.5.1　Date 对象

时间对象是一个我们经常要用到的对象，做时间输出、时间判断等操作时都与这个对象离不开。Date 对象类型提供了使用日期和时间的共用方法集合。用户可以利用 Date 对象获取系统中的日期和时间并加以使用。

基本语法：

```
var myDate=new Date ([arguments]);
```

Date 对象会自动把当前日期和时间保存为其初始值，参数的形式有以下 5 种：

```
new Date("month dd,yyyy hh:mm:ss");
new Date("month dd,yyyy");
new Date(yyyy,mth,dd,hh,mm,ss);
new Date(yyyy,mth,dd);
new Date(ms);
```

需要注意最后一种形式，参数表示的是需要创建的时间和 GMT 时间 1970 年 1 月 1 日之间相差的毫秒数。各种参数的含义如下：

- month：用英文表示的月份名称，从 January 到 December。
- mth：用整数表示的月份，从 0（1 月）到 11（12 月）。
- dd：表示一个月中的第几天，从 1 到 31。
- yyyy：四位数表示的年份。
- hh：小时数，0（午夜）～ 23（晚 11 点）。
- mm：分钟数，0 ～ 59 的整数。
- ss：秒数，0 ～ 59 的整数。
- ms：毫秒数，为大于等于 0 的整数。

下面使用上述参数形式创建日期对象。

```
new Date("May 12,2007 17:18:32");
new Date("May 12,2007");
new Date(2007,4,12,17,18,32);
new Date(2007,4,12);
new Date(1178899200000);
```

如表 27-4 所示列出了 Date 对象的常用方法。

表 27-4　Date 对象的常用方法

方法	描述
getYear()	返回年，以 0 开始
getMonth()	返回月值，以 0 开始
getDate()	返回日期
getHours()	返回小时，以 0 开始
getMinutes()	返回分钟，以 0 开始
getSeconds()	返回秒，以 0 开始

方法	描述
getMilliseconds()	返回毫秒（0～999）
getUTCDay()	依据国际时间来得到现在是星期几（0～6）
getUTCFullYear()	依据国际时间来得到完整的年份
getUTCMonth()	依据国际时间来得到月份（0～11）
getUTCDate()	依据国际时间来得到日（1～31）
getUTCHours()	依据国际时间来得到小时（0～23）
getUTCMinutes()	依据国际时间来返回分钟（0～59）
getUTCSeconds()	依据国际时间来返回秒（0～59）
getUTCMilliseconds()	依据国际时间来返回毫秒（0～999）
getDay()	返回星期几，值为 0～6
getTime()	返回从 1970 年 1 月 1 号 0:0:0 到现在一共花去的毫秒数
setYear()	设置年份 2 位数或 4 位数
setMonth()	设置月份（0～11）
setDate()	设置日（1～31）
setHours()	设置小时数（0～23）
setMinutes()	设置分钟数（0～59）
setSeconds()	设置秒数（0～59）
setTime()	设置从 1970 年 1 月 1 日开始的时间，毫秒数
setUTCDate()	根据世界时设置 Date 对象中月份的一天（1～31）
setUTCMonth()	根据世界时设置 Date 对象中的月份（0～11）
setUTCFullYear()	根据世界时设置 Date 对象中的年份（四位数字）
setUTCHours()	根据世界时设置 Date 对象中的小时（0～23）
setUTCMinutes()	根据世界时设置 Date 对象中的分钟（0～59）
setUTCSeconds()	根据世界时设置 Date 对象中的秒钟（0～59）
setUTCMilliseconds()	根据世界时设置 Date 对象中的毫秒（0～999）
toSource()	返回该对象的源代码
toString()	把 Date 对象转换为字符串
toTimeString()	把 Date 对象的时间部分转换为字符串
toDateString()	把 Date 对象的日期部分转换为字符串
toGMTString()	使用 toUTCString（）方法代替
toUTCString()	根据世界时，把 Date 对象转换为字符串
toLocaleString()	根据本地时间格式，把 Date 对象转换为字符串
toLocaleTimeString()	根据本地时间格式，把 Date 对象的时间部分转换为字符串
toLocaleDateString()	根据本地时间格式，把 Date 对象的日期部分转换为字符串
UTC()	根据世界时返回 1997 年 1 月 1 日到指定日期的毫秒数
valueOf()	返回 Date 对象的原始值

实例代码：

```
<!doctype html>
<html>
<head>
<meta charset="utf-8">
```

```
<title> 无标题文档 </title>
</head>
<body>
<script type="text/javascript">
<!--
now = new Date();
    if ( now.getYear() >= 2000 ){ document.write(now.getYear(),"年") }
    else { document.write(now.getYear()+1900,"年") }
    document.write(now.getMonth()+1," 月 ",now.getDate()," 日 ");
    document.write(now.getHours()," 时 ",now.getMinutes()," 分 ");
    document.write(now.getSeconds()," 秒 ");
//-->
</script>
</body>
</html>
```

在浏览器中预览，效果如图 27-10 所示。

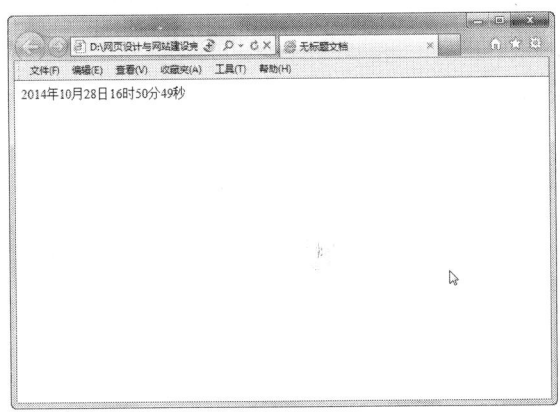

图 27-10 显示具体时间

本实例创建了一个 now 对象，从而使用 now = new Date() 从计算机系统时间中获取当前时间，并利用相应的方法，获取与时间相关的各种数值。getYear() 方法获取年份，getMonth() 方法获取月份，getDate() 方法获取日期，getHours() 方法获取小时，getMinutes() 获取分钟，getSeconds() 获取秒数。

27.5.2 数学对象 math

作为一门编程语言，进行数学计算是必不可少的。在数学计算中经常会使用到数学函数，如取绝对值、开方、取整、求三角函数值等，还有一种重要的函数是随机函数。JavaScript 将所有这些与数学有关的方法、常数、三角函数，以及随机数都集中到一个对象里面——Math 对象。math 对象是 JavaScript 中的一个全局对象，不需要由函数进行创建，而且只有一个。

基本语法：

```
math. 属性
math. 方法
```

实例代码：

```
<!doctype html>
<html>
<head>
<meta charset="utf-8">
```

```
<title>math 数字对象</title>
<script language="JavaScript" type="text/javascript">
function roundTmp(x,y)
{
var _pow=Math.pow(15,y);
x*=_pow;x=Math.round(x);
return x/_pow;
}
alert(roundTmp (65.645345654,2));
</script>
</head>
<body>
</body>
</html>
```

在浏览器中预览，效果如图 27-11 所示。

图 27-11　数学对象

math.round(x) 函数实际上等价于 math.floor(x+0.5)。但 round 函数仅能够将小数四舍五入为整数，而在实际开发中，经常需要四舍五入到指定位数。要实现这个功能可用如下思想：将原有小数扩到 10 的指定次方倍数，再四舍五入，最后将小数恢复到原来的数量级。代码的最后以"65.645345654,2"四舍五入到第 2 位小数说明了函数的执行，输出结果为"65.67"。

27.5.3　字符串对象 String

String 对象是动态对象，需要创建对象实例后才可以引用它的属性或方法，可以把用单引号或双引号括起来的一个字符串当做一个字符串的对象实例来看待，也就是说可以直接在某个字符串后面加上（.）去调用 String 对象的属性和方法。String 类定义了大量操作字符串的方法，例如从字符串中提取字符或子串，或者检索字符或子串。需要注意的是，JavaScript 的字符串是不可变的，String 类定义的方法都不能改变字符串的内容。

实例代码：

```
<!doctype html>
<html>
<head>
<meta charset="utf-8">
<title>string 字符串对象 String</title>
</head>
<body>
<script type="text/javascript">
var string="I love you "
document.write("<p>大字号显示：" + string.big() + "</p>")
```

```
document.write("<p> 小字号显示：" + string.small() + "</p>")
document.write("<p> 粗体显示：" + string.bold() + "</p>")
document.write("<p> 斜体显示：" + string.italics() + "</p>")
document.write("<p> 以打字机文本显示字符串：" + string.fixed() + "</p>")
document.write("<p> 使用删除线来显示字符串：" + string.strike() + "</p>")
document.write("<p> 使用红色来显示字符串：" + string.fontcolor("Red") + "</p>")
document.write("<p> 使用 18 号字来显示字符串：" + string.fontsize(18) + "</p>")
document.write("<p> 把字符转换为小写：" + string.toLowerCase() + "</p>")
document.write("<p> 把字符转换为大写：" + string.toUpperCase() + "</p>")
document.write("<p> 显示为下标：" + string.sub() + "</p>")
document.write("<p> 显示为上标：" + string.sup() + "</p>")
document.write("<p> 将字符串显示为链接：" + string.link("http://www.xxx.com") +
"</p>")
</script>
</body>
</html>
```

String 对象用于操纵和处理文本串，可以在程序中获得字符串长度、提取子字符串，以及将字符串转换为大写或小写字符。这里通过 String 的方法，为字符串添加了各种各样的样式。如图 27-12 所示。

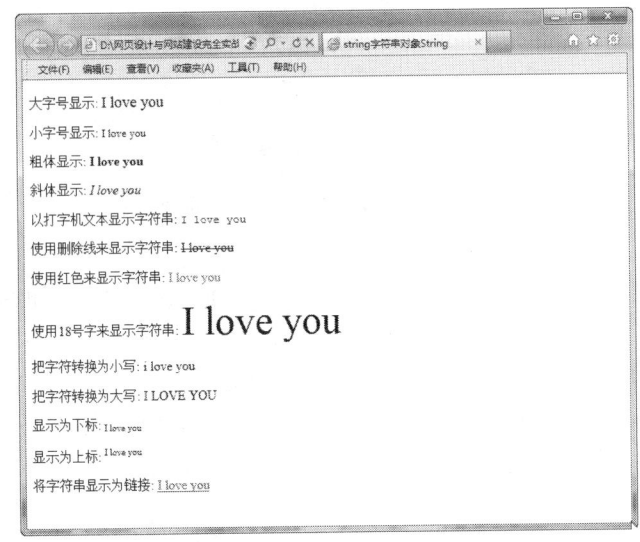

图 27-12 字符串对象 String

27.5.4 数组对象 Array

在程序中数据是存储在变量中的，但是，如果数据量很大，比如几百个学生的成绩，此时再逐个定义变量来存储这些数据就显得异常烦琐，如果通过数组来存储这些数据就会使这一过程大大简化。在编程语言中，数组是专门用于存储有序数列的工具，也是最基本、最常用的数据结构之一。在 JavaScript 中，Array 对象专门负责数组的定义和管理。

每个数组都有一定的长度，表示其中所包含的元素个数，元素的索引总是从 0 开始，并且最大值等于数组长度减 1，本节将分别介绍数组的创建和使用方法。

基本语法：

数组也是一种对象，使用前先创建一个数组对象。创建数组对象使用 Array 函数，并通过 new 操作符来返回一个数组对象，其调用方式有以下 3 种：

```
new Array()
new Array(len)
new Array([item0,[item1,[item2,…]]])
```

语法解释：

其中第 1 种形式创建一个空数组，它的长度为 0；第 2 种形式创建一个长度为 len 的数组，len 的数据类型必须是数字，否则按照第 3 种形式处理；第 3 种形式是通过参数列表指定的元素初始化一个数组。下面是分别使用上述形式创建数组对象的例子：

```
var objArray=new Array();              // 创建了一个空数组对象
var objArray=new Array(6);             // 创建一个数组对象，包括 6 个元素
var objArray=new Array("x","y","z");   // 以 "x"、"y"、"z" 3 个元素初始化一个数组对象
```

在 JavaScript 中，不仅可以通过调用 Array 函数创建数组，而且可以使用方括号 "[]" 的语法直接创造一个数组，它的效果与上面第 3 种形式的效果相同，都是以一定的数据列表来创建一个数组。这样表示的数组称为一个数组常量，是在 JavaScript 1.2 版本中引入的。通过这种方式就可以直接创建仅包含一个数字类型元素的数组了。例如下面的代码：

```
var objArray=[];              // 创建了一个空数组对象
var objArray=[2];             // 创建了一个仅包含数字类型元素 "2" 的数组
var objArray=["a","b","c"];   // 以 "a"、"b"、"c" 3 个元素初始化一个数组对象
```

实例代码：

```
<!doctype html>
<html>
<head>
<meta charset="utf-8">
<title> 数组对象 Array</title>
</head>
<body>
<script type="text/javascript">
function sortNumber(a, b)
{
return a - b
}
var arr = new Array(6)
arr[0] = "67"
arr[1] = "55"
arr[2] = "30"
arr[3] = "50"
arr[4] = "100"
arr[5] = "90"
document.write(arr + "<br />")
document.write(arr.sort(sortNumber))
</script>
</body>
</html>
```

本例使用 sort() 方法从数值上对数组进行排序。原来数组中的数字顺序是 "6,5,80,40,1000,100"，使用 sort 方法重新排序后的顺序是 "67,55,30,50,100,90"。最后使用 document.write 方法分别输出排序前后的数字，如图 27-13 所示。

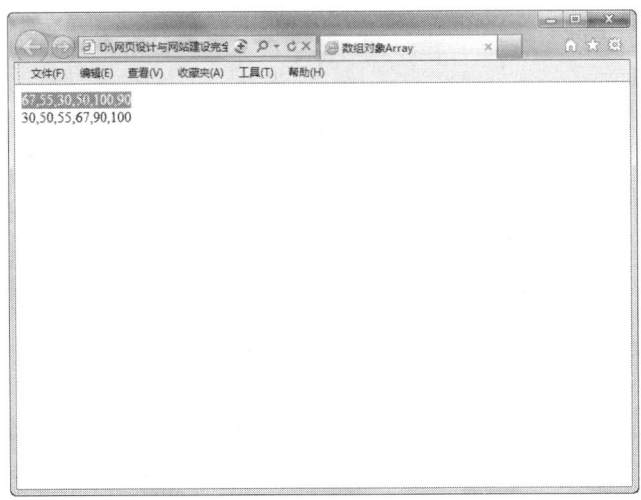

图 27-13 数组对象 Array

27.6 综合实例——改变网页背景颜色

Document 对象提供了几个属性，如 fgColor、bgColor 等来设置 Web 页面的显示颜色，它们一般定义在 <body> 标记中，在文档布局确定之前完成设置。通过改变这两个属性的值可以改变网页背景颜色和字体颜色。

实例代码：

```
<!doctype html>
<html>
<head>
<meta charset="utf-8">
<title> 鼠标放上链接改变网页背景颜色 </title>
<SCRIPT LANGUAGE="JavaScript">
function goHist(a)
{
    history.go(a);
}
</script>
</head>
<body>
<center>
<h2> 改变网页背景颜色 </h2>
<table border=1 borderlight=green style="border-collapse: collapse"
cellpadding="5" cellspacing="0">
<tr><td align=center><a href="#" onMouseOver="document.bgColor='skyblue'">
天空蓝 </a>
<a href="#" onMouseOver="document.bgColor='red'"> 大红色 </a>
<a href="#"onMouseOver="document.bgColor='#0066CC'">清新蓝 </a>
</td>
</tr>
</table>
</center>
</body>
</html>
```

运行代码，在浏览器中预览，效果如图 27-14 所示。

图 27-14 改变网页背景颜色

27.7 本章小结

JavaScript 可以根据需要创建自己的对象，从而进一步扩大 JavaScript 的应用范围，增强了编写功能强大的 Web 文件。另外，函数是进行模块化程序设计的基础，编写复杂的 Ajax 应用程序，必须对函数有更深入的了解。本章主要讲述了 JavaScript 中函数和对象的基础知识。

第 28 章 动态网站基础

本章导读

动态页面最主要的作用在于能够让用户通过浏览器来访问、管理和利用存储在服务器上的资源和数据，特别是数据库中的数据。本章重点介绍动态网页的工作原理和制作流程、网站开发语言、搭建服务器平台等内容。

技术要点

- ◆ 动态网站原理
- ◆ 在 Dreamweaver 中编码
- ◆ 搭建动态网页平台
- ◆ 数据库基础
- ◆ 创建数据库连接

28.1 动态网站原理

网络技术日新月异，许多网页文件扩展名不再只是 .htm，还有 .php、.asp 等，这些都是采用动态网页技术制作出来的。

28.1.1 什么是动态网站

动态网站技术的工作原理是：使用不同技术编写的动态页面保存在 Web 服务器内，当客户端用户向 Web 服务器发出访问动态页面的请求时，Web 服务器将根据用户所访问页面的后缀名确定该页面所使用的网络编程技术，然后把该页面提交给相应的解释引擎；解释引擎扫描整个页面找到特定的定界符，并执行位于定界符内的脚本代码，以实现不同的功能，如访问数据库、发送电子邮件、执行算术或逻辑运算等，最后把执行结果返回 Web 服务器；最终，Web 服务器把解释引擎的执行结果连同页面上的 HTML 内容，以及各种客户端脚本一同传送到客户端。

28.1.2 动态网站的主要技术

动态网站的工作方式其实很简单。那么是不是动态网页的学习和开发就轻松了呢？显然不是这样的。要使动态网站动起来，其中会需要多种技术进行支持。简单地概括就是：数据传输、数据存储和服务管理。

1. 数据传输

有的读者可能会想到，HTTP 不是专门负责数据传输的吗？是的。但是 HTTP 仅是一个应用层的自然协议。如何获取 HTTP 请求消息？还必须使用一种技术来实现。

可以选用一种编程语言（如 C、Java 等）来设置和接收 HTTP 请求和响应消息的构成，但是这种过程是非常费时、费力且易错的劳动，对于广大初学者来说简直就是望尘莫及。

如果能够提供现成的技术，封装对 HTTP 请求和响应消息的控制，即简化了开发，降低了学习的门槛。服务器技术的一个核心功能就是负责对 HTTP 请求和响应消息的控制。例如，在 ASP 中，我们直接调用 Request 和 Response 这两个对象，然后利用它们包含的属性和方法就可以完成 HTTP 请求和响应的控制。在其他服务器技术中，也都提供了这些基本功能，但是所使用的对象和方法可能略有不同。

2．数据存储

数据传输是动态网站的基础，但是如何存储数据也是动态网站必须解决的核心技术之一。也许你可能想到利用 HTTP 协议实现在不同页面之间传输信息。但是这仅解决了信息传输的基本途经，不是最佳方式。试想，在会员管理网站中，为了保证每一位登录会员都能够通过每个页面的验证，我们可能需要在 HTTP 中不断附加每位登录会员的信息，这本身就是一件很麻烦的事情。如果登录会员很多，无疑会增加 HTTP 传输的负担，甚至造成网络的堵塞，更为要命的是这很容易造成整个网络传输的混乱。

显然如果使用 HTTP 来完成所有信息的共享和传输问题是很不现实的，也是行不通的。最理想的方法是服务器能够提供一种技术来存储不同类型的数据。例如，根据信息的应用范围可以分为：应用程序级变量（存储的信息为所有人共享）和会话级变量（存储的信息仅为某个用户使用）。一般服务器技术都能够提供服务器内存管理，在服务器内存里划分出不同区域，专门负责存储不同类型的变量，以实现数据的共享和传递。另外，一般服务器技术都会提供 Cookie 技术，以便把用户信息保存到用户本地的计算机中，使用时再随时从客户端调出来，从而实现信息的长久保存和再利用。

3．服务管理

解决动态网站的数据传输和存储这两个基本问题，动态网站的条件就基本成立了。但是要希望动态网站能够稳健地运行，还需要一套技术来维持这种运行状态。这套技术就是服务器管理，实际上这也是服务器技术中最复杂的功能。

当然，我们这里所说的服务器管理仅仅是狭义的管理概念，它仅包括服务器参数设置、动态网站环境设置，以及网站内不同功能模块之间的协同管理。例如，网站物理路径和相对路径的管理、服务器安全管理、网站默认值管理、扩展功能管理和辅助功能管理，以及一些管理工具的支持等。

如果没有服务器管理技术的支持，整个服务器可能只能运行一个网站（或一个 Web 应用程序），动态网页也无法准确定位自己的位置。整个网站处于一片混乱的状态。在 ASP 服务器技术中，我们可以利用 Server 对象来管理各种功能，如网页定位、环境参数设置、安装扩展插件等。

28.2　在 Dreamweaver 中编码

在 Dreamweaver 中可以处理多种文件类型，包括 HTML、XML、层叠样式表（CSS）、JavaScript、VBScript、无线标记语言（WML）、扩展数据标记语言（EDML）、Dreamweaver 模板（.dwt）和文本等。

28.2.1　根据代码提示设置背景音乐

通过代码提示，可以在"代码"视图中插入代码。在输入某些字符时，将显示一个列表，列出完成条目所需要的选项。下面通过代码提示讲述背景音乐的插入，效果如图 28-1 所示，具体操作步骤如下：

图 28-1 背景音乐

原始文件：	原始文件 /CH28/28.2.1/index.html
最终文件：	最终文件 /CH28/28.2.1/index1.html

01 打开网页文档，如图 28-2 所示。

图 22-2 打开网页文档

02 切换到"代码"视图，找到标签 <body>，并在其后面输入"<"以显示标签列表，输入"<"时会自动弹出一个列表框，如图 20-5 所示，向下滚动该列表框并双击插入 bgsound 标签。

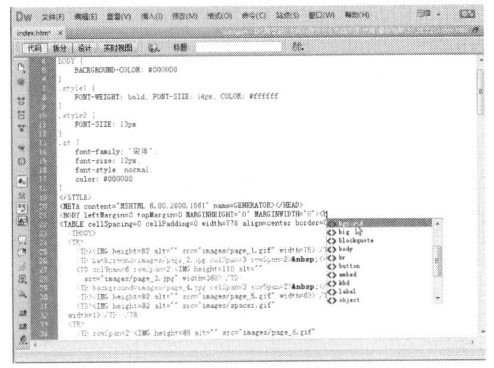

图 28-3 输入"<"

03 如果该标签支持属性，则按空格键以显示该标签允许的属性下拉列表，从中选择属性 src，如图 28-4 所示，这个属性用来设置背景音乐文件的路径。

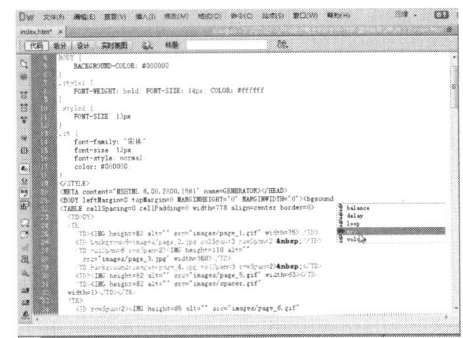

图 28-4 选择属性 src

04 按 Enter 键后，出现"浏览"字样，单击以弹出"选择文件"对话框，在对话框中选择音乐文件，如图 20-5 所示。

图 28-5 "选择文件"对话框

05 单击"确定"按钮，在新插入的代码后按空格键，在属性下拉列表中选择属性 loop，如图 28-6 所示。

图 28-6 选择属性 loop

06 选中 loop 后，出现 "-1" 并选中。在最后的属性值后，为该标签输入 ">"，如图 20-7 所示。保存文件，按 F12 键在浏览器中预览就能听到音乐了。

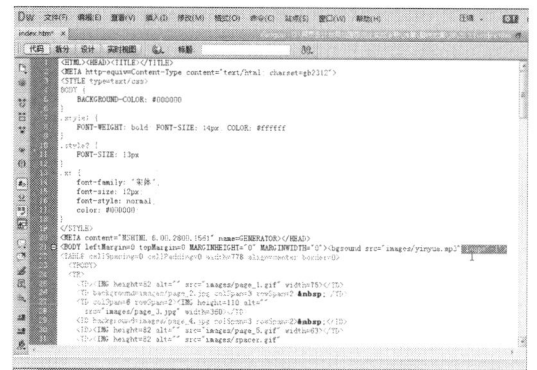

图 28-7 设置属性 loop

28.2.2 使用代码片断快速创建网页

插入代码片断的具体操作步骤如下：

01 执行 "窗口" | "代码片断" 命令，打开 "代码片断" 面板，如图 28-8 所示。

02 将光标置于要插入代码片断的位置，在 "代码片断" 面板中双击要插入的代码片断，单击面板左下角的 "插入" 按钮，如图 28-9 所示。

03 插入代码片断后，在 "代码" 视图中的代码如图 28-10 所示。

图 28-8 "代码片断" 面板　　图 28-9 要插入的代码片断

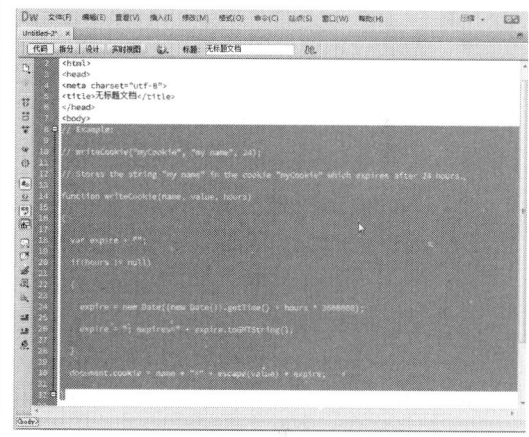

图 28-10 插入代码片断

28.3 动态网站技术类型

实际上目前常用的 3 类服务器技术就是活动服务器网页（Active Server Pages，ASP）、Java 服务器网页（JavaServer Pages，JSP）、超文本预处理程序（Hypertext Preprocessor，PHP）。这些技术的核心功能都是相同的，但是它们基于的开发语言不同，实现功能的途径也存在差异。当你掌握了一种服务器技术后，再学习另一种服务器技术，就会发现简单多了。这些服务器技术都可以设计出常用动态网页，对于一些特殊功能，不同服务器技术支持程度不同，操作的难易程度也略有差别，甚至还有些功能必须借助各种外部扩展才可以实现。

28.3.1 ASP

ASP 是一种服务器端脚本编写环境，可以用来创建和运行动态网页或 Web 应用程序。ASP 采用 VB Script 和 JavaScript 脚本语言作为开发语言，当然也可以嵌入其他脚本语言。ASP 服务器技术只能在 Windows 系统中使用。

ASP 网页具有以下特点：

- 利用 ASP 可以实现突破静态网页的一些功能限制，实现动态网页技术。

- ASP 文件是包含在 HTML 代码所组成的文件中的，易于修改和测试。
- 服务器上的 ASP 解释程序会在服务器端执行 ASP 程序，并将结果以 HTML 格式传送到客户端浏览器上，因此使用各种浏览器都可以正常浏览 ASP 所产生的网页。
- ASP 提供了一些内置对象，使用这些对象可以使服务器端脚本功能更强。例如，可以从 Web 浏览器中获取用户通过 HTML 表单提交的信息，并在脚本中对这些信息进行处理，然后向 Web 浏览器发送信息。
- ASP 可以使用服务器端 ActiveX 组件来执行各种各样的任务，例如存取数据库、发送 Email 或访问文件系统等。
- 由于服务器是将 ASP 程序执行的结果以 HTML 格式传回客户端浏览器的，因此使用者不会看到 ASP 所编写的原始程序代码，可防止 ASP 程序代码被窃取。
- 方便连接 ACCESS 与 SQL 数据库。
- 开发需要有丰富的经验，否则会留出漏洞，被黑客利用进行注入攻击。

28.3.2　PHP

PHP 也是一种比较流行的服务器技术，它最大的优势就是开放性和免费服务。你不用花费一分钱，就可以从 PHP 官方站点（http://www.php.net）下载 PHP 服务软件，并不受限制地获得源码，甚至可以从中加进自己的功能。PHP 服务器技术能够兼容不同的操作系统。PHP 页面的扩展名为 .php。

PHP 有以下特性：

- 开放的源代码：所有的 PHP 源代码事实上都可以得到。
- PHP 是免费的：和其他技术相比，PHP 本身免费而且是开源代码。
- PHP 具有快捷性：程序开发快、运行快、技术本身学习快。因为 PHP 可

以被嵌入于 HTML 语言，它相对于其他语言，编辑简单，实用性强，更适合初学者。

- 跨平台性强：由于 PHP 是运行在服务器端的脚本，可以运行在 UNIX、Linux、Windows 下。
- 效率高：PHP 消耗相当少的系统资源。
- 图像处理：用 PHP 动态创建图像。
- 面向对象：在 PHP 4、PHP 5 中，面向对象方面都有了很大的改进，现在 PHP 完全可以用来开发大型商业程序。
- 专业专注：PHP 支持脚本语言为主，同为类 C 语言。

28.3.3　JSP

JSP 是 Sun 公司倡导、许多公司参与一起建立的一种动态网页技术标准。JSP 可以在 Serverlet 和 JavaBean 技术的支持下，完成功能强大的 Web 应用开发。另外，JSP 也是一种跨多个平台的服务器技术，几乎可以执行于所有平台。

JSP 技术是用 JAVA 语言作为脚本语言的，JSP 网页为整个服务器端的 Java 库单元提供了一个接口来服务于 HTTP 的应用程序。

在传统的网页 HTML 文件（*.htm,*.html）中加入 JAVA 程序片段和 JSP 标记（tag），就构成了 JSP 网页（*.jsp）。Web 服务器在遇到访问 JSP 网页的请求时，首先执行其中的程序片段，然后将执行结果以 HTML 格式返回客户。程序片段可以操作数据库、重新定向网页及发送 E-mail 等，这就是建立动态网站所需要的功能。

JSP 的优点：

- 对于用户界面的更新，其实就是由 Web Server 进行的，所以给人的感觉更新很快。
- 所有的应用都是基于服务器的，所以它们可以时刻保持最新版本。
- 客户端的接口不是很烦琐，对于各种应用易于部署、维护和修改。

28.3.4　ASP、PHP 和 JSP 比较

ASP、PHP 和 JSP 这三大服务器技术具有很多共同的特点：

- 都是在 HTML 源代码中混合其他脚本语言或程序代码。其中 HTML 源代码主要负责描述信息的显示结构和样式，而脚本语言或程序代码则用来描述需要处理的逻辑。
- 程序代码都是在服务器端经过专门的语言引擎解释执行之后，把执行结果嵌入到 HTML 文档中的，最后再一起发送给客户端浏览器。
- ASP、PHP 和 JSP 都是面向 Web 服务器的技术，客户端浏览器不需要任何附加的软件支持。

当然，它们也存在很多不同，例如：

- JSP 代码被编译成 Servlet，并由 JAVA 虚拟机解释执行，这种编译操作仅在对 JSP 页面的第一次请求时发生，以后就不再需要编译。而 ASP 和 PHP 则每次请求都需要进行编译。因此，从执行速度上来说，JSP 的效率当然最高。
- 目前国内的 PHP 和 ASP 应用最为广泛。由于 JSP 是一种较新的技术，国内使用较少。但是在国外，JSP 已经是比较流行的一种技术，尤其是电子商务类网站多采用 JSP。
- 由于免费的 PHP 缺乏规模支持，使得它不适合应用于大型电子商务站点，而更适合一些小型商业站点。ASP 和 JSP 则没有 PHP 的这个缺陷。ASP 可以通过微软的 COM 技术获得 ActiveX 扩展支持，JSP 可以通过 JAVA Class 和 EJB 获得扩展支持。同时升级后的 ASP.NET 更是获得 .NET 类库的强大支持，编译方式也采用了 JSP 的模式，功能可以与 JSP 相抗衡。

总之，ASP、PHP 和 JSP 三者都有自己的用户群，它们各有所长，读者可以根据三者的特点选择一种适合自己的语言。

28.4　搭建本地服务器

要建立具有动态的 Web 应用程序，必需建立一个 Web 服务器，选择一门 Web 应用程序开发语言，为了应用得更深入还需要选择一款数据库管理软件。同时，因为是在 Dreamweaver 中开发的，还需要建立一个 Dreamweaver 站点，该站点能够随时调试动态页面。因此创建一个这样的动态站点，需要 Web 服务器 +Web 开发程序语言 + 数据库管理软件 +Dreamweaver 动态站点。

28.4.1　安装 IIS

互联网信息服务（Internet Information Server，IIS）是一种 Web 服务组件，它提供的服务包括 Web 服务器、FTP 服务器、NNTP 服务器和 SMTP 服务器，这些服务分别用于网页浏览、文件传输、新闻服务和邮件发送等方面。使用这个组件提供的功能，使得在网络（包括互联网和局域网）上发布信息成了一件很简单的事情。

安装 IIS 的具体操作步骤如下：

01 在 Windows 7 系统下，执行"开始" | "控制面板" | "程序"命令，弹出如图 28-11 所示的页面。

02 弹出"Windows 功能"窗口，可以看到有些选项需要手动选择的，

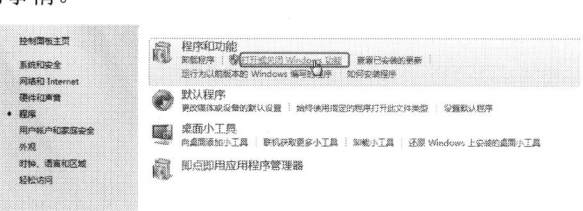

图 28-11　打开或关闭 Windows 功能

选中需要安装的功能复选框，如图28-12所示。

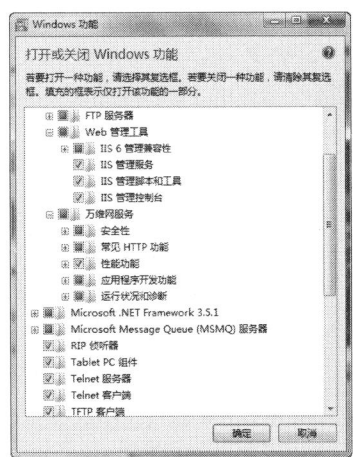

图28-12 "Windows 功能"窗口

03 单击"确定"按钮，弹出如图28-13所示的"Microsoft Windows"提示框。

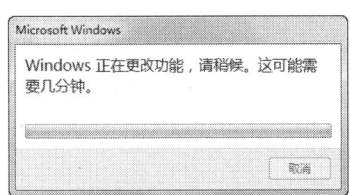

图28-13 提示框

04 安装完成后，再次进入"控制面板"，选择"管理工具"，双击"Internet 信息服务（IIS）管理器"选项，进入 IIS 设置界面，如图28-14所示。

图28-14 双击 Internet 信息服务（IIS）管理器

05 选择"Default Web Site"选项，并双击"ASP"图标，如图28-15所示。

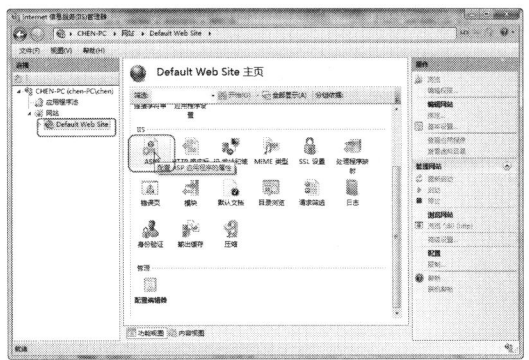

图28-15 双击"ASP"图标

06 IIS 7 中 ASP 父路径是没有启用的，要选择"True"选项，才可开启父路径，如图28-16所示。

图28-16 可开启父路径

07 单击右侧的"高级设置"超链接，弹出"高级设置"对话框，设置"物理路径"，如图28-17所示。

图28-17 设置"物理路径"

08 单击"编辑网站"下面的"编辑"按钮，弹出"网站绑定"对话框，单击右侧的"编辑"按钮，设置网站的端口，如图28-18所示。

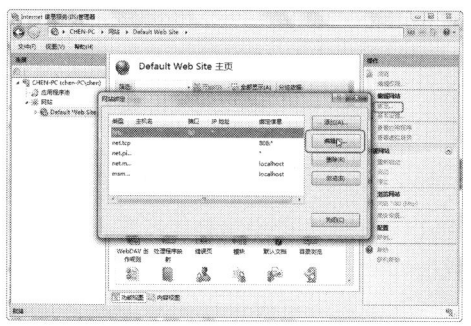

图 28-18　"网站绑定"对话框

28.4.2　配置 Web 服务器

01 双击 "Internet 信息服务（IIS）管理器"
窗口中的 "默认文档" 图标，如图 28-19 所示。

图 28-19　双击 "默认文档" 图标

02 在打开的页面中单击右侧的 "添加" 超链接，
如图 28-20 所示。

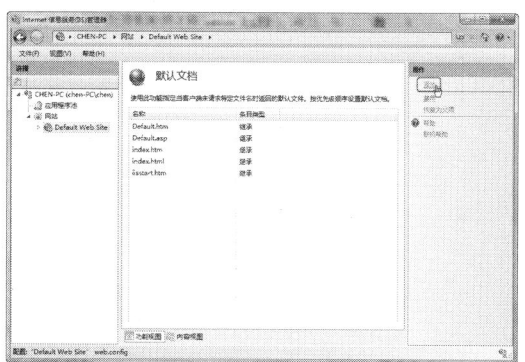

图 28-20　单击右侧的 "添加" 超链接

03 弹出 "添加默认文档" 对话框，在 "名称"
文本框中输入名称，单击 "确定" 按钮即可，
如图 28-21 所示。

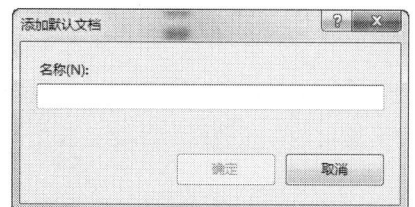

图 28-21　"添加默认文档" 对话框

28.5　数据库相关术语

　　数据库是创建动态网页的基础。对于网站来说一般都要准备一个用于存储、管理和获取客户信息的数据库。利用数据库制作的网站，一方面，在前台，访问者可以利用查询功能很快地找到自己要的资料；另一方面，在后台，网站管理者通过后台管理系统可能很方便地管理网站，而且后台管理系统界面很直观，即使不懂计算机的人也很容易学会使用。

28.5.1　什么是数据库

　　数据库就是计算机中用于存储、处理大量数据的软件，一些关于某个特定主题或目的的信息集合。数据库系统主要目的在于维护信息，并在必要时提供协助取得这些信息。

　　互联网的内容信息绝大多数都存储在数据库中，可以将数据库看做是一家制造工厂的产品仓库，专门用于存放产品，仓库具有严格而规范的管理制度，入库、出库、清点、维护等日常管理工作都十分有序，而且还以科学、有效的手段保证产品的安全。数据库的出现和应用使得客户对网站内容的新建、修改、删除、搜索变得更为轻松、自由、简单和快捷。网站的内容既繁多，又复杂，而且数量和长度根本无法统计，所以必须采用数据库来管理。

　　成功的数据库系统应具备以下特点：

- 功能强大。

- 能准确地表示业务数据。
- 容易使用和维护。
- 对最终用户操作的响应时间合理。
- 便于数据库结构的改进。
- 便于数据的检索和修改。
- 较少的数据库维护工作。
- 有效的安全机制能确保数据安全。
- 冗余数据最少或不存在。
- 便于数据的备份和恢复。
- 数据库结构对最终用户透明。

28.5.2 数据库表

在关系数据库中，数据库表是一系列二维数组的集合，用来代表和储存数据对象之间的关系。它由纵向的列和横向的行组成，

例如一个有关作者信息的名为 authors 的表中，每个列包含的是所有作者的某个特定类型的信息，比如"姓氏"，而每行则包含了某个特定作者的所有信息：姓、名、住址等。

对于特定的数据库表，列的数目一般事先固定，各列之间可以由列名来识别。而行的数目可以随时、动态变化。

关系键是关系数据库的重要组成部分。关系键是一个表中的一个或几个属性，用来标识该表的每一行或与另一个表产生联系。

主键，又称主码（英语：primary key 或 unique key）。数据库表中对储存数据对象予以唯一和完整标识的数据列或属性的组合。一个数据列只能有一个主键，且主键的取值不能缺失，即不能为空值（Null）。

28.6 常见的数据库管理系统

目前有许多数据库产品，如 Microsoft Access、Microsoft SQL Server 和 Oracle 等产品各以自己特有的功能，在数据库市场上占有一席之地。下面简要介绍几种常用的数据库管理系统。

1. Oracle

Oracle 是一个最早商品化的关系型数据库管理系统，也是应用广泛、功能强大的数据库管理系统。Oracle 作为一个通用的数据库管理系统，不仅具有完整的数据管理功能，还是一个分布式数据库系统，支持各种分布式功能，特别是支持 Internet 应用。作为一个应用开发环境，Oracle 提供了一套界面友好、功能齐全的数据库开发工具。Oracle 使用 PL/SQL 语言执行各种操作，具有可开放性、可移植性、可伸缩性等功能。特别是在 Oracle 8 中，支持面向对象的功能，如支持类、方法、属性等，使得 Oracle 产品成为一种对象 / 关系型数据库管理系统。

2. Microsoft SQL Server

Microsoft SQL Server 是一种典型的关系型数据库管理系统，可以在许多操作系统上运行，它使用 Transact-SQL 语言完成数据操作。由于 Microsoft SQL Server 是开放式的系统，其他系统可以与它进行完好的交互操作。目前最新版本的产品为 Microsoft SQL Server 2000，它具有可靠性、可伸缩性、可用性、可管理性等特点，为用户提供完整的数据库解决方案。

3. Microsoft Access

作为 Microsoft Office 组件之一的 Microsoft Access 是在 Windows 环境下非常流行的桌面型数据库管理系统。使用 Microsoft Access 无须编写任何代码，只需通过直观的可视化操作，就可以完成大部分数据管理任务。在 Microsoft Access 数据库中，包括许多组成数据库的基本要素。这些要素是存储信息的表、显示人机交互界面的窗体、有效检索数据的查询、信息输出载体的报表、提高应用效率的宏、功能强大的模块工具等。它不仅可以通过 ODBC 与其他数据库相连，实现数据交换和共享，还可以与 Word、Excel 等办公软件进行数据交换和共享，并且通过对象链接与嵌入技术在数据库中嵌入和链接声音、图像等多媒体数据。

Access 更适合一般的企业网站，因为开发技术简单，而且在数据量不是很大的网站上，检索速度快。不用专门去分离出数据库空间，数据库和网站在一起，节约了成本。而一般的大型政府、门户网站，由于数据量比较大，所以选用 SQL 数据库，可以提高海量数据检索的速度。

28.7　创建 Access 数据库

与其他关系型数据库系统相比，Access 提供的各种工具既简单又方便，更重要的是 Access 提供了更为强大的自动化管理功能。

下面以 Access 为例讲述数据库的创建，具体操作步骤如下：

> ★ 知识要点 ★
>
> 数据库是计算机中用于储存、处理大量数据的软件。在创建数据库时，将数据存储在表中，表是数据库的核心。在数据库的表中可以按照行或列来表示信息。表的每一行称为一个"记录"，而表中的每一列称为一个"字段"，字段和记录是数据库中最基本的术语。

01 启动 Access 软件，执行"文件"|"新建"命令，打开"新建文件"窗格，如图 28-22 所示，在窗格中单击"空数据库"超链接。

图 28-22　"新建文件"窗格

02 弹出"文件新建数据库"对话框，在对话框中选择数据库保存的位置，在"文件名"

组合框中输入 liuyan，如图 28-23 所示。

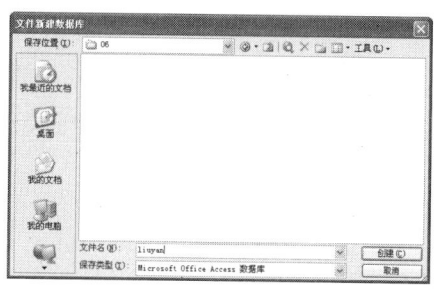

图 28-23　"文件新建数据库"对话框

03 单击"创建"按钮，弹出如图 28-24 所示的窗口，双击"使用设计器创建表"选项，弹出"表1：表"窗口，在"字段名称"和"数据类型"文本框中分别输入如图 28-25 所示的字段。

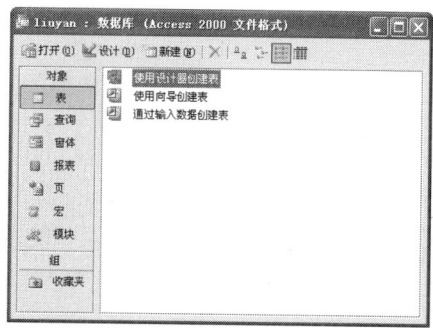

图 28-24　双击"使用设计器创建表"

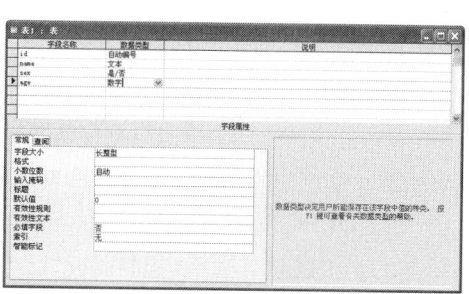

图 28-25　输入字段

★ 知识要点 ★

Access 为数据库提供了"文本"、"备注"、"数字"、"日期/时间"、"货币"、"自动编号"、"是/否"、"OLE 对象"、"超链接"、"查阅向导"等 10 种数据类型，每种数据类型的说明如下：

- 文本数据类型：可以输入文本字符，如中文、英文、数字、字符、空白。
- 备注数据类型：可以输入文本字符，但它不同于文字类型，它可以保存约 64KB 字符。
- 数字数据类型：用来保存如整数、负整数、小数、长整数等数值数据。
- 日期/时间数据类型：用来保存和日期、时间有关的数据。
- 货币数据类型：适用于无须很精密计算的数值数据，例如，单价、金额等。
- 自动编号数据类型：适用于自动编号类型，可以在增加一笔数据时自动加1，产生一个数字的字段，自动编号后，用户无法修改其内容。
- 是/否数据类型：关于逻辑判断的数据，都可以设定为此类型。
- OLE 对象数据类型：为数据表链接诸如电子表格、图片、声音等对象。
- 超链接数据类型：用来保存超链接数据，如网址、电子邮件地址。
- 查阅向导数据类型：用来查询可预知的数据字段或特定数据集。

04 设计完表后关闭设计表窗口，弹出如图 28-26 所示的对话框，提示"是否保存对表 1 设计的更改"，单击"是"按钮，弹出如图 28-27 所示的"另存为"对话框，在对话框中输入表的名称。

图 28-26 提示是否保存表

图 28-27 "另存为"对话框

05 单击"确定"按钮，弹出如图 28-28 所示的对话框，单击"是"按钮即可插入主键，此时在数据库中可以看到新建的表，如图 28-29 所示。

图 28-28 弹出提示信息

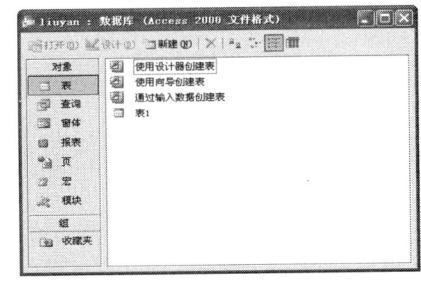

图 28-29 新建的表

28.8 创建数据库连接

动态页面最主要的就是结合后台数据库，自动更新网页，所以离开数据库的网页也就谈不上动态了。任何内容的添加、删除、修改、检索都是建立在连接基础上进行的。

要在 ASP 中使用 ADO 对象来操作数据库，首先要创建一个指向该数据库的 ODBC 连接。在 Windows 系统中，ODBC 的连接主要通过 ODBC 数据源管理器来完成。下面就以 Windows 7 为例讲述 ODBC 数据源的创建过程，具体操作步骤如下：

01 单击"开始按钮"，执行"控制面板"|"系统和安全"|"管理工具"|"数据源（ODBC）"命令，弹出"ODBC 数据源管理器"对话框，在对话框中切换到"系统 DSN"选项卡，如图 28-30 所示。

02 单击"添加"按钮，弹出"创建新数据源"对话框，选择如图 28-31 所示的设置后，单击"完成"按钮。

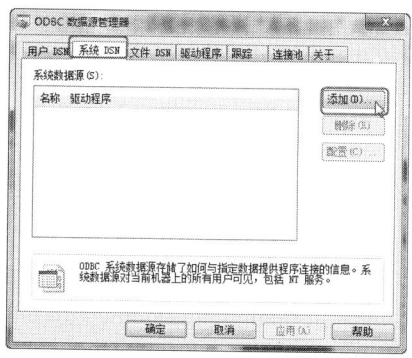

图 28-30　"系统 DSN"选项卡

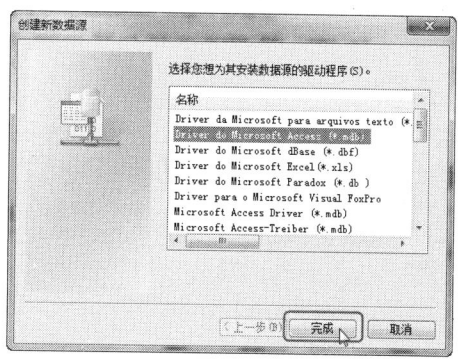

图 28-31　"创建新数据源"对话框

★ 提示 ★

64 位 Windows 7 的操作系统里 ODBC 无法添加"修改"配置，添加数据源时只有 SQL Server 可选，如图 28-32 所示。

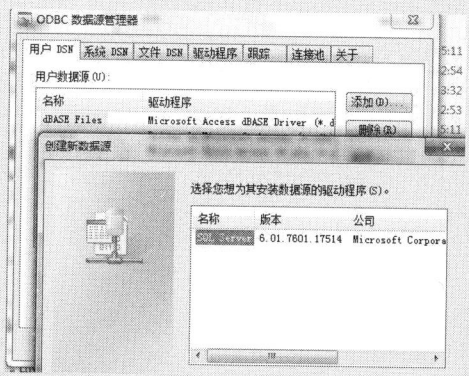

图 28-32　添加数据源

解决方法是：

通过 C:/Windows/SysWOW64/odbcad32.exe 启动 32 位版本 ODBC 管理工具，便可解决，效果如图 28-33 所示。

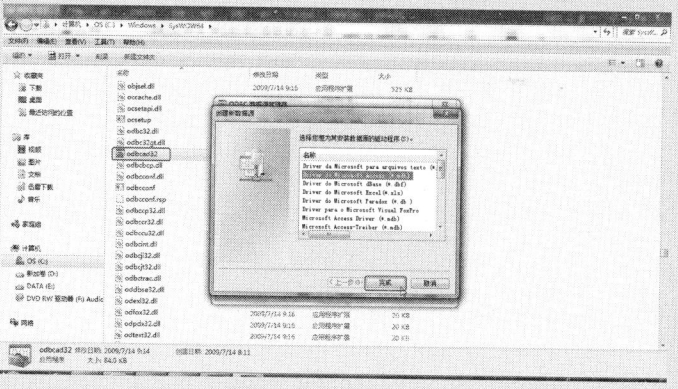

图 28-33　添加修改配置

03 弹出如图 28-34 所示的 "ODBC Microsoft Access 安装" 对话框，选择数据库的路径，在 "数据源名" 文本框中输入数据源的名称，单击 "确定" 按钮，在如图 28-35 所示的对话框中可以看到创建的数据源。

图 28-34 "ODBC Microsoft Access 安装" 对话框

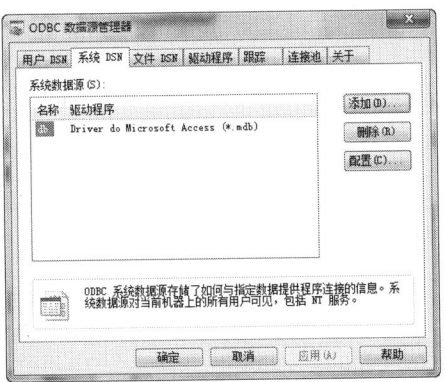

图 28-35 创建的数据源

第29章 动态网页开发语言 ASP 基础与应用

本章导读

ASP 是 Active Server Page 的缩写，意为"活动服务器网页"。ASP 是微软公司开发的代替 CGI 脚本程序的一种应用，它可以与数据库和其他程序进行交互，是一种简单、方便的编程工具。ASP 的网页文件的格式是 .asp，现在常用于各种动态网站中。它能很好地将脚本语言、HTML 标记语言和数据库结合在一起，创建网站中各种动态应用程序。可以使用数据库对信息资料进行收集；可以通过网页程序来操控数据库；可以随时随地发布最新的消息和内容；可以快速查找需要的信息资料。

技术要点

◆ 了解 ASP 的基本概念　　　　　　◆ 掌握 ASP 中内置对象的使用

◆ 熟悉 ASP 的工作原理

29.1 ASP 概述

ASP 是嵌入网页中的一种脚本语言，它可以是 HTML 标记、文本和脚本命令的任意组合。ASP 文件的扩展名是 .asp，而不是传统的 .htm。

29.1.1 ASP 简介

ASP 是一种服务器端脚本编写环境，可以用来创建和运行动态网页或 Web 应用程序。ASP 网页可以包含 HTML 标记、普通文本、脚本命令及 COM 组件等。利用 ASP 可以向网页中添加交互式内容，也可以创建使用 HTML 网页作为用户界面的 Web 应用程序。

下面的代码实例是一个基本的 ASP 的程序：

```
<html>
<head>
<title> 我的第一个 ASP 程序 </title>
</head>
<body>
<%response.write(" 我的第一个 ASP 程序 ")%>
</body>
</html>
```

在浏览器中浏览，效果如图 29-1 所示。

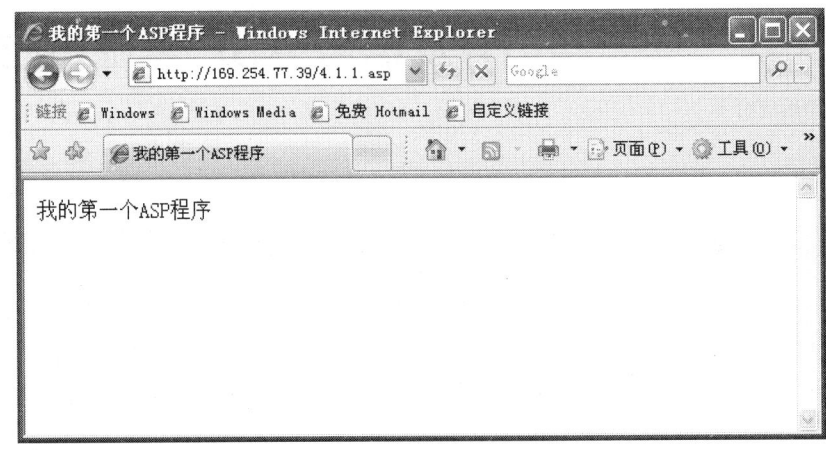

图 29-1 简单的 ASP 程序

仔细分析该程序可以看出，ASP 程序共由两部分组成：一部分是 HTML 标题，另一部分就是嵌入在 "<%" 和 "%>" 中的 ASP 程序。

在 ASP 程序中，需要将内容输出到页面上时，可以使用 Response.Write() 方法。

29.1.2 ASP 的工作原理

如图 29-2 所示，ASP 的工作原理分为以下几个步骤：

01 用户向浏览器地址栏输入网址，默认页面的扩展名是 .asp。

02 浏览器向服务器发出请求。

03 服务器引擎开始运行 ASP 程序。

04 ASP 文件按照从上到下的顺序开始处理，执行脚本命令，执行 HTML 页面内容。

05 页面信息发送到浏览器。

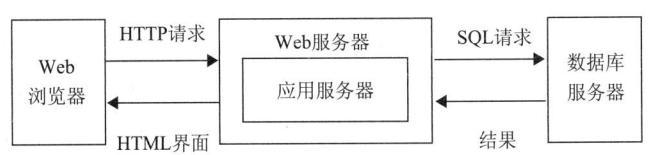

图 29-2 ASP 的工作原理

上述步骤基本上是 ASP 的整个工作流程。但这个处理过程是相对简化的，在实际的处理过程中，还可能会涉及诸多问题，如数据库操作、ASP 页面的动态产生等。此外，Web 服务器也并不是接到一个 ASP 页面请求就重新编辑一次该页面，如果某个页面再次接收到和前面完全相同的请求，服务器会直接去缓冲区中读取编译的结果，而不是重新运行。

29.2 ASP 连接数据库

数据库网页动态效果的实现，其实就是将数据库表中的记录显示在网页上。因此如何在网页中创建数据库连接，并读取出数据显示，是开发动态网页的一个重点。

用得最多的就是 Access 和 SQL Server 数据库，下面介绍各自的连接语句。

1. ASP 连接 Access 数据库语句

```
Set Conn=Server.CreateObject("ADODB.Connection")
Connstr="DBQ="+server.mappath("bbs.mdb")+";DefaultDir=;
DRIVER={Microsoft AccessDriver(*.mdb)};"
Conn.Open connstr
```

其中，Set Conn=Server.CreateObject("ADODB.Connection") 为建立一个访问数据的对象。server.mappath("bbs.mdb") 是告诉服务器 Access 数据库访问的路径。

2. ASP 连接 SQLServer 数据库语句

```
Set conn = Server.CreateObject("ADODB.Connection")
conn.Open"driver={SQLServer};server=202.108.32.94;uid=wu77445;pwd=p78022;
database=w"
conn open
```

其中，Set conn = Server.CreateObject("ADODB.Connection") 为设置一个数据库的连接对象。driver=（）告诉连接的设备名是 SQLServer。server 是连接的服务器的 IP 地址，Uid 是指用户的用户名，pwd 是指的用户的 password，database 是用户数据库在服务器端的数据库的名称。

29.3　Request 对象

Request 对象的作用是与客户端交互，收集客户端的 Form、Cookies、超链接，或者收集服务器端的环境变量。

29.3.1　集合对象

Request 提供了如下 5 个集合对象，利用这些集合可以获取不同类型的客户端发送的信息或服务器端预定的环境变量的值：Client Certificate、Cookies、Form、Query String、Server Variables。

1. Client Certificate

Client Certificate 用于检索存储在发送到 HTTP 请求中客户端证书中的字段值。它的语法如下：

```
Request.Client Certificate
```

★ 提示 ★

浏览器端要用 https:// 与服务器连接，而服务器端也要设置用户需要认证。Request.ClientCertificate 才会有效。

2. Cookies

Request. Cookies 和 Response. Cookies 是相对的。Response. Cookies 是将 Cookies 写入，而它则是将 Cookies 的值取出。语法如下：

```
变量 = Request.Cookies（Cookies 的名字）
```

3. Form

Form 是用来取得由表单所发送的值。

4．Query String

Query String 集合通过处理用户使用 GET 方法发送到服务器端的表单信息，将 URL 后的数据提取出来。

Query String 集合语法如下：

```
Request. Query String (variable) [(index) |.Count]
```

其中参数的含义如下：

- variable：是 HTTP 指定要查询字符串的变量名。
- index：是可选参数，使用该参数可以访问某参数中多个值中的一个，它可以是 1 到 Request. QueryString（parameter）Count 之间的任意整数。
- count：指明变量值的个数，可以调用"Request.QueryString（variable）Count"来确定。

可看出 QueryString 集合与 Form 集合的使用方法类似，而区别在于：对于客户端用 GET 传送的数据，使用 QueryString 集合提取数据，而对于客户端用 POST 传送的数据，使用 Form 集合提取数据。一般情况下，大量数据使用 POST 方法，少量数据才使用 GET 方法。

5．Server Variables

Server Variables 用来存储环境变量及 HTTP 标题（Header）。

29.3.2 属性

Request 对象只有一个属性 Total Bytes，表示从客户端接收数据的字节长度，其语法格式如下：

```
Request. Total Bytes
```

29.3.3 方法

Request 对象只有一个方法 Binary Read。Binary Read 方法以二进制方式来读取客户端使用 Post 方式所传递的数据。其语法如下：

```
数组名＝ Request. Binary Read（数值）
```

29.3.4 Request 对象使用实例

下面通过一个实例讲述 Request 对象的使用方法，这里创建两个文件，一个表单提交页面 1.asp，一个提交表单处理页面 2.asp。

1.asp 的代码如下：

```html
<html>
<head>
<title>Form集合</title>
</head>
<body>
<form method="post" action="2.asp">
  <p> 请输入你的姓名 ：
  <input name="tname" type="text"/>
  </p>
  <p> 请选择你的性别 ：
    <select name="sex">
     <option value="man"> 男
    <option value="woman"> 女
    </select>
```

```
    </p>
    <p>
      <input type="submit" name="bs" value=" 提交 " >
      <input type="reset" name="br" value=" 重写 " >
    </p>
</form>
</body>
</html>
```

在浏览器中浏览效果，如图 29-3 所示。

2.asp 的代码如下：

```
<% @language="vbscript" %>
<%  if request.form("tname")<>" "then
        dim strname,strsex
          strname=request.form("tname")
          strsex=request.form("sex")
    if strsex="man" then
          response.write(" 欢迎你 ,"+strname+" 先生 !")
          else
        response.write(" 欢迎你 ,"+strname+" 女士 !")
    end if
  else
      response.write(" 你没有输入姓名 .")
end if%>
```

当在图 29-3 所示的表单提交页面输入相关信息，单击"提交"按钮后，进入 2.asp 页面，效果如图 29-4 所示。

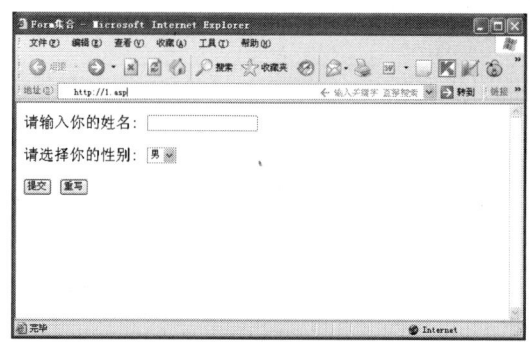

图 29-3　表单提交页面

图 29-4　代码执行效果

29.4　Response 对象

与 Request 是获取客户端 HTTP 信息相反，Response 对象的主要功能是将数据信息从服务器端传送数据至客户端浏览器。

29.4.1　集合对象

Response 对象只有一个数据集合，就是 Cookies。它用来在 Client 端写入相关数据，以便以后使用。它的语法如下：

```
Response. Cookies(Cookies 的名字 ) = Cookies 的值
```

注意：Response.Cookies 语句必须放在 ASP 文件的最前面，也就是 <html> 之前，否则将发生错误。

29.4.2 属性

Response 对象中有很多属性，如表 29-1 所示。

表 29-1 Response 对象的常见属性

属性	说明
Buffer	指定是否使用缓冲页输出
ContentType	指定响应的 HTML 内容类型
Expires	指定在浏览器上缓冲存储的页面距过期还有多长时间
ExpiresAbsolute	指定缓存于浏览器中的页面的确切到期日期和时间
Status	用来处理服务器返回的错误
IsClientConnected	只读属性，用于判断客户端是否能与服务器相连

29.4.3 方法

Response 对象的方法包括 Write、Redirect、Clear、End、Flush、BinaryWrite、AddHeader 和 AppendToLog 等共 8 种，如表 29-2 所示为 Response 对象的常见方法。

表 29-2 Response 对象的常见方法

方法	说明
Write	将指定的字符串写到当前的 HTML 输出
Redirect	使浏览器立即重定向到指定的 URL
Clear	清除缓冲区中的所有 HTML 输出
End	使 Web 服务器停止处理脚本并返回当前结果
Flush	立即发送缓冲区的输出
BinaryWrite	不经任何字符转换就将指定的信息写到 HTML 输出
AddHeader	用指定的值添加 HTML 标题
Appendtolog	在 Web 服务器记录文件末尾加入用户数据记录

29.4.4 Response 对象使用实例

Write 方法是 Response 对象最常用的方法，它可以把数据信息从服务器端发送到客户端，在客户端动态地显示信息。下面通过实例讲述 Response 对象的使用，其代码如下：

```
<html>
<head>
<title>Response 对象实例</title>
</head>
<body>
<%
dim myName
myName=" 我叫孙晨！ "
myColor="red"
Response.Write " 你好。<br>"      ' 直接输出字符串
Response.Write  myName & "<br>"      ' 输出变量
Response.Write  "<font color=" & myColor & ">我今年 20 岁~" & "</font><br>"
%>
```

```
</body>
</html>
```

这里使用 Response.Write 方法输出客户信息，运行代码，在浏览器中浏览，效果如图 29-5 所示。

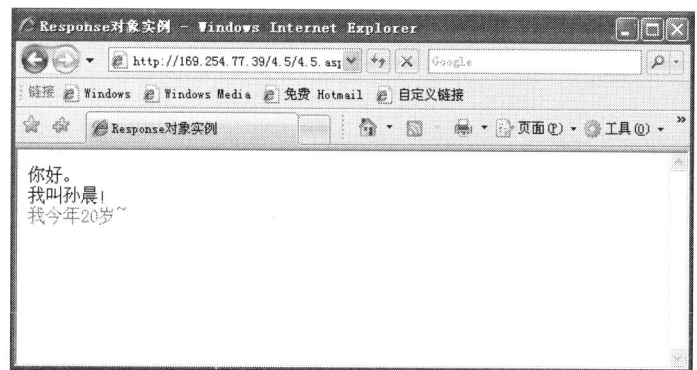

图 29-5 Response 对象的使用

29.5　Server 对象

Server 对象在 ASP 中是一个很重要的对象，许多高级功能都是靠它完成的。

Server 对象的使用语法为：

```
Server.方法 | 属性
```

下面将对 Server 对象的属性和方法进行简单的介绍。

29.5.1　属性

ScriptTimeont 属性用来限定一个脚本文件执行的最长时间。也就是说，如果脚本超过时间限度还没有被执行完毕，将会自动中止，并且显示超时错误。

其使用语法为：

```
Server.ScriptTimeont=n
```

参数 n 为设置的时间，单位为秒，默认的时间是 90 秒。参数 n 设置不能低于 ASP 系统设置中的默认值，否则系统仍然会以默认值当做 ASP 文件执行的最长时间。

例如，将某个脚本的超时时间设为 4 分钟，代码如下。

```
server.ScriptTimeout=240
```

> ★ 提示 ★
> 这个设置必须放在 ASP 文件的最前头，否则会产生错误。

29.5.2　方法

Serverc 对象的常见方法包括 Mappath、HTMLEncode、URLEncode 和 CreateObject 等 4 种。如表 29-3 所示为 Server 对象的方法。

表 29-3 Server 对象的方法

方法	说明
Mappath	将指定的相对虚拟路径映射到服务器上相应的物理目录
HTMLEncode	对指定的字符串应用 HTML 编码
URLEncode	将一个指定的字符串按 URL 的编码输出
CreateObject	用于创建已注册到服务器上的 ActiveX 组件的实例

29.6 Application 对象

Application 对象是一个应用程序级的对象，利用 Application 对象可以在所有用户间共享信息，并且可以在 Web 应用程序运行期间持久地保存数据。

Application 对象用于存储和访问来自任何页面的变量，类似于 session 对象。不同之处在于，所有的用户分享一个 Application 对象，而 session 对象和用户的关系是一一对应的。

29.6.1 方法

Application 对象只有两种方法，即 Lock 方法和 UnLock 方法。Lock 方法主要用于保证同一时刻只有一个用户在对 Application 对象进行操作，也就是说使用 Lock 方法可以防止其他用户同时修改 Application 对象的属性，这样可以保证数据的一致性和完整性。当一个用户调用一次 Lock 方法后，如果完成任务，应该使用 UnLock 方法将其解开以便其他用户能够访问。UnLock 方法通常与 Lock 方法同时出现，用于取消 Lock 方法的限制。Application 对象的方法及说明如表 29-4 所示。

表 29-4 Application 对象的方法

方法	说明
Lock()	锁定 Application 对象，使得只有当前的 ASP 页面对内容能够进行访问
Unlock()	解除对在 Application 对象上的 ASP 网页的锁定

为什么要锁定数据呢？因为 Application 对象所储存的内容是共享，有异常情况发生时，如果没有锁定数据会造成数据不一致的状况发生，并造成数据的错误。Lock 与 Unlock 的语法如下：

```
Application.lock
Application.unlock
```

例如：

```
Application.lock
Application("sy")=Application("sy")+sj
Application.unlock
```

以上的 sy 变量在程序执行"+sj"时会被锁定住，其他欲更改 sy 变量的程序将无法更改它，直到锁定解除为止。

29.6.2 事件

Application 对象提供了在它启动和结束时触发的两个事件，Application 对象的事件及说明如表 29-5 所示。

表 29-5 Application 对象的事件

方法	说明
OnStart	当 ASP 启动时触发
OnEnd	当 ASP 应用程序结束时触发

Application-OnStart 就是在 Application 开始时所触发的事件，而 Application-OnEnd 则是在 Application 结束时所触发的事件。那它们怎么用呢？其实这两个事件是放在 Global.asa 当中的，用法也不像数据集合或属性那样是"对象 . 数据集合"或"对象 . 属性"，而是以子程序的方式存在。它们的格式是：

```
Sub Application-OnStart
程序区域
End Sub
Sub Application-OnEnd
程序区域
End Sub
```

下面的代码是 Application 对象的事件使用实例：

```
<html>
<body>
<script language=VBScript runat=server>
Sub application-OnStart
Application("Today")=date
Application("Times")=time
End sub
</script>
</body>
</html>
```

在这里用到了 Application-OnStart 事件。可以看到将这两个变量放在 Application-OnStart 中，就是让 Application 对象一开始就有 Today 和 Times 这两个变量。

29.7　Session 对象

使用 Session 对象可以存储特定客户的 Session 信息，即使该客户端由一个 Web 页面到另一个 Web 页面，该 Session 信息仍然存在。与 Application 对象相比，Session 对象更接近于普通应用程序中所说的全局变量。用 Session 类型定义的变量可同时供打开同一个 Web 页面的客户共享数据，但两个客户之间无法通过 Session 变量共享信息，而 Application 类型的变量则可以实现该站点的多个用户之间在所有页面中的共享信息。

在大多数情况下，利用 Application 对象在多用户间共享信息；而 Session 变量作为全局变量，用于在同一用户打开的所有页面中共享数据。

29.7.1　属性

Session 对象有两个属性：SessionID 和 Timeout，如表 29-6 所示。

表 29-6 Session 的属性

方法	说明
SessionID	返回当前会话的唯一标志，它将自动地为每一个 Session 分配不同的 ID（编号）
Timeout	定义了用户 Session 对象的最长执行时间

29.7.2　方法

Session 对象只有一个方法，就是 Abandon。它用来立即结束 Session 并释放资源。Abandon 的语法如下：

```
= Session.Abandon
```

29.7.3　事件

Session 对象也有两个事件：Session_OnStart 和 Session_OnEnd，其中 Session_Start 事件是在第一次启动 Session 程序时触发此事件，即当服务器接收到对 ActiveServer 应用程序中的 URL 的 HTTP 请求时，触发此事件并建立 Session 对象；Session_OnEnd 事件是在调用 Session.Abandon 方法时，或者在 Timeout 的时间内没有刷新时触发此事件。

这两个事件的用法和 Application.OnStart 及 Application.OnEnd 类似，都是以子程序的方式放在 Global.asa 当中。语法如下：

```
Sub Session.OnStart
程序区域
End Sub
Sub Session.OnEnd
程序区域
End Sub
```

29.7.4　Session 对象实例

下面的实例是 Session 的 Contents 数据集合的使用，其代码如下：

```
<%@ language="VBScript"%></head>
<%dim customer_info
dim interesting(2)
interesting(0)=" 上网 "
interesting(1)=" 足球 "
interesting(2)=" 购物 "
response.write"sessionID:"&session.sessionID&"<p>"
session(" 用户名称 ")=" 孙晨 "
session(" 年龄 ")="18"
session(" 证件号 ")="54235"
set objconn=server.createobject("ADODB.connection")
set session(" 用户数据库 ")=objconn
for each customer_info in session.contents
if isobject(session.contents(customer_info)) then
  response.write(customer_info&" 此页无法显示。"&"<br>")
else
if isarray(session.contents(customer_info)) then
    response.write" 个人爱好：<br>"
    for each item in session.contents(customer_info)
      response.write"<li>"&item&"<br>"
    next
response.write"</ol>"
else
  response.write(customer_info&": "&session.contents(customer_info)&"<br>")
end if
end if
next%>
```

在浏览器中浏览，效果如图 29-6 所示。

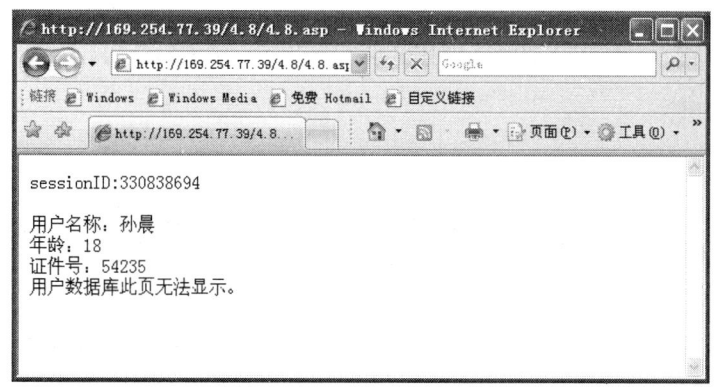

图 29-6　Session 对象实例

29.8　本章小结

　　本章主要介绍了 ASP 的基本知识，包括 ASP 的基本概念、ASP 创建数据库连接、ASP 存取数据、使用 RecordSet 对象等。ASP 提供了可在脚本中使用的内部对象。这些对象使用户更容易收集通过浏览器请求发送的信息、响应浏览器及存储用户信息，从而使网站开发者摆脱了很多烦琐的工作，提高了编程效率。本章主要介绍了常见的 5 个 ASP 的内置对象，包括 Request 对象、Response 对象、Server 对象、Application 对象和 Session 对象。

第 *30* 章 动态网页脚本语言 VBScript

本章导读

　　VBScript 是由微软公司推出的，其语法是由 Visual Basic（VB）演化来的，可以看做是 VB 语言的简化版，与 VB 的关系也非常密切。它具有源语言容易学习的特性。目前这种语言广泛应用于网页和 ASP 程序制作，同时还可以直接作为一个可执行程序。用于调试简单的 VB 语句非常方便。

技术要点

- ◆ 了解 VBScript 的基本概念
- ◆ 熟悉 VBScript 数据类型
- ◆ 掌握 VBScript 变量的使用
- ◆ 掌握 VBScript 运算符的使用

- ◆ 掌握条件语句的使用
- ◆ 掌握循环语句的使用
- ◆ 掌握 VBScript 过程的使用
- ◆ 掌握 VBScript 函数的使用

30.1　VBScript 概述

　　VBScript 是一种脚本语言，源自微软的 Visual Basic，其目的是为了加强 HTML 的表达能力，提高网页的交互性。在网页中加入 VBScript 脚本语言后，就可以制作出动态或者交互式的网页，以增进客户端网页上数据处理与运算的能力。

　　VBScript 通常和 HTML 结合在一起使用，在一个 HTML 文件中，VBScript 有别于 HTML 其他元素的声明方式。下面的代码是一个在 HTML 页面中插入的 VBScript 实例：

```
<html>
<head>
<title>测试按钮事件</title>
</head>
<body>
<form name="form1">
    <input type="button" name="button1" value=" 单击 ">
    <script for="button1" event="onclick" language="vbscript">
      msgbox " 按钮被单击！"
    </script>
</form>
</body>
</html>
```

　　在浏览器中浏览，当单击"单击"按钮时效果如图 30-1 所示。

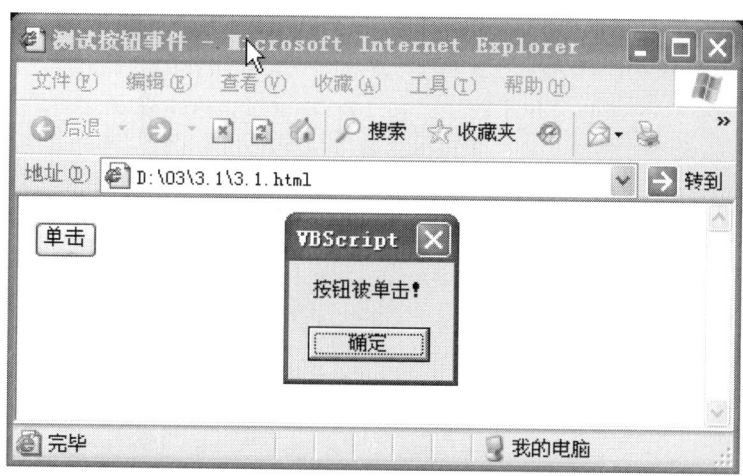

图 30-1　浏览效果

从上面可以看出，VBScript 代码写在成对的 <Script> 标记之间。代码的开始和结束部分都有 <Script> 标记，其中 Language 属性用于指定所使用的脚本语言。这是由于浏览器能够使用多种脚本语言，所以必须在此指定所使用的脚本语言。

注意 <Script> 中的 VBScript 代码被嵌入在注释标记（<!-- 和 -->）中，这样能够避免不能识别 <Script> 标记的浏览器将代码显示在页面中。

Script 块可以出现在 HTML 页面的任何地方（Body 或 Head 部分），最好将所有的一般目标 Script 代码放在 Head 部分中，以便所有的 Script 代码集中放置。这样可以确保在 Body 部分调用代码之前所有 Script 代码都被读取并解码。

VBScript 具有如下特点：

● 简单易学。

VBScript 的最大优点在于简单易学，即使是一个对编程语言毫无经验的人也可以在短时间内掌握这种脚本语言。这是因为 VBScript 去掉了 Visual Basic 中使用的大多数关键字，而仅保留了其中少量的关键字，从而大大地简化了 Visual Basic 的语法，使得这种脚本语言更加易学易用。

● 安全性好。

由于 VBScript 是一种脚本语言，而不是编程语言，所以也就没有编程语言所具有的读写文件和访问系统的功能，这就使得想利用该语言编写程序去侵入网络系统的人无从着手。通过这种办法，VBScript 的安全性大为提高。

● 可移植性好。

VBScript 不仅支持 Windows 系统，同时也支持 UNIX 系统和 Mac 系统。这就使得 VBScript 的可移植性大为增强。

30.2　VBScript 数据类型

VBScript 只有一种数据类型，称为 Variant。Variant 是一种特殊的数据类型，根据使用的方式，它可以包含不同类别的信息。因为 Variant 是 VBScript 中唯一的数据类型，所以它也是 VBScript 中所有函数的返回值的数据类型。

最简单的 Variant 可以包含数字或字符串信息。Variant 用于数字上下文中时作为数字处理，用于字符串上下文中时作为字符串处理。这就是说，如果使用看起来像是数字的数据，则 VBScript 会假定其为数字并以适用于数字的方式处理。与此类似，如果使用的数据只可能是字符串，则 VBScript 将按字符串处理。也可以将数字包含在引号（""）中使其成为字符串。

下面是在 VBScript 中常见的常数：

- True/False：表示布尔值。
- Empty：表示没有初始化的变量。
- Null：表示没有有效数据的变量。
- Nothing：表示不应用任何变量。

还可以自定义一些常数，如 Const Name=Value。

30.3　VBScript 变量

变量是一种使用方便的占位符，用于引用计算机内存地址，该地址可以存储脚本运行时可更改的程序信息。例如，可以创建一个名为 ClickCount 的变量来存储用户单击网页上某个对象的次数。使用变量并不需要了解变量在计算机内存的地址，只要通过变量名引用变量就可以查看或更改变量的值。在 VBScript 中只有一个基本数据类型即 Variant，因此所有变量的数据类型都是 Variant。

30.3.1　声明变量

可以使用 Dim 语句、Public 语句和 Private 语句在脚本中声明变量，例如：Dim md。

声明多个变量时可使用逗号分隔变量。例如：Dim sj，sa，gp。

另一种方式是通过直接在脚本中使用变量名这一简单方式声明变量。但这样有时会由于变量名被拼错而导致在运行脚本时出现意外的结果。因此最好使用 Option Explicit 语句显式声明所有变量，并将其作为脚本的第一条语句。

30.3.2　命名规则

变量命名必须遵循 VBScript 的标准命名规则，其规则如下：

- 第一个字符必须是字母。
- 不能包含嵌入的句点。
- 长度不能超过 255 个字符。
- 在被声明的作用域内必须唯一。
- 变量具有作用域与存活期。

变量的作用域由声明它的位置决定。如果在过程中声明变量，则只有该过程中的代码可以访问或更改变量值，此时变量被称为过程级变量。如果在过程之外声明变量，则该变量可以被脚本中的所有过程所识别，称为 Script 级变量，具有脚本作用域。

变量存在的时间称为存活期。Script 级变量的存活期从被声明的一刻起，直到脚本运行结束时止。对于过程变量，其存活期仅有该过程运行的时间，该过程结束后变量即随之消失。

30.3.3　给变量赋值

可以创建如下形式的表达式给变量赋值，变量在表达式左边，要赋的值在表达式的右边。例如：A= 北京。

多数情况下，只需要给声明的变量赋一个值。只包含一个值的变量称为标量变量。有时候将多个相关值赋给一个变量更为方便，因此可以创建包含一系列值的变量，这被称为数组变量。数组变量和标量变量是以相同的方式声明的，唯一的区别是声明数组变量时变量名后面带有括号（）。下例即是声明了一个包含 4 个元素的唯一数组：

```
Dim A(3)
```

虽然括号中显示的数字是 3。但由于在 VBScript 中所有的数组都是基于 0 的，所以这个数组实际上包含了 4 个元素。在基于 0 的数组中，数组元素的数目总是括号显示的数目加 1。这种数组称为固定大小的数组。

可在数组中使用索引为每个元素赋值，如下所示：

```
A(0)=5
A(1)=10
A(2)=15
A(3)=20
```

30.4　VBScript 运算符优先级

VBScript 包括算术运算符、比较运算符、连接运算符和逻辑运算符等。

当表达式包含多个运算符时，将按预定顺序计算每一部分，这个顺序称为运算符优先级。可以使用括号越过这种优先级顺序，强制首先计算表达式的某些部分。运算时总是先执行括号中的运算符，然后再执行括号外的运算符。但是，在括号中仍遵循标准运算符优先级。

当表达式包含运算符时，首先计算算术运算符，然后计算比较运算符，最后计算逻辑运算符。所有的比较运算符的优先级相同，即按照从左到右的顺序计算。算术运算符和逻辑运算符的优先级如表 30-1 所示。

表 30-1　算术运算符和逻辑运算符的优先级

算术运算符		比较运算符		逻辑运算符	
描述	符号	描述	符号	描述	符号
求幂	$\wedge$	等于	=	逻辑非	Not
负号	−	不等于	<>	逻辑与	And
乘	*	小于	<	逻辑或	Or
除	/	大于	>	逻辑异或	Xor
整除	\	小于等于	<=	逻辑等价	Eqv
求余	Mod	大于等于	>=	逻辑隐含	Imp
加	+	对象引用比较	Is		
减	−				
字符串连接	&				

当乘号与除号同时出现在一个表达式中时，将按照从左到右的顺序计算乘、除运算符。同样当加与减同时出现在一个表达式中时，将按照从左到右的顺序计算加、减运算符。

30.5　使用条件语句

使用条件语句可以控制脚本的流程，使用条件语句可以编写进行判断和重复操作的 VBScript 代码。在 VBScript 中可使用以下条件语句：If…Then…Else 语句和 Select Case 语句。

30.5.1　使用 if…then…else 进行判断

if…then…else 语句用于计算条件为 True 或 False，并且根据计算结果指定要运行的语句。if…then…else 语句可以按照需要进行嵌套。

下面的代码实例演示了 if…then…else 语句的基本使用方法。

```
<html>
<head>
<title>if...then...else 示例</title>
</head>
<body>
<Script Language=VBScript>
<!--
dim hour
hour=15
if hour<8 then
        document.write " 欢迎您的光临！早上好！"
elseif hour>=8 and hour<12 then
        document.write " 欢迎您的光临！上午好！"
elseif hour>=12 and hour<18 then
        document.write " 欢迎您的光临！下午好！"
else
        document.write " 欢迎您的光临！晚上好！"
end if
    -->
</Script >
</body>
</html>
```

本例演示了显示时间功能，如果当前时刻在 8 点以前显示为"欢迎您的光临！早上好！"8~12 时显示为"欢迎您的光临！上午好！"12~18 时显示为"欢迎您的光临！下午好！"其他时间为"欢迎您的光临！晚上好！"当前 hour 为 16，因此显示为"欢迎您的光临！下午好！"，如图 30-2 所示。

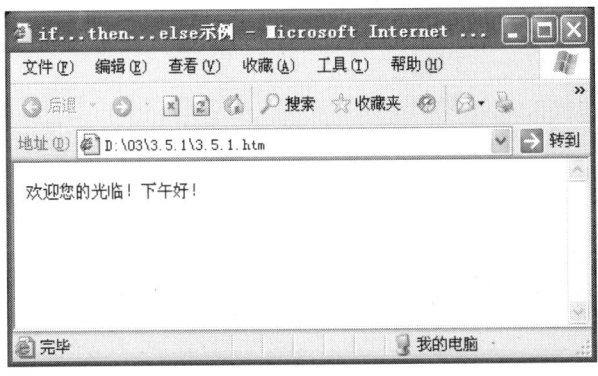

图 30-2　if…then…else 语句

30.5.2　使用 Select…Case 进行判断

Select Case 结构提供了 if…then…else if 结构的一个变通形式，可以从多个语句块中选择执行其中的一个。Select Case 语句提供的功能与 if…then…else 语句类似，但是可以使代码更加简练易读。

Select Case 结构在其开始处使用一个只计算一次的简单测试表达式。表达式的结果将与结构中每个 Case 的值比较。如果匹配，则执行与该 Case 关联的语句块。

下面的实例演示了 Select…Case 语句的基本使用方法。

```
<html>
<head>
<title>select case 示例</title>
</HEAD>
<body>
<Script Language=VBScript>
<!--
dim Number
Number = 3
select case Number
        Case 1
        msgbox "北京"
        Case 2
        msgbox "上海"
        Case 3
        msgbox "广州"
        Case else
        msgbox "其他城市"
end select
-->
</Script >
</body>
</html>
```

运行程序，在浏览器中浏览，效果如图 30-3 所示。

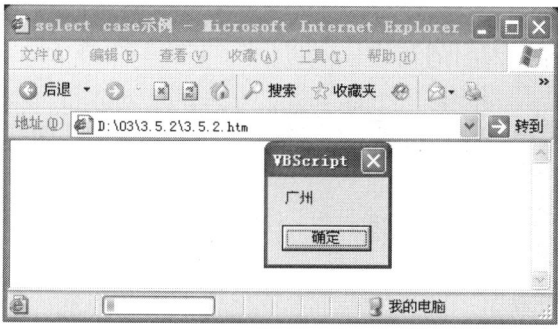

图 30-3 Select…Case 语句使用

30.6　使用循环语句

循环控制语句用于重复执行一组语句。循环可以分 3 类：一类是在条件变为 False 之前重复执行语句，一类在条件变为 True 之前重复执行语句，一类则按照指定的次数重复执行语句。

在 VBScript 脚本中可以使用以下循环语句：

- Do…Loop：当条件为 True 时循环。
- 使用 While…Wend：当条件为 True 时循环。
- 使用 For…Next：指定循环的次数，使用技术器重复运行语句。

30.6.1 使用 Do…Loop 循环

可以使用 Do…Loop 循环语句多次运行语句块，当条件为 True 时，或条件变为 True 之前，重复执行语句块。下面使用 Do…Loop 循环语句计算 $1 + 2 + \cdots + 5$ 的总和，其代码如下：

```
<%
Dim I Sum
Sum=0
i=0
Do
i=i+1
Sum=Sum+i
Loop Until i=5
Response.Write(1+2+…+5=& Sum)
%>
```

同样的语句，也可以将 Do…Loop…Until 改成 Do Until…Loop 的写法，其效果是一样的，只是测试的条件在前或在后而已。如：

```
<%
Dim i  Sum
Sum=0
i=0
Do Until i=5
i=i+1
Sum=Sum+i
Loop
Response.Write(1+2+…+5=& Sum)
%>
```

说明：有时候，在处理循环时，希望在某一个条件成立时，可以中途退出这个循环，这时我们可以使用 Exit Do 的命令，若是在多重循环之下，Exit Do 会退出最近的循环。

30.6.2 使用 While…Wend

执行 While…Wend 语句时，首先会测试 While 后面的条件式，当条件式成立时，执行循环中的语句，条件不成立时，则退出 While…Wend 循环。它的语法如下：

```
While  (条件语句)
        执行语句
Wend
```

说明：Do…Loop 语句提供更结构化与灵活性的方法来执行循环，因此最好不要使用 While…Wend 语句，可以使用 Do…Loop 语句来代替。

30.6.3 使用 For…Next

当希望执行循环到指定的次数时，最好是用 For…Next 循环。For 的语句有一个控制变量 counter，它的初值为 start，终止值为 end，每次增加值为 step，该变量的值将在每次重复循环的过程中递增或递减。

```
For counter = start to end step
    执行语句
Next
```

在上述的语法中，其执行步骤如下：

01 设置 counter 的初值。

02 判断 counter 是否大于终止值（或小于终止值，视 step 的值而定）。

03 假如 counter 大于终止值，程序跳至 Next 语句的下一行执行。

04 执行 For 循环中的语句。

05 执行到 Next 语句时，控制变量会自动增加 step 值，若未指定 step 值，默认值为每次加 1。

06 跳至第二个步骤。

30.7　VBScript 过程

过程是 VBScript 脚本语言中最重要的部分。为了使程序可重复利用和为了使程序简洁明了，经常使用过程。

30.7.1　过程分类

在 VBScript 中过程分为两类：Sub 过程和 Function 过程。下面分别对这两种过程进行讲述。

1. Sub 过程

Sub 过程是指包含在 Sub 和 End Sub 语句之间的一组 VBScript 语句，执行操作但不返回值。Sub 过程可以使用参数。如果 Sub 过程无任何参数，Sub 语句则必须包含空括号（）。

下面的 Sub 过程使用了两个固有的 VBScript 函数，即 MsgBox 和 InputBox 来提示用户输入信息，然后显示根据这些信息计算的结果。

```
Sub ConvertTemp()
Temp=InputBox(请输入华氏温度： ,1)
MsgBox 温度为 &Celsius(temp)& 摄氏度。
End Sub
```

2. Function 过程

Function 过程是包含在 Function 和 End Function 语句之间的一组 VBScript 语句。Function 过程与 Sub 过程类似，但是 Function 过程可以返回值，可以使用参数。如果 Function 过程无任何参数，Function 语句则必须包含空括号（）。Function 过程通过函数名返回一个值，这个值是在过程的语句中赋予函数名的。Function 返回值的数据类型总是 Variant。

在下面的示例中，Celsius 函数将华氏温度换算为摄氏度。Sub 过程 ConvertTemp 调用此函数时，包含参数值的变量将被传递给函数，换算结果则返回到调用过程并显示在消息框中。

```
Sub ConvertTemp()
Temp=InputBox(请输入华氏温度： ,1)
MsgBox 温度为 &Celsius(temp)& 摄氏度。
End Sub
Function Celsius (fDegrees)
Celsius=(fDegrees-32)*5/9
End Function
```

30.7.2　过程的输入 / 输出

给过程传递数据的途径是使用参数。参数被作为要传递给过程的数据的占位符。参数名可以是任何有效的变量名。使用 Sub 语句或 Function 语句创建过程时，过程名之后必须紧跟括号。括号中包含所有的参数，参数之间用逗号分隔。如在下面的示例中，fDegrees 是传递给 Celsius 函数的值的占位符。

```
Function Celsius(fDegrees)
Celsius=(fDegrees-32)*5/9
End Function
```

要想从过程获取数据，则必须使用 Function 过程。Function 过程可以返回值，Sub 过程不返回值。

30.7.3　在代码中使用 Sub 和 Function 过程

调用 Function 过程时，函数名须在变量赋值语句的右端或表达式中。

```
Temp=Celsius(Fdegrees)
```

或

```
MsgBox 温度为 &Celsius(fDegrees)& 摄氏度。
```

调用 Sub 过程时，只需输入过程名及所有的参数值即可，参数值之间需使用逗号分隔。不需使用 Call 语句，如果使用此语句，则必须将所有的参数包含在括号之中。

30.8　VBScript 函数

VBScript 的函数有两种：一种是内部函数，即 VBScript 自带的函数，这些程序都已经包装好，使用时直接调用即可；另一种是自定义函数，即用户在编程的过程中根据需要定义编辑的一些函数。

VBScript 内包括很多基本函数，如对话框处理函数、字符串操作函数、时间 / 日期处理函数及数学函数等。关于 VBScript 具体的函数参考本书附录 B。

下面的实例演示了时间 / 日期函数的使用，代码如下：

```
<html>
<head>
<title> 时间 / 日期函数的应用 </title>
</head>
<body>
时间：<%=time()%>
<br> 日期：<%=date()%>
<br> 时间和日期：<%=now()%>
</body>
</html>
```

运行程序后显示结果如图 30-4 所示。

图 30-4　时间 / 日期函数

30.9　本章小结

本章主要讲述了网页脚本语言 VBScript 概述、数据类型、变量、运算符优先级、条件语句、循环语句和 VBScript 过程的使用。在本章，你可以学习如何编写 VBScript，以及如何在你的 HTML 文件中插入这些代码，以使得这些网页动态性和交互性更强。

第 *31* 章 网站的发布与维护

本章导读

网页制作完毕要发布到网站服务器上，才能让别人观看。现在用于上传的工具有很多，既可以采用专门的 FTP 工具，也可以采用网页制作工具本身带有的 FTP 功能。由于市场在不断地变化，网站的内容也需要随之调整，给人常新的感觉，网站才会更加吸引访问者，给访问者很好的印象。这就要求对站点进行长期、不间断的维护和更新。

技术要点

◆ 测试站点　　　　　　　　　　◆ 网站维护
◆ 检查链接　　　　　　　　　　◆ 网站的推广
◆ 发布网站

31.1 测试站点

在真正构建远端站点之前，应该在本地先对站点进行完整的测试，例如检测站点中是否存在错误和断裂的链接等，以找出其他可能存在的问题。

31.1.1 检查链接

如果网页中存在错误链接，这种情况是很难察觉的。采用常规的方法，只有打开网页，单击链接时，才可能发现错误。而 Dreamweaver 可以帮助你快速检查站点中网页的链接，避免出现链接错误，具体操作步骤如下：

01 打开已创建的站点地图，选中一个文件，执行"站点"|"改变站点链接范围的链接"命令，选择命令后，弹出"更改整个站点链接（站点 - 效果）"对话框，如图 31-1 所示。

02 在"变成新链接"文本框中输入链接的文件，单击"确定"按钮，弹出"更新文件"对话框，单击"更新"按钮，完成更改整个站点范围内的链接，如图 31-2 所示。

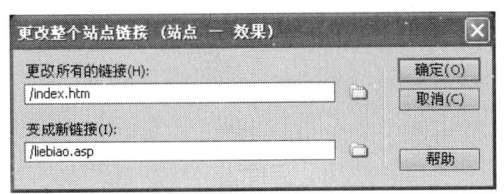

图 31-1　"更改整个站点链接（站点 - 效果）"对话框

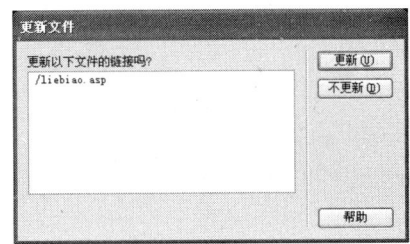

图 31-2　"更新文件"对话框

03 执行"站点"|"检查站点范围的链接"命令，打开"链接检查器"面板，在"显示"下拉列表中选择"断掉的链接"选项，如图 31-3 所示。

04 在"显示"下拉表中选择"外部链接"选项，可以检查出与外部网站链接的全部信息，如图31-4所示。

图31-3 选择"断掉的链接"选项

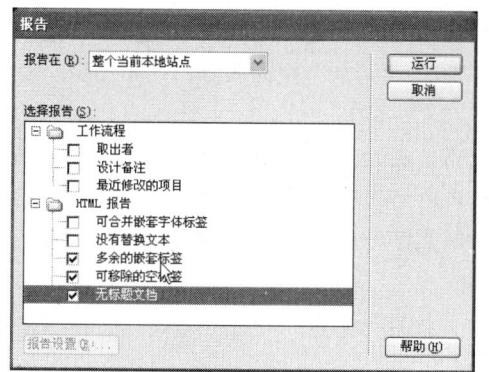

图31-4 选择"外部链接"选项

31.1.2 站点报告

测试站点时，可以对当前文档、选定的文件或整个站点的工作流程或HTML属性（包括辅助功能）运行站点报告。使用站点报告可以检查可合并的嵌套字体标签、辅助功能、遗漏的替换文本、冗余的嵌套标签、可删除的空标签和无标题文档，具体操作步骤如下：

01 执行"站点"|"报告"命令，弹出"报告"对话框，在对话框中的"报告在"下拉列表中选择"整个当前本地站点"选项，在"选择报告"列表框中选中"多余的嵌套标签"、"可移除的空标签"和"无标题文档"复选框，如图31-5所示。

图31-5 "报告"对话框

02 单击"运行"按钮，Dreamweaver会对整个站点进行检查。检查完毕后，将会自动打开"站点报告"面板，在面板中显示检查结果，如图31-6所示。

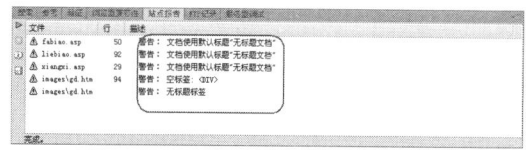

图31-6 "站点报告"面板

31.1.3 清理文档

清理文档就是清理一些空标签或者在Word中编辑时所产生的一些多余的标签，具体操作步骤如下：

01 打开需要清理的网页文档。执行"命令"|"清理HTML"命令，弹出"清理HTML/XHTML"对话框，在对话框中的"移除"选项组中选中"空标签区块"和"多余的嵌套标签"复选框，或者在"指定的标签"文本框中输入所要删除的标签，并在"选项"选项组中选中"尽可能合并嵌套的<font>标签"和"完成后显示动作记录"复选框，如图31-7所示。

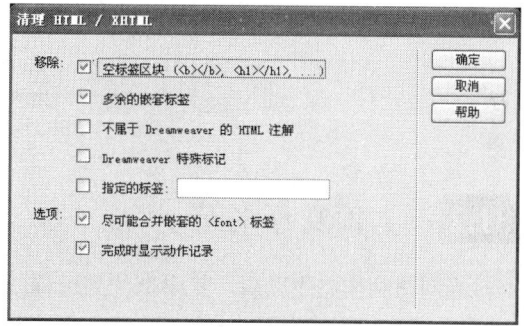

图31-7 "清理HTML/XHTML"对话框

02 单击"确定"按钮，Dreamweaver自动开始清理工作。清理完毕后，弹出一个提示框，在提示框中显示清理工作的结果，如图31-8所示。

图31-8 显示清理工作的结果

03 执行"命令"|"清理 Word 生成的 HTML"命令，弹出"清理 Word 生成的 HTML"对话框，如图 31-9 所示。

04 在对话框中切换到"详细"选项卡，选中需要的复选框，如图 31-10 所示。

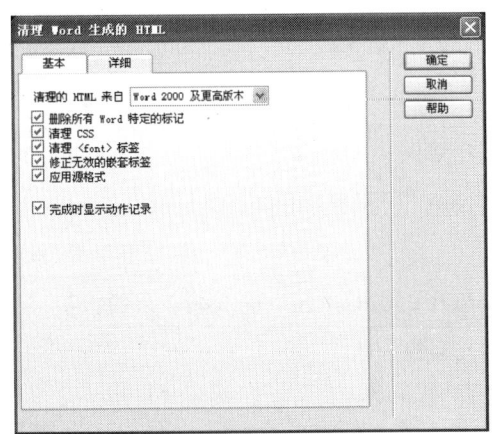

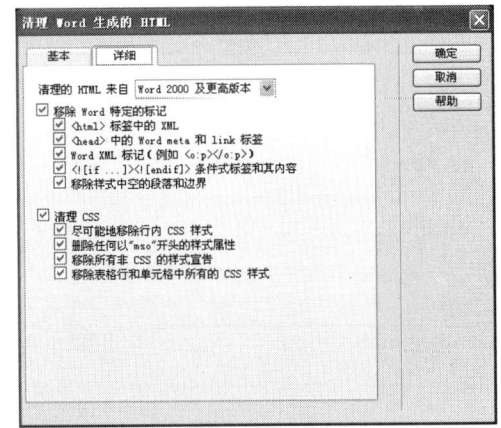

图 31-9 "清理 Word 生成的 HTML"对话框　　　　图 31-10 "详细"选项卡

05 单击"确定"按钮，清理工作完成后显示提示框，如图 31-11 所示。

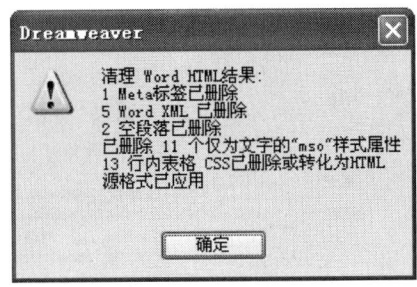

图 31-11 提示框

31.2　上传发布网站

当网站制作完成以后，就要上传到远程服务器上供浏览者预览，这样所做的网页才会被别人看到。网站发布流程第一步：申请一个域名；第二步：申请一个空间服务器；第三步：上传网站到服务器。

上传网站有两种方法，一种是用 Dreamweaver 自带的工具上传，一种是利用 FTP 软件上传，下面将详细讲述使用 LeapFTP 上传的方法。LeapFTP 是一款功能强大的 FTP 软件，具有友好的用户界面、稳定的传输速度，连接更加方便。支持断点续传功能，可以下载或上传整个目录，也可直接删除整个目录。

01 下载并安装最新的 LeapFTP 软件，运行 LeapFTP，执行"站点"|"站点管理器"命令，如图 31-12 所示。

02 弹出"站点管理器"对话框，在对话框中执行"站点"|"新建"|"站点"命令，如图 31-13 所示。

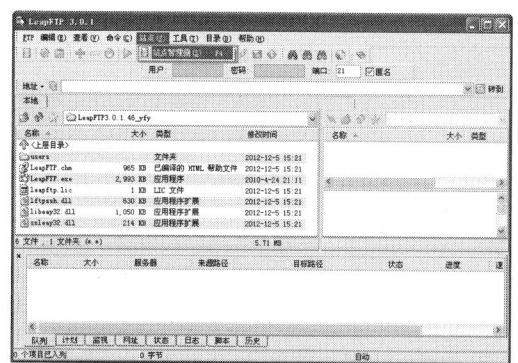

图 31-12 执行"站点管理器"命令

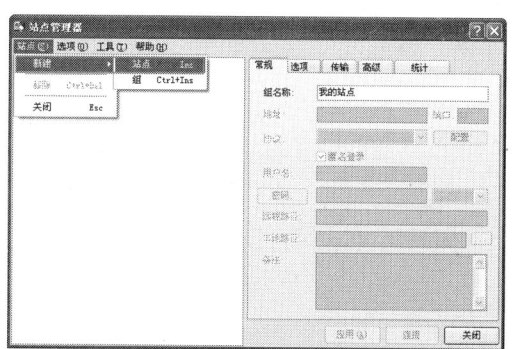

图 31-13 执行新建站点命令

03 在弹出的对话框中输入你喜欢的站点名称，如图 31-14 所示。

04 单击"确定"按钮后，返回"站点管理器"对话框。在"地址"文本框中输入站点地址，取消选中"匿名登录"复选框，在"用户名"文本框中输入 FTP 用户名，在"密码"文本框中输入 FTP 密码，如图 31-15 所示。

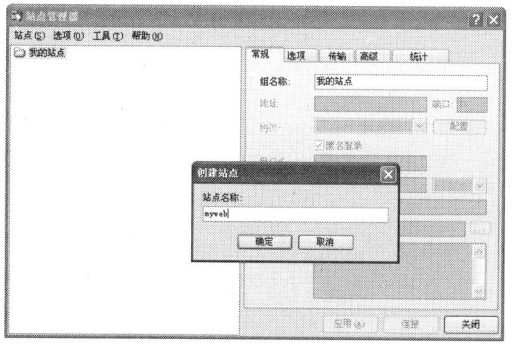

图 31-14 输入站点名称

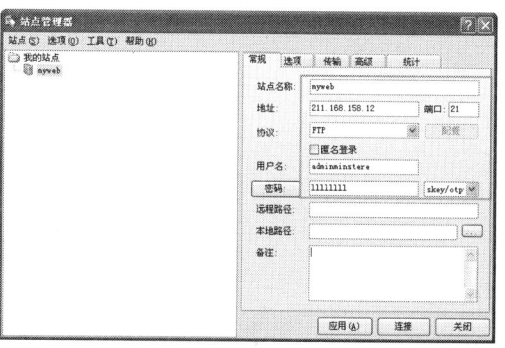

图 31-15 输入站点地址和密码

05 单击"连接"按钮，直接进入连接状态，左侧列表框为本地目录，可以选择你要上传文件的目录，选择要上传的文件，并右击，在弹出的快捷菜单中选择"上传"命令，如图 31-16 所示。

06 这时在队列栏里会显示正在上传及未上传的文件，当文件上传完成后，此时在右侧的远程目录栏里就可以看到你上传的文件了，如图 31-17 所示。

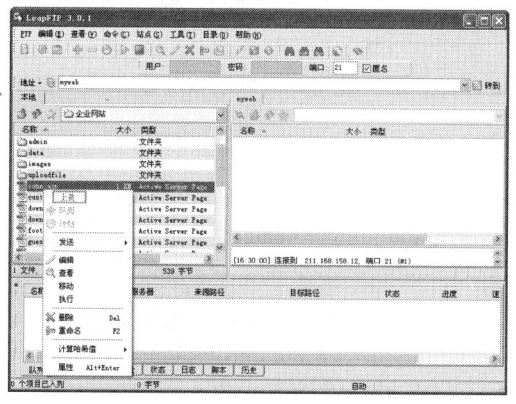

图 31-16 选择"上传"命令

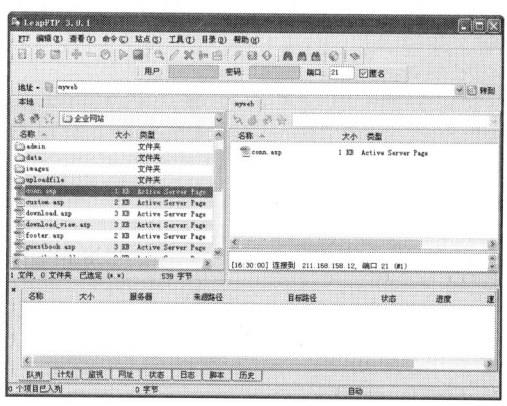

图 31-17 文件上传成功

31.3　网站维护

一个好的网站，是不可能一次就制作完美的，由于市场在不断地变化，网站的内容也需要随之调整，给人常新的感觉，网站才会更加吸引访问者，给访问者很好的印象。这就要求对站点进行长期不间断的维护和更新。

31.3.1　网站内容的更新

对于网站来说，只有不断地更新内容，才能保证网站的生命力，否则网站不仅不能起到应有的作用，反而会对企业自身形象造成不良影响。如何快捷方便地更新网页，提高更新效率，是很多网站面临的难题。现在网页制作工具不少，但为了更新信息而日复一日地编辑网页，对网站维护人员来说，疲于应付是普遍存在的问题。

内容更新是网站维护过程中的重要一环。可以考虑从以下 5 个方面入手，使网站能长期顺利地运转。

第一，在网站建设初期，就要对后续维护给予足够的重视，要保证网站后续维护所需资金和人力。很多网站建设时很舍得投入资金。可是网站发布后，维护力度不够，信息更新工作迟迟跟不上。网站建成之时，便是网站死亡的开始。

第二，要从管理制度上保证信息渠道的通畅和信息发布流程的合理性。网站上各栏目的信息往往来源于多个业务部门，要进行统筹考虑，确立一套从信息收集、信息审查到信息发布的良性运转的管理制度。既要考虑信息的准确性和安全性，又要保证信息更新的及时性。要解决好这个问题，领导的重视是前提。

第三，在建设过程中要对网站的各个栏目和子栏目进行尽量细致的规划，在此基础上确定哪些是经常要更新的内容，哪些是相对稳定的内容。根据相对稳定的内容设计网页模板，在以后的维护工作中，这些模板不用改动，这样既省费用，又有利于后续维护。

第四，对经常变更的信息，尽量建立数据库管理，以避免数据杂乱无章的现象。如果采用基于数据库的动态网页方案，则在网站开发过程中，不但要保证信息浏览的方便性，还要保证信息维护的方便性。

第五，要选择合适的网页更新工具。信息收集起来后，如何制作网页，采用不同的方法，效率也会大大不同。比如使用 NotePad 直接编辑 HTML 文档与用 Dreamweaver 等可视化工具相比，后者的效率自然高得多。若既想把信息放到网页上，又想把信息保存起来以备以后再用，那么使用能够把网页更新和数据库管理结合起来的工具效率会更高。

31.3.2　网站风格的更新

网站风格的更新包括版面、配色等各方面。改版后的网站让客户感觉改头换面，焕然一新。一般改版的周期要长一些。如果客户对网站也满意的话，改版可以延长到几个月甚至半年。改版周期不能太短。一般一个网站建设完成以后，代表了公司的形象和公司的风格。随着时间的推移，很多客户对这种形象已经形成了定势。如果经常改版，会让客户感觉不适应，特别是那种彻底改变风格的"改版"。当然如果对公司网站有更好的设计方案，可以考虑改版。毕竟长期使用一种版面会让人感觉陈旧、厌烦。

31.3.3　网站备份

作为一个网站的拥有着和管理者，网站是我们最大的财富，在面对错综复杂的网络环境时，必须保证网站的正常运作，但很多的情况是我们无法掌控和预测的，如黑客的入侵、硬件的损坏、人为的误操作等，都可能对网站产生毁灭性的打击。所以，我们应该定期备份网站数据，在遇到上述意外时能将损失降低到最小。网站备份并不复杂，可以通过网站系统自带的一些备份功能轻松实现备份，最重要的就是建立起网站备份的观念和习惯。

1．整站的备份

对于网站文件的备份，也可以说是整站目录的备份。一般在网站文件有变动的情况下，一定要备份一次，如网站模板的变更、网站功能的增删，这类备份的目的主要是担心网站文件的变动引起整站的不稳定或造成网站其他功能和文件的丢失。一般来说，由于文件的变动频率较小，备份的周期相对较长，可以在每次变动网站相关文件前，进行网站文件的备份。对于网站文件或者说整站目录的备份，一般可以通过远程目录打包的方式，将整站目录打包并且下载到本地，这种方式是最简便的。而对于一些大型网站来说，网站目录包含大量的静态页面、图片和其他的一些应用程序，可以通过 FTP 数据备份工具，将网站目录下的相关文件直接下载到本地，根据备份时间在本地实现定期打包和替换。这样可以最大限度地保证网站的安全性和完整性。

2．数据库的备份

数据库对于一个网站来说，其重要性不言而喻。网站文件损坏，可以通过一些技术还原手段来实现，如模板文件丢失，我们换一套模板；网站文件丢失，我们可以再重新安装一次网站程序，但如果数据库丢失，相信技术再强的站长也无力回天。相对于网站数据库而言，变动的频率就很大了，备份的频率相对来说会更频繁一些。一般一些服务较好的 IDC，通常是每周帮忙备份一次数据库。对于一些运用建站 CMS 做网站的站长来说，在后台都有非常方便的数据库一键备份，通过自动备份到指定的网站文件夹当中。如果你还不放心，可以使用 FTP 工具，将远程的备份数据库下载到本地，真正实现数据库的本地、异地双备份。

31.4　网络安全防范措施

目前 90% 以上的流行计算机病毒都是通过网络进行传播的。计算机病毒具有破坏性，它将影响计算机的正常运行，甚至损坏计算机硬件。为了保障系统的正常运行，维护网络安全，要求管理员必须具备一定的反黑客技术。下面简要介绍目前常见的几种网络安全防范措施。

31.4.1　防火墙技术

如果有条件，安装个人防火墙以抵御黑客的袭击。所谓防火墙，是指一种将内部网和公众访问网（Internet）分开的方法，实际上是一种隔离技术。防火墙是在两个网络通信时执行的一种访问控制尺度，它能允许"同意"的人和数据进入网络，同时将"不同意"的人和数据拒之门外，最大限度地阻止网络中的黑客来访问网络，防止他们更改、复制、毁坏重要信息。

防火墙安装和投入使用后，并非万事大吉。要想充分发挥它的安全防护作用，必须进行跟踪和维护，要与商家保持密切的联系，时刻注视商家的动态。因为商家一旦发现其产品存在安全漏洞，就会尽快发布补救产品，此时应尽快确认真伪（防止特洛伊木马等病毒），并对防火墙进行更新。在理想的情况下，一个好的防火墙应该能把各种安全问题在发生之前解决。目前各家杀毒软件的厂商都会提供个人版防火墙软件，防病毒软件中都含有个人防火墙，所以可用同一张光盘运行安装个人防火墙，在安装防火墙后一定要根据需求进行详细配置。合理设置防火墙后应能防范大部分的蠕虫入侵。

31.4.2　网络加密技术

在网络中，加密就是把数据和信息（称为明文）转换为不可辨识形势（密文）的过程。使不应了解该数据和信息的人不能够知道和识别。欲知密文的内容，需将其转变为明文，这就是解密过程。

在网络上进行数据交换的数据主要面临着以下 4 种威胁：

- 截获——从网络上监听他人进行交换的信息的内容。
- 中断——有意中断他人在网络上传输的信息。
- 篡改——故意篡改网络上传送的信息。
- 伪造——伪造信息后在网络上传送。

其中截获信息的攻击称为被动攻击，而中断、更改和伪造信息的攻击都称为主动攻击。但是无论是主动攻击，还是被动攻击，都是在信息传输的两个端点之间进行的，即源站和目的站之间。

加密技术是电子商务采取的主要安全保密措施，是最常用的安全保密手段，利用技术手段把重要的数据变为乱码（加密）传送，到达目的地后再用相同或不同的手段还原（解密）。加密技术的应用是多方面的，但最为广泛的还是在电子商务和 VPN 上的应用，深受广大用户的喜爱。

31.4.3　网络安全管理

计算机网络是人们通过现代信息技术手段了解社会、获取信息的重要手段和途径。网络安全管理是人们能够安全上网、绿色上网、健康上网的根本保证。做好网络安全必须有一个精通网络的"专家——做好安全管理"。

1．杜绝病毒来源

俗话说："病从口入"，了解病毒的来源是防止病毒最重要的一个环节。因此，日常操作中应注意：文件以软盘、光盘、网络共享和电子邮件等方式存入主机前，应确定是否带有病毒，并用杀毒软件查杀后再使用。

2．数据备份

对系统中重要的数据进行备份，以便系统受计算机病毒感染、导致系统崩溃时进行恢复。

3．避免从软驱或光驱启动

很多引导型病毒是在软驱或者光驱启动时感染的，如果计算机不设定从软驱或光驱启动，可以有效地降低感染引导型病毒的机率，在 CMOS 中将系统设为仅从硬盘启动就可以了。

4．防止宏病毒

尽量不要打开来历不明的文件或模板；在低版本的 Word、Excel 和 PowerPoint 中将"宏病毒防护"选项打开，Office 可以自动侦测 Word、Excel 和 PowerPoint 等文件中是否含有宏功能，并提示用户在确认无毒之后再打开。

5．预防 E-mail 病毒

通过 E-mail 携带的可执行文件，如扩展名为 .exe 的程序文件、含宏的文件及脚本语言等都有可能是病毒的藏身之处，只要执行带病毒的可执行文件，就会提高中毒的机率。因此，不要随便打开来历不明的电子邮件或电子邮件中的附件。如果使用 Outlook/Outlook Express 收发电子邮件，建议关闭信件预览功能。

6．安装杀毒软件

安装杀毒软件是防止病毒最有效的措施之一。如果仅仅安装杀毒软件而不定期更新病毒库或扫描计算机里的各个文件、文件夹，病毒还是有潜伏在计算机中并伺机而动的可能。因此，不仅要定期全面扫描，而且还要随时更新病毒库。

31.4.4　防范木马程序

由于计算机系统和信息网络系统本身固有的脆弱性，越来越多的网络安全问题开始困扰着我们，特别是在此基础上发展起来的计算机病毒、计算机木马等非法程序，利用网络技术窃取他人信息和成果，造成现实社会与网络空间秩序的严重混乱。

木马是隐藏在合法程序中的未授权程序，这个隐藏的程序完成用户不知道的功能。当合法的程序被植入了非授权代码后就认为是木马。木马的目的是不需要管理员的准许就可获得系统使用权。木马种类很多，但它的基本构成却是一样的，由服务器程序和控制器程序两部分组成。它表面上能提供一些有用的，或是仅仅令人感兴趣的功能，但在内部还有不为人所知的其他功能，如复制文件或窃取密码等。严格意义上来说，木马不能算是一种病毒，但它又和病毒一样，具有隐蔽性、非授权性及危害性等特点，因此也有不少人称木马为黑客病毒。

计算机木马程序已经严重影响到各类计算机使用者的切身利益，当前最重要的是如何有效地防范木马的攻击。

1．使用防火墙阻止木马侵入

防火墙是抵挡木马入侵的第一道门，也是最好的方式。绝大多数木马都是必须采用直接通信的方式进行连接，防火墙可以阻塞拒绝来源不明的数据包。防火墙完全可以进行数据包过滤检查，在适当规则的限制下，如对通信端口进行限制，只允许系统接受限定几个端口的数据请求，这样即使木马植入成功，攻击者也无法进入到系统，因为防火墙把攻击者和木马分隔开来了。

2．避免下载使用免费或盗版软件

计算机上的木马程序，主要来源有两种。第一种是不小心下载运行了包含有木马的程序。绝大多数计算机使用者都习惯于从网上下载一些免费或者盗版的软件使用，这些软件一方面为广大的使用者提供了方便，节省了资金，另一方面也有一些不法分子利用消费者的这种消费心理，在免费、盗版软件中加载木马程序，计算机使用者在不知情的情况下贸然运行这类软件，进而受到木马程序的攻击。还有一种情况是，"网友"上传在网页上的"好玩"的程序。所以，使用者定要小心，要弄清楚了是什么程序以后再运行。

3．安全设置浏览器

设置安全级别，关掉 Cookies。Cookies 是在浏览过程中被有些网站往硬盘写入的一些数据，它们记录下用户的特定信息，因此当用户回到这个页面上时，这些信息就可以被重新利用。但是关注 Cookies 的原因不是因为可以重新利用这些信息，而是关心这些被重新利用信息的来源：

硬盘。所以要格外小心，可以关掉这个功能。步骤如下：选择"工具"菜单下的"Internet 选项"命令，选择其中的"安全"选项卡，就可以为不同区域的 Web 内容指定安全设置。单击下面的"自定义级别"，可以看到对 Cookies 和 JAVA 等不安全因素的使用限制。

4．加强防毒能力

只要上网就有可能受到木马攻击，但是并不是说没办法来解决。在计算机上安装杀毒软件就是其中一种方法，有了防毒软件的确会减少受伤的几率。但在防毒软件的使用中，要尽量使用正版，因为很多盗版自身就携带有木马或病毒，且不能升级。新的木马和病毒一出来，唯一能控制它蔓延的就是不断地更新防毒软件中的病毒库。除了防毒软件的保护，还可以多运行一些其他软件。如天网，它可以监控网络之间正常的数据流通和不正常的数据流通，并随时对用户发出相关提示；如果怀疑染了木马的时候，还可以从网上下载木马克星来彻底扫描木马，保护系统的安全。

31.5 优化网站结构

我们应该知道优化的第一步是从站内做起，不管你的网站是刚刚上线，还是优化到一半，都需要对站内进行优化，站内优化好了，站外的推广才更能事半功倍。优化网站结构有两方面：一是物理结构，二是逻辑结构。

1．网站物理结构

网站物理结构指的是网站真实的目录及文件所存储的位置所决定的结构。

一般来说，比较好的物理结构可以有两种，一是扁平式的，也就是所有网页都存在网站根目录下。像这样：

http://www.domain.com/pagea.html

http://www.domain.com/pageb.html

http://www.domain.com/pagec.html

……

所有这些页都是在根目录这一级别，形成一个扁平的物理结构。

这比较适合于小型的网站，因为如果太多文件都放在根目录下的话，制作和维护起来都比较麻烦，容易搞乱。

第二种就是树形结构，也就是根目录下分成多个频道，或者叫类别、目录等，无论名称是什么，都是一个意思，然后在每一个频道下面再放上属于这个频道的网页。比如频道分为：

http://www.domain.com/cat1/

http://www.domain.com/cat2/

http://www.domain.com/cat3/

……

在频道下再放入具体的内容网页：

http://www.domain.com/cat1/pagea.html

http://www.domain.com/cat1/pageb.html

http://www.domain.com/cat1/pagec.html

……

2. 网站逻辑结构

网站结构的第二个意义指的是逻辑结构或链接结构，也就是由网页内部链接所形成的逻辑的或链接的网络图。

比较好的情况是逻辑结构与前面的树形物理结构相吻合，也就是说，主页链接向所有的频道主页。

主页一般不直接链接向内容页，除非是你非常想推出的几个特殊的页。所有频道主页都链向其他频道主页，频道主页都链接回网站主页。频道主页也链接向属于自己本身频道的内容页，一般不链接向属于其他频道的内容页。

所有内容页都链向网站主页。所有内容页也都链接向自己的上一级频道主页。内容页可以链接向同一个频道的其他内容页。内容页一般不链接向其他频道的内容页，在某些情况下，内容页可以用适当的关键词链接向其他频道的内容页频道形成分主题。

前面的这种逻辑的或链接的网络可以与物理结构重合，也可以不一样。比如扁平式的物理结构网站也完全可以通过链接形成逻辑上的树型结构。

对搜索引擎来说，更重要的是由链接形成的逻辑结构。

有不少人认为物理结构比较深的网页不容易被搜索引擎收录。比如：

http://www.domain.com/cat1/cat1-1/cat1-1-1/pagea.html

像这样目录结构比较深的网页，是不是就不容易被收录呢？不一定，如果这个页在网站的主页上有一个链接，对搜索引擎来说它就只是一个仅次于主页的二级网页。

收录得容易与否是在于离主页有几次单击的距离，而不是它的物理位置。对稍有些规模的网站来说，一般树形逻辑结构的网站是比较好的。

第 *32* 章 网站的宣传推广

本章导读

　　网站推广就是以国际互联网为基础，利用数字化的信息和网络媒体的交互性来辅助营销目标实现的一种新型的市场营销方式。简单地说，网站推广就是以互联网为主要手段进行的，为达到一定营销目的的推广活动。

技术要点

◆　注册到搜索引擎　　　　　　　　　◆　发布信息推广
◆　导航网站登录　　　　　　　　　　◆　传统媒体广告
◆　友情链接　　　　　　　　　　　　◆　电子邮件
◆　网络广告

32.1　注册到搜索引擎

　　搜索引擎注册是最经典、最常用的网站推广手段。当一个网站发布到互联网上之后，如果希望别人通过搜索引擎找到你的网站，就需要进行搜索引擎注册。

32.1.1　搜索引擎

　　据统计，信息搜索已成为互联网最重要的应用。并且随着技术的进步，搜索效率不断提高，用户在查询资料时不仅越来越依赖于搜索引擎，而且对搜索引擎的信任度也日渐提高。有了如此雄厚的用户基础，利用搜索引擎宣传企业形象和产品服务当然能获得极好的效果。

　　在搜索引擎中检索信息都是通过输入关键词来实现的。因此在登录搜索引擎时一定要填写好关键词。那么如何才能找到最适合你的关键词呢？

　　首先，要仔细揣摩潜在客户的心理，设想他们在查询与网站有关的信息时最可能使用的关键词，并一一将这些词记下来。不必担心列出的关键词太多，相反找到的关键词越多，覆盖面也越大，也就越有可能从中选出最佳的关键词。

　　搜索引擎上的信息针对性都很强。用搜索引擎查找资料的人都是对某一特定领域感兴趣的群体，所以愿意花费精力找到网站的人，往往很有可能就是渴望已久的客户。而且不用强迫别人接受提出要求的信息，相反，如果客户确实有某方面的需求，他就会主动找上门来。

　　如图 32-1 所示是在百度搜索引擎登录网站。注册时尽量详尽地填写企业网站中的信息，特别是关键词，尽量写得普遍化、大众化一些，如"公司资料"最好写成"公司简介"。

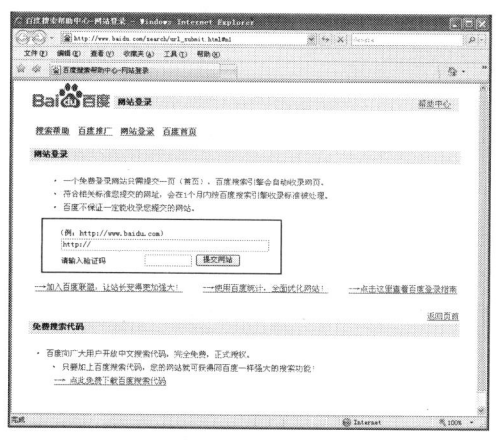

图 32-1　在百度搜索引擎登录网站

32.1.2　搜索引擎的原理

搜索引擎，通常指的是收集了因特网上几千万到几十亿个网页并对网页中的每一个词（即关键词）进行索引，建立索引数据库的全文搜索引擎。当用户查找某个关键词的时候，所有在页面内容中包含了该关键词的网页都将作为搜索结果被搜出来。在经过复杂的算法进行排序后，这些结果将按照与搜索关键词的相关度高低，依次排列。根据自己的优化程度，获得相应的名次。如图 32-2 所示是搜索引擎的工作原理。

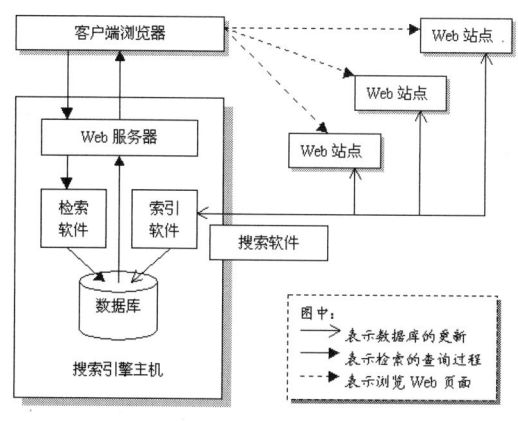

图 32-2　搜索引擎的工作原理

在搜索引擎的后台，有一些用于搜集网页信息的程序。所收集的信息一般是能表明网站内容（包括网页本身、网页的 URL 地址、构成网页的代码及进出网页的连接）的关键

词或者短语。接着将这些信息的索引存放到数据库中。

32.1.3　搜索引擎分类

搜索引擎包括全文索引、目录索引、元搜索引擎、垂直搜索引擎、集合式搜索引擎、门户搜索引擎等。

1. 全文索引

全文搜索引擎是目前广泛应用的主流搜索引擎，国外代表有 Google，国内则有著名的百度。它们从互联网提取各个网站的信息，建立起数据库，并能检索与用户查询条件相匹配的记录，按一定的排列顺序返回结果。

根据搜索结果来源的不同，全文搜索引擎可分为两类，一类拥有自己的检索程序，能自建网页数据库，搜索结果直接从自身的数据库中调用，上面提到的 Google 和百度就属于此类；另一类则是租用其他搜索引擎的数据库，并按自定的格式排列搜索结果。

当用户以关键词查找信息时，搜索引擎会在数据库中进行搜寻，如果找到与用户要求内容相符的网站，便采用特殊的算法——通常根据网页中关键词的匹配程度、出现的位置、频次、链接质量——计算出各网页的相关度及排名等级，然后根据关联度高低，按顺序将这些网页链接返回给用户。这种引擎的特点是搜索率比较高。

2. 目录索引

虽然有搜索功能，但严格意义上不能称为真正的搜索引擎，只是按目录分类的网站链接列表而已。用户完全可以按照分类目录找到所需要的信息，不依靠关键词（Keywords）进行查询。目录索引中最具代表性网站有 Yahoo、新浪分类目录搜索。

3. 元搜索引擎

元搜索引擎接受用户查询请求后，同时在多个搜索引擎上搜索，并将结果返回给用户。在搜索结果排列方面，有的直接按来源排列搜索结果，有的则按自定的规则将结果重新排列组合。

4．垂直搜索引擎

垂直搜索引擎为 2006 年后逐步兴起的一类搜索引擎。不同于通用的网页搜索引擎，垂直搜索专注于特定的搜索领域和搜索需求，在其特定的搜索领域有更好的用户体验。相比通用搜索动辄数千台检索服务器，垂直搜索需要的硬件成本低、用户需求特定、查询的方式多样。

5．集合式搜索引擎

集合式搜索引擎：该搜索引擎类似元搜索引擎，区别在于它并非同时调用多个搜索引擎进行搜索，而是由用户从提供的若干搜索引擎中选择。

6．门户搜索引擎

门户搜索引擎：AOLSearch、MSNSearch 等虽然提供搜索服务，但自身既没有分类目录，也没有网页数据库，其搜索结果来自其他搜索引擎。

32.1.4 搜索引擎注册

一般到搜索引擎注册的时候，除了关键字是对公司网站具体的描述以外，还要告诉搜索引擎公司的网址，也就是 URL，一般在注册前要选择最能表现产品或者服务的 URL。

目前提交 URL 的方法大概有两种，手动注册和软件自动注册。手动注册需要你进入不同的搜索引擎自己进行注册。这种注册的缺点是工作量比较大，而且还要辨认那些难懂的英文。但是它的效果特别好，一般建议采用手动注册的办法。软件自动搜索是利用专门的注册软件，它们可以自动地在多个搜索引擎完成注册工作。软件自动注册虽然快捷，但是毕竟不是人工，智能化方面差了点。

可以把自己的网站提交给各个搜索引擎，这样在各个搜索引擎就能找到你的网站了，

虽然不是每个都能通过，但是勤劳一点总是会有几个通过的。

方法很简单，首先在浏览器打开每个网站的登录口，然后把网址输入进去就行了。

百度搜索网站登录口：http://www.baidu.com/search/url_submit.html。

Google 网站登录口：http://www.google.cn/intl/zh-CN_cn/add_url.html。

英文雅虎登录口：http://search.yahoo.com/info/submit.html。

32.1.5 搜索引擎优化原则

SEO 意思就是"搜索引擎优化"，SEO 的主要工作是通过了解各类搜索引擎在抓取页面时的不同特征，针对各类搜索引擎制定不同的优化方针，使得所要优化网站的排名上升，进而达到提升网站流量乃至最终达到提升网站销售能力和宣传网站的目的。

1．网站架构优化

规划合理的站点结构，尽可能减小目录深度，一般目录深度最好不超过 4 层，目录深度较小的页面不管对于搜索引擎还是普通用户都是有好处的，因而能得到更多的权重。也可以通过一些技术手段解决 URL 长度的问题，如 URL 重写，或者短网址转换。

建立合理的导航结构，减少页面间的链接深度。只有具有清晰合理的网站导航结构，才能尽可能多地收录网站的页面和收录更深层次的页面。

2．网页代码优化

熟悉网页代码 HTML 的编写，并且掌握 W3C 标准，是网站优化需要掌握的基础知识。当然如果有网页编程基础会更好。

- 网页布局采取 DIV+CSS 方式。与传统的 Table 布局相比，DIV+CSS 布局的网页无论是打开速度还是网站维护、更改，都显得特别方便。
- 删除不规范的 URL 字符或错误的 URL。URL 错误是网站的硬伤，不

规范的 URL 不仅影响蜘蛛爬取，还会影响用户体验。如果这方面的错误较多的话，无论是搜索引擎，还是用户都会放弃这个网站的。

- 削减或删除注解。代码中的注解只是为了程序员方便阅读、查错和修改网站代码而设计的，对于这些代码，只会增加网页的空间，因此，建议删去或者部分删去。
- 减少 JavaScript、Flash 等特效，因为搜索引擎不好识别。

3. 关键字优化

搜索引擎是以关键词为搜索条件进行检索的，关键字优化主要目的就是提高页面和关键字的相关性。对于 SEO 搜索引擎优化来讲，关键字的挑选可以从以下 3 个方面来进行。

- 根据自己的第一感觉，首先列出自己认为比较合适的关键字。
- 分析潜在的客户及合作伙伴等，多向这些人咨询，参考他们的意见。
- 使用各类优化工具进行关键字的分析，进而选出适合自己网站的关键字。

4. 站内链接优化

内部链接在网站的优化过程中占据着非常重要的位置。内部链接的建设可以从以下几个方面来入手：

- 建立网站地图。为你的网站建立一个网站地图，同时需要做的是把网站地图放到网站首页，使搜索引擎非常方便地就能抓取所有网页。
- 每个页面离首页最多 4 次单击。在设计网站的时候，就要确保从首页出发到网站任何一个地方都不要大于 4 次单击，如果是小型网站，还可以放在根目录，离首页越近越好。

- 尽可能使用文字导航。网站的导航最好是文字的，有利于被搜索引擎抓取。用图片或者脚本语言来制作的导航，虽然看起来漂亮，但是这样做不利于被搜索引擎抓取。
- 网站导航中的链接文字应该准确地描述栏目内容，这样自然而然在链接文字中有关键词，但注意不要堆积关键词。在网页正文中提到其他网页内容的时候，可以自然链接到其他网页。
- 网站内部的互相链接。在网页正文中引用其他文章时应该用关键词链接向其他相关网页，这样做既有利于搜索引擎排名，也有利于收录。

5. 分析与观察能力

SEO 不是你照着一次做完就没事了，不断地分析与观察是绝对必要的。例如，持续追踪锁定的关键字、分析关键字排名问题、解决排名困境、了解搜索引擎每次更新的重点与特性，这些都是 SEO 的日常工作。

6. 了解搜索习惯

就拿关键词的选择来说，关键字的锁定与选择是 SEO 工作的起头，也是决定效益最重要的一步。关键字的锁定涉及面相当广泛，从关键字的难度、关键字属性到搜索心理研究都有。所以了解搜索人群的搜索习惯和搜索心理是相当重要的，当然它也是十分复杂的。

7. 不断的创新能力

搜索引擎在不断地调整策略来应对成几何倍数增长的网页内容，SEO 的方法也在不断地调整，努力尝试和创新各种方法，让搜索引擎永远都青睐你的网站，需要有相当强的创新意识。当然作弊的方法除外。

32.2　导航网站登录

现在国内有大量的网址导航类站点，如 http://www.hao123.com/、http://www.265.com/ 等。在这些网址导航类做上链接，也能带来大量的流量，不过现在想登录上像 hao123 这种流量特别大的站点并不是一件容易的事。如图 32-3 所示的导航网站。

图 32-3 导航网站

32.3 友情链接

如果网站提供的是某种服务，而其他网站的内容刚好和你形成互补，这时不妨考虑与其建立链接或交换广告，一来增加了双方的访问量，二来可以给客户提供更加周全的服务，同时也避免了直接的竞争。网站之间互相交换链接和旗帜广告有助于增加双方的访问量，如图 32-4 所示为交换友情链接。

图 32-4 交换友情链接

最理想的链接对象是那些与你的网站流量相当的网站。流量太大的网站管理员由于要应付太多要求互换链接的请求，容易将你忽略。小一些的网站也可考虑。互换链接页面要放在在网站比较偏僻的地方，以免将你的网站访问者很快引向他人的站点。

找到可以互换链接的网站之后，发一封个性化的 E-mail 给对方网站管理员，如果对方没有回复，再打电话试试。

在进行交换链接过程中，往往存在一些错误的做法，如不管对方网站的质量和相关性，片面追求链接数量，这样只能适得其反。有些网站甚至通过大量发送垃圾邮件的方式请求友情链接，这是非常错误的做法。

32.4　网络广告

网络广告就是在网络上做的广告，即利用网站上的广告横幅、文本链接、多媒体，在互联网刊登或发布，通过网络传递到互联网用户的一种高科技广告运作方式。一般形式是各种图形广告，称为旗帜广告。网络广告本质上仍属于传统宣传模式，只不过载体不同而已。如图 32-5 所示为投放网络广告推广网站。

图 32-5　使用网络广告推广网站

32.5　发布信息推广

信息发布既是网络营销的基本职能，又是一种实用的操作手段，通过互联网，不仅可以浏览到大量商业信息，同时还可以自己发布信息。在网上发布信息可以说是网络营销最简单的方式，网上有许多网站提供企业供求信息发布，并且多数为免费发布信息，有时这种简单的方式也会取得意想不到的效果。

分类信息网站是现在网站推广的一个重要方式，因为它流量高，且审核宽松。下面介绍在分类信息网站做推广的一些事项。

- 首先要做的就是在网上找一些分类信息的网站，这类网站很多，只找十几、二十个权重比较高的就行了，例如赶集、58同城、百姓网等。如图32-6所示是在赶集网发布信息。

图 32-6　在赶集网发布信息

- 选对城市。现在不是纯互联网的企业都有一定的地域性，如果你的企业或者产品地域性很强，强烈建议你以地域性推广为主。大部分分类信息网都有地区分站。
- 选对发布板块。因为分类信息的类别非常多，在选择类别的时候一定遵循我们自己的产品和服务属性，不要发布错了。例如，你本来是做网站建设的，发到了物流运输的类别，那么管理员会把你的信息删除的。
- 编辑发布内容。内容的编辑是重中之重，为什么这样说呢？因为它像软文一样，写原创的最好。不要从其他人那里复制一个相关信息过来，换个名称就放上去了。与其这样做无用功，还不如静下心来好好写一篇内容，不在乎文笔多好，自己写的一篇内容比你复制十几篇内容的作用都大。
- 信息的排版。经验告诉我们，同样的信息，排版混乱被删的概率大很多。
- 跟踪效果。发布的每一条信息并不是放上去就算完事了，要把每一条发送的 URL 地址记录下来，每星期查看带来的效果如何，比如浏览量、留言等。只有做好统计，才能根据反馈的情况采取相应的措施进行改进，提高推广效果。

32.6　电子邮件

电子邮件因为方便、快捷、成本低廉的特点，成为目前使用最广泛的互联网应用，是一种有效的推广工具。它常用的方法包括邮件列表、电子刊物、新闻邮件、会员通信、专业服务商的电子邮件广告等。

32.6.1　电子邮件推广

电子邮件是目前使用最广泛的互联网应用。它方便快捷，成本低廉，不失为一种有效的联络工具。如图 32-7 所示为使用电子邮件推广网站。

图 32-7　使用电子邮件推广网站

相比其他网络营销手法，电子邮件营销速度非常快。搜索引擎优化需要几个月，甚至几年的努力，才能充分发挥效果。博客营销更是需要时间，以及大量的文章。而电子邮件营销只要有邮件数据库在手，发送邮件后几小时之内就会看到效果，产生订单。因特网使商家可以立即与成千上万潜在的和现有的顾客取得联系。

由于发送 E-mail 的成本极低且具有即时性，因此，相对于电话或邮寄，顾客更愿意响应营销活动。相关调查报告显示，E-mail 的点击率比网络横幅广告和旗帜广告的点击率平均高约 5% ～ 15%，E-mail 的转换率比网络横幅广告和旗帜广告的转换率平均高约 10% ～ 30%。

32.6.2　电子邮件推广的技巧

电子邮件在现在的推广和营销特别是电子商务类网站的推广和营销作用越来越明显。利用好技巧，让更多的用户产生购买行为。

- 提高电子邮件的到达率，没有到达，打开也无从谈起。提升到达率，不断地研究各种发送邮件的方式，来提高邮件发送的成功率。
- 内容清晰简单。电子邮件内容简洁，用最简单的内容表达出你的诉求点。如果有必要，可以给出一个关于详细内容的链接，收件人如果有兴趣，会主动单击你的链接，否则，内容再多也没有价值，只能引起收件人的反感。
- 根据不同的用户合理地安排邮件的主题。邮件的主题是收件人最早可以看到的信息，邮件内容是否能引人注意，主题起到相当重要的作用。邮件主题应言简意赅，以便收件人决定是否继续阅读邮件内容。

- 邮件的设计一定要美观，给人眼前一亮的感觉。对于两封同样陌生的邮件，制作漂亮精美的邮件肯定比制作粗糙的邮件让用户更容易接受。因此，无论每天发多少封邮件，尽量在发之前花点时间美化一下，这样，不但可以提高公司的形象，也拉近了你和用户之间的距离。

- 电子邮件发件人与邮件地址非常重要。电子邮件收件人收到邮件后，如果是有印象的发件人名称与发件人地址，平均打开率要比没有印象的高出两倍以上。因此，开展电子邮件营销必须做到：保持持续稳定的发件人名称；使用独有的域名与发件人地址，这样让他们更容易接受我们。

- 标题中包含吸引收件人的关键词，要做到这一点，就需要深入挖掘分析收件人的关注点与兴趣点，结合自己特征来把握。

- 持续的反馈与改进。持续地分析那些到达了而没有打开的原因，通过一些调查问卷或者访问调查，对提高打开率很有好处。

- 转发与注册——获得更多的优惠。在我们发布给一个用户的时候，提醒他转发或者注册，并用一定的激励方式来鼓励和促进他实施这项活动。

- 邮件发送的频率要适度：有些公司有了邮件群发平台以后，每天就狂发邮件给用户，这样，不但造成用户反感，而且邮件服务器也会把你列入垃圾邮件的名单中。因此，我们在发送邮件的时候，一定要用策略，要懂得分析数据。

32.7　问答式免费推广

在百度知道、雅虎知识堂、搜搜问问中回答与自己网站内容相关的问题，然后在问题中加入自己的网站链接或公司地址来推广。如图 32-8 所示。

图 32-8　百度知道问答式免费推广

一般来说，如果只是单纯地在回答中写上一个网址，这样很难被采纳。你可以将自己的网站地址巧妙地融入回答中，让用户有兴趣打开网站，或者回答一部分，后面提供自己的网址。

你也可以注册多个用户名，自问自答，然后将自己的回答选为最佳答案。比如"什么网站在线看电影速度最快？"最佳答案是一个电影网站，这通常都是站长在采用自问自答的方式为自己的网站做免费推广。

如果回答的问题确实有价值，能解决网友的问题，那么这种免费推广的方法持久性就非常好，可以源源不断地为网站带来流量。但是如果大量地加广告，轻则可能造成问题被删除，重则会遭到搜索引擎的惩罚。所以使用这种方法做网站推广最重要的是把握好度。

32.8　在博客中推广

利用博客可以宣传推广你的网站、产品、服务，宣传得当，可以有效地提升企业的知名度，无形之中提升企业的收益。但是做得不到位，就会对企业的产品和服务产生抵触情绪，认为你的产品和服务也很差，从而对企业产生不好的影响。如图 32-9 所示为博客推广网站。

图 32-9　博客推广网站

做博客营销，一定要强调要把产品宣传做到"无形"，对博客内容做到精准，具有引导性，做到宁缺勿滥，才能有效地引导潜在客户购买你的产品和服务。方法如下：

- 发布一些有趣、时效性强的博文，吸引浏览者。
- 在博客中有自定义模板，自定义一个友情链接，将要推广的网址加入其中。
- 维护好博客，加一些圈子和社区，让更多的人知道你的博客，从而了解到你要推广的目标。
- 一个长时间不更新的博客，没有人会喜欢，所以要随时发表新内容，哪怕只是变化一个图片。简单地说就是及时更新。搜索引擎喜欢新的内容，网站越常更新，搜索引擎便越常造访，如此可以让你的博客经常被列入搜索的结果中。一旦让搜索引擎信赖不断更新的内容，便能提高博客在搜索结果中的排名。
- 网络上，获取信息变得十分容易，所以如果你的博客能经常提供有价值的信息，将更能吸引访客。
- 如果可以，用其他的账户回复，以提高博文的互动，或发布一些互动性比较强的博文，调动访问者的积极性。
- 在一些热门的博客中，用留言的方式宣传自己的网站。比如许多名人博客的访问量超过千万次，如果每次自己的留言都能够抢到"沙发"，带来的流量也相当大。

建立多个博客的方法如果运用得当，文章优秀而被推荐到博客首页，每天为网站带来的流量是相当可观的，但这很难做到，需要花费大量的精力；而采用在他人博客中留言的方式，虽然也有效果，但很容易被作为无用评论或广告而删除。

32.9　微博营销推广

微博营销是指通过微博平台为商家、个人等创造价值而执行的一种营销方式，也是指商家或个人通过微博平台发现并满足用户各类需求的商业行为方式。

微博营销以微博作为营销平台，每一个听众（粉丝）都是潜在的营销对象，企业利用更新自己的微博向网友传播企业信息、产品信息，树立良好的企业形象和产品形象。每天更新内容就可以跟大家交流互动，或者发布大家感兴趣的话题，这样来达到营销的目的。如图 32-10 所示为利用腾讯微博宣传网站。

图 32-10　利用腾讯微博宣传

微博营销注重价值的传递、内容的互动、系统的布局、准确的定位，微博的火热发展也使得其营销效果尤为显著。微博营销涉及的范围包括认证、有效粉丝、话题、名博、开放平台、整体运营等。当然，微博营销也有其缺点：有效粉丝数不足、微博内容更新过快等。

32.10　微信营销推广

微信推广营销是随着微信的火热而兴起的一种网络营销方式。微信不存在距离的限制，用户注册微信后，可与"朋友"形成一种联系，用户订阅自己所需的信息，商家通过提供用户需要的信息，推广自己的产品，从而实现点对点的营销。如图 32-11 所示为利用微信二维码营销推广企业。

图 32-11　利用微信二维码营销推广企业

32.11　QQ 营销推广

在网络中拥有自己的博客，平时在其中写一下自己的心情是目前大多数网民都会做的事情，但是利用博客也可以推广自己的网站，这方面也不能忽略。

32.11.1　设置 QQ 签名推广

QQ 个人设置中有一栏个性签名，这里可以根据自己的爱好、心情来设置自己与众不同的个性签名。当然也可以利用 QQ 签名添加自己的广告，例如添加自己的网站名称。如图 32-12 所示为设置的个性签名。

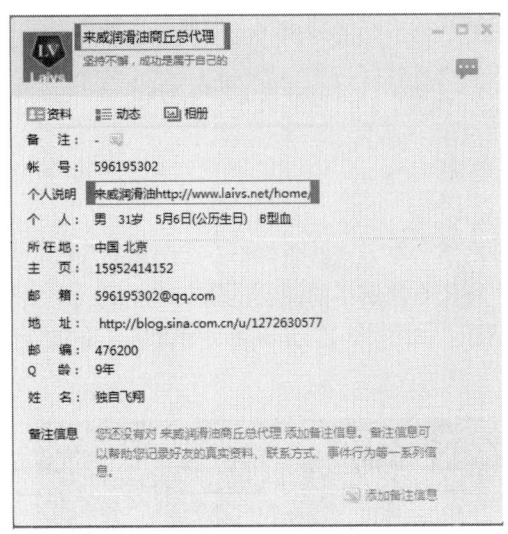

图 32-12 QQ 签名推广

32.11.2 QQ 群推广技巧

利用即时软件的群组功能，如 QQ 群、MSN 群等，加入群后发布自己的网站信息，这种方式能够即时为自己的网站带来流量。如果同时加几十个 QQ 群，推广网站可以达到非常不错的效果。但这种方式同时也被很多人厌恶。如图 32-13 所示为利用 QQ 群推广网站。

如果加入群后发布的是直接广告，管理较好的群组马上将发广告的人"踢出"，但现在很多站长都开始使用其他的方式，如先与群管理员搞好关系，平时积极参与聊天等活动，在适当的时候发布自己网站的广告，可以起到更好的效果。

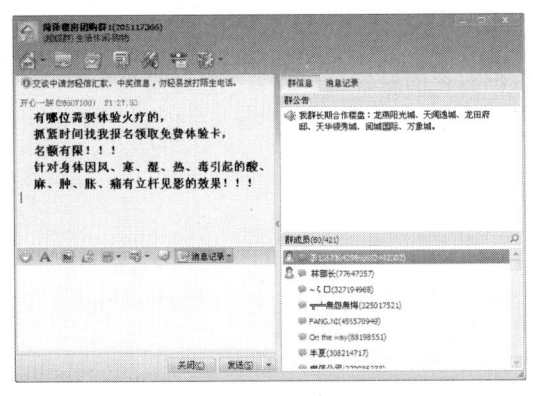

图 32-13 利用 QQ 群推广网站

另外，还有一种现在很多站点都在使用的方法，就是建立自己网站的 QQ 群，然后在网站上宣传吸引网友的加入，这样一来不仅能够近距离跟自己的网站用户进行交流，还能增加用户的黏性，而且网站有什么新功能推出，可以即时在群中发布通知信息，并且不会有因为发广告而被"踢出"的后顾之忧。

目前每个 QQ 基本都加入或则拥有过 QQ 群，如此强大的资源，一定要好好利用，那么怎么利用 QQ 群进行营销呢？

1. 如何推广群，提升群人气

选择相关性、人气高的群做推广，入群后别急着推广自己，降低被踢的几率。等熟悉了群内成员后，了解群规后，可见机插话，为群解决问题，提升知名度，获取好感。但是也不能急，当广告发到让别人感觉不像是广告而是诱惑的时候，就是最高境界。

2. 利用 QQ 群进行营销

加入群的都是相关的需求者。例如：学习群可以做讨论、培训形式，产品群可以定期提供活动推广产品，服务群则可以提供服务资讯，交友群则需要创造良好的交友氛围。采用的方法需要根据群的特点来进行。

3. 如何带动群互动性

最好的方法就是定期组织相关话题讨论，话题起初开展都会有不顺利的时候，但是长期坚持下去，形成习惯，情况就不一样了。要懂如何利用 QQ 群带动人气进行营销，也要懂得什么时候转移话题、什么时候提升话题、什么时候带动话题，必须面面俱到。

4. 如何维护群众及群质量

群中难免有竞争者，不相关的广告发布者，该删除的绝不手软，这是维护群质量的一个不得已的做法。尽可能打造一个文明有质量的群，对于情况恶劣者应该予以管理。要掌握如何化解群员矛盾，最好的方法是私下化解。打造一个有良好口碑的 QQ 群，达成推广才是最重要的。

32.11.3　QQ 推广小技巧

QQ 是目前国内使用最多的聊天工具，使用得好可以提高曝光率，获得营销效果。

1．QQ 网名吸引潜在用户的关注

以营销为目的的网名是需要优化的，要让名字起到广告的效果，也让网名能够在好友中获得靠前的排名。在 QQ 名称前加特殊符号、以英文命名、以靠前的英文字母开头都可以让自己的 QQ 在群里、在好友里排名靠前。

2．QQ 状态影响你在群里的排名

QQ 分为很多种状态，在线、隐身、我想聊天、忙碌等。其中将状态设置为我想聊天，即可获得第一排名，即使在群里，也会排在群主前面。

3．利用群空间提高曝光率

多去群空间发布论坛文章、发布群相册、发布群话题等，可以在群的动态内显示出你的更新信息，从而获得别人的眼球。

4．群发消息也要讲究技巧

群发消息要注意的技巧就是给不同组别的人编辑发布不同的消息，以适应好友的需求。还有一种方式，就是去加陌生人，当然多数会被拒绝了。但是加其为好友的时候，都会填写"好友请求"的内容，一般有固定的字数限制，就看你怎么在有限的字数内，发挥你的文字游戏智商了。

5．利用 QQ 空间、校友空间做好博客营销

这就像是你的个人博客，通过空间名称、签名、日志、相册、说说心情、空间资料等都可以适当地做好自己的推广活动。

6．QQ 游戏也能提高你的知名度

将 QQ 游戏的基本资料设置好，然后经常进入，这样就会提高自己的曝光率了，别以为你在玩游戏，你只是为了让别人更多地看到你的出现而已。

7．串门、访客留言，以吸引别人的眼球

将自己的个人资料、个人签名设置好，然后去其他人的空间内转悠，留下足迹就好了，会吸引潜在的客户群。

8．QQ 好友问问，树立行业专家典范

这个就像是百度知道一样。不过只要你回答了，都会第一时间通知你的好友，这个比百度知道的推广更为主动、快捷。

9．QQ 印象、宠物串门、赠送空间礼物、进行 QQ 秀合影、好友买卖等互动交往

以上提到的都是利用 QQ 的推广方式，能够让你的好友关注你，提高你的友好度和曝光率，为你的空间带来流量。不管是宠物、礼物、游戏等一切可以随心设置名称、签名的地方，都可以植入自己的广告，这样就能提高自己的曝光率，也起到一定的宣传效果。

32.12　传统网下推广

在网站的宣传推广中，不要太狭隘，不要只着眼于各种网络推广方式，对于传统的网下推广宣传方式也要很好地加以利用。

1．印名片推广

有很多新手也许会认为，网上交易都是在网上完成的，做名片岂不是浪费成本？殊不知，虽然是在网上建站的，但大家仍可以通过传统方式进行联系。因此，在销售商品的时候，就可以把自己设计精美、个性十足的名片夹在商品中，说不定就能起到很大的宣传作用。

而且在印刷了名片之后，店主们还可以在日常生活中，在与人交往时递送出去，随时随地来宣传自己的网站。甚至可以在同学通讯录里面发出宣传和邀请，在同学聚会时发出自己的宣传名片。既可以让同学朋友分享自己的建站乐趣，又可以为网站增添人气，说不定还可以做成几单生意，何乐而不为呢？如图32-14所示为名片推广。

图 32-14 名片推广

2．媒体宣传

当然此方式需要很大的投资。但其效果也是可想而知的。有官方背景的推广能使你网站更高的可信度。和当地电视、电台、报社等媒体合作，如果你有这个能力的话，并且要有足够的资金作为基础。

传统媒体广告方式不应废止。但无论是报纸还是杂志广告，一定确保在其中展示你的网址。要将查看网站作为广告的辅助内容，提醒用户浏览网站将获取更多相关信息。别忽视在一些定位相对较窄的杂志或贸易期刊登广告，有时这些广告定位会更加准确、有效，而且比网络广告更便宜。还有其他传统方式可增加网站访问量，如直邮、分类广告、明信片等。电视广告恐怕更适合于那些销售大众化商品的网站。

3．搞怪宣传

例如买几件T恤，在上面印上你的网站LOGO，送给身边的朋友和亲人，要搞得漂亮点，他们就爱穿出去为你做宣传，自己也可以穿。

4．印制传统广告

印制并发放广告也是网站可以采用的一种推广方式。这也是一种很典型的传统广告方式，可以大量印刷自己网站的宣传单，然后亲自或者雇人到各处去分发。但看起来这种方式似乎并不太适合网站的宣传，因为它的涉及范围有限，针对性太差。

其实，可以走出这些思维定式，在传统广告宣传上走出一条非传统的道路来。可以把自己网站的相关广告信息印刷在精美的日历上、地图上、红包上，或者是精美的纪念品上。当然更可以印在商品包装上，以吸引回头客。

5．印塑料带

免费送给快餐店、饭店、农贸市场。不过这个投资还是大了点。塑料带上印上网站介绍。例如，网站名称：就爱打折；网址：www.xxxx.com，欢迎大家观看。关键字一定要出现，即使他们忘记了网址也会用百度去搜的。

6．和当地网吧合作

把浏览器默认首页设为你的网站，然后在你的网站上给他们网吧做广告。能不能说服网吧老板，还得看你的个人能力了。

7．赞助活动

当然，别以为赞助就一定要给钱的，你可以先了解一下本地最近有什么活动，免费大力度为他们宣传一下，其实是借机炒作，人们会因为此事而关注你的网站的。

32.13　本章小结

很多人认为，只要自己的网站制作完成了就算大功告成，别人就可以很快知道，但是实际上没有推广的网站每天的流量只有几个人次，甚至几天都没有人访问。所以说网站建设完成后的首要工作应该就是网站推广。无论是展示型的企业网站，还是以营销为目的的网站，获得正常的流量都很重要。经过推广的网站可以更好地提高企业知名度、快速获得统计数据和反馈信息。

第 33 章 设计企业网站

本章导读

目前，越来越多的企业有了自己的网站，网站是 Internet 上宣传和反映企业形象和文化的重要窗口。本章将制作一个典型的企业网站。从综合运用方面讲述网站的制作过程。首先讲述企业网站的特点，接着讲述用 Photoshop 设计网站首页，用 Dreamweaver 设计排版制作网页。通过大篇幅介绍利用 Dreamweaver 创建本地站点、创建模板。

技术要点

◆   了解网站建设规范   ◆   在 Dreamweaver 中进行页面排版制作
◆   企业网站设计特点解析
◆   利用 Photoshop 设计网站首页

33.1 网站建设规范

任何一个网站开发之前都需要制定开发约定和规则，这样有利于项目的整体风格统一、代码的维护和扩展。由于网站项目开发的分散性、独立性、整合的交互性等，制定一套完整的约定和规则显得尤为重要。这些规则和约定需要与开发人员、设计人员和维护人员共同讨论制定，并将严格按规则或约定开发。

33.1.1 组建开发团队规范

在接手项目后的第一件事就是组建团队，根据项目的大小不同，团队可以有几十人，也有可以是只有几个人的小团队，在团队划分中应该含有 6 个角色，这 6 个角色是必需的，分别是项目经理、策划、美工、程序员、代码整合员、测试员。如果项目够大，人数够多，那就分为 6 个组，每个组的分工再进行细分。下面简单介绍一下这 6 个角色的具体职责。

● 项目经理负责项目总体设计、开发进度的定制和监控、相应开发规范定制、各个环节的评审工作，并协调各个成员小组之间的开发。
● 策划提供详细的策划方案和需求分析，还包括后期网站推广方面的策划。
● 美工根据策划和需求设计网站 VI、界面、LOGO 等。
● 程序员根据项目总体设计保证数据库和功能模块的实现。
● 代码整合员负责将程序员的代码和界面融合到一起，代码整合员还可以制作网站的相关页面。
● 测试员负责测试程序。

33.1.2 开发工具规范

网站开发工具主要分为 3 部分，第一部分是网站前台开发工具，第二部分是网站后台开发环境。下面分别简单介绍这两部分需要使用的软件。

网站前台开发主要是指网站页面设计。包括网站整体框架的建立、常用图片、Flash 动画设计等，使用的软件主要是 Photoshop、Dreamweaver 和 Flash 等。

网站后台开发主要指网站动态程序开发、数据库创建，使用的软件和技术主要是 ASP 和数据库。ASP 是一种非常优秀的网站程序开发语言，以全面的功能和简便的编辑方法受到众多网站开发者的欢迎。数据库系统的种类非常多，目前以关系型数据库系统最为常见，所谓关系型数据库系统是以表的类型将数据提供给用户，而所有的数据库操作都是利用旧的表来产生新的表。常见的关系型数据库包括 Access 和 SQL Server。

33.1.3　超链接规范

网页中的超链接路径可以分为 3 种形式：绝对路径、相对路径、根目录相对路径。

小网站由于层次简单，文件夹结构不过两三层，而且网站内容、结构的改动性太小，所以使用相对路径是完全可以胜任的。

当网站的规模大一些的时候，由于文件夹结构越来越复杂，且基于模板的设计方法被广泛使用，使用相对路径会出现如"超链接代码过长"、"模板中的超链接在不同的文件夹结构层次中无法直接使用"等问题。此时使用根目录相对路径是理想的选择，它可以使超链接的指向变得绝对化，无论在网站的哪一级文件夹中，根目录相对路径都能够准确指向。

当网站规模再度增长，发展成为拥有一系列子网站的网站群的时候，各个网站之间的超链接就不得不采用绝对路径。为了方便网站群中的各个网站共享，过去在单域名网站中以文件夹方式存放的各种公共设计资源，最好采用独立资源网站的形式进行存放，各子网站可以使用绝对路径对其进行调用。

网站的超链接设计是一个很老的话题，而且非常重要。设计和应用超链接确实是一项对设计人员的规划能力要求非常高的工作，而且这些规划能力多数是靠经验积累来获得的，所以要善于和勤于总结。

33.1.4　文件夹和文件命名规范

文件夹命名一般采用英文，长度一般不超过 20 个字符，命名采用小写字母。文件名称统一用小写的英文字母、数字和下画线的组合。命名原则的指导思想一是使得工作组的每一个成员能够方便地理解每一个文件的意义，二是当在文件夹中使用"按名称排列"命令时，同一种大类的文件能够排列在一起，以便查找、修改、替换等操作。

在给文件和文件夹命名时注意以下规则：

1. 尽量不使用难理解的缩写词

不要使用不易理解的缩写词，尤其是仅取首字母的缩写词。在网站设计中，设计人员往往会使用一些只有自己才明白的缩写词，这些缩写词的使用会给站点的维护带来隐患。如 xwhtgl、xwhtdl，如果不告诉你这是"新闻后台管理"和"新闻后台登录"的拼音缩写，没有人能知道是什么意思。

2. 不重复使用本文件夹，或者其他上层文件夹的名称

重复本文件夹或者上层文件夹名称会增长文件名、文件夹名的长度，导致设计中的不便。如果在 images 文件夹中建立一个 banner 文件夹用于存放广告，那么就不应该在每一个 banner 的命名中加入"banner"前缀。

3. 加强对临时文件夹和临时文件的管理

有些文件或者文件夹是为临时的目的而建立的，如一些短期的网站通告或者促销信息、临时文件下载等。不要随意放置这些文件和文件夹。一种比较理想的方法是建立一个临时文件夹来放置各种临时文件，并适当使用简单的命名规范，不定期地进行清理，

将陈旧的文件及时删除。

4．在文件及文件夹的命名中避免使用特殊符号

特殊符号包括"&"、"＋"、"、"等会导致网站不能正常工作的字符，以及中文双字节的所有标点符号。

5．在组合词中使用连字符

在某些命名用词中，可以根据词义，使用连字符将它们组合起来。

33.1.5 代码设计规范

一个良好的程序编码风格有利于系统的维护，也易于阅读查错代码。在编写代码时注意以下规范：

1．大小写规范

HTML 文件是由大量标记组成的，如 <a>、<td>、<img> 等，每个标记又由各种属性组成，标记有起始和结尾标记。每一个标记都有名称和若干属性，标记的名称和属性都在起始标记内标明。

HTML 语言本身不区分大小写，如 <title> 和 <TITLE> 是一样的，但作为严谨的网页设计师，应该确保每个网页的 HTML 代码使用统一的大小写方式。习惯上将 HTML 的代码使用"小写"书写方式。

2．字体和格式规范

良好的代码编写格式能够使团队中所有设计人员更好地进行代码维护。

规范化代码编写的第一步是统一编写环境，设计团队中所使用的编写软件应尽可能一致。代码的文本编辑，要尽可能使用等宽字符，而不是等比例字体，这样可以很容易地进行代码缩进和文字对齐调整。等宽字体的含义是指每一个英文字符的宽度都是相同的。

在 HTML 代码编写中，使用缩进也是一项重要的规范。缩进的代码量应事先确定，并在设计团队中进行统一，通常情况下应为2、4 或 8 个字符。

3．注释规范

网页中的注释用于代码功能的解释和说明，以提高网页的可读性和可维护性。

注释的内容应随着被注释代码的更新而更新，不能只修改代码而不修改注释；不要将注释写在代码后，而应该写在相应的代码前面，否则会使注释的可读性下降。

如果某个网页是由多个部件组合而成的，而且每个部件都有自己的起始注释，那么这些起始注释应该配对使用，如 Start/Stop, Begin/End 等，而且这些注释的缩进应该一致。

不要使用混乱的注释格式，如在某些页面使用"*"，而在其他页面使用"#"，而应该使用一种简明、统一的注释格式，并且在网站设计中贯穿始终。

应减少网页中不必要的注释，但是在需要注释的地方，应该简明扼要地进行注释。使用注释的目的是为了让代码更容易维护，但是过于简短的和不严谨的注释将同样妨碍设计人员的理解。

33.2 企业网站设计特点解析

在企业网站的设计中，既要考虑商业性，又考虑艺术性，企业网站是商业性和艺术性的结合。好的网站设计，有助于企业树立好的社会形象，更好、更直观地展示企业的产品和服务。好的企业网站首先看商业性设计，包括功能设计、栏目设计、页面设计等。和商业性相对应的就是艺术性，艺术性要求怎么更好地传达信息，怎样让访问者更好地接触信息，怎样给访问者创造一个愉悦的视觉环境，留住访问者的视线等。

33.2.1　企业网站分类

企业网站可以分为以下几类:

1. 以形象为主的企业网站

以形象为主的企业网站的目的重在宣传企业文化,塑造企业形象,消除企业与消费者之间的距离感,主要围绕企业及产品、服务信息进行网络宣传,通过网站树立企业的形象。互联网作为一种新型传播媒体,在企业宣传中发挥越来越重要的作用,成为公司宣传企业形象、开辟营销渠道、加强与客户沟通的一项必不可少的重要工具。

这类网站设计时要参考一些大型同行业网站进行分析,多吸收它们的优点,以公司自己的特色进行设计,整个网站要以国际化为主。以企业形象及行业特色加上动感音乐作片头动画,每个页面配以栏目相关的动画衬托,通过良好的网站视觉创造一种独特的企业文化。如图 33-1所示是以形象为主的企业网站。

2. 以产品为主的企业网站

企业上网绝大多数是为了介绍自己的产品,中小型企业尤其如此,在公司介绍栏目中只有一页文字,而产品栏目则是大量的图片和文字。以产品为主的企业网站可以把主推产品放置在网站首页。产品资料分类整理,附带详细说明,使客户能够看个明白。为了醒目,可以分出两个导航条,把产品导航放在明显的地方,或是用特殊样式的导航按钮标注出产品分类。网页的插图应以体现产品为主,营造企业形象为辅,尽量做到两方面能够协调到位。如图 33-2 所示是以产品为主的企业网站。

图 33-1　以形象为主的企业网站

图 33-2　以产品为主的企业网站

3. 商务型企业网站

很多企业不仅仅需要树立良好的企业形象,还需要建立自己的信息平台。有实力的企业逐渐把网站做成一种以其产品为主的商务型网站。对于企业而言,通过商务网站可以实现以下功能:通过因特网扩大宣传,提高企业知名度;让更多客户以更便捷的方式了解企业产品,实现网上订购、网上信息实时反馈等电子商务功能。

一方面,网站的信息量大、结构设计要大气简洁,保证速度和节奏感;另一方面,它不同于单纯的信息型网站,从内容到形象都应该围绕公司的一切,既要大气,又要有特色。如图33-3 所示为商务型企业网站。

图 33-3 商务型企业网站

33.2.2 功能规划

企业网站是以企业宣传为主题而构建的网站，域名后缀一般为 .com。与一般门户型网站不同，企业网站相对来说信息量比较少。该类型网站页面结构的设计主要是从公司简介、产品展示、服务等几个方面来进行的。一般企业网站页面结构如图 33-4 所示。

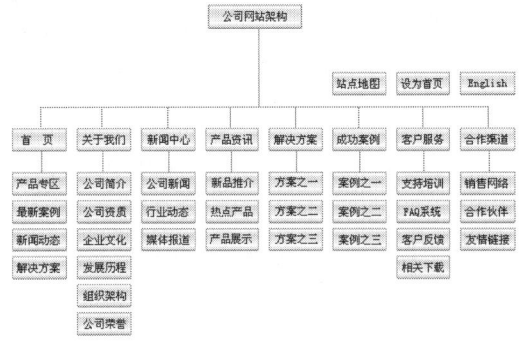

图 33-4 企业网站页面结构

一般企业网站主要有以下功能：

- 公司概况：包括公司背景、发展历史、主要业绩、经营理念、经营目标及组织结构等，让用户对公司的情况有一个概括的了解。

- 企业新闻动态：可以利用互联网的信息传播优势，构建一个企业新闻发布平台，通过建立一个新闻发布 / 管理系统，企业信息发布与管理将变得简单、迅速，及时向互联网发布本企业的新闻、行业新闻等信息。通过公司动态可以让用户了解公司的发展动向，加深对公司的印象，从而达到展示为企业实力和形象的目的。如图 33-5 所示为企业新闻动态。

图 33-5 企业新闻动态

- 网上招聘：这也是网络应用的一个重要方面，网上招聘系统可以根据企业自身特点，建立一个企业网络人才库，人才库对外可以进行在线网络即时招聘，对内可以方便管理人员对招聘信息和应聘人员的管理，同时人才库可以为企业储备人才，以备日后需要时使用。

- 销售网络：目前用户直接在网站订货的并不多，但网上看货网下购买的现象比较普遍，尤其是价格比较贵重或销售渠道比较少的商品，用户通常喜欢通过网络获取足够信息后在本地的实体商场购买。因此尽可能详尽地告诉用户在什么地方可以买到他所需要的产品。

- 产品展示：如果企业提供多种产品服务，利用产品展示系统对产品进行系统的管理，包括产品的添加与删除、产品类别的添加与删除、特价产品和最新产品、推荐产品的管理、产品的快速搜索等。可以方便高效地管理网上产品，为网上客户提供一个全面的产品展示平台，更重要的是网站可以通过某种方式建立起与客户的有效沟通，更好地与客户进行对话，收集反馈信息，从而改进产品质量和提供服务水平。如图 33-6 所示为企业产品展示系统。

图 33-6　企业产品展示系统

- 产品搜索：如果公司产品比较多，无法在简单的目录中全部列出，而且经常有产品升级换代，为了让用户能够方便地找到所需要的产品，除了设计详细的分级目录之外，增加关键词搜索功能不失为有效的措施。
- 售后服务：有关质量保证条款、售后服务措施，以及各地售后服务的联系

方式等都是用户比较关心的信息，而且，是否可以在本地获得售后服务往往是影响用户购买决策的重要因素，对于这些信息应该尽可能详细地提供。

- 技术支持：这一点对于生产或销售高科技产品的公司尤为重要，网站上除了产品说明书之外，企业还应该将用户关心的技术问题及其答案公布在网上，如一些常见故障处理、产品的驱动程序、软件工具的版本等信息资料，可以用在线提问或常见问题回答的方式体现。如图 33-7 所示为企业网站的技术支持页面。

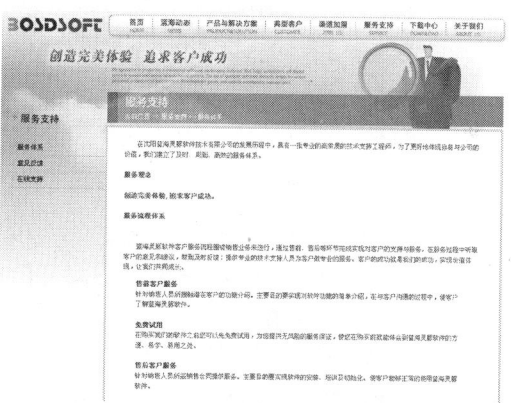

图 33-7　企业网站的技术支持页面

- 联系信息：网站上应该提供足够详尽的联系信息，除了公司的地址、电话、传真、邮政编码、网管 E-mail 地址等基本信息之外，最好能详细地列出客户或者业务伙伴可能需要联系的具体部门的联系方式。对于有分支机构的企业，同时还应当有各地分支机构的联系方式，在为用户提供方便的同时，也起到了对各地业务的支持作用。
- 辅助信息：有时由于企业产品比较少，网页内容显得有些单调，可以通过增加一些辅助信息来弥补这种不足。辅助信息的内容比较广泛，可以是本公司、合作伙伴、经销商或用户的一些相关新闻、趣事，或产品保养 / 维修常识等。

33.2.3　创意分析

企业网站主要功能是向消费者传递信息，因此在页面结构设计上无须太过花哨，标新立异的设计和布局未必适合企业网站，企业网站更应该注重商务性与实用性。

在设计企业网站时，要采用统一的风格和结构来把各页面组织在一起。所选择的颜色、字体、图形即页面布局应能传达给用户一个形象化的主题，并引导他们去关注站点的内容。

从设计风格上对企业网站进行创新，需要多方面元素的配合，如页面色彩构成、图片布局、内容安排等。这需要用不同的设计手法表现出页面的视觉效果。

突出企业网站风格的设计，往往与产品或企业文化有很大关系。只有把握住企业文化的特征，了解企业产品的性质，才能在企业网站设计中很好地表现其独特的风格。

企业网站的风格体现在企业的 LOGO、CI，以及企业的用色等多方面。企业用什么样的色调，以及用什么样的 CI，是区别于其他企业的一种重要手段。如果风格设计得不好会对客户造成不良影响。如图 33-8 所示的企业网站风格与企业的 CI 一致。

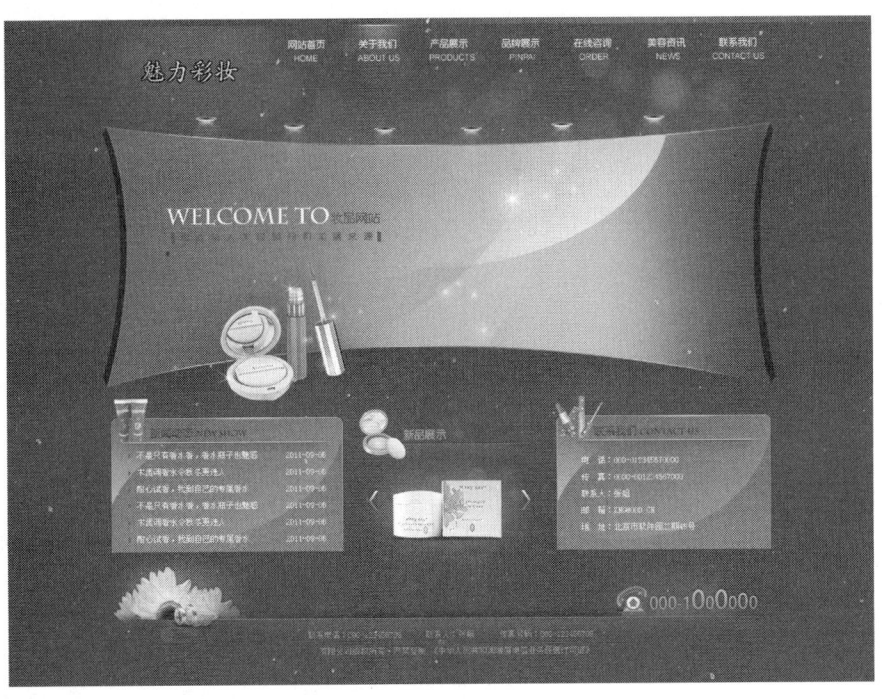

图 33-8　网站的风格与企业的 CI 一致

33.2.4　色彩搭配

企业网站给人的第一印象是网站的色彩，因此确定网站的色彩搭配是相当重要的一步。一般来说，一个网站的标准色彩不应超过 3 种，太多则让人眼花缭乱。标准色彩用于网站的标志、标题、导航栏和主色块，给人以整体统一的感觉。至于其他色彩，在网站中也可以使用，但只能作为点缀和衬托，绝不能喧宾夺主。

企业网站的色彩可以选择蓝色、绿色、红色等，在此基础上再搭配其他色彩。另外，可以使用灰色和白色，这是企业网站中最常见的颜色。因为这两种颜色比较中庸，能和任何色彩搭配，使对比更强烈，突出网站的品质和形象。

33.3　利用 Photoshop 设计网站首页

本节讲述利用 Photoshop 设计网站首页，效果如图 33-9 所示。

图 33-9　网站主页

33.3.1　制作页面背景

首先制作页面背景，具体操作步骤如下：

01 执行"文件"|"新建"命令，弹出"新建"对话框，将"宽度"设置为1030、"高度"设置为952，如图 33-10 所示。

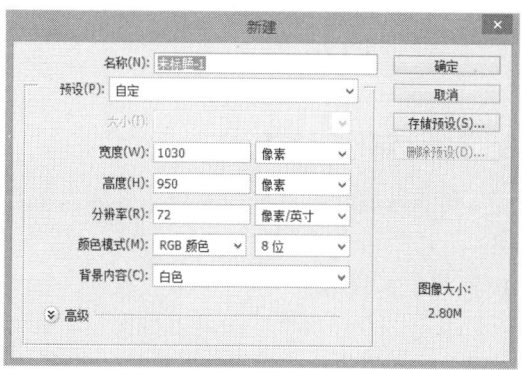

图 33-10　"新建"对话框

02 单击"确定"按钮，即可新建一个空白文档，如图 33-11 所示。

03 选择工具箱中的"渐变工具"，在选项栏中单击"点按可编辑渐变拾色器"按钮，弹出"渐变编辑器"对话框，在该对话框中设置渐变颜色，如图 33-12 所示。

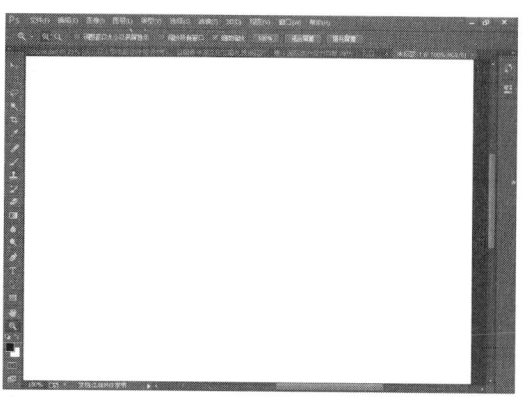

图 33-11　新建文档

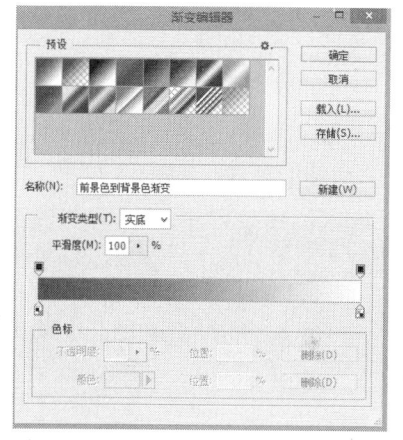

图 33-12　设置渐变颜色

04 单击"确定"按钮，完成渐变颜色的设置，在舞台中从上往下拖动以填充渐变，如图 33-13 所示。

图 33-13　填充渐变

33.3.2 置入 banner

本节讲述置入网站 banner，具体操作步骤如下：

01 执行"文件"|"置入"命令，弹出"置入"对话框，在该对话框中选择图像文件 banner.jpg，如图 33-14 所示。

图 33-14 置入图像

02 单击"置入"按钮，置入图像文件，将图像拖动到合适的位置，如图 33-15 所示。

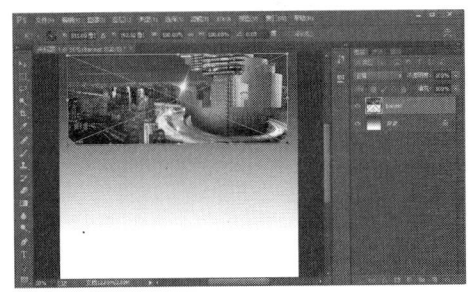

图 33-15 置入图像

03 选择工具箱中的"横排文字工具"，在选项栏中设置文本参数，然后在置入的图像上面输入相应的文本，如图 33-16 所示。

图 33-16 输入文本

04 执行"图层"|"图层样式"|"描边"命令，弹出"图层样式"对话框，在该对话框中将"大小"设置为 3、"颜色"设置为 #ac0000，如图 33-17 所示。

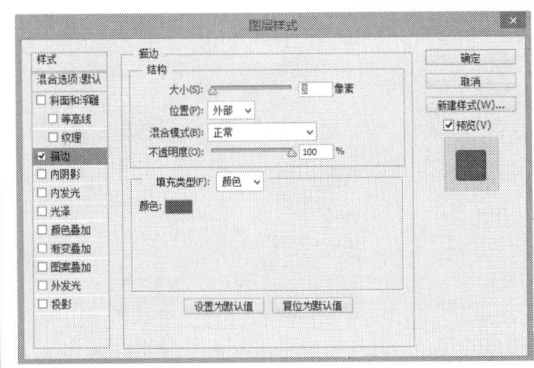

图 33-17 "图层样式"对话框

05 单击"确定"按钮，描边效果如图 33-18 所示。

图 33-18 描边效果

33.3.3 制作导航部分

本节讲述导航部分的制作，具体操作步骤如下：

01 选择工具箱中的"自定形状工具"，在选项栏中单击"形状"右边的下拉按钮，在弹出的下拉列表中选择相应的形状，如图 33-19 所示。

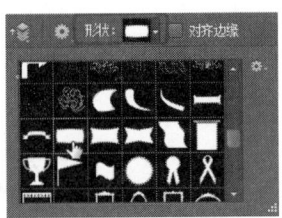

图 33-19 选择形状

02 单击"填充"按钮，在弹出的下拉列表中设置渐变颜色，如图 33-20 所示。

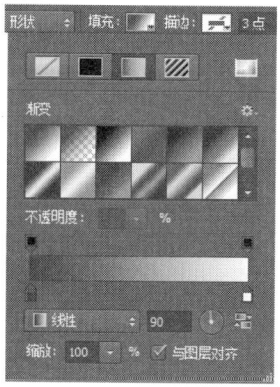

图 33-20　设置渐变颜色

03 在舞台中按住鼠标拖动绘制形状，如图 33-21 所示。

图 33-21　绘制形状

04 执行"图层"|"图层样式"|"斜面和浮雕"命令，弹出"图层样式"对话框，在该对话框中设置相应的参数，如图 33-22 所示。

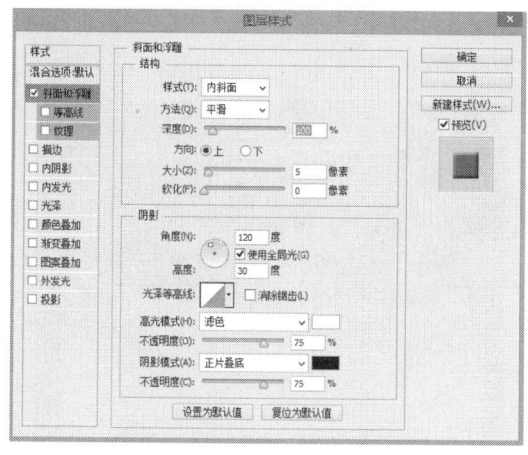

图 33-22　"图层样式"对话框

05 单击"确定"按钮，给图形添加斜面和浮雕效果，如图 33-23 所示。

图 33-23　"斜面和浮雕"效果

06 选择工具箱中的"横排文字工具"，在舞台中输入导航文本，如图 33-24 所示。

图 33-24　输入导航文本

33.3.4　制作首页正文内容

本节制作首页正文内容，具体操作步骤如下：

01 选择工具箱中的"矩形工具"，在舞台中绘制矩形，如图 33-25 所示。

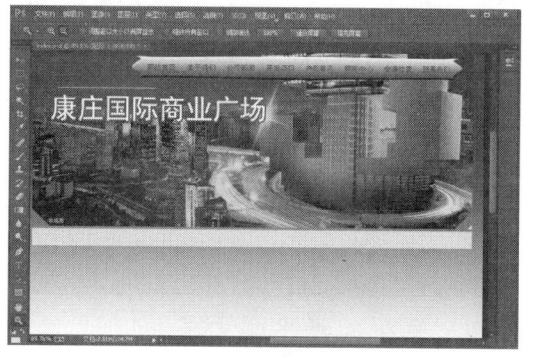

图 33-25　绘制矩形

02 执行"图层"|"图层样式"|"混合选项"命令，弹出"图层样式"对话框，在该对话框中设置相应的参数，如图33-26所示。

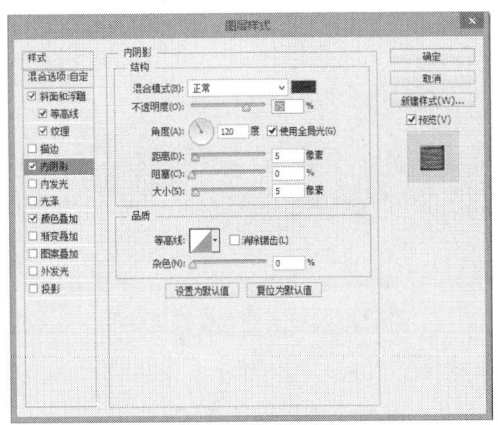

图33-26 "图层样式"对话框

03 单击"确定"按钮，添加图层样式，如图33-27所示。

图33-27 添加图层样式

04 选择工具箱中的"横排文字工具"，在舞台中输入文本"新闻中心"，如图33-28所示。

图33-28 输入文本

05 执行"图层"|"图层样式"|"渐变叠加"

命令，弹出"图层样式"对话框，设置相关参数，如图33-29所示。

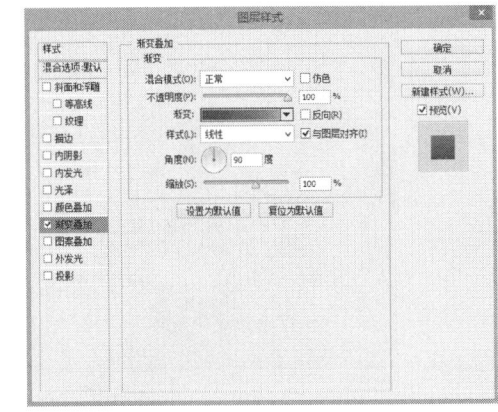

图33-29 "渐变叠加"图层样式设置

06 打开"渐变编辑器"对话框，在该对话框中选择渐变颜色，如图33-30所示。

图33-30 设置渐变色

07 单击"确定"按钮，填充渐变色，如图33-31所示。

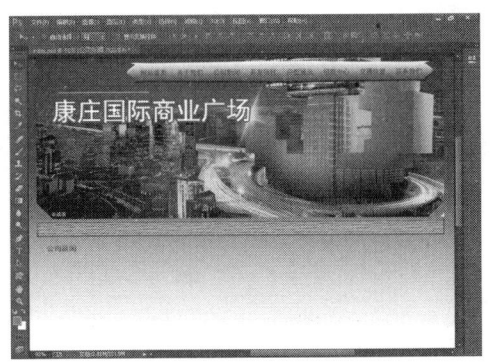

图33-31 填充渐变色

08 按步骤 04 ～ 07 的操作输入相应的文本，并设置渐变叠加，如图 33-32 所示。

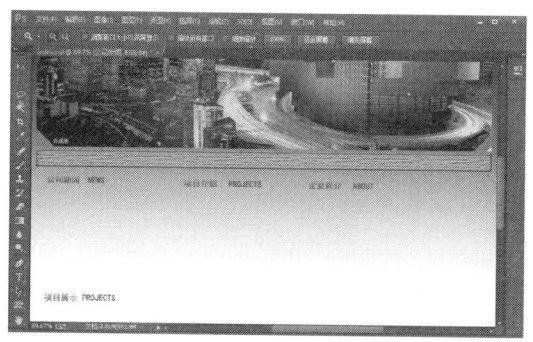

图 33-32　输入文本

09 执行"文件"|"置入"命令，置入图像文件并将其拖动到合适的位置，如图 33-33 所示。

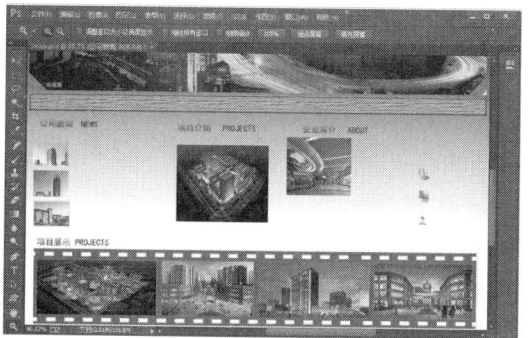

图 33-33　置入图像文本

10 选择工具箱中的"自定形状工具"，在选项栏中的"形状"下拉列表中选择相应的形状，将填充颜色设置为 #ff0000，在舞台中绘制形状，如图 33-34 所示。

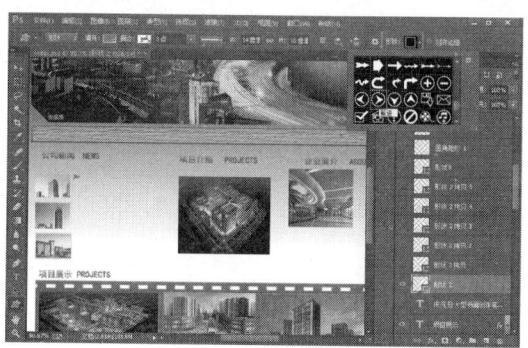

图 33-34　绘制形状

11 按步骤 10 的方法绘制多个形状，如图 33-35 所示。

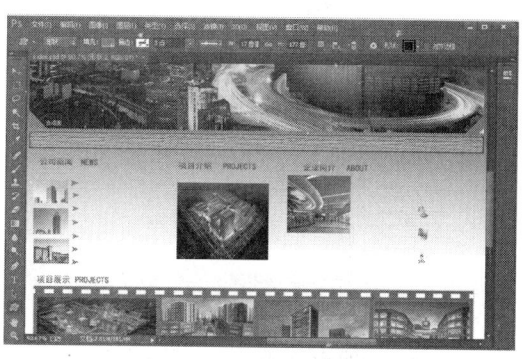

图 33-35　绘制形状

12 选择工具箱中的"圆角矩形工具"，在选项栏中将填充颜色设置为 #ffffff、描边颜色设置为 #f26522、描边宽度设置为 2，在舞台中绘制圆角矩形，如图 33-36 所示。

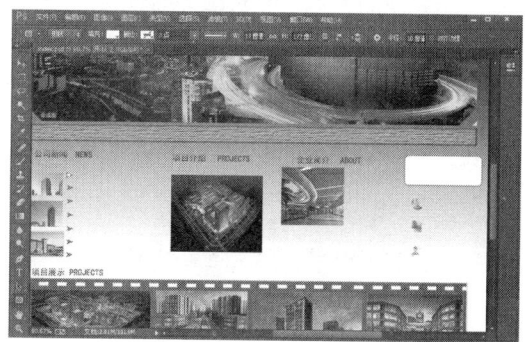

图 33-36　绘制圆角矩形

13 选择工具箱中的"横排文字工具"，在舞台中输入相应的文本，如图 33-37 所示。

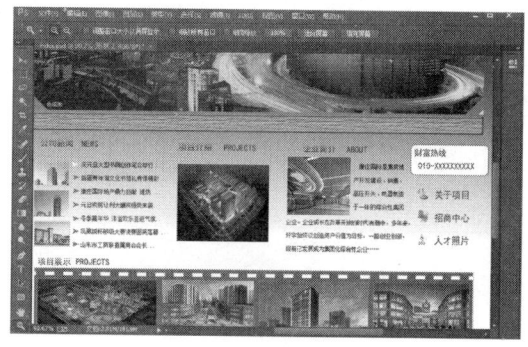

图 33-37　输入文本

33.3.5　制作版权信息

本节制作版权信息，具体操作步骤如下：

01 选择工具箱中的"线条工具"，在选项栏中将填充颜色设置为 #f26522、"粗细"设置为 2，在舞台中绘制直线，如图 33-38 所示。

图 33-38 绘制直线

02 选择工具箱中的"横排文字工具"，在舞台底部输入版权信息文本，如图 33-39 所示。

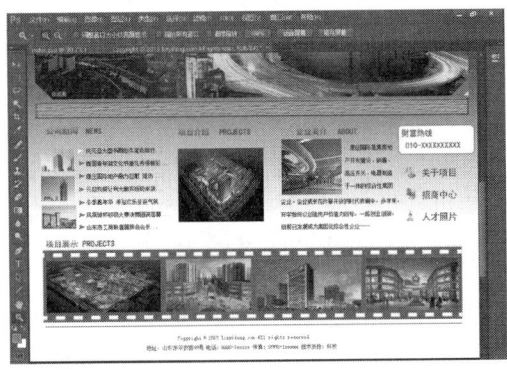

图 33-39 输入文本

03 执行"文件"|"另存为"命令，弹出"另存为"对话框，在对话框中的"文件名"组合框中输入 index，如图 33-40 所示。

04 单击"保存"按钮，保存文档，如图 33-41 所示。

图 33-40 "另存为"对话框

图 33-41 保存文档

33.3.6 切割首页

切片就是将一幅大图像分割为一些小的图像切片，然后在网页中通过没有间距和宽度的表格重新将这些小的图像没有缝隙地拼接起来，成为一幅完整的图像。本节介绍切割网站首页的操作，具体操作步骤如下：

01 打开制作好的图像文件，选择工具箱中的"切片工具"，如图 33-42 所示。

图 33-42 打开图像文件

02 在舞台中按住鼠标绘制切片，如图 33-43 所示。

03 同步骤 2 绘制其余更多的切片，如图 33-43 所示。

图 33-43　绘制切片

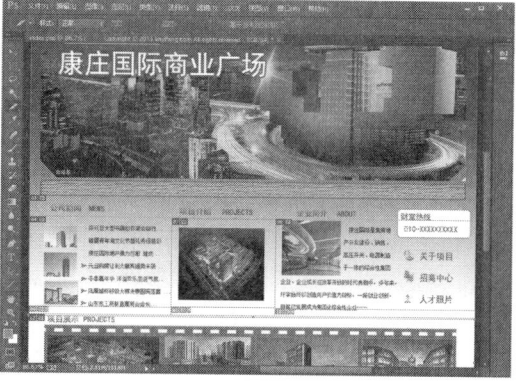

图 33-44　绘制更多切片

04 执行"文件"|"存储为 Web 所用格式"命令，弹出"存储为 Web 所用格式"对话框，如图 33-45 所示。

05 单击"存储"按钮，打开"将优化结果存储为"对话框，将"文件名"设为"index.html"，"格式"选择"HTML 和图像"，如图 33-46 所示。

图 33-45　"存储为 Web 所用格式"对话框

图 33-46　"将优化结果存储为"对话框

06 单击"保存"按钮，即可保存文档。在本地文件中打开网页文件进行预览，效果如图 33-47 所示。

图 33-47　预览效果

33.4 在 Dreamweaver 中进行页面排版制作

Dreamweaver 是目前最优秀的网页编辑和网站管理软件，对于广大网页制作爱好者来说，熟练掌握该软件的使用，不但能够制作出高水平的网页，而且能更快地转向专业制作领域。

33.4.1 创建本地站点

创建本地站点的具体操作步骤如下：

01 执行"站点"|"管理站点"命令，弹出"管理站点"对话框，在对话框中单击"新建站点"按钮，如图 33-48 所示。

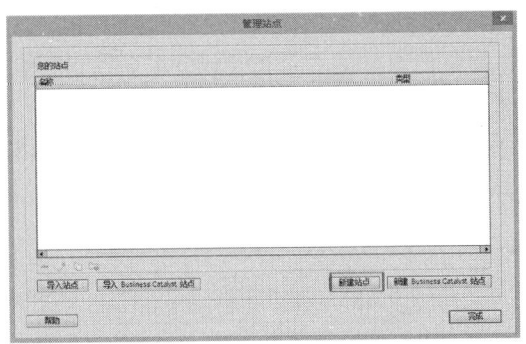

图 33-48 "管理站点"对话框

02 弹出"站点设置对象 未命名站点 2"对话框，在对话框中"站点"选项卡的"站点名称"文本框中输入名称，如图 33-49 所示。

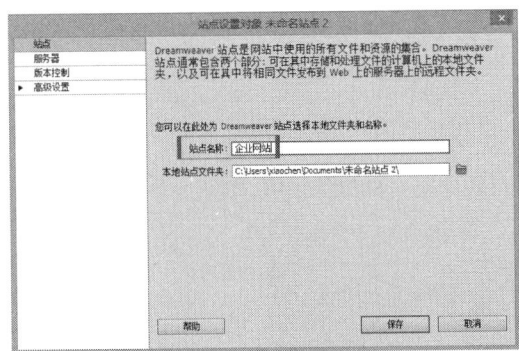

图 33-49 输入站点的名称

03 单击"本地站点文件夹"文本框右边的文件夹按钮📁，弹出"选择根文件夹"对话框，在对话框中选择相应的位置，如图 33-50 所示。

04 单击"选择文件夹"按钮，选择文件位置，如图 33-51 所示。

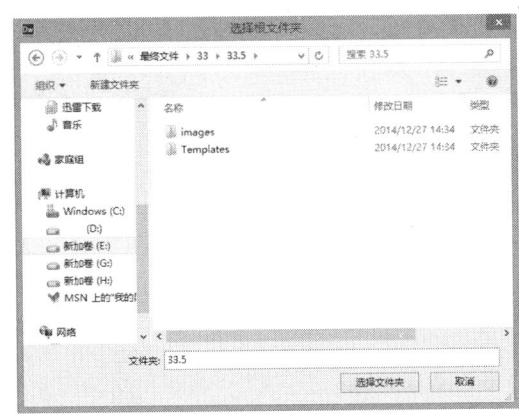

图 33-50 "选择根文件夹"对话框

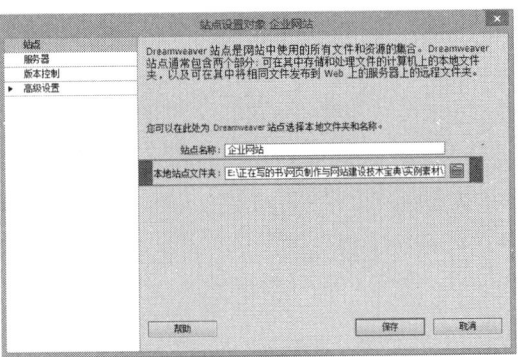

图 33-51 选择文件的位置

05 单击"保存"按钮，返回到"管理站点"对话框，对话框中显示了新建的站点，如图 33-52 所示。

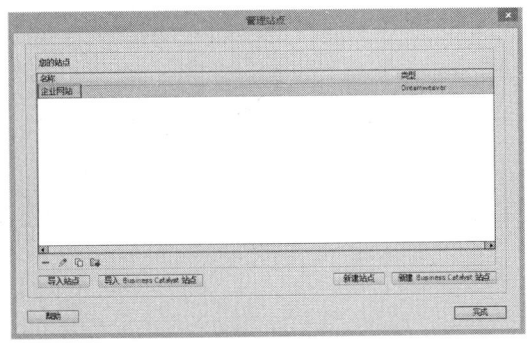

图 33-52 "管理站点"对话框

06 单击 "完成" 按钮，在 "文件" 面板中可以看到创建的站点中的文件，如图 33-53 所示。

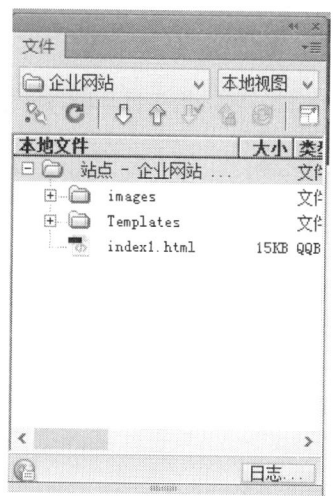

图 33-53 "文件" 面板

33.4.2　创建二级模板页面

创建的二级模板页面效果如图 33-54 所示，具体操作步骤如下：

图 33-54 二级模板页面效果

01 执行 "文件" | "新建" 命令，弹出 "新建文档" 对话框，在对话框中依次选择 "空白页" | "HTML 模板" | "无" 选项，如图 33-55 所示。

02 单击 "创建" 按钮，创建空白模板文档，如图 33-56 所示。

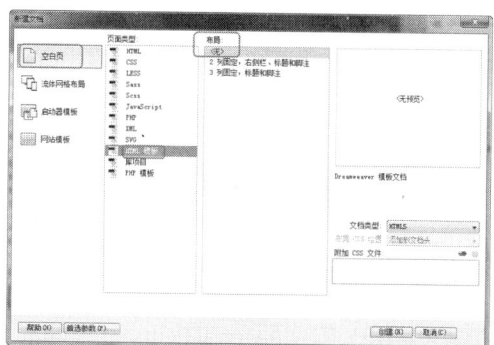

图 33-55 "新建文档" 对话框

图 33-56 创建空白模板文档

03 执行 "文件" | "保存" 命令，弹出 Dreamweaver 提示对话框，如图 33-57 所示。

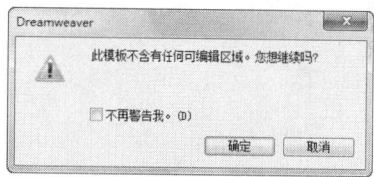

图 33-57 提示对话框

04 单击 "确定" 按钮，弹出 "另存模板" 对话框，在对话框中的 "另存为" 文本框中输入名称，如图 33-58 所示。

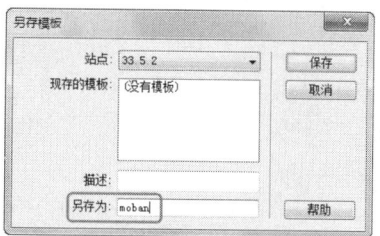

图 33-58 "另存模板" 对话框

05 单击"保存"按钮，保存模板文档，将光标置于页面中，执行"修改"|"页面属性"命令，弹出"页面属性"对话框，在对话框中将"左边距"、"上边距"、"下边距"和"右边距"分别设为0，如图33-59所示。

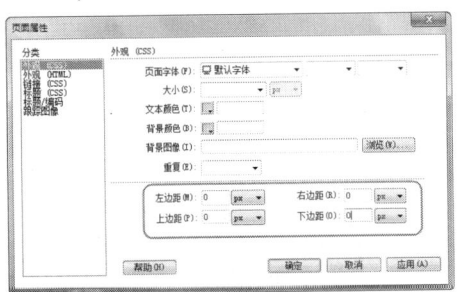

图 33-59 "页面属性"对话框

06 单击"确定"按钮，设置页面属性，将光标置于页面中，执行"插入"|"表格"命令，弹出"表格"对话框，在对话框中将"行数"设置为4、"列"设置为1、"表格宽度"设置为1030像素，如图33-60所示。

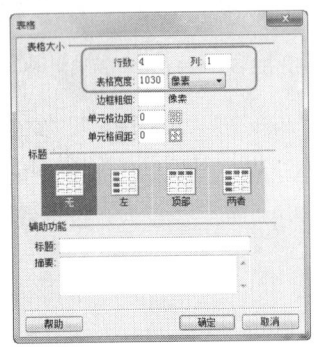

图 33-60 "表格"对话框

07 单击"确定"按钮，插入表格，此表格记为表格1，如图33-61所示。

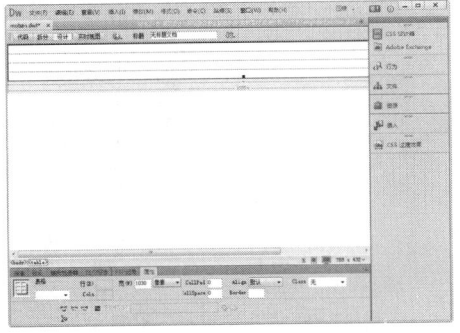

图 33-61 插入表格 1

08 将光标置于表格1的第1行单元格中，执行"插入"|"图像"|"图像"命令，弹出"选择图像源文件"对话框，在对话框中选择图像文件 index_01.gif，如图33-62所示。

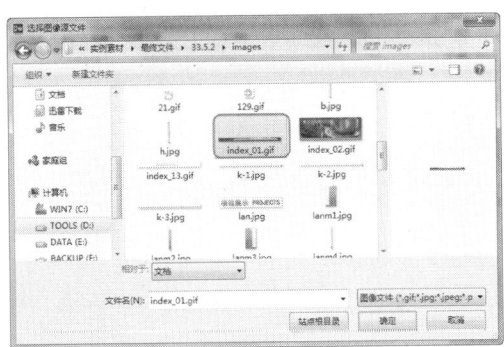

图 33-62 "选择图像源文件"对话框

09 单击"确定"按钮，插入图像，如图33-63所示。

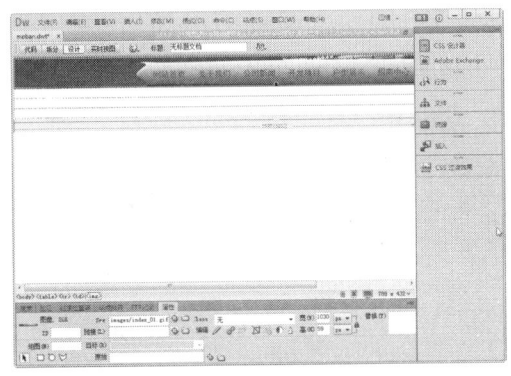

图 33-63 插入图像

10 将光标置于表格1的第2行单元格中，执行"插入"|"图像"|"图像"命令，插入图像 index_02.gif，如图33-64所示。

图 33-64 插入图像

11 将光标置于表格 1 的第 3 行单元格中，执行"插入"|"表格"命令，插入 1 行 3 列的表格，此表格记为表格 2，如图 33-65 所示。

图 33-65 插入表格 2

12 将光标置于表格 2 的第 1 列单元格中，执行"插入"|"表格"命令，插入 6 行 1 列的表格，此表格记为表格 3，如图 33-66 所示。

图 33-66 插入表格 3

13 将光标置于表格 3 的第 1 行单元格中，打开"代码"视图，输入背景图像代码 background=../images/xuxian.gif，如图 33-67 所示。

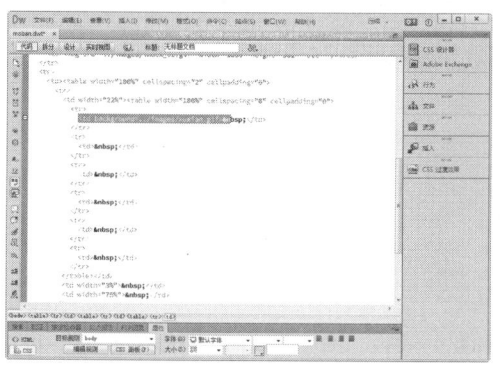

图 33-67 输入代码

14 返回"设计"视图，可以看到插入的背景图像，如图 33-68 所示。

图 33-68 插入背景图像

15 将光标置于背景图像上，执行"插入"|"表格"命令，插入 2 行 1 列的表格，此表格记为表格 4，如图 33-69 所示。

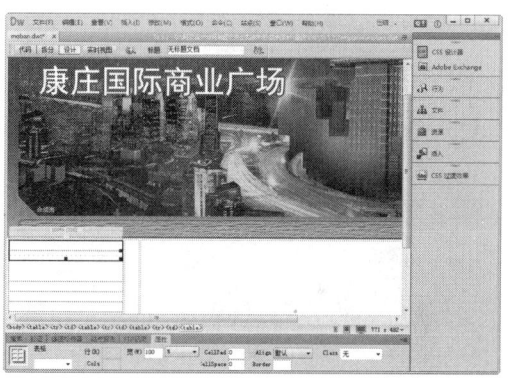

图 33-69 插入表格 4

16 将光标置于表格 4 的第 1 行单元格中，执行"插入"|"图像"|"图像"命令，插入图像 ../images/lan.jpg，如图 33-70 所示。

图 33-70 插入图像

17 将光标置于表格 4 的第 2 行单元格中，执行"插入"|"表格"命令，插入 4 行 3 列的表格，此表格记为表格 5，如图 33-71 所示。

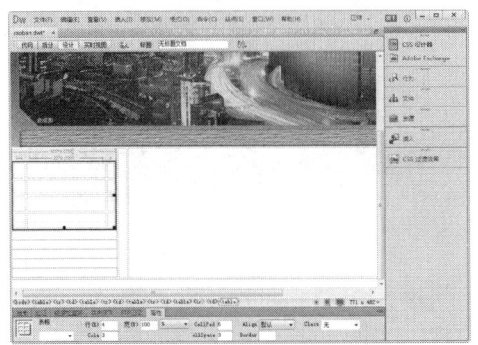

图 33-71 插入表格 5

18 将光标置于表格 5 的第 1 行第 1 列单元格中，执行"插入"|"图像"|"图像"命令，插入图像 ../images/129.gif，如图 33-72 所示。

图 33-72 插入图像

19 将光标置于表格 5 的第 1 行第 2 列单元格中，输入相应的文字"商铺"，将文字"大小"设置为 12 像素，将字体设置为粗体，如图 33-73 所示。

图 33-73 输入文字

20 将光标置于表格 5 的第 1 行第 3 列单元格中，执行"插入"|"图像"|"图像"命令，插入图像 ../images/21.gif，如图 33-74 所示。

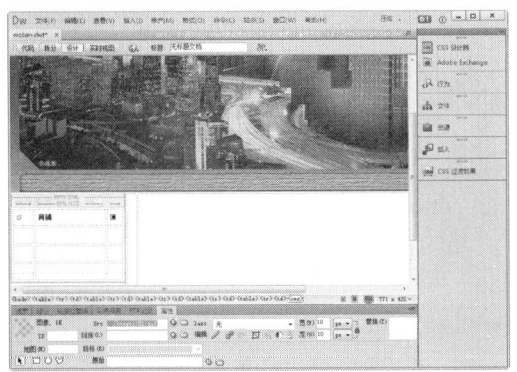

图 33-74 插入图像

21 按步骤 18~20 的方法在表格 5 的其他单元格中插入相应的图像，并输入文字，如图 33-75 所示。

图 33-75 输入其他内容

22 将光标置于表格 3 的其他单元格中，分别插入相应的图像，如图 33-76 所示。

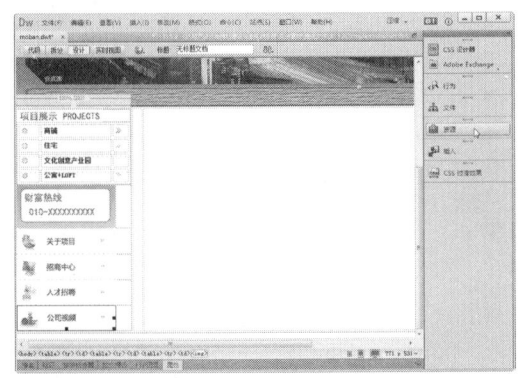

图 33-76 插入其他的图像

23 将光标置于表格 2 的第 2 列单元格中，将单元格的"宽"设置为 1，将"背景颜色"设置为 #ffca7b，如图 33-77 所示。

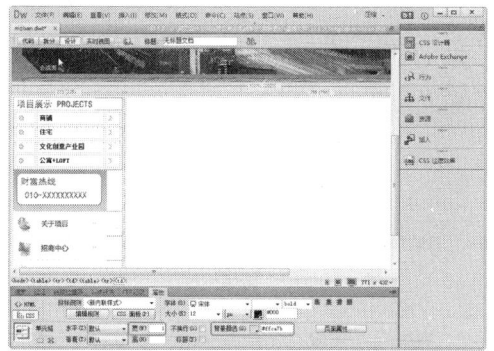

图 33-77　设置单元格属性

24 将光标置于表格 2 的第 3 列单元格中，执行"插入"|"模板"|"可编辑区域"命令，弹出"新建可编辑区域"对话框，在对话框的"名称"文本框中输入名称，如图 33-78 所示。

图 33-78　"新建可编辑区域"对话框

25 单击"确定"按钮，插入可编辑区域，如图 33-79 所示。

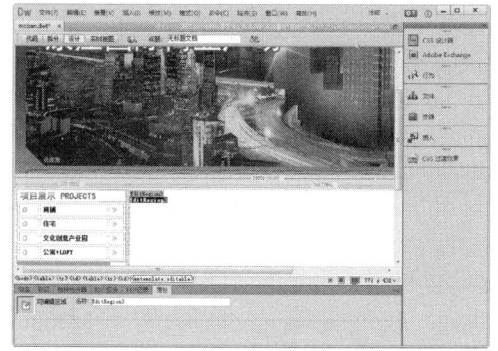

图 33-79　插入可编辑区域

26 将光标置于表格 1 的第 4 行单元格中，打开"代码"视图，在"代码"视图中输入背景图像代码 background=../images/b.jpg，如图 33-80 所示。

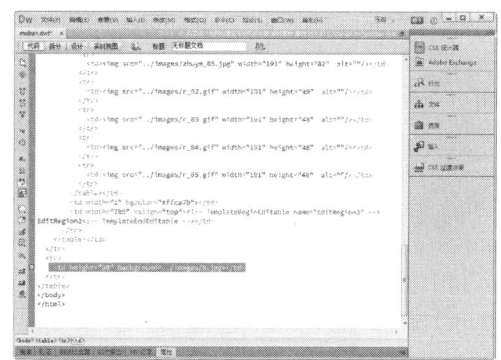

图 33-80　输入背景图像代码

27 返回"设计"视图，可以看到插入的背景图像，如图 33-81 所示。

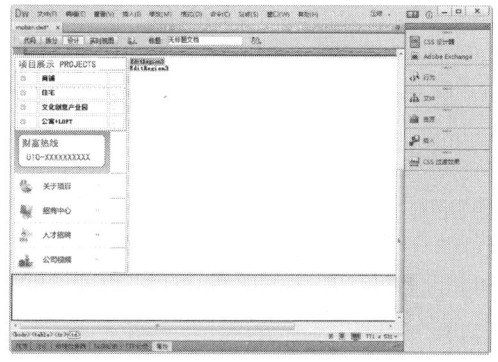

图 33-81　插入背景图像

28 将光标置于背景图像上，执行"插入"|"图像"|"图像"命令，插入图像 ../images/zhuye_16.gif，如图 33-82 所示。

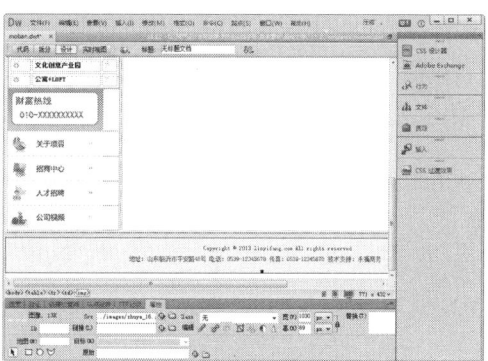

图 33-82　插入图像

29 保存模板文档，预览效果，如图33-54所示。

33.4.3 利用模板制作其他网页

利用模板创建的网页效果如图33-83所示，具体操作步骤如下：

图33-83 利用模板创建的网页效果

01 执行"文件"|"新建"命令，弹出"新建文档"对话框，依次选择"网站模板"|"站点33.5.3"|"moban"选项，如图33-84所示。

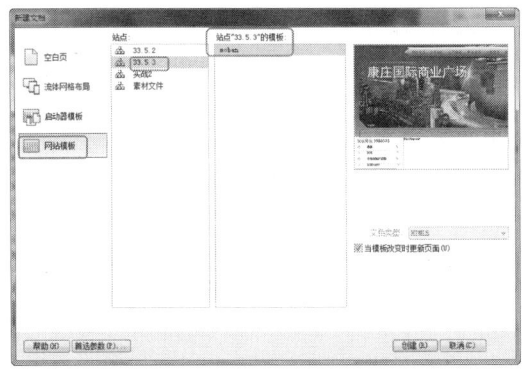

图33-84 "新建文档"对话框

02 单击"创建"按钮，利用模板创建文档，如图33-85所示。

03 执行"文件"|"保存"命令，弹出"另存为"对话框，在"文件名"组合框中输入名称，如图33-86所示。

图33-85 利用模板创建文档

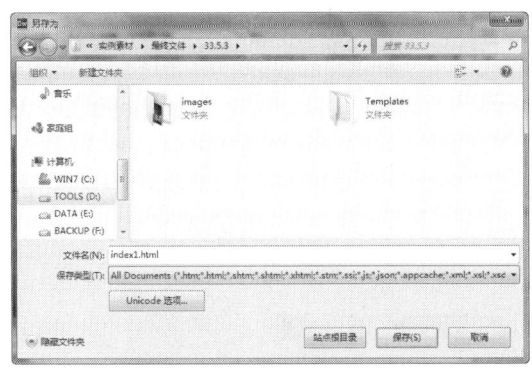

图33-86 "另存为"对话框

04 单击"保存"按钮，保存文档，将光标置于可编辑区域中，执行"插入"|"表格"命令，插入2行1列表格，此表格记为表格1，如图33-87所示。

图33-87 插入表格1

05 将光标置于表格1的第1行单元格中，执行"插入"|"表格"命令，插入1行4列的表格，此表格记为表格2，如图33-88所示。

图 33-88 插入表格 2

06 将光标置于表格 2 的第 1 列单元格中，执行"插入"|"图像"|"图像"命令，插入图像 images/lanm1.jpg，如图 33-89 所示。

图 33-89 插入图像

07 将光标置于表格 2 的第 2 列单元格中，打开"代码"视图，在"代码"视图中输入背景图像代码 background=images/lanm2.jpg，如图 33-90 所示。

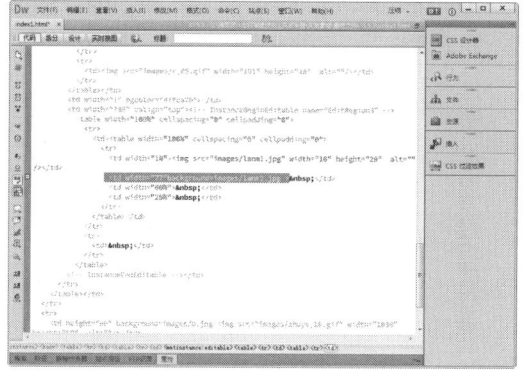

图 33-90 输入代码

08 返回"设计"视图，可以看到插入的背景图像，如图 33-91 所示。

图 33-91 插入背景图像

09 将光标置于背景图像上，输入相应的文字，如图 33-92 所示。

图 33-92 输入文字

10 将光标置于表格 2 的第 3 列单元格中，执行"插入"|"图像"|"图像"命令，插入图像 images/lanm3.jpg，如图 33-93 所示。

图 33-93 插入图像

11 将光标置于表格 2 的第 4 列单元格中，打开"代码"视图，在"代码"视图中输入背景图像代码 background=images/lanm4.jpg，如图 33-94 所示。

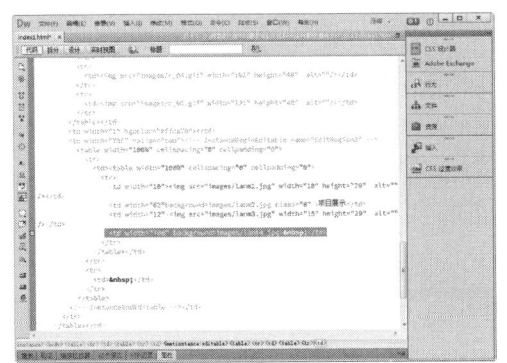

图 33-94 输入代码

12 返回"设计"视图，可以看到插入的背景图像，如图 33-95 所示。

图 33-95 插入背景图像

13 将光标置于表格 1 的第 2 行单元格中，执行"插入"|"表格"命令，插入 2 行 1 列的表格，此表格记为表格 3，如图 33-96 所示。

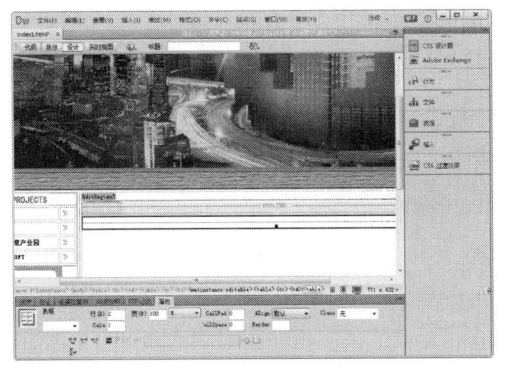

图 33-96 插入表格 3

14 将光标置于表格 3 的第 1 行单元格中，执行"插入"|"表格"命令，插入 3 行 3 列的表格，此表格记为表格 4，如图 33-97 所示。

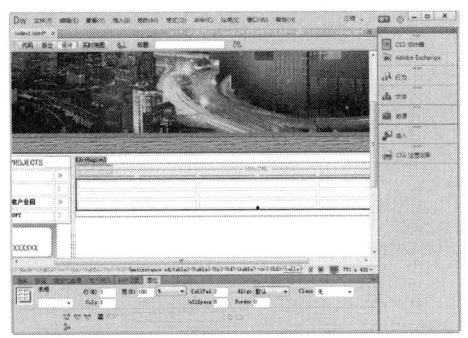

图 33-97 插入表格 4

15 将光标置于表格 4 的第 1 行第 1 列单元格中，执行"插入"|"表格"命令，插入 2 行 1 列的表格，此表格记为表格 5，如图 33-98 所示。

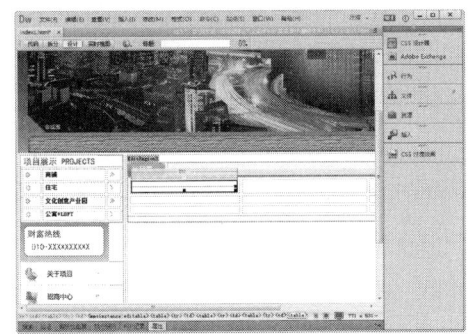

图 33-98 插入表格 5

16 将光标置于表格 5 的第 1 行单元格中，打开"代码"视图，在"代码"视图中输入背景图像代码 background=images/k-2.jpg，如图 33-99 所示。

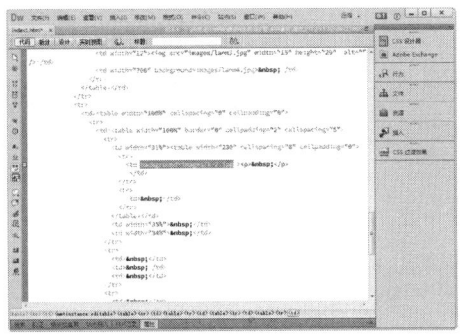

图 33-99 输入代码

17 返回"设计"视图，可以看到插入的背景图像，如图 33-100 所示。

图 33-100 插入背景图像

18 将光标置于背景图像上，执行"插入"|"表格"命令，插入 3 行 1 列的表格，此表格记为表格 6，如图 33-101 所示。

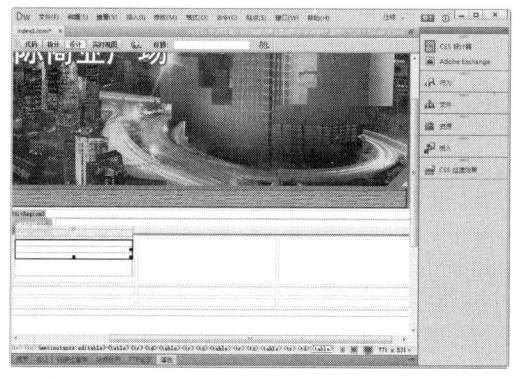

图 33-101 插入表格 6

19 将光标置于表格 6 的第 1 行单元格中，执行"插入"|"图像"|"图像"命令，插入图像 images/k-1.jpg，如图 33-102 所示。

图 33-102 插入图像

20 将光标置于表格 6 的第 2 行单元格中，执行"插入"|"图像"|"图像"命令，插入图像 images/003.jpg，如图 33-103 所示。

图 33-103 插入图像

21 将光标置于表格 6 的第 3 行单元格中，执行"插入"|"图像"|"图像"命令，插入图像 images/k-3.jpg，如图 33-104 所示。

图 33-104 插入图像

22 将光标置于表格 5 的第 2 行单元格中，输入相应的文字，如图 33-105 所示。

图 33-105 输入文字

23 按步骤 15~22 的方法在表格 4 的其他单元格中，插入相应的图像，并输入文字，如图 33-106 所示。

24 将光标置于表格 3 的第 2 行单元格中，输入相应的文字，如图 33-107 所示。

图 33-106　插入其他内容　　　　　　　　图 33-107　输入文字

25 保存利用模板创建的文档，按 F12 键，在浏览器中预览，效果参见图 33-83 所示。

33.5　本章小结

　　制作一个完整的企业网站，首先考虑的是网站的主要功能栏目、色彩搭配、风格及其创意。在设计综合性网站时，为了减少工作时间，提高工作效率，应尽量避免一些重复性的劳动，特别是要好好掌握在本章中介绍的模板的创建与应用，读者在学习本章的过程中应多下些功夫，来掌握企业网站的特点与制作。

1．邮件的正确格式是：（　　　）

A：maiil to://abc@abcd.com

B：mail to:abc@abcd.com

C：mail to:abc@abcd.com

D：mail to:abc@abcd.com

答案：D

2．Dreamweaver 中，如果要改变文字的大小，可以采用：（　　　）。

A：改变文字的样式

B：改变字体

C：增加缩进

D：减少缩进

答案：A

3．在一个页面中隐藏一个表格，正确的做法是：（　　　）。

A：直接删除整个表格

B：单击鼠标右键，在弹出的快捷菜单中选择"隐藏表格"命令

C：在表格属性中设置边框粗细为 0

D：在单元格属性中设置边框粗细为 0

答案：C

4．对于一个由左右两栏构成的框架页面，它是由：（　　　）。

A：一个文件构成的

B：两个文件构成的

C：三个文件构成的

D：四个文件构成的

答案：C

5．在 FTP 工具中，其中 HostorURL 中要求输入的是：（　　　）。

A：网站 FTP 服务器的地址

B：网站的域名地址

C：网站 WWW 服务器的地址

D：网站远程登录服务器的地址

答案：A

6．在 Flash 的工具箱中，主要包含了：（　　　）。

A：常用的动画效果工具

B：声音工具

C：绘图工具

D：效果工具

答案：C

7．组件（Symbol）是 Flash 中可以重复使用的：（　　　）。

A：图像

B：窗口

C：面板

D：菜单

答案：A

8．在 Flash 中，要改变字体的颜色可以通过：（　　　）。

A：工具箱中的描绘颜色来改变

B：工具箱中的填充颜色来改变

C：文本选项面板来改变

D：文本属性来改变

答案：B

9．在 Flash 中，一个按钮就是：（　　　）

A：一个图形

B：一个组件

C：一个动画

D：一段文本

答案：B

10．在使用"线条工具"绘制直线时，可以按住（　　　）键，以便绘制出与水平方向成 45 度角的直线。

A：Alt

B：Shift

C：Ctrl

D：Windows 功能键
答案：B

11．在使用多边形工具绘制多边形时，可以在（　　）面板中设置多边形的边数等参数。

A：Fill（填充）面板
B：Info（信息）面板
C：Layers（图层）面板
D：Option（选项）面板
答案：B

12．如果超链接的对象是在本文档中的某一个位置上，必须在相应的位置上：（　　）。

A：插入一个书签
B：插入一段 JavaScript 脚本
C：插入一个 Web 组件
D：插入一个新网页
答案：A

13．在 Dreamweaver 中，在浏览器中预览当前页面可用（　　）个快捷键。

A：F12
B：F8
C：F5
D：Ctrl+S
答案：A

14．HTML 文件中，下面（　　）标记中包含了网页的全部内容。

A：<Center>...</center>
B：<pre>...</pre>
C：<Body>...</Body>
D：
...</Br>
答案：C

15．URL 又称为：（　　）。

A：统一资源定位符
B：客户机
C：网络服务商
D：远程访问
答案：A

16．设计网页时，网页窗口大小一般设定为：（　　）。

A：640×480
B：800×600
C：1024×768
D．任意大小
答案：D

17．HTML 网页可用以下（　　）工具制作。

A：Word
B：记事本
C：Dreamweaver
D：以上均可
答案：D

18．在 Dreamweaver 中，若希望设计一个能被拖动到任意位置的图像，则应对该图像如何设置？（　　）

A：首先将图像放在一个新图层中，再设置图层特性
B：直接插入图像，将属性设为浮动
C：直接插入图像，将属性设为两端对齐
D：引入帧，将图像放入帧中
答案：D

19．若将 Dreamweaver 中的两个横向相邻的单元格合并，则两表格中文字会：（　　）。

A：文字合并
B：左单元格文字丢失
C：右单元格文字丢失
D：系统出错
答案：A

20．对 Dreamweaver，下面说法对的是：（　　）。

A：可插入 Flash 按钮
B：可插入 Flash 文本
C：可插入 Flash 的 .fla 文件
D：可插入 Flash 的 .swf 文件
答案：D

21．对一个有两个区域的框架网页，它有多少个 HTML 文件？（　　）

A：1
B：2

C：3

D：4

答案：C

22．Dreamweaver 中可设置的热点形状为：（ ）。

A：方形

B：圆形

C：多边形

D：以上都是

答案：D

23．Flash 导出的动画文件类型为：（ ）。

A：.fla

B：.avi

C：.swf

D：.gif

答案：C

24．Flash 的"套索工具"可以选择什么样的区域？（ ）

A：方形

B：圆

C：多边形

D：以上都是

答案：C

25．超文件标记语言是一种建立网页文件的语言，是由一系列的（ ）和标签组成的。

A：元素

B：字母

C：文字

D：代码

答案：D

26．要想设置在浏览器中，当鼠标指针移动到某段文字上时，改变成沙漏形状，那么应该（ ）。

A：在 command 命令中，选择 getmorecommands 命令，再对这段文字应用

B：在 command 命令中，选择 editcommandlist 命令，再对这段文字应用

C：编辑 CSS 样式表，再对该段文字应用

D：在 pageproperties 中对这段文字应用

答案：C

27．HTML 中的段落标志中，标注文件子标题的是：（ ）。

A：<Hn></Hn>

B：<PRE><PRE>

C：<p>

D：

答案：A

28．利用时间链做动画效果，如果想要一个动作在页面载入 5 秒后启动，并且是每秒 15 帧的效果，那么起始关键帧应该设置在时间链的：（ ）。

A：第 1 帧

B：第 60 帧

C：第 75 帧

D：第 5 帧

答案：C

29．什么菜单可以允许用户根据模板进行表格的分类和排序？（ ）

A：formatlayer

B：formattable

C：formattext

D：formatcell

答案：B

30．在 CSS 语言中下列哪一项是"字体大小"的允许值？（ ）

A：list-style-position:< 值 >

B：xx-small

C：list-style:< 值 >

D：< 族科名称 >

答案：B

31．Bulleseyet 图标像什么？（ ）

A：汽水瓶

B：钟

C：小狗

D：飞机

答案：A

32．在 CSS 语言中，下列哪一项的适用对象是"内部元素"？（　　　）

A：背景重复

B：背景附件

C：纵向排列

D：背景位置

答案：C

33．分帧文档的文档格式是：（　　　）

A：HTML 格式

B：ASP 格式

C：CSS 格式

D：TXT 格式

答案：A

34．下列对 CSS 文本转换表述不正确的一项是：（　　　）。

A：语法 :text-transform:< 值 >

B：允许值 :none|capitalize|uppercase|lowercase

C：初始值 :0

D：适用于 : 所有元素

答案：D

35．下列哪一项是"多选式选单"的语法？（　　　）

A：<SELECTMULTIPLE>

B：<SAMP></SAMP>

C：<ISINDEXPROMPT=" *** ">

D：<TEXTAREAWRAP=OFF|VIRTUAL|PHYSICAL></TEXTAREA>

答案：A

36．动态 HTML 中随机分解的转换特效类型是？（　　　）。

A：Randomdissolve

B：Splitverticalin

C：Splitverticalout

D：Splithorizontalin

答案：A

37．Dreamweaver 的图像在 Fireworks 中可以得到什么处理？（　　　）

A：直接优化

B：间接优化

C：直接钝化

D：间接钝化

答案：A

38．禁止表格格子内的内容自动断行回卷的 HTML 代码是？（　　　）。

A：<trvalign=?>

B：<tdcolspan=#>

C：<tdrowspan=#>

D：<tdnowrap>

答案：D

39．动态 HTML 文档的多媒体控件"Sequencer"表示：（　　　）。

A：同时播放多个声音文件

B：为子画面和其他可视化对象定义移动路径

C：控制多媒体事件的定时自动播放

D：显示动画图形对象

答案：A

40．CSS 分层是利用什么标记构建的分层？（　　　）

A：<dir>

B：<div>

C：<dis>

D：<dif>

答案：B

41．在 CSS 语言中，下列哪一项的适用对象不是"带有显示值的目录项元素"？（　　　）

A：目录样式位置

B：背景位置

C：目录样式类型

D：目录样式图像

答案：B

42．在 HTML 语言中，创建一个位于文档内部的靶位的标记是：（　　　）。

A：<name="NAME">

B：<name="NAME"></name>

C：<aname="NAME"></a>

D：<aname="NAME">

答案：C

43．在 Dreamweaver 中，如果网页中的某幅图片（hgj.gif）和该网页的地址从"C：\mydocument\123\"变为"D：\123\mydocument\123\"，在不改变该网页地址设置的情况下，仍然能正确地在浏览器中浏览到该图像的地址设置是：（   ）。

A："C：\mydocument\123\hgj.gif"

B："\mydocument\123\hgj.gif"

C："\123\hgj.gif"

D："hgj.gif"

答案：D

44．下列对 CSS"值"和"组合"表述不正确的一项是：（   ）。

A：声明的值是一个属性接受的指定

B：为了减少样式表的重复声明，组合的选择符声明被禁止

C：文档中所有的标题可以通过组合给出相同的声明

D：red 是属性颜色能接受的值

答案：B

45．在 HTML 的段落标签中，标注行中断的是：（   ）。

A：<Hn></Hn>

B：<PRE></PRE>

C：<P>

D：

答案：D

46．在 HTML 文本显示状态代码中, 表示：（   ）。

A：文本加注下标线

B：文本加注上标线

C：文本闪烁

D：文本或图片居中

答案：B

47．在动态 HTML 中设定路径移动时间的属性是：（   ）。

A：Bounce

B：Duration

C：Repeat

D：Target

答案：B

48．下面 CGI 脚本中的通用格式和 content-types 不是一一对应的是哪一项：（   ）

A：HTML 与 text/html

B：Text 与 text/plain

C：GIF 与 image/gif

D：PEG 与 image/jpeg

答案：D

49．下列对 CSS 内容表述不正确的一项是：（   ）。

A：伪类和伪元素不应用 HTML 的 CLASS 属性来指定

B：一般的类不可以与伪类和伪元素一起使用

C：一个已访问链接可以定义为不同颜色的显示

D：一个已访问链接可以定义为不同字体大小和风格

答案：B

50．用户可以在（   ）命令的动作中见到 canAcceptCommand。

A：SortTable

B：FormatTable

C：SetColorScheme

D：CleanUpHTML

答案：C

51．创建一个滚动菜单的 HTML 代码是：（   ）。

A：<form></form>

B：<selectmultiplename="NAME"size=?></select>

C：<option>

D：<selectname="NAME"></select>

答案：D

52．下列对 CSS 单位中百分比单位表述有误的是哪一项？（　　）

A：一个百分比值由可选的正号"＋"或负号"－"＋一个数字＋百分号"%"

B：在一个百分比值之中是没有空格的

C：百分比值是相对于其他数值，不能用于定义每个属性

D：最经常使用的百分比值是相对于元素的字体大小

答案：A

53．由于无（　　）元素的标准属性列表，因而可以任意定义元数据。

A：LINK

B：BASE

C：META

D：TARGET

答案：C

54．在 CSS 语言中下列哪一项是"目录样式图像"的语法？（　　）

A：width:< 值 >

B：height:< 值 >

C：white-space:< 值 >

D：list-style-image:< 值 >

答案：D

55．创建打字机风格的字体的代码是：（　　）。

A：<tt></tt>

B：<cite></cite>

C：<em></em>

D：<fontsize=?></font>

答案：A

56．CGI 脚本语言环境变量 REQUEST_METHOD 的意义是下列哪一项？：（　　）

A：对于用 POST 递交的表单，标准输入口的字节数

B：POST 或 GET

C：值是 application/x-www-form-urlencoded.

D：含有 ident 返回值

答案：B

57．下列对 CSS 分类属性中目录样式表述有误的是哪一项？（　　）

A：目录样式属性是目录样式类型、目录样式位置和目录样式图像属性的略写

B：允许值:< 目录样式类型 >|< 目录样式位置 >||<url>

C：适用于：带有显示值的目录项元素

D：语法 :list-style-position:< 值 >

答案：B

58．在 CSS 语言中下列哪一项的适用对象是"所有对象"？（　　）

A：背景附件

B：文本排列

C：纵向排列

D：文本缩进

答案：A

59．下列对 CSS "关联选择符"表述不正确的一项是：（　　）。

A：关联选择符只不过是一个用空格隔开的两个或更多的单一选择符组成的字符串

B：选择符可以指定一般属性

C：它们的优先权比单一的选择符大

D：关联选择符也是一类单一的选择符

答案：D

60．如何将各个所选对象组合起来，然后将它们作为单个对象处理？（　　）

A：执行"编辑"|"组合"命令

B：执行"修改"|"组合"命令

C：执行"编辑"| 取消"组合"命令

D：执行"修改"| 取消"组合"命令

答案：B

61．目前在 Internet 上应用最为广泛的服务是：（　　）。

A：FTP 服务

B：WWW 服务

C：Telnet 服务

D：Gopher 服务

答案：B

62．域名系统 DNS 的含义是：（   ）。

A：Direct Network System

B：Domain Name Service

C：Dynamic Network System

D：Distributed Network Service

答案：B

63．主机域名 center. nbu. edu. cn 由 4 个子域组成，其中（   ）子域代表国别代码。

A：center

B：nbu

C：edu

D：cn

答案：D

64．当阅读来自港澳台地区站点的页面文档时，应使用的正确文本编码格式：（   ）。

A：GB 码

B：Unicode 码

C：BIG5 码

D：HZ 码

答案：C

65．当标记的 TYPE 属性值为（   ）时，代表一个可选多项的复选框。

A：TEXT

B：PASSWORD

C：RADIO

D：CHECKBOX

答案：D

66．创建打字机风格的字体的代码是：（   ）。

A：<tt></tt>

B：<cite></cite>

C：<em></em>

D：<fontsize=?></font>

答案：A

67．在客户端网页脚本语言中最为通用的是：（   ）。

A：JavaScript

B：VB

C：Perl

D：ASP

答案：A

68．在 HTML 中，标记的 Size 属性最大取值可以是：（   ）。

A：5

B：6

C：7

D：8

答案：C

69．使用嵌入式方法引用样式表应该使用的引用标记是：（   ）。

A：＜ link ＞

B：＜ object ＞

C：＜ style ＞

D：＜ head ＞

答案：A

70．在 DHTML 中把整个文档的各个元素作为对象处理的技术是：（   ）。

A：HTML

B：CSS

C：DOM

D： Script（脚本语言）

答案：C

71．下面不属于 CSS 插入形式的是：（   ）。

A：索引式

B：内联式

C：嵌入式

D：外部式

答案：A

72．在网页中最为常用的两种图像格式是：（   ）。

A：JPEG 和 GIF

B：JPEG 和 PSD

C：GIF 和 BMP

D：BMP 和 PSD

答案：A

73．如果站点服务器支持安全套接层（SSL），那么连接到安全站点上的所有 URL 开头是：（　　）。

A：HTTP

B：HTTPS

C：SHTTP

D：SSL

答案：B

74．在 HTML 中，要定义一个书签应该使用的语句是：（　　）。

A：<a href= #object-name >text </a>

B：<a name= object-name >text </a>

C：<a target= #object-name >text </a>

D：<a link= #object-name >text </a>

答案：A

75．对远程服务器上的文件进行维护时，通常采用的手段是：（　　）。

A：POP3

B：FTP

C：SMTP

D：Gopher

答案：B

76．下列 Web 服务器上的目录权限级别中，最安全的权限级别是：（　　）。

A：读取

B：执行

C：脚本

D：写入

答案：A

77．XML 描述的是：（　　）

A：数据的格式

B：数据的规则

C：数据的本身

D：数据的显示方式

答案：C

78．Internet 上使用的最重要的两个协议是：（　　）。

A：TCP 和 Telnet

B：TCP 和 IP

C：TCP 和 SMTP

D：IP 和 Telnet

答案：B

79．下面说法错误的是：（　　）

A：规划目录结构时，应该在每个主目录下都建立独立的 images 目录

B：在制作站点时应突出主题色

C：人们通常所说的颜色，其实指的就是色相

D：为了使站点目录明确，应该采用中文目录

答案：D

80．在 Dreamweaver 中，最常用的表单处理脚本语言是：（　　）。

A：C

B：JAVA

C：ASP

D：JavaScript

答案：D

81．在 Dreamweaver 中，想要使用户在单击超链接时，弹出一个新的网页窗口，需要在超链接中定义目标的属性为：（　　）

A：parent

B：_bank

C：_top

D：_self

答案：B

82．网页制作技术不可以实现由一个文件控制一大批网页：（　　）。

A：CSS 文件

B：库

C：模板

D：层

答案：D

83．查看优秀网页的源代码无法学习：（　　）。

A：代码简练性

B：版面特色

C：网站目录结构特色

D：Script 程序

答案：C

84．在网页制作过程中，LOGO 的标准尺寸为（　　）Pixels。

A：468~60

B：80~31

C：88~31

D：150~60

答案：C

85．客户机可向服务器按 MIME 类型发送和接收信息，客户机使用（　　）请求方式表示要求服务器发送文件头消息。

A：SMTP

B：GET

C：HEAD

D：POST

答案：D

86．在色彩的 RGB 系统中，32 位十六进制数 000000 表示的颜色是：（　　）。

A：黑色

B：红色

C：黄色

D：白色

答案：A

87．SQL Server "连接"组中有两种连接认证方式，其中在（　　）方式下，需要客户端应用程序连接时提供登录时需要的用户标识和密码。

A：Windows 身份验证

B：SQL Server 身份验证

C：以超级用户身份登录时

D：其他方式登录时

答案：B

88．网页代码第一行说明此页是（　　）。

A：HTM

B：PHP

C：ASP

D：VBScript

答案：C

89．不论是网络的安全保密技术，还是站点的安全技术，其核心问题是：（　　）。

A：系统的安全评价

B：保护数据安全

C：是否具有防火墙

D：硬件结构的稳定

答案：A

90．在笔触选项弹出窗口中如何设置可以得到最硬边缘的笔触？（　　）

A：把边缘柔和度滑块一直拉到底

B：把边缘柔和度滑块一直拉到顶

C：把边缘宽度滑块一直拉到底

D：把边缘宽度滑块一直拉到顶

答案：A

91．如何将颜色栏中的颜色应用于所选矢量对象？（　　）

A：单击混色器中笔触或填充框旁边的图标，将指针移动到颜色栏上，指针变为滴管形状，双击以选择一种颜色

B：单击混色器中笔触或填充框旁边的图标，将指针移动到颜色栏上，指针变为滴管形状，按住 Shift 键单击以选择一种颜色

C：单击混色器中笔触或填充框旁边的图标，将指针移动到颜色栏上，指针变为滴管形状。按住 Alt 键单击以选择一种颜色

D：单击混色器中笔触或填充框旁边的图标，将指针移动到颜色栏上，指针变为滴管形状，单击以选择一种颜色

答案：D

92．如何使用"样本"面板对所选对象的笔触或填充应用颜色？（　　）

A：单击工具面板或"属性"面板中笔触或填充颜色框旁边的图标，使之进入活动状态。在"样本"面板中单击一个颜色样本，对所选对象的笔触或填充应用颜色

B：单击工具面板或"属性"面板中笔触或填充颜色框旁边的图标，使之进入活动状态。在"样本"面板中双击一个颜色样本，对所选对象的笔触或填充应用颜色

C：单击工具面板或"属性"面板中笔触或填充颜色框旁边的图标，使之进入活动状态。在"样本"面板右击一个颜色样本，对所选对象的笔触或填充应用颜色

D：单击工具面板或"属性"面板中笔触或填充颜色框旁边的图标，使之进入活动状态。在"样本"面板上用鼠标将一个颜色样本拖动到所选的对象

答案：A

93．Fireworks 的文字特性有：（　　）。

A：应用到路径对象上的操作都可以应用到文字对象

B：文字对象转化为路径并保留原来的可编辑性

C：Fireworks 可以编辑 GIF 格式的文件

D：以上都对

答案：A

94．以下关于路径的描述，错误的是：（　　）。

A：路径只有一个状态，即闭合状态

B：路径是矢量图像的基本元素

C：路径的长度、形状、颜色等属性都可以被修改

D：路径至少有两个点：起点和终点

答案：A

95．克隆和重复之间的区别是什么？（　　）

A：制出来的对象完全相同，位置也相同，重复复制出的对象位置有一点错开

B：克隆复制出的对象完全相同，位置有点错开，重复复制出来的对象位置也相同

C：克隆可以重复粘贴，其他都相同

D：重复可以重复粘贴，其他都相同

答案：A

96．在固定宽度文本块或自动调整大小文本块之间切换可以进行下面哪个操作？（　　）

A：在文本块内部双击

B：双击该文本块右上角的圆或正方形

C：拖动该文本块右上角的圆或正方形

D：在文本块外框上双击

答案：B

97．以下以下哪种不是"混合"面板上的颜色模式？（　　）

A：RGB

B：HSB

C：LAB

D：Grayscal

答案：C

98．如何重新排列所选对象的效果应用顺序？

A：将效果拖动到"属性"面板"效果"下拉列表中的所需位置

B：在"属性"面板"效果"下拉列表中双击一个效果打开编辑窗口

C：在"属性"面板"效果"列表中按住 Alt 键拖动

D：在"属性"面板"效果"列表中按住鼠标右键拖动

答案：A

99．下列那一种格式的图形文件是 Fireworks 所不能导入的？（　　）

A：CorelDRAW 8 创建的无压缩扩展名为 CDR 的文件

B：压缩的 CDR 文件

C：Photoshop 创建的 PSD 格式的文件

D：FreeHand 创建的矢量图形文件

答案：B

100．载入一个页面或者图像，浏览器有错误发生时，引发（　　）事件。

A：onError

B：onMove

C：onReset

D：onResize

答案：A

101．禁止用户调整一个窗框大小的 HTML 代码是（　　）。

A：<frame resize>

B：<frame nosize>

C：<frame noresize>

D：<frame notresize>

答案：C

102．如果要使一个网站的风格统一并且便于更新，在使用 CSS 文件的时候，最好是使用（　　　）。

A：外部链接样式表

B：内嵌式样式表

C：局部应用样式表

D：以上 3 种都一样

答案：A

103．Dreamweaver 中不可以使用哪种服务器技术，生成由动态数据库支持的 Web 应用程序？（　　　）。

A：CFML

B：ASP.net

C：Java

D：JSP

答案：A

附录 B HTML 速查表

1. 文档基础

如表 B-1 所示的标记用于为 HTML 文档提供基本结构。

表 B-1 为 HTML 文档提供基本结构的标记

元素和属性	定　　义
\<body>...\</body>	标记 HTML 文档体的开始和结束
backcround = url	指定作为背景的图像（HTML 3.2+）
bgcolor = color	指定背景色（color 可以是颜色名称或十六进制数）（HTML 3.2+）
text = color	指定文本颜色（HTML 3.2+）
link = color	指定页面的链接颜色（HTML 3.2+）
alink = color	指定页面的活动链接颜色（HTML 3.2+）
vlink = color	指定页面已访问过的链接颜色（HTML 3.2+）
leftmargin = n	指定文档左边与浏览器窗口左边缘的距离（Microsoft）
topmargin = n	指定文档上边与浏览器窗口上边缘的距离（Microsoft）
rightmargin = n	指定文档右边与浏览器窗口右边缘的距离（IE 4.0）
bottommargin = n	指定文档下边与浏览器窗口下边缘的距离（IE 4.0）
bgproperties = fixed	固定背景图像的位置（也就是不让图像滚动）（Microsoft）
scroll = yes/no	打开或关闭滚动条（IE 4.0）
onload = script	载入文档时启动脚本的事件
onunload = script	卸载文档时启动脚本的事件
\<head>...\</head>	标记 HTML 文档头部的开始和结束
\<html>...\</html>	标记 HTML 文档的开始和结束
\<title>...\</title>	指示 HTML 文档的标题（在头部使用）
\<! -- ... -->	在 HTML 文档中加注释
\<! doctype html info>	定义文档所用的 dtd（htmlinfo 是 dtd 名）
\<meta>	提供文档的元信息
http-equiv = name	与 \<meta> 文档中数据相关的 HTTP 文件头部
content = name	与命名 HTTP 头部相关的数据
name = name	文档的描述
url = url	与元信息相联系的 UR1

2. 文本风格类型

如表 B-2 所示的标记用于改变文档中文本的风格，即改变文本显示的样式。

表 B-2 改变文档中文本风格的标记

元　　素	定　　义
\...\	使文本成为黑体
\<big>...\</big>	使文本成为大字体（通常大一号）（HTML 3.2+）

元　素	定　义
\<basefont\>	设置文档的默认字体特性（HTML 3.2+）
color = color	设置字体的默认颜色
\<blank.\>...\</blank\>	使文本闪烁（Netscape）
\<font\>...\</font\>	指示文档所用的字体
size = n	根据值 n 改变字体大小（n 可以是 1～7 的任一数字，也可以是一个用来指示与基本字体大小的偏差的正数或负数）（HTML 3.2+）
face= fontname	如果本地系统存在指定的字体，则改变字体样式为该字体（HTML 4.0）
\<i\>...\</i\>	使文本成为斜体
\<marquee\>...\<marquee\>	插入滚动文本的滚动文本框（Microsoft）
behavior = behavior	文本滚动形式（scroll、slide 或 alternate）
bgcolor = color	滚动文本框的背景色（color 可以是颜色名称或十六进制数）
direction ＝ direction	文本滚动方向（left 或 right）
height = n	以像素为单位的滚动文本框高度
width = n	以像素为单位的滚动文本框宽度
hspace = n	滚动文本框周围总的水平空间
vspace = n	滚动文本框周围总的垂直空间
loop = n	文本滚动次数
scrolldelay = n	刷新间隔（以毫秒计）
scrollamount = n	一次刷新滚动的文本数
truespeed	用指定的精确延迟值来滚动文本（IE 4.0）
\<s\>...\</s\>	为文本添加删除线（HTML 3.2+）（Netscape 中可用 \<strike\>...\</strike\>）
\<small\> ...\</small\>	以小字体显示文本（HTML 3.2+）
\<sub\>... \</sub\>	以下标显示文本（HTML 3.2+）
\<sup\>...\</sup\>	以上标显示文本（HTML 3.2+）
\<u\>...\</u\>	给文本加上下画线

3. 内容文本类型

如表 B-3 所示用于改变文档中文本的内容样式，即改变文本的潜在意义。

表 B-3　改变文档中文本内容样式的标记

元　素	定　义
\<address\>...\</address\>	指示页面的作者、联系信息等
\<cite\>...\</cite\>	指示引用
\<code\>...\</code\>	包含代码（来自计算机程序）
\<del\>...\</del\>	指示文档以前版本中删除的文本（HTML 3.0、HTML4.0）
datetime = datetime	修改的日期时间（datetime 采用 ISO 标准格式）（HTML 4.0）
\<dfn\>...\</dfn\>	指示一个定义
\<em\>...\</em\>	强调文本
\<hn\>...\</hn\>	指出文档标题，n 为 1（最大标题）～6（最小标题）之间的整数
align = alignment	设置标题对齐方式（alignment 为 left、center 或 right）
\<ins\>...\</ins\>	指示添加文档以前版本中的文本（HTML 3.0、HTML4.0）
\<kbd\>...\</kbd\>	区分来自计算机的输入和输出

元　素	定　义
<q>...</q>	指示来自其他来源的引用（HTML 3.0、HTML4.0）
cite = url	指示引用的源文档（HTML 4.0）
<samp>...</samp>	指示一个文字字符的样本
<strong>...</strong>	着重强调文本
<var>...</var>	指示一个变量

4．文档空间

如表 B-4 所示的标记用于控制文档的空间。

表 B-4　控制文档空间的标记

元素与属性	定　义
<blockquote>...</blockquote>	创建一个引用块

	强制换行
clear = alignment	清除文本换行（alignment 为 left、right、none 或 a11）（HTML 3.2+）
<center>...</center>	文本居中（同 <div align = center>）（HTML 3.2+）
<div>...</div>	在 Web 页面中标记分割（HTML 3.2+）
<hr>	添加一条水平线
align = alignment	对齐方式为 left、right 或 center（HTML 3.2+）
size = n	指定线的粗细（HTML 3.2+）
noshade	使线变黑（HTML 3.2+）
width = n%	指定线宽（n 为 0 ～ 100 的整数）（HTML 3.2+）
color = color	线的颜色（color 可以是颜色名称或十六进制数）（Microsoft）
<multicol>...</multicol>	创建多列文本（Netscape 3+）
cols = n	列数
gutter = n	列间的像素数
width = n	每列的宽度
<nobr>...</nobr>	把文本不加换行符地标记出来（Microsoft/Netscape）
<p>...</p>	创建一个段
<pre>...</pre>	指示预格式化文本
width = n	以字符计的文本宽度（HTML 3.2+）
spacer	创建水平或竖直间隔
type = type	使用的空间类型（type 可以为 horizontal、vertical 或 block）

5．表格

如表 B-5 所示的标记用于在 HTML 3.2 以上的页面中创建表格。

表 B-5　用于创建表格的标记

元素与属性	定　义
<caption>...</caption>	指定表格标题
align = alignment	标题的对齐方式，alignment 可以为 top 或 bottom（HTML 3.2+），或者 left 或 right（HTML 4.0）
<col>	定义表格基于列的默认属性（HTML 4.0）
valign = alignment	行入口的垂直对齐方式（alignment 可以为 top、middie、bottom 或 baseline）

元素与属性	定　　义
span = n	组跨越的列数
width = n	列宽度（n 是像素或百分比）
\<colgroup\>	一组表格列的容器（HTML 4.0）
\<table\>...\</table\>	定义一个表格
border = n	以指定粗细显示表格边框
align = alignment	表格的对齐方式，alignment 可以为 left、center 或 right（HTML 3.2+），或者 bleedleft 或（beeldrightNetscape）
width = n	整个表的固定宽度（n 是任意数字，可以为像素点或百分比）
bgcolor = color	定义表格的背景色（color 可以为颜色名称或十六进制数）（HTML 4.0）
bordercolor = color	定义表格边框的颜色（Microsoft）
bordercolorlight = color	定义 3D 表格边框亮色部分的颜色（Microsoft）
bordercolordark = color	定义 3D 表格边框暗色部分的颜色（Microsoft）
background = url	定义表格背景图像的位置（Microsoft）
cellspacing = n	设置表格单元格之间的空间
cellpadding = n	设置单元格内容与边框之间的空间
cols = n	设置表格的列数（HTML 4.0）
frame = frame	定义表格外边框的显示类型（frame 可以为 void、above、below、hsdes、lhs、rhs、vsides、box 或 border）（HTML 4.0）
height = n	表格的高度（n 可以为像素或百分比）（Microsoft/Netscape）
rules = rule	定义表格内边框的显示类型（rule 可以为 none、groups、rows、cols 或 all）（HTML 4.0）
\<th\>...\</th\>, \<td\>...\</td\>	定义表格表头 \<th\> 或表格数据项 \<td\>
width = n	以像素计的单元格宽度（仅 HTML 3.2）
height = n	以像素计的单元格高度（仅 HTML 3.2）
\<tr\> \</tr\>	在表格中新开始一行
\<tbody\>\</tbody\>	定义表格体（Microsoft）
\<thead\>\</thead\>	定义表格头部（Microsoft）
\<tfoot\>\</tfoot\>	定义表格足部（Microsoft）

6. 列表

如表 B-6 所示的标记用于在文档中创建不同类型的列表。

表 B-6　用于创建不同类型的列表的标记

元素与属性	定　　义
\<ol\>...\</ol\>	创建一个有序（编号）列表
type = type	指定所用的顺序类型（type 可以为 a、i 或 1）（HTML 3.2+）
start = n	列表的起始顺序（HTML 3.2+）
\<ul\>...\</ul\>	创建一个无序（点圈）列表
compact	显示列表的压缩式版本
type = type	指定所用的点圈类型（type 可以为 circl、disc 或 square）（HTML 3.2+）
\<dl\>...\</dl\>	创建一个术语列表

元素与属性	定　　义
\<menu\>...\</menu\>	创建一个菜单列表
compact	显示列表的压缩式版本
\<dir\>...\</dir\>	创建一个目录列表
compact	显示列表的压缩式版本
\<dt\>	在术语表中定义一个术语
\<dd\>	在术语表中给出定义
\<li\>	给出一个列表项（在 \<ol\>、\<ul\>、\<menu\> 或 \<dir\> 中）
type = bullet type	在点圈列表中为这个列表及随后的列表指定点圈类型（bullet type 可以为 circle、disc 或 square）（HTML 3.2+）
type = number type	指定顺序列表中列表入口采用的顺序类型（number type 可以为 a、i 或 1）（HTML 3.2+）
value = n	列表的起始计数 n 为任意整数（HTML 3.2+）

7．链接

如表 B-7 所示的标记用于创建到 Web 页面、FTP 和 Gopher 站点，以及其他 Internet 资源的链接。

表 B-7　用于创建链接的标记

元素与属性	定　　义
\<a\>...\</a\>	定义一个链接
href = url	使用 URL 指示链接目标
name = name	指示文档一个小节的名字以备将来链接时使用
shape = shape	嵌入一个图片中的链接的形状（shape 可以为 circle x，y，r；rect x，y，r，h；polygon x1，y1，x2，y2，…，xn，yn；或者 default）（HTML 3.0，4.0）
coords = n	链接形状的坐标
accesskey = character	与 Ctrl 键联用的键，用于快速切换到该链接（HTML 4.0）
tabindex = n	链接的 tabbing 次序（HTML 4.0）
\<base href = url\>	定义一个文档中相关链接的基 URL（位于文档头部）
target = target	指定链接源的目标窗口（HTML 4.0）
\<link\>	定义当前文档与其他文档之间关系
rel	定义当前文档与其他文档之间的相关联的类型（也可用于将文档链接到脚本或样式表）（HTML 4.0）
rev	其他文档与当前文档的逆向关联
href = url	引用的 URL

8．图像

如表 B-8 所示的标记用于在页面中操作图像。

表 B-8　用于在页面中操作图像的标记

元素和属性	定　　义
\<img\>	包含一幅内嵌图像
align = alignment	图像的对齐方式（alignment 可以为 top、middle、bottom、left 或 right）（HTML 3.2+）
alt = "text"	图像的文本描述
border = n	以像素计的图片边框大小（HTML 3.2+）

元素和属性	定　义
heignt = n	图像的固定高度（HTML 3.2+）
width = n	图像的固定宽度（HTML 3.2+）
hspace = n	水平环绕空间（以像素计）（HTML 3.2+）
vspace = n	垂直环绕空间（以像素计）（HTML 3.2+）
i8map	定义图像为图像映射
src = graphic filename	图像文件名
lowsrc = graphic fillename	图像低分辨率版本的文件名（Netscape）
usemap = url	图像的客户方图像映射的 URL（HTML 3.2+）
dynsrc = url	显示视频剪辑的 URL（Microsoft）
loop = n	视频剪辑播放的次数（Microsoft）
<map>...</map>	客户方图像映射的链接集合（HTML 3.2+）
name = name	图像映射的名字
<area>	客户方图像映射中的链接（HTML 3.2+）
href = url	链接的目标
nonref	使图像映射中该区域处于非活动状态
shape = shape	链接的形状类型（shape 可以为 rect，circ，poly 或 default）
alt = "text"	链接的代替文本
tabindex = n	tabbing 的次数（HTML 4.0）
target = target	链接的目标窗口（HTML 4.0）

9. 表单

如表 B-9 所示的标记用于创建表单（包括不同类型的输入），以及指定在提交时对表单结果所做的处理。

表 B-9　用于表单的标记

元　素	定　义
<form>...</form>	定义一个表单
action = url	处理表单结果的脚本的位置（URL）
method = method	发送表单输入的方法（method 可以为 get 或 post）
enctype = enctype	表单数据的编码类型（HTML 3.2+）
onsubmit = script	表单提交时启动脚本的事件（HTML 4.0）
onreset = script	表单重设时启动脚本的事件（HTML 4.0）
target = target	指定链接源的目标窗口（HTML 4.0）
<input>	创建表单的输入域
type =	定义表单的输人类型，如以下两行所列
checkbox	复选框
file	允许用户附带文件（HTML 3.2+）
accept = mime type	限制了接收的文件范围（HTML 4.0）
hidden	不可见输入
image	返回用户单击图像的位置信息（HTML 3.2+）

元　素	定　义
radio	单选按钮
password	密码
text	单行文本输入
submit	提交表单输入的按钮
reset	重设表单输入的按钮
button	表单上的普通按钮
name = name	这个输入变量的名字，如同在脚本中看到的（但不在表单中显示）
size = n	定义表单显示的文本大小
maxlength = n	定义输入条目的最大长度
value = "text"	用来初始化 hidden 和 text 域的值，也用于 radio 和 checkbox 域
disabled	使域无效以防止输入文本
checked	初始化 checkbox 或 radio 域并使之被选中
readonly	使域只读，用于 checkbox、passwdrd、radio 和 text（HTML 4.0）
src = graphic filename	指示用于 image、submit 和 reset 的图像文件名
alt = "text"	图像域的替代文本（HTML 4.0）
align = "align"	表单元素的对齐方式 align 可以为 top，middle，bottom，left 或 right）
tabindex = n	设置 tabbing 次序（HTML 4.0）
usemap = url	图像的客户端图像映射的 URL（HTML 4.0）
onfocus = script	当某一表单成为活动域时启动脚本的事件（HTML 4.0）
onblur = script	当某一表单变成非活动域时启动脚本的事件（HTML 4.0）
onselect = script	当表单中某一文本元素被选中时启动脚本的事件（HTML 4.0）
onchange = script	当某一表单域的值改变时启动脚本的事件（HTML 4.0）
accesskey = character	与 Ctrl 键联用的键，用于快速切换到该链接（IE 4.0）
<isindex>	定义可搜索的索引
action = url	指示所用的网关程序（Microsoft）
prompt = "text"	指示提示符前显示的文本（HTML 3.2+）
<option>	指示 <select> 菜单表单中的一个选项
disabled	使入口无效以防止被选中
selected	初始化入口使之被选中
value = value	指示这个条目被选中后返回的值
<select>...</select>	创建一个选择菜单
name = name	输入变量的名字，如脚本中所见（但不在表单中显示）
multiple	允许选择多个菜单选项
disabled	使菜单无效防止被选中
width = n	菜单的固定宽度（Netscape）
height = n	菜单的固定高度（Netscape）
size = n	菜单高度
tabindex = n	设置 tabbing 次序（HTML 4.0）
<textarea>...</textarea>	为表单创建多行文本输入区域（标记之间的所有文本成为表单的初始值）
name = name	输入变量的名字，如脚本中所见（但不在表单中显示）
rows = n	文本区域中的行数

元　素	定　义
cols = n	文本区域中的列数
disabled	使表单无效以防止输入
readonly	使表单域只读，用于（checkbox、password、radio 和 text）（HTML4.0）
tabindex = n	设置标记顺序位置（HTML 4.0）
usemap = url	图像的客户方图像映射的 URL（HTML 4.0）
wrap = wrap	表单域中采用的文本回绕类型（wrap 可以是 off, physical 或 virtual）（Microsoft/ Netscape）
\<fieldset>...\</fieldset>	将表单中一套域集合成组（HTML 4.0）
\<legend>...\</legend>	指定表单的域集合的说明或标题（HTML 4.0）
align = align	说明的对齐方式（align 可以为 bottom、top、left 或 right（HTML 4.0），或者 center(（IE 4.0）
\<button>...\</button>	在表单中创建按钮，其标题使用两标记之间的文本（HTML 4.0）
name = name	按钮的名字，用于脚本或作为提交按钮
value = value	按下按钮时传送的值
disabled	防止按钮被按下
\<label>...\</label>	表单域的标签（HTML 4.0）
for = id	将标签与属性值为 id 的域匹配
disabled	使标签无效

10. 框架

如表 B-10 所示的标记用于在文档中创建不同类型的框架。

表 B-10　用于框架的标记

元素与属性	定　义
\<frameset>	在文档中定义框架集（HTML 4.0）
cols = n	按列创建框架集中的框架（n 是像素宽度或百分比的集合）
rows = n	按行创建框架集中的框架（n 是像素宽度或百分比的集合）
frameborder = 0, 1	打开（1）或关闭（0）框架边框（Microsoft）
frameborder = yes, no	打开或关闭框架边框（Netscape）
border = n	边框的浓度（Netscape/Microsoft）
bordercolor = color	边框颜色（color 可以是颜色名称或十六进制数）（Netscape/ Microsoft）
framespacing = n	定义框架之间的空间（Microsoft）
onload = script	所有框架载入时启动脚本的事件
onunload = script	所有框架卸载时启动脚本的事件
\<frame>	定义一个框架（HTML 4.0）
align = align	框架或环绕文本的对齐方式（align 可以为 left、center、right、top 或 bottom）（Microsoft）
marginheight = n	定义框架边缘高度（以像素计）
marginwidth = n	定义框架边缘宽度（以像素计）
name = name	定义框架的目标名
noresize	固定框架大小使用户不能调节
scroll = yes, no, auto	打开或关闭滚动条
src = url	定义框架的 URL

元素与属性	定　义
height = n	框架的高度（n 为像素或百分比）
width = n	框架的宽度（n 为像素或百分比）
`<iframe>...</iframe>`	定义浮动框架（HTML 4.0）
border = n	边框宽度（Microsoft）
height = n	定义浮动框架的高度
width = n	定义浮动框架的宽度
hspace = n	框架的水平边缘（Microsoft）
vspace = n	框架的垂直边缘（Microsoft）
`<nofrmes>...</noframes>`	定义用于不支持框架的浏览器的替代文本（HTML 4.0）

11．多媒体

如表 B-11 所示的标记用于在 Web 页面中添加 Java Applet 和 JavaScript 脚本，以及其他多媒体元素。

表 B-11　用于多媒体的标记

元素与属性	定　义
`<applet>...</applet>`	加入 Java Applet（HTML 3.2+）
align = align	定义 Applet 的对齐方式（align 可以为 absbottom、absmiddle、baseline 或 texttop）（Microsoft/Netscape）
code = filename	定义 Applet 的文件名
codebase = url	定义 Applet 的 URL
archive = archive	用逗号分隔的归档文件列表（HTML 4.0）
object = object	序列化的 Applet 文档（HTML 4.0）
height = n	定义 Applet 的高度
width = n	定义 Applet 的宽度
hspace = n	定义 Applet 的水平环绕空间
vspace = n	定义 Applet 的垂直环绕空间
name = name	定义 Applet 的名字以区别于页面上其他的 Applet
alt = "text"	在 Applet 处显示的替代文本
`<embed>`	加入多媒体对象（Microsoft/Netscape）
align = align	定义对象的对齐方式（align 可以为 bottom、top、left、right、absbottom、absmiddle、baseline 或 texttop）
alt = "text"	在对象处显示的替代文本
height = n	定义对象的高度
width = n	定义对象的宽度
hspace = n	定义对象的水平环绕空间
vspace = n	定义对象的垂直环绕空间
name = name	定义对象名以区别于页面中的其他对象
src = url	定义对象的 URL
codebase = url	定义对象的基 URL（Microsoft）
`<noembed>...</noembed>`	定义用于不支持对象嵌入的浏览器的替代文本（Microsoft/Netscape）
`<object>...</object>`	添加一个多媒体对象（HTML 4.0）

元素与属性	定　义
border = n	定义对象边框的宽度
classid = url	定义用于对象控制的类 id
codebase = url	定义对象的代码基 URL
codetype = type	定义对象的媒体类型
data = url	定义对象数据的位置
declare	声明一个对象而不启用它
height = n	定义对象的高度
hspace = n	定义对象水平环绕空间
name = url	如果对象在表单中提交则定义其名字
shapes	指示对象含有一定形状的超链接
standby = "message"	定义对象载入时显示的消息
type = type	定义用于对象数据的媒体类型
usemap = url	定义使用的客户方图像映射
vspace = n	定义对象垂直环绕空间
width = n	定义对象的宽度
tabindex = n	设置 tabbing 次序
<param>	定义传送给 Java Applet 的参数
name = name	定义变量名
value = value	定义传送给 Applet 的值
valuetype = type	指定如何解释数据（type 可以为 date、ref 或 object）（HTML 4.0）
type = type	定义媒体类型（HTML 4.0）
<bgsound>	添加背景音乐（Microsoft）
src = url	定义声音文件的 URL
loop = n	定义播放声音的次数
balance = n	定义左右杨声器的平衡（n 为 -10 000 ～ +10 000 的任一整数）
volume = n	定义音量（n 是从 -1000 ～ 0 的任一整数）
<style>...</style>	添加一个样式表（HTML 4.0）
type = mime type	样式表的 MIME 类型
title = "text"	样式表的参考信息
...	将样式信息应用于部分文档（HTML 4.0）
<script>...</script>	添加一个脚本（HTML 4.0）
type = mime type	脚本的 MIME 类型
language = language	定义脚本的语言
src = url	定义脚本的 URL
<noscript>...</noscript>	定义用于不支持脚本的浏览器的替代标记（HTML 4.0）

附录 C ADO 对象方法属性详解

1．ADO 对象（如表 C-1 所示）

表 C-1 ADO 对象

对 象	说 明
Command	Command 对象定义了将对数据源执行的指定命令
Connection	代表打开的、与数据源的连接
DataControl (RDS)	将数据查询 Recordset 绑定到一个或多个控件上（例如，文本框、网格控件或组合框），以便在 Web 页上显示 ADOR.Recordset 数据
DataFactory (RDS Server)	实现对客户端应用程序的指定数据源进行读 / 写数据访问的方法
DataSpace (RDS)	创建客户端代理以便自定义位于中间层的业务对象
Error	包含与单个操作（涉及提供者）有关的数据访问错误的详细信息
Field	代表使用普通数据类型的数据的列
Parameter	代表与基于参数化查询或存储过程的 Command 对象相关联的参数或自变量
Property	代表由提供者定义的 ADO 对象的动态特性
RecordSet	代表来自基本表或命令执行结果的记录的全集。任何时候，Recordset 对象所指的当前记录均为集合内的单个记录

2．ADO 集合（如表 C-2 所示）

表 C-2 ADO 集合

集 合	说 明
Errors	包含为响应涉及提供者的单个错误而创建的所有 Error 对象
Fields	包含 Recordset 对象的所有 Field 对象
Parameters	包含 Command 对象的所有 Parameter 对象
Properties	包含指定对象实例的所有 Property 对象

3．ADO 方法（如表 C-3 所示）

表 C-3 ADO 方法

方 法	说 明
AddNew	创建可更新的 Recordset 对象的新记录
Append	将对象追加到集合中。如果集合是 Fields，可以先创建新的 Field 对象，然后再将其追加到集合中
AppendChunk	将数据追加到大型文本、二进制数据 Field 或 Parameter 对象
BeginTrans、CommitTrans 和 RollbackTrans	按如下方式管理 Connection 对象中的事务进程： BeginTrans——开始新事务； CommitTrans——保存任何更改并结束当前事务；它也可能启动新事务； RollbackTrans——取消当前事务中所做的任何更改并结束事务，它也可能启动新事务
Cancel	取消执行挂起的、异步 Execute 或 Open 方法调用
Cancel (RDS)	取消当前运行的异步执行或获取
CancelBatch	取消挂起的批更新

续表

方 法	说 明
CancelUpdate	取消在调用 Update 方法前对当前记录或新记录所做的任何更改
CancelUpdate (RDS)	放弃与指定 Recordset 对象关联的所有挂起更改,从而恢复上一次调用 Refresh 方法之后的值
Clear	删除集合中的所有对象
Clone	创建与现有 Recordset 对象相同的复制 Recordset 对象。可选择指定该副本为只读
Close	关闭打开的对象及任何相关对象
CompareBookmarks	比较两个书签并返回它们相差值的说明
ConvertToString	将 Recordset 转换为代表记录集数据的 MIME 字符串
CreateObject (RDS)	创建目标业务对象的代理并返回指向它的指针
CreateParameter	使用指定属性创建新的 Parameter 对象
CreateRecordset (RDS)	创建未连接的空 Recordset
Delete(ADO Parameters Collection)	从 Parameters 集合中删除对象
Delete(ADO Fields Collection)	从 Fields 集合删除对象
Delete(ADO Recordset)	删除当前记录或记录组
Execute (ADO Command)	执行在 CommandText 属性中指定的查询、SQL 语句或存储过程
Execute (ADO Connection)	执行指定的查询、SQL 语句、存储过程或特定提供者的文本等内容
Find	搜索 Recordset 中满足指定标准的记录
GetChunk	返回大型文本或二进制数据 Field 对象的全部或部分内容
GetRows	将 Recordset 对象的多个记录恢复到数组中
GetString	将 Recordset 按字符串返回
Item	根据名称或序号返回集合的特定成员
Move	移动 Recordset 对象中当前记录的位置
MoveFirst、MoveLast、MoveNext 和 MovePrevious	移动到指定 Recordset 对象中的第一个、最后一个、下一个或前一个记录并使该记录成为当前记录
MoveFirst、MoveLast、MoveNext、MovePrevious (RDS)	移动到显示的 Recordset 中的第一个、最后一个、下一个或前一个记录
NextRecordset	清除当前 Recordset 对象并通过提前命令序列返回下一个记录集
Open(ADO onnection)	打开到数据源的连接
Open (ADO Recordset)	使用 Recordset 对象的 Open 方法可打开代表基本表、查询结果或者以前保存的 Recordset 中记录的游标
OpenSchema	从提供者获取数据库模式信息
Query (RDS)	使用有效的 SQL 查询字符串返回 Recordset
Refresh	更新集合中的对象以便反映来自提供者的可用对象以及特定于提供者的对象
Refresh (RDS)	对在 Connect 属性中指定的 ODBC 数据源进行再查询并更新查询结果
Requery	通过重新执行对象所基于的查询,更新 Recordset 对象中的数据
Reset(RDS)	根据指定的排序和筛选属性对客户端 Recordset 执行排序或筛选操作
Resync	从基本数据库刷新当前 Recordset 对象中的数据
Save (ADO Recordset)	将 Recordset 保存(持久)在文件中
Seek	搜索 Recordset 的索引以便快速定位与指定值相匹配的行,并将当前行的位置更改为该行

续表

方　法	说　明
SubmitChanges (RDS)	将本地缓存的可更新 Recordset 的挂起更改提交到在 Connect 属性中指定的 ODBC 数据源中
Supports	确定指定的 Recordset 对象是否支持特定类型的功能
Update	保存对 Recordset 对象的当前记录所做的所有更改
UpdateBatch	将所有挂起的批更新写入磁盘

4．ADO 事件（如表 C-4 所示）

表 C-4　ADO 事件

事　件	说　明
BeginTransComplete、CommitTransComplete 和 RollbackTransComplete(ConnectionEvent) 方法	以下 Event 处理方法将在 Connection 对象的关联操作执行完成后进行调用； BeginTransComplete 在 BeginTrans 操作后调用； CommitTransComplete 在 CommitTrans 操作后调用； RollbackTransComplete 在 RollbackTrans 操作后调用
ConnectComplete 和 Disconnect(Connection Event) 方法	在连接开始后调用 ConnectComplete 方法； 在连接结束后调用 Disconnect 方法
EndOfRecordset (RecordsetEvent) 方法	当试图移动到超过 Recordset 末尾行时，调用 EndOfRecordset 方法
ExecuteComplete (Connection Event) 方法	命令执行完成之后，调用 ExecuteComplete 方法
FetchComplete (RecordsetEvent) 方法	当在长异步操作中所有记录已经被恢复（获取）到 Recordset 之后，调用 FetchComplete 方法
FetchProgress (Recordset Event) 方法	在长异步操作期间定期调用 FetchProgress 方法，以便报告当前有多少行已经被恢复（获取）到 Recordset 中
InfoMessage (Connection Event) 方法	在 ConnectionEvent 操作期间一旦出现警告，则调用 InfoMessage 方法
onError (Event) 方法 (RDS)	在操作期间一旦发生错误，则调用 onError 方法
onReadyStateChange (Event) 方法 (RDS)	一旦 ReadyState 属性的值发生更改，则调用该方法
WillChangeField 和 FieldChangeComplete (RecordsetEvent) 方法	在挂起操作更改 Recordset 中一个或多个 Field 对象的值之前，则调用 WillChangeField 方法； 在挂起操作更改一个或多个 Field 对象的值之后，则调用 FieldChangeComplete 方法
WillChangeRecord 和 RecordChangeComplete (RecordsetEvent) 方法	在 Recordset 中一个或多个记录（行）发生更改之前，将调用 WillChangeRecord 方法； 在一个或多个记录发生更改之后，将调用 RecordChangeComplete 方法
WillChangeRecordset 和 RecordsetChange Complete (RecordsetEvent) 方法	在挂起操作更改 Recordset 之前调用 WillChangeRecordset 方法； 在 Recordset 已经更改之后，将调用 RecordsetChangeComplete 方法
WillConnect (ConnectionEvent) 方法	在连接开始之前调用 WillConnect 方法。在挂起连接中使用的参数作为输入参数提供，并可以在方法返回之前更改。该方法可以返回取消挂起连接的请求
WillExecute (ConnectionEvent) 方法	WillExecute 方法在对该连接执行挂起命令之前调用，使用户能够检查和修改挂起执行的参数。该方法可以返回取消挂起连接的请求
WillMove 和 MoveComplete (RecordsetEvent) 方法	在挂起操作更改 Recordset 中的当前位置之前，调用 WillMove 方法。Recordset 中的当前位置发生更改之后，调用 MoveComplete 方法

5．ADO 属性（如表 C-5 所示）

表 C-5　ADO 属性

属　　性	说　　明
AbsolutePage	指定当前记录所在的页
AbsolutePosition	指定 Recordset 对象当前记录的序号位置
ActiveCommand	指示创建关联的 Recordset 对象的 Command 对象
ActiveConnection	指示指定的 Command 或 Recordset 对象当前所属的 Connection 对象
ActualSize	指示字段的值的实际长度
Attributes	指示对象的一项或多项特性
BOF 和 EOF	BOF 指示当前记录位置位于 Recordset 对象的第一个记录之前； EOF 指示当前记录位置位于 Recordset 对象的最后一个记录之后
Bookmark	返回唯一标识 Recordset 对象中当前记录的书签，或者将 Recordset 对象的当前记录设置为由有效书签所标识的记录
CacheSize	指示缓存在本地内存中的 Recordset 对象的记录数
CommandText	包含要根据提供者发送的命令文本
CommandTimeout	指示在终止尝试和产生错误之前执行命令期间需等待的时间
CommandType	指示 Command 对象的类型
Connect	设置或返回对其运行查询和更新操作的数据库名称
ConnectionString	包含用于建立连接数据源的信息
ConnectionTimeout	指示在终止尝试和产生错误前建立连接期间所等待的时间
Count	指示集合中对象的数目
CursorLocation	设置或返回游标服置务的位
CursorType	指示在 Recordset 对象中使用的游标类型
DataMember	指定要从 DataSource 属性所引用的对象中检索的数据成员的名称
DataSource	指定所包含的数据将被表示为 Recordset 对象的对象
DefaultDatabase	指示 Connection 对象的默认数据库
DefinedSize	指示 Field 对象所定义的大小
Description	描述 Error 对象
Direction	指示 Parameter 表示的是输入参数、输出参数，还是既是输出参数又是输入参数，或该参数是否为存储过程返回的值
EditMode	指示当前记录的编辑状态
ExecuteOptions (RDS)	指示是否启用异步执行
FetchOptions	设置或返回异步获取的类型
Filter	指示 Recordset 的数据筛选条件
FilterColumn (RDS)	设置或返回计算筛选条件的列
FilterCriterion (RDS)	设置或返回在筛选值中使用的计算操作符
FilterValue (RDS)	设置或返回用于筛选记录的值
Handler (RDS)	设置或返回包含扩展 RDSServer.DataFactory 功能的服务器端自定义程序（处理程序）的名称的字符串，以及处理程序所用的任何参数，它们均由逗号（","）分隔
HelpContext 和 HelpFile	指示与 Error 对象关联的帮助文件和主题； HelpContextID——返回帮助文件中主题的、按长整型值返回的上下文 ID； HelpFile ——返回字符串，用于计算帮助文件的完整分解路径
Index	指示对 Recordset 对象当前生效的索引的名称
InternetTimeout (RDS)	指示请求超时前将等待的毫秒数

属　性	说　明
IsolationLevel	指示 Connection 对象的隔离级别
LockType	指示编辑过程中对记录使用的锁定类型
MarshalOptions	指示要被调度返回服务器的记录
MaxRecords	指示通过查询返回 Recordset 的记录的最大数目
Mode	指示用于更改 Connection 中数据的可用权限
Name	指示对象的名称
NativeError	指示针对给定 Error 对象的特定提供者的错误代码
Number	指示用于唯一标识 Error 对象的数字
NumericScale	指示 Parameter 或 Field 对象中数字值的范围
Optimize	指示是否应该在该字段上创建索引
OriginalValue	指示发生任何更改前已在记录中存在的 Field 的值
PageCount	指示 Recordset 对象包含的数据页数
PageSize	指示 Recordset 中一页所包含的记录数
Precision	指示在 Parameter 对象中数字值或数字 Field 对象的精度
Prepared	指示执行前是否保存命令的编译版本
Provider	指示 Connection 对象提供者的名称
RecordCount	指示 Recordset 对象中记录的当前数目
RecordsetandSourceRecordset(RDS)	指示从自定义业务对象中返回的 ADOR.Recordset 对象
ReadyState(RDS)	在 RDS.DataControl 对象获取数据到它的 Recordset 对象中时反映其进度
Server (RDS)	设置或返回 Internet Information Server (IIS) 名称和通信协议
Size	指示 Parameter 对象的最大大小（按字节或字符）
Sort	指定一个或多个 Recordset 以之排序的字段名，并指定按升序还是降序对字段进行排序
SortColulmn (RDS)	设置或返回记录以之排序的列
SortDirection (RDS)	设置或返回用于指示排序顺序是升序还是降序的布尔型值
Source (ADO Error)	指示产生错误的原始对象或应用程序的名称
Source (ADO Recordset)	指示 Recordset 对象（Command 对象、SQL 语句、表的名称或存储过程）中数据的来源
SQL (RDS)	设置或返回用于检索 Recordset 的查询字符串
SQLState	指示给定 Error 对象的 SQL 状态
State	对所有可应用对象，说明其对象状态是打开或是关闭。 对执行异步方法的 Recordset 对象，说明当前的对象状态是连接、执行或是获取
Status	指示有关批更新或其他大量操作的当前记录的状态
StayInSync	在分级 Recordset 对象中，指示当父行位置更改时，对基本子记录（即"子集"）的引用是否更改
Type	指示 Parameter、Field 或 Property 对象的操作类型或数据类型
UnderlyingValue	指示数据库中 Field 对象的当前值
Value	指示赋给 Field、Parameter 或 Property 对象的值
Version	指示 ADO 版本号

附录 D ASP 函数详解

1. ADOX 集合（如表 D-1 所示）

表 D-1 ADOX 集合

集 合	说 明
Columns	包含表、索引或关键字的所有 Column 对象
Groups	包含目录或用户的所有存储 Group 对象
Indexes	包含表的所有 Index 对象
Keys	包含表的所有 Key 对象
Procedures	包含目录的所有 Procedure 对象
Tables	包含目录的所有 Table 对象
Users	包含目录或组的所有存储 User 对象
Views	包含目录的所有 View 对象

2. ADOX 方法（如表 D-2 所示）

表 D-2 ADOX 方法

方 法	说 明
Append（Columns）	将新的 Column 对象添加到 Columns 集合
Append（Groups）	将新的 Group 对象添加到 Groups 集合
Append（Indexes）	将新的 Index 对象添加到 Indexes 集合
Append（Keys）	将新的 Key 对象添加到 Keys 集合
Append（Procedures）	将新的 Procedure 对象添加到 Procedures 集合
Append（Tables）	将新的 Table 对象添加到 Tables 集合
Append（Users）	将新的 User 对象添加到 Users 集合
Append（Views）	将新的 View 对象添加到 Views 集合
ChangePassword	更改用户账号的密码
Create	创建新的目录
Delete	删除集合中的对象
GetObjectOwner	返回目录中对象的拥有者
GetPermissions	获得对象上组或用户的权限
Item	按名称或序号返回集合的指定成员
Refresh	更新集合中的对象，以反映针对提供者可用的和指定的对象
SetObjectOwner	指定目录中对象的拥有者
SetPermissions	设置对象上组或用户的权限

3．ADOX 对象

表 D-3 ADOX 对象

对　象	说　明
Catalog	包含描述数据源模式目录的集合
Column	表示表、索引或关键字的列
Group	表示在安全数据库内有访问权限的组账号
Index	表示数据库表中的索引
Key	表示数据库表中的主关键字、外部关键字或唯一关键字
Procedure	表示存储的过程
Table	表示数据库表，包括列、索引和关键字
User	表示在安全数据库内具有访问权限的用户账号
View	表示记录或虚拟表的过滤集

4．ADOX 属性（如表 D-4 所示）

表 D-4 ADOX 属性

属　性	说　明
ActiveConnection	指示目录所属的 ADO Connection 对象
Attributes	描述列特性
Clustered	指示索引是否被分簇
Command	指定可用于创建或执行过程的 ADO Command 对象
Count	指示集合中的对象数量
DateCreated	指示创建对象的日期
DateModified	指示上一次更改对象的日期
DefinedSize	指示列的规定最大大小
DeleteRule	指示主关键字被删除时将执行的操作
IndexNulls	指示在索引字段中有 Null 值的记录是否有索引项
Name	指示对象的名称
NumericScale	指示列中数值的范围
ParentCatalog	指定表或列的父目录以便访问特定提供者的属性
Precision	指示列中数据值的最高精度
PrimaryKey	指示索引是否代表表的主关键字
RelatedColumn	指示相关表中相关列的名称（仅关键字列）
RelatedTable	指示相关表的名称
SortOrder	指示列的排序顺序（仅索引列）
Type（列）	指示列的数据类型
Type（关键字）	指示关键字的数据类型
Type（表）	指示表的类型
Unique	指示索引关键字是否必须是唯一的
UpdateRule	指示主关键字被更新时会执行的操作

5．ADO 对象

表附录 D-5

对象	说明
Command	Command 对象定义了将对数据源执行的指定命令。
Connection	代表打开的、与数据源的连接。
DataControl (RDS)	将数据查询 Recordset 绑定到一个或多个控件上（例如，文本框、网格控件或组合框），以便在 Web 页上显示 ADOR.Recordset 数据。
DataFactory (RDS Server)	实现对客户端应用程序的指定数据源进行读 / 写数据访问的方法。
DataSpace (RDS)	创建客户端代理以便自定义位于中间层的业务对象。
Error	包含与单个操作（涉及提供者）有关的数据访问错误的详细信息。
Field	代表使用普通数据类型的数据的列。
Parameter	代表与基于参数化查询或存储过程的 Command 对象相关联的参数或自变量。
Property	代表由提供者定义的 ADO 对象的动态特性。
RecordSet	代表来自基本表或命令执行结果的记录的全集。任何时候，Recordset 对象所指的当前记录均为集合内的单个记录。

6．ADO 集合

表附录 D-6

集合	说明
Errors	包含为响应涉及提供者的单个错误而创建的所有 Error 对象。
Fields	包含 Recordset 对象的所有 Field 对象。
Parameters	包含 Command 对象的所有 Parameter 对象。
Properties	包含指定对象实例的所有 Property 对象。

7．ADO 方法

表附录 D-7

方法	说明
AddNew	创建可更新的 Recordset 对象的新记录。
Append	将对象追加到集合中。如果集合是 Fields，可以先创建新的 Field 对象然后再将其追加到集合中。
AppendChunk	将数据追加到大型文本、二进制数据 Field 或 Parameter 对象。
BeginTrans、CommitTrans 和 RollbackTrans	按如下方式管理 Connection 对象中的事务进程： BeginTrans– 开始新事务。 CommitTrans– 保存任何更改并结束当前事务。它也可能启动新事务。 RollbackTrans– 取消当前事务中所作的任何更改并结束事务。它也可能启动新事务。
Cancel	取消执行挂起的、异步 Execute 或 Open 方法调用。
Cancel (RDS)	取消当前运行的异步执行或获取。
CancelBatch	取消挂起的批更新。
CancelUpdate	取消在调用 Update 方法前对当前记录或新记录所作的任何更改。
CancelUpdate (RDS)	放弃与指定 Recordset 对象关联的所有挂起更改，从而恢复上一次调用 Refresh 方法之后的值。
Clear	删除集合中的所有对象。

方法	说明
Clone	创建与现有 Recordset 对象相同的复制 Recordset 对象。可选择指定该副本为只读。
Close	关闭打开的对象及任何相关对象。
CompareBookmarks	比较两个书签并返回它们相差值的说明。
ConvertToString	将 Recordset 转换为代表记录集数据的 MIME 字符串。
CreateObject (RDS)	创建目标业务对象的代理并返回指向它的指针。
CreateParameter	使用指定属性创建新的 Parameter 对象。
CreateRecordset (RDS)	创建未连接的空 Recordset。
Delete(ADO Parameters Collection)	从 Parameters 集合中删除对象。
Delete(ADO Fields Collection)	从 Fields 集合删除对象
Delete(ADO Recordset)	删除当前记录或记录组。
Execute (ADO Command)	执行在 CommandText 属性中指定的查询、SQL 语句或存储过程。
Execute (ADO Connection)	执行指定的查询、SQL 语句、存储过程或特定提供者的文本等内容。
Find	搜索 Recordset 中满足指定标准的记录。
GetChunk	返回大型文本或二进制数据 Field 对象的全部或部分内容。
GetRows	将 Recordset 对象的多个记录恢复到数组中。
GetString	将 Recordset 按字符串返回。
Item	根据名称或序号返回集合的特定成员。
Move	移动 Recordset 对象中当前记录的位置。
MoveFirst、MoveLast、MoveNext 和 MovePrevious	移动到指定 Recordset 对象中的第一个、最后一个、下一个或前一个记录并使该记录成为当前记录。
MoveFirst、MoveLast、MoveNext、MovePrevious (RDS)	移动到显示的 Recordset 中的第一个、最后一个、下一个或前一个记录。
NextRecordset	清除当前 Recordset 对象并通过提前命令序列返回下一个记录集。
Open(ADO Connection)	打开到数据源的连接。
Open (ADO Recordset)	打开游标。
OpenSchema	从提供者获取数据库模式信息。
Query (RDS)	使用有效的 SQL 查询字符串返回 Recordset。
Refresh	更新集合中的对象以便反映来自提供者的可用对象以及特定于提供者的对象。
Refresh (RDS)	对在 Connect 属性中指定的 ODBC 数据源进行再查询并更新查询结果。
Requery	通过重新执行对象所基于的查询，更新 Recordset 对象中的数据。
Reset(RDS)	根据指定的排序和筛选属性对客户端 Recordset 执行排序或筛选操作。
Resync	从基本数据库刷新当前 Recordset 对象中的数据。
Save (ADO Recordset)	将 Recordset 保存（持久）在文件中。
Seek	搜索 Recordset 的索引以便快速定位与指定值相匹配的行，并将当前行的位置更改为该行。
SubmitChanges (RDS)	将本地缓存的可更新 Recordset 的挂起更改提交到在 Connect 属性中指定的 ODBC 数据源中。
Supports	确定指定的 Recordset 对象是否支持特定类型的功能。
Update	保存对 Recordset 对象的当前记录所做的所有更改。
UpdateBatch	将所有挂起的批更新写入磁盘。

8. ADO 事件

表附录 D-8

事件	说明
BeginTransComplete、CommitTrans Complete 和 RollbackTransComplete(Conne ctionEvent) 方法	以下 Event 处理方法将在 Connection 对象的关联操作执行完成后进行调用。 BeginTransComplete 在 BeginTrans 操作后调用。 CommitTransComplete 在 CommitTrans 操作后调用。 RollbackTransComplete 在 RollbackTrans 操作后调用。
ConnectComplete 和 Disconnect(Connection Event) 方法	在连接开始后调用 ConnectComplete 方法。 在连接结束后调用 Disconnect 方法。
EndOfRecordset (RecordsetEvent) 方法	当试图移动到超过 Recordset 末尾行时，调用 EndOfRecordset 方法。
ExecuteComplete (Connection Event) 方法	命令执行完成之后，调用 ExecuteComplete 方法。
FetchComplete (RecordsetEvent) 方法	当在长异步操作中所有记录已经被恢复（获取）到 Recordset 之后，调用 FetchComplete 方法。
FetchProgress (Recordset Event) 方法	在长异步操作期间定期调用 FetchProgress 方法，以便报告当前有多少行已经被恢复（获取）到 Recordset 中。
InfoMessage (Connection Event) 方法	在 ConnectionEvent 操作期间一旦出现警告，则调用 InfoMessage 方法。
onError (Event) 方法 (RDS)	在操作期间一旦发生错误，则调用 onError 方法。
onReadyStateChange (Event) 方法 (RDS)	一旦 ReadyState 属性的值发生更改，则调用该方法。
WillChangeField 和 FieldChangeComplete (RecordsetEvent) 方法	在挂起操作更改 Recordset 中一个或多个 Field 对象的值之前，则调用 WillChangeField 方法。 在挂起操作更改一个或多个 Field 对象的值之后，则调用 FieldChangeComplete 方法。
WillChangeRecord 和 RecordChange Complete (RecordsetEvent) 方法	在 Recordset 中一个或多个记录（行）发生更改之前，将调用 WillChangeRecord 方法。 在一个或多个记录发生更改之后，将调用 RecordChangeComplete 方法。
WillChangeRecordset 和 Recordset ChangeComplete (RecordsetEvent) 方法	在挂起操作更改 Recordset 之前调用 WillChangeRecordset 方法。 在 Recordset 已经更改之后，将调用 RecordsetChangeComplete 方法。
WillConnect (ConnectionEvent) 方法	在连接开始之前调用 WillConnect 方法。在挂起连接中使用的参数作为输入参数提供，并可以在方法返回之前更改。该方法可以返回取消挂起连接的请求。
WillExecute (ConnectionEvent) 方法	WillExecute 方法在对该连接执行挂起命令之前调用，使用户能够检查和修改挂起执行的参数。该方法可以返回取消挂起连接的请求。
WillMove 和 MoveComplete (Recordset Event) 方法	在挂起操作更改 Recordset 中的当前位置之前，调用 WillMove 方法。 Recordset 中的当前位置发生更改之后，调用 MoveComplete 方法。

9. ADO 属性

表附录 D-9

属性	说明
AbsolutePage	指定当前记录所在的页。
AbsolutePosition	指定 Recordset 对象当前记录的序号位置。
ActiveCommand	指示创建关联的 Recordset 对象的 Command 对象。
ActiveConnection	指示指定的 Command 或 Recordset 对象当前所属的 Connection 对象。
ActualSize	指示字段的值的实际长度。

续表

属性	说明
Attributes	指示对象的一项或多项特性。
BOF 和 EOF	BOF 指示当前记录位置位于 Recordset 对象的第一个记录之前。 EOF 指示当前记录位置位于 Recordset 对象的最后一个记录之后。
Bookmark	返回唯一标识 Recordset 对象中当前记录的书签，或者将 Recordset 对象的当前记录设置为由有效书签所标识的记录。
CacheSize	指示缓存在本地内存中的 Recordset 对象的记录数。
CommandText	包含要根据提供者发送的命令文本。
CommandTimeout	指示在终止尝试和产生错误之前执行命令期间需等待的时间。
CommandType	指示 Command 对象的类型。
Connect	设置或返回对其运行查询和更新操作的数据库名称。
ConnectionString	包含用于建立连接数据源的信息。
ConnectionTimeout	指示在终止尝试和产生错误前建立连接期间所等待的时间。
Count	指示集合中对象的数目。
CursorLocation	设置或返回游标服置务的位。
CursorType	指示在 Recordset 对象中使用的游标类型。
DataMember	指定要从 DataSource 属性所引用的对象中检索的数据成员的名称。
DataSource	指定所包含的数据将被表示为 Recordset 对象的对象。
DefaultDatabase	指示 Connection 对象的默认数据库。
DefinedSize	指示 Field 对象所定义的大小。
Description	描述 Error 对象。
Direction	指示 Parameter 表示的是输入参数、输出参数还是既是输出又是输入参数，或该参数是否为存储过程返回的值。
EditMode	指示当前记录的编辑状态。
ExecuteOptions (RDS)	指示是否启用异步执行。
FetchOptions	设置或返回异步获取的类型。
Filter	指示 Recordset 的数据筛选条件。
FilterColumn (RDS)	设置或返回计算筛选条件的列。
FilterCriterion (RDS)	设置或返回在筛选值中使用的计算操作符。
FilterValue (RDS)	设置或返回用于筛选记录的值。
HelpContext 和 HelpFile	指示与 Error 对象关联的帮助文件和主题。 HelpContextID- 返回帮助文件中主题的、按长整型值返回的上下文 ID。 HelpFile - 返回字符串，用于计算帮助文件的完整分解路径。
Index	指示对 Recordset 对象当前生效的索引的名称。
InternetTimeout (RDS)	指示请求超时前将等待的毫秒数。
IsolationLevel	指示 Connection 对象的隔离级别。
LockType	指示编辑过程中对记录使用的锁定类型。
MarshalOptions	指示要被调度返回服务器的记录。
MaxRecords	指示通过查询返回 Recordset 的记录的最大数目。
Mode	指示用于更改 Connection 中数据的可用权限。
Name	指示对象的名称。
NativeError	指示针对给定 Error 对象的特定提供者的错误代码。
Number	指示用于唯一标识 Error 对象的数字。

属性	说明
NumericScale	指示 Parameter 或 Field 对象中数字值的范围。
Optimize	指示是否应该在该字段上创建索引。
OriginalValue	指示发生任何更改前已在记录中存在的 Field 的值。
PageCount	指示 Recordset 对象包含的数据页数。
PageSize	指示 Recordset 中一页所包含的记录数。
Precision	指示在 Parameter 对象中数字值或数字 Field 对象的精度。
Prepared	指示执行前是否保存命令的编译版本。
Provider	指示 Connection 对象提供者的名称。
RecordCount	指示 Recordset 对象中记录的当前数目。
RecordsetandSourceRecordset (RDS)	指示从自定义业务对象中返回的 ADOR.Recordset 对象。
ReadyState(RDS)	在 RDS.DataControl 对象获取数据到它的 Recordset 对象中时反映其进度。
Server (RDS)	设置或返回 Internet Information Server (IIS) 名称和通讯协议。
Size	指示 Parameter 对象的最大大小（按字节或字符）。
Sort	指定一个或多个 Recordset 以之排序的字段名，并指定按升序还是降序对字段进行排序。
SortColulmn (RDS)	设置或返回记录以之排序的列。
SortDirection (RDS)	设置或返回用于指示排序顺序是升序还是降序的布尔型值。
Source (ADO Error)	指示产生错误的原始对象或应用程序的名称。
Source (ADO Recordset)	指示 Recordset 对象（Command 对象、SQL 语句、表的名称或存储过程）中数据的来源。
SQL (RDS)	设置或返回用于检索 Recordset 的查询字符串。
SQLState	指示给定 Error 对象的 SQL 状态。
State	对所有可应用对象，说明其对象状态是打开或是关闭。 对执行异步方法的 Recordset 对象，说明当前的对象状态是连接、执行或是获取。
Status	指示有关批更新或其他大量操作的当前记录的状态。
StayInSync	在分级 Recordset 对象中，指示当父行位置更改时，对基本子记录（即"子集"）的引用是否更改。
Type	指示 Parameter、Field 或 Property 对象的操作类型或数据类型。
UnderlyingValue	指示数据库中 Field 对象的当前值。
Value	指示赋给 Field、Parameter 或 Property 对象的值。
Version	指示 ADO 版本号。

附录 E JavaScript 语法手册

1. JavaScript 函数（如表 E-1 所示）

表 E-1 JavaScript 函数

描　述	语言要素
返回文件中的 Automation 对象的引用	GetObject 函数
返回代表所使用的脚本语言的字符串	ScriptEngine 函数
返回所使用的脚本引擎的编译版本号	ScriptEngineBuildVersion 函数
返回所使用的脚本引擎的主版本号	ScriptEngineMajorVersion 函数
返回所使用的脚本引擎的次版本号	ScriptEngineMinorVersion 函数

2. JavaScript 方法（如表 F-2 所示）

表 E-2 JavaScript 方法

描　述	语言要素
返回一个数的绝对值	abs 方法
返回一个数的反余弦	acos 方法
在对象的指定文本两端加上一个带 name 属性的 HTML 锚点	anchor 方法
返回一个数的反正弦	asin 方法
返回一个数的反正切	atan 方法
返回从 X 轴到点（y,x）的角度（以弧度为单位）	atan2 方法
返回一个表明枚举算子是否处于集合结束处的 Boolean 值	atEnd 方法
在 String 对象的文本两端加入 HTML 的 <big> 标识	big 方法
将 HTML 的 <Blink> 标签添加到 String 对象中的文本两端	blink 方法
将 HTML 的 <B> 标签添加到 String 对象中的文本两端	bold 方法
返回大于或等于其数值参数的最小整数	ceil 方法
返回位于指定索引位置的字符	charAt 方法
返回指定字符的 Unicode 编码	charCodeAt 方法
将一个正则表达式编译为内部格式	compile 方法
返回一个由两个数组合并组成的新数组	concat 方法（Array）
返回一个包含给定的两个字符串的连接的 String 对象	concat 方法（String）
返回一个数的余弦	cos 方法
返回 VBArray 的维数	dimensions 方法
对 String 对象编码，以便在所有计算机上都能阅读	escape 方法
对 JavaScript 代码求值然后执行之	eval 方法
在指定字符串中执行一个匹配查找	exec 方法
返回 e（自然对数的底）的幂	exp 方法
将 HTML 的 <TT> 标签添加到 String 对象中的文本两端	fixed 方法
返回小于或等于其数值参数的最大整数	floor 方法
将 HTML 带 Color 属性的 <Font> 标签添加到 String 对象中的文本两端	fontcolor 方法

描 述	语言要素
将 HTML 带 Size 属性的 <Font> 标签添加到 String 对象中的文本两端	fontsize 方法
返回 Unicode 字符值的字符串	fromCharCode 方法
使用当地时间返回 Date 对象的月份日期值	getDate 方法
使用当地时间返回 Date 对象的星期几	getDay 方法
使用当地时间返回 Date 对象的年份	getFullYear 方法
使用当地时间返回 Date 对象的小时值	getHours 方法
返回位于指定位置的项	getItem 方法
使用当地时间返回 Date 对象的毫秒值	getMilliseconds 方法
使用当地时间返回 Date 对象的分钟值	getMinutes 方法
使用当地时间返回 Date 对象的月份	getMonth 方法
使用当地时间返回 Date 对象的秒数	getSeconds 方法
返回 Date 对象中的时间	getTime 方法
返回主机的时间和全球标准时间（UTC）之间的差（以分钟为单位）	getTimezoneOffset 方法
使用全球标准时间（UTC）返回 Date 对象的日期值	getUTCDate 方法
使用全球标准时间（UTC）返回 Date 对象的星期几	getUTCDay 方法
使用全球标准时间（UTC）返回 Date 对象的年份	getUTCFullYear 方法
使用全球标准时间（UTC）返回 Date 对象的小时数	getUTCHours 方法
使用全球标准时间（UTC）返回 Date 对象的毫秒数	getUTCMilliseconds 方法
使用全球标准时间（UTC）返回 Date 对象的分钟数	getUTCMinutes 方法
使用全球标准时间（UTC）返回 Date 对象的月份值	getUTCMonth 方法
使用全球标准时间（UTC）返回 Date 对象的秒数	getUTCSeconds 方法
返回 Date 对象中的 VT_DATE	getVarDate 方法
返回 Date 对象中的年份	getYear 方法
返回在 String 对象中第一次出现子字符串的字符位置	indexOf 方法
返回一个 Boolean 值，表明某个给定的数是否是有穷的	isFinite 方法
返回一个 Boolean 值，表明某个值是否为保留值 NaN（不是一个数）	isNaN 方法
将 HTML 的 <I> 标签添加到 String 对象中的文本两端	italics 方法
返回集合中的当前项	item 方法
返回一个由数组中的所有元素连接在一起的 String 对象	join 方法
返回在 String 对象中子字符串最后出现的位置	lastIndexOf 方法
返回在 VBArray 中指定维数所用的最小索引值	lbound 方法
将带 HREF 属性的 HTML 锚点添加到 String 对象中的文本两端	link 方法
返回某个数的自然对数	log 方法
使用给定的正则表达式对象对字符串进行查找，并将结果作为数组返回	match 方法
返回给定的两个表达式中的较大者	max 方法
返回给定的两个数中的较小者	min 方法
将集合中的当前项设置为第一项	moveFirst 方法
将当前项设置为集合中的下一项	moveNext 方法
对包含日期的字符串进行分析，并返回该日期与 1970 年 1 月 1 日零点之间相差的毫秒数	parse 方法
返回从字符串转换而来的浮点数	parseFloat 方法

续表

描　述	语言要素
返回从字符串转换而来的整数	parseInt 方法
返回一个指定幂次的底表达式的值	pow 方法
返回一个 0 ～ 1 的伪随机数	random 方法
返回根据正则表达式进行文字替换后的字符串的副本	replace 方法
返回一个元素反序的 Array 对象	reverse 方法
将一个指定的数值表达式舍入到最近的整数并将其返回	round 方法
返回与正则表达式查找内容匹配的第一个子字符串的位置	search 方法
使用当地时间设置 Date 对象的数值日期	setDate 方法
使用当地时间设置 Date 对象的年份	setFullYear 方法
使用当地时间设置 Date 对象的小时值	setHours 方法
使用当地时间设置 Date 对象的毫秒值	setMilliseconds 方法
使用当地时间设置 Date 对象的分钟值	setMinutes 方法
使用当地时间设置 Date 对象的月份	setMonth 方法
使用当地时间设置 Date 对象的秒值	setSeconds 方法
设置 Date 对象的日期和时间	setTime 方法
使用全球标准时间（UTC）设置 Date 对象的数值日期	setUTCDate 方法
使用全球标准时间（UTC）设置 Date 对象的年份	setUTCFullYear 方法
使用全球标准时间（UTC）设置 Date 对象的小时值	setUTCHours 方法
使用全球标准时间（UTC）设置 Date 对象的毫秒值	setUTCMilliseconds 方法
使用全球标准时间（UTC）设置 Date 对象的分钟值	setUTCMinutes 方法
使用全球标准时间（UTC）设置 Date 对象的月份	setUTCMonth 方法
使用全球标准时间（UTC）设置 Date 对象的秒值	setUTCSeconds 方法
使用 Date 对象的年份	setYear 方法
返回一个数的正弦	sin 方法
返回数组的一个片段	slice 方法（Array）
返回字符串的一个片段	Slice 方法（String）
将 HTML 的 <SMALL> 标签添加到 String 对象中的文本两端	small 方法
返回一个元素被排序了的 Array 对象	sort 方法
将一个字符串分割为子字符串，然后将结果作为字符串数组返回	split 方法
返回一个数的平方根	sqrt 方法
将 HTML 的 <STRIKE> 标签添加到 String 对象中的文本两端	strike 方法
将 HTML 的 <SUB> 标签放置到 String 对象中的文本两端	Sub 方法
返回一个从指定位置开始并具有指定长度的子字符串	substr 方法
返回位于 String 对象中指定位置的子字符串	substring 方法
将 HTML 的 <SUP> 标识放置到 String 对象中的文本两端	sup 方法
返回一个数的正切	tan 方法
返回一个 Boolean 值，表明在被查找的字符串中是否存在某个模式	test 方法
返回一个从 VBArray 转换而来的标准 JavaScript 数组	toArray 方法
返回一个转换为使用格林尼治标准时间（GMT）的字符串的日期	toGMTString 方法
返回一个转换为使用当地时间的字符串的日期	toLocaleString 方法
返回一个所有的字母字符都被转换为小写字母的字符串	toLowerCase 方法

续表

描　述	语言要素
返回一个对象的字符串表示	toString 方法
返回一个所有的字母字符都被转换为大写字母的字符串	toUpperCase 方法
返回一个转换为使用全球标准时间（UTC）的字符串的日期	toUTCString 方法
返回在 VBArray 的指定维中所使用的最大索引值	ubound 方法
对用 escape 方法编码的 String 对象进行解码	unescape 方法
返回 1970 年 1 月 1 日零点的全球标准时间（UTC）（或 GMT）与指定日期之间的毫秒数	UTC 方法
返回指定对象的原始值	valueOf 方法

3．JavaScript 对象（如表 E-3 所示）

表 E-3　JavaScript 对象

描　述	语言要素
启用并返回一个 Automation 对象的引用	ActiveXObject 对象
提供对创建任何数据类型的数组的支持	Array 对象
创建一个新的 Boolean 值	Boolean 对象
提供日期和时间的基本存储和检索	Date 对象
存储数据键、项对的对象	Dictionary 对象
提供集合中的项的枚举	Enumerator 对象
包含在运行 JavaScript 代码时发生的错误的有关信息	Error 对象
提供对计算机文件系统的访问	FileSystemObject 对象
创建一个新的函数	Function 对象
是一个内部对象，目的是将全局方法集中在一个对象中	Global 对象
一个内部对象，提供基本的数学函数和常数	Math 对象
表示数值数据类型和提供数值常数的对象	Number 对象
提供所有的 JavaScript 对象的公共功能	Object 对象
存储有关正则表达式模式查找的信息	RegExp 对象
包含一个正则表达式模式	正则表达式对象
提供对文本字符串的操作和格式处理，判定在字符串中是否存在某个子字符串及确定其位置	String 对象
提供对 VisualBasic 安全数组的访问	VBArray 对象

4．JavaScript 运算符（如表 E-4 所示）

表 E-4　JavaScript 运算符

描　述	语言要素
将两个数相加或连接两个字符串	加法运算符（+）
将一个值赋给变量	赋值运算符（＝）
对两个表达式执行按位与操作	按位与运算符（&）
将一个表达式的各位向左移	按位左移运算符（<<）
对一个表达式执行按位取非（求非）操作	按位取非运算符（~）
对两个表达式指定按位或操作	按位或运算符（|）
将一个表达式的各位向右移，保持符号不变	按位右移运算符（>>）

续表

描　述	语言要素
对两个表达式执行按位异或操作	按位异或运算符（^）
使两个表达式连续执行	逗号运算符（,)
返回 Boolean 值，表示比较结果	比较运算符
复合赋值运算符列表	复合赋值运算符
根据条件执行两个表达式之一	条件（三元）运算符（?:)
将变量减一	递减运算符（--）
删除对象的属性，或删除数组中的一个元素	delete 运算符
将两个数相除并返回一个数值结果	除法运算符（/）
比较两个表达式，看是否相等	相等运算符（==）
比较两个表达式，看一个是否大于另一个	大于运算符（>）
比较两个表达式，看是否一个小于另一个	小于运算符（<）
比较两个表达式，看是否一个小于等于另一个	小于等于运算符（<=）
对两个表达式执行逻辑与操作	逻辑与运算符（&&）
对表达式执行逻辑非操作	逻辑非运算符（!）
对两个表达式执行逻辑或操作	逻辑或运算符（||）
将两个数相除，并返回余数	取模运算符（%）
将两个数相乘	乘法运算符（*）
创建一个新对象	new 运算符
比较两个表达式，看是否具有不相等的值或数据类型不同	非严格相等运算符（!==）
包含 JavaScript 运算符的执行优先级信息的列表	运算符优先级
对两个表达式执行减法操作	减法运算符（−）
返回一个表示表达式的数据类型的字符串	typeof 运算符
表示一个数值表达式的相反数	一元取相反数运算符（−）
在表达式中对各位进行无符号右移	无符号右移运算符（>>>）
避免一个表达式返回值	void 运算符

5. JavaScript 属性（如表 E-5 所示）

表 E-5　JavaScript 属性

描　述	语言要素
返回在模式匹配中找到的最近的 9 条记录	$1...$9Properties
返回一个包含传递给当前执行函数的每个参数的数组	arguments 属性
返回调用当前函数的函数引用	caller 属性
指定创建对象的函数	constructor 属性
返回或设置关于指定错误的描述字符串	description 属性
返回 Euler 常数，即自然对数的底	E 属性
返回在字符串中找到的第一个成功匹配的字符位置	index 属性
返回 number.positiue_infinity 的初始值	Infinity 属性
返回进行查找的字符串	input 属性
返回在字符串中找到的最后一个成功匹配的字符位置	lastIndex 属性
返回比数组中所定义的最高元素大 1 的一个整数	length 属性（Array）

描　述	语言要素
返回为函数所定义的参数个数	length 属性（Function）
返回 String 对象的长度	length 属性（String）
返回 2 的自然对数	LN2 属性
返回 10 的自然对数	LN10 属性
返回以 2 为底的 e（即 Euler 常数）的对数	LOG2E 属性
返回以 10 为底的 e（即 Euler 常数）的对数	LOG10E 属性
返回在 JavaScript 中能表示的最大值	Max_value 属性
返回在 JavaScript 中能表示的最接近零的值	Min_value 属性
返回特殊值 NaN，表示某个表达式不是一个数	NaN 属性（Global）
返回特殊值（NaN），表示某个表达式不是一个数	NaN 属性（Number）
返回比在 JavaScript 中能表示的最大的负数（-Number.MAX_VALUE）更负的值	Negatiue_infinity 属性
返回或设置与特定错误关联的数值	Number 属性
返回圆周与其直径的比值，约等于 3.141592653589793	PI 属性
返回比在 JavaScript 中能表示的最大数（Number.MAX_VALUE）更大的值	Positive_infinity 属性
返回对象类的原型引用	Prototype 属性
返回正则表达式模式的文本的副本	source 属性
返回 0.5 的平方根，即 1 除以 2 的平方根	Sqrt1_2 属性
返回 2 的平方根	Sqrt2 属性

6. JavaScript 语句（如表 E-6 所示）

表 E-6　JavaScript 语句

描　述	语言要素
终止当前循环，或者如果与一个 label 语句关联，则终止相关联的语句	break 语句
包含在 try 语句块中的代码发生错误时执行的语句	catch 语句
激活条件编译支持	@cc_on 语句
使单行注释被 JavaScript 语法分析器忽略	//（单行注释语句）
使多行注释被 JavaScript 语法分析器忽略	/*..*/（多行注释语句）
停止循环的当前迭代，并开始一次新的迭代	continue 语句
先执行一次语句块，然后重复执行该循环，直至条件表达式的值为 false	do...while 语句
只要指定的条件为 true，就一直执行语句块	for 语句
对应于对象或数组中的每个元素执行一个或多个语句	for...in 语句
声明一个新的函数	function 语句
根据表达式的值，有条件地执行一组语句	@if 语句
根据表达式的值，有条件地执行一组语句	if...else 语句
给语句提供一个标识符	Labeled 语句
从当前函数退出并从该函数返回一个值	return 语句
创建用于条件编译语句的变量	@set 语句
当指定的表达式的值与某个标签匹配时，即执行相应的一个或多个语句	switch 语句
对当前对象的引用	this 语句

续表

描　述	语言要素
产生一个可由 try...catch 语句处理的错误条件	throw 语句
实现 JavaScript 的错误处理	try 语句
声明一个变量	var 语句
执行语句直至给定的条件为 false	while 语句
确定一个语句的默认对象	with 语句